AF453499

COURS

DE

CONSTRUCTION

Paris. — Imprimerie P.-A. BOURDIER et Cie, rue Mazarine, 30.

PUBLICATIONS SCIENTIFIQUES-INDUSTRIELLES DE E. LACROIX

COURS

DE

CONSTRUCTION

PAR

A. DEMANET

LIEUTENANT-COLONEL DU GÉNIE

2ᵐᵉ ÉDITION

entièrement refondue et considérablement augmentée

TOME SECOND

PARIS

LIBRAIRIE SCIENTIFIQUE, INDUSTRIELLE ET AGRICOLE

DE

E. LACROIX

15, QUAI MALAQUAIS

Droit de traduction réservé

1862

COURS

DE CONSTRUCTION

QUATRIÈME PARTIE

ÉTABLISSEMENT DES FONDATIONS

PREMIÈRE SECTION

NOTIONS PRÉLIMINAIRES

741. Il ne suffit pas, pour être solide et durable, qu'un édifice soit construit avec de bons matériaux, mis en œuvre avec art, et que toutes ses parties aient des dimensions suffisantes pour résister aux efforts auxquels elles peuvent être soumises, il faut encore qu'il repose sur une base solide et inébranlable. Si la base fait défaut, l'édifice se détraque et croule. On ne saurait donc apporter trop de soin à cette importante partie des constructions. On peut même dire que, de tout ce qui concourt à la solidité et à la durée d'un édifice, la bonté et la fixité de la base sur laquelle il doit reposer sont, sans contredit, les choses les plus efficientes.

Les dispositions et la construction de cette base ou, comme on dit, des *fondations* ou du *fondement* de l'édifice, dépendent en grande partie de l'état du sol sur lequel on l'établit. Si le sol est solide, incompressible et inattaquable par l'air ou par l'eau, il n'y aura en général que peu de chose à faire pour donner aux fondations la stabilité désirable; mais si, au contraire, le sol est mou, spongieux, compressible et susceptible de désorganisation ou d'érosion, il faudra recourir tout d'abord à des constructions plus ou moins compliquées pour remédier autant que possible à ces graves inconvénients.

La première chose à faire avant de prendre un parti quelconque à l'égard des fondations d'un édifice, c'est donc de s'assurer avec soin de la nature et de la qualité du sol.

ARTICLE PREMIER.

NATURE ET QUALITÉ DU SOL.

742. Ce qu'on entend par terrain de fondation. — Le sol, comme nous l'avons vu dans la première partie, se compose de matières rocheuses, argileuses, sablonneuses, ou d'autre nature, que les géologues ont divisées en divers systèmes auxquels ils ont donné le nom de *terrains*; les constructeurs emploient aussi le nom de *terrain*, mais avec une acception toute différente. Par ce mot ils entendent la portion très-circonscrite de la surface du globe sur laquelle ils doivent élever leurs constructions, et ils le qualifient par un adjectif qui indique sa nature; ainsi, ils disent un terrain de rocher, un terrain argileux, sablonneux, vaseux, pour ne désigner le plus souvent qu'une petite fraction de couche de rocher, d'argile, de sable ou de vase.

743. Classification. — C'est en le restreignant à cette signification que nous dirons que les terrains, considérés au point de vue de l'établissement des fondations, peuvent être divisés en

Terrains de rocher,
— fragmentaires,
— argileux,
— limoneux,
— tourbeux,

qui jouissent chacun de qualités particulières dont nous allons donner d'abord une idée générale.

744. Terrains de rocher. — Nous rangerons dans les terrains de rocher toutes les couches solides des roches étudiées dans la première partie du Cours. Ainsi, parmi celles qu'on rencontre en Belgique, nous trouverons au premier rang le calcaire, la dolomie, le grès, les psammites, les quartz grenus et les schistes; mais toutes ces couches rocheuses n'ont pas en tous lieux un égal degré de solidité et de résistance. Parfois leur état de cohésion est tel qu'elles se laissent, sans trop de difficulté, pénétrer par la pointe d'un pieu (1) chassé avec force; d'autres fois elles sont assez dures pour résister totalement à son action, et sa pointe s'émousse en s'écrasant sous le choc. Nous désignerons sous le nom de *roches cohérentes et tendres* celles de la première espèce, et sous celui de *roches cohérentes et dures* celles de la seconde, tout en faisant remarquer que les roches

-----

(1) Mot générique qui signifie une grosse pièce de bois pointue.

cohérentes et tendres sont fréquemment désignées par les constructeurs et dans un grand nombre d'ouvrages, mais très-improprement, sous le nom de *tuf*.

745. Terrains fragmentaires. — Nous nommerons terrains fragmentaires les amas de débris des roches solides qui se présentent fréquemment sous forme de dépôts de cailloux roulés, de gravier et de sable; mais nous ferons observer encore que ces dépôts peuvent présenter des qualités fort diverses. Ainsi, l'on trouve certains dépôts de cailloux roulés et de gravier dont les éléments sont comme mastiqués par une sorte de limon argileux qui les rend très-durs, et comparables en certains cas aux couches de roches cohérentes, tandis que d'autres fois on rencontre des couches de fin gravier ou de sable tellement imbibées d'eau qu'elles n'ont, pour ainsi dire, pas plus de consistance qu'une vase liquide. Les terrains de cette dernière espèce offrent fréquemment des propriétés très-caractéristiques qui les ont fait désigner sous les noms de sables *mouvants* et de sables *bouillants*; nous allons les faire connaître.

On appelle *sable mouvant* un sable qui, à l'état de repos, offre une grande dureté ainsi qu'une grande compacité, mais qui se délaye en une bouillie sans consistance lorsqu'on le remue ou le piétine. Le sable qui forme l'*estran* des côtes de la mer du Nord, et qu'on retrouve encore même assez avant au milieu des terrains modernes qui les longent, présente ce phénomène à un très-haut degré.

On nomme *sable bouillant*, *sable boulant*, *boulant*, un sable tellement imprégné d'eau qu'il est, pour ainsi dire, à l'état liquide et qu'il s'écoule par toutes les ouvertures qui lui sont offertes. Ce sable jouit, comme le précédent, quoique à un moindre degré, de la propriété de prendre beaucoup de fermeté lorsqu'on le laisse pendant quelque temps à l'état de repos absolu; mais le moindre mouvement, le moindre remuement le réduit à l'état d'une bouillie vaseuse sans la moindre consistance. Le sable bouillant se rencontre dans presque toutes les localités où l'on trouve, à une certaine profondeur, un banc d'argile tout à fait imperméable surmonté de couches sablonneuses perméables. Le dernier banc de sable reposant sur la couche d'argile devient, par suite de cette disposition, le réceptacle naturel de toutes les eaux qui tombent sur le sol, et en reçoit cet état de liquidité qui le caractérise.

746. Terrains argileux. — Nous rangerons dans la classe des terrains argileux toutes les argiles plus ou moins pures, les glaises et les terres grasses ou fortes en général. Ces terrains peuvent se présenter, 1° secs ou très-peu humectés; ils sont alors ordinairement très-durs et résistants; 2° à l'état de pâte ferme; 3° enfin à l'état de pâte plus ou moins molle. Dans ce dernier cas, ils n'offrent souvent aucune espèce de consistance et font naître de très-grandes difficultés pour l'établissement des fondations. Cet état de mollesse peut, en effet, aller jusqu'à celui d'une boue liquide et savonneuse, et il suffit parfois d'une forte pluie pour faire passer à ce dernier état des terres argileuses qui sont plus ou moins dures pendant les sécheresses. Cela s'observe notamment dans les environs d'Ypres et dans les polders du bas Escaut; ils sont surtout dangereux pour les constructions soumises à des poussées horizontales, parce qu'ils facilitent le glissement sur la base. Ces terrains se reconnaissent d'ailleurs aisément, même en temps de sécheresse, par le grand retrait qu'ils prennent en se desséchant ; ils se fendillent alors fortement. Les terres savonneuses des environs d'Ypres offrent souvent des fentes de 8 à 10 centimètres de largeur.

747. Terrains limoneux. — Les terrains limoneux sont formés de particules meubles très-ténues qui paraissent avoir été en suspension dans l'eau. On les classe, suivant la matière qui y prédomine, en limons *argileux*, limons *marneux*, limons *sableux* et limons *noirs* ; ces derniers doivent leur couleur à des matières végétales en décomposition. Ces terrains sont en général très-peu solides. On les nomme *limons vaseux*, ou *vases*, lorsqu'ils sont à l'état de boue liquide.

748. Terrains tourbeux. — On appelle terrains tourbeux ceux qui sont formés de débris de substances végétales en décomposition, et dont l'amas constitue un combustible connu sous le nom de *tourbe*. On en connaît de trois espèces : la tourbe *fibreuse*, la tourbe *brune* et la tourbe *noire*. Dans la première espèce, les débris végétaux sont visibles et reconnaissables à l'œil nu, et la tourbe offre l'aspect d'un feutre spongieux et brun ; dans la seconde espèce, le degré de décomposition est tellement avancé qu'on y reconnaît à peine quelques filaments végétaux ; sa couleur est beaucoup plus foncée que celle de l'espèce précédente, mais sans cependant atteindre le noir. Enfin, dans la troisième espèce la décomposition du tissu végétal est complète et la couleur est entièrement noire. Cette espèce de tourbe présente l'aspect d'une masse spongieuse et homogène quand elle est sèche, mais elle s'amollit et devient même tout à fait liquide en s'imbibant d'eau.

Ces trois espèces de tourbe se rencontrent fréquemment dans les mêmes localités, la tourbe noire occupant les parties inférieures du dépôt, et la tourbe fibreuse les parties les plus superficielles. On y trouve souvent intercalés des lits de limon argileux et vaseux.

749. Où l'on rencontre principalement ces diverses sortes de terrains en Belgique. — Le terrain tourbeux est surtout très-développé dans la *Campine* et sur les hauts plateaux de l'*Ardenne*, où il forme d'immenses plaines marécageuses connues sous le nom de *fagnes* ou de *fanges*. On le rencontre aussi sur les côtes de la mer du Nord et sur les rives de l'Escaut, même à une assez grande distance dans l'intérieur des terres ; il y forme une vaste couche de un à deux mètres d'épaisseur, recouverte par un banc d'argile, dont l'épaisseur varie également de un à deux mètres. La tourbe se rencontre en outre, en couches d'épaisseurs très-diverses, dans beaucoup de lieux et notamment dans un grand nombre de petits vallons où coulent des cours d'eau.

Les terrains fragmentaires, argileux et limoneux se rencontrent presque partout. Ils forment, si l'on peut s'exprimer ainsi, la peau et la chair de la terre, en cachant sous des épaisseurs extrêmement variables, selon les lieux, les masses rocheuses qui en sont comme l'ossature. Quelquefois leur épaisseur est à peine suffisante pour dérober le rocher à la vue, d'autres fois ils en acquièrent une tellement grande qu'on n'en connaît pas les limites. Dans les plaines, dit M. d'Omalius, on les trouve disposés en couches horizontales qui occupent parfois une étendue de pays très-considérable, tandis que dans les hautes vallées ils sont souvent déposés en amas irréguliers plus ou moins puissants, qui s'adossent le long des escarpements de manière à y former des talus. Fréquemment on trouve des couches de ces diverses sortes de terrains alternant les unes avec les autres et formant ainsi des dépôts qui, vers l'embouchure des fleuves surtout, acquièrent des épaisseurs très-considérables. C'est ainsi, par exemple, qu'est constitué le sol de la Hollande, de la Zélande, des polders du bas Escaut, etc. On pourrait, dans certaines parties de ces contrées, s'enfoncer à des centaines de mètres avant de trouver la limite inférieure du dépôt.

Les terrains de rocher se trouvent, sur un grand nombre de points du royaume, à une assez petite profondeur sous les terrains meubles pour qu'on puisse aisément les atteindre sans de grands déblais; mais c'est surtout dans les provinces de Namur, de Liége, de Luxembourg et du Hainaut, que cette particularité se présente. Il n'y a qu'un très-petit nombre de points du Brabant où le rocher se trouve à fleur de terre, et les Flandres, ainsi que le Limbourg, sont presque en totalité recouverts par une épaisseur, encore inconnue sur un grand nombre de points, de terrains fragmentaires, argileux, limoneux et tourbeux.

750. Impossibilité de définir d'une manière générale quels sont, parmi les terrains, ceux sur lesquels on peut fonder sans préparation. — Les caractères assignés plus haut aux diverses espèces de terrains suffiront pour les faire aisément reconnaître; mais il serait impossible d'indiquer d'une manière générale ceux d'entre eux sur lesquels on peut fonder en toute sécurité et sans préparation. En effet, le même terrain présente si souvent, soit par l'effet de la présence des eaux, soit par suite des influences atmosphériques, soit encore par suite de transitions insensibles des uns aux autres, des différences d'agrégation et de résistance tellement variables, que cela seul suffirait pour empêcher une pareille généralisation. Si l'on ajoute à cela les variations que l'on observe même dans l'épaisseur et l'ordre de superposition des couches, les fractures et les accidents de tout genre qu'elles présentent, on en comprendra encore mieux toute l'impossibilité.

Ce qu'il est permis de dire, à cet égard, c'est qu'en général on peut considérer comme bons terrains, c'est-à-dire sur lesquels on peut s'établir sans d'importants travaux préparatoires, ceux des trois premières classes, *lorsqu'ils sont secs et vierges* (1), et qu'on doit ranger parmi les plus mauvais ceux des deux dernières

---

(1) On aura occasion de remarquer par la suite que certains terrains fragmentaires ne cessent pas d'être considérés comme bons par cela seul qu'ils sont imbibés d'eau. On dit un terrain *vierge*, pour indiquer qu'il n'a jamais été remué par la main de l'homme.

classes. Les terrains argileux, lorsqu'ils ont été détrempés et remués, ne valent guère mieux.

751. Études de leurs qualités spéciales. — Pour s'éclairer sur l'importante question de savoir jusqu'à quel point le terrain est ou n'est pas suffisamment résistant, et d'apprécier la nature des moyens à employer pour suppléer à un défaut de résistance naturelle, il faut examiner chaque terrain en particulier sous le rapport des qualités spéciales qu'il est le plus important qu'il possède dans chaque cas déterminé. Pour cela il faut distinguer si l'édifice est placé au milieu de l'eau ou dans un endroit sec, s'il est bâti au bord d'un escarpement ou au milieu d'une plaine. Dans tous les cas, on met au premier rang de ces qualités l'*incompressibilité*; car il suffit qu'elle soit bien constatée pour qu'on puisse immédiatement fonder sur le sol naturel dans un grand nombre de cas, et pour simplifier les moyens auxiliaires dans tous. La *dureté* et la *cohérence* du terrain sont deux autres qualités qui sont souvent l'indice de la première et qui accompagnent encore fréquemment l'*inaltérabilité à l'air et sous l'action de l'eau*, deux autres conditions qui sont indispensables aussi dans un grand nombre de cas particuliers qui seront énumérés plus tard. Enfin, l'*imperméabilité* est une dernière qualité qu'on recherche également dans des cas fort nombreux où la résistance du terrain en dépend.

752. Compressibilité. — La compressibilité est l'une des propriétés des terrains qu'il est le plus important de bien apprécier, et cette appréciation n'est pas sans offrir de sérieuses difficultés. On peut l'estimer, dans un grand nombre de terrains, par l'affaissement que leur surface éprouve sous la pression d'une charge donnée. C'est même le seul moyen de l'apprécier avec exactitude, et encore, comme nous le montrerons plus loin, à condition que la charge pourra agir pendant un temps suffisamment prolongé; mais, comme il est d'une mise en pratique longue, embarrassante et difficile, on y supplée souvent par l'observation des effets du choc d'un corps dur et pesant qui, quoique donnant des indications beaucoup moins précises, est propre néanmoins à jeter quelque jour sur la question. Les données de cette dernière espèce pourront toujours être considérées comme des renseignements préliminaires utiles et propres à fixer les idées d'un avant-projet. Nous verrons plus tard qu'il est parfois nécessaire de les vérifier, lors de la mise à exécution, en chargeant le terrain d'un poids au moins égal à celui de l'édifice.

Ce qui justifie ce procédé, c'est que les effets du choc d'un corps dur et pesant sur le sol peuvent être comparés, jusqu'à un certain point, à ceux d'une pression opérée par une charge qu'on y pose simplement. En effet, nommons P le poids d'un corps pesant terminé par un plan parallèle à la surface du terrain; H la hauteur d'où on le laisse tomber librement, mesurée au-dessus de la surface du sol avant le choc; h la hauteur de la dépression subie par la surface du terrain après le choc. Représentons encore par Q une charge capable, étant simplement posée sur le sol, de le déprimer d'une quantité h. En admettant, d'ailleurs, que la surface portante de cette dernière soit égale à la surface battante du poids P, nous pourrons poser la relation

$$Qh = P\,(H + h),$$

au moyen de laquelle nous indiquons qu'il y a égalité de travail accompli par la charge Q descendant de la hauteur h, et le poids P tombant de la hauteur $H + h$.

Nous en tirons

$$Q = P\left(\frac{H}{h} + 1\right)\ldots\text{(A)}.$$

Remarquons, au sujet de cette formule, que pour un poids P et une hauteur de chute H constants, la charge Q capable de produire sur le sol, y étant doucement posée, un effet équivalent à celui produit par la chute du poids P, augmente en même temps que h diminue, et qu'elle devient infinie pour le cas où la dépression de la surface du terrain est nulle. Ce qui revient à dire que, plus la dépression produite par le choc sera grande, moindre sera le poids que le terrain pourra porter, et réciproquement. Cette remarque est parfaitement conforme à ce que le simple raisonnement indique, et elle justifie une pratique dont nous aurons occasion de parler en traitant du battage des pilots.

La relation que nous avons établie entre Q et P dans la formule précédente suppose l'égalité entre la surface portante de Q et la surface choquante de P. Cette condition serait physiquement irréalisable dans un grand nombre de cas; mais il est facile de rapporter le tout à l'unité de surface, comme nous allons le montrer.

Supposons à P une valeur de 300 kilogrammes, faisons $H = 1^m,30, h = 0^m,02$, et admettons que la surface battante de P soit un carré de 20 centimètres de côté, ce qui donne $0^{m2}\,04$ d'étendue superficielle. Le travail développé par le choc sur une étendue de cette dimension sera égal à

$$P\,(H + h) = 300^k \times (1.30 + 0.02) = 396^{km}.$$

Actuellement il est visible que si, au lieu d'un pareil poids, on en employait simultanément deux, on ferait un travail double; trois, un travail triple; et vingt-cinq, un travail vingt-cinq fois aussi grand. Or, comme 25 fois $0^{m2},04$ font *un mètre carré*, il en résulte que le travail d'un poids de 300 kil. rapporté à cette unité de surface serait égal à

$$396 \times 25 \text{ ou } \frac{396}{0,04} = 9900^{km},$$

et qu'en général, en conservant les notations précédentes, et nommant, de plus S la surface battante du poids P, $\frac{P}{S}(H + h)$ sera le travail de ce poids rapporté à l'unité de surface. D'après cela, la charge Q rapportée à la même unité sera donnée par la formule

$$Q = \frac{P}{S}\left(\frac{H}{h} + 1\right) \dots \text{(B)}.$$

Remarquons encore que si le choc était répété un certain nombre de fois n sur un même point pour produire l'enfoncement h, le travail de P, rapporté à l'unité de surface, serait

$$\frac{nP}{S}(H + h),$$

et l'on aurait

$$Q = n\frac{P}{S}\left(\frac{H}{h} + 1\right) \dots \text{(C)}.$$

Ainsi, supposons qu'on veuille connaître la charge, par mètre carré, capable de produire, sur un terrain donné, un effet équivalent à celui produit par une masse pesant 300 kilogrammes, d'une surface battante de $0^m,04$, tombant 30 fois de suite de $1^m,30$ de haut, et produisant une dépression de la surface du terrain égale à $0^m,05$, on aura :

$$P = 300^k,\ S = 0.04,\ H = 1.30,\ h = 0.05,\ n = 30,$$

et

$$Q = 30 \times \frac{300}{0,04}\left(\frac{1,30}{0,05} + 1\right) = 6{,}075{,}000 \text{ kilogrammes.}$$

Observons enfin que les valeurs de Q, déduites des formules précédentes, doivent être considérées comme des *maximum* qu'en aucun cas on ne pourra dépasser et dont il serait peut-être même imprudent de trop s'approcher pour des constructions auxquelles on veut donner toutes les garanties d'une longue durée. En effet, il paraît rationnel d'admettre que la dépression produite sur un terrain par l'effet d'une charge permanente peut, à la longue, être bien plus marquée que celle résultant d'un choc instantané. La raison en est facile à saisir : il est possible que, par son instantanéité, ce dernier augmente l'élasticité du terrain et l'effort de réaction qui en résulte, tandis qu'on sait par expérience que l'action continue d'une pression sur un corps, même doué d'un grand ressort, finit par altérer son élasticité ou par l'énerver à un certain degré. Évidemment un pareil effet doit se produire sur un sol chargé pendant un temps indéfini, et son résultat doit être de le rendre impropre à porter une charge aussi forte que lorsqu'il jouissait de toute son élasticité, et plus encore que quand cette élasticité a été momentanément développée peut-être par un moyen factice.

Avant de terminer ce que nous avons à dire sur ce sujet, nous devons encore faire remarquer que l'affaissement du terrain sous une charge ou un choc donnés n'indique pas toujours qu'il est compressible. Certains terrains tourbeux et vaseux, les argiles molles, etc., se conduisent, en pareil cas, à peu près comme les liquides, c'est-à-dire que s'ils se dérobent sous sa charge au point où elle agit, ce n'est pas une conséquence du rapprochement de leurs particules, mais le résultat de leur déplacement. On remarque fréquemment, en pareil cas, que le terrain se relève tout autour du point chargé, ou qu'il fait irruption dans les endroits qui lui offrent quelque moyen de fuir, comme par le fond d'un fossé voisin qui a entamé plus ou moins profondément une couche de terrain solide qui le recouvre et le maintient, ainsi qu'on le voit dans la *fig.* 949, *pl.* XXXI, ou bien par le côté du même fossé si son talus l'a recoupé, comme dans la *fig.* 948 ; les terrains de cette nature sont ceux sur lesquels il est le plus dangereux de fonder, et en même temps ceux dont il est le plus difficile d'apprécier la résistance par le moyen indiqué plus haut. Le choc n'y produit, en effet, fort souvent qu'une dépression instantanée qui disparaît aussitôt que son action cesse, et qu'il est difficile d'apprécier avec suffisamment d'exactitude, à cause des mouvements trépidatoires qui se manifestent dès que le battage commence, et que les ouvriers caractérisent avec beaucoup de justesse en disant que le terrain *danse*. On n'a le plus souvent d'autre moyen d'appréciation, en pareil cas, que de charger, pendant toute une saison d'hiver au moins, l'empatement (1) des fondations (déterminé par comparaison avec celui d'autres édifices qui sont plus ou moins dans des conditions analogues, ou fixé à peu près à l'aventure) d'un poids au moins égal à celui de la construction qu'il s'agit d'ériger. On peut du reste, en certaines circonstances, augmenter de beaucoup la résistance des terrains de cette sorte et surtout obvier aux désastreux effets que pourraient produire des fouilles opérées ultérieurement dans le voisinage de l'édifice construit, en les *encaissant*. L'opération indiquée par ce mot consiste (*fig.* 950) à entourer la base de l'édifice d'une enceinte continue en charpente, remplissant ainsi l'office d'une digue qui s'oppose aux déplacements latéraux du terrain liquide ; mais on concevra aisément qu'on ne peut espérer quelque bon effet de cette précaution coûteuse que pour autant que la qualité du terrain s'améliore dans la profondeur, de manière à donner un certain appui à la base de l'encaissement ; si le contraire avait lieu, l'effet serait en général à peu près nul.

753. Dureté et cohérence. — La dureté et la cohérence s'apprécient par la difficulté avec laquelle le terrain se laisse entamer au moyen de la pelle, de la pioche ou du pic. Certains constructeurs l'estiment aussi par l'effort nécessaire pour y faire pénétrer une barre de fer affilée par un bout, ou la pointe d'un pieu garni de fer ; mais cette dernière méthode d'appréciation est sujette à plus d'un genre d'erreur : car, d'une part, la grandeur de cet effort peut dépendre tout autant de l'incompressibilité du terrain que de sa dureté, et d'autre part l'élasticité du terrain peut, en absorbant la force du choc, en annuler en grande partie les effets ; c'est ainsi, par exemple, que certains bancs de tourbe, quoique très-tendres et peu cohérents, opposent à l'enfoncement des pieux un obstacle considérable, comme nous le verrons par la suite.

---

(1) On appelle ainsi les premières assises en maçonnerie d'une fondation. Lorsqu'on fait reposer la maçonnerie sur un grillage en charpente, ainsi qu'on le verra plus loin, la charge d'épreuve peut être posée sur ce grillage.

754. Résistance à l'action de l'air et de l'eau. — Certains terrains, même les roches cohérentes et dures, exposés aux intempéries de l'atmosphère, se décomposent rapidement ; les schistes argileux et houillers, notamment, sont dans ce cas ; d'autres, et en très-grand nombre, se laissent corroder par les eaux en mouvement. L'inspection des escarpements naturels ou artificiels, l'étude de la formation des atterrissements, de l'état de stabilité ou d'instabilité du fond, dans les cours d'eau, donneront des indications qu'il serait difficile de remplacer par des expériences. Les terrains de roches compactes et dures sont à peu près les seuls qui ne se laissent pas entamer par les courants d'eau ou le choc des vagues ; les roches tendres, les argiles, les graviers, les sables, les tourbes, et tous les autres terrains à plus forte raison, se laissent entamer avec d'autant plus de facilité que le mouvement des eaux est plus violent et que l'agrégation et le poids des parties constituantes sont moindres.

755. Perméabilité. — On dit qu'un terrain est *perméable* lorsque, sous une certaine charge d'eau, il donne passage au liquide en plus ou moins grande abondance ; on le dit *imperméable* ou *étanche* lorsqu'il se refuse à toute infiltration. Les roches compactes, les argiles plastiques et figulines vierges sont tout à fait imperméables dans la vraie acception de ce mot. Certaines terres argileuses, et le sable quartzeux fin et pur, jouissent de la même propriété à un certain degré ; mais il ne s'ensuit pourtant pas que les terrains, même les plus imperméables, offrent un obstacle absolu au passage de l'eau ; il faut pour cela, ce qui est extrêmement rare, qu'il n'existe ni joints ni fissures par lesquels l'eau trouve bientôt le moyen de pénétrer sous forme de filtrations puissantes, et qui augmentent avec d'autant plus de rapidité que la charge d'eau est plus grande et la cohésion du terrain moins forte.

La perméabilité du terrain rend très-difficiles, dans un grand nombre de cas, les travaux de fondations ; et les filtrations qui en sont la conséquence seraient capables parfois de miner, dans un temps très-court, les constructions les plus solides, si l'on ne prenait des précautions toutes particulières pour y obvier.

Ces précautions seront indiquées par la suite.

ARTICLE II.

RECONNAISSANCE DU TERRAIN.

756. Soins particuliers qu'elle exige. — Nous ne saurions trop insister sur la nécessité d'apporter les plus grands soins à la reconnaissance du terrain ; car c'est de cette opération préalable que dépend le choix approprié des moyens dont on dispose pour établir une fondation solide, tout en évitant de faire des travaux inutiles. Que d'argent ne dépense-t-on pas tous les jours en pure perte, faute d'une telle investigation bien faite, et que de ruines prématurées sont dues à la même cause !

757. Comment on y procède. — Non-seulement, pour bien connaître le terrain, il faut se livrer aux recherches qui ont été indiquées dans l'article précédent, mais on doit s'assurer, de plus, si le terrain qu'on rencontre à la surface, ou près de la surface du sol, conserve la même nature et les mêmes qualités dans la profondeur et sur toute l'étendue que la construction doit occuper ; s'il est composé de plusieurs couches, quelles en sont la nature, l'épaisseur et la résistance relatives. Généralement, ces reconnaissances se font en pratiquant dans le sol des tranchées, des puits ou des sondages suffisamment profonds. On peut quelquefois abréger ces travaux, et même s'en dispenser à peu près totalement, par des reconnaissances faites dans les puits du voisinage ou par l'étude des coupes que montrent les escarpements naturels, les tranchées faites pour le passage des routes, des chemins de fer, des canaux, etc. En faisant ces reconnaissances on ne doit pas perdre de vue que les couches qui composent la croûte solide de la terre sont sujettes à s'amincir autant qu'à augmenter de puissance, et même à disparaître tout à fait sur certains points de leur étendue ; qu'elles peuvent varier d'un lieu à l'autre en dureté et en cohésion ; présenter des ressauts, des failles d'une grande largeur remplies de substances d'une nature différente, et d'autres accidents encore dont il faut bien tenir compte. Ces reconnaissances ne pourront donc dispenser de vérifier, par quelques trous de sonde au moins, si les indications fournies par les puits, les tranchées et les grandes coupes à jour conviennent aux lieux qui auront à recevoir la charge des principaux points d'appui. Une chose sur laquelle il est encore important de s'éclairer, c'est de savoir si à une époque antérieure le terrain n'a pas été traversé par des fossés qu'on a remblayés depuis ; s'il n'a pas été excavé souterrainement pour l'exploitation de pierres, de sable, de marne, de houille ou d'autres substances minérales. La tradition conservée par les personnes âgées de la localité, à défaut de plans indiquant l'état antérieur des lieux, peut fournir à cet égard des indications fort utiles et qu'il ne s'agit plus que de vérifier par des sondages (1).

Telles sont les principales investigations auxquelles il faut se livrer lorsqu'il s'agit d'un édifice à établir sur un terrain qui n'a pas encore été éprouvé par des constructions de même nature.

758. Indications qu'on peut tirer des édifices voisins. — Lorsqu'il existe des édifices dans le voisinage, on peut s'en dispenser souvent, au moins en grande partie, au moyen de quelques renseignements pris auprès des maçons du pays ; il est facile de savoir d'eux de quelle manière et sur quelle espèce de terrain ils ont été fondés, et de vérifier ensuite si les murs ont conservé leur aplomb et n'ont fait aucun mouvement indiqué par des lézardes ; de s'assurer, en un mot, si les

---

(1) Je ne fais allusion ici qu'aux anciennes exploitations abandonnées. Pour celles qui sont encore en activité, on peut se faire produire les plans d'avancement des travaux souterrains, que les exploitants sont obligés de tenir au courant, ou, au besoin, faire des levers qui y suppléent.

méthodes suivies offrent toutes les garanties de sécurité qu'on est en droit d'exiger. Bélidor dit avec beaucoup de raison que « souvent les ouvriers du pays « donnent plus de connaissance (à ce sujet) dans un quart d'heure de temps « qu'on ne pourrait en acquérir par de longues et pénibles recherches. »

ARTICLE III.

DES DIVERSES ESPÈCES DE FONDATIONS.

759. On divise les fondations en deux classes :

Fondations ordinaires ;
Fondations hydrauliques.

À la première classe appartiennent, en général, les fondations qui s'établissent sur un terrain sec et qu'on peut fouiller à la profondeur voulue sans rencontrer l'eau en assez grande abondance pour que la marche des travaux en soit entravée. Néanmoins, les fondations des ponts, écluses, bâtardeaux et autres ouvrages hydrauliques, qu'on construit parfois sur des terrains secs et qu'on ne recouvre d'eau qu'après qu'ils sont entièrement achevés, doivent être classés parmi les fondations hydrauliques.

La classe de ces dernières comprend, outre celles dont il vient d'être question, toutes les fondations qui se font sur des terrains recouverts d'eau ou tellement remplis de sources et de filtrations qu'il est impossible d'y construire sans recourir à des travaux spéciaux.

Occupons-nous d'abord des premières qui, toutes choses égales d'ailleurs, présentent beaucoup moins de difficultés que les autres.

§ 1. FONDATIONS ORDINAIRES.

760. Cas divers. — Quatre cas peuvent se présenter dans l'établissement des fondations ordinaires :

1° Le terrain est ferme et suffisamment résistant pour recevoir immédiatement la base de la construction. Les fondations établies en pareille circonstance sont désignées sous le nom de *fondations sur terrain naturel*. Le terrain solide peut être d'ailleurs recouvert d'une couche de mauvais terrain assez peu épaisse pour qu'on puisse mettre à jour le terrain résistant sans une grande dépense.

2° Le terrain ferme et résistant est caché sous une trop grande épaisseur de mauvais terrain pour qu'on puisse le mettre à découvert; mais l'épaisseur du mauvais terrain n'est pourtant pas assez grande pour qu'on ne puisse atteindre le terrain solide, sur un certain nombre de points, avec de forts piquets en bois qu'on chasse à travers le mauvais terrain, ou avec des puits dans lesquels on construit des piliers en maçonnerie.

La première de ces deux dispositions est connue sous le nom de *fondation sur pilotis*, et la seconde sous celui de *fondation sur piliers*.

3° Le mauvais terrain s'étend à une profondeur presque indéfinie, ou trop grande pour qu'on puisse le traverser comme dans le cas précédent.

Ces trois premiers cas supposent le terrain homogène dans toute l'étendue de la base de l'édifice.

4° Enfin le terrain présente divers degrés de dureté, de cohésion et de résistance sur les différents points qui doivent être chargés.

FONDATIONS SUR TERRAIN NATUREL.

761. Terrains auxquels ce genre de fondation est applicable. — Les roches cohérentes, les marnes dures, les bancs de galets et de gros gravier mastiqués, les graviers et les sables fermes et non remués, les argiles sèches ou légèrement humides, mais non ramollies, et en général tous les terrains non compressibles se prêtent à l'application de ce genre de fondation. On peut y ajouter les *sables mouvants* et les *sables bouillants*, sur lesquels on fonde fréquemment de la même manière, en prenant seulement quelques précautions qui seront indiquées plus loin.

762. Construction dans les cas les plus simples. — Dans les cas les plus simples, une fondation sur terrain naturel se construit de la manière suivante :

On creuse, à l'emplacement du mur, une tranchée de 30 à 40 centimètres de profondeur et dont les autres dimensions dépendent de celles du mur; on en égalise le fond bien horizontalement, et quand il est de rocher on pique la surface au poinçon ou à la pointerolle, afin d'augmenter la liaison de la maçonnerie au sol. C'est sur ce fond qu'on maçonne la première assise des maçonneries à bain flottant de mortier.

Si le terrain était recouvert par une épaisseur de terre remuée ou non consistante plus grande que la profondeur que nous venons d'assigner à la tranchée, il est bien entendu que cette profondeur devrait être augmentée en conséquence. Lorsque le bon terrain se montre à la surface, on peut au contraire la réduire, si l'on n'a pas lieu de craindre que, ultérieurement et par suite d'une variation dans la surface du sol, la fondation ne vienne à être *déchaussée*.

763. Complications qui naissent des accidents de terrain. — Les fondations sur terrain naturel ne sont pas toujours aussi simples ni aussi faciles à établir que nous venons de l'expliquer. Les circonstances locales ou les accidents du terrain nécessitent parfois des précautions particulières que nous allons indiquer.

764. Cas où le terrain naturel est en pente. — Nous avons supposé, dans le cas précédent, la surface du sol sensiblement de niveau dans le sens de l'axe longitudinal du mur; si cette surface présentait dans ce sens une inclinaison assez marquée, le fond de la tranchée ne pourrait plus être établi dans un seul plan horizontal sans nécessiter de grands déblais, et, d'un autre côté, il y aurait de très-graves inconvénients à l'établir parallèlement à l'inclinaison de la surface du sol; dans ce cas, on forme ce fond d'une succession de paliers, étagés et formant escalier, comme on l'a représenté dans la *fig.* 951, et dont les points les plus voisins de la surface du terrain doivent être enterrés d'au moins 30 à 40 centimètres, excepté quand on travaille sur du roc vif.

765. Cas où la fondation est sur le bord d'un escarpement de rocher. — Lorsqu'on bâtit sur le bords d'un escarpement de rocher, il peut arriver, si les joints de stratification pendent vers l'escarpement, comme dans la *fig.* 952, que les couches supérieures, sur lesquelles sont assises les maçonneries, glissent sur celles qui leur servent de support en entraînant l'édifice avec elles; cet effet est même d'autant plus à craindre qu'assez souvent les couches exposées à l'air sont plus ou moins décomposées.

En pareille circonstance, on est obligé d'enlever toutes les couches les moins solides et de descendre la base des maçonneries assez bas pour atteindre les couches qui s'enfoncent sous le pied de l'escarpement (*fig.* 953), ou tout au moins une couche très-solide recouverte d'un massif d'autres couches assez grand pour qu'on ne puisse en prévoir la ruine (*fig.* 954). Dans tous les cas, il est important d'incliner le fond de la tranchée en sens contraire des joints de stratification (*fig.* 953 et 954), afin de diminuer autant que possible la composante du poids des maçonneries qui agit dans le sens de l'inclinaison des couches; l'on peut encore, dans le même but, ancrer en arrière et aussi profondément qu'on le peut les premières assises de maçonnerie (*fig.* 954), au moyen de barres de fer bifurquées A (*fig.* 955), dont la tête armée d'un arrêt s'engage dans le corps des maçonneries, et dont la queue est scellée solidement dans des trous percés au pistolet de mineur dans les couches de rocher solides situées en arrière de la fondation. Le scellement qu'on obtient au moyen de ces ancres bifurquées est des plus solides; on place, avant de les introduire dans le trou, un coin dans la bifurcation (*fig.* 956), puis, les chassant avec force jusqu'au fond de leur logement, le coin écarte les deux branches et les fait serrer fortement contre les parois. On complète ensuite le scellement en remplissant le trou avec du plomb, du plâtre, des mortiers hydrauliques ou des mélanges résineux.

Quelquefois on peut diminuer le travail de l'assiette de la base en la disposant en gradins dans le sens transversal, ainsi qu'on le voit dans la *fig.* 957; d'autres fois, il est avantageux et même indispensable de soutenir les tranches des couches par un mur (*fig.* 958). Cette dernière disposition est fréquemment commandée dans les cas où la roche est fortement attaquable par l'action de l'air, cas qui se présente notamment avec nos schistes houillers.

On comprend d'ailleurs qu'il est toujours avantageux d'éloigner le pied des ouvrages du bord de l'escarpement autant que les circonstances locales le permettent.

766. Cas où le terrain solide n'a qu'une épaisseur limitée. — Il est des cas où l'on trouve une couche de rocher ou de terrain solide recouvrant une épaisseur plus ou moins considérable de terrain meuble et compressible ; dans ce cas il faut s'assurer, par tous les moyens que la prudence peut suggérer, si la couche solide est d'une force suffisante pour supporter, sans se rompre, la charge de l'édifice ; car, dans le cas contraire, il faudrait procéder à peu près comme si l'on fondait sur le mauvais terrain lui-même.

767. Cas où le terrain est miné. — Le terrain peut avoir été miné par d'anciennes exploitations, dont le *toit* pourrait céder sous la charge de l'édifice ; dans ce cas, il est toujours prudent d'établir verticalement, en dessous des principaux points d'appui, des piliers souterrains qui reportent la charge sur le sol non excavé, comme dans la *fig.* 959 ; il est souvent résulté de très-graves accidents de l'inobservance de cette précaution, et, tout récemment encore, c'est à cette cause que l'on a attribué la chute d'un des bâtiments de la station d'Ans, près de Liége.

768. Cas où le terrain solide ne se montre qu'en quelques points de la surface. — Il arrive quelquefois que le terrain présente sur quelques points de la longueur des murs une solidité presque indéfinie, tandis que l'intervalle qui les sépare est occupé par des masses dont le degré de résistance est plus ou moins douteux. Lorsque la chose est faisable, il est toujours d'un bon effet de jeter des voûtes de décharge d'un des points solides à l'autre, comme on l'a représenté *fig.* 960. Le remplissage sous les voûtes pourrait être supprimé à la rigueur dans certains cas.

769. Cas où le terrain présente une grande irrégularité. — Les rochers sur lesquels il faut s'établir présentent parfois des irrégularités telles qu'il est difficile d'y prendre pied avec des maçonneries régulières. Le meilleur parti à prendre, dans ce cas, est de former une base en béton que l'on coule dans des caisses semblables à celles qui servent à la fabrication du pisé, et qu'on arase au-dessus des aspérités les plus élevées. On monte ensuite la maçonnerie régulière sur cet arasement.

Toutes ces différentes complications peuvent se présenter à la fois dans une même localité, et les moyens de parer aux inconvénients qui en résultent peuvent alors se combiner d'une manière plus ou moins heureuse. L'étude approfondie de tous les accidents du terrain indique bientôt à un homme intelligent quelles sont les combinaisons les plus efficaces, et en même temps les moins coûteuses, propres à neutraliser les mauvais effets des dispositions naturelles.

770. Fondation sur le sable bouillant. — On fonde immédiatement sur le sable mouvant ou sur le sable bouillant lorsqu'il se présente en couches d'une grande épaisseur, et voici comment on s'y prend :

Après avoir tracé la tranchée de fondation sur le sol, on en effectue le déblai jusqu'à la rencontre du sable, mais en ne l'attaquant que sur une longueur telle que les maçons qu'on peut y mettre à l'ouvrage puissent la remplir de maçonnerie pendant leur journée. Autant que possible, il faut éviter de descendre la base de la maçonnerie dans le sable ; mais si la chose est nécessaire, on effectue, aussitôt la précédente opération terminée, le déblai dans le sable sur une longueur de 1ᵐ,20 à 0ᵐ,50, et l'on met la tranchée à profondeur moins l'épaisseur de la première assise de maçonnerie. Cela étant fait avec toute la promptitude possible un maçon creuse à l'une des extrémités de la tranchée, la place nécessaire à la pose de la première pierre de l'assise, et il la place aussitôt dans un bain de mortier. Immédiatement après, il prépare la place d'une seconde pierre et la pose de même; il continue ainsi, pierre par pierre, à former la première assise.

Dès que cette première assise a atteint une longueur suffisante, on fait entrer un deuxième maçon dans la tranchée pour travailler à la seconde assise, en même temps que le premier maçon continue à construire la première : un troisième, puis un quatrième maçon, si c'est nécessaire, entrent ainsi successivement dans la tranchée pour construire de la même façon les troisième et quatrième assises. L'ouvrage avance, de cette manière, par gradins jusqu'à ce que la fondation soit arasée dans toute son étendue.

Dès que le premier maçon est arrivé au bout de la tranchée creusée dans le sable, ou même un peu avant, on ouvre une nouvelle portion à la suite de la précédente et l'ouvrage se continue ainsi sans interruption.

Toute cette maçonnerie doit être faite à bain fluant, du meilleur mortier hydraulique qu'on puisse se procurer. Il arrive quelquefois que l'on voit flotter les premières assises et que la maçonnerie semble ne pouvoir prendre consistance; il ne faut pas s'en alarmer, mais aller son train et continuer toujours sans interruption : la prise rapide des mortiers les affermit bientôt.

FONDATIONS SUR PILOTIS ET SUR PILIERS.

771. Idée générale d'une fondation sur pilotis. — Un pilotis (*fig.* 961) se compose d'un certain nombre de forts piquets ronds ou carrés appelés *pilots* ou *pieux*, enfoncés au moyen de la percussion à travers un terrain non résistant et prenant pied dans une couche de terrain solide. Les têtes des pilots ou des pieux portent à fleur du fond de la tranchée de fondation (à laquelle on donne toujours 50 à 60 centimètres de profondeur au moins) un fort *grillage* formé de poutres croisées d'équerre, assemblées entre elles et avec les pilots, et recouvertes assez souvent d'un plancher en madriers sur lequel on maçonne la première assise du fondement. Toute cette construction sera détaillée plus loin (3ᵐᵉ section).

772. Fondation sur piliers. — Pour fonder de cette manière, on creuse à espacement régulier, sur toute l'étendue du mur à construire, un système de puits ronds ou carrés qu'on enfonce jusqu'au bon terrain. On construit ensuite dans ces puits des piliers en maçonnerie qui servent de pieds-droits à un système de voûtes en plein cintre ou en arc de cercle, qu'on jette de l'un à l'autre et sur lesquelles on construit la première assise de la base du mur, après les avoir extradossées ou arasées de niveau.

Le nombre et la section transversale des piliers dépendent naturellement de la charge que chacun d'eux aura à supporter, et de la nature des matériaux employés à leur construction. En représentant par n leur nombre, par Ω l'aire de leur section transversale, par P le poids total du mur, et par R'_1 la limite de la charge permanente, on aura pour déterminer n, en se donnant Ω ou réciproquement, la formule

$$n\,\Omega = \frac{P}{R'_1}.$$

Lorsque les murs sont fort épais, afin d'éviter des difficultés dans le creusement des puits et d'épargner en même temps de la maçonnerie, on construit deux ou plusieurs rangs parallèles de piliers comme ci-dessus ; puis on les réunit par des arcs transversaux qui, arasés de niveau, portent à leur tour les retombées d'un système d'arcs longitudinaux servant de base au mur. Ce système d'arcs transversaux et longitudinaux peut être remplacé par des voûtes d'arête.

Toutes ces dispositions sont représentées par les figures 962, 963, 964, pl. XXXII.

Quelquefois, pour soulager les piliers d'une partie de la charge qu'ils ont à supporter, on les réunit, comme dans la *fig.* 965, par des voûtes renversées dont l'extrados pose sur le mauvais terrain. De cette manière une partie de la pression est transmise à celui-ci, et l'on profite ainsi de toute la résistance dont il est capable pour alléger les supports principaux.

773. Procédé employé aux Indes. — On peut remplacer les piliers pleins par des espèces de colonnes creuses dont l'intérieur est rempli de menue blocaille, et l'on peut supprimer les voûtes en rapprochant suffisamment les supports, et en damant fortement la terre comprise dans les intervalles qui les séparent. Cette méthode est employée aux Indes avec un entier succès ; nous l'avons représentée par un plan et deux coupes verticales dans la *fig.* 966.

La construction des colonnes creuses s'y fait d'une manière ingénieuse et qui mérite d'être connue : On trace sur le terrain un cercle de 1ᵐ,60 à 1ᵐ,70 de diamètre qui marque le contour extérieur du support. On construit ensuite ce support à l'endroit ainsi marqué, en donnant à ses parois une épaisseur de 30 à 35 centimètres et en l'élevant jusqu'à deux ou trois mètres au-dessus du sol ; on le laisse sécher, puis on le garrotte extérieurement d'une corde de paille de seigle d'environ trois centimètres de diamètre, qui s'enroule de bas en haut en spirale jointive, de la même manière qu'on ficèle les carottes de tabac. Cette corde maintient les pierres côte à côte. Pour empêcher la disjonction des assises, on place en croix sur l'assise supérieure deux madriers auxquels on attache un petit câble d'un centimètre de grosseur, qui descend par l'intérieur et remonte extérieurement dans une direction verticale.

Cette maçonnerie étant ainsi consolidée, un terrassier se fait descendre dans l'intérieur et creuse également et peu à peu sous l'emplacement qu'elle occupe, de manière à la faire descendre sans secousse jusqu'à ce que l'assise supérieure soit au niveau du sol. On cesse alors le déblai et l'on maçonne de nouvelles assises que l'on cordèle comme les premières ; on continue ensuite à déblayer et à faire descendre la maçonnerie comme précédemment. Les déblais remontent comme dans un puits de mine.

La base de la maçonnerie étant descendue à la profondeur voulue, on remplit le vide intérieur avec des décombres, des débris et des éclats de pierres ou de briques, des cailloux ou des galets de rivière arrangés à la main par lits et garnis de sable ou de la terre fournie par les déblais. On dame ensuite la terre entre les puits ; on y jette, pour la comprimer encore plus et remplir le vide produit par le damage, quelques brouettées d'éclats de pierres ou de briques.

Ces remblais achevés, on arase le tout et l'on établit comme à l'ordinaire la première assise de maçonnerie.

On peut, pour plus de solidité, couler de la chaux liquide sur tout cet arasement, ou noyer la blocaille dans un mélange de chaux et de sable en poudre, comme cela sera expliqué plus tard.

On pourrait encore poser, sur l'ensemble des supports creux, un grillage en bois semblable à celui qu'on construit sur les pilotis ; mais ce mélange de bois et de maçonnerie paraît cependant peu recommandable.

Nos mineurs wallons emploient à peu près le procédé décrit plus haut pour *passer* les sables bouillants et les mauvais terrains en général ; seulement ils n'entourent pas extérieurement la maçonnerie du puits par une spirale en paille, mais ils posent leur première assise sur une couronne circulaire en madriers assemblés solidement, et, de distance en distance, ils interposent de semblables couronnes entre les assises de maçonnerie. Lorsque le cas l'exige, ils relient ces diverses couronnes entre elles par des cordages qu'ils enlèvent une fois le puits terminé. On pourrait remplacer ces cordages par des boulons en fer qui iraient d'une couronne à l'autre et les réuniraient plus fortement.

L'emploi de ces couronnes paraît en tout cas préférable à celui de la croix en madriers employée par les Indiens, qui doit être gênant pour l'excavation et la remonte des déblais.

Il nous paraît, quoiqu'on semble dire le contraire dans une notice insérée au *Mémorial de l'officier du génie* (1), que ce mode de fonder est propre à réussir dans les mauvais terrains d'une profondeur indéfinie ; car, d'une part, il crée une sorte d'encaissement pour les parties du terrain qui restent entre les puits, et de l'autre l'ensemble de ces puits et de leur remplissage forme un *enrochement* des mieux combinés. Or, nous verrons tout à l'heure que l'enrochement est un des moyens employés en pareille circonstance, et l'encaissement, même incomplet (2), ne peut

____

(1) T. VI, p. 65, réimpression belge.

(2) **On pourrait** rendre l'encaissement complet en rapprochant les puits de manière à les mettre en contact.

qu'être favorable à sa consolidation. Néanmoins il est clair qu'il est d'une réussite plus certaine lorsqu'on peut descendre les puits jusqu'au bon terrain.

774. Cas dans lesquels il convient d'employer les fondations sur pilotis et sur piliers. — On fait en général de la fondation sur pilotis un usage vraiment abusif. Il suffit, pour beaucoup de constructeurs, que le terrain soit d'une résistance douteuse pour que, sans plus ample examen, ils aient recours à ce mode dispendieux de construction. Or, nous n'hésitons pas à dire que, dans un grand nombre de cas de cette espèce, on fait, en opérant ainsi, une dépense presque toujours inutile quand elle n'est pas nuisible.

Pour être pleinement justifié *dans les constructions ordinaires*, l'emploi du pilotis ne devrait avoir lieu que quand on peut, sans donner une longueur démesurée aux pilots, leur faire prendre pied dans une couche de terrain solide. En effet, si les pilots n'atteignent pas le terrain solide, il peut arriver, et cela a été observé plus d'une fois, que la résistance qu'on éprouve pour les enfoncer donne une idée fausse de la charge qu'ils pourront supporter d'une manière permanente. Cette résistance n'est due, dans ce cas, qu'au frottement que le resserrement du terrain fait éprouver aux pilots qu'on y enfonce ; mais la pression que développe ce resserrement pendant l'opération du battage diminue presque toujours au bout d'un certain temps, parce que, des zones voisines des pilots où il est comme concentré dans le principe, le resserrement se transmet de proche en proche aux zones plus éloignées : d'où il résulte que le terrain, après s'être *tendu* en quelque sorte, se *détend* suivant une proportion qu'il est impossible d'apprécier *à priori*. La pression et le frottement contre le pilot diminuant en vertu de cette détente, on conçoit à quels mécomptes elle peut donner lieu.

Ce raisonnement fera voir, au surplus, que si l'on jugeait opportun d'employer le pilotis dans un mauvais terrain d'une profondeur indéfinie, on aurait d'autant moins de chances d'éprouver les conséquences funestes de cette détente, que l'espace compris entre les pilots serait moindre ; et qu'on les éviterait tout à fait en battant les pilots presque jointivement. Ce dernier procédé a été employé avec succès dans plusieurs constructions anciennes ; mais il est en général trop coûteux, relativement à d'autres, dont l'efficacité est pleinement reconnue, pour qu'on puisse en conseiller l'usage, sauf dans des cas exceptionnels. Remarquons enfin que l'effort du choc étant transmis au terrain par l'intermédiaire d'un corps plus ou moins élastique et flexible, il doit en résulter des pertes de force vive qui tendent à augmenter l'inexactitude de l'appréciation.

Outre ces considérations qui tendent à limiter l'emploi des pilotis aux cas où l'on peut leur faire prendre pied dans le terrain solide, il en est encore un autre qui conseille de n'en faire usage que quand cette condition peut être satisfaite sans donner aux pilots une longueur démesurée. On comprend effectivement que de longues pièces de bois, réunies par des entures longitudinales, enfoncées presqu'en entier au travers d'un terrain peu résistant, sont susceptibles de fléchir et de céder sous la charge en s'inclinant. C'est même, pensons-nous, à une cause de cette nature qu'est dû l'état de ruine dans lequel se trouvent les forts bâtis dans le polder en face d'Anvers. Nous croyons, en résumé, qu'on devrait être fort réservé dans l'emploi des pilots dès qu'il est nécessaire de leur donner, pour atteindre le bon terrain, plus de sept à huit mètres de longueur; et que, passé cette limite, on devrait toujours préférer à l'emploi des pilots (pour les constructions non hydrauliques bien entendu) l'une ou l'autre des dispositions que nous allons décrire, comme plus spécialement applicables aux mauvais terrains d'une profondeur indéfinie.

Quant aux fondations sur piliers pleins ou creux, la même limite ne saurait exister. La comparaison de la dépense qu'elles nécessiteront dans chaque cas particulier, avec celle d'un autre système présentant les mêmes conditions de sécurité, pourra seule faire connaître les cas où il faudra en faire usage ou leur en préférer d'autres.

FONDATIONS SUR MAUVAIS TERRAIN.

775. Définition. — Nous entendons par fondation sur mauvais terrain toutes celles qui doivent s'établir sur du terrain compressible ou sans consistance, cas qui se présente toutes les fois que le mauvais terrain a une épaisseur trop grande pour qu'on puisse en le traversant, dans les conditions fixées précédemment, par des pilots ou des piliers en maçonnerie, prendre des points d'appui sur le terrain solide. Ces fondations sont celles qui en général exigent le plus d'attention et d'intelligence dans le choix des différents moyens auxquels on peut avoir recours.

776. Méthodes diverses de fonder en mauvais terrain. — Les méthodes les plus employées pour fonder en mauvais terrain sont :

1º La fondation sur terrain naturel, après avoir au préalable comprimé le sol;

2º La fondation sur grillage en charpente avec ou sans encaissement;

3º La fondation sur pilotis;

4º La fondation sur enrochement;

5º La fondation sur massif de béton;

6º La fondation sur terrain rapporté.

777. Cas auxquels peut s'appliquer la fondation sur terrain naturel. — Cette manière de fonder peut s'appliquer en général à tous les terrains qui ne sont compressibles qu'à un faible degré. On en a même fait usage, et avec succès, sur des terrains tourbeux recouverts d'une couche épaisse de terre franche ou de terre végétale, et sur des masses de sables vaseux ou d'argile ramollie qui présentaient à la surface une croûte solide plus ou moins épaisse. Les seules précautions particulières à prendre dans ces différents cas sont : 1º d'entamer le moins possible la couche ou croûte superficielle, afin de ne pas diminuer sa résistance; 2º de battre à la *hie* ou au *mouton* (1) le fond de la tranchée, afin de resserrer le

______

(1) On appelle *hie* ou *demoiselle* une pièce de bois ferrée, armée de poignées, et d'un poids

terrain et de diminuer autant qu'on le peut le tassement qui résulterait de sa compressibilité ; 3° de donner à la base du fondement un grand *empatement*, c'est-à-dire une grande largeur, afin de répartir la charge sur une plus grande surface et par suite d'en diminuer l'effet ; 4° enfin, de monter uniformément les maçonneries sur tous les points à la fois, afin de ne pas charger le terrain d'un côté plus que de l'autre et d'obtenir par là des tassements réguliers.

La grandeur des empatements peut s'estimer approximativement au moyen des considérations du n° 752, comme nous allons le montrer.

Supposons que pour battre le terrain, ainsi que nous venons de le dire, on ait fait usage d'une hie pesant 50 kilogrammes, ayant une surface battante de $0^m,04$; qu'on l'ait fait tomber de $0^m,30$ de haut, et qu'à chaque coup on ait obtenu une dépression de terrain égale à $0^m,03$. Faisant usage de la formule (B) du numéro susmentionné, on trouvera que le même effet peut être produit par une charge égale à

$$Q = \frac{50}{0,04}\left(\frac{0,30}{0,03}+1\right) = 13750 \text{ kilogrammes par mètre carré.}$$

Admettons maintenant qu'on ait à construire sur ce terrain un mur de bâtiment qui, avec le poids des planchers et du comble auxquels il sert de support, pèse 30,000 kilogrammes par mètre courant : il ne s'agira que de répartir ces 30,000 kil. sur une surface telle que la charge par mètre carré ne dépasse pas 13,750 kil. Pour cela, appelant x la largeur de cette surface, son aire par mètre de longueur sera x, et l'on devra avoir

$$\frac{30000}{x} = 13750, \text{ d'où } x = \frac{30000}{13750} = 2^m,18 \text{ à peu près.}$$

On verra aisément qu'en général pour résoudre les questions de ce genre on peut poser

$$\frac{Q}{x} = \frac{P}{S}\left(\frac{H}{h}+1\right), \text{ d'où } x = \frac{Q \times S}{P\left(\frac{H}{h}+1\right)},$$

x étant la largeur de l'empatement et les autres lettres ayant les significations admises au n° 752.

On pourrait douter que la largeur de l'empatement trouvé au moyen de cette formule soit suffisante pour parer à toute éventualité, en considérant qu'une charge permanente pourra produire (comme nous en avons fait l'observation aux n°s 752 et 774) un affaissement plus considérable que celui indiqué par l'expé-

qui permet à deux ou trois hommes au plus de la manœuvrer sans recourir à l'emploi d'une machine. On donne le nom de *mouton* à une hie ou demoiselle assez pesante pour exiger l'emploi d'un grand nombre d'hommes appliqués à une machine nommée *sonnette*.

rience du battage à la hie. Mais il y a à remarquer ici premièrement que le terrain ayant déjà subi une compression par l'effet du battage qui a servi à apprécier sa résistance, il est vraisemblable qu'un nouveau battage de même force, ou une charge équivalente, produira un effet beaucoup moindre, et secondement qu'on n'a pas autant à craindre les effets du desserrement du terrain que dans le cas du battage de pilots, et à tenir compte des pertes de force vive. C'est, au surplus, un sujet sur lequel on n'a jusqu'à présent aucune donnée précise. Nous verrons seulement, plus tard, que quand on répartit la charge sur un terrain compressible au moyen d'un pilotis, on ne compte guère que sur 1/90 à 1/20 de la résistance qu'il accuse par le résultat du battage; mais nous pensons que, dans le cas présent, on peut sans inconvénient se rapprocher beaucoup plus de la limite théorique assignée par la formule.

En tout cas il est prudent, lorsqu'on n'est pas pressé par le temps, de ne pas monter l'édifice tout d'un coup, mais au contraire de mettre d'assez longs intervalles entre la construction des diverses parties en élévation, afin de laisser aux maçonneries le temps de s'asseoir tranquillement, de s'affermir par la prise des mortiers, et, en cas d'accident, de pouvoir y porter remède avant qu'il n'en soit plus temps.

778. Fondations sur grillage en charpente. — Lorsqu'on estime que le terrain est trop mauvais pour pouvoir se prêter à la méthode précédente, on se décide quelquefois à établir la base de l'édifice sur un fort *grillage en charpente*, formé de poutres assemblées à angle droit et recouvert d'un plancher. Ce grillage a pour but et pour effet de répartir les pressions d'une manière plus régulière sur le sol; mais, comme il a l'inconvénient de se pourrir assez vite, on voit souvent les édifices fondés par ce procédé se ruiner promptement. On doit, lorsqu'on est obligé d'y avoir recours, prendre toutes les précautions que l'on juge les plus efficaces pour préserver les bois du grillage de la corruption. Les procédés d'injection du docteur Boucherie, qui ont été décrits dans la 1re partie, trouveraient certainement une application avantageuse dans ce cas.

Il faut prendre d'ailleurs la précaution d'enfoncer suffisamment le grillage sous la surface du sol pour qu'il ne puisse être *déchaussé*. L'influence de l'humidité du sol d'une part et celle de l'atmosphère de l'autre ne pouvant que hâter, en cas semblable, sa destruction.

L'emploi de ce moyen supposant un terrain d'une nature déjà fort mauvaise, il est prudent, pour des constructions importantes, de charger le grillage, pendant un temps plus ou moins long, d'un poids au moins équivalent à celui de l'édifice avant de commencer les maçonneries. Moyennant cette précaution, on fait prendre au terrain tout son tassement, et l'on évite ainsi, pour la suite, des accidents quelquefois fort graves et auxquels il devient souvent impossible de remédier totalement.

Lorsque la nature du terrain fait préjuger qu'on pourra retirer quelque bénéfice de l'encaissement, on ne doit pas négliger d'y avoir recours. L'encaissement peut consister en une enceinte en pilots jointifs ou en *palplanches* (1), qui s'appuie contre le grillage.

On trouvera plus loin (3me section) des détails très-circonstanciés sur la construction de ces encaissements qui sont surtout fréquemment employés dans les constructions hydrauliques.

779. Fondations sur pilotis. — Nous avons déjà dit un mot de ce genre de construction au n° 774. Ordinairement on y emploie des pilots très-courts, mais qu'on rapproche autant que possible les uns des autres, afin d'en composer en quelque sorte un banc factice sur lequel on assoit l'édifice.

Ce genre de fondation est fort coûteux, et d'un autre côté il présente le même inconvénient que le précédent ; c'est-à-dire que les pilots peuvent, dans certains cas, se pourrir assez promptement et laisser ainsi l'édifice sans autre appui que le sol. Pour remédier tout à la fois à ces deux inconvénients, on a essayé, dans ces derniers temps et avec un entier succès, de remplacer les pilots en bois par des pilots en *sable* ; c'est-à-dire qu'on s'est borné à former dans le sol des trous légèrement coniques, en y enfonçant, à coups de mouton, un pilot qu'on arrachait ensuite, et à remplir ces trous avec du sable fin et sec. L'emploi du sable offre en outre cet avantage qu'une partie de la pression verticale est reportée contre les parois latérales du trou. Un petit nombre d'expériences faites pour constater cette propriété donnent tout lieu de supposer que la moitié seulement de la charge portant sur la tête du pilot de sable est supportée par le fond. On ne donne pas plus de deux mètres de longueur sur vingt centimètres de diamètre aux pilots de sable.

780. Fondations sur enrochement. — Les procédés que nous venons de décrire, quoique applicables dans un grand nombre de mauvais terrains, seraient insuffisants dans des terrains vaseux à divers degrés de liquidité. Il faut souvent, dans ce cas, recourir à la formation, au milieu de ces vases liquides, de grands massifs de pierre, sur lesquels on établit ensuite l'édifice comme sur le terrain naturel.

Ces massifs de pierre se nomment *enrochements*. On les forme en jetant pêle-mêle des blocs de pierre qui s'enfoncent, par l'effet de leur propre poids ou de celui des pierres dont on les charge, en déplaçant le terrain qui se trouve au-dessous. On ne cesse le chargement que lorsque la masse tout entière n'éprouve plus de tassement. On arase alors, de niveau, le dessus de l'enrochement, et l'on y établit la première assise de maçonnerie. Mais, avant d'aller plus loin, la prudence commande de charger cette première assise d'un poids au moins égal à celui de l'édifice.

781. Fondations sur massifs de béton. — On emploie fréquemment en pareil cas une forte couche de béton qu'on coule dans une fouille suffisamment

---

(1) On appelle *palplanches* des espèces de pieux méplats qui se battent jointivement, de manière à former une paroi continue, à laquelle on donne le nom de *file de palplanches*.

profonde, et dont les parois sont maintenues par un coffrage en planches. Le béton, une fois pris, forme un véritable banc de pierre qui, s'il a une épaisseur suffisante, peut porter l'édifice en toute sécurité.

782. Fondations sur terrain rapporté. — Les enrochements ont été quelquefois remplacés par un massif de terre de bonne qualité, bien damée ; mais ce mode de fondation est rarement employé. On a fait seulement, depuis quelques années, des essais heureux d'une construction qui rentre dans cette catégorie. On a réussi, dans un certain nombre de cas, à fonder solidement et avec une grande économie, en mauvais terrain, des ouvrages en maçonnerie, en les faisant porter sur une couche épaisse de sable fin et sec, étendu et damé au fond de la tranchée de fondation. Ce procédé, employé pour la première fois aux ouvrages de Bayonne, a été essayé avec succès en Belgique. On a fondé de cette manière, sur un terrain qu'on peut considérer comme très-mauvais, au fort Sainte-Marie, sur la rive gauche de l'Escaut (en 1843), un magasin à poudre, auquel il n'est pas survenu le moindre accident jusqu'à présent (1).

---

(1) Ayant appris que ce genre de fondation avait été expérimenté à Charleroi sur une plus grande échelle, je me suis adressé à M. le capitaine du génie Roland, mon ami, qui s'est empressé de me communiquer la note suivante qui sera lue avec un haut intérêt :

« L'établissement du passage voûté sous la courtine, à la porte de Philippeville de Char-« leroi, date de 1818.

« Cette construction a été établie ᵖᵃʳᵗᶦᵉ sur un terrain naturel d'alluvion très-résistant, « et partie sur le fond du fossé des anciennes fortifications de Vauban (terrain de nature « glaiseuse et compressible). Selon le système généralement suivi par les constructeurs hol-« landais, les fondations furent uniformément assises sur un pilotis surmonté d'un grillage. « Peu de temps après l'achèvement des maçonneries, un effet de tassement se manifesta par « des crevasses dans la partie assise sur l'ancien fossé. Cet effet fut assez compromettant pour « nécessiter, quelques années après (vers 1821), une reconstruction partielle du passage en « question. On se borna, pour consolider l'assiette des fondations, à enfoncer de nouveaux « pilots, bien que l'accident eût constaté que les pilots n'avaient pas une fiche en rapport « avec la pression du massif.

« Cette insuffisance des moyens employés pour suppléer à la mauvaise qualité du sol donna « lieu à un nouvel effet de compression, qui produisit derechef, dans les pieds droits et « dans la voûte de la partie reconstruite, de nombreuses lézardes.

« Quoique les déchirements eussent un caractère très-prononcé et atteignissent en « plusieurs endroits une largeur de 12 à 15 centimètres, cet état de choses subsista « cependant jusqu'en 1844, époque où il fut reconnu urgent de procéder à une nouvelle « restauration.

« D'après le résultat des expériences faites à Genève et à Bayonne, vérifiées ici par des « essais en petit, on proposa de rétablir la partie lézardée sur un massif de sable ; moyen qui « fut adopté par le département de la guerre et mis à exécution.

« En se basant sur les précédents que l'on vient d'indiquer, on fixa l'épaisseur de ce mas-« sif à un mètre sur toute la surface de la partie à reconstruire, avec un empatement d'un « mètre sur la maçonnerie. Le fond de l'excavation fut au préalable convenablement nivelé, « et l'on éleva, pour encoffrer le sable, de petits murs en moellons de $0^m,50$ d'épaisseur sur « un mètre de hauteur.

783. Difficultés qu'elles présentent. — Les fondations qui doivent s'établir sur un terrain dont la nature et la résistance ne sont pas les mêmes sur toute l'étendue de l'édifice sont peut-être celles qui sont les plus difficiles à bien coordonner. En effet, lorsque le terrain est uniformément mauvais, si l'on prend la précaution de le charger également sur tous les points, le tassement se fait d'une manière uniforme, et il y a peu de chances que des déchirements se produisent dans les maçonneries; mais lorsque, à côté d'un terrain résistant, on en trouve un qui l'est beaucoup moins et sur lequel l'édifice doit également s'étendre, il est difficile de régulariser aussi bien les tassements, même en prenant toutes les précautions imaginables.

784. Moyens d'y obvier. — Les circonstances locales indiqueront parfois ce qu'il y a de mieux à faire pour y réussir ; mais en général, et à moins qu'on ne puisse atteindre sur tous les points le terrain solide au moyen de pilots ou de piles de diverses longueurs, il est prudent d'augmenter d'autant plus l'empatement des maçonneries que le terrain est plus mauvais.

La percussion pourra, dans certains cas, donner, pour régler la largeur des empatements, des indications utiles.

Supposons, comme au n° 777, qu'on veuille bâtir un mur pesant 30,000 kil. par mètre courant, et qu'à côté d'un terrain sur lequel le choc de la hie de 50 kil., ayant $0^m,04$ de surface battante et tombant de $0^m,30$ de haut, a occasionné une dépression de $0^m,03$, il s'en trouve un autre sur lequel, dans les mêmes circonstances, la hie produise à chaque coup un enfoncement de $0^m,05$, on trouvera pour la largeur de l'empatement de cette partie, au moyen de la formule du numéro prérappelé :

« Le sable très-pur déversé dans cet encoffrement par couches de 25 centimètres fut suc-
« cessivement tassé à la dame plate, de manière à obtenir autant que possible le maximum
« de compression de la matière. Toutefois, on a pu s'assurer, pendant l'exécution, que le
« sable pur reçoit un tassement parfait au moyen d'un arrosement assez copieux, mais pas
« assez cependant pour le saturer. Sur ce massif de sable fut établie une plate-forme en béton
« de $0^m,50$ d'épaisseur, où fut immédiatement assise la maçonnerie.

« Des observations suivies et très-minutieuses, commencées dès le début de l'exécution des
« maçonneries, n'ont révélé aucun tassement appréciable, et depuis lors cette partie du pas-
« sage offre tous les caractères d'une solidité parfaite. On peut donc dire que le mode de fon-
« dation dont il s'agit a présenté un résultat concluant dans cet essai, le premier de quelque
« importance qui, à cette époque, eût été fait en Belgique. L'emploi du sable dans cette
« circonstance, et dans quelques autres moins importantes où je l'ai appliqué, m'inspire une
« telle confiance et réunit d'ailleurs tant d'avantages sous le rapport de l'économie, de la
« simplicité, de l'ubiquité et de l'inaltérabilité, que je n'hésite pas à le recommander comme
« un moyen très-efficace de surmonter les difficultés qui naissent fréquemment de la
« nature du sol.

$$x = \frac{30000 \times 0.04}{50 \left(\dfrac{0.30}{0.05} + 1 \right)} = 3^m,43$$

au lieu de $2^m,18$ que nous avons trouvés précédemment pour la partie adjacente.

Ces observations s'appliquent d'ailleurs au cas d'un édifice bâti sur un terrain uniformément compressible, mais dont les diverses parties ont des poids différents. Le simple raisonnement, d'accord avec la formule, indique ici que la largeur des empatements doit être proportionnelle aux charges.

L'inobservance de cette dernière précaution a été bien souvent cause d'accidents très-graves. C'est à cette cause peut-être, plus qu'à toute autre, que l'on doit attribuer les nombreuses lézardes qui se sont manifestées à l'Entrepôt de Bruxelles pendant sa construction.

Enfin, nous n'avons pas besoin d'ajouter que, en terrain varié, des augmentations d'empatements ne suffiraient pas toujours pour obvier à tous les inconvénients qui pourraient résulter de la présence, sur certains points, de terrains très-mauvais. Il faut alors recourir pour ces parties aux divers moyens qui ont été indiqués précédemment. Lorsque la chose est faisable, on soulage ces parties mauvaises par des voûtes en décharge jetées par-dessus, et portant de part et d'autre sur le terrain plus solide adjacent (1).

---

(1) Quelques essais qui ont bien réussi autorisent à croire que le sable peut rendre de grands services dans des cas pareils. Vers 1838, j'ai reconstruit à l'hôpital militaire de **Namur** un long mur de clôture dont une partie portait sur un terrain argileux très-ferme, et une autre sur un terrain de vase presque liquide ; j'ai fait établir sur ce dernier un massif de sable damé d'un mètre d'épaisseur affleurant avec le fond de la tranchée creusée dans le terrain argileux ; puis j'ai recouvert le massif de sable d'un léger grillage en bois de hêtre, dont l'extrémité portait d'une couple de mètres sur le fond argileux. On a ensuite monté la maçonnerie, qui jusqu'à présent n'a pas fait le moindre mouvement. J'ai pensé, d'après ce que j'ai appris depuis lors, que le grillage était une précaution superflue. La construction exécutée par le capitaine Roland, qui fait l'objet de la note précédente, était exécutée dans des conditions encore plus défavorables peut-être. Je lis d'un autre côté, dans une notice qu'a bien voulu me communiquer M. le lieutenant du génie Ablay, que, plus récemment, les nouvelles portes de Lillo et du Rhin à Anvers ont été construites partie sur d'anciennes fondations et partie sur un massif de sable, et que jusqu'à présent on n'y a pas observé la moindre déchirure. La note que je viens de citer du lieutenant Ablay renferme encore une observation qu'il me paraît utile de consigner ici :

« Quand le fond de la fouille est vaseux, dit cet officier, il ne faut pas damer d'abord, « mais y jeter une couche de sable assez épaisse pour qu'on n'ait pas à craindre qu'elle se mé- « lange avec la vase et se réduise en bouillie en la damant ; il vaut mieux augmenter l'épais- « seur de la couche de sable de 40 à 50 centimètres que de s'exposer à cet effet. »

§ II. FONDATIONS HYDRAULIQUES.

785. Préliminaire. — Ce que nous avons dit, au n° 760 , touchant les cas qui peuvent se présenter dans l'établissement des fondations ordinaires est également applicable aux fondations hydrauliques; seulement , dans chacun des quatre cas indiqués, il y a de plus à examiner si le sol peut ou non résister à l'action des eaux qui le baignent ou le pressent. Cette considération restreint singulièrement les cas où, en fait de constructions hydrauliques (surtout celles qui doivent être établies dans l'eau courante), on peut fonder , sans préparation, sur le terrain naturel. Presque toujours on est obligé d'établir au moins quelques constructions défensives pour soustraire le sol à l'action érosive des eaux. Cette action, en effet, est des plus dangereuses; elle peut à la longue, même dans des terrains qui paraissent très-résistants, causer des *affouillements* sous la base de l'édifice et en déterminer ainsi la chute prématurée. On ne saurait donc prendre trop de précautions pour se prémunir contre cette cause destructive qui, à elle seule, a ruiné plus d'ouvrages hydrauliques que toutes les autres réunies.

Le sol sur lequel on établit les ouvrages hydrauliques peut être recouvert d'une eau *stagnante* formant un *étang* , un *marais* ou un *lac*, dont le niveau peut être constant ou variable; il peut être recouvert par une eau *courante* constituant un *fleuve* ou une *rivière*, ou bien enfin par les eaux de la *mer*; dans ce dernier cas, le niveau du liquide est soumis aux oscillations diurnes des *marées*.

La hauteur des eaux d'un fleuve ou d'une rivière se rapporte toujours à l'*étiage*, niveau des plus basses eaux observées dans les temps antérieurs.

A la mer le point de comparaison se tire soit *de la plus haute mer de vive eau d'équinoxe observée* , soit *de la plus basse mer correspondante.*

Ces repères sont très-importants à établir afin de fixer convenablement la hauteur des diverses parties de la construction et de régler la conduite des travaux.

786. Procédés généraux. — En général, soit qu'on travaille au milieu d'un fleuve ou d'une rivière, d'un marais ou d'un lac, ou bien sur des terrains que la mer recouvre , on peut procéder à l'établissement des fondations hydrauliques de deux manières différentes :

    1° En employant les épuisements;

    2° Sans employer les épuisements.

Dans la première méthode, on commence d'abord par former une enceinte au moyen d'une espèce de digue appelée *batardeau* (*fig.* 967), que l'on construit avec tous les soins imaginables pour la rendre aussi étanche que possible. Cela fait, on vide, avec des *machines d'épuisement*, toute l'eau renfermée dans l'enceinte, et ayant mis ainsi le terrain à sec, on procède exactement comme s'il s'agissait d'une fondation ordinaire. Camme il est rare que les batardeaux soient parfaitement étanches, et, plus encore , que le terrain mis à découvert ne soit pas traversé par des sources ou des filtrations plus ou moins puissantes, on est obligé de continuer les épuisements jusqu'à ce que le niveau de la maçonnerie ait dépassé celui du liquide ; on démolit alors les batardeaux.

On parvient à fonder sans épuisement par trois procédés différents qui seront expliqués plus loin :

1° Au moyen de caissons sans fond remplis de béton ;

2° Au moyen de caissons foncés ;

3° Au moyen d'enrochements.

787. Classification des diverses espèces de fondations hydrauliques. — En combinant ces divers procédés avec ceux précédemment décrits pour les fondations ordinaires, on peut classer ainsi qu'il suit les diverses méthodes de fonder les ouvrages hydrauliques.

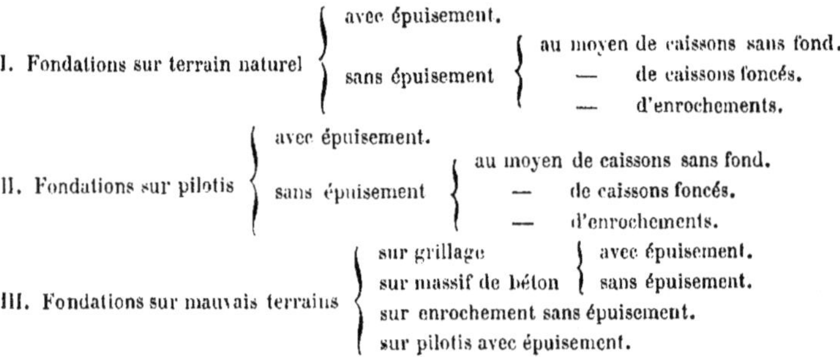

Donnons d'abord une idée générale de ces différentes méthodes.

FONDATIONS SUR TERRAIN NATUREL.

788. Terrains auxquels ce genre de fondations est applicable. — Les roches dures et cohérentes sont à peu près les seuls terrains sur lesquels on peut établir dans tous les cas, immédiatement et sans travaux défensifs, la base d'une construction hydraulique. Quelques autres espèces de terrain, comme les roches cohérentes et tendres, certains bancs de gravier, de sable ou d'argile, le permettent également, mais pour autant seulement que l'eau soit stagnante et que la construction, comme dans les écluses, les digues, etc., ne se trouve pas soumise à des charges d'eau considérables ; dans les cas contraires, on peut encore parfois s'établir sur le sol naturel dans des terrains de cette espèce en prenant la précaution de revêtir le terrain, à une assez grande distance autour du pied des maçonneries, d'une aire solide appelée *radier*, qui le soustrait à l'érosion des eaux, et de barrer le passage aux filtrations par le moyen de files de palplanches jointives. Ce dernier moyen, employé seul, suffit même dans quelques cas.

789. Fondations au moyen d'épuisement. — Pour établir une fondation hydraulique sur un terrain naturel au moyen d'épuisements, voici comment on procède : Après avoir endigué et asséché au moyen de machines d'épuisement l'emplacement des fondations, on dérase le sol de niveau, soit en entier, soit par gradins, ainsi qu'on l'a expliqué pour les fondations ordinaires aux n⁰ˢ 762 et 764. Dans les roches très-dures, on peut se borner à donner 4 à 5 centimètres de profondeur à l'encaissement dans lequel on maçonne la première assise; dans les roches moins résistantes cette profondeur doit être portée à 25 ou 30 centimètres.

Lorsque la construction est exposée à de forts courants, on augmente sa stabilité en inclinant sa base d'appui en sens contraire de la direction du courant (*fig.* 968).

On ne peut fonder avec bénéfice au moyen des épuisements que lorsque le fond n'est pas recouvert de plus de deux mètres d'eau en *étiage*.

790. Fondations sans épuisement. — 1° *Au moyen de caissons sans fond.* Pour fonder par cette méthode, on commence par égaliser le fond, autant qu'on le peut sous l'eau, au moyen d'appareils appelés *dragues, cloches à plongeur* et *scaphandres*. Après cela on relève avec la plus grande exactitude les diverses irrégularités qui subsistent encore et qu'on rapporte à un plan fixe horizontal (*fig.* 969). Cela étant fait, on construit, sur la rive ou sur des radeaux, puis l'on met à flot une forte caisse en charpente destinée à être remplie de béton. Cette caisse doit avoir une hauteur égale, ou à peu près, à celle de la profondeur du liquide, et ses côtés sont taillés inférieurement de manière à s'adapter avec toute l'exactitude possible sur toutes les irrégularités du fond. On l'amène à la place où elle doit être échouée, en la faisant flotter au moyen d'une chaîne de barils vides; là on fixe exactement sa position au moyen d'ancres et de cordages d'amarre; puis on introduit de l'eau dans les barils, de manière à rendre le système spécifiquement plus pesant et à le faire enfoncer graduellement jusqu'à ce que le fond de la caisse repose sur le sol. Une fois cette opération effectuée et réussie, il n'y a plus qu'à remplir la caisse avec du béton qu'on y coule sous l'eau au moyen de machines qui seront décrites ultérieurement, et l'on peut ensuite établir la première assise de maçonnerie sur ce massif de béton comme on le ferait sur le terrain naturel. Lorsqu'il arrive que la caisse ne se trouve pas bien échouée, on peut la relever en pompant l'eau hors des barils.

2° *Au moyen de caissons foncés.* Ce procédé, dont la *fig.* 970 donnera une idée, n'est applicable que pour autant que le sol soit parfaitement horizontal, ou qu'il puisse être rendu tel au moyen des cloches à plongeur et des scaphandres ou de la drague. Cela étant, voici en quoi il consiste : on construit sur la plage, ou sur un radeau, puis l'on met à flot une forte caisse en charpente, munie d'un fond solide et complétement étanche. Les côtés de cette caisse ont une hauteur un peu plus grande que la profondeur de l'eau et sont assemblés au fond de manière à être aisément démontés lorsque cette caisse est échouée. Le caisson est amené, comme dans le cas précédent, à l'endroit où il doit être échoué, et maintenu exactement dans la position convenable au moyen d'amarres. Tout cela étant fait, on élève la maçonnerie sur le fond du caisson, comme on le ferait sur le sol. Au fur et à mesure que les assises s'élèvent, le caisson s'enfonce et bientôt il est complétement échoué. On continue à élever la maçonnerie jusqu'à ce qu'elle dépasse le niveau du liquide, puis on démonte les côtés.

La construction, la mise à flot et l'échouage du caisson exigent une foule de soins qui seront décrits ultérieurement.

3° *Au moyen d'enrochements.* Ce procédé est rarement employé de nos jours; il consiste à construire au milieu de l'eau un gros massif de pierres jetées pêle-mêle et qu'on élève jusqu'au niveau du liquide. On bâtit ensuite sur ce massif comme sur le terrain naturel (*fig.* 971).

791. Observation. — Ces diverses espèces de fondations sur terrain naturel peuvent être employées dans le cas où le terrain solide ne serait recouvert que d'une petite épaisseur de mauvais terrain. Lorsqu'on opère par épuisement, on déblaye ce terrain comme à l'ordinaire, mais après avoir pris la précaution de descendre le fond des batardeaux jusqu'au bon terrain. Lorsqu'on procède sans épuisement, on enlève au préalable cette couche de mauvais terrain sous l'eau, au moyen de la drague, ainsi que nous l'expliquerons plus tard.

FONDATIONS SUR PILOTIS.

792. Cas auxquels ce genre de fondation est applicable. — Les cas où l'on doit fonder sur pilotis sont beaucoup plus nombreux lorsqu'il s'agit de constructions hydrauliques que quand il est simplement question d'une construction ordinaire. Non-seulement cela est indispensable quand les couches de bon terrain se trouvent situées trop profondément sous le mauvais pour qu'on puisse opérer le déblai de ce dernier; mais encore chaque fois que le terrain, quoique très-résistant à la pression verticale, n'est pas réputé assez solide pour résister à l'action des filtrations ou de l'érosion des eaux en mouvement; cas qui se présente notamment avec certains bancs de glaise et de galets ou de gravier sur lesquels on pourrait établir en toute sécurité une fondation ordinaire. On est alors obligé de descendre les points d'appui de l'édifice assez bas pour qu'on n'ait pas à craindre de les voir déchaussés un jour, et cette profondeur est souvent assez grande pour que, au milieu des embarras et des difficultés causés par la présence de l'eau, on ne puisse l'atteindre par des déblais (1).

793. Fondations au moyen d'épuisement. — Les fondations hydrauliques sur pilotis avec épuisement s'exécutent, une fois les batardeaux construits et l'emplacement de la fondation mis à sec, exactement comme les fondations ordi-

---

(1) L'emploi des pilotis dans les fondations hydrauliques offre en outre des facilités toutes particulières pour remédier aux suites des filtrations lorsque, malgré toutes les précautions prises, elles sont parvenues à miner les fondements.

naires ; nous ne reviendrons donc pas sur les détails qui ont été décrits au n° 771. Nous ajouterons seulement que, pour préserver le terrain, sous les fondements, de l'action érosive des eaux, on garnit souvent tout le pourtour du pilotis, et tout au moins les têtes d'aval et d'amont, de files de palplanches jointives (*fig.* 972).

794. Fondations sans épuisement. — 1° *Au moyen de caissons sans fond.* Pour avoir une idée de ce procédé, il suffit d'imaginer que, au lieu de battre les pilots et le coffre en palplanches jusqu'à fleur du fond, comme dans le cas précédent, on les bat seulement jusqu'à fleur d'eau. On drague, une fois l'opération du battage terminée, le terrain entre les pilots aussi profondément que possible, et l'on remplit avec du béton tout l'intérieur de la caisse formée par les palplanches jusqu'à 40 ou 50 centimètres en dessous de l'étiage ; on recèpe les pilots et on les couronne enfin par un grillage (*fig.* 973).

Dans ce cas, comme dans tous les cas analogues, on s'arrange de manière que le sommet du grillage soit placé un peu sous l'étiage, afin qu'il ne soit jamais découvert, ce qui nuirait à sa conservation. On fait assez aisément le recépage des pilots et les tenons d'assemblage à 40 ou 50 centimètres sous eau.

2° *Au moyen de caissons foncés.* Pour procéder de cette manière, on bat d'abord les pilots ainsi qu'on l'a expliqué précédemment, en portant les sonnettes sur des échafauds ou des radeaux. On les fait assez longs pour qu'on puisse les enfoncer à la profondeur voulue avant que leur tête ait atteint le niveau de l'eau. Cette opération étant terminée, au moyen de machines plus ou moins compliquées et dont la description sera donnée ultérieurement, on les recèpe au fond de l'eau dans un plan parfaitement de niveau. On drague ensuite l'intervalle entre les pilots pour enlever le plus de mauvais terrain qu'on peut, et l'on coule à sa place du béton ou un enrochement qu'on arase dans le plan des têtes des pilots. Sur la base préparée ainsi qu'il vient d'être dit, on échoue un caisson dans lequel on monte la maçonnerie, exactement ainsi qu'on l'a décrit précédemment (790, 2°). Le fond de ce caisson, en s'échouant sur la tête du pilotis, y fait office de grillage (*fig.* 974).

Si l'on avait lieu de craindre les affouillements sous le caisson, le pilotis serait complété par un coffrage en palplanches que l'on battrait jusqu'à fleur d'eau et qu'on recéperait ensuite comme les pilots.

3° *Au moyen d'enrochements.* Ce moyen est peu usité de nos jours ; on s'en fera une idée en imaginant qu'après avoir battu un pilotis comme dans le 1° de ce paragraphe, mais sans coffrage en palplanches, on en remplisse toutes les cases avec des blocs de pierre irréguliers jetés pêle-mêle et qu'on arase au niveau des têtes des pilots sur lesquels on pose ensuite le grillage. On étend suffisamment le pied de l'enrochement au delà de celui du pilotis, pour n'avoir rien à craindre des affouillements (*fig.* 975).

FONDATIONS SUR DE MAUVAIS TERRAINS.

795. Cas auxquels elles sont applicables. — On appelle *mauvais terrains,* en fait de fondations hydrauliques, ceux qui sont tout à la fois compressibles et affouillables, et d'une profondeur telle d'ailleurs qu'on ne puisse atteindre le bon terrain qui gît sous eux.

796. Fondations sur plate-forme en charpente. — 1° *Avec épuisement.* Lorsque le sol n'est compressible et affouillable qu'à demi, on établit la base de maçonnerie à laquelle on donne de très-larges empatements sur un fort grillage en charpente qui répartit la pression uniformément sur le fond nivelé avec soin. Pour empêcher l'action de l'eau sur le terrain, on enfonce dans les directions les plus convenables des files de palplanches jointives, comme dans la *fig.* 976 ; si ce moyen ne paraît pas encore suffisant, on entoure le pied de la fondation de radiers plus ou moins étendus (*fig.* 977). Tous ces travaux ne se font qu'après l'établissement des bâtardeaux et la mise à sec de l'enceinte comme on l'a déjà expliqué.

2° *Sans épuisement.* Pour fonder sans épuisement, on se sert d'un caisson foncé qu'on échoue comme on l'a déjà expliqué. Le fond de ce caisson devient, après l'enlèvement des côtés, la plate-forme sur laquelle repose la maçonnerie. Lorsque le cas l'exige, on bat au préalable des files de palplanches jointives que l'on recèpe sous l'eau, à l'emplacement du caisson ; il est inutile de répéter qu'avant d'échouer le caisson le terrain doit avoir été dragué et regalé de manière à présenter une surface plane et horizontale.

797. Fondations sur couche de béton. — 1° *Avec épuisement.* Lorsque le terrain est très-perméable ou tellement traversé de sources qu'on prévoit de très-grandes difficultés pour opérer la mise à sec, après avoir établi l'enceinte de bâtardeaux comme à l'ordinaire (*fig.* 978), on en drague le fond aussi profondément que possible, puis on y coule, sous eau, une couche épaisse de béton qu'on laisse solidifier avant d'opérer les épuisements. C'est sur cette couche de béton que l'on bâtit ensuite à sec. Il faut prendre la précaution, dans ce cas, de descendre les bâtardeaux assez bas pour qu'ils ne soient pas déchaussés par la fouille dans laquelle on coule le béton.

D'autres fois on coule la couche de béton dans une fouille préparée au moyen de la drague aussi profondément et aussi régulièrement que possible ; puis, sur les bords de cette couche, on coule des bourrelets B (*fig.* 979), également en béton, qu'on élève jusqu'au-dessus de la surface du liquide. Ces bourrelets une fois pris ainsi que la couche de fond, l'ensemble forme une véritable auge de pierre factice que l'on peut aisément épuiser et qui offre en même temps une base très-solide de fondation.

2° *Sans épuisement.* On conçoit qu'il suffirait de remplir l'intérieur de l'auge dont nous venons de parler avec du béton ou des pierres jusqu'au niveau de l'eau, pour pouvoir ensuite fonder sur ce massif sans avoir besoin d'épuiser. En outre, il va sans dire qu'au lieu de laisser prendre, au béton que l'on coule, son talus naturel sur les bords du massif, on peut le maintenir verticalement au moyen d'une caisse sans fond formée comme on l'a expliqué au n° 790.

Enfin, on peut encore échouer un caisson foncé comme on l'a expliqué précédemment (770) sur la couche de béton coulée sous eau. Ces diverses méthodes peuvent offrir des avantages dans certains cas, bien qu'elles soient peu employées.

798. Fondation sur pilotis avec épuisement. — Les pilots dont on fait usage dans ce cas sont, comme sous les fondations ordinaires, de petits pilots de 2 à 3 mètres de longueur, qu'on bat très-près les uns des autres, de manière à resserrer le terrain et à former un banc factice suffisamment solide pour résister à l'action érosive des eaux. Cette fondation ne diffère de celle qui a été décrite n° 755 que par la construction préalable des batardeaux et par les épuisements auxquels elle donne lieu. Les pilots, étant constamment immergés une fois la construction parachevée, sont moins sujets à se pourrir que dans le cas ordinaire; on conçoit d'ailleurs qu'on ne pourrait ici les remplacer par des pilots de sable.

799. Fondation sur enrochements. — Cette fondation est rarement employée aujourd'hui, mais anciennement elle l'était beaucoup pour la construction des piles de ponts. Elle consiste à former au milieu du liquide un massif de pierres jetées pêle-mêle et d'une hauteur assez considérable pour affleurer à peu près le niveau du liquide, comme on l'a déjà expliqué au n° 770.

800. Observations applicables à toutes les espèces de fondations hydrauliques faites en mauvais terrain. — Lorsque le terrain est non-seulement affouillable, mais encore plus ou moins compressible, c'est une précaution indispensable que de charger les plates-formes en charpente, les massifs de béton ou les enrochements, d'un poids au moins égal à celui de la construction avant de commencer à l'élever. On se sert pour cela des matériaux qui se trouvent sur les lieux ou des matières les plus pondéreuses dont on peut disposer, qu'on élève en piles régulières sur ces bases.

Nous répétons encore ici l'observation très-importante : qu'en pareil cas il faut faire des empatements d'autant plus grands que le terrain est plus compressible, afin de répartir la charge sur une plus grande surface.

Nous n'avons pas besoin de dire qu'il est parfois avantageux d'encaisser le terrain pour en diminuer le tassement. Lorsque le terrain est en même temps affouillable, l'encaissement est en outre très-utile comme moyen défensif.

Il faut multiplier les files de palplanches et augmenter l'étendue des radiers défensifs, d'autant plus que l'affouillement du terrain est plus à redouter. On emploie aussi dans le même but des espèces de nervures en béton ou en terre glaise, appelées *corrois*, qu'on place dans le même sens que les files de palplanches (*fig.* 980).

Enfin, lorsqu'on doit fonder, au milieu d'un fleuve ou d'une rivière dont le courant est rapide et le fond mobile, des ouvrages tels qu'un barrage, un pont, qui en rétrécissent le débouché et en changent le régime (1), on est obligé non-

_____

(1) On dit qu'un cours d'eau est à l'état de *régime* quand sa vitesse est telle qu'elle ne peut changer la forme du fond en déplaçant les sables ou les graviers,

seulement de recourir aux dispositions précédemment décrites pour assurer le pied des piles, mais encore, afin d'éviter l'affouillement du sol dans les intervalles où le courant devient plus rapide, de les étendre d'une pile à l'autre. Ces bases forment alors un large bandeau qui s'étend sans discontinuité d'une rive à l'autre et qui porte le nom de *radier général*. La largeur de ce radier est quelquefois beaucoup plus grande que la longueur des piles. Elle dépend, comme on le pense bien, de la qualité du terrain, et doit être d'autant plus grande qu'il est plus susceptible d'être affouillé.

Nous n'avons fait, dans tout ce qui précède, qu'indiquer, sans entrer dans aucun détail, une foule d'opérations trop importantes en elles-mêmes pour que nous puissions nous borner à des notions aussi imparfaites. L'objet des deux sections suivantes est de les faire connaître plus amplement.

DEUXIÈME SECTION.

DES OPÉRATIONS PRÉLIMINAIRES A L'ÉTABLISSEMENT DES FONDATIONS.

801. Énumération. — Les opérations préliminaires à l'établissement des fondations tant ordinaires qu'hydrauliques sont :

> Le sondage du terrain,
> Le déblai des tranchées,
> Le draguage et le régalage du fond,
> L'établissement des échafauds,
> La construction des batardeaux,
> Les épuisements.

ARTICLE PREMIER.

SONDAGE DU TERRAIN.

Le sondage du terrain peut se faire de diverses manières.

802. Sonde ordinaire. — Lorsque le terrain est déjà suffisamment reconnu par d'autres indications, et qu'on ne veut qu'une vérification grossière, on se sert de la *sonde ordinaire*. Cette sonde (*fig.* 981, *pl.* XXXIII) consiste en une longue barre de fer ronde ou carrée, de 3 à 8 centimètres de diamètre ou de côté, suivant qu'elle est plus ou moins longue. Elle est amincie en pointe à l'une de ses extrémités ; à l'autre elle porte une tête arrondie sur laquelle on frappe avec une masse pour l'enfoncer dans le sol ; vers cette même extrémité, elle est traversée par un ou deux trous *a* dans lesquels on passe un levier pour la faire tourner et pour la retirer. Sur divers points de sa longueur sont pratiquées des barbelures obliques *b*, d'environ 2 centimètres de profondeur, qu'on emplit de suif. Cette sonde est enfoncée à coups de masse dans le terrain, et lorsqu'elle a atteint la profondeur voulue, on la fait tourner avant de la retirer. Par cette manœuvre, les barbelures se remplissent de la terre adjacente, qui est ensuite ramenée à la surface ; mais ces indications sont, en général, trop incertaines pour qu'on puisse s'y fier dans les cas un peu importants.

803. Sonde du mineur. — On obtient des notions beaucoup plus certaines sur la nature du terrain au moyen de la *sonde du mineur*, que nous allons décrire :

La sonde du mineur se compose d'une succession de barres de fer rondes ou carrées appelées *allonges*, de 2 à 3 centimètres de diamètre ou de grosseur, et de 2 à 3 mètres de longueur, qui s'ajustent fixement les unes aux autres au moyen de divers assemblages représentés dans les *fig.* 982, 983, 984 et 985. Ce dernier est le plus solide et le plus usité. L'assemblage à vis, quoique très-simple et très-solide, offre l'inconvénient que les allonges se dévissent et se séparent quand on est obligé par une cause quelconque à tourner l'appareil en sens contraire du pas de la vis.

La première barre A de l'appareil est terminée supérieurement par un anneau dans lequel on passe un rondin qui sert à faire tourner tout le système. La dernière porte l'outil qui entame le terrain ou le rapporte à la surface. Ces outils sont de diverses espèces suivant la nature du sol et le travail à exécuter.

On distingue principalement parmi eux :

La *tarière* (*fig.* 986). Elle est tout à fait semblable à celle dont se servent les charpentiers, mais d'un plus fort calibre. Pour les recherches relatives à l'établissement des fondations, son diamètre est ordinairement de 5 à 6 centimètres. On se sert de la tarière dans les terres, les argiles et les sables fermes.

Le *ciseau* ou *trépan* (*fig.* 987 et 988). Il est ordinairement de même forme que celui de la barre à mine. Quelquefois le trépan offre deux taillants cintrés, perpendiculaires l'un à l'autre comme dans la *fig.* 988. Cet instrument s'emploie de la même manière que la barre à mine, c'est-à-dire en frappant et en tournant tout à la fois. Il sert à percer les roches plus ou moins dures que la tarière ne pourrait attaquer. Les détritus de ces roches résultant du travail de cet outil sont ensuite retirés au jour au moyen de la tarière ou d'une *curette* semblable à celle représentée *fig.* 15, *pl.* I.

L'*entonnoir à sable* (*fig.* 989). Cylindre en tôle forte, divisé par un diaphragme percé d'un trou sur lequel s'applique une soupape ou un boulet creux *a*; par le bas il est tranchant et a la forme d'une tarière.

Cet instrument sert à percer et à enlever les sables mouvants ou boulants, les vases et en général les terrains trop liquides pour qu'on puisse les ramener au jour avec la tarière ordinaire.

L'on conçoit aisément sa manœuvre : en l'enfonçant au milieu du terrain, la soupape est soulevée et la boue liquide s'introduit dans l'espace qui se trouve au-dessus ; en le retirant, la soupape s'abaisse et empêche la boue de s'écouler par le trou qui lui a donné passage.

Le *tire-bourre* (*fig.* 990). C'est un double tire-bouchon tout à fait semblable à celui qu'on adapte aux baguettes de fusil pour en retirer la charge. Il sert à retirer de petites pierrailles qui pourraient nuire à l'avancement du travail, des fragments de sonde ou des corps étrangers qui seraient tombés dans le trou.

La *vis conique en acier* (*fig.* 991). Elle sert à retirer du trou les bouts de tuyaux de revêtement qu'on est parfois obligé d'employer et qui seraient mal engagés.

La *cloche conique filetée en acier* (*fig.* 992). Cet instrument sert à retirer du trou des tiges de sonde qui y seraient restées par suite d'accident.

Lorsque ces deux derniers outils s'ajustent à vis sur la tige de la sonde, il faut que la vis de l'outil et la vis d'assemblage soient filetées en sens inverse l'une par rapport à l'autre ; sans cela l'outil se dévisserait quand on ferait effort pour le faire mordre.

804. Sondage en bon terrain. — Quand le terrain n'est pas trop mauvais, la petitesse du diamètre du trou dispense de prendre aucune précaution pour éviter l'éboulement des parois ; mais lorsqu'on opère au milieu de terrains vaseux, de sables boulants, etc., le trou se remplirait au fur et à mesure qu'on le percerait, si l'on ne prenait la précaution de le revêtir intérieurement comme nous allons l'expliquer.

805. Sondage en mauvais terrain. — Si l'on ne doit pas descendre à une trop grande profondeur, on choisit un pilot bien droit et de longueur suffisante, que l'on perce suivant son axe d'un trou un peu plus grand de diamètre que l'outil qui doit servir au percement. Ce pilot est garni à sa partie inférieure d'un *sabot* en fer tranchant sur les bords (*fig.* 993), et à sa partie supérieure d'une frette également en fer ; on le bat à l'emplacement du trou avec une sonnette comme à l'ordinaire, et l'on en vide l'intérieur au fur et à mesure qu'il s'enfonce, soit avec la tarière, soit avec l'entonnoir à sable. Le même moyen peut être employé pour sonder dans le fond d'une rivière.

On peut enter l'un sur l'autre plusieurs pilots que l'on enfonce successivement, et descendre ainsi, quand le terrain est favorable, à d'assez grandes profondeurs. Cependant, lorsqu'on doit descendre plus bas que 12 à 15 mètres, l'enfoncement du pilot creux devient ordinairement fort difficile, et le travail n'avance que lentement. Il est plus avantageux alors de recourir au procédé suivant :

On construit d'abord une caisse AA (*fig.* 994), d'une assez grande section et de

6 à 7 mètres de long, en y employant de fortes planches ou des madriers d'une seule pièce. Ces madriers sont solidement cloués l'un sur l'autre de manière à ne pouvoir se désunir pendant le travail, et si cela est jugé nécessaire on fortifie leur assemblage par des équerres ou des bandelettes en fer qu'on encastre à fleur de bois. L'extrémité inférieure de la caisse porte un sabot coupant en fer ou en fonte, comme dans le cas précédent.

On dresse cette caisse à l'endroit où l'on veut percer le trou de sonde, et on l'enfonce à coups de mouton jusqu'à ce qu'on voie qu'elle ne descend plus que difficilement. Alors, avec la tarière ou l'entonnoir à sable, on creuse à l'intérieur de la boîte aussi bas que l'on peut, puis on continue le battage jusqu'à ce qu'on se trouve de nouveau arrêté; on reprend ensuite le sondage et l'on continue de la même manière jusqu'à ce que la caisse A soit totalement enterrée.

Arrivé à ce point de l'opération, si l'on voit que la caisse A continue à descendre encore sans trop de difficulté, on y ente une deuxième caisse de même section qu'elle, et l'on fait suivre celle-ci d'une troisième ou même de plusieurs autres, si c'est possible.

L'enture de ces caisses se fait de la manière représentée *fig.* 995 et 996. Deux des côtés des caisses sont plus longs que les deux autres, ce qui permet de les emboîter comme on le voit dans les deux figures susmentionnées; la première représente les caisses désassemblées, et la seconde les montre assemblées. On fortifie l'assemblage par une ou plusieurs frettes en fer encastrées à fleur de bois. Il va sans dire que ces assemblages doivent être faits avec une grande exactitude, afin que pendant le battage les quatre côtés des caisses portent exactement l'un sur l'autre dans toute leur étendue.

Afin d'empêcher que les madriers ne se brisent ou que les caisses ne se détraquent sous le choc du mouton, on place pendant le battage, sur le bout qui reçoit le choc, une espèce de gros bouchon fretté (*fig.* 997), taillé de manière à ce que les épaulements a, b, c, d s'appuient exactement sur les quatre faces de la caisse.

Lorsque, en opérant de cette manière, on se trouve arrêté dans l'opération par la résistance du terrain, on construit une seconde caisse BB (*fig.* 994), dont la largeur extérieure est précisément égale à la largeur intérieure de la caisse AA, et on la bat à l'intérieur de cette caisse exactement de la même manière que précédemment. On emploie seulement, pour opérer le déblai intérieur, des outils d'un diamètre approprié. Quand cette caisse se trouve arrêtée dans son enfoncement, on en emploie une troisième CC, et ainsi de suite, jusqu'à ce que l'on soit arrivé à la profondeur voulue, ou que le rétrécissement du trou ne permette plus de continuer l'opération. L'ensemble de ces caisses, emboîtées les unes dans les autres, ressemble alors au tuyau d'une lunette d'approche.

Ces caisses en bois peuvent être remplacées par des tuyaux cylindriques en tôle ou en fonte sans que l'opération cesse de se conduire exactement de la même manière.

806. Notes à tenir pendant le sondage. — Quelle que soit la manière dont on exécute le sondage avec la sonde du mineur, il faut noter avec le plus grand soin :

1º La nature et l'épaisseur des couches traversées à partir de la terre végétale.

On s'aperçoit assez souvent que l'on va passer d'une couche dans une autre à certains changements dans ses caractères physiques qui se manifestent vers les points de jonction. On doit alors agir avec plus de circonspection que lorsqu'on est en plein dans la couche, et retirer plus souvent la sonde, afin de saisir aussi juste que possible le point de passage.

2º La profondeur à laquelle on perce chaque couche sur les différents points explorés, rapportée à un même plan de niveau.

Ces données serviront à déterminer l'inclinaison des couches et leur position sous chaque point de la surface du sol. Il suffit de trois coups de sonde *non situés en ligne droite* pour résoudre ce problème, soit par les règles de la géométrie descriptive, soit par celles de l'analyse.

Si l'on nomme q, q', q'' (*fig.* 998) les trois côtés CB, AC et BA du triangle horizontal ABC, dont les sommets correspondent aux trois coups de sonde; p, p', p'', les profondeurs diverses CO, AM, BN des trois coups de sonde sous le plan horizontal ABC; V l'angle d'inclinaison de la couche avec l'horizon, et S la surface du triangle ABC, on a, d'après M. Lamé, la relation :

$$\tang V = \frac{\sqrt{\left\{ q^2(p'-p)(p''-p) + q'^2(p''-p')(p-p') + q''^2(p-p'')(p'-p'') \right\}}}{2\,S}.$$

3º L'espèce d'outil avec lequel chaque couche a été traversée, et l'avancement du travail par heure, s'il avance rondement, ou par jour, s'il marche lentement.

4º Les accidents qui ont retardé le travail de la sonde.

5º Les points où l'on a rencontré des sources d'eau.

En un mot, tous les renseignements propres à faire juger de la composition du terrain, de la nature des couches et des difficultés que présentera le travail ultérieur.

807. Échantillons à conserver. — On complète ces notes par une collection d'échantillons pris dans les différentes couches traversées. Ces échantillons sont conservés dans un casier, et l'on inscrit sur le bord de chaque case l'épaisseur de chaque couche traversée, le temps employé pour la percer et l'espèce d'outil dont on a fait usage. Quand les couches offrent des différences sensibles de composition ou de dureté dans leurs différentes parties, on tient des échantillons pris aux profondeurs convenables qu'on étiquette en conséquence. On ajoute enfin à cette collection les cailloux, les pyrites, les fossiles, etc., que la sonde peut avoir ramenés au jour, et l'on a soin d'indiquer qu'ils appartiennent à telle ou telle couche.

808. Accidents. Moyens d'y parer. — Les sondages qu'on exécute en vue de l'établissement des fondations sont rarement assez profonds pour donner lieu aux grandes difficultés qu'offre souvent le forage des puits artésiens qui se fait de la même manière. Cependant il peut y survenir différents accidents, de nature à retarder l'opération et même à obliger de l'abandonner tout à fait pour la recommencer sur un autre point.

L'un des accidents les plus fréquents est le bris d'une des pièces de la sonde qui, obstruant le trou, empêche de continuer l'opération. On peut essayer de retirer la pièce brisée soit au moyen de tire-bourre, soit au moyen de la cloche conique à vis; mais, lorsqu'on voit que quelques tentatives ne réussissent pas, il vaut mieux abandonner le trou et en recommencer un autre plutôt que de s'entêter à vouloir retirer le fragment; on y gagne le plus souvent du temps et de l'argent.

Les caisses ou les tuyaux de revêtement prenant quelquefois une mauvaise direction, on est obligé de les retirer, et l'on se sert à cet effet de la vis conique en acier qu'on engage dans leur orifice en la faisant tourner. Quand cet outil *mord* autant qu'il est possible, on fait effort sur sa tige avec des leviers et l'on parvient ainsi à faire remonter le tube mal engagé. Avant de l'enfoncer de nouveau, il faut chercher à reconnaître la cause de la déviation. Si, ce qui arrive souvent, cette cause est un caillou ou un corps dur, il faut chercher à l'extraire ou à le briser. Ces opérations prennent souvent beaucoup de temps et, dans bien des cas, il est préférable d'abandonner le trou et d'en commencer un autre à proximité.

809. Précautions à observer pour éviter les accidents. — On ne saurait prendre trop de précautions pour éviter ces accidents et surtout le premier. A cet effet, il est convenable de visiter avec soin toutes les pièces de la sonde chaque fois qu'on la retire. On examine si tous les assemblages sont en bon état, et l'on frappe sur chaque pièce avec un marteau pour s'assurer si elle rend un son clair et net. Un son sourd et faux indique toujours quelque solution de continuité qu'il faut chercher à découvrir de suite pour la réparer. En cas de doute, il vaut mieux remplacer la pièce par une autre, plutôt que de risquer une rupture au travail subséquent.

Lorsque le trou doit être descendu à une assez grande profondeur ou au travers de terrains assez difficiles à percer pour exiger plusieurs jours de travail consécutif, on doit prendre de plus quelques précautions pour le mettre à l'abri des attaques de la malveillance. On le recouvre d'un madrier percé d'un trou qui n'offre tout juste que le passage nécessaire à la sonde, et on le ferme au moyen d'une trappe et d'un cadenas pendant l'interruption du travail. Il faut encore avoir soin de retirer l'outil chaque fois qu'on suspend le travail; sans cela il pourrait, en se rouillant, contracter une telle adhérence au terrain qu'il serait impossible de l'en détacher.

Enfin, on évite les accidents qui pourraient être produits pendant le travail par la chute de quelque corps étranger dans le trou, en faisant passer la tige de la sonde dans une rondelle de cuir ou de feutre (*fig.* 999), qui s'applique sur l'orifice du trou dont il vient d'être fait mention et le bouche ainsi complétement, tout en laissant à la sonde le jeu nécessaire.

810. Manœuvre de la sonde. — La manœuvre de la sonde se fait à bras d'hommes et sans aucun appareil mécanique, lorsque le sondage ne doit pas être descendu plus bas que 15 ou 20 mètres ; on la fait mordre en tournant ou en battant, suivant qu'on emploie la tarière ou le trépan. La poignée dont elle est armée sert surtout à la première manœuvre ; mais on peut employer comme auxiliaires des tourne-à-gauche, T (*fig.* 1000), qu'on fait agir sur divers points de la partie non enterrée des tiges. La seconde manœuvre s'exécute en soulevant la sonde d'une certaine hauteur et en la laissant retomber de tout son poids, en ayant soin de la faire tourner d'une petite quantité à chaque coup. Quand la profondeur du trou doit être plus grande que 15 à 20 mètres, le poids de la sonde la rend fort difficile à manœuvrer sans employer les machines. On peut en employer de plusieurs sortes ; mais nous citerons comme l'une des plus simples un levier du premier genre, muni, à l'extrémité de son petit bras (*fig.* 1001), d'un arc de cercle, ou même d'un simple crochet auquel la sonde est attachée par l'intermédiaire d'une chaîne. Nous signalerons encore comme pouvant être avantageusement substitué à cet appareil un arc flexible, tel que celui représenté (*fig.* 1002), à l'extrémité duquel la sonde est attachée. Il faut d'ailleurs que cet arc soit assez rigide pour relever la sonde lorsque, par l'effet d'une force, on l'a fait battre vivement contre le fond du trou.

Quand la longueur du trou de sonde nécessite l'emploi de l'un ou l'autre de ces appareils, on leur adjoint, comme auxiliaire pour la retirer du trou, soit une moufle suspendue à une bigue, soit un treuil, ou toute autre machine capable de la soulever en y appliquant la force d'un ou deux hommes.

Enfin, dans ce même cas, on facilite et l'on abrége beaucoup cette dernière opération en creusant, préalablement aux opérations du sondage, un puits d'un mètre de diamètre et de 4 à 5 mètres de profondeur (*fig.* 1003), au fond duquel on commence le trou de sonde. Cette disposition permet de retirer la sonde par grandes fractions, sans qu'il soit nécessaire de recourir à l'emploi d'échafaudages, généralement plus coûteux et plus embarrassants.

ARTICLE II.

DÉBLAI DES TRANCHÉES.

811. Forme et dimensions des tranchées. — La forme et l'étendue des tranchées dépendent de celles de la fondation ; mais il est, dans tous les cas, de la plus haute importance de ne leur donner que les dimensions strictement nécessaires pour y loger la fondation. Non-seulement le contraire entraînerait à des déblais et à des remblais inutiles, mais il augmenterait en même temps, dans beaucoup de circonstances, les afflux d'eau et la difficulté des épuisements. Il ne faut laisser autour de l'espace occupé par la maçonnerie qu'une ruelle étroite où puissent se placer les maçons. Il est aussi très-important de donner aux parois de la fouille le plus de roideur possible. On les maintient, quand c'est nécessaire, au moyen de madriers soutenus par des étrésillons ou des étançons.

Lors même que les murs doivent être exposés à des poussées latérales, on doit tenir l'une de ces parois tout à fait verticale, afin d'appuyer contre elle la paroi extérieure du mur (*fig.* 1004), qui est ainsi plus solidement contrebuté qu'il ne pourrait l'être par un remblai. Il est souvent résulté de très-graves accidents de l'inobservation de cette précaution.

812. Soins à apporter aux remblais autour des maçonneries. — Dans tous les cas les remblais qui s'effectuent autour des maçonneries de fondations doivent être faits avec un soin tout particulier ; on doit les monter par couches régulières de 25 à 30 centimètres d'épaisseur parfaitement damées.

813. Déblai des terres. — On emploie pour creuser les tranchées le *louchet* (*fig.* 1005), ou la *pelle carrée* (*fig.* 1006) dans les terres fermes ; la *pelle ronde* (*fig.* 1007) dans les terrains meubles ou désagrégés ; la *pioche* (*fig.* 1008), le *pic* (*fig.* 1009 et 1010) et les *coins en fer acérés* dans les roches plus ou moins décomposées ou fissurées. Dans les roches vives, on est obligé de faire usage du pétard comme pour l'exploitation des carrières.

814. Transport des déblais. — Les déblais sont jetés à la pelle ou transportés dans des hottes, des brouettes, des camions, des tombereaux, des wagons, des bateaux, ou au moyen de machines élévatoires, selon les cas.

815. Jet à la pelle. — Lorsque les tranchées sont fort étroites et à talus fort roides, le mode d'évacuation des terres qui est souvent le plus avantageux est le jet à la pelle. En général un homme peut, sans quitter sa place, transporter ainsi, à deux mètres de distance verticale ou horizontale, la pelletée de terre qu'il a enlevée. Lorsque la distance qui sépare le point où l'on fouille de celui où doit être déposé le déblai est plus grande que deux mètres, on est obligé d'organiser des relais, c'est-à-dire qu'on échelonne, à deux mètres de distance, soit horizontalement, soit verticalement, des pelleteurs qui se jettent les déblais l'un au pied de l'autre, le dernier le jetant à l'endroit où il doit être placé à demeure. Les relais verticaux s'établissent soit sur des banquettes ménagées dans les talus, soit sur des planchers portés par des échafaudages ; mais en général on doit préférer à ce mode de transport le transport par brouettes dès que la distance dépasse 4 à 5 mètres, et quand d'ailleurs on peut, sans trop de difficultés, organiser les chemins sur lesquels les brouettes doivent circuler.

816. Transport à la hotte. — Ce mode de transport n'est guère employé, et encore assez rarement, que dans la province de Liége, et ce sont ordinairement des femmes appelées *botteresses* qu'on y emploie ; elles se servent de *hottes* en osier qu'elles portent sur le dos et qu'elles s'attachent aux épaules avec des bretelles. Ce moyen de transport ne peut être avantageux que dans des cas tout spéciaux.

817. Transport à la brouette. — On se sert ordinairement de la brouette pour les transports qui ne dépassent pas 100 à 150 mètres et lorsque cette distance peut être parcourue sans franchir des rampes plus fortes que 0^m,08 par mètre. Pour faciliter le transport, on étend sur le terrain naturel, ou sur des rampes convenablement ménagées dans les talus, des madriers en sapin ou en bois blanc de 3 à 4 centimètres d'épaisseur sur 0^m,20 à 0^m,25 de largeur, appelés *planches de roulage*. Les chemins tracés de cette manière doivent autant que possible satisfaire à la condition d'être les plus courtes distances entre les points de départ et les points d'arrivée des diverses fractions du déblai, et de ne point se croiser dans les parcours. Le transport s'organise par relais de 30 mètres en plaine et de 20 mètres en rampe, c'est-à-dire qu'on échelonne sur les chemins de roulage et à distance de 20 ou 30 mètres, selon le cas, un certain nombre d'ouvriers munis de brouettes. Le premier part de la fouille avec sa brouette chargée et va jusqu'au second avec lequel il l'échange contre une brouette vide ; le second transporte de même la brouette pleine jusqu'au troisième, et revient avec une brouette vide à sa place ; tous les autres répètent ainsi la même manœuvre jusqu'au dernier, qui conduit la brouette pleine au remblai, la décharge et la ramène vide à sa place. Pendant ce temps une nouvelle brouette a circulé de la même manière que la première et elle est immédiatement transportée au remblai ; le travail se poursuit ainsi indéfiniment.

818. Transport par camions et tombereaux. — Lorsque la longueur du chemin dépasse 150 mètres, on admet que, en général, il y a avantage à substituer le transport au camion ou au tombereau à celui à la brouette. Dans ce cas, le camion ou le tombereau vient se charger à la fouille et transporte sa charge jusqu'au remblai.

819. Transport par wagons. — Le transport en wagons est principalement employé pour les constructions des chemins de fer : c'est alors le plus économique de tous. Il n'y a pour l'effectuer qu'à établir un railway provisoire partant de la fouille et se développant sur le remblai. On l'allonge au fur et à mesure que cela est nécessaire. Les wagons dont on se sert à cet effet sont construits de manière à pouvoir culbuter en avant ou sur les côtés de la voie et à se décharger ainsi sans devoir la quitter. On admet dans les travaux des chemins de fer que les déblais peuvent se transporter ainsi jusqu'à 2,000 mètres. Les railways provisoires se construisent parfois avec les matériaux qui doivent servir à la voie définitive.

820. Transport par bateaux. — Le transport par bateaux ne s'effectue que dans des circonstances spéciales et il est généralement fort économique. On se sert quelquefois, pour faciliter le déchargement, de bateaux à soupapes. Il n'y a qu'à ouvrir les soupapes sur lesquelles reposent les déblais pour les voir disparaître au fond de l'eau. Ce moyen ne doit être toutefois employé que dans des cas où ces

remblais sont entraînés de suite par le courant et ne peuvent former des atterrissements nuisibles.

821. Transport au moyen de machines. — Enfin le transport par machines se fait de diverses manières. On peut purement et simplement employer
des treuils guindés sur des échafaudages et dont les cordes sont armées de crochets pour saisir et élever les brouettes ou les camions. L'une des plus ingénieuses,
en même temps que des plus simples dans son installation et des plus avantageuses
dans ses résultats, est celle dont on a fait usage aux fortifications de Paris. Elle
consiste en deux longues perches, plantées dans le sol à 40 ou 50 mètres de distance l'une de l'autre et maintenues dans une position verticale par des haubans.
Chaque perche porte supérieurement une roue à gorge a (*fig.* 1011, 1012 et 1013),
et inférieurement une poulie b. Une corde passe sur ces roues et ces poulies, et à
chacune de ses extrémités elle est terminée par trois cordons armés de crochets
pour saisir les brouettes. Sa longueur est telle, d'ailleurs, que l'un des bouts pendant à terre, l'autre soit à la hauteur du bord de l'excavation. Un cheval attaché
en c, en faisant la navette, fait alternativement monter et descendre chacune des
extrémités de la corde. On dispose les ateliers de manière que, en arrivant au pied
de la perche, le dernier *rouleur* trouve la corde descendue à terre avec une
brouette vide renvoyée par les ateliers du dessus, et qu'il échange contre sa
brouette pleine. Celle-ci est aussitôt enlevée, pendant qu'une brouette vide attachée à l'autre bout de la corde descend au fond de la fouille, où elle est bientôt
échangée contre une brouette pleine, et ainsi de suite.

822. Conduite des déblais. — Le déblai des tranchées, quoique constituant en lui-même une opération fort simple, exige néanmoins des attentions
toutes particulières pour être bien conduit. Nous avons déjà indiqué, au n° 817,
une condition qui doit être satisfaite sous peine de faire de fausses manœuvres et
de créer des embarras et de la confusion dans le roulage. La bonne distribution
des ouvriers dans la fouille en est une seconde qu'il ne faut pas négliger davantage. La rapidité avec laquelle on veut exécuter le déblai détermine le nombre
d'hommes qu'on doit y employer; mais, quel que soit ce nombre, il faut avoir
soin de faire en sorte que chaque homme ait ses coudées franches dans l'emplacement où il travaille. On peut compter que chaque pelleteur ou piocheur doit
avoir à sa disposition un espace d'au moins 1^m,30 de long sur autant de large. En
général, il est avantageux de distribuer les ouvriers par groupes ou ateliers de
trois ou quatre, ayant chacun une portion de la tranchée bien déterminée à
creuser.

Le nombre de brouetteurs ou conducteurs de camions, tombereaux, wagons, etc.,
à adjoindre aux piocheurs et pelleteurs n'est pas moins important à fixer. Ce
nombre varie avec la qualité du terrain, d'où dépend la rapidité avec laquelle le
déblai s'effectue. Il faut qu'il soit réglé de manière à ce que, pendant le parcours
du relai à charge et le retour à vide, les piocheurs et pelleteurs aient pu charger
l'instrument de transport employé. Ainsi, par exemple, dans les terres qui se lais-

sent facilement couper au louchet ou à la pelle carrée, comme la terre végétale, la tourbe, la plupart des terres marneuses et argileuses, le sable, etc., il suffit d'un homme à la fouille pour occuper constamment un *rouleur à la brouette*. De là l'expression fort juste et très-commode de *terre à un homme*, employée en France pour désigner toutes les terres de cette catégorie. Lorsque les terres sont de nature rocailleuse, entremêlées de décombres, et en général trop dures pour pouvoir être immédiatement enlevées à la pelle, on est obligé d'adjoindre au pelleteur un, deux ou même un plus grand nombre de piocheurs ou de *rocteurs* pour lui donner constamment de la besogne; dans quelques cas, un piocheur suffit à deux pelleteurs; de là les expressions de *terre à deux, trois, quatre hommes* ou de *terre à un homme et demi*, employées pour les désigner, et qui signifient en même temps, les premières, que pour deux, trois, quatre hommes à la fouille il faut un rouleur, et la dernière, que pour trois hommes à la fouille il faut deux rouleurs (1).

ARTICLE III.

DRAGUAGE, RÉGALAGE ET VÉRIFICATION DU FOND.

823. Draguage à la pelle. — Lorsque la fouille doit être faite dans un lieu recouvert d'eau, on peut encore déblayer le terrain, s'il ne se délaye pas, jusqu'à 0ᵐ,50 de profondeur sous la surface du liquide, en payant un supplément de salaire aux ouvriers; mais alors, quoique mieux payés, ils ne peuvent guère faire que la moitié de l'ouvrage qu'ils font hors de l'eau.

Lorsque la hauteur d'eau est plus considérable ou que le terrain est susceptible d'être délayé et entraîné, il faut avoir recours à l'emploi d'instruments ou d'appareils nommés *dragues* et *machines à curer*.

824. Espèces diverses de dragues. — On distingue trois espèces de *dragues* : 1° la *drague à poche (fig.* 1014), formée d'un cercle en fer à bord un peu tranchant, auquel est cousu un sac de toile claire mais très-forte, et qui sert à ramasser le sable fin, la vase et les autres matières sans consistance ; 2° la *drague ordinaire* ou *drague à main (fig.* 1015); elle présente la forme d'une petite caisse en tôle forte, ouverte en dessus et en avant, ordinairement dentée à sa partie infé-

---

(1) En général, appelant A le temps, exprimé en minutes, nécessaire à un piocheur pour déblayer une certaine quantité de terrain, B le temps, également exprimé en minutes, qu'il faut à un pelleteur pour charger sur une brouette le déblai exécuté par le piocheur, on a $\frac{A}{B} + 1$ pour exprimer le nombre d'hommes qu'il faut à la fouille pour un rouleur à la brouette. Cette formule, extraite des notes du *Devis modèle* français, peut aisément s'étendre aux moyens de transport.

rieure et percée de quelques trous pour laisser écouler l'eau. Cette dernière sert
à draguer les fonds d'argile, de gravier et de galets.

La drague à poche et la drague à main sont emmanchées dans des hampes
flexibles et assez longues pour atteindre le fond de la fouille. Elles sont manœuvrées par un seul homme dans les terres peu cohérentes; mais lorsque le terrain
se laisse entamer difficilement, on adjoint au dragueur un aide armé d'une gaffe
bifurquée qu'il appuie sur la douille de la drague, pour faire effort en même
temps et dans le même sens que le dragueur, et avec laquelle il laboure en outre
le terrain pendant que l'autre ouvrier retire et vide la drague. On ne donne quelquefois qu'un aide à deux dragueurs.

On peut draguer avec ces instruments dans des sables fermes ou même dans un
terrain pierreux et difficile jusqu'à 5 mètres de profondeur sous eau. Leur emploi
est surtout utile pour les angles rentrants et les parties étroites d'une fondation
où il serait difficile d'introduire d'autres machines, et quand la surface de la fondation est trop petite pour que l'économie que les machines pourraient procurer
compense les frais de leur établissement.

3° La *drague à hottes*. Cette machine, déjà beaucoup plus compliquée que les
précédentes, est composée principalement de deux rouleaux AA (*fig.* 1016 et 1017)
et d'un treuil D (mêmes *fig.* et *fig.* 1018). Les deux rouleaux touchent au fond et le
treuil est élevé au-dessus de l'eau; ils sont enveloppés d'une chaîne dont les
mailles portent, de distance en distance, des hottes de tôle *t, t, t* (mêmes figures),
percées de petits trous qui laissent écouler l'eau, et terminées par un bec saillant
avec lequel elles pénètrent facilement dans le sable. Les deux rouleaux AA sont
assemblés par deux traverses qui supportent leurs tourillons et qui sont soutenues
par quatre montants NN, nommés *élindes*. Quatre poteaux portent le treuil D, qui
présente des saillies dans lesquelles s'engagent les mailles de la chaîne (*fig.* 1018).
Ces poteaux sont assemblés aux traverses CC du haut des châssis contre lesquelles
les élindes sont appliquées, et sur lesquelles elles sont soutenues à la hauteur
convenable par le moyen de boulons OO. Ces boulons, étant placés plus ou moins
haut, permettent de faire mordre les hottes plus ou moins profondément dans le
sable. On connaît si la hotte éprouve de la part du fond une trop grande résistance, parce qu'alors les élindes s'élèvent et les boulons ne portent plus sur les
traverses.

Pour donner le mouvement à la machine, on fait tourner la manivelle M dont
l'axe porte un pignon qui engrène dans une roue dentée fixée au treuil D. Les
hottes montent successivement après s'être chargées de sable en passant sous les
rouleaux AA; arrivées au-dessus du treuil, elles s'inclinent et le sable s'écoule
sur le tablier G, qui peut tourner sous son extrémité inférieure et qu'on retire
par le moyen d'une poignée pour laisser passer les hottes librement. A mesure
que la fouille s'approfondit il devient nécessaire d'abaisser les rouleaux AA par le
moyen des élindes et d'allonger la chaîne, ce qui se fait en y ajoutant de fausses
mailles.

Si le gravier ou le sable offre trop de résistance aux hottes, on le déchire en leur substituant des grappins (*fig.* 1019); dans beaucoup de terrains il est nécessaire de placer alternativement sur la chaîne un grappin et une hotte.

Tout cet appareil se pose sur un échafaudage surmonté d'un chariot conçu dans le même esprit que celui décrit au n° 252 (IIe partie), c'est-à-dire de manière à ce que le chapelet des hottes puisse être transporté aisément dans deux sens perpendiculaires l'un à l'autre et atteindre ainsi tous les points de la fondation.

La drague à hotte s'emploie principalement dans les fonds de terre forte ou de gravier compacte et serré, qu'on ne peut entamer avec la drague à main, et quand d'ailleurs la grandeur de la fondation ne permet pas d'employer avec avantage les machines plus compliquées dont il nous reste à dire un mot.

825. Machines à curer. — On en distingue de deux espèces : machines à *marche discontinue* et machines à *marche continue.*

Les premières se composent ordinairement de vastes cuillers en tôle ou en bois bardé de fer percées de trous, armées de longues et fortes hampes, et qu'on manœuvre à peu près d'une façon analogue aux dragues à main, mais en se servant de treuils, de tambours, de cabestans ou de manéges, portés sur un ponton, auxquels on applique un moteur animé ou inanimé quelconque.

Les secondes, appelées *dredying machines* par les Anglais, sont composées d'un chapelet de hottes tranchantes qui passe sur deux tambours, à l'un desquels on communique un mouvement de rotation, à l'aide d'une roue à cheville, d'un manége mû par des animaux, ou d'une machine à vapeur. Les tambours sont portés sur un châssis incliné, mobile autour d'une charnière et qui permet ainsi d'élever ou d'abaisser l'extrémité inférieure du chapelet et de faire mordre plus ou moins les hottes ou même de les faire marcher à vide. Tout cet appareil, ainsi que la machine qui sert à le mouvoir, est porté sur un fort ponton ; quelquefois il n'y a qu'un seul chapelet qui occupe le centre du ponton; d'autres fois, il y en a deux placés symétriquement à tribord et à bâbord. Ces dispositions offrent chacune leurs avantages et leurs inconvénients. De plus, un mécanisme particulier fait avancer régulièrement le ponton dans un sens longitudinal pendant le temps que les chapelets à hottes creusent le terrain. De sorte que, par la combinaison de ces deux mouvements, les chapelets creusent des sillons aussi longs que l'on veut, à peu près comme ferait une charrue. Dans les machines bien combinées, ce mécanisme est disposé de manière à ce qu'on puisse accélérer ou retarder à volonté la marche du ponton selon le degré de dureté et de résistance du fond que l'on drague.

Les figures 1020 et 1021 sont simplement destinées à rendre plus claire la description que nous venons de donner des machines à marche discontinue et à marche continue. Notre cadre n'en comporte pas une description plus détaillée. Elles sont d'ailleurs plus souvent employées au curage des canaux, des rivières et des ports de mer, qu'à l'établissement des fondations. On en trouvera, au surplus, des exemples variés et assez détaillés dans les planches 135, 136 et 137 du *Cours de constructions* de Sganzin.

826. Conduite des travaux de draguage. — Les draguages, quels que soient les instruments avec lesquels on les exécute, doivent être conduits avec une grande régularité. On creuse une succession de sillons accolés, et l'on enlève ainsi une certaine épaisseur uniforme de terrain sur toute la partie que l'on veut draguer. On recommence ensuite de la même manière, dans le même sens ou en croisant les sillons, et autant de fois que c'est nécessaire pour atteindre la profondeur voulue. Pour diriger le travail, on trace au préalable, au moyen de pilots ou de points fixes quelconques, quelques lignes de repère auxquelles on rapporte toutes les opérations ultérieures.

Lorsque le draguage a pour but d'enlever une certaine épaisseur de mauvais terrain à l'intérieur d'un batardeau, formé, comme nous l'expliquerons plus loin, de deux parois verticales en charpente dont l'intervalle doit être rempli de bonne terre ou de béton, il n'est pas toujours indispensable de draguer le fond horizontalement. Il suffit le plus souvent de creuser, suivant l'axe du batardeau, un sillon qu'on approfondit autant que cela est nécessaire, et dans lequel s'éboule le mauvais terrain adjacent, qui est ainsi enlevé par la drague au fur et à mesure qu'il y coule.

Cette manière de draguer par éboulements peut encore s'employer avec avantage dans d'autres cas où le fond de la fouille doit être mis parfaitement de niveau; mais elle ne constitue qu'un travail préparatoire, qu'on termine par des draguages exécutés dans les talus qui entourent les sillons.

Lorsque le fond doit être dragué horizontalement et que l'on opère dans une eau courante, le courant aurait bientôt modifié le résultat du travail, soit en déterminant l'éboulement des parois de la fouille, soit en y déposant les matières qu'il charrie, si l'on ne prenait soin de soutenir et d'entourer les parois de la fouille de parois provisoires en charpente, ou seulement de fascines qui s'appuient contre les pieux d'échafaudages sur lesquels s'établissent les dragueurs et les machines.

Il arrive enfin que l'on rencontre au milieu des sables, des graviers ou des vases qu'on drague, de grosses pierres, des troncs d'arbres ou d'autres objets, que les instruments dont on se sert pour draguer ne sauraient enlever. On cherche alors à les dégager, et quand on y est parvenu on les enlève avec des griffes (*fig.* 1022).

827. Régalage. — Le travail de la drague, quelque soin qu'on y ait mis, laisse toujours subsister des inégalités qu'il est quelquefois très-important de faire disparaître, comme lorsqu'il s'agit, par exemple, de couler un grillage ou un caisson de fond. D'autre part, quand le fond est de rocher et que la même nécessité existe, il serait absolument impossible d'en modifier la forme par le draguage.

L'opération qui a pour objet de mettre le fond dans un plan parfaitement uniforme et de niveau est connue sous le nom de *régalage*.

Le régalage peut s'exécuter de deux manières :

Par la première, on remplit tous les creux, avec des matériaux rapportés, au niveau des plus fortes aspérités du fond. Par la seconde, qu'il est préférable d'employer quand le terrain s'y prête, on abat une partie de ces aspérités, et avec ce qui en provient on remplit les dépressions adjacentes.

On se sert ordinairement, dans le premier cas, d'une trémie en forme de coin (*fig.* 1023), composée d'un assemblage de charpente, doublé à l'intérieur avec des planches, et soutenu verticalement dans l'eau soit au moyen d'échafaudages (ABA), soit au moyen de bateaux, de radeaux ou d'autres corps flottants. On remplit l'intérieur de la trémie avec des cailloux, de l'argile, du sable ou du béton, selon les cas; puis on la fait promener sur toute l'étendue de la fondation, en prenant soin de combler les vides dans les matériaux de remplissage, au fur et à mesure qu'ils se produisent. On juge que l'opération est terminée quand les matériaux conservent un niveau constant dans la trémie. Ce fait annonce, en effet, qu'elle ne dégorge plus nulle part.

On emploie, pour manœuvrer cet appareil, des cordages attachés à ses traverses inférieure et supérieure, sur lesquels on agit avec des treuils, des cabestans ou d'autres engins.

Les bords inférieurs de la trémie peuvent être munis de deux rouleaux cylindriques, entre lesquels glissent les matériaux de remplissage. On verra plus tard que cette disposition est très-avantageuse, surtout quand on emploie du béton.

Pour opérer le régalage par déblai et remblai, on fait usage d'une espèce de forte charrue qu'on fait marcher avec des cordages et des machines comme la trémie dont nous venons de parler, et qui dans son mouvement de progression abat les plus fortes aspérités du fond et en chasse le produit devant elle. La *fig.* 1024 donnera une idée d'un appareil de ce genre employé par Regemortes à

fondation du pont de Moulins-sur-l'Allier. AA sont des élindes qu'on peut monter et baisser à volonté par le moyen des vérins BB. Ces élindes sont réunies à leur pied par une forte traverse munie d'une lame de fer qui fait l'office de soc. Cet appareil est double, c'est-à-dire qu'il existe aussi bien à tribord qu'à bâbord. Le tout est porté par quatre poutres CCCC posées en travers d'un bateau; aux deux bouts de la traverse qui réunit les élindes est fixé un cordage D qui sert à faire avancer la machine.

Le régalage des fonds de rocher peut se faire dans quelques cas par la première méthode décrite; mais elle n'est cependant pas applicable dans toutes les circonstances, et parfois on est obligé de recourir, pour l'opérer, à l'emploi des scaphandres et des cloches à plongeur.

Les scaphandres sont des espèces d'habillements en caoutchouc terminés par un globe de verre épais dans lequel des plongeurs s'enveloppent pour travailler sous l'eau. Toutes les parties de ce vêtement sont ajustées de manière à ce que l'eau ne puisse s'introduire à l'intérieur. Le globe de verre en occupe la partie supérieure et recouvre la tête du plongeur, de sorte qu'il peut voir et travailler à peu près aussi bien au fond de l'eau que sur terre. Un tuyau flexible, comme ceux des pompes à incendie, s'ajuste à la base du globe de verre d'une part, et de l'autre sur une pompe foulante qui injecte l'air nécessaire à la respiration du plongeur. Ainsi vêtu de pied en cap et muni d'un *lest* suffisant, le plongeur se fait descendre au fond de l'eau et y travaille ensuite pendant un temps plus ou moins long à abattre les aspérités du rocher avec les outils ordinaires.

Les cloches à plongeur sont de grandes cuves renversées en bois cerclé de fer ou en métal (fonte ou tôle forte), dans lesquelles on peut descendre au fond de l'eau un ou plusieurs hommes. Des pompes foulantes servent à renouveler l'air dans ces machines, et à permettre ainsi aux hommes d'y séjourner pendant un temps assez long (une couple d'heures). Les cloches à plongeur et les appareils qui en dépendent sont souvent portées sur des pontons, rarement sur des échafaudages.

Nous pensons qu'il serait inutile de donner ici une description plus détaillée de ces machines, qui ne sont employées que pour des travaux importants qui s'exécutent au milieu des grands fleuves ou sur les côtes maritimes. Nous renvoyons aux planches 35, 36 et 37 de Sganzin.

828. Vérification du fond. — L'emploi des scaphandres et des cloches à plongeur permet de vérifier avec une grande exactitude la situation du fond, et d'en faire disparaître les moindres irrégularités. Mais lorsque ce fond a été égalisé à l'aide de la drague et qu'on juge que le travail a été fait avec assez de perfection pour pouvoir se dispenser du régalage, on doit, avant d'y échouer les plates-formes ou les caissons, vérifier encore le fond par un sondage.

La manière la plus certaine d'effectuer cette vérification, mais aussi la plus longue, consiste à promener, sur toute la surface du fond, une pierre plate ou une plaque de fonte emmanchées l'une et l'autre à une perche de longueur suffisante (*fig.* 1025), et constituant ce qu'on appelle une *sonde*. On conçoit qu'on accélérera d'autant plus cette opération qu'on donnera à la plaque de la sonde une plus grande étendue superficielle, mais qu'en même temps la certitude des indications ira en diminuant. Une sonde très-grande pourra, en effet, ne pas accuser certaines dépressions, vu qu'elle trouvera des points d'appui sur leurs bords, tandis qu'une sonde plus petite, ne trouvant point à s'appuyer sur ces mêmes bords, les aurait immédiatement révélées. Les circonstances locales peuvent seules indiquer dans quelles limites on doit se tenir à cet égard.

Il est toujours prudent de vérifier le fond, même lorsqu'il a été régalé, quelques instants avant d'y couler les plates-formes ou les caissons, afin de découvrir si quelque accident n'est pas venu interrompre la régularité de sa surface. Mais, dans ce cas, la vérification peut se faire avec moins de minutie, et il suffit le plus souvent d'y promener une règle assemblée à un châssis vertical qu'on fait rouler sur les échafauds ou avancer soutenu par des corps flottants.

ARTICLE IV.

ÉTABLISSEMENT DES ÉCHAFAUDS.

829. Les opérations du draguage, du régalage, du battage des pilots, de l'é-chouement des caissons, de l'immersion du béton, etc., exigent le plus souvent la construction préalable d'échafaudages élevés au-dessus du niveau des eaux et sur lesquels se placent les hommes et les machines. On les remplace quelquefois par des radeaux, des bateaux ou pontons; mais dans ces cas-là même il est rare que l'on puisse totalement s'en passer pour certaines parties des opérations.

On ne saurait dire d'une manière générale comment les échafauds de fonda-tions doivent être disposés quant à leur ensemble. Cela dépend des opérations qu'ils doivent servir à effectuer, et des circonstances locales que l'ingénieur apprécie, et auxquelles il peut toujours plier les combinaisons avec un peu de réflexion et de jugement.

830. Détails de construction. — Quant à leur construction, elle est ordi-nairement assez simple. Presque toujours les échafauds sont formés de deux ou plusieurs files ou rangées de pieux parallèles et réunies par des chapeaux, des liernes, des moises ou des entretoises sur lesquels on pose des madriers formant plancher.

Les pilots sont enfoncés de $1^m,50$ à 2 mètres dans le sol, suivant l'alignement convenable, et espacés entre eux de 3 à 4 mètres.

Il est inutile de dire que les pieux doivent être assez longs pour que, étant fichés à la profondeur voulue, le plancher se trouve suffisamment élevé au-des-sus du niveau de l'eau pour ne pas être atteint par les plus fortes crues qui pour-raient survenir pendant la durée des travaux.

Tout l'échafaud doit être composé de manière à être aisément démonté. A cet effet, on n'*ensabote* (1) pas les pilots, afin de pouvoir les arracher plus aisément; on ne les enfonce que de la quantité strictement nécessaire pour obtenir un degré de stabilité suffisant, et l'on réunit tous les assemblages autant que possible par des boulons et des clameaux. On ne cloue aussi qu'un très-petit nombre de madriers du plancher; seulement ce qu'il faut pour consolider l'ensemble.

ARTICLE V.

CONSTRUCTION DES BATARDEAUX.

831. Les batardeaux ont pour objet d'intercepter, aussi complétement que possible, toute communication entre l'emplacement des fondations et les eaux

---

(1) *Ensaboter* un pilot, c'est le garnir de sa pointe, d'une ferrure appelée *sabot*.

extérieures. Les eaux pouvant pénétrer dans la fondation par les côtés et par le fond, on voit qu'il doit y avoir deux sortes de batardeaux, que l'on nomme les uns *batardeaux d'enceinte* et les autres *batardeaux de fond*.

Occupons-nous d'abord des premiers.

La forme des enceintes de batardeaux dépend de celle de la fondation. On doit les restreindre au strict nécessaire. Ordinairement on les trace, au moyen de parallèles, aux côtés de la fondation, distantes d'eux de 1^m,50 à 2 mètres, afin d'avoir l'espace nécessaire à l'emplacement des machines d'épuisement et des ouvriers.

832. Sortes diverses de batardeaux d'enceinte. — On forme ces batardeaux de diverses manières selon les circonstances :

1° Au moyen d'une digue ou levée de terre posant sur le fond et dont les talus sont à terres roulantes;

2° Au moyen d'une levée de terre dont un des talus seulement est à terres roulantes, l'autre étant soutenu par une paroi en planches, appuyée elle-même contre des pieux enfoncés dans le sol : ces batardeaux sont connus sous le nom de batardeaux *à simple paroi* ;

3° Au moyen d'une levée de terre contenue entre deux parois semblables à celle qui vient d'être décrite : ce sont les batardeaux dits *à coffre* ou *à double paroi*;

4° Au moyen d'une paroi en pieux jointifs ;

5° Au moyen d'une toile tendue sur des pilots ;

6° Enfin, les parois de ces diverses espèces de batardeaux sont quelquefois soutenues par des assemblages en charpente posant sur le fond et qu'on peut aisément démonter. Les batardeaux construits d'après ce système sont désignés sous le nom générique de *batardeaux amovibles*. Ils sont peu employés.

Après avoir donné une idée générale de ces constructions importantes, nous allons les détailler chacune en particulier.

833. Batardeaux en terre. — Ainsi que nous l'avons dit plus haut, les batardeaux de cette espèce consistent en une simple levée de terre ayant la forme d'un prisme à section trapézoïdale (*fig.* 1026), dont les talus ont l'inclinaison naturelle des terres, c'est-à-dire, moyennement, 45°. Cependant, lorsque les eaux frappent ces talus avec une certaine violence, il est convenable de leur donner trois de base pour deux de hauteur, c'est-à-dire l'inclinaison d'environ 37° avec l'horizon, à moins qu'on ne se décide à les revêtir avec des gazons, des fascinages ou des perrés.

La hauteur de ces batardeaux, comme celle de tous les autres, dépend de la profondeur de l'eau; dans les rivières exposées à des crues subites, on en élève la crête au-dessus du niveau des plus fortes crues d'été.

On leur donne assez généralement en crête une épaisseur égale à la hauteur de la charge d'eau, bien qu'une telle épaisseur soit assez souvent superflue pour leur donner la résistance convenable; mais elle est fréquemment commandée par les besoins du service. Lorsque des considérations de ce genre n'existent pas, on peut se borner à leur donner un mètre d'épaisseur en crête, quelle que soit leur hauteur, mais à condition que les talus soient au moins à terre roulante.

La terre qu'on emploie pour la construction des batardeaux de cette sorte doit être argileuse et pouvoir, en se tassant, former un corroi solide et imperméable. Lorsqu'on n'a pas à sa disposition suffisamment de terre semblable pour former tout le corps du batardeau, on la réserve pour en former dans la partie centrale un massif prismatique, d'épaisseur au moins égale au 1/3 de la charge d'eau. Le restant se forme avec des terres de moindre qualité ; mais on donne au talus 2 de base pour 1 de hauteur (*fig.* 1027).

Quelquefois on emploie, dans le même cas, une autre disposition : on forme une digue de profil triangulaire A (*fig.* 1028) avec de la terre ordinaire, des graviers, etc., et on la recouvre à l'extérieur d'une couche de bonne terre argileuse d'un mètre d'épaisseur mesurée horizontalement.

Les batardeaux en terre peuvent s'employer en rivière, lorsque les eaux n'ont pas plus d'un mètre de profondeur. Dans l'eau stagnante on peut encore en faire usage pour des profondeurs de 2 à 3 mètres. Il faut d'ailleurs que le fond sur lequel on les établit soit solide et imperméable. Si le contraire avait lieu, il faudrait descendre la base du batardeau dans une tranchée faite au moyen de la drague, jusqu'au-dessous du plan d'assise de la première couche de fondation. Mais, dans ce dernier cas, il est presque toujours préférable de recourir aux autres espèces de batardeaux dont nous allons parler, et auxquels cette observation s'applique, du reste, aussi bien qu'aux batardeaux en terre.

834. Batardeaux à simple paroi. — Ces batardeaux ne diffèrent des précédents qu'en ce que leur paroi intérieure est soutenue verticalement ou sous un talus très-roide par une charpente à laquelle on peut donner diverses dispositions.

La plus employée est représentée *fig.* 1029 et 1030. Elle consiste en une file de pilots enfoncés à un mètre ou un mètre et demi les uns des autres et réunis à la tête par des moises ou par une simple lierne. Contre ce système s'appuient des panneaux en planches que l'on nomme *vannages*, et qu'on maintient provisoirement avec quelques clous contre les pilots. Ces clous deviennent inutiles lorsque les terres sont appuyées contre ; il n'en faut mettre que le nombre strictement nécessaire pour empêcher les vannages de flotter.

Un vannage se compose (*fig.* 1030) d'un certain nombre de planches assemblées à plats joints, et maintenues au moyen d'autres planches clouées transversalement sur les premières. Ces traverses sont au nombre de 2, 3 ou 4, suivant la longueur du vannage, et se placent de manière à tomber dans les intervalles des pilots. Chaque vannage doit avoir une longueur au moins égale à la distance qui sépare trois pilots d'axe en axe. On leur donne quelquefois un peu plus, afin de les redoubler aux points de jonction, comme on l'a représenté *fig.* 1031 ; mais il est peut-être préférable de les assembler bout à bout, en recouvrant le joint par une planche clouée ou une palplanche, comme on le voit dans la *fig.* 1032. Quelquefois on les fait suffisamment longs pour s'appuyer sur quatre ou cinq pilots consécutifs ; mais dans tous ces cas leur longueur doit toujours être calculée de telle sorte que le milieu des assemblages tombe exactement sur le milieu d'un pilot.

Dans les mauvais terrains les vannages sont remplacés par des files de palplanches jointives, battues en prenant toutes les précautions qui seront décrites plus loin pour cette espèce d'ouvrage. Quelquefois on emploie deux files de palplanches à claire-voie, battues en recouvrement l'une sur l'autre, comme dans la disposition représentée *fig.* 1033.

Le batardeau représenté par cette figure est formé de pilots inclinés, dont la tête est couronnée par un chapeau qu'on y assemble à tenons et mortaises. Deux files de palplanches battues en recouvrement l'une sur l'autre, comme on le voit sur la figure, sont appuyées contre le chapeau et supportent la levée de terre. Cette disposition exige moins de bonne terre que la précédente, et elle a plus de force pour résister au courant ; mais elle exige un peu plus de sujétion.

835. Batardeaux à coffre. — Si l'on conçoit le corroi de terre maintenu entre deux parois en charpente, semblables à celle que nous avons décrite en premier lieu dans le numéro précédent, on se fera une idée du batardeau *à coffre* (*fig.* 1034).

On fait ordinairement l'épaisseur des batardeaux de cette espèce égale à la hauteur d'eau qu'ils ont à soutenir, tant que cette hauteur ne dépasse pas trois mètres. Pour des charges d'eau plus grandes, l'épaisseur se détermine au moyen de la formule empirique suivante :

$$E = 3^m + 0^m,32\,n,$$

dans laquelle E est l'épaisseur cherchée, et n le nombre de mètres au-dessus de trois, qui exprime la hauteur de la charge d'eau. Toutefois, quand les batardeaux à coffre doivent avoir une très-grande hauteur, au lieu de leur donner une aussi forte épaisseur que celle déduite de la formule, on peut ne leur donner en crête que celle rigoureusement nécessaire pour les besoins du service et les soutenir à l'intérieur par des contre-fiches inclinées a, b (*fig.* 1035), ou bien les monter par gradins ou retraites successives, comme dans la *fig.* 1036.

Dans ce dernier cas, après avoir rempli de terre bien pilonnée le coffre A, on commence les épuisements. Quand l'eau a baissé dans l'intérieur de l'enceinte au niveau vx, on assemble les liernes l et les entretoises c, puis on remplit le coffre B. On continue alors les épuisements jusqu'à ce qu'on ait atteint le niveau yz, et l'on opère enfin sur le dernier coffre C comme sur le coffre B, avant d'achever de vider l'enceinte.

La longueur des pilots doit être telle qu'ils aient au moins un mètre et demi de fiche au-dessous du plan d'assise de la première couche de fondation. Leur grosseur se proportionne à leur longueur, comme on le verra plus tard. Ces observations sont applicables aux batardeaux à simple paroi aussi bien qu'à ceux-ci.

Les pilots sont quelquefois reliés dans le sens longitudinal du batardeau, comme on l'a expliqué au numéro précédent. Quelquefois même, quand le batardeau doit s'élever à une grande hauteur au-dessus des basses eaux, par exemple quand on travaille dans la mer ou dans des rivières soumises à la marée, on place deux ou trois rangs de moises ou de liernes les unes au-dessus des autres, comme dans la *fig.* 1035. L'une de ces liernes se met toujours au sommet du batardeau, et l'autre à fleur du plus bas niveau d'eau, ou un peu sous ce niveau. Les autres se distribuent régulièrement dans l'intervalle.

Les deux files de pilots sont, après cela, reliées par des entretoises, des moises ou des chapeaux qui s'assemblent à la tête des pilots. On n'en place jamais plus bas, parce qu'il pourrait s'établir, le long de ces pièces de charpente qui traverseraient le corroi en terre, des filtrations qui ruineraient rapidement le batardeau.

Les liernes, moises, entretoises et chapeaux s'assemblent aux pilots de diverses manières, suivant l'importance de l'ouvrage. Dans les petits batardeaux ce ne sont quelquefois que des bouts de planches ou de madriers cloués contre les pilots; mais dans les grands batardeaux, où l'on fait usage de pièces de 20 à 30 centimètres d'équarrissage, les assemblages se font par entailles, tenons et mortaises.

Les vannages se construisent et se placent comme on l'a expliqué au numéro précédent. On les remplace par des files de palplanches dans les mauvais terrains.

Le remplissage du coffre se fait avec de la terre bien pilonnée, après qu'on a dragué le terrain à l'intérieur aussi profondément que possible. Il n'est pas nécessaire que la terre soit aussi forte dans ce cas que pour les batardeaux en terre ou à simple paroi, où elle est exposée à l'action directe de l'eau. La terre fortement argileuse est même assez souvent désavantageuse dans ce cas, parce que non-seulement le corroi est d'une démolition plus difficile et plus dispendieuse qu'avec des terres légères, mais encore parce que très-souvent les mottes de terre s'aplatissent l'une sur l'autre, au lieu de s'amalgamer, et l'eau filtre bientôt par les interstices. Pour éviter, autant que possible, cet inconvénient, quand on doit employer des terres de cette espèce, il faut se servir, pour les pilonner, de dames dont la partie battante soit dentelée. La terre franche, la terre ordinaire ou même le sable fin, ont donné de bons résultats. Nous avons vu faire souvent usage de tan dans la Meuse, près de Namur; mais seulement pour des batardeaux d'un mètre à un mètre et demi de haut. On obtenait ainsi une digue parfaitement étanche et très-facile à démolir. Le tan était entraîné par le courant une fois les vannages démontés.

836. Batardeaux en pieux jointifs. — Ces batardeaux sont entièrement en charpente. Leur ensemble forme un véritable caisson sans fond, dont les parois sont composées d'une muraille de pieux battus jointivement l'un contre l'autre, entre des cours de moises.

Ces murailles sont souvent soutenues à l'intérieur par des contre-fiches ou des étrésillons, qu'on appuie contre des points fixes et qu'on enlève, s'il le faut, au fur et à mesure qu'on monte les maçonneries à l'intérieur. On les remplace alors par des étrésillons plus courts, s'appuyant contre la maçonnerie. La construction des batardeaux en pieux jointifs étant la même que celle des caissons sans fond, on en trouvera la description à l'article relatif à ces derniers.

837. Batardeaux en toile. — On n'a fait encore qu'un petit nombre d'essais de cette espèce de batardeaux, dont l'exécution est très-prompte. On concevra facilement leur construction en imaginant que contre la charpente d'un batardeau à simple paroi, on cloue, en remplacement des vannages et du terrassement, une forte toile de chanvre bien tendue, que l'on fait joindre d'ailleurs au terrain en la lestant convenablement. On a reconnu qu'une toile de cette espèce pouvait résister à une charge d'eau de $1^m,40$ de hauteur, et que sous cette pression le suintement du liquide était tout à fait insignifiant.

838. Batardeaux amovibles. — Lorsque la profondeur de l'eau est très-petite et que le terrain offre peu de prise aux filtrations, on a proposé d'employer des *batardeaux amovibles*. Ces batardeaux sont, comme les batardeaux à coffre, composés de deux parois en charpente, entre lesquelles est compris un corroi de terre. La principale différence qu'ils présentent, c'est que les montants de la charpente, au lieu de prendre fiche dans le sol, sont assemblés dans une semelle horizontale qui pose tout simplement sur le fond. Cette semelle est retenue par des crochets qu'on enfonce sous l'eau.

839. Batardeaux de fond. — Il y a plusieurs manières de construire les batardeaux de fond ; mais les deux plus usitées sont celles qui reposent sur l'emploi de la glaise et sur l'emploi du béton. La dernière même semble avoir complétement prévalu aujourd'hui sur l'autre. Cependant nous croyons utile de les décrire ici toutes les deux.

840. En terre glaise. — La construction d'un batardeau de fond en terre glaise s'effectue de la manière suivante. Après avoir nivelé le fond de l'excavation aussi exactement que possible au moyen de la drague, on y coule une couche de glaise de $0^m,30$ à $0^m,40$ d'épaisseur, que l'on pilonne, autant que de besoin, pour la rendre bien homogène et en faire disparaître tous les vides. L'on échoue ensuite sur cette couche de glaise un plancher de 20 à 25 millimètres d'épaisseur, dont toutes les planches sont assemblées jointivement et bien *calfatées* et qu'on charge de pierres pour l'empêcher d'être soulevé.

Le versement de la glaise et l'échouage du plancher exigent des précautions toutes particulières pour obtenir l'uniformité désirable et éviter toute solution de continuité.

Dans quelques grands travaux on a fait usage pour couler la glaise d'une sorte de *jalousie* qu'on posait horizontalement sur les échafaudages et dont toutes les planches, après avoir été chargées de terre, dans une position horizontale, pouvaient, au moyen d'un mécanisme, prendre, toutes en même temps, la position verticale. La glaise tombait ainsi dans un même instant sur le fond, où elle formait une couche semblable à celle dont on avait chargé la jalousie. Il n'y avait plus qu'à la pilonner ensuite. L'opération pouvait se répéter plusieurs fois successivement. Une machine de cette espèce a été employée par Regemortes à la fondation du pont de Moulins. On en trouvera le dessin et la description dans le bel ouvrage publié par cet illustre ingénieur (1).

On peut se servir aussi tout simplement de planches ou de madriers qu'on pose à plat sur les échafauds et qu'on redresse de champ à la main, et successivement, après les avoir chargés de glaise. L'emploi des machines n'est nécessaire que pour des travaux de la plus grande importance et pour lesquels on ne craint pas d'acheter un peu plus de régularité par un surcroît de dépense, assez notable en lui-même, mais insignifiant vis-à-vis de la dépense totale.

Quant aux planchers, voici ce qui se fait : autant que possible on forme les planchers d'un seul panneau ; mais lorsque leur grandeur exige qu'ils soient fractionnés en plusieurs, on en coule successivement les diverses parties en dirigeant leur échouage au moyen de guides en bois ou en fer qui assurent leur parfaite juxtaposition. La *fig.* 1037 donnera une idée de la disposition de ces guides et de la manœuvre de l'échouage des planchers; on en trouvera un exemple très-détaillé dans la description du pont de Moulins, par Regemortes.

841. En béton. — Mais, comme nous l'avons dit précédemment, on n'a que fort rarement recours, dans l'état actuel de la science, à ces dispositions. Presque toujours, les batardeaux de fond s'exécutent en béton, dont l'emploi est beaucoup plus commode et en même temps plus sûr, quand il est bien dirigé.

Le béton se coule, sous eaux, en couche plus ou moins épaisse, selon les circonstances locales, au moyen de machines que nous décrirons plus loin.

Assez souvent, lorsque l'on est obligé de faire usage du béton pour en former un batardeau de fond, on l'emploie également pour former les batardeaux d'enceinte. Pour cela on commence par construire tout autour de la fouille, faite par le moyen de la drague, une paroi de pieux et de palplanches jointives qui limite la grandeur du batardeau de fond. La couche de béton qui constitue ce dernier étant coulée, on y enfonce, à distance plus ou moins considérable de l'enceinte de palplanches (selon la charge d'eau), des montants MM, verticaux (*fig.* 1038), ou inclinés (*fig.* 1039), qu'on réunit aux pilots de l'enceinte au moyen de chapeaux ou d'entretoises, comme dans les batardeaux à double paroi. Contre ce système de montants verticaux on applique ensuite des vannages constitués comme on l'a expliqué précédemment, et finalement, dans l'intervalle compris entre les deux parois, on coule du béton jusqu'au-dessus du niveau de l'eau. Les batardeaux d'enceinte formés de cette manière pourraient être démolis comme les autres une fois la construction achevée ; mais on préfère, en général, les laisser

---

(1) *Description d'un nouveau pont de pierre construit sur la rivière l'Allier à Moulins.*

subsister et relier avec eux toute la partie des maçonneries qui se construit sous le niveau des eaux, comme on le voit dans les *fig.* 1040 et 1041. Lorsque le béton est pris (et l'on ne procède aux épuisements qu'alors), on enlève la paroi intérieure, en charpente, et l'on pratique des entailles dans le béton au fur et à mesure que les assises de maçonnerie s'élèvent, pour les y enchevêtrer.

L'épaisseur de la couche de béton formant le batardeau de fond dépend de la force de sous-pression qu'elle subira au moment où elle sera mise à sec. Appelant H la hauteur due à cette sous-pression, E l'épaisseur de la couche de béton, δ le poids du mètre cube d'eau, et Δ celui du mètre cube de béton, il faudra que l'on ait, pour que le poids de la couche de béton fasse équilibre à la sous-pression :

$$\delta H = \Delta E ;$$

d'où

$$E = \frac{\delta}{\Delta}.H.$$

Si la couche de fond est chargée du poids des batardeaux d'enceinte, il faudra faire entrer le poids de ces batardeaux dans la formule ; mais il est nécessaire d'observer que, dans ce cas, la couche de fond doit résister non-seulement au soulèvement, mais encore à la rupture qui tend à se produire vers son milieu.

La question envisagée de cette manière revient alors à celle d'un plancher homogène, d'épaisseur uniforme, porté par des appuis sur tout son pourtour, et chargé de poids uniformément répartis. Suivant Navier (1), on trouve la relation suivante entre R′, limite des charges permanentes propres à la matière dont est formé le plancher, p' la charge par unité superficielle, a le petit côté et b le grand côté du rectangle de l'aire du plancher, h son épaisseur, et π le rapport de la circonférence au diamètre :

$$R' = \frac{90\,pa^2\,b^4}{\pi^4\,h^2}\left\{\begin{array}{l}\dfrac{1}{1\,(a^2+b^2)^2} - \dfrac{1}{3\,(3^2\,a^2+b^2)^2} + \dfrac{1}{5\,(5^2\,a^2+b^2)^2} - \text{etc.} \\[2mm] -\dfrac{3}{1\,(a^2+3^2\,b^2)^2} + \dfrac{3}{3\,(3^2a^2+3^2b^2)^2} - \dfrac{3}{5\,(5^2a^2+3^2b^2)^2} - \text{etc.} \\[2mm] +\dfrac{5}{1\,(a^2+5^2\,b^2)^2} - \dfrac{5}{3\,(3^2a^2+5^2b^2)^2} + \dfrac{5}{5\,(5^2a^2+5^2b)^2} - \text{etc.} \\[2mm] -\text{etc.}\end{array}\right\}$$

En représentant par Λ tout le facteur compris entre les accolades, on tire de cette formule :

$$h = \frac{ab^2}{\pi^2}\sqrt{\frac{90p}{R'}\,\Lambda}.$$

Dans la question qui nous occupe, R′ serait la résistance que l'on supposerait au béton au moment de procéder aux épuisements ; a le petit côté, b le grand

---

(1) *Résumé des leçons*, t. 1er, p. 423.

côté de l'aire superficielle comprise entre les pieds intérieurs des batardeaux, et p la sous-pression égale à $\delta H = 1000 H$ par mètre carré, diminuée du poids de l'aire en béton $= \Delta h$ également par mètre carré.

Si l'aire en béton comprise entre les batardeaux était carrée, on aurait avec suffisamment d'approximation :

$$h = \frac{a}{\pi^2} \sqrt{\frac{20,33\,p}{R'}},$$

ou en faisant $\Delta = 2000$ kil. et remplaçant $p = 1000 H - 2000\,h$.

$$h = -\frac{209^m,55\,a^2}{R'} + \frac{a}{R'}\sqrt{209^m,55\;HR + 43559^m,77\,a^2}.$$

On peut quelquefois réduire l'épaisseur de la couche de béton en renfermant toute la construction, telle qu'elle a été décrite, dans une enceinte de batardeaux ordinaires et en tenant les eaux à un niveau moindre dans l'espace qui sépare ces batardeaux des bourrelets en béton, au moyen de machines d'épuisement : on conçoit, en effet, qu'on diminue ainsi la sous-pression. La convenance de recourir à cette disposition, ou à d'autres analogues, doit dépendre des circonstances locales et de l'estimation comparative de la dépense des deux modes d'exécution.

842. Observation. — Les batardeaux de fond ne réussissent que pour autant qu'ils sont établis sur le terrain naturel ou sur un simple grillage. Si l'on voulait établir un tel batardeau au milieu d'un pilotis, l'effet en serait à peu près nul, parce que le passage des pilotis au travers de la couche de béton y établirait des solutions de continuité par lesquelles les sources se seraient bientôt créé un passage.

843. Moyens d'étouffer les sources ou de les isoler. — L'emploi du moyen que nous venons de décrire étant toujours très-coûteux, on doit n'y avoir recours que quand il est impossible de faire autrement. Dans les cas où les sources sont en petit nombre et d'un petit produit, on peut espérer d'en venir à bout avec moins de dépense, soit en augmentant les moyens d'épuisement, soit en cherchant à les étouffer ou à les isoler.

On étouffe les sources en jetant dans les crevasses par lesquelles elles jaillissent de la glaise sèche qui se détrempe et se gonfle bientôt au point d'obstruer tout à fait le passage ; ou bien, ce qui réussit généralement mieux, en les remplissant avec des mortiers hydrauliques d'une grande énergie.

On les isole en les circonscrivant dans un coffrage ou tuyau en planches, bien calfaté, qu'on fait assez haut pour que l'eau, en s'y élevant, puisse se mettre en équilibre avec la pression qui la fait jaillir.

Quand ces tuyaux se trouvent au milieu des maçonneries, on maçonne tout autour ; et quand les maçonneries sont bien prises, on les injecte avec du béton et du mortier hydraulique, en se servant pour cela d'un piston p (*fig.* 1038), qu'on manœuvre dans le coffre.

On est quelquefois obligé de recourir à ces divers moyens simultanément, pour arriver au meilleur résultat.

Enfin on a employé quelquefois avec succès, même dans des cas où les sources étaient puissantes et nombreuses, de fortes toiles goudronnées coulées sur le terrain et maintenues par un lest. Mais ces toiles ont l'inconvénient d'empêcher la maçonnerie de se souder au sol.

ARTICLE VI.
ÉPUISEMENTS.

844. Principales machines d'épuisement. — Les épuisements s'effectuent avec des machines de diverses sortes, dont les principales sont :

1º Des *seaux*, des *baquets* ou des *tonnes*. Souvent on les manie à la main; quelquefois on les suspend à une corde qu'on enroule autour d'un treuil, ou qu'on attache au bout d'une perche basculant autour d'un axe horizontal, cet axe étant placé de telle manière que l'une des branches chargée du baquet plein d'eau soit équilibrée par l'autre, chargée d'un contre-poids si c'est nécessaire. Quand on emploie le treuil, on suspend deux baquets à la corde, de manière que l'un des deux arrive au fond du puisard en même temps que l'autre au-dessus du batardeau. On utilise ainsi la descente du seau vide à la remonte de celui qui est plein, et l'effet utile en est augmenté. Lorsque les baquets sont manœuvrés au moyen de machines, on les suspend en outre souvent comme l'indique la *fig.* 1042, pour leur permettre de se vider d'eux-mêmes, quand ils arrivent au point de déchargement, par le moyen d'un crochet qui accroche leur bord supérieur et les force à basculer.

Le baquetage à la main est le moyen le plus expéditif pour faire un épuisement dans un terrain où les sources sont abondantes et lorsque l'eau ne doit pas être élevée à plus de 1^m,50 de hauteur.

2º Les *écopes* (*fig.* 1043). Ce sont des espèces de longues pelles en bois munies d'un manche, avec lesquelles les bateliers jettent par-dessus le bord l'eau qui se rassemble au fond de leurs bateaux.

3º Les *hollandaises*. Ce sont des espèces de très-grandes écopes, suspendues quelquefois à une corde attachée à deux perches, en manière d'escarpolette, et auxquelles un ou plusieurs hommes impriment un mouvement d'oscillation, par suite duquel la hollandaise s'emplit au point le plus bas de sa course et se vide au point le plus élevé (*fig.* 1044). Plus fréquemment la hollandaise est manœuvrée par deux hommes qui la tiennent au moyen de deux bâtons ronds *ab'* (*fig.* 1045) qui la traversent à frottement libre, en lui imprimant une oscillation de plus ou moins d'amplitude, en même temps qu'ils la balancent avec leurs bras. Ces dernières machines s'emploient avec un grand avantage lorsque l'eau à épuiser est à une profondeur moindre que 1 mètre et qu'elle ne doit pas être jetée à plus de 2 mètres de distance horizontale.

On se sert quelquefois, en remplacement des hollandaises, de *vans* à nettoyer le grain. On les manœuvre d'une manière analogue.

4° Le *chapelet vertical*. Il se compose d'un tuyau cylindrique ou carré dans lequel se meut une chaîne sans fin (*fig.* 1046), tournant sur un tambour placé tangentiellement à l'axe du tuyau. Cette chaîne porte des rondelles ou des plaques de cuir A appelées *patenôtres*, qui font l'office de pistons. Le mouvement est imprimé à la chaîne par le tambour, mis en mouvement lui-même par des hommes agissant sur une manivelle ou tout autrement.

Le *chapelet incliné* n'est qu'une variété de cette machine, qui s'en distingue principalement en ce que la chaîne portant les patenôtres est tendue sur deux tambours placés aux deux extrémités du tuyau et tangentiellement à son axe, et en ce que les patenôtres, qui sont fort rapprochées, ne remplissent pas exactement la section du tuyau. (Voir un dessin détaillé de cette machine dans Perronnet, pl. XXVIII, t. 3.)

5° La *noria*, qui ne diffère de la machine précédente que par la substitution de baquets aux patenôtres et par la suppression du tuyau. Les baquets s'emplissent en passant sous le tambour inférieur, et se vident en passant sur le tambour supérieur.

6° Les *pompes*. Ces machines sont trop connues pour qu'il soit utile de les décrire ici. On emploie généralement les pompes *élévatoires*.

7° La *vis d'Archimède* (*fig.* 1047). C'est un cylindre creux en planches, cerclé en fer, long de 4 à 5 mètres, ayant 0^m,40 à 0^m,50 de diamètre, susceptible de tourner autour de son axe. A l'intérieur une paroi en hélice, formée ordinairement de planchettes minces, se développe autour de l'axe dans toute la longueur du cylindre. L'eau s'élève sur cette paroi hélicoïde lorsqu'on imprime à l'appareil un mouvement de rotation autour de l'axe, et vient se déverser d'une manière continue par son embouchure supérieure. L'axe de la vis d'Archimède est muni à son extrémité supérieure d'une manivelle qui sert à la mettre en mouvement. Comme sa position inclinée rend sa manœuvre gênante, on la fait tourner en se servant de deux espèces de *bielles* AA, appelées *béquilles*, à l'extrémité desquelles la force des hommes est appliquée.

8° La *vis hollandaise*; cet appareil ne diffère du précédent qu'en ce que l'hélice est indépendante de l'enveloppe cylindrique, qui reste fixe pendant que l'hélice tourne, et qu'on réduit souvent à un canal demi-circulaire.

9° La *roue à tympan* (*fig.* 1048); elle présente entre deux parois circulaires parallèles un certain nombre de diaphragmes courbés en développante de cercle, et formant ainsi comme une suite de vans qui puisent l'eau d'un côté et la déversent du côté opposé dans un arbre creux qui sert en même temps d'axe de rotation. (Voir un dessin très-détaillé de cette machine dans les Œuvres de Perronnet, pl. XXXVIII, t. 3.)

10° La *roue à godets*; c'est une roue hydraulique ordinaire au pourtour de laquelle on a fixé un certain nombre de tonnes ou d'augets. On fait tourner la roue de manière que les augets ou godets s'emplissent au point le plus bas de leur course et se vident au point le plus élevé.

11° La *flash wheel.* C'est une roue à palettes ordinaire, emboîtée dans un coursier, mais tournant en sens inverse de la pente de ce dernier.

845. Moteurs employés. — La plupart des machines qui viennent d'être décrites peuvent être mues à bras d'homme ou par d'autres moteurs animés ou inanimés. On y a employé des chevaux, des bœufs, des ânes, agissant par l'intermédiaire d'un manége ; on a fait usage de la force du vent et de celle de la vapeur ; enfin on a utilisé la force des cours d'eau au milieu desquels on travaille, en les obligeant à passer par des coursiers rétrécis dans lesquels s'emboîtent les aubes d'une roue ordinaire. Dans ce dernier cas, on conçoit sans peine qu'il suffit d'embrocher sur l'axe de cette roue, et dans le sens convenable, soit la lanterne motrice d'un chapelet ou d'une noria, soit une roue à tympan, à godets, ou une flash wheel, pour opérer directement la transmission du mouvement. Les machines à vapeur locomobiles sont employées dans un grand nombre de cas à cause de leur facile et prompte installation.

846. Effet utile. — Nous donnons, dans le tableau suivant, quelques renseignements sur le travail journalier et l'effet utile de ces diverses machines. T désigne le travail exprimé en kilogrammètres ; E l'effet utile de la machine, c'est-à-dire le rapport de la force dépensée au travail produit.

Tableau des résultats d'observations sur le travail produit et sur l'effet utile de divers moyens d'épuisement et d'élévation des eaux.

Baquetage à bras avec un seau léger.		$T = 46,000$ k^m
Écopes ordinaires		$T = 48,000$ k^m
Hollandaises		$T = 120,000$ k^m
Seaux à bascule. S'ils n'élèvent l'eau qu'à 2 ou 3 mètres de hauteur.		$T = 60,000$ k^m
Si la hauteur à laquelle ils élèvent l'eau est de 4 ou 5 mètres et plus.		$T = 70,000$ k^m
Seau avec corde et poulie dans un puits ordinaire.		$T = 77,000$ k^m
Seau avec treuil à volant et à manivelle dans un puits très-profond.		$T = 170,000$ k^m
Chapelet vertical, un homme à la manivelle.		$T = 115,000$ k^m
Idem Un cheval.		$T = 647,000$ k^m
Chapelet incliné, un homme à la manivelle qui ne doit pas faire plus de 30 tours par minute.		$T = 68,000$ k^m
Un cheval.	$E = 0,38$	$T = 449,000$ k^m
Noria.	$E = 0,48$ à 0,70	
Pompes, en moyenne.	$E = 0,50$	
Vis d'Archimède (1).	$E = 0,70$ à 0,75	$T = 100,000$ k^m

(1) Le diamètre extérieur est ordinairement 1/12 de la longueur de la vis ; le diamètre du noyau 1/13 du diamètre extérieur. Il doit y avoir trois spires entières dont la trace sur l'enveloppe fait avec l'axe un angle de 67 à 70°. L'inclinaison la plus favorable de la vis à l'horizon est de 20 à 45°.

Roue à tympan mue par des hommes agissant par l'inter-
médiaire d'une roue à marches. . . . E=0,80   T=211,000 ^{km}
Roue à godets. . . . . E=0,60
Flash wheel. . . . . E=0,70

847. Choix des moyens d'épuisement. — Il semblerait, au premier aperçu, que les machines d'épuisement dont l'effet utile est le plus grand sont celles dont l'emploi doit être le plus avantageux; mais il n'en est pourtant pas ainsi, parce qu'il est d'autres considérations qui doivent passer avant celle de la manière dont la force motrice est utilisée. Ce sont la facilité de l'installation et de la manœuvre, et la résistance des machines au milieu d'une eau trouble, boueuse et chargée de gravois. Ainsi le baquetage à bras, quoique moins avantageux, sous le rapport de l'effet utile, que l'épuisement au moyen de machines plus compliquées, est pourtant préféré dans bien des cas, parce qu'il n'exige aucun appareil, et qu'on peut augmenter ou diminuer le nombre de baqueteurs à volonté sans le moindre embarras et selon les besoins.

Au surplus, les machines le plus fréquemment employées, quand on ne peut en sortir avec le baquetage à bras, sont les hollandaises et les vis d'Archimède. Ces machines s'installent facilement et promptement, et ne tiennent pas beaucoup de place. Les pompes, quoique d'un assez grand effet utile en même temps que d'une installation facile, sont plus rarement employées, parce qu'elles sont sujettes à se déranger. Les garnitures de pistons sont très-rapidement usées et mises hors de service par le sable et le limon que charrient les eaux, et les clapets cessent de fonctionner dès qu'un brin de paille ou de roseau, un copeau de bois ou un gravois, vient se placer dans leur valve. Celles qui fonctionnent du reste le mieux, et qui se placent et se déplacent le plus aisément, sont des pompes en bois dont le piston consiste en un cornet de cuir fort (*fig.* 1049), retenu à la tige par quatre brides. Ce cornet se déprime ou s'épanouit suivant qu'on l'enfonce ou qu'on le retire, et il remplit ainsi toutes les fonctions d'un piston ordinaire.

Les chapelets, les norias, les roues à tympan, à godets et les flash wheels, ne sont employés que dans de vastes travaux d'épuisement. On leur préfère souvent aujourd'hui des pompes d'un fort diamètre, mues par des machines locomobiles.

848. Dispositions des rigoles et puisards. — Les machines d'épuisement se placent sur des puisards ou dépressions formés au fond des fouilles, dans lesquels se recueillent toutes les eaux, soit qu'on les laisse couler naturellement sur le fond, soit qu'on les y dirige au moyen de rigoles. Ces puisards se placent, autant que possible, en dehors de la surface que doit couvrir la fondation, et de manière à recevoir le plus immédiatement possible le produit des plus fortes sources. On y amène les eaux des sources éloignées par des rigoles qu'on y dirige par le chemin le plus direct, mais en ayant soin de ne les développer aussi que sur le terrain qui ne doit pas être couvert par les maçonneries. Lorsque les circonstances locales ne permettent pas d'avoir égard à cette dernière prescription, on peut diriger les rigoles sous les maçonneries, mais en prenant soin d'en maçonner les parois sur une assez forte épaisseur. On maçonne ensuite au-dessus de ces rigoles comme si elles n'existaient pas ; puis, les maçonneries terminées et durcies, on les injecte avec du béton ou avec du mortier hydraulique, comme on l'a expliqué plus haut. On peut même, quand les circonstances l'exigent impérieusement, placer les puisards au milieu des maçonneries : on les injecte ensuite de la même manière, lorsque tout l'ouvrage est terminé et bien pris.

TROISIÈME SECTION.

DES OPÉRATIONS RELATIVES A L'ÉTABLISSEMENT DES FONDATIONS.

849. — Les principales opérations qui ont rapport à l'établissement des fondations proprement dit sont :

1° La construction des pilotis et des files de palplanches ;
2°   Id.   des grillages ou plates-formes en charpente ;
3°   Id.   des caissons sans fond ;
4°   Id.   le lancement et l'échouage des caissons foncés ;
5° L'immersion du béton ;
6° La formation des enrochements ;
7° La construction des maçonneries de la base ;
8°   Id.   des massifs buttants et comprimants.

ARTICLE PREMIER.

CONSTRUCTION DES PILOTIS ET DES FILES DE PALPLANCHES.

850. Disposition générale des pilotis. — Un pilotis se compose de pilots placés par rangs et par files à une distance plus ou moins rapprochée les uns des autres. Le moindre espacement qu'on leur donne, à moins qu'il ne s'agisse de pilotis comprimants, est de 0m,75, et le plus grand de 1m,50 (1). On appelle *pilots*

---

(1) Pour les fondations d'écluses on admet assez généralement que la surface de section de l'ensemble des pilots doit varier entre le 1/6 et le 1/12 de la surface occupée par le fondement. En admettant 0m,26 comme une moyenne du diamètre des pilots ordinaires, il résulte de cette règle que leur espacement de milieu en milieu varierait dans ce cas de 0m,60 à 0m,90.

de rive ceux qui marquent le contour extérieur de la fondation, et *pilots de remplissage* ou *de remplage* ceux qui sont battus dans l'intérieur. Le plus souvent tous les pilots d'un pilotis sont battus verticalement. Cependant, quand la construction qu'ils doivent supporter est exposée à une poussée horizontale, on incline légèrement le premier rang extérieur en sens contraire de cette poussée (*fig.* 1050, pl. XXXV).

851. Choix des pilots. — On peut employer sous forme de *pilots* toutes les essences d'arbres en général, mais l'essence de chêne est celle que l'on considère comme la plus durable; malheureusement, elle est ordinairement plus chère que les autres. L'aune résiste parfaitement dans les terrains constamment humides, de même que le hêtre; mais on leur préfère généralement les bois résineux qui, outre qu'ils se conservent assez bien dans tous les cas, présentent, sur la plupart des autres arbres, l'avantage d'un tronc plus droit et plus régulièrement décroissant de grosseur; ce qui est important pour la facilité et la régularité du battage.

Nous faisons un très-grand usage en Belgique de pins et de sapins indigènes. Quelle que soit l'essence d'arbre que l'on emploie, la rectitude du tronc et son décroissement régulier d'épaisseur sont deux choses auxquelles il faut toujours rigoureusement tenir.

852. Dimensions. — Les dimensions transversales des pilots se règlent d'après leur longueur et la charge qu'ils ont à supporter. En appelant P le poids total de la construction, n le nombre de pilots sur lesquels elle repose, R'_1 la limite de la charge permanente pour le bois employé, leur section Ω ne peut être moindre que :

$$\Omega = \frac{P}{nR'_1}.$$

Ordinairement cette section se termine au moyen d'une règle pratique donnée par Perronnet, et qui peut se traduire par la formule suivante :

$$D = 0^m,24 + (L - 4^m)\, 0^m,015,$$

dans laquelle D représente le diamètre du pilot, et L sa longueur exprimée en mètres.

Quant à la longueur des pilots, elle est déterminée soit par les indications des sondages, soit par le battage de quelques pilots d'épreuve.

853. Préparation. — Les pilots doivent être écorcés, afin de rendre leur surface plus lisse; mais on se dispense généralement de les dépouiller de leur aubier. On a soin, de plus, d'abattre à fleur de la surface du tronc tous les chicots de vieilles branches et autres irrégularités qui pourraient porter obstacle à l'enfoncement ou faire dévier le pilot de sa direction.

Les pilots doivent être sciés bien carrément à la tête; on les y amincit légèrement et on les garnit d'une frette pour qu'ils ne se fendent pas pendant le battage (*fig.* 1051). Cette préparation est celle qui convient aux pilots ordinaires. Les pilots jointifs doivent être, en outre, parfaitement équarris sur deux faces au moins par lesquelles on les juxtapose.

854. Affûtage. — Pour faciliter la pénétration des pilotis dans le sol, on les termine inférieurement par une pointe quadrangulaire (*fig.* 1051 et 1052), à laquelle on donne en hauteur une fois et demie ou deux fois et demie le diamètre du pilot, selon la plus ou moins grande résistance du terrain. Dans tous les cas, on la taille, à quelques centimètres du bout, de manière à la remplacer par une autre pointe *efg*, à laquelle on donne 4 à 5 centimètres de côté sur autant de haut. Lorsque le terrain n'est pas trop résistant ou mêlé de cailloux, on durcit toute la pointe en la faisant légèrement roussir par un feu de copeaux.

855. Ensabotage. — Cette précaution serait insuffisante dans bien des cas; les pointes en bois s'émousseraient dans un terrain résistant ou entremêlé de pierres. On est obligé alors de les *ensaboter*, c'est-à-dire de les garnir de pointes ou de *sabots* en fer ou en fonte.

La *fig.* 1053 représente un sabot en fer, et les *fig.* 1054 et 1055 un sabot en fonte.

Quand on ensabote les pilots, on coupe leur pointe carrément à une distance du bout, telle que le plan de coupe ait au moins 6 à 8 centimètres de côté ou de diamètre. L'affûtage est, du reste, le même que pour les pilots non ensabotés, à l'exception qu'on fait la pointe conique lorsqu'on se sert de sabots en fonte.

856. Battage. — Le battage des pilots s'effectue avec des machines appelées *sonnettes*, dont la pièce principale est le *mouton*. C'est une lourde masse de fer ou de bois cerclé de fer, qu'on élève à une certaine hauteur pour la laisser retomber avec toute la vitesse acquise sur la tête du pilot qu'on veut enfoncer.

On distingue deux espèces de sonnettes :

Les sonnettes à tiraude; les sonnettes à déclic.

857. Sonnettes à tiraude. — Une sonnette à tiraude consiste le plus souvent (*fig.* 1056, 1057 et 1058) en deux montants appelés *jumelles* AA, assemblés à tenon et mortaise dans une semelle B, et maintenus à une distance de 10 à 12 centimètres l'un de l'autre par deux contre-fiches inclinées C, appelées *hanches*, et par des entretoises D, nommées *épars*. Entre les jumelles est placée une poulie ou une roue à gorge E, dont l'axe roule sur des coussinets en bois dur ou en cuivre. Tout cet attirail est maintenu verticalement par le moyen d'un arc-boutant F garni d'échelons, qui s'assemble d'une part avec les jumelles, et de l'autre avec une pièce I appelée *queue de la sonnette*, réunie elle-même par un assemblage à la semelle. Ces deux dernières pièces sont maintenues perpendiculaires l'une à l'autre au moyen de deux contre-fiches G. Dans quelques sonnettes, la queue, les deux contre-fiches et l'arc-boutant n'existent pas. On maintient alors le pan de charpente que forment la semelle, les jumelles, les hanches et les épars, soit dans une position verticale, soit dans une position plus ou moins inclinée, au moyen de haubans attachés à des piquets plantés dans le sol ou à des points fixes quelconques. Sur la poulie passe un cordage attaché par une extrémité au mouton H et qui, à l'autre bout, se termine par trente ou quarante cordons appelés *tiraudes*, auxquels on applique la force des hommes. Le mouton est dirigé, dans ses mouvements d'ascension et de descente, par deux tenons passants ou ailerons TT, munis de clefs qui s'engagent dans l'intervalle laissé entre les jumelles. Les faces de ces montants, ainsi que celle du mouton qui s'applique contre elles et les joues des tenons passants, doivent être tenues constamment graissées, afin de faciliter la manœuvre et de la rendre plus efficace.

Ces sonnettes sont très-employées, quoique leur effet utile soit très-petit. On ne peut guère compter que chaque homme exerce une traction de plus de 15 à 16 kilogrammes quand le poids du mouton ne dépasse pas 300 kilogrammes, et de plus de 12 à 13 kilogrammes quand ce poids atteint 500 à 600 kilogrammes. Ces données serviront à calculer le nombre d'hommes nécessaire à la manœuvre, une fois le poids du mouton donné. Ce poids varie de 200 à 600 kilogrammes.

La différence entre l'effort de traction exercé par chaque homme, selon que le mouton est plus ou moins pesant, provient de ce que plus le mouton augmente de poids et plus grand doit être en même temps le nombre d'hommes nécessaire à la manœuvre. Or, au fur et à mesure que le nombre d'hommes augmente, le rayon du cercle sur la circonférence duquel ils se placent pour travailler s'agrandit, et avec lui l'angle sous lequel leur effort est transmis à la corde principale par l'intermédiaire des tiraudes.

Pour remédier à cet inconvénient, on fait quelquefois usage de deux câbles tous deux attachés au mouton et passant sur deux poulies divergentes, comme on le voit en projection verticale (*fig.* 1059), et en projection horizontale (*fig.* 1060). Au moyen de cette disposition, l'atelier se divise en deux groupes, qui se gênent moins et qui peuvent agir sur le mouton d'une manière moins désavantageuse.

La quantité dont les *sonneurs* élèvent le mouton varie de 1^m,20 à 1^m,50. Ils donnent ordinairement *trente coups de suite*, ce qui constitue une *volée*. A la journée, on ne peut guère obtenir des ouvriers plus de 120 volées ; mais à la tâche ils donnent jusqu'à 160 et même 170 volées en une journée. Le travail du battage des pilots au moyen de la sonnette à tiraude est régularisé par le chant cadencé d'un *chanteur* ou *enrimeur*, qui est en outre chargé de diriger le pilot dans son mouvement de descente. Cette opération est d'une importance majeure, car un pilot qui dévie de sa direction doit souvent être arraché, et l'on perd ainsi le fruit de tout un travail coûteux. Les enrimeurs expérimentés placent entre les jumelles et le pilot une cale d'épaisseur et serrent ensuite le pilot contre cette cale avec un bout de corde tordu au moyen d'un garrot et formant ce qu'on appelle un *embrelage*. Un petit garçon est chargé de tenir le garrot de l'embrelage serré pendant le battage, tout en laissant pourtant à la ligature le jeu nécessaire pour que la cale, qui est aussi appelée *le petit garçon*, suive le pieu à mesure qu'il s'abaisse. On voit qu'au moyen de cette cale on n'a qu'à s'occuper du maintien vertical de la sonnette.

858. Sonnettes à déclic. — Les sonnettes à déclic ne diffèrent des sonnettes à tiraude qu'en ce que l'extrémité de la corde, au lieu d'être armée de cordons auxquels on applique la force des ouvriers, s'enroule sur un treuil ou un tambour mû soit par une manivelle, soit par une roue à marches, à chevilles, ou tout autrement. Le mouton peut être ainsi élevé à telle hauteur qu'on le désire. On se sert dans ce cas, pour déterminer la chute instantanée, d'un appareil appelé *déclic*, qui peut présenter plusieurs dispositions.

La plus anciennement employée est celle représentée dans la *fig.* 1061. Le mouton A est suspendu à la corde qui sert à l'élever, par l'intermédiaire d'un crochet S. Ce crochet est terminé supérieurement par un anneau auquel est attaché un petit cordage. En exerçant sur ce cordage un effort de traction dans le sens indiqué par la flèche, le crochet se dégage de l'anneau du mouton et ce dernier tombe. Quelquefois on faisait agir le déclic en faisant tirer la corde par un homme ; d'autres fois, et c'était déjà une amélioration, on attachait l'extrémité libre de cette corde à un point fixe, après avoir déterminé sa longueur de telle sorte qu'elle se tendait assez pour dégager le déclic du mouton quand ce dernier avait atteint la hauteur voulue.

La *fig.* 1062 est une modification de ce déclic qui se comprendra à simple vue.

La *fig.* 1063 représente une autre espèce de déclic dont l'usage est plus fréquent. Il a la forme d'une pince dont les deux mâchoires sont réunies par un axe passant, auquel on attache la corde qui sert à lever le mouton. Un ressort les tient naturellement fermées. Pour opérer le déclic, la sonnette porte, à hauteur convenable, deux pièces de bois A, B, laissant entre elles un certain intervalle qui va en se rétrécissant vers le haut. Les branches supérieures de la pince, en s'engageant dans cet intervalle, sont bientôt forcées de se rapprocher tandis que les mâchoires s'ouvrent, et la chute du mouton a lieu.

Ces deux espèces de déclic exigent une perte de temps assez grande pour descendre chaque fois le déclic et l'attacher au mouton. On en a imaginé d'une autre espèce où cet inconvénient est évité. Elles sont fondées sur le *désembrayage* des machines élévatoires.

La *fig.* 1064 représente le mode de déclic ou de désembrayage dont on fait actuellement un usage pour ainsi dire exclusif.

La corde qui sert à lever le mouton s'enroule sur l'arbre d'un treuil à engrenage A, lequel est muni d'un frein, de sorte qu'on peut momentanément annuler l'effet du poids du mouton sur le pignon P qui engrène avec la roue dentée D. Le pignon est, à son tour, susceptible de recevoir un mouvement de translation dans le sens horizontal, de manière à être engrené ou désengrené à volonté avec la roue D. Pour lever le mouton, on engrène le pignon avec la roue, et l'on agit sur la manivelle dont il est pourvu. Pour opérer le déclic, on serre le frein, puis on désengrène le pignon. On lâche alors le frein et à l'instant même le mouton frappe. Il n'y a, après cela, qu'à engrener de nouveau pour procéder à une nouvelle opération.

Les moutons des sonnettes à déclic sont généralement beaucoup plus pesants que ceux des sonnettes à tiraude. On en a employé qui pesaient 2,000 et même 3,000 kilogrammes. Cependant leur poids dépasse rarement 1,000 kilogrammes. La hauteur de chute varie de 3 à 5 mètres. On a même été jusqu'à 6^m,50 ; mais, à cette hauteur, des moutons de 700 à 800 kilogrammes fendent les pilots.

859. Marteau à vapeur. — On a imaginé tout récemment, pour battre les pilots, un appareil auquel on a donné le nom de *marteau à vapeur*, dans lequel le mouton est mû par l'action directe de la vapeur. Le battage marche au moyen de cette machine d'une façon beaucoup plus expéditive que quand on emploie des sonnettes à tiraude ou à déclic.

La *fig.* 1065 donnera une idée de cette machine.

A.A est un bâti en fonte que l'on fixe sur la tête du pilot à enfoncer.

B,B sont deux coulisses en fer qui s'attachent au bâti A et entre lesquelles glisse le mouton M.

C, cylindre à vapeur fixé aux coulisses B.

P, piston réuni au mouton M par l'intermédiaire d'un ressort à boudin l et d'un matelas élastique m, afin d'empêcher que la machine ne se détraque par l'effet du choc.

L'introduction et l'échappement de la vapeur sous le piston se font comme à l'ordinaire, au moyen d'une boîte à tiroirs ; seulement, le tuyau qui amène la vapeur dans cet appareil est flexible, de manière à pouvoir suivre la machine dans son mouvement de descente.

On conçoit facilement le jeu de cet appareil. La vapeur introduite sous le piston soulève le mouton. Lorsqu'elle s'en échappe, le mouton retombe et vient frapper la tête du pilot qui s'enfonce entraînant avec lui toute la machine.

Un appareil de ce genre a été notamment employé aux docks de Devonport en Angleterre. Il pesait 7,000 kilogrammes et donnait 70 à 80 coups à la minute. En 2 ou 3 minutes on enfonçait un pilot de 9 à 12 mètres.

On a reconnu que, indépendamment de l'avantage d'une bien plus grande rapidité d'exécution, ces machines offraient, sur les sonnettes ordinaires, celui de ne pas laisser dévier les pilots de leur direction aussi facilement. Comme chaque coup de marteau à vapeur faisant enfoncer le pilot d'une quantité beaucoup plus grande que ne le peut faire le mouton d'une sonnette ordinaire, il en résulte que les obstacles accidentels auxquels sont dues les déviations ont une bien moins grande influence.

La vapeur avait déjà été employée, mais d'une manière moins avantageuse, au battage des pilots. On s'en servait pour communiquer le mouvement aux treuils ou aux tambours des sonnettes à déclic.

860. Avantages relatifs des diverses espèces de sonnettes. — On ne saurait fixer d'une manière absolue les cas où il faut employer les sonnettes à déclic de préférence à celles à tiraude et *vice versâ*. Tout ce que l'on peut dire pour guider dans ce choix, c'est que les sonnettes à tiraude sont d'une installation plus facile et peuvent surtout se déplacer beaucoup plus aisément que les autres, ce qui constitue un avantage considérable. Mais, d'un autre côté, elles sont loin d'avoir une puissance d'effet et un effet utile comparables à ceux des sonnettes à déclic. En général, dès que la nature du terrain exige pour l'enfoncement des pilots un effet plus puissant que celui résultant du choc d'un mouton de 500 kilogrammes tombant de 1^m,30 de hauteur, il y a avantage et souvent nécessité de recourir aux sonnettes à déclic ; mais jusque-là on se sert presque toujours de sonnettes à tiraude. Ce n'est que dans de très-grands travaux, du reste, qu'on peut songer à employer une autre force motrice que celle de l'homme.

861. Mise en fiche des pilots. — Pour battre un pilot, on commence par mettre la sonnette dans l'emplacement convenable, c'est-à-dire de telle façon que l'axe du mouton se confonde avec celui du pilot qu'il s'agit d'enfoncer. Cela fait, on amène ensuite le pilot au pied de la sonnette, et au moyen d'une poulie fixée au haut des jumelles ou de l'arc-boutant, comme dans la *fig.* 1056, on le dresse contre les montants, et on en pique la pointe en terre juste à l'emplacement où il doit être battu. L'ensemble de ces opérations se nomme la *mise en fiche*. Le mouton est élevé au préalable tout au haut de la sonnette, et y reste fixé pendant toute la durée de la mise en fiche au moyen d'une broche (1). Lorsque tout est en règle, on laisse descendre doucement le mouton sur la tête du pilot pour qu'il s'enfonce un peu plus, on l'attache ensuite aux jumelles avec embrelage, ainsi que cela a été dit (857), puis on commence le battage.

862. Déviations. — Ordinairement, sous l'action répétée du choc du mouton, le pilot s'enfonce plus ou moins rapidement suivant l'axe fictif qu'on lui a assigné. Quelquefois cependant, malgré tous les efforts qu'on exerce pour le maintenir dans cette direction, on le voit dévier à droite ou à gauche, en avant ou en arrière. Lorsque cette tendance du pilot à dévier est bien constatée, et qu'on estime que la déviation sera assez grande pour apporter un obstacle à la réalisation de bons assemblages avec les pièces qu'on superpose ordinairement au pilotis, il vaut mieux l'arracher ou battre un autre pilot à côté que de recourir à des moyens violents pour le ramener dans la bonne direction, parce qu'il finit presque toujours par revenir à la position qu'il voulait prendre. Nous indiquerons plus loin comment on arrache un pilot. Observons ici qu'avant de rabattre un pilot arraché dans le même emplacement, il faut tâcher de faire disparaître l'obstacle, cause de la déviation. Ordinairement c'est une pierre ou un corps étranger que l'on est obligé d'enlever ou de détruire avec la sonde munie d'outils appropriés.

Comme il peut arriver néanmoins que le pilot ne dévie de sa direction que quand le battage est déjà très-avancé, il est bon de savoir comment on peut s'y prendre pour le redresser. On peut d'abord doubler ou tripler les embrelages, lier

---

(1) A chaque intervalle, entre les volées, on fixe le mouton de la même manière pour que les ouvriers puissent se reposer ; c'est ce que l'on appelle *mettre au renard*.

le pilot à d'autres points fixes, soit par des cordages, soit par des chaines, ou le maintenir par des étrésillons s'appuyant contre les pieux d'échafaudage ou d'autres points résistants à portée ; mais le moyen qui réussit le mieux est de l'embrasser dans une sorte de lunette percée dans deux fortes poutres moisées et fixées à des points inébranlables. Tout violents qu'ils sont, ces moyens sont pourtant encore souvent inefficaces.

863. Refus. — L'enfoncement produit par volée ou par coup de mouton varie d'après le degré de résistance des couches qu'on traverse. Ordinairement on arrête le battage lorsque le pilot ne s'enfonce plus du tout, ou bien quand, après un nombre de coups déterminé, l'enfoncement produit permet de supposer que la charge qu'il aura à supporter sera insuffisante pour le faire descendre d'une quantité sensible.

On dit qu'un pilot est au *refus absolu* lorsqu'il refuse de s'enfoncer de la moindre quantité après une volée de trente coups de mouton mû par une sonnette à tiraude et élevé à $1^m,20$ de haut, ou de dix coups de mouton mû par une sonnette à déclic et tombant de $3^m,60$ de haut ; dans le cas contraire, le refus est dit *relatif*.

On n'obtient guère le *refus absolu* qu'en pénétrant dans des roches plus ou moins cohérentes et dures. Dans ce cas, si le terrain superposé à ces roches est lui-même assez consistant pour qu'on n'ait pas à craindre le déversement ou la flexion latérale des pilots, la charge qu'on peut leur faire supporter n'a d'autre limite que celle de la charge permanente qui convient à des pièces dont la longueur ne dépasse pas huit à dix fois le diamètre. Dans les cas de *refus relatif*, qui sont les plus fréquents, on est encore loin d'être d'accord sur les limites auxquelles il convient de s'arrêter. D'après des idées émises par Perronnet, beaucoup de constructeurs estiment qu'un pilot est capable de supporter une charge de 25,000 kil., lorsque sous l'action répétée du choc d'un mouton pesant 600 kil., tombant trente fois de suite d'une hauteur de $1^m,20$, ou bien tombant dix fois de suite d'une hauteur de $3^m,60$, il ne s'enfonce pas de plus de $0^m,01$. Ils estiment encore que pour des charges inférieures à 25,000 kil., la grandeur du refus relatif peut être augmentée en raison inverse de la charge, le diamètre et la longueur des pilots restant d'ailleurs les mêmes. Ainsi $0^m,02$ de refus suffiront à des pilots qui n'ont à porter que 12,500 kil., et $0^m,05$ à ceux dont la charge n'excédera pas 5,000 kil.

Il est facile de s'assurer que ces données s'éloignent considérablement des indications de la théorie exposée au n° 752.

En effet, faisons dans la formule (C) de ce n° $P = 600$ k., $n = 30$, $H = 1^m,20$, $h = 0^m,01$, $S = 1$, nous trouverons

$$Q = 2,178,000 \text{ kilogrammes.}$$

En faisant $n = 10$, $H = 3,60$ et laissant $P = 600$ k. $h = 0^m,01$, et $S = 1$, nous aurions

$$Q = 2,166,000 \text{ kilogrammes.}$$

Si nous faisons encore $P = 600$, $n = 30$, $H = 1^\mathrm{m},20$ et n successivement égal à $0^\mathrm{m},02$ et $0^\mathrm{m},03$, nous obtiendrons

$$Q = 1,080,000 \text{ kilogrammes.}$$
$$Q = 432,000 \text{ id.}$$

Ces résultats nous apprennent que les charges déduites de cette règle pratique ne sont environ que le 1/90 de celles que la théorie indique ; mais on pourra s'expliquer jusqu'à un certain point cette différence, si l'on se reporte aux considérations émises au n° 774, et si l'on y ajoute qu'il faut tenir compte de la diminution rapide de résistance que des pièces de bois enfouies dans le sol sont exposées à subir par l'effet d'une désorganisation plus ou moins active.

Toutefois, nous pensons qu'on pourrait augmenter la charge pratique sans danger dans bien des cas, et notamment dans tous ceux où l'on a la certitude que les pointes des pilots pénètrent dans le bon terrain, et que le refus observé est moins la conséquence de la pression latérale qu'ils éprouvent que de la résistance offerte à leur pointe.

Cette opinion paraît être aussi celle des ingénieurs hollandais, qui règlent la charge des pilots d'après des données qui la rapprochent beaucoup plus des indications fournies par la théorie du n° 752.

La règle dont ils se servent est traduite par la formule théorique suivante due à *Woltman* :

$$Q = \frac{HP^2}{e\,(P + p)},$$

dans laquelle H et P ont les significations que nous avons adoptées ; e désigne l'enfoncement produit *au dernier coup de mouton*, et p le poids du pilot.

Ils admettent seulement que pour les applications pratiques il ne faut prendre que le 1/6 de la charge trouvée par cette formule, ou bien celle donnée par la suivante (1) :

$$Q = \frac{HP^2}{6\,e\,(P + p)}.$$

Il est facile de se convaincre que, ainsi que nous l'avons dit plus haut, cette dernière règle se rapproche, beaucoup plus que la première, des résultats fournis par la théorie que nous avons admise (2). En effet, supposons (ce qui est tout à l'avantage de la première règle pratique) que l'enfoncement total $0^\mathrm{m},01$, qui

---

(1) Storm van 'S Gravesand. *Burgelyke bouwkunst*, p. 261. Storm Buysing. *Warbouwkunde*, p. 219, t. II.

(2) Cette théorie est développée dans Poncelet, *Mécanique industrielle*, p. 164.

détermine le refus pour une charge de 25,000 kilogrammes, soit égal à la somme de 30 enfoncements partiels égaux entre eux ; nous en déduisons que l'enfoncement produit par le dernier comme par le premier coup de mouton $= \dfrac{0^m,01}{30}$ $= 0^m,00033$. Supposons, après cela, que le poids du pilot soit moyennement de 300 kilogrammes, nous aurons, en partant de ces données et faisant usage de la formule ci-dessus :

$$Q = \frac{1^m,20 \times 600^2}{6 \times 0^m,00033 \, (600 + 300)} = 113500 \text{ kilog. environ,}$$

c'est-à-dire environ 1/20 de la charge déduite de la formule (C) du n° 752, au lieu de 1/90 que donne la première règle pratique.

Nous pourrions encore citer d'autres règles et d'autres exemples, pour montrer le peu de fixité qui existe dans les idées sur un point aussi important ; mais nous pensons que ce qui précède suffira (1).

Nous terminerons en recommandant d'avoir soin dans tous les cas de s'assurer par des sondages préalables que le refus observé est dû principalement à la consistance du terrain dans lequel s'enfoncent les pointes des pilots. Non-seulement on acquerra ainsi la certitude que le refus n'est pas apparent, ce qui arrive quelquefois et peut causer de graves accidents, mais on évitera encore ces battages inutiles qu'on ne fait que trop souvent, et qui n'ont d'autre résultat que de dépenser de l'argent en pure perte. On doit concevoir effectivement, qu'une fois la certitude acquise que le pilot s'arrête ou se ralentit considérablement dans son mouvement de descente, par suite de la dureté ou de l'imcompressibilité de la couche à laquelle sa pointe est parvenue, il est bien inutile de chercher, par de nouveaux battages, à lui faire prendre quelques centimètres de fiche de plus. Les cahiers de charges ont, à cet égard, le défaut de ne pas laisser aux officiers surveillants une latitude suffisante, et qui devrait exister dans l'intérêt bien entendu des deniers de l'État.

864. Refus apparent. — On a remarqué que dans certains terrains, après s'être enfoncé aisément jusqu'à une certaine profondeur, le pilot semble être arrivé au refus absolu ; mais que si, après l'avoir laissé reposer huit à dix jours, on reprend ensuite le battage, il s'enfonce de nouveau plus ou moins facilement. C'est, comme nous venons de le dire, un phénomène auquel on doit bien prendre

---

(1) Au pont d'Ivry, près Paris, ouvrage dont tous les détails ont été décrits avec un talent remarquable par M. Emmery, ingénieur en chef des ponts et chaussées, la charge moyenne de chaque pilot était estimée à 16,000 k. Le refus fixé était de $0^m,04$ sous l'action d'une volée de 10 coups de mouton pesant 550 kilogrammes et tombant de $3^m,00$ de haut. On pourra vérifier d'après ces données qu'on avait compté, pour la charge permanente, sur le 1/26 à peu près de la charge théorique.

garde, mais qui est rendu évident lorsqu'on a reconnu le terrain par des sondages exécutés avec soin.

Cette singularité s'explique au surplus par les considérations du n° 774.

865. Percement des couches de tourbe. — On a observé un effet analogue dans les terrains tourbeux. Arrivé à une certaine profondeur, le pilot rebondit sur la tourbe comme sur un matelas élastique et ne s'enfonce plus ; mais si on le laisse reposer quelques jours, il s'enfonce ensuite aisément. Lorsqu'on a des bancs de tourbe à traverser où cet effet se manifeste, on bat successivement chaque pilot jusqu'au point où on éprouve le premier refus ; quand on a ainsi battu toute une ligne, on revient sur le premier qu'on bat, ainsi que les suivants, jusqu'à un nouveau refus, et l'on continue de même jusqu'à ce qu'on ait percé le banc de tourbe.

866. Conduite de l'opération du battage. — Lorsqu'on procède au battage d'un pilotis, on commence ordinairement par battre les pilots du centre de la fondation, et l'on termine par ceux qui en forment le pourtour. Cette précaution évite le resserrement du terrain qui aurait lieu si l'on opérait en sens contraire et qui pourrait apporter des obstacles à l'enfoncement des pilots du centre. Il n'y a que dans le cas où le pilotis a pour objet de comprimer le terrain comme on l'a expliqué au n° 779, qu'il convient de commencer par les pilots de rive pour terminer par ceux du milieu.

Le plus souvent les pilots se battent le petit bout en avant ; mais dans quelques terrains argileux on remarque que la trépidation produite par le battage des pilots voisins fait ressortir ceux qui se trouvent déjà battus. On peut remédier alors à cet inconvénient en battant les pilots le gros bout en avant ; ou, ce qui vaut mieux, en les battant comme d'ordinaire, mais en prenant soin de pratiquer, vers leur pointe, des crans assez semblables aux *barbelures* dont on garnit parfois les chevillettes en fer et qui produisent le même effet.

867. Notes à tenir. — Dans les travaux surveillés avec soin, on tient un carnet où l'on inscrit toutes les circonstances du battage des pilots. Ces notes ont pour but de pouvoir se rendre compte des accidents qui surviendraient ultérieurement et y porter ainsi plus sûrement et plus efficacement remède. Elles donneraient, en outre, des indications de la plus grande utilité pour le cas où il serait nécessaire d'établir, sur le même terrain, d'autres constructions par la suite. Les instructions relatives au service des officiers du génie prescrivent de tenir des notes de cette espèce. Les carnets peuvent être tenus suivant ce modèle :

BATTAGE des pilots de fondation de (indiquer l'ouvrage et le lieu où il est cons-truit) *au moyen d'une sonnette à* (tiraude ou déclic), *et avec un mouton en* (bois ou fer) *pesant* (indiquer le poids en kilogrammes), *tombant d'une hauteur de* (indiquer la hauteur de chute en mètres).

DATE du BATTAGE	NUMÉRO	DIAMÈTRE moyen	LONGUEUR	N°s DES VOLÉES de n COUPS DE MOUTON.	ENFONCEMENT observé APRÈS CHAQUE VOLÉE.	FICHE TOTALE.	DÉVIATIONS mesurées à la tête du pilot RAPPORTÉES A L'AXE		OBSERVATIONS.
		du pilot.					DE LA PILE.	DU RANG.	
15 janv. 1849.	4	$0^m,26$	$7^m,00$	1	$0^m,70$		$+0^m,02$ ou $-0^m,02$ (selon que la déviation sera à droite ou à gauche de l'axe.)	$+0^m,05$ ou $-0^m,05$ (selon que la déviation sera en avant ou en arrière.)	Indiquer dans cette colonne la profondeur à laquelle gît le bon terrain et toutes les particularités qui peuvent offrir quelque intérêt, comme pilots fendus, entures, emploi du faux-pieu, rebattages après repos ou arrachage, etc.
				2	$0^m,65$				
				3	$0^m,50$				
				.	.				
				.	.				
				.	.				
				.	.				
				.	.				
				19	$0^m,01$				
				20	$0^m,01$				

868. Battage des pilots inclinés. — Le battage des pilots inclinés se fait comme celui des pilots verticaux. On incline seulement la sonnette sous l'angle convenable; mais il faut tenir compte, dans ce cas, de la moindre force du choc qu'il faut attribuer au mouton pour estimer convenablement le refus relatif. La composante du poids du mouton, agissant dans le sens de l'inclinaison des ju-melles, ne sera plus alors, déduction faite de la portion absorbée par le frottement, que

$$P \sin \alpha - f P \cos \alpha,$$

α étant l'angle d'inclinaison de l'axe du pilot avec l'horizon et f le coefficient de frottement.

869. Emploi du faux-pieu. — Il arrive quelquefois que l'on doit enfoncer la tête des pilots en dessous de la semelle de la sonnette. Dans ce cas on fait usage, pour continuer le battage, une fois qu'on est arrivé au point le plus bas où le mouton puisse atteindre, de ce qu'on nomme un *faux-pieu*. Le faux-pieu est tout simplement une pièce de bois frettée aux deux bouts que l'on pose sur la tête du pilot et sur laquelle on fait battre le mouton. Il faut observer que les effets du battage deviennent alors très-incertains, à cause de la trépidation qui s'exerce à la jonction des deux pièces et qui absorbe une notable partie de la force vive développée. On doit, pour ce motif, éviter de recourir à l'emploi du faux-pieu autant que possible.

870. Pilots entés. — On doit éviter aussi, pour le même motif, de faire usage de pilots composés de plusieurs pièces entées les unes aux autres. Cependant, lorsqu'on y est obligé par suite de la longueur de fiche qu'on est forcé de leur donner, il faut faire les entures avec tous les soins possibles pour amoindrir cet inconvénient. Le mode d'enture qui réussit le mieux et qui est en même temps de la plus facile exécution est le suivant : On coupe bien carrément les deux pièces qui doivent être entées et on les pose à plat joint l'une sur l'autre (*fig.* 1066), mais après avoir chassé dans le sens de leur axe commun un double goujon barbelé en fer *g* qui les empêche de s'écarter l'une de l'autre. On fortifie ensuite l'assemblage par des bandes en fer encastrées dans les faces, et l'on embrasse le tout par des bandelettes de fer spatté.

On ne fait, du reste, l'enture qu'après avoir battu aussi bas que possible la première partie du pilot, et l'on a soin d'en retrancher auparavant tout ce qui peut avoir été détérioré par le battage.

871. Recepage des pilots. — On donne ordinairement aux pilots au moins 50 centimètres de longueur de plus que celle qui est rigoureusement nécessaire, afin de pouvoir en retrancher, une fois le battage terminé, les parties qui ont le plus souffert du choc réitéré du mouton, et en outre de pouvoir donner un peu plus de fiche lorsqu'une légère variation dans la consistance du terrain l'exige. Presque toujours les têtes des pilots battus à un refus déterminé se trouvent à des hauteurs fort différentes au-dessus du plan fixé par le projet, et avant de procéder aux opérations ultérieures il faut les recouper tous à hauteur convenable. C'est cette opération qu'on désigne sous le nom de *recepage*. Dans les fondations ordinaires et dans les fondations hydrauliques avec épuisement, le recepage est une opération extrêmement simple. Après avoir exactement déterminé la hauteur de la saillie de tous les pilots hors du terrain, et marqué sur chacun la trace du plan coupant, on enlève l'excédant soit avec une scie passe-partout, soit avec une forte scie de charpentier, manœuvrée par deux hommes. Mais lorsque le recepage doit se faire sous eau, l'opération est un peu plus difficile et exige des appareils compliqués.

Nous représentons, *fig.* 1067, 1068 et 1069, la scie à receper sous l'eau qui a servi à la construction du pont du Val-Benoît, à Liége. Les explications suivantes en feront comprendre le mécanisme et le jeu.

AA′BB′, cadre horizontal formé de deux madriers AA′,BB′, d'une traverse en bois C, et d'une double traverse en fer D s'enlevant facilement.

Ce cadre est monté sur quatre roulettes O en fonte de 0^m,20 de diamètre, qui servent à le transporter dans le sens de son axe.

Les madriers AA′ sont traversés verticalement par quatre vis en fer V d'un diamètre de 0^m,05 et d'une longueur qui varie avec la profondeur à laquelle on doit receper. Ces vis sont distantes entre elles de 0^m,75, et elles sont engagées à leur sortie des madriers dans des écrous circulaires armés à leur périphérie de douze dents saillantes. Une cinquième roue de même espèce est placée dans l'intérieur du carré formé par les quatre autres. Ces cinq roues sont reliées entre elles par une chaîne sans fin à mailles carrées, de telle sorte qu'en faisant tourner celle du centre, au moyen d'une manivelle ou d'une clef, toutes les autres tournent de la même quantité. Il résulte de ce dispositif que l'on peut lever ou baisser l'extrémité inférieure des vis V d'une égale quantité, et les maintenir ainsi dans un plan constamment parallèle à celui du cadre AA'BB'. Une petite vis de rappel sert à tendre ou à détendre la chaîne sans fin.

Aux quatre vis V sont attachées, par quatre boulons, deux plaques de fonte MM reliées par une troisième plaque N boulonnée avec elles.

Aux plaques M sont boulonnées deux autres plaques P,P dans lesquelles sont pratiqués des jours, afin de les rendre plus légères. Ces dernières sont reliées par des entretoises H, I.

L'entretoise H soutient au milieu un axe servant de point de rotation à un levier R qui sert à imprimer le mouvement de va-et-vient à la scie, laquelle est montée sur une armature L, qui se termine par deux guides cylindriques parfaitement polis passant dans des trous pratiqués à la partie inférieure des plaques P,P. L'armature est reliée au levier R par le moyen d'un anneau légèrement ovale.

Voici maintenant comment on manœuvre cet appareil. Le châssis ou chariot AA'BB' est posé sur les chapeaux d'un échafaudage disposé parallèlement aux lignes de pilots à receper. On descend d'abord la scie au niveau du plan de recepage par la manœuvre des vis V, puis on pousse le chariot en avant jusqu'à ce que la scie touche le pilot à receper. Une fois là, on cloue sur les chapeaux d'échafaudage une barre de fer Y percée en son milieu d'un écrou dans lequel s'engage une vis armée d'une manivelle. On met alors immédiatement la scie en jeu au moyen du levier R, en même temps qu'on pousse avec précaution tout l'appareil contre le pilot au moyen de la vis susmentionnée.

Dans les fondations ordinaires et dans les fondations hydrauliques avec épuisement, un certain nombre de pilots doivent être munis de tenons pour s'assembler avec les pièces du grillage. Il faut avoir soin de les receper en conséquence.

872. Arrachage des pilots. — L'on se sert, pour arracher les pilots, de leviers, de vis, de crics, que l'on fait agir de différentes manières. Dans les rivières sujettes aux marées on peut profiter de la baisse et de la hausse alternatives des eaux pour opérer l'arrachement ainsi qu'il suit. A marée basse on attache le pilot au moyen de chaînes ou de cordages à une forte traverse portée sur des corps flottants; à la marée montante, ces corps en s'élevant entraînent le pilot avec eux.

On peut attacher de diverses manières les pilots aux appareils qui servent à les arracher. Souvent il suffit de passer leur tête dans un fort nœud coulant ou dans un anneau en fer (*fig.* 1070), attaché à une corde ou à une chaîne un peu en dehors de la ligne qui passe par son centre de gravité; cet anneau, en se plaçant obliquement par rapport au pilot, lorsqu'on fait effort pour l'arracher, y imprime ses arêtes et s'y accroche avec suffisamment de force pour l'entraîner avec lui; d'autres fois on se sert de griffes ou de pinces de diverses formes comme celle représentée *fig.* 1071, dont les mâchoires se serrent par suite de l'effort qu'on exerce dans le sens de l'axe du pilot.

On a remarqué que l'arrachage des pilots était facilité par l'ébranlement produit par une percussion latérale ou dans le sens de l'axe. On parvient quelquefois à arracher des pilots qui résistaient beaucoup en les battant avec un petit mouton, en même temps qu'on fait effort pour les arracher. (On trouvera dans la planche 153 du *Traité de l'art de la charpenterie*, d'Emy, les détails d'une sonnette disposée pour cet usage et de quelques autres machines servant à arracher des pilots.)

873. Palplanches. — Les palplanches sont des espèces de pieux méplats formés de madriers de 0ᵐ,08 à 0ᵐ,10 d'épaisseur et de 0ᵐ,25 à 0ᵐ,35 de largeur, qu'on enfonce dans le terrain au moyen de la percussion comme les pilots. Elles peuvent être en chêne, en hêtre ou en sapin.

874. Files de palplanches. — Ordinairement les palplanches se battent par panneaux jointifs, qu'on nomme *files de palplanches jointives*. La construction de ces panneaux exige quelques soins que nous allons détailler. Le but qu'on se propose par leur établissement est ordinairement de fermer tout passage à l'eau sous la base en maçonnerie ou sous le grillage en charpente qui la supporte ; mais ce but ne peut être atteint d'une manière absolue que dans des cas fort rares. On conçoit, en effet, que pour cela il faudrait que l'assemblage des palplanches fût aussi parfait que devrait l'être celui de la paroi d'une bâche destinée à contenir de l'eau. Or, cela est fort difficile, sinon impossible, à obtenir dans le cas présent, vu les déviations plus ou moins fortes que subissent les palplanches par l'effet de la résistance qu'elles éprouvent en s'enfonçant dans le sol.

Les constructeurs se sont ingéniés à trouver des modes d'assemblage latéral et d'affûtage susceptibles de les conduire plus sûrement au but qu'ils veulent atteindre ; mais, si ces dispositions réussissent dans quelques cas particuliers, elles ne donnent que des résultats négatifs dans beaucoup d'autres. C'est ce qui fait que beaucoup de praticiens croient aujourd'hui qu'il y a peu d'avantage à les employer ; et que, sauf les cas où les files de palplanches doivent être battues dans un terrain mou et homogène, il est tout aussi bon, peut-être même meilleur, de les affûter d'une manière analogue aux pilots et de les assembler simplement à plat joint après avoir parfaitement dressé les faces de contact.

Nous ne pourrions toutefois nous dispenser de dire un mot de ces diverses dispositions sans laisser une lacune dans notre enseignement.

875. Assemblage latéral des palplanches. — Nous avons représenté, *fig.* 1072, l'assemblage *à plat joint* dont nous venons de parler.

La *fig.* 1074 représente un assemblage *en queue d'hironde*, auquel on a à peu près complétement renoncé aujourd'hui, parce qu'on a remarqué que quand l'effort que font les palplanches pour se désunir devient un peu grand, les parois des rainures se déchirent. Ce mode d'assemblage est d'ailleurs plus coûteux que tous les autres.

Dans la *fig.* 1073, nous avons dessiné l'assemblage ordinaire *à rainures et languettes* qui offre les mêmes inconvénients que le précédent, quoique à un moindre degré, et qui est également peu employé.

Les assemblages dont on fait le plus souvent usage, lorsqu'on juge l'assemblage à plat joint insuffisant, sont représentés par les *fig.* 1075 et 1076.

Le premier (*fig.* 1075) est connu sous le nom d'assemblage *en langue de carpe* (*met vischbekken* en hollandais) ou *en grain d'orge*.

Le second (*fig.* 1076) est désigné sous le nom d'assemblage *à gorge* (*met hol en dol* en hollandais).

L'assemblage en grain d'orge est considéré comme le meilleur pour les palplanches de petite épaisseur, et l'assemblage à gorge comme donnant d'excellents résultats quand les palplanches. en prenant une épaisseur de 0^m,20 à 0^m,25, se transforment en pieux jointifs.

On leur reproche pourtant, à l'un et à l'autre, d'ouvrir un joint au passage de l'eau, dès que les palplanches tendent à se séparer, ce qui n'a pas lieu avec l'assemblage à rainures et languettes ordinaires et peut le faire préférer dans certains cas. Cette différence d'effet est rendue sensible par les *fig.* 1077, 1078 et 1079.

Cette observation tend au surplus à confirmer l'opinion qu'il vaut mieux, en général, employer l'assemblage à plat joint, qui exige bien moins de sujétion que tous les autres.

876. Affûtage. — La figure 1080 représente une palplanche affûtée d'une manière analogue aux pilots.

Les *fig.* 1081, 1082 et 1083 donnent le dessin de diverses autres espèces d'affûtage imaginées pour faire serrer les palplanches les unes contre les autres.

La *fig.* 1081 représente la plus simple de ces dispositions; l'extrémité de la palplanche est tout bonnement coupée en biseau plus ou moins allongé, comme un *bédane*.

La *fig.* 1082 représente une modification de l'affûtage précédent qui demande déjà plus de sujétion.

La *fig.* 1083 en est une autre encore plus compliquée, qui a pour objet de barrer le passage à l'eau sur toute la profondeur à laquelle pénètrent les palplanches. Avec les modes précédents d'affûtage on perd évidemment toute la hauteur de la pointe, tandis qu'on en profite dans celui-ci. Nous doutons toutefois que le surcroît de sujétion qu'il exige puisse être compensé par cet avantage.

Les constructeurs qui recommandent l'emploi de ces affûtages en biseau ajoutent encore à cette recommandation celle de diviser le panneau en deux parts, dans l'une desquelles les biseaux sont taillés de droite à gauche, et dans l'autre de gauche à droite, et disposés d'ailleurs de manière à ce que ces deux parties tendent à se serrer l'une contre l'autre lors du battage. On place dans la séparation une palplanche taillée en pointe ou en biseau symétrique par rapport à l'axe (*fig* 1088).

Au surplus, toutes ces dispositions seraient bien insuffisantes pour atteindre le but qu'on se propose, si l'on ne les complétait par d'autres qui sont beaucoup plus efficaces.

877. Châssis d'assemblage. — Ces dernières consistent dans l'établissement préalable de châssis d'assemblage qui servent tout à la fois à renforcer les panneaux et à leur servir de guide pendant le battage.

Les *fig.* 1087, 1088 et 1089 représentent trois manières de construire ces châs-sis d'assemblage.

Dans la *fig.* 1087, on voit une file de pilots ou de pieux A battus parallèlement à la file de palplanches, couronnés par un chapeau B contre lequel sont battus les panneaux dont la tête, après le battage, y est fixée par des clous. Cette disposition est rarement employée et elle est la moins efficace, parce que les palplanches peuvent dévier en avant sans le moindre obstacle. On ne pourrait en conseiller l'usage que dans des terrains mous et homogènes, et pour des travaux de peu d'importance.

La *fig.* 1088 est une modification de la disposition précédente. La file de pilots, au lieu d'être couronnée par un chapeau, est réunie par deux cours de ventrières moisées et boulonnées à la tête des pilots, dans l'intervalle desquels on enfonce les palplanches. Cette disposition n'a pas l'inconvénient de la précédente; mais elle a celui de rendre difficile la fermeture des panneaux compris dans chaque intervalle, lorsque (et cela arrive fréquemment) les pilots ne sont pas restés exactement parallèles pendant le battage.

Le mode de construction indiqué par la *fig.* 1089 est celui de tous qui mérite la préférence pour les travaux soignés, malgré le surcroît de dépense qu'il exige.

Il consiste en deux files de pilots battues dans une position légèrement convergente, l'une vers l'autre, et couronnées de chapeaux, laissant entre eux un intervalle précisément égal à l'épaisseur des palplanches. Les palplanches battues dans cet intervalle ont l'avantage de ne former qu'un seul panneau continu, dont on peut battre successivement les éléments, de telle manière qu'ils arrivent tous en fiche à peu près en même temps et sans se quitter.

878. Battage. — Le battage des palplanches, une fois ces dispositions terminées, se fait comme celui des pilots, mais en observant encore quelques précautions que nous allons indiquer. Il est toujours avantageux, quand cela est possible, de mettre en fiche en même temps toutes les palplanches de la file, puis de les battre successivement par petites quantités, de manière à ce qu'elles s'enfoncent à peu près toutes en même temps, comme on le voit dans la *fig.* 1090. Quand on ne peut mettre en fiche toutes les palplanches d'un seul coup, on en met au moins le plus grand nombre, puis on arrête la dernière au moyen d'un tasseau *b* fixé par deux clameaux *aa* sur les chapeaux du châssis et d'un coin *c* qu'on serre entre la dernière palplanche et le tasseau, ainsi que le montre la *fig.* 1090. Toutes les palplanches sont ensuite battues successivement comme dans le cas précédent.

Au pont de Moulins-sur-l'Allier, Regemortes a fait usage du procédé suivant qui a donné d'excellents résultats :

Chaque file de palplanches (*fig.* 1091) se mettait en fiche entre deux liernes BB établies fixement sur les échafauds, par grandes parties de 15 à 16 mètres de longueur. On battait d'abord les palplanches à la hie, pour leur faire prendre pied dans le terrain; puis avant de les battre à la sonnette, on les subdivisait par panneaux d'environ quatre mètres (12 pieds) de longueur, qu'on réunissait par des liernes jumelles A. Ces liernes étaient liées entre elles par leurs extrémités au moyen de boulons qui traversaient les palplanches. On commençait par battre par petites portions, au moyen de moutons successivement de plus en plus pesants, les palplanches du milieu des panneaux; de temps à autre seulement, on battait les deux palplanches des extrémités auxquelles étaient assemblées les liernes. A cet effet on déboulonnait momentanément ces palplanches et l'on fixait les liernes par des boulons aux deux palplanches voisines. On avait pris soin d'ailleurs, pour laisser un certain jeu aux liernes et aux palplanches, de passer les boulons dans des trous allongés verticalement dans les palplanches et horizontalement dans les liernes. Pour faire serrer l'un contre l'autre deux panneaux voisins, on employait exactement le même système; la lierne marquée C, *fig.* 1091, était destinée à ce dernier usage. Au moyen de ces précautions, on est parvenu à obtenir des files de palplanches jointives parfaitement régulières sur une longueur d'environ 320 mètres.

879. Ensabotage et frettage. — Lorsque le terrain est dur ou entremêlé de pierres, on est souvent obligé d'ensaboter les palplanches. Les sabots peuvent être faits en tôte forte, en fer battu ou en fonte, selon la forme de l'affûtage. Nous en donnons des exemples dans les *fig.* 1084, 1085 et 1086 qui représentent respectivement un sabot en fer, un sabot en tôle et un sabot en fonte. Si l'ensabotage est une précaution qui n'est indispensable que dans certains cas, il est nécessaire dans presque tous de garnir la tête des palplanches d'une frette en fer pour les empêcher de se fendre en éclats sous le choc du mouton.

C'est ici le lieu de faire remarquer que quand la nature du terrain exige qu'on ensabote les palplanches pour les enfoncer, on a bien peu de chances d'obtenir une paroi quelque peu régulière; aussi prend-on quelquefois le parti, en pareil cas, de creuser à la drague une tranchée dans laquelle on pose le pied des palplanches et qu'on remblaye ensuite aussi parfaitement qu'on le peut. Cette difficulté, ou plutôt cette impossibilité, que l'on rencontre si fréquemment d'atteindre le but qu'on se propose par l'emploi des files de palplanches jointives, a fait penser à un savant ingénieur (M. Emmery) (1), qu'il était tout aussi efficace et beaucoup plus économique de leur substituer, dans beaucoup de cas, des files *à claire-voie*. Il a fait notamment usage de ce mode de construction, et avec un plein

---

(1) L'auteur du bel ouvrage intitulé *le Pont d'Ivry.*

succès, au pont d'Ivry près Paris et à la gare de Charenton, et c'est pour des files
de palplanches de cette espèce qu'il a fait usage du sabot elliptique en fonte
représenté *fig.* 1086. Les files jointives ne paraissent réellement indispensables
que dans des cas où, comme dans les fondations des écluses et des batardeaux, le
terrain est soumis aux efforts d'une charge d'eau d'une grande hauteur, qui tend
à donner aux filtrations qui pourraient s'établir une puissance d'effet capable de
tout entraîner avec elles. Dans ce cas, on ne doit rien négliger pour les rendre aussi
étanches que possible, et à cet effet on doit calfeutrer les joints et les garnir de
mousse aussi bas qu'on peut atteindre, avant de poser les plates-formes sur lesquelles on élève ensuite les maçonneries.

880. Recepage. — Le recepage des palplanches s'effectue exactement de la
même manière que celui des pilots. On doit avoir soin de les tenir toujours 40 ou
50 centimètres plus longues qu'il ne faut, afin de pouvoir enlever toute la partie
détériorée par le battage.

ARTICLE II.

CONSTRUCTION DES GRILLAGES ET PLATES-FORMES EN CHARPENTE.

881. Espèces diverses. On distingue deux sortes de grillages : l'une se construit sur pilotis, l'autre immédiatement sur le terrain. Mais les principales dispositions sont les mêmes dans les deux cas, et il suffira de décrire la première
espèce pour que l'on ait une idée complète de la seconde. Il n'y aura qu'à
faire abstraction des assemblages employés pour lier les pièces du grillage aux
pilots.

882. Grillage sur pilotis. Ordinairement un grillage se compose, comme
nous l'avons dit au n° 771, d'un système de poutres croisées d'équerre et assemblées entre elles et avec des pilots de diverses manières. Les poutres qui réunissent les pilots dans le sens des files (A, *fig.* 1092) sont appelées *traversines* ou *racinaux*. Celles qui les réunissent dans le sens des rangées B sont nommées *longrines*
ou *chapeaux*. On réserve toutefois plus fréquemment le nom de *chapeau* pour
désigner des poutres qui (comme C, *fig.* 1029 et 1030) sont assemblées sur les
pilots de rive et avec lesquelles viennent s'assembler les extrémités des autres
pièces.

L'ensemble des traversines et des longrines forme ainsi deux couches de poutres,
dont l'une seulement porte et est assemblée directement sur les pilots, tandis que
l'autre ne les réunit que par intermédiaire. A la première vue, on pourrait croire
qu'il est indifférent de composer la première couche de longrines, et la seconde de
traversines, et réciproquement; mais on va voir, par les considérations suivantes,
qu'il n'en est pas toujours ainsi.

Les pilots s'assemblent à tenons et mortaises aux pièces du grillage qui y sont
immédiatement superposées. Or, il serait contraire aux principes de la charpen-

terie de disposer l'axe longitudinal des mortaises autrement que dans le sens de l'axe longitudinal des pièces dans lesquelles elles sont creusées, c'est-à-dire ainsi qu'on le voit dans les *fig.* 1093 et 1094, qui représentent la projection horizontale de l'assemblage, la première d'une traversine, et la seconde d'une longrine avec un pilot. Supposons maintenant que le mur construit sur le grillage soit soumis à une poussée P agissant dans le sens des traversines. On voit que si les longrines étaient assemblées sur les pilots, cette poussée P tendrait à briser le tenon dans le sens où il offre sa moindre résistance, tandis que si les pilots étaient assemblés aux traversines les tenons se présenteraient contre l'action de la force P dans le sens de leur plus grande résistance. Cette considération servira à déterminer le choix dans toutes les circonstances, et elles sont nombreuses, où l'on aura à tenir compte d'une poussée. Dans les autres cas, et même dans ceux où la poussée qu'on a à redouter ne peut avoir une bien grande énergie, on trouvera qu'il convient de donner la préférence au système des traversines assemblées aux pilots, en considérant qu'il est plus facile d'obtenir des alignements exacts et permettant des assemblages réguliers et solides, avec un petit nombre de pilots disposés en file qu'avec un plus grand nombre disposés en rangée.

Nous avons décrit, dans ce qui précède, un grillage complet. On peut en simplifier les dispositions en supprimant l'une des deux couches de poutres qui le composent. Il reste alors formé soit d'une couche de longrines, soit d'une couche de traversines, dont le choix est déterminé par les considérations qui précèdent. Parfois ces longrines ou traversines sont simplement reliées par le plancher qui les recouvre; d'autres fois elles sont en outre réunies par des chapeaux et des liernes, comme dans les *fig.* 1093 et 1094.

883. Détails de construction. — L'assemblage des longrines, traversines et chapeaux aux pilots, se fait ordinairement à tenons et mortaises; mais il n'est utile d'avoir des assemblages à chaque pilot que quand les maçonneries sont soumises à de fortes poussées ou à des sous-pressions. Quand les poussées sont nulles ou de peu d'importance, on peut se borner à distribuer sur toute la plateforme un petit nombre de tenons. Le poids des maçonneries imprime bientôt le bout des pilots dans les pièces du grillage, et cet effet peut tenir lieu assurément d'un assemblage qui exige beaucoup de main-d'œuvre et qui a l'inconvénient de diminuer considérablement la résistance des pièces à la flexion verticale.

Lorsque les sous-pressions sont à craindre, on doit avoir soin de percer les mortaises d'outre en outre des pièces du grillage (ce qui n'est pas indispensable dans les autres cas) et de les évaser un peu à leur débouché supérieur. Une fois la mise en joint opérée, on coince tous les tenons, de manière à leur faire remplir, en serrant, tout le creux de la mortaise (*fig.* 1095); dans ce cas, et surtout lorsqu'on prévoit que le grillage sera soumis à des sous-pressions très-fortes (comme dans les radiers des écluses), il est préférable de recourir tout d'un coup à l'assemblage en queue d'hironde représenté *fig.* 1096, pl. XXXVI. Les pièces du grillage se mettent alors en joint latéralement, et l'on remplit ce qui reste de l'entaille en queue d'hironde après la mise en joint par un tampon, qu'on fixe avec quelques clous.

Il arrive fréquemment que, par suite des irrégularités du battage, les axes de tous les pilots ne se trouvent pas exactement sur un même alignement dans le sens où l'on pose les premières pièces du grillage. Lorsque les déviations ne sont pas considérables, on peut y remédier en assemblant ces pièces de manière à ce qu'elles posent à peu près partout d'une égale quantité sur les têtes des pilots, comme on le voit *fig.* 1097. On peut même, dans certains cas, remédier à l'effet d'une déviation assez forte en armant la tête du pilot d'une *fourrure* bien boulonnée (*fig.* 1098), sur laquelle la pièce du grillage repose alors en tout ou en partie. Mais il est inutile d'observer qu'il faut faire tout son possible, quand on travaille au battage, pour éviter d'avoir recours à ces dispositions qui sont toujours plus ou moins nuisibles à la solidité de l'ouvrage.

L'assemblage des racinaux ou des longrines aux chapeaux se fait le plus souvent à mi-bois ou à tiers de bois, avec ou sans renfort. On peut y appliquer l'assemblage en queue d'hironde et beaucoup d'autres, mais ces complications sont souvent inutiles. Les renforts leur sont avantageux, parce qu'ils conservent aux points d'assemblage une force aussi grande aux longrines ou aux traversines que partout ailleurs (*fig.* 1099).

L'assemblage des longrines et des traversines entre elles se fait aussi au moyen d'entailles. Ces entailles doivent avoir peu de profondeur, afin de diminuer le moins possible la force des pièces aux points d'assemblage. Le mode d'entaille que nous indiquons *fig.* 1100 est très-convenable.

La *fig.* 1101 indique un assemblage d'angle dont on fait aussi quelquefois usage.

884. Remplissage sous le plancher. — Avant de poser le plancher e même de construire le grillage, il faut enlever avec soin tout le terrain ramolli qui entoure les pilots et le remplacer par un remplissage en pierres sèches, en maçonnerie, ou en béton dans le cas d'une fondation hydraulique, ou en sable siliceux bien sec dans le cas d'une fondation ordinaire. On continue ensuite ce même remplissage dans les cases du grillage, et on l'arase bien exactement au niveau des pièces du grillage sur lesquelles on cloue le plancher.

885. Plancher. — Le plancher est formé de madriers qu'on assemble à plat joint et qu'on fixe avec des clous, des chevillettes barbelées en fer ou des chevilles de bois. Dans les grillages simples, le plancher recouvre toute la superficie du grillage; dans les grillages doubles ou à pièces croisées, il n'occupe souvent que les intervalles compris entre les pièces de la couche supérieure.

Ordinairement le plancher est suffisamment maintenu par le poids des maçonneries, pour qu'il soit superflu de le fixer autrement que par quelques clous et chevilles placés principalement aux extrémités des madriers; mais il est des cas, comme dans les radiers d'écluses, par exemple, où l'on peut craindre que la sous-pression ne soit assez forte pour le soulever malgré un chevillage des plus solides. En pareil cas, on le consolide au moyen de lambourdes A (*fig.* 1102), posées sur les madriers et reliées aux pièces inférieures du grillage par des boulons ou des étriers.

Dans ce cas encore, l'assemblage des madriers, qui d'ordinaire peut être fait d'une manière plus ou moins grossière, exige un soin tout particulier. Les madriers doivent être serrés fortement l'un contre l'autre et les joints soigneusement calfatés et brayés. A cet effet, au lieu de dresser leurs faces de joint parfaitement d'équerre avec celles de parement dans toute leur étendue, on leur donne une légère obliquité, à peu près sur la moitié de l'épaisseur des madriers, afin qu'étant serrés l'un contre l'autre ils laissent entre eux un petit joint cunéiforme de quatre à cinq millimètres comme le montre la *fig.* 1103, joint qu'on emplit de calfat.

Le plancher n'est d'ailleurs bien utile que dans les fondations hydrauliques. Dans un grand nombre de cas de fondations ordinaires, il peut être supprimé sans inconvénient. On maçonne alors immédiatement sur le grillage et sur le remplissage mentionné plus haut (884).

886. Bois propres à la construction des grillages et plates-formes. — L'essence de chêne est la plus durable que l'on puisse employer à la construction des grillages. A défaut de chêne, on emploie le hêtre ou le sapin. Toutes ces pièces doivent être équarries et sans aubier.

887. Dimensions. — On donne, dans les cas ordinaires, les dimensions suivantes aux pièces des grillages et plates-formes :

Traversines ou *racinaux*, $0^m,20$ à $0^m,30$ d'épaisseur verticale, $0^m,25$ à $0^m,35$ de larg.
Longrines. . . . . $0^m,20$ à $0^m,25$ — $0^m,25$ à $0^m,30$ —
Chapeaux. . . . . $0^m,30$ à $0^m,35$ — $0^m,30$ à $0^m,35$ —
Madriers ou *bordages*. . $0^m,08$ à $0^m,11$ — $0^m,25$ à $0^m,30$ —

On fait, autant que possible, les pièces du grillage assez longues pour ne pas devoir employer d'entures. Lorsqu'on ne peut se dispenser de faire autrement, on a recours aux assemblages décrits dans la IIe partie, n°s 407 à 413. Les assemblages à trait de Jupiter sont toutefois ceux dont on fait le plus fréquemment usage.

Quand les madriers ne sont pas assez longs pour s'étendre d'un bout à l'autre du grillage, dans le sens où on les pose, on les assemble en liaison comme dans la *fig.* 1104.

ARTICLE III.

CONSTRUCTION DES CAISSONS SANS FOND.

On distingue deux sortes de caissons sans fond : ceux qui prennent fiche dans le sol, et ceux qui sont simplement échoués. Les premiers sont formés de parois en pilots jointifs ou en pilots et palplanches; les seconds sont composés d'assemblages de charpente revêtus de planches ou de madriers.

888. Caissons en pilots jointifs. — La construction des caissons en pilots jointifs exige un redoublement de soins dans le choix et la préparation des pilots. Il faut qu'ils soient d'une rectitude parfaite, d'égale grosseur d'un bout à l'autre et bien équarris sur deux faces au moins. Quant au battage de ces pilots, il s'exécute comme à l'ordinaire, mais en employant seulement, pour obtenir une bonne juxtaposition, des précautions analogues à celles auxquelles on a recours pour le battage des palplanches jointives. Les suivantes, qui ont été employées dans quelques grands travaux (ponts de Rouen et de Souillac), ne sont, à proprement parler, que des modifications des procédés décrits dans les n°s 877 et 878.

889. Procédé du pont de Rouen. — Au pont de Rouen, on a commencé par battre à une petite profondeur de fiche, et à une assez grande distance les uns des autres, une file de pieux, les plus beaux et les plus droits qu'on ait pu se procurer; puis on les a réunis, avant de continuer le battage, à deux cours de ventrières au moyen de colliers en fer. Ces deux cours de ventrières étaient distants de trois mètres l'un de l'autre. Ainsi réunis, les pieux ont été ensuite battus jusqu'au refus; après quoi l'on y a assemblé deux cours de moises, l'un à la tête des pieux, l'autre au niveau de l'eau. Les pieux destinés à former paroi jointive ont été ensuite battus par panneaux, et au refus, dans la rainure formée par les moises. Les parois formées de cette manière avaient 6^m,00 de fiche et 5^m,70 de saillie au-dessus du fond.

890. Procédé du pont de Souillac. — Au pont de Souillac on a construit un fort châssis formé de montants réunis par trois cours de moises, distants de 1^m,70 l'un de l'autre. Ce châssis a été descendu verticalement dans l'eau à l'emplacement de la paroi du caisson, et a été maintenu en place par des pièces de charpente boulonnées sur les pieux d'échafaudage. Les pilots jointifs ont ensuite été mis en fiche et battus dans la rainure formée par les trois cours de moises, laquelle avait une largeur précisément égale à l'épaisseur des pilots. Le battage s'effectuait par petits enfoncements successifs.

891. Caissons en pilots et palplanches. — Ce que nous avons dit aux n°s 873 à 880 doit suffire pour faire comprendre comment ces sortes de caissons se construisent. Il serait superflu de nous y arrêter davantage.

892. Caissons échoués. — Ces caissons peuvent donner lieu à des combinaisons d'assemblable de pièces de charpente très-diverses, selon leur forme et leur grandeur. Généralement on leur donne un peu plus de largeur et de longueur à la base qu'au sommet, afin qu'ils aient plus de stabilité. La manière la plus simple de les construire est représentée *fig.* 1105 : les parois sont formées de madriers assemblés jointivement et réunis par un certain nombre de cours de moises serrés par des boulons. La réunion des parois dans les angles se fait au moyen des assemblages les plus appropriés que l'on fortifie par des *coudes* ou des *genoux* placés dans l'intérieur et boulonnés, et par des ferrures qu'on fixe à l'extérieur. Enfin, on peut encore affermir tout le système par des entretoises en bois ou des tirants en fer qu'on assemble à demeure ou provisoirement d'une paroi à l'autre. Lorsque les parois doivent présenter une grande solidité, ou sont trop grandes pour qu'on puisse obtenir un degré de force suffisant par le moyen précédent, on les compose d'un système de châssis semblables à ceux représentés *fig.* 1106, qu'on espace également et sur un même alignement, et contre lequel on fixe avec des clous ou des chevilles deux revêtements, l'un intérieur, l'autre extérieur, en planches ou en madriers. Si l'on juge que ces revêtements ne donnent pas à l'ensemble une rigidité suffisante, on réunit encore, avant de les clouer, les châssis par des liernes, des croix de Saint-André, etc., etc.

Lorsque la chose est possible, on taille le bord inférieur des parois de ces caissons de manière à ce qu'ils s'appliquent exactement sur les inégalités du sol relevées comme nous l'avons déjà dit par un sondage. Mais, outre cela, il est toujours bon, lorsque le mode de construction s'y prête, d'assembler les bordages de manière à ce qu'on puisse les faire glisser d'une certaine quantité entre les moises qui les maintiennent, afin de pouvoir, en les battant au mouton après l'échouage du caisson, assurer leur jonction au sol.

ARTICLE IV.

CONSTRUCTION, LANCEMENT ET ÉCHOUAGE DES CAISSONS FONCÉS.

893. Ensemble du caisson. — Les caissons foncés sont, comme nous l'avons déjà dit (790), de vastes caisses qui servent à la construction des fondations hydrauliques pour lesquelles on veut éviter les épuisements; c'est un des moyens les plus employés de nos jours pour fonder les piles et les culées des ponts et en général tous les ouvrages qui s'établissent dans des rivières ou des masses d'eau profondes. Les maçonneries se montent sur le fond du caisson, qui s'échoue peu à peu jusqu'à ce qu'il repose sur le sol ou bien sur un pilotis recepé sous eau, où il fait alors l'office d'un grillage ordinaire. On conçoit, d'après cela, que ce fond doit être construit d'une manière analogue aux grillages décrits aux nᵒˢ 882 à 886. Seulement, pour ce dernier cas, il faut observer que, à raison des déviations que l'on ne peut toujours complétement éviter, tant dans l'échouage du caisson que dans la plantation des pilots, il pourrait y avoir des parties du fond en porte-à-faux sur le pilotis, s'il offrait, comme les grillages ordinaires, des pleins et des vides. Pour parer à cet inconvénient, on forme généralement le fond du caisson d'un système de traversines jointives, ou de plusieurs couches croisées de gros madriers jointifs. On ne fait guère de caissons à claire-voie que pour ceux qui doivent être échoués sur le sol ou sur un massif de béton; et si, dans quelques circonstances où l'on avait pu battre les pilots avec une grande régularité, on a employé le même système ; on a au moins pris la précaution d'augmenter d'une manière sensible la largeur des pièces du grillage.

Les bords du caisson font office de batardeaux, et leur force doit être calculée en conséquence ; il faut qu'ils soient assez solides pour résister à la charge d'eau qui les presse en augmentant au fur et à mesure que le caisson s'enfonce ; mais ce n'est pas la seule condition à laquelle ils doivent satisfaire. Comme ce ne sont que des constructions provisoires qui deviennent inutiles une fois que les maçonneries sont montées au-dessus de l'étiage, il faut en disposer toutes les parties de manière à ce qu'on puisse les démonter aisément au milieu de l'eau.

Les caissons doivent en général offrir les formes périmétriques semblables à celles des maçonneries qui y sont construites. C'est ainsi que pour les piles de pont on leur a donné fréquemment, en plan, la forme d'un rectangle à pans coupés. Mais on en a fait aussi de rectangulaires et sans pans pour des murs de quais et des bajoyers d'écluses.

Après avoir donné ainsi une idée générale de la construction, nous allons entrer dans quelques détails sur chacune de ses parties.

894. Fond. — Le fond du caisson peut se composer de deux manières : à claire-voie et jointivement. La construction à claire-voie consiste ordinairement en un cadre de chapeaux solidement assemblés entre eux et dans lequel s'assemblent à leur tour un certain nombre de traversines. Sur ou sous ces traversines, et quelquefois de part et d'autre, sont cloués des bordages ou madriers, assemblés jointivement et calfatés avec soin, afin de former un tout parfaitement étanche. Ordinairement on fixe l'épaisseur relative des chapeaux et des traversines de manière que les planchers affleurent avec la face extérieure horizontale des chapeaux. Ordinairement encore les chapeaux sont assemblés entre eux à queue d'hironde et sont renforcés aux angles par des bandes de fer chevillées et boulonnées. Quant à l'assemblage des traversines avec les chapeaux, on le fait à paume ou à tenons avec renforts de diverses espèces, et on le consolide encore par des boulons d'assemblage comme on l'a marqué en A, *fig.* 1116.

Nous n'avons pas besoin de dire qu'on pourrait recouvrir les traversines par une couche de longrines si le cas l'exigeait, et même que l'on pourrait ainsi superposer plusieurs couches de longrines et de traversines reliées entre elles et avec les châssis de ceinture par les assemblages et les ferrures les plus appropriés.

L'autre mode de construction peut être varié de diverses manières.

Nous indiquerons en premier lieu une disposition qui ne diffère de la précédente qu'en ce que les traversines sont rapprochées au point de se toucher ; dans ce cas le plancher est inutile, et l'on calfate les joints des traversines, après les avoir serrées les unes contre les autres avec de longs boulons disposés ainsi qu'on le voit dans la *fig.* 1107. Les autres assemblages restent les mêmes ; seulement il est inutile de boulonner chaque traversine jointive aux longrines de rive, comme on le fait dans le fond à claire-voie. Il suffit d'espacer les boulons d'assemblage de 0^m,75 à 1^m,00. On donne aussi, dans ce cas, même épaisseur aux chapeaux qu'aux traversines.

Une seconde manière de former le fond, tout aussi solide et plus économique que la précédente, surtout parce qu'elle n'exige que des bois d'un plus faible échantillon, consiste à former le fond de plusieurs couches de gros madriers croisés à angle droit et assemblés jointivement dans chaque couche. C'est le système qui a été adopté pour les caissons du pont du Val-Benoît sur la Meuse. Le fond de ces caissons (*fig.* 1108, 1109 et 1110) était composé de trois couches *a*, *b*, *c*, de gros madriers en chêne reliées par un chevillage général en *gournables* (1), de 0^m,05 de diamètre et placées à chaque intersection des pièces. La couche inférieure avait 10 centimètres d'épaisseur et les deux autres 20 centimètres, de sorte que leur ensemble présentait une épaisseur totale de 0^m,50. Les madriers avaient généralement 0^m,50 de largeur, et étaient autant que possible d'une seule pièce dans la longueur et la largeur des caissons. Lorsqu'on était obligé de les composer de plusieurs pièces, on les reliait, indépendamment du chevillage, par des boulons en fer dont les extrémités étaient noyées dans le bois. Les abouts de ces madriers étaient coupés carrément, suivant le contour du fond, et ils n'étaient pas assemblés dans un cadre de chapeaux. Les joints de chaque couche ont été calfatés avec soin.

Nous indiquerons (*fig* 1112 à 1115), comme exemple d'une troisième disposition, la construction des fonds de caissons employés à la fondation des piles du pont d'Ivry, près Paris. Cette disposition se rapproche de la première que nous avons décrite. On y voit un cadre de chapeaux auquel est réuni un système de grosses traversines ou traversines *maîtresses*, placées au droit des files de pilots qu'on avait pu battre avec une grande régularité. Des traversines d'un plus petit équarrissage remplissent les intervalles entre les traversines maîtresses, et finalement un bordage en madriers recouvrant les traversines de remplissage sur lesquelles il est chevillé remplit les creux laissés par la différence des équarrissages des pièces. Les joints de ce bordage, après avoir été calfatés, ont encore été recouverts d'un tringlage en *merrain* (2) cloué solidement sur les bords.

Les *fig.* 1112 à 1118 donnent les principaux détails de cette construction.

Dans la *fig.* 1113 on voit le plan d'une des extrémités du caisson; la partie à gauche montre le fond avant le tringlage, et la partie à droite, après le tringlage.

La *fig.* 1112 montre deux coupes dans deux sens perpendiculaires l'un à l'autre.

La *fig.* 1116 donne le détail de l'assemblage des traversines maîtresses avec le chapeau.

La *fig.* 1117 l'assemblage des traversines de remplissage avec le même chapeau.

---

(1) On appelle ainsi les grosses chevilles de chêne qui servent à fixer les bordages des navires et des constructions analogues.

(2) Cœur de chêne fendu en droit fil refait à la plane.

La *fig.* 1118 l'assemblage à queue d'hironde des chapeaux dans les parties angulaires du caisson.

Ces diverses dispositions pourraient être variées de différentes manières; mais, quelle que soit celle qu'on adopte, il faut bien chercher à se rendre compte de la fonction que doit remplir chaque pièce, afin de lui donner les dimensions nécessaires et de la mettre dans les meilleures conditions de résistance. Il faut surtout faire en sorte qu'aucune des pièces qui reportent la charge sur les pilots ne soit en porte-à-faux ou portée seulement par un assemblage. Dût-on, comme on l'a fait au pont d'Ivry, rejeter les chapeaux en saillie sur les pilots de rive, il faut que les extrémités des pièces principales (comme sont les traversines maîtresses dans ce cas) portent carrément sur les pilots. Le système employé au pont du Val-Benoît, en supprimant les chapeaux, nous paraît, sous ce rapport comme sous celui de la simplicité de la construction, offrir un certain avantage.

895. Côtés. — On trouve une moindre variété dans les combinaisons employées pour former les côtés des caissons ; et l'on peut les rapporter à deux types, que nous trouvons l'un dans les caissons du pont d'Ivry, l'autre dans ceux du pont du Val-Benoît.

Le premier, dont on a fait le plus fréquemment usage jusqu'à présent, emploie comme éléments principaux : 1° un système de montants verticaux *a* (*fig.* 1112 et 1114), assemblés par le pied dans les chapeaux du fond et munis de rainures verticales sur leurs deux joues; 2° des vannages en madriers, maintenus par des traverses verticales *b* et des écharpes *c*, qui s'assemblent dans les rainures des montants verticaux, et dans d'autres rainures, qui réunissent celles-là, pratiquées dans les chapeaux. Cet ensemble de poteaux et de vannage est maintenu en place par un gitage *d, e* (*fig.* 1112, 1114 et 1115), dont les extrémités sont attachées aux chapeaux de la plate-forme par des *tire-fonds* en fer (*fig.* 1119). Ces tire-fonds sont désignés par la lettre *f* dans la *fig.* 1114.

On voit que par ces dispositions il est facile de démonter les bords au milieu de l'eau quand l'état d'avancement de l'ouvrage les a rendus inutiles. Il suffit, en effet, de dévisser les tire-fonds pour pouvoir enlever le gitage supérieur, et cela fait, il est aisé de retirer les vannages et les poteaux de leurs coulisses, où ils ne sont plus retenus que par le simple frottement.

Le second mode de construction, celui employé au pont du Val-Benoît, satisfait tout aussi complétement à cette condition, et il offre en outre l'avantage d'être plus simple et peut-être même plus solide. Nous l'avons représenté dans les *fig.* 1108 et 1109. Ses éléments sont : 1° un système de madriers *dd* posés debout, et serrés l'un contre l'autre à plat joint; 2° un système de lisses ou de liernes *ec* distribuées sur la hauteur des madriers, aussi bien à l'intérieur qu'à l'extérieur, et servant à tenir en joint les madriers au moyen d'un boulonnage. Au pont du Val-Benoît, les côtés avaient 4^m,30 de hauteur, les madriers en sapin avaient 0^m,08 d'épaisseur, et ils étaient réunis à l'extérieur par trois liernes et à l'intérieur par deux liernes distribuées comme l'indique la figure. Ces liernes étaient assemblées à onglet dans les angles, et ces assemblages étaient fortifiés par des *genoux* en bois placés à l'intérieur et boulonnés, et par des bandes de fer placées à l'extérieur et également boulonnées.

Le mode d'assemblage de ces côtés, au fond du caisson, était tout différent de celui que nous avons décrit en premier lieu. Au lieu d'être posés sur la plate-forme, ils étaient placés contre ses bords extérieurs, et maintenus en joint par des boulons de la forme indiquée *fig.* 1110 et 1111. Ces boulons, espacés de 1^m,50, traversaient la lisse inférieure et le bordage de part en part et venaient se loger dans des trous de tarière percés dans la deuxième couche de madriers de la plate-forme. Pour les empêcher de sortir de leurs trous, on les retenait avec des clavettes, dont l'extrémité *a* venait se loger, en passant au travers de mortaises pratiquées à cet effet, dans l'ouverture allongée *b*, que l'on voit à la queue du boulon. La longueur donnée à ces clavettes permettait d'ailleurs de les retirer de leur logement lorsque l'eau remplissait déjà le caisson. On démontait les bords du caisson en enlevant d'abord ces clavettes, puis en retirant les boulons. On faisait effort pour cela avec des bouts de corde que l'on prenait soin de lier aux anneaux dont ils sont pourvus à la tête, et d'attacher par l'autre bout à la lisse supérieure des bords.

Comme les longs côtés du caisson auraient pu fléchir sous la pression de l'eau, on les avait réunis par un système d'entretoises E (*fig.* 1108), qui maintenait leur écartement. Ces entretoises étaient assemblées par entailles sur leur bord supérieur.

896. Lancement des caissons. — Ordinairement les caissons se construisent sur la rive et sont lancés à l'eau lorsqu'ils sont totalement montés et prêts à être échoués.

Cette opération se fait fréquemment de la manière suivante :

On assemble tout le caisson (fond et bords) sur un échafaudage suffisamment élevé au-dessus du sol. Sur le sol, et sous l'échafaudage, on place deux ou trois cours de poutres inclinées vers la rivière et dont la face supérieure est taillée en gouttière parfaitement unie. Ces poutres portent le nom de *coulisses*; elles pénètrent dans l'eau assez avant pour que le caisson flotte au moment où il les abandonne ; leur inclinaison doit être de 0^m,10 à 0^m,11 par mètre au moins, et pour les empêcher de glisser sur le sol on les assemble sur la tête d'un certain nombre de forts piquets ou de petits pilots ; leur équarrissage est de 25 à 30 centimètres. Quand le caisson est entièrement monté, on assemble au fond, par des moyens qui permettent de les enlever aisément dans l'eau, des espèces de *patins* en bois qui présentent en relief le même profil que les gouttières des coulisses offrent en creux. Après cela, on amarre le caisson en arrière avec des cordages, puis on le soulève légèrement de dessus l'échafaudage avec des crics ou des vérins, et on démonte ce dernier pièce par pièce. On graisse ensuite les coulisses et les patins avec du savon, et on laisse doucement descendre le caisson jusqu'à ce que les patins portent dans les coulisses. Tout étant à ce point, on coupe finalement les cordages d'amarre, et le caisson glisse jusque dans la rivière. Une fois à flot, on détache les patins et on le conduit au lieu d'échouage. Pour éviter les avaries qui pourraient avoir lieu par l'effet du lancement, il est prudent, avant d'abandonner le caisson à lui-même, d'affermir ses parois par des étrésillons et des entretoises qu'on enlève quand l'opération est réussie. On place aussi toujours dans le caisson, pendant qu'on le lance, un ou deux charpentiers munis de tout ce qu'il leur faut pour remédier immédiatement aux voies d'eau qui pourraient se manifester.

Lorsqu'on travaille sur les rives de la mer ou dans des rivières sujettes à la marée, il y a quelquefois avantage à construire le caisson dans une enceinte de batardeaux placée de telle manière que, en y faisant entrer l'eau à la marée haute, le caisson se trouve à flot.

On pourrait encore construire le caisson sur un radeau composé de poutres soutenues par des tonnes vides; il n'y aurait qu'à constituer le radeau de manière que, les tonnes étant vides, il fût spécifiquement assez léger pour ne pas s'enfoncer au-dessous de la surface de l'eau, malgré le poids du caisson, et, les tonnes étant remplies, assez lourd pour s'enfoncer un peu plus que le fond du caisson. On le tirerait alors sur le côté et on l'amènerait sur la plage pour le démolir.

897. Échouage des caissons. — Le caisson une fois à flot, on l'amène à l'endroit où il doit être échoué, et après avoir bien fixé sa position par des amarres, on commence immédiatement la maçonnerie. Au fur et à mesure que celle-ci s'élève, on voit le caisson s'enfoncer jusqu'au point où il repose tout à fait sur le sol ou sur les pilots. Il est souvent préférable, quand on est arrivé à une petite distance du fond, de déterminer l'échouement complet au moyen d'une surcharge, parce que, de cette manière, si l'on reconnaît que le caisson n'est pas parfaitement bien placé, il n'y a qu'à enlever cette surcharge pour le remettre à flot et rectifier sa position, tandis qu'il faudrait démolir plusieurs assises de maçonnerie si l'on avait déterminé l'échouement par leur élévation. On pourrait d'ailleurs introduire une certaine quantité d'eau dans le caisson, au moyen d'un siphon, pour le faire enfoncer. Si le caisson ne s'échoue pas bien, on pompe l'eau et on le remet à flot. L'échouage étant complet et reconnu bon au moyen de toutes les vérifications nécessaires, on continue à élever la maçonnerie jusqu'au-dessus du niveau des eaux, puis on démolit les parois.

Lorsque le caisson doit être échoué sur un pilotis et que les cases de ce pilotis ont été arasées par un enrochement, il ne faut pas négliger de vérifier, avant de l'amener en place, si cet enrochement n'a subi aucun changement capable de porter obstacle à l'échouage; pour cela, il n'y a qu'à faire passer une règle sur la tête des pilots; toute résistance qu'on sentira indiquera une saillie au-dessus du plan de recépage qu'il faudra avant tout faire disparaître. Cette précaution est même indispensable lorsqu'on échoue le caisson sur le fond naturel préalablement nivelé, parce qu'il se pourrait qu'une pierre ou un autre corps tombé accidentellement sans qu'on y prît garde, ou charrié par le courant, fût venu rompre, dans l'intervalle des opérations, l'uniformité nécessaire de la surface du sol. Il est toujours bon aussi d'avoir dans le caisson une pompe prête à fonctionner, afin de faire face immédiatement aux éventualités, si une voie d'eau venait à se déclarer par suite d'un accident. D'ailleurs, il arrive presque toujours que, malgré tous les soins apportés à la construction, le caisson laisse filtrer un peu d'eau, et cette pompe sert alors à l'expulser au dehors, au fur et à mesure qu'elle gêne.

ARTICLE V.

IMMERSION DU BÉTON.

Lorsque la hauteur de l'eau au-dessus du fond sur lequel doit être coulé le béton n'est pas bien considérable, on peut se borner à l'y déposer à la pelle, en prenant garde de lui faire traverser le liquide doucement et avec précaution pour que le mortier ne se délaye pas.

Mais quand la hauteur d'eau dépasse deux à trois mètres, on se sert de caisses ou de trémies de diverses espèces dont nous allons donner une idée.

898. Caisses. — Les caisses sont de l'une ou l'autre des formes représentées *fig.* 1120, 1121 et 1122; les unes (*fig.* 1120) sont ouvertes supérieurement et fermées inférieurement par un fond ouvrant à charnières. Ce fond est maintenu pendant la descente par un étrier P; mais, une fois arrivé à quelque distance de la surface du sol, on dégage l'étrier P au moyen d'une corde, et le béton par son poids fait ouvrir le fond et vient s'étendre dans la fouille. Afin de faciliter l'écoulement du béton, ces caisses sont un peu plus larges en dessous qu'en dessus.

Les secondes (*fig.* 1121) sont à fond fixe, et plus larges en haut qu'en bas. Elles sont suspendues un peu en dessous de leur centre de gravité, de manière à pouvoir basculer avec facilité et à se retourner sens dessus dessous quand on les soulève légèrement à un bord ou à l'autre au moyen d'un cordage. Pour les empêcher de basculer pendant la descente, on les soutient par deux cordages A et B, attachés aux deux bords opposés; il suffit de lâcher l'un et de tirer l'autre, quand elle est descendue assez bas pour que la manœuvre ait lieu. Ces caisses sont d'un meilleur usage que les précédentes; le béton se pose mieux en masse et sans se délayer.

Ces deux espèces de caisses se manœuvrent au moyen de treuils portés sur des bateaux ou des échafaudages.

Le versement du béton s'opère encore par un mouvement de bascule avec les caisses de la troisième espèce (*fig.* 1122); leur manœuvre est suffisamment indiquée par la figure.

On peut varier de plusieurs manières toutes les dispositions ci-dessus décrites, mais en général il faut leur conserver le plus de simplicité possible et faire en sorte que le béton se pose en masse sur le fond de la fouille sans que ses éléments aient le temps de se séparer en traversant l'eau.

899. Trémies. — Les trémies peuvent être construites absolument de la même manière que celles qui servent à opérer le régalage du fond (*fig.* 1023, pl. XXXIV); mais il est préférable de garnir leur orifice inférieur de deux rouleaux entre lesquels le béton coule et qui compriment les couches au fur et à mesure qu'elles se forment. L'addition de ces rouleaux permet en outre de manœuvrer la trémie dans les deux sens, ce qui est difficile autrement. La *fig.* 1123, pl. XXXVI, montre la partie inférieure d'une trémie armée de rouleaux.

900. Avantages relatifs des caisses et des trémies. — Il serait difficile de décider d'une manière générale lequel des deux modes est à préférer, de couler le béton avec des caisses, ou avec une trémie à rouleaux. Il s'est élevé sur cette question une discussion intéressante entre deux ingénieurs de mérite (1), mais de laquelle il nous paraît qu'on ne peut rien conclure d'entièrement décisif. L'un a exalté outre mesure l'emploi de la trémie, et l'autre n'a peut-être pas suffisamment apprécié ce qu'elle a de bon. Ce qui nous paraît incontestable, c'est que les caisses sont beaucoup plus aisées à manœuvrer que les trémies, en même temps que d'une installation moins coûteuse; mais, d'autre part, le travail marche plus rapidement et plus régulièrement avec des trémies. En effet, avec la trémie on peut couler des couches d'un mètre d'épaisseur sur deux mètres de largeur d'un seul jet, tandis qu'avec des caisses on ne peut guère leur donner plus de 25 à 30 centimètres d'épaisseur, en les formant par petites portions juxtaposées. D'ailleurs, si l'on peut contester que les bétonnages coulés au moyen de la trémie soient plus résistants que ceux formés avec des caisses, on ne saurait prétendre pourtant qu'ils sont moins solides. Nous pensons donc que les circonstances locales et l'importance de la construction doivent plus que toute autre chose décider le choix entre ces deux moyens.

901. Conduite du travail. — Quel que soit celui qu'on préfère, l'opération doit se conduire avec beaucoup de précautions, afin d'empêcher, d'une part, que le béton ne se délaye, et de l'autre, que la couche n'offre des solutions de continuité ou des différences d'épaisseur. On la forme par bandes parallèles et d'égale épaisseur qu'on arase dans un même plan de niveau. Quand on opère avec la trémie, cet arasement se fait de lui-même; quand on se sert de caisses, il faut l'opérer soit en se servant d'une dame plate, soit, ce qui vaut mieux, en employant un rouleau en pierre ou en fonte, semblable à ceux dont on se sert à la campagne pour aplanir les terres labourées. Quand on emploie la dame, il faut se garder de la faire agir en battant, parce qu'on ne ferait que délayer le béton sans augmenter sensiblement son tassement; il faut seulement en comprimer la surface pour en faire disparaître les plus fortes aspérités.

Quand l'épaisseur de la couche de béton est telle qu'elle ne peut pas être coulée d'un seul jet, on la forme de deux ou trois couches superposées.

---

(1) MM. Mary et Beaudemoulin. (Voir les *Annales des ponts et chaussées de* 1832.)

Il est encore important, lorsqu'on coule une couche de béton, de faire en sorte qu'elle repose partout sur le terrain solide et non délayé à l'état de vase ou de boue, et cela demande quelques précautions. En effet, non-seulement les eaux charrient souvent des matières limoneuses qui envahissent assez rapidement le fond des fouilles, mais le béton lui-même se délaye plus ou moins pendant l'immersion, et les éléments du mortier entraîné, ou, comme on le dit, les *laitances* s'y déposent en une boue liquide. Ces boues doivent être soigneusement enlevées, parce que l'on conçoit que si on les laissait subsister, elles pourraient former dans la masse du béton, en cherchant à s'échapper, des vessies ou des ruptures très-nuisibles. On y parvient en donnant au fond de la fouille une légère inclinaison vers l'un de ses points, et en retirant les vases qui se rassemblent au point le plus bas au moyen de dragues manœuvrées avec précaution. Lorsque les massifs du béton se coulent en plusieurs fois, on donne une légère inclinaison à chaque couche dans le même but, et avant chaque reprise du travail on enlève de la même manière les vases rassemblées au bas de chaque couche. Enfin on coule toujours chaque couche de béton progressivement et de manière à chasser devant elle les dépôts qui pourraient se faire pendant la durée des opérations.

ARTICLE VI.

FORMATION DES ENROCHEMENTS.

902. La construction des enrochements est ordinairement une opération fort simple. On charge sur des bateaux des pierres à peu près cubiques, et d'un volume plus ou moins considérable suivant la résistance qu'elles doivent offrir au courant ou au choc des vagues, puis on les amène sur place et on les jette dans l'eau.

Gauthey avait cru pouvoir déduire de calculs assez simples que la forme la plus avantageuse à donner aux blocs d'enrochement était celle d'un prisme très-aplati ; mais l'expérience démontre que sous cette forme les pierres s'arrangent difficilement, se placent en porte-à-faux et se brisent. On lui préfère la forme à peu près cubique, ainsi que nous venons de le dire.

Généralement, des pierres à peu près cubiques, pesant environ 400 kilog. hors de l'eau, sous un volume de $0^{m3},216$, ont une stabilité suffisante même dans les fleuves et les rivières les plus rapides ; mais à la mer on est souvent obligé d'employer des blocs beaucoup plus considérables ; des pierres du poids de 6 à 8,000 kilog. ne résistent même pas toujours à la violence du choc des vagues. A cet égard, il n'y a que l'expérience qui puisse donner des indications à suivre, et en pareil cas, ce qu'il y a de mieux à faire, c'est de recueillir avec soin toutes les données d'expérience fournies par les grands travaux exécutés dans les ports de France, d'Angleterre et des États-Unis.

Lorsque les rivières charrient du sable ou du limon, les interstices entre les blocs sont assez rapidement remplis par ces matières, qui forment ainsi l'office de mortier; mais lorsqu'on travaille dans des eaux constamment claires, il est convenable d'ajouter une certaine proportion de pierraille pour suppléer à ce dépôt. Afin que ces pierrailles ne soient pas entraînées par le courant, on pratique alors dans chaque couche d'enrochement des espèces de compartiments formés de gros blocs qu'on remplit avec de la pierraille ou avec un mélange de blocs et de pierraille.

Dans tous les cas on doit réserver les plus gros et les plus beaux blocs pour les parties les plus exposées, et on les arrange autant que possible de manière à s'enchevêtrer les uns dans les autres. Quelquefois on les relie avec des agrafes en fer scellées au moyen de la cloche à plongeur.

Les enrochements se font souvent sur le fond naturel, préalablement dragué, mais quelquefois aussi dans des coffres en palplanches auxquels on donne le nom de *crèches* ou *coffrages d'enrochements*.

Les pierres d'enrochements peuvent être remplacées par des blocs factices en béton qu'on relie alors avec du béton coulé dans les interstices. On peut même donner à ces blocs une forme qui permette de les assembler facilement sous eau, de manière à former une maçonnerie régulière et reliée. Les *fig.* 1124 et 1125 donneront une idée de cette espèce de construction. La première représente un assemblage de caisses prismatiques en bois, de section triangulaire, remplies de béton; la seconde, un système de caisses en fonte également remplies de béton, présentant des espèces de rainures et languettes qui servent à les relier les unes aux autres.

ARTICLE VII.

CONSTRUCTION DES MAÇONNERIES DES FONDEMENTS.

803. — Les premières assises des maçonneries de fondations doivent se faire avec de gros libages bien gisants et maçonnés avec du mortier hydraulique. On forme aussi des couches plus ou moins hautes dont on diminue la largeur par des retraites successives, de manière à racheter insensiblement la différence existant entre l'empatement des fondations et la première assise de *nette maçonnerie* (1). Dans les terrains humides et fangeux, les libages se posent souvent à sec sur une couche de poussière de chaux ou d'un mélange de poussière de chaux et de sable, et les interstices des libages sont remplis avec de la même poussière. L'humidité naturelle du terrain transforme bientôt cette poussière en un véritable mortier, qui acquiert une grande dureté avec le temps.

----

(1) On appelle *nette maçonnerie* la maçonnerie proprement parementée ; elle ne commence ordinairement qu'au niveau du sol.

Une des meilleures manières de construire la maçonnerie des fondements consiste à la faire entièrement en béton. De cette façon on obtient, quand le béton est bien pris, un bloc de pierre aussi solide que s'il était d'une seule pièce. Nos maçons font fréquemment usage de ce genre de construction, mais en le modifiant ainsi qu'on l'a expliqué au n° 320 (IIe partie).

ARTICLE VIII.

CONSTRUCTION DES MASSIFS BUTANTS ET COMPRIMANTS.

901. — La plupart des dispositions que nous avons décrites précédemment n'ont pour but que d'empêcher les parties des édifices auxquelles elles servent de base de s'enfoncer plus ou moins dans le sol par suite de sa compressibilité; c'est ce qui est, en effet, le plus à craindre dans les cas les plus fréquents. Mais il en est quelques-uns, et ils se présentent notamment dans l'établissement des murs de revêtement de fortifications, où les constructions peuvent être chassées en avant, en glissant sur leur base, par l'effet des poussées horizontales auxquelles elles sont soumises. L'inclinaison des pilots de rive vers le terrassement, que nous avons déjà recommandée précédemment, est une disposition excellente, parce que les pilots ne sauraient être redressés et chassés en avant sans, en même temps, soulever le poids des maçonneries. Cependant cette disposition n'est pas toujours suffisante, et d'ailleurs elle ne saurait toujours être employée, puisque ses bons effets sont subordonnés à la condition que les pilots puissent prendre fiche dans un terrain solide et résistant. D'autres moyens ont été souvent employés pour s'opposer aux accidents qui pourraient résulter de pareils mouvements.

L'un des plus efficaces et des moins coûteux, mais il n'est pas toujours praticable, est de laisser subsister en avant de la fondation une berme mn (fig. 1126) assez large et assez élevée pour que, par la pression qu'elle exerce contre le pied du mur, pression que Poncelet désigne sous le nom de *butée*, elle fasse équilibre à la *poussée* diminuée du frottement des maçonneries sur le terrain. Les dimensions de ce massif pourront être déterminées d'après des considérations analogues à celles sur lesquelles reposent la détermination de la poussée des terres et l'épaisseur des murs de soutenement. Il n'y aura qu'à déterminer la butée d'après cette considération, qu'elle doit être égale au *minimum* (1) de la pression exercée par un prisme quelconque opn contre la portion pn du mur.

---

(1) Ce minimum représente, en effet, la force capable de faire glisser d'une très-petite quantité suivant op le prisme onp, et il faut, pour que tout reste stable, que le plus petit mouvement de ce prisme ne puisse avoir lieu.

On peut encore employer dans certains cas d'autres dispositions, dont l'effet est à peu près le même, mais qui sont plus coûteuses.

L'une de ces dispositions (*fig.* 1127) consiste à construire entre les pieds du mur d'escarpe et de contrescarpe des fragments horizontaux de radiers en maçonnerie QQ, qu'on appelle *éperons butants*. La *butée* du massif des terres de contrescarpe est reportée ainsi, par l'intermédiaire des éperons butants, au pied du mur d'escarpe.

On donne ordinairement à ces éperons butants 2 mètres de largeur horizontale sur 1 à 2 mètres d'épaisseur, en les espaçant de 10 à 20 mètres d'axe en axe. On les appareille en voûte renversée, et on les relie l'un à l'autre par des *voûtains* horizontaux V.

Cette disposition est très-efficace, mais très-coûteuse; on en diminue la dépense, dans quelques cas, en arrêtant les éperons butants à une espèce de contregarde basse construite dans le fond du fossé à une petite distance de l'escarpe (*fig.* 1128).

Enfin, on arrête quelquefois l'extrémité des éperons contre des files de pilots ou de palplanches jointives; mais ces dernières dispositions n'ont une certaine efficacité que pour autant que les pilots ou palplanches puissent être enfoncés dans un terrain suffisamment résistant.

ARTICLE IX.

PROCÉDÉS NOUVEAUX.

905. — L'immense développement donné dans ces derniers temps aux constructions de chemins de fer, et la rapidité avec laquelle ont dû s'établir un grand nombre de ponts destinés à leur donner passage sur des rivières souvent de premier ordre, ont fait éclore diverses inventions dont la pratique a aujourd'hui constaté l'excellence et qui ont singulièrement réduit les difficultés des travaux de fondation des ouvrages établis en rivière. Nous allons succinctement en donner une idée.

906. Pieux à vis de M. Mitchell. — Que l'on imagine un pilot ordinaire chaussé d'un sabot en fonte dont la pointe conique porte en saillie deux ou trois spires hélicoïdales coupantes, et l'on aura une idée des pieux à vis inventés par M. Mitchell, membre de l'institut des ingénieurs de Londres, pour remplacer, dans un grand nombre de cas, les pilots ordinaires. A la faveur des spires dont ils sont munis, les pilots de M. Mitchell s'enfoncent facilement et solidement dans les terrains de sable, d'argile et même de galets, sans le secours de la sonnette. Ils se vissent en terre, absolument comme des tire-bouchons, et peuvent ainsi y prendre la fiche et la fixité désirables.

Les pieux de M. Mitchell offrent un grand nombre de variétés. Il y en a, comme

nous venons de le dire, dont le corps est en bois et la pointe seule en fonte. Cette pointe forme sabot, et est fixement attachée au bois par des boulons. Quelquefois le pilot tout entier est en fonte, même en fer forgé ou en tôle. Ordinairement les pilots en métal ont la forme de cylindres creux. Les spires de la vis sont elles-mêmes tantôt en fonte et tantôt en fer forgé. Il y en a à vis cylindriques qu'on emploie dans les terrains peu consistants; mais les pilots à vis coniques sont cependant d'un plus fréquent usage et sont nécessaires pour les terrains plus résistants. Généralement la vis se compose de deux ou trois spires fort saillantes et tranchantes sur les bords comme celles des tire-bouchons. La saillie des spires est rarement moindre que le tiers du diamètre du noyau; souvent elle est beaucoup plus forte. Tantôt les spires partent de la pointe même du pilot, et d'autres fois elles commencent à une certaine distance de cette pointe, qui est alors façonnée comme une vis à bois. Tout cela dépend de la nature du terrain.

On a fait aussi des pilots à vis de toutes dimensions, depuis celle d'un pieu ordinaire jusqu'à celle de plus d'un mètre de diamètre.

Les pilots à vis s'enfoncent dans le sol en les coiffant d'une tête de cabestan à six ou huit barres sur lesquelles des hommes agissent pour produire la rotation et par suite l'enfoncement. Avec un cabestan à huit barres de 6 mètres de longueur, garnies chacune de quatre à cinq hommes, des vis de $1^m,22$ de diamètre ont été enfoncées à $4^m,60$ de profondeur en une heure et demie, et quelques-unes à $6^m,40$ en moins de deux heures, sous une profondeur d'eau variant de $4^m,60$ à $7^m,30$. Le terrain était composé de sable, puis d'argile, et enfin de roche schisteuse où la pointe de la vis en fer forgé pénétra généralement de $0^m,30$.

Au lieu d'agir immédiatement sur les barres de cabestan, on peut, lorsque le cas l'exige, faire effort par l'intermédiaire d'un cordage qu'on enroule dans des entailles formant gorge pratiquées à l'extrémité des barres, et qu'on tire d'un point où les hommes peuvent commodément se placer. L'ensemble prend alors l'aspect d'un grand dévidoir dont le pilot forme le pivot. Il n'est pas besoin de faire remarquer qu'avant d'agir sur le cordage il faut avoir eu soin de bien fixer le pilot, de manière à empêcher tout autre mouvement que celui de rotation autour de son axe.

Ce mode de fondation est surtout employé en Angleterre et aux États-Unis. Il a été appliqué à la fondation de phares à la mer, d'aqueducs, de viaducs, même de grands ponts, et l'on s'en est bien trouvé. Il est très-expéditif et économique dans bien des cas; il est aussi d'un précieux usage quand certaines circonstances font désirer que le sol ne soit ni ébranlé ni déchiré, ce qu'on ne peut éviter avec des pilots battus à la sonnette. Comme ils sont aussi faciles à dévisser qu'à visser, leur emploi offre encore des avantages dans une foule de circonstances, comme, par exemple, lorsqu'il s'agit de travaux provisoires ou qui ne servent que comme moyens d'exécution. Ils ont été employés avec grand succès dans des travaux importants d'étaiement où l'ébranlement causé par le battage eût été pernicieux.

La résistance de ces pilots peut s'apprécier plus exactement peut-être que celle des pilots ordinaires au moyen des règles de la mécanique ; mais généralement on la détermine pratiquement comme il suit :

On prend une tige ordinaire de sonde de 3 à 4 centimètres de diamètre qu'on arme à la pointe d'une vis d'une certaine saillie sur le noyau de la tige. Quand cette vis a été enfoncée à la profondeur de fiche voulue, on coiffe la tête de la tige d'un plateau qu'on charge d'un certain poids, poids sous lequel la vis ne doit pas s'enfoncer. Prenant la surface totale couverte par la projection horizontale des spires, et rapportant la charge à cette surface, on peut, au moyen d'une simple proportion, déterminer la surface que devront occuper les spires des pilots pour se trouver dans des conditions identiques de résistance. Ainsi, supposons que la spire d'épreuve couvre une surface de 6 décimètres carrés et que la charge placée sur la tête de la tige soit de 1,000 kilogrammes, on en déduira qu'un pilot qui offrirait des spires dont la projection horizontale couvrirait 60 décimètres carrés pourrait supporter de la même façon une charge de 10,000 kilogrammes, ou, en d'autres termes, chaque décimètre carré de spire pourra supporter, sans qu'il en résulte d'enfoncement nouveau, une charge de $\dfrac{1000^k}{6}$, ou de $166^k,66$. Il sera facile de calculer le diamètre des spires en conséquence.

Les vis de M. Mitchell peuvent rendre de grands services pour l'établissement d'amarres et de balises à la mer et dans les rivières. Leur résistance à l'arrachement a été reconnue supérieure à celle des autres moyens employés avant leur invention.

907. Fondations tubulaires en fonte. Système du docteur Poots. — On doit au docteur anglais Poots l'invention du procédé suivant, qui offre de grands avantages et une rapidité d'exécution remarquable dans un grand nombre de cas.

Supposons un fond de rivière composé d'argile ou de sable de consistance moyenne, dans lequel il faille enraciner une fondation de pont ou d'un ouvrage hydraulique quelconque. Supposons encore qu'on place sur ce fond un gros cylindre creux en fonte de 1 ou 2 mètres de diamètre, par exemple, dont le bord inférieur soit tranchant et dont la hauteur dépasse d'une certaine quantité le niveau de l'eau. Imaginons que sur le bord supérieur du cylindre on fixe solidement, au moyen de boulons, un fort couvercle de fonte fermant le cylindre d'une manière bien hermétique ; que dans ce couvercle soit ménagé un trou garni d'un ajutage muni d'un robinet fermant aussi bien hermétiquement. Relions par un tube flexible l'ajutage à une chambre dans laquelle on aura fait le vide au moyen d'une puissante machine pneumatique ; puis, à un moment donné, ouvrons le robinet de communication. A l'instant même le vide se fera sous le couvercle du cylindre qui recevra ainsi une sorte de coup de bélier atmosphérique d'une énorme puissance, et le cylindre s'enfoncera par son bord tranchant dans le sol jusqu'à ce qu'il y rencontre une résistance capable de l'arrêter. Un premier tronçon de cylindre ayant été enfoncé de cette manière jusqu'à une certaine profondeur, on pourra, après avoir dévissé le couvercle, y assembler un second tronçon sur lequel, le couvercle ayant été boulonné, on pourra opérer de la même manière que sur le précédent, et ainsi de suite jusqu'à ce que l'ensemble des tronçons formant tube ait atteint le terrain solide ou une profondeur suffisante pour être tout à fait à l'abri des affouillements.

Quand on est arrivé à ce point, on peut extraire l'eau et les matières vaseuses qui remplissent le tube et les remplacer par un bon bétonnage qui, une fois durci, formera une véritable colonne de pierre revêtue de fonte et présentant la plus grande solidité. En fonçant plusieurs colonnes tubulaires de même espèce les unes à côté des autres, on forme ainsi des fondations très-solides de piles ou de culées sur lesquelles on peut ensuite monter, hors de l'eau, les maçonneries ordinaires.

Tel est, dans toute sa simplicité primitive, le système imaginé par le docteur Poots, système qui a produit une véritable révolution dans l'établissement des fondations hydrauliques.

Ce procédé a reçu de nombreuses applications, dans cet état, tant en Angleterre qu'en Amérique ; mais il faut, pour qu'il réussisse, que le terrain soit homogène et pas trop résistant, ce qui en limitait l'emploi. Il a été étendu à beaucoup d'autres terrains au moyen d'une modification que nous allons maintenant décrire.

908. Fonçage des tubes au moyen de l'air comprimé. — Imaginons encore une fois un système tout semblable au précédent, c'est-à-dire un gros tube de fonte coupant par le bas et hermétiquement fermé par le haut ; mais, au lieu d'y faire le vide, refoulons-y de l'air au moyen d'une puissante machine soufflante. Il est évident que la tension intérieure augmentant, elle refoulera bientôt à l'extérieur par le dessous du tube toute l'eau et même les vases molles qu'il pourrait contenir, et que, si l'excès de tension est poussé assez loin, on pourra ainsi en expulser tout le liquide et mettre le fond à sec. Le tube formera, dans cet état, une sorte de cloche à plongeur au fond de laquelle on pourrait travailler si l'on pouvait aisément y atteindre.

Il ne s'agissait donc que de trouver un moyen d'introduire des ouvriers dans l'intérieur du tube rempli d'air comprimé, et voici comment on s'y est pris :

Au-dessus du couvercle obturateur du tube, dans lequel on a ménagé une porte capable de donner passage aux ouvriers et à leurs instruments de travail, on assemble solidement, et par des joints hermétiquement rivés ou boulonnés, une chambre en fonte ou en tôle de grandeur convenable, à laquelle on a donné les noms de *chambre*, *écluse* ou *sas à air*. Cette chambre est pourvue d'une porte d'entrée pouvant, comme celle du tube, être fermée de dedans en dehors au moyen d'un clapet en métal.

Au moyen de ces dispositions, si après avoir fermé le clapet de la porte du couvercle du tube on y injecte de l'air comprimé, ce clapet reste fermé en vertu de l'excès de tension intérieure, et la chambre à air communiquant librement avec l'atmosphère, on peut y entrer sans la moindre difficulté. Lorsqu'on est dans la chambre à air, si l'on en ferme la porte de communication avec l'extérieur et si l'on ouvre en même temps progressivement la porte de communication placée dans le couvercle du tube, l'équilibre s'établira bientôt entre la tension de l'air contenu dans le tube et celui de la chambre à air. On pourra alors descendre au fond du tube et y travailler à peu près comme en plein air, faire monter les déblais et les emmagasiner dans la chambre à air. Lorsqu'on veut, au contraire, sortir au dehors ou évacuer les débris amoncelés dans la chambre à air, il n'y a qu'à interrompre la communication entre le tube et la chambre, puis ouvrir lentement la communication de la chambre à air avec l'extérieur. On voit que ce sont là des dispositions fort simples qui permettent de communiquer sans difficulté de l'air libre au milieu rempli d'air comprimé, et *vice versa*.

Cela étant bien compris, on comprendra de même qu'en creusant sous les bords coupants du tube ou près de ces bords, on parviendra à le faire descendre, et qu'en greffant successivement les uns sur les autres des tronçons de tubes, dont le dernier sera toujours surmonté du sas à air, on pourra ainsi atteindre jusqu'au bon terrain sans beaucoup plus de difficulté que s'il s'agissait d'opérer dans un terrain sec. Le travail dans l'air comprimé est un peu plus pénible que dans l'air libre ; mais les ouvriers s'habituent assez vite à supporter la petite gêne qu'on y éprouve dans les premiers temps. Du reste, on a soin de les relayer toutes les trois ou quatre heures, et d'établir, plus ou moins lentement, par l'ouverture graduelle des portes, le passage dans l'air comprimé et le retour à l'air libre.

Ce procédé est aujourd'hui devenu d'un emploi extrêmement répandu; on en a fait notamment usage au pont de Mâcon, sur la Saône, construit par les frères Van der Elst, de Bruxelles, pour le passage du chemin de fer de Mâcon à Bourg, et, plus récemment encore, au pont de Bordeaux, construit par la Société générale des matériels de la même ville, deux ouvrages importants qui ont été construits avec une rapidité presque phénoménale.

Nous n'avons pas besoin de faire observer que si l'on prolongeait les tubes de fondation une fois qu'ils sont solidement assis et remplis de béton ou de maçonnerie, jusqu'à la hauteur des longerons du pont, ils pourraient, étant reliés l'un à l'autre par des armatures et des plaques de métal, leur servir de support et remplacer ainsi les piles et les culées des ponts. C'est, en effet, ce qui s'est pratiqué dans un grand nombre de cas.

909. Caissons foncés à air comprimé du pont de Kehl. — Le procédé que nous venons de décrire a été employé, avec quelques modifications, d'une manière vraiment grandiose pour les fondations du pont de Kehl, sur le Rhin, qui met en communication la rive française du fleuve avec celle du grand-duché de Bade.

Nous allons aussi essayer de le faire comprendre.

Qu'on se figure trois grandes caisses carrées en tôle épaisse solidement maintenues par une forte charpente intérieure en fer, longues et larges de 5^m,50, hautes de 3^m,60, posées côte à côte sur le fond du fleuve situé à 3 mètres en contre-bas de l'étiage. Chaque caisse est ouverte par le bas et fermée par le haut, dans lequel débouche une grosse cheminée en tôle de 1 mètre de diamètre, capable de donner passage aux ouvriers et aux engins servant au transport des déblais. La cheminée du caisson central est ouverte à l'air libre, et son débouché inférieur atteint le niveau des bords inférieurs de la caisse en tôle. A l'intérieur de cette cheminée est placée une drague à godets semblable à une noria, qui se meut au moyen de la vapeur. Les caissons de rive ont leurs cheminées débouchant seulement dans le couvercle des caisses, et ces cheminées sont toutes deux munies en haut d'une chambre à air.

L'ensemble, monté sur un échafaud construit *ad hoc*, a été d'abord descendu sur le fond de la rivière au moyen de forts verrins à vis suspendus à un solide échafaudage établi à une certaine hauteur au-dessus du précédent. Puis la position des trois caissons et leur parfaite juxtaposition côte à côte ayant été bien vérifiée, on a construit sur le bord extérieur de l'ensemble, qui se trouvait en saillie de 0^m,60 au-dessus de l'eau, de forts châssis en bois revêtus à l'extérieur de gros madriers assemblés jointivement et recouverts eux-mêmes de plaques de tôle, le tout formant ainsi un grand caisson de 16^m,50 de longueur sur 5^m,50 de largeur, ouvert par le haut et dont les trois caisses de tôle formaient la base.

On a rempli ensuite tout l'intérieur du grand caisson en bois avec du béton d'abord, puis avec de la maçonnerie de blocage en entourant les cheminées de manière à leur prêter un appui sans trop les serrer dans la masse, afin de pouvoir les en retirer plus tard une fois l'opération finie.

Les choses en étant à ce point, on fit jouer les machines soufflantes qui comprimèrent l'air dans les cheminées des caisses de rive en chassant l'eau qui les remplissait ainsi que les caisses dans lesquelles elles avaient leur débouché. Les ouvriers purent alors descendre au fond des caisses, c'est-à-dire sur le fond même de la rivière, et s'y mettre à l'ouvrage. Ils se mirent ainsi à piocher de part et d'autre en jetant leurs déblais vers la caisse du centre; la drague à godets mise en jeu en même temps élevait les déblais au jour et les déversait par un bac incliné dans des bateaux qui les emportaient au loin. De cette manière tout l'ensemble se mit bientôt à descendre, et lorsque le bord du grand caisson en bois eut atteint à peu près le niveau de l'eau, on arrêta l'opération et on le surmonta de nouveaux panneaux de 1 mètre de hauteur constitués comme les précédents. Cet exhaussement du grand caisson fut rempli de maçonnerie en même temps que le travail de déblaiement était repris dans les caisses en tôle du fond, comme nous l'avons expliqué plus haut, et l'opération se continua ainsi jusqu'à ce que l'on eût atteint enfin un fond suffisamment solide et à l'abri des affouillements.

Ce fond ne put être atteint qu'à la profondeur de *vingt mètres* au-dessous de l'étiage.

Une fois là, les ouvriers ont rempli l'intérieur des caisses en tôle, et en se retirant, avec de bonne maçonnerie; puis les cheminées de service ayant été retirées, l'espace qu'elles occupaient fut rempli de béton et l'on continua après cela les maçonneries d'appareil au-dessus de l'eau.

Le travail que nous venons de décrire est celui d'une pile; la construction des culées s'est opérée d'une manière analogue; seulement, au lieu de trois caisses en tôle de $5^m,50$ de côté, on en a employé quatre de 7 mètres de largeur sur $5^m,80$ de longueur et $3^m,60$ de hauteur comme les précédentes, ce qui donnait ainsi au grand caisson en bois une longueur totale de $23^m,20$ et une largeur de 7 mètres.

Ce gigantesque ouvrage vient, au bout de deux ans à peine, de se terminer avec un plein succès.

CINQUIÈME PARTIE

APPLICATIONS

PREMIÈRE SECTION

BATIMENTS CIVILS ET MILITAIRES.

910. Les bâtiments se composent de *murs, pans de bois, soutiens isolés, voûtes, planchers, combles* ou *terrasses, aires* ou *pavés*, et *escaliers*, qui en constituent les parties les plus essentielles. Ils sont complétés par divers oùvrages accessoires, quoique importants, en menuiserie et en serrurerie ; tels sont : les *portes, fenêtres, volets, lambris et cloisons légères, revêtements* ou *placages en planches*; les *grilles et barrières* en bois et en fer, les *pentures, serrures, verrous, espagnolettes, paratonnerres*, etc., etc.

Bien que les connaissances précédemment acquises puissent suffire, à la rigueur, pour diriger comme il convient ces diverses constructions, nous pensons qu'il ne sera pas inutile de nous en occuper ici d'une façon plus particulière. Nous trouverons ainsi l'occasion de remplir quelques lacunes que nous avons laissées subsister à dessein, pour ne pas détourner par des détails spéciaux l'attention des élèves des principes généraux les plus importants à connaître et à retenir. Nous tâcherons, dans cette nouvelle étude, d'éviter de revenir, autant que possible, sur ce qui a déjà été dit.

ARTICLE PREMIER.

MURS.

911. Définition. — Les murs sont des constructions en maçonnerie destinées à enclore l'espace et à supporter les planchers, les combles et les voûtes. Ils partagent cette dernire fonction avec les soutiens isolés.

912. Forme. — La forme qu'on leur donne généralement est celle d'un prisme droit à bases rectangles ou trapèzes plus ou moins allongées.

Ordinairement le trapèze a un côté vertical, tandis que l'autre est légèrement incliné. Cette inclinaison va rarement au delà de 1/100 dans les murs de bâtiments, et elle se tient fréquemment dans la limite de 1/500. On la désigne, lorsqu'elle est aussi faible, sous le nom de *fruit* ou *doux*. Tous les murs doivent avoir un fruit à la face extérieure, afin d'être plus stables ; mais on n'en donne pas au parement intérieur.

Ce dernier présente, par contre, presque toujours, dans les édifices composés de plusieurs étages, une succession de retraites qui diminuent l'épaisseur du mur à partir du niveau de chaque plancher. Ces retraites sont indiquées dans la *fig.* 1129, pl. XXXVII. Dans un grand nombre d'édifices du moyen âge, on remarque des retraites analogues au parement extérieur (*fig.* 1130) ; ces retraites sont plus favorables que les autres à la stabilité du bâtiment, mais elles ont l'inconvénient d'offrir des points d'arrêt à l'écoulement des eaux pluviales. Il est facile néanmoins de remédier à cet inconvénient, en recouvrant les retraites avec des tablettes en pierre de taille dont la face supérieure est convenablement inclinée, et c'est une précaution que l'on a toujours prise en pareil cas. Il ne reste plus alors, quand ces tablettes ont été construites avec soin, que le désavantage d'une dépense plus élevée résultant de l'emploi de ces tablettes qui ne sont pas nécessaires à l'intérieur, et ce désavantage peut encore être racheté par une certaine diminution d'épaisseur des murs. Ces murs à ressauts extérieurs sont d'un aspect moins monotone que les autres, et les inconvénients signalés ne nous paraissent pas assez sérieux pour motiver l'exclusion de cette forme des bâtiments civils et militaires.

Au surplus, la diminution d'épaisseur qui résulte de ces retraites intérieures ou extérieures, ainsi que des fruits, est rationnelle à un autre point de vue encore que celui de la stabilité. Il est évident que chaque tranche horizontale du mur a un poids d'autant moindre à supporter qu'elle est plus élevée au-dessus des fondements. La diminution d'épaisseur est donc une conséquence naturelle de la diminution de charge.

913. Espèces diverses. — Les murs peuvent se diviser : 1° sous le rapport des fonctions qu'ils remplissent comme parties constitutives de bâtiments, en :

Murs de clôture, dont la seule fonction est d'enclore l'espace, et qui n'ont aucune charge à supporter.

Murs principaux, qui forment le pourtour des bâtiments, et parmi lesquels on distingue les murs de *face* ou *façade* et les murs *latéraux*. Ces derniers prennent le nom de *pignons* quand ils sont terminés en pointe, et de murs *mitoyens* quand ils sont communs à deux bâtiments contigus.

Murs de refend, qui forment les grandes divisions intérieures des bâtiments, et *Murs de cloison* qui y établissent les dernières subdivisions.

2° Sous le rapport des matériaux dont ils sont formés. On les désigne alors par le nom des matériaux constituants. Ainsi on dit un mur de façade en *moellons*, en *briques*, en *pierres de taille*, etc., etc.

914. Détails de construction. — Dans le plus grand nombre de cas, les murs se construisent en briques ou en moellons (1). Ce n'est que dans des circonstances assez rares, lorsque les édifices doivent offrir, par exemple, un caractère monumental, qu'on fait usage de la maçonnerie d'appareil, et alors même on ne l'emploie guère qu'en parement. On se contente, le plus souvent, de renforcer les murs en moellons ou en briques, dans les parties les plus faibles ou les plus chargées, par des chaînes en pierre de taille.

915. Soubassement. — On appelle *soubassement* une assise horizontale de pierre appareillée qui forme la base du mur au niveau de la surface du sol. Cette assise pose sur le fondement ou sur la maçonnerie des caves ou de l'étage souterrain. Quand le mur n'est pas fort épais, elle est faite de pierres formant *parpaing*; mais, dans le cas contraire, on construit seulement un parement extérieur en pierre d'appareil de 40 ou 50 centimètres d'épaisseur (2), et le restant de l'épaisseur du mur est parfait avec de la maçonnerie ordinaire. On peut, si le cas le requiert, agrafer ces pierres les unes aux autres et les ancrer à la maçonnerie postérieure. Ces précautions sont commandées lorsque la nature du terrain sur lequel on bâtit donne lieu de craindre des tassements inégaux qui pourraient produire des désunions. L'assise de soubassement forme ordinairement une saillie de 8 à 10 centimètres sur le nu du mur. Il est convenable d'incliner la face supérieure de cette saillie de manière à ce que les eaux pluviales ne puissent, en y séjournant, s'infiltrer dans la maçonnerie et la désorganiser.

916. Plinthes ou cordons. — On appelle *plinthes* ou *cordons* des assises en pierre que l'on place ordinairement à la hauteur des planchers des divers étages. Leur principal objet est de relier et d'affermir, de distance en distance, les maçonneries en petits matériaux dont sont formés les murs; cependant, dans beaucoup de cas, elles sont bien plutôt placées pour produire une espèce de décoration. Quand on veut leur faire convenablement remplir la première fonction, il faut les faire porter sur une assez grande partie de l'épaisseur du mur; mais si

---

(1) On fait à Paris des murs de refend et de cloison avec des poteries ou briques creuses, qui joignent à l'avantage d'être très-légers celui d'être aussi incombustibles que les murs ordinaires et, à ce qu'il paraît, d'intercepter le son. Ces poteries ont quelquefois la forme d'un boisseau cylindrique très-court ($0^m,08$) et d'autres fois une forme tronc-conique semblable à celle qui se trouve dessinée dans la *fig.* 182, pl. VIII. On les superpose par tas cimentés au plâtre et formés de pièces tantôt couchées et tantôt posées de bout. On trouvera des détails très-circonstanciés de cette espèce de maçonnerie, dont l'usage n'a pas encore pénétré en Belgique, dans l'ouvrage d'Eck, intitulé *Traité de construction en poteries et fer.*

(2) En Belgique, où l'on fait presque exclusivement usage du calcaire carbonifère, on n'emploie fréquemment que des espèces de plaques de 20 à 25 centimètres d'épaisseur posées en délit et formant revêtement.

on les emploie seulement dans un but de décoration, il suffit de donner à leur assiette la largeur ou la *queue* strictement nécessaire pour qu'elles restent engagées dans la maçonnerie avec une certaine solidité. Ordinairement ces plinthes ou cordons sont posés en saillie sur le mur. Il convient alors d'incliner leur face supérieure de manière à faciliter l'écoulement immédiat des eaux pluviales. En outre, on doit ménager, dans leur face inférieure et près de l'arête saillante, une petite cannelure appelée *larmier*, de 1 à 2 centimètres de largeur sur autant de profondeur (*fig.* 1131, *a*), qui sert à faire égoutter l'eau qui mouille les surfaces de la pierre. Les profils des constructions gothiques sont parfaitement entendus sous ce rapport. Nous donnons (*fig.* 1132) le dessin d'un de ceux qu'on rencontre fort souvent. Lorsque ces pierres ont assez peu de queue pour qu'on puisse craindre de les voir dérangées par quelque choc accidentel, on les soutient, jusqu'à ce que l'édifice soit entièrement terminé, par quelques étançons inclinés (*fig.* 1131, *b*), dont on fait porter le pied sur un morceau de fer ou de bois fiché dans un des joints de la maçonnerie.

917. Corniche. — On désigne sous le nom de *corniche* ou de *couronnement* l'assise qui termine ou couronne le mur à sa partie supérieure. Cette assise est ordinairement saillante sur le mur comme les cordons, mais plus qu'eux. Elle est souvent décorée de moulures formant un ensemble ou un *profil* plus ou moins compliqué. La corniche, n'étant pas engagée dans le mur comme les autres cordons, doit nécessairement avoir une queue suffisante pour l'empêcher de basculer autour de la ligne qui sépare la partie saillante de celle qui pose sur le mur. Quand le mur est isolé, il convient qu'elle le recouvre en entier; mais quand il est en partie recouvert par le comble, comme cela arrive fréquemment, on peut ne lui donner que la largeur nécessaire pour recouvrir la partie que le toit ne garantit point, ou pour lui assurer le degré de stabilité nécessaire (*fig.* 1133). Lorsque la corniche est fort mince et couvre toute l'épaisseur du mur, elle prend le nom de *tablette*. Les murs de clôture sont souvent terminés de cette manière (*fig.* 1134). La construction des tablettes et des corniches demande des soins tout particuliers pour empêcher que les eaux pluviales ne puissent s'infiltrer dans la maçonnerie par les joints de contact des diverses pierres qui les composent. On doit faire ces joints aussi petits et aussi peu nombreux que possible, et les mastiquer en outre avec de bons mortiers hydrauliques bien recirés. Une bonne précaution, que l'on peut encore recommander, consiste à placer sous chaque joint un caniveau A (*fig.* 1134), qui recueille les eaux d'infiltration et les rejette au dehors. On peut enfin, dans quelques cas, creuser en gouttière la face supérieure de la corniche et la garnir d'une lame continue de plomb ou de zinc. Cette dernière disposition est très-efficace, mais elle est malheureusement beaucoup plus chère que les autres. La lame de métal doit être fixée sur la pierre soit au moyen de clous à tête plate enfoncés dans les joints des pierres, et qu'il convient de couvrir par des gouttes de soudure ou des ailerons, soit (et cela vaut mieux) au moyen de retours qui s'agrafent dans la maçonnerie ou aux saillies des moulures, ou bien encore à la charpente du toit, comme on le voit *fig.* 1135 et 1136. Sans ces précautions, qui sont même quelquefois insuffisantes, les lames de métal seraient bientôt arrachées par les coups de vent.

On peut éviter les inconvénients inhérents à l'emploi de la pierre que nous venons de signaler en faisant usage de corniches en fonte; ces dernières peuvent se couler en longues pièces, terminées par des assemblages qui permettent de les réunir sans laisser de joints par où l'eau puisse filtrer; mais cet avantage est compensé par un entretien coûteux en peinturage, nécessaire pour préserver le métal de la rouille.

Les corniches en pierre et en fer ne s'emploient guère, du reste, que dans les constructions monumentales ou qui ont besoin de présenter une grande résistance. Pour les bâtiments ordinaires d'habitation, on les fait le plus souvent en charpente.

Une corniche de cette espèce est composée d'un certain nombre de tasseaux AAA (*fig.* 1137) formant *modillons*, sur lesquels sont cloués un ou plusieurs madriers B, formant *larmier*. Au dernier de ces madriers s'assemble, au moyen d'équerres en fer fixées par des vis à tête fraisée, un autre madrier C, offrant à l'extérieur un certain profil de moulures. Ce madrier forme avec celui auquel il est attaché et l'égout *av* du toit un *chéneau* que l'on garnit d'une lame de plomb et dans lequel se rassemblent les eaux pluviales. Comme l'ensemble de cette construction est beaucoup plus pesant en avant qu'en arrière, on l'assujettit sur le mur au moyen de bandelettes en fer spatté, clouées sur la queue des tasseaux AAA et contre des morceaux de gîtes G, scellés dans le mur à 0^m,60 ou 0^m,70 en contre-bas de sa dernière assise.

918. Chaînes verticales. — On appelle, en général, *chaînes verticales*, des bandes étroites de maçonnerie en pierre d'appareil, que l'on construit aux angles saillants et dans les parties les plus faibles ou les plus chargées des murs. Ces chaînes n'ont qu'une légère saillie sur le nu du mur (elle dépasse rarement 1/12 de leur largeur). Elles peuvent être appareillées de plusieurs manières, qui sont représentées par les *fig.* 1138 à 1143. Les chaînes qui ont une largeur uniforme sur toute leur hauteur, comme celle que l'on voit *fig.* 1143, sont désignées sous le nom de *pilastres* lorsqu'elles ont les proportions d'un *ordre d'architecture*.

On remarque assez souvent que des lézardes se forment dans le voisinage des chaînes verticales, ce qui est dû à ce qu'elles tassent moins que les maçonneries adjacentes. Cette observation tend à en limiter l'emploi aux lieux où elles sont d'une utilité incontestable. On doit, pour la même raison, les relier le mieux qu'on le peut avec les maçonneries voisines, afin de diminuer l'importance de cet accident quand il se produit.

919. Encadrements des baies. — Les *baies* ou ouvertures percées au travers des murs demandent, en général, à être renforcées à leur pourtour par des encadrements en pierre de taille, ou, tout au moins, par quelques pierres propres à offrir des points de scellement solides aux ferrures dont on garnit les

portes et les fenêtres. On distingue trois sortes de baies : 1° celles qui sont limitées par des droites de tous côtés ; 2° celles qui se terminent supérieurement par
une courbe ou une *arcade* ; 3° celles qui sont limitées par une courbe sur tout
leur pourtour.

L'encadrement des baies de la première sorte se compose d'un *seuil* A
(*fig. 1144*), de deux *jambages* BB, et d'un *linteau* ou *couverture* C.

Quelquefois on supprime les jambages, comme dans la *fig.* 1145, et on les remplace par des *dés* en pierre D, qu'on scelle dans le mur aux endroits convenables. Quand ces dés sont exposés à une grande fatigue, il convient de les fixer
avec des ancres en fer, scellées d'un côté dans la pierre et accrochées de l'autre
dans les joints des moellons ou des briques.

Enfin, l'on peut supprimer aussi le linteau et le remplacer par une plate-bande
ou par une voûte très-surbaissée (*fig.* 1146).

Les baies terminées par une arcade ont, lorsque le cadre est complet, un seuil,
deux jambages et un bandeau courbe E (*fig.* 1147), qui porte le nom d'*archivolte*.
L'archivolte s'applique quelquefois directement sur les jambages, comme dans la
fig. 1147 ; d'autres fois il en est séparé par une assise de pierre, qu'on désigne sous
le nom d'*imposte* (*fig.* 1148). Du reste, l'archivolte, les impostes et les jambages
peuvent être supprimés et remplacés par des dés en pierre scellés dans la maçonnerie (*fig.* 1149) (1).

Les encadrements de baies entièrement courbes, qu'on nomme *œils-de-bœuf*,
sont formés d'un bandeau continu, divisé en *claveaux* taillés selon les règles de
la stéréotomie.

Les pierres employées, ainsi que nous venons de le dire, au pourtour des
baies, ont un but foncièrement utile et protecteur. Néanmoins on les imite
quelquefois en mortier ou en plâtre, par motif d'économie et dans le but de
détruire la monotonie des murs. Dans ce cas, il est convenable d'en masser les
principales saillies avec des briques ou des moellons, comme nous l'avons expliqué au n° 339 (II° partie).

C'est également dans le but de varier l'aspect de la surface des murs qu'on
ajoute assez souvent aux encadrements, tels que nous les avons décrits, des *corniches* A (*fig.* 1151), et quelquefois des *frontons* B et des *consoles* C (*fig.* 1153 et
1154) (2). Dans les édifices du moyen âge on voit fréquemment un bandeau saillant *abcdef* (*fig.* 1152) envelopper le pourtour supérieur des baies, et venir se
raccorder à une chaîne horizontale placée dans les *trumeaux* qui les séparent.

---

(1) Dans quelques établissements industriels j'ai vu les jambages remplacés par des
équerres en forte tôle ancrées par des tirants dans la maçonnerie (*fig.* 1150). Cette armature résiste mieux aux chocs que les jambages en pierre.

(2) Les consoles ne sont réellement utiles que quand les seuils, comme ceux des balcons,
ont une forte saillie sur le mur.

Toutes ces pierres se composent, autant que possible, d'un seul morceau et sont scellées solidement dans les maçonneries. On doit aussi, autant que faire se peut, leur donner des épaisseurs verticales égales à celle d'un certain nombre de tas de briques ou d'assises de moellons, afin de faciliter les raccordements.

Ces dernières observations s'appliquent aux seuils, aux jambages et aux linteaux. Il est encore bon de remarquer que les seuils n'étant pas chargés dans l'intervalle entre les jambages, il convient de ne les faire porter sur la maçonnerie que par leurs extrémités et de laisser le milieu en porte-à-faux, comme dans la *fig.* 1144; sans cette précaution on court le risque de le voir se briser au moindre mouvement du mur. Cette observation est encore applicable en général à toutes les longues pierres qui se trouvent dans des conditions analogues. Les jambages sont fréquemment formés d'un seul morceau de pierre posée en délit, ce qui n'a aucun inconvénient quand la pierre est, comme chez nous, à peu près aussi résistante dans ce sens que sur son lit de carrière, vu la petite charge qu'ils ont à porter. On en fait néanmoins qui sont formés d'assises de petite hauteur, qu'on appareille à la manière des chaînes verticales. Les linteaux devraient avoir une grande épaisseur verticale si l'on faisait immédiatement reposer dessus la maçonnerie qui les surmonte; mais on évite cette nécessité en les recouvrant d'un *arceau de décharge* qui reporte le poids des maçonneries sur les jambages. Cet arceau de décharge est représenté dans les *fig.* 1144 et 1145. On lui donne ordinairement une flèche égale au 1/10 de l'ouverture de la baie, et une demi-brique ou une brique d'épaisseur verticale. En le faisant plus solide et en lui donnant une courbure un peu plus forte on pourrait y suspendre, avec des ferrures, les linteaux fractionnés en plusieurs morceaux, ainsi qu'on en trouve de nombreux exemples dans les édifices de l'antiquité et du moyen âge. Les archivoltes et les parties courbes des encadrements en général sont ordinairement formées de voussoirs appareillés selon les règles de la coupe des pierres.

Dans les édifices qui, comme les casernes, les corps de garde et les bâtiments militaires en général, ont besoin d'offrir une grande résistance dans toutes leurs parties, il convient que les seuils et les jambages occupent toute l'épaisseur du mur, afin de garantir aussi bien les arêtes intérieures que les arêtes extérieures des baies. Quand les murs sont fort épais comme dans les bâtiments à l'épreuve de la bombe, il est bon tout au moins de mettre un encadrement intérieur et un encadremen^t extérieur, et de les relier l'un à l'autre par des chaînes horizontales, comme on le voit dans la *fig.* 1155.

Les deux côtés et le dessus des baies des portes et des croisées doivent présenter un *embrasement mnop* (*fig.* 1144) dans lequel se placent les châssis de fenêtres et les portes. Cet embrasement est taillé dans les jambages, le linteau ou l'archivolte, quand ils ont une épaisseur qui le permet; dans le cas contraire, ils sont pratiqués dans la maçonnerie même. La *fig.* 1156 montre deux tas successifs d'un appareil de briques disposé à cet effet.

On ne donne assez souvent aux linteaux qu'une épaisseur horizontale beaucoup moindre que celle du mur. On place derrière lui, et un peu plus haut, deux ou trois gîtes en bois A'A' (*fig.* 1144), dont la dernière affleure la face intérieure du mur. Ces pièces de bois, désignées sous le nom d'*arrière-linteaux* ou d'*arrière-couvertures*, sont recouvertes, comme le linteau, par l'arceau de décharge, et n'ont besoin, par suite, que d'un faible équarrissage.

Quand les côtés intérieurs des embrasements doivent être revêtus de menuiserie, comme c'est souvent le cas, on doit avoir soin d'y sceller un certain nombre de tasseaux de bois T (*fig.* 1157, 1158, 1159), contre lesquels se clouent ensuite les panneaux de menuiserie. Ces tasseaux sont ancrés dans la maçonnerie soit au moyen de bandelettes de fer spatté (*fig.* 1157), soit au moyen d'un morceau de tringle en bois garni d'un rappointis, comme on le voit dans la *fig.* 1158; on peut encore, lorsqu'on veut obtenir plus de solidité, faire usage de la disposition représentée *fig.* 1159, dans laquelle on peut employer soit des bandelettes de fer spatté, soit des morceaux de tringles en bois.

920. Contre-forts. — Dans les endroits où les murs supportent les poutres des planchers, les fermes des combles ou des retombées de voûtes d'arête, on les fortifie quelquefois par des nervures saillantes appelées *contre-forts.*

Les contre-forts peuvent affecter l'une ou l'autre des formes représentées par les lettres A,B,C,D dans la *fig.* 1160, pl. XXXVIII. Les dernières ont surtout été employées dans les constructions du moyen âge.

Les contre-forts se construisent souvent en même maçonnerie que les murs, mais quelquefois leurs arêtes saillantes sont renforcées par des chaînes verticales. Dans tous les cas, ils doivent être reliés le mieux possible au corps de la muraille. On couvre leur face supérieure, et toutes les faces horizontales des saillies, avec des tablettes dont on taille les surfaces suivant une inclinaison assez forte pour favoriser l'écoulement prompt des eaux pluviales.

921. Contre-forts détachés. — On observe, dans un grand nombre d'édifices du moyen âge, une disposition très-remarquable de contre-forts employée pour contre-buter la poussée de voûtes d'arête.

Les contre-forts (*fig.* 1161) sont séparés du mur par un espace plus ou moins étendu, et y sont seulement rattachés par un ou plusieurs arcs rampants étagés les uns au-dessus des autres. Cette disposition, qu'on désigne sous le nom d'*éperon volant*, est très-propre à procurer une grande stabilité avec un petit volume de maçonnerie. On lui a reproché de laisser exposées aux influences destructives de l'atmosphère et dans des conditions défavorables les parties éminemment essentielles à la conservation de l'édifice. Mais nous pensons qu'il y a beaucoup d'exagération dans ce reproche et qu'on peut faire aisément disparaître l'inconvénient, s'il existe bien réellement, par une construction soignée et faite avec des matériaux résistants. Des éperons volants faits avec du petit granite, par exemple, et cimentés avec de bons mortiers, nous paraîtraient avoir autant de chance de durée que toutes les autres maçonneries. Cette disposition, bien qu'elle ne soit plus de mode aujourd'hui, nous paraît donc mériter l'attention sérieuse des architectes et des ingénieurs qui visent à ériger des constructions tout à la fois hardies et solides.

922. Tuyaux de cheminée et de conduite. — On pratique ordinairement dans l'épaisseur des murs des conduits prismatiques ou cylindriques destinés à verser au dehors les produits de la combustion qui s'effectue dans les foyers, à distribuer la chaleur, l'eau ou le gaz d'éclairage dans les diverses parties du bâtiment, ou bien à évacuer à l'extérieur ou dans des fosses les matières des lieux d'aisances, etc.

Les tuyaux de cheminée sont souvent de section rectangulaire ou carrée. On leur donne généralement pour les foyers destinés au chauffage domestique quatre décimètres carrés de superficie (1); le plus souvent on les fait en briques, même

---

(1) Il ne sera pas inutile de rappeler ici la formule qui sert à déterminer la section horizontale du tuyau d'une cheminée.

Représentant par Q le poids du combustible à **brûler** par heure, par V' le volume d'air froid nécessaire à la combustion d'un kilogramme de combustible, par $a = 0,00364$ le coefficient de la dilatation des gaz, et par t' la température de l'air ou des gaz dans le tuyau, on a d'abord :

$$Q = \frac{QV'(1 + at')}{3600} \dots \quad (A)$$

pour exprimer le volume d'air chaud qui doit s'écouler en une seconde par la cheminée.

Nommant ensuite :

D le côté du tuyau supposé de section carrée ;

L sa longueur développée ;

H sa hauteur comptée depuis le foyer jusqu'à son débouché dans l'air libre ;

t la température de l'atmosphère ;

$g = 9.8088$ le coefficient de l'accélération de vitesse des graves,

on a :

$$D^5 = \frac{V^2(13D + 0.05L)}{2g\,Ha\,(t' - t)} \dots \quad (B).$$

Pour tirer de cette équation la valeur de D, on néglige le terme 0,05 L, et elle se réduit ainsi à

$$D^5 = \frac{13\,V^2}{2g\,Ha\,(t' - t)} \dots \quad (C).$$

De cette dernière équation on tire une première valeur de D, qu'on substitue dans le second membre de la première (B) : on obtient ainsi une valeur plus approchée, et qu'on peut adopter pour les applications pratiques.

Soit, par exemple, à déterminer la section carrée d'une cheminée de chaudière à vapeur de 15 mètres de hauteur et de 50 mètres de longueur développée, dans laquelle on veut faire passer le produit de la combustion de 80 kilogrammes de houille par heure.

Supposant $t = 298°$, $t' = 12$; sachant, d'après des données d'expérience (*), que pour la houille $V' = 18,44$, on aura d'abord, au moyen de la formule (A) :

* Pour le bois parfaitement desséché, on a $V' = 7,35$; pour le bois ordinaire à 0,20 d'eau, $V' = 6,12$; pour le charbon de bois, $V' = 16,40$; pour la tourbe desséchée, $V' = 11,73$; la tourbe ordinaire, $V' = 9,65$; le charbon de tourbe, $V' = 13,20$; la houille moyenne, $V' = 18,44$; le coke à 0,15 de cendres, $V' = 15$.

dans les murs en moellons (1). Dans tous les cas ils doivent être crépis avec soin à l'intérieur dans tout leur développement afin d'empêcher que la suie ne s'y attache trop facilement et que le feu ne puisse se communiquer au dehors par quelque joint mal bouché.

On fait quelquefois les tuyaux de cheminée de section circulaire en se servant de *boisseaux* de poterie (*fig.* 183, pl. VIII), qu'on assemble bout à bout et qu'on scelle dans le mur; mais ces tuyaux reviennent à un prix plus élevé que les tuyaux ordinaires en briques, et ils sont difficiles à réparer quand un des boisseaux vient à casser par suite de l'action de la chaleur ou des tassements.

A Paris, on fait des tuyaux avec des briques moulées exprès. Les *fig.* 1162, 1163, 1164 et 1165 donneront une idée suffisante de cette espèce de construction, qui n'a pas encore pénétré en Belgique, où, vu la nature des matériaux généralement employés, elle n'offrirait probablement pas les mêmes avantages; dans les *fig.* 1162 et 1163 les lettres A et B désignent deux assises différentes qui font voir comment ces briques sont reliées entre elles et avec la maçonnerie contiguë.

Enfin on a quelquefois employé des tuyaux de fonte engagés dans les maçonneries pour servir de conduits de cheminée; mais outre que leur emploi revient plus cher que les autres modes de construction, ces tuyaux ont le grave inconvénient de se briser quelquefois avec explosion par suite des grandes variations de température auxquelles ils sont soumis. On y a entièrement renoncé, mais on les a remplacés dans quelques constructions par des tuyaux en tôle.

Quelle que soit la manière dont on construit un tuyau de cheminée, il faut le faire aussi droit que possible. Cependant des nécessités de distribution obligent fréquemment à les *dévoyer*, comme cela se voit dans la *fig.* 1166; dans ce cas, il faut avoir soin d'adoucir les coudes par des courbes.

Dans les maisons d'habitation, on s'arrange ordinairement de manière à ce

---

$$V = \frac{80 \times 18,44 \, (1 + 0,00364 \times 298)}{3600} = 0,^{m3} 854.$$

La formule (C) donne ensuite :

$$D = \sqrt[4]{\frac{13 \times 0,854^2}{2 \times 9.8088 \times 0,00364 \times 826}} = 0,^{m}42.$$

Substituant cette première valeur de D dans l'équation (B), on a pour valeur suffisamment approchée de la section de la cheminée :

$$D = \sqrt[8]{\frac{0,854^2 \, (13 \times 0,42 + 0,05 \times 50)}{2. \times 9.8088 \times 15.62}} = 0^{m},453.$$

(1) On conçoit que c'est là une nécessité quand les moellons sont de nature calcaire : la chaleur finirait par les réduire en chaux.

que plusieurs tuyaux viennent se réunir au point où ils sortent des murs, de façon à pouvoir être renfermés dans un prisme de maçonnerie, auquel on donne le nom de *souche de cheminées*. Chaque tuyau reste distinct et séparé dans la souche par le moyen de languettes en briques maçonnées de champ ou de plat.

Les murs extérieurs de la souche n'ont ordinairement qu'une demi-brique d'épaisseur, et il convient de les couronner par une tablette en pierre sur laquelle on fixe un petit toit en tôle (*fig.* 1167), qui empêche la pluie de pénétrer dans l'intérieur. On remplace toutefois cette tablette et ce toit en tôle par d'autres dispositions moins chères ou plus élégantes. Les *fig.* 1168 et 1169 montrent divers couronnements fort en usage dans nos constructions urbaines. La *fig.* 1170 montre une souche de cheminées telle qu'on en rencontre un grand nombre en Angleterre. Ces souches sont en ciment romain moulé sous des formes gracieuses qui ajoutent une sorte de décoration aux édifices, au lieu de les déparer comme les nôtres.

Les conduites d'eau et les chausses d'aisances sont ordinairement des tuyaux en plomb, en zinc, en fonte ou en poteries que l'on scelle dans des augets réservés dans les murs, et qui se construisent comme les tuyaux de cheminée. Il est important de ménager le moyen de visiter, nettoyer et réparer aisément les tuyaux en tout temps. A cet effet, il convient de laisser ouverte une des faces de l'auget dans lequel on les renferme. Cette face peut être ensuite fermée par une dalle, une planche ou un léger plafonnage. Quand on néglige de prendre cette précaution, à la moindre fuite qui se manifeste on est souvent obligé de faire des démolitions étendues avant de découvrir l'endroit où il faut porter remède.

Les conduites d'eaux sales et les chausses d'aisances étant d'autant plus faciles à s'obstruer qu'elles offrent des coudes plus nombreux et plus brusques, il faut éviter de leur en faire faire sans une nécessité absolue. Dans tous les cas, il est bon de ménager le moyen de ramoner aisément toutes leurs branches, ce qui se peut obtenir en pratiquant des *regards* à tous les coudes ou sur différents points de leur parcours.

923. Foyers. — Les foyers des maisons d'habitation, des casernes, corps de garde, etc., se construisent fréquemment en même temps que les murs. Ils consistent en une espèce de niche carrée au fond de laquelle aboutit le tuyau de la cheminée, et sont formés de deux jambages saillants AA (*fig.* 1171) en briques ou en pierre, servant de pieds-droits à une voûte en plate-bande ou en arc de cercle très-surbaissé B. Cette construction est consolidée par une ou deux bandes en fer C, qui servent tout à la fois à maintenir les jambages et à soutenir la voûte qui s'appuie dessus. Cette ferrure est surtout indispensable lorsque la voûte n'est pas seulement destinée à porter une tablette, mais encore à servir de support au *manteau* de la cheminée. On nomme ainsi le coffre en briques en saillie sur le nu du mur dans lequel on renferme les tuyaux chaque fois que l'épaisseur de ce dernier n'est pas assez grande.

924. Épaisseur des murs. — L'on a vu, dans la III° partie, les règles d'après lesquelles on doit fixer l'épaisseur des murs qui entrent dans la composition des bâtiments. Les exemples qui ont été donnés de leur application en auront rendu l'emploi facile et nous n'y reviendrons pas ici. Nous compléterons seulement ce qui a été dit alors au moyen du tableau suivant qui donne les épaisseurs de murs communément adoptées pour les bâtiments civils et militaires. On pourra se borner à soumettre ces données à la vérification des formules, si elles offrent du doute dans quelques cas.

TABLEAU *indiquant l'épaisseur à donner aux murs des bâtiments civils et militaires.*

DÉSIGNATION DES MURS.	ÉPAISSEUR.	OBSERVATIONS.
1° Bâtiments civils et bâtiments militaires non voûtés.		
Murs principaux — aux fondements....	0ᵐ,75 à 0ᵐ,97	
Murs principaux — au sol des caves....	0ᵐ,57 à 0ᵐ,81	
Murs principaux — au rez-de-chaussée.	0ᵐ,49 à 0ᵐ,65	
Murs principaux — au premier étage...	0ᵐ,43 à 0ᵐ,54	
Murs principaux — à l'étage le plus élevé.	0ᵐ,35 à 0ᵐ,48	
Murs de refend.	0ᵐ,40 à 0ᵐ,48	
Murs de cloison.	0ᵐ,10 à 0ᵐ,20	
Murs de clôture de 3 à 4 mètres de haut — aux fondements.	0ᵐ,54 à 0ᵐ,60	
Murs de clôture de 3 à 4 mètres de haut — au niveau du sol.	0ᵐ,35 à 0ᵐ,40	
Murs de clôture de 3 à 4 mètres de haut — au haut.	0ᵐ,33 à 0ᵐ,38	
2° Bâtiments militaires à l'épreuve de la bombe.		
Murs formant culée.	1/3 de la partie des voûtes dans œuvre.	
Murs formant pile intermédiaire.	1 mètre au moins. 2 mètres au plus.	
Murs perpendiculaires à l'axe des voûtes.	0ᵐ,50 à 2ᵐ,00	On leur donne au moins 2 mètres quand ils peuvent être battus par le canon; dans le cas contraire, leur épaisseur peut être réduite à celle d'un simple mur de clôture soutenu à ses deux extrémités par les pieds-droits.

ARTICLE II.

PANS DE BOIS.

925. Définition. — Les pans de bois peuvent être définis, comme nous l'avons déjà dit, des *murailles en charpente*. Nous avons indiqué, dans la IIᵉ partie, les principes généraux de leur composition; nous allons donner ici quelques détails plus circonstanciés de leur mode de construction.

926. Espèces diverses. — On distingue deux espèces de pans de bois : les pans de bois extérieurs qui correspondent aux murs principaux des édifices, et les pans de bois intérieurs qui correspondent aux murs de refend et de cloison. Ces derniers se désignent souvent sous le nom de *cloisons en pans de bois*.

927. Pans de bois extérieurs. — Ils se composent, en général, d'une *sablière basse* ou *semelle* S (*fig.* 1172, 1173, 1174), qui réunit, au moyen d'assemblages à tenons et mortaises, des montants verticaux ou *poteaux* P. Ceux-ci sont reliés à leur extrémité supérieure par une seconde sablière H, appelée *chapeau* ou *sommier*, dans laquelle ils s'assemblent aussi à tenons et mortaises. Des *guettes* ou *décharges* G, inclinées en sens contraires les unes à l'égard des autres, et assemblées également à tenons et mortaises dans les sablières et les chapeaux, empêchent le hiement de la charpente; elles doivent, comme les autres pièces, être très-justes dans leurs abouts.

Entre les poteaux sont ménagés les *huis*, ou ouvertures pour les portes et les fenêtres. Ceux de ces poteaux qui marquent les côtés des huis sont appelés *poteaux d'huisserie*; les autres sont simplement appelés *poteaux* ou *poteaux de remplage*, c'est-à-dire de *remplissage*. Les autres pièces qui complètent l'encadrement des huis sont les *linteaux* L, qui peuvent être droits ou légèrement cintrés, et les *appuis* V. Lorsque les fenêtres sont arrondies en plein cintre par le haut, comme celles du deuxième étage de la maison *fig.* 1174, ou qu'elles sont entièrement rondes ou en *œil-de-bœuf* comme celles du troisième étage *fig.* 1173, les arrondissements sont formés par des goussets cintrés I, assemblés avec les autres pièces d'huisserie. Dans les grandes fenêtres cintrées qu'on pratique quelquefois pour donner plus d'air ou de jour dans l'intérieur de quelques appartements ou magasins, comme on en a figuré au deuxième étage de la façade *fig.* 1174, les pièces O qui sont la continuation des linteaux cintrés sont appelées *cintres*. Les petites pièces Y sont des *liens* qui concourent, avec les tenons et mortaises des assemblages, à maintenir les cintres dans le plan du pan de bois et à les empêcher de changer de courbure.

Les espaces ou *trumeaux* compris entre les portes et les fenêtres sont remplis de diverses manières : lorsqu'ils sont trop larges pour qu'une simple guette puisse suffire à leur remplissage, on multiplie les poteaux de remplage, ou l'on incline les guettes afin qu'elles fassent arc-boutant avec plus de force; on y assemble des fragments de poteaux K, appelés *tournisses*, ou d'autres guettes inclinées en sens contraire et qui forment ainsi des croix de saint André; on fait aussi des croix de saint André doubles.

Les espaces compris sous les appuis ou au-dessus des linteaux sont remplis, quand cela est nécessaire, par de petits poteaux nommés *potelets* I'.

Les pièces de bois qui se croisent pour former croix de saint André dans les pans de bois doivent être serrées et maintenues dans leurs entailles, soit par une broche en fer rivée des deux côtés, soit par une grosse cheville de bois sec et dur coincée par les deux bouts, ou, ce qui vaut mieux, par un boulon à tête, avec vis et écrou noyés dans le bois.

Les tournisses s'assemblent à *oulice* ou à tenon et mortaise avec ou sans embrèvement. Souvent aussi on les assemble simplement à plat joint avec embrèvement, ou même sans embrèvement, on les fixe alors par des chevillettes en fer; mais ces deux derniers modes d'assemblage ne peuvent être tolérés que lorsque les pièces n'ont d'autre but que de remplir l'intervalle entre les poteaux. Si elles étaient chargées verticalement, cet assemblage n'aurait plus, bien souvent, la solidité désirable.

Pour former une façade, on est souvent obligé de réunir solidement les uns aux autres plusieurs pans de bois construits, ainsi que nous venons de le décrire. On se sert pour cela de fortes pièces de bois C, qui portent le nom de *poteaux corniers* ou *cormiers* lorsqu'ils sont placés aux angles du bâtiment, et *poteaux de fond* lorsqu'ils se trouvent dans l'espace intermédiaire; on relie les sablières et les chapeaux à tous ces poteaux par des bandes ou des équerres en fer fortement clouées ou boulonnées.

Tous les intervalles d'un pan de bois, même ceux qui se trouvent au-dessus des chapeaux ou sablières hautes, entre les abouts des solives des planchers M, sont ordinairement remplis par une maçonnerie en briques ou en moellons. Lorsque les bois doivent rester apparents, la maçonnerie de remplissage doit être proprement parementée ou crépie jusqu'à l'affleurement des bois dont les faces et les arêtes ont été dressées avant de les assembler.

Quelquefois on recouvre le tout, bois et maçonnerie, d'un enduit sur lequel on trace des profils de moulures ou des refends qui donnent alors à la construction l'apparence d'un ouvrage entièrement construit en pierres; mais cette dernière méthode paraît inférieure à la précédente, parce que les bois, renfermés de toutes parts dans un enduit de plâtre ou de mortier, sont sujets à se pourrir plus vite.

D'ailleurs, lorsqu'on laisse les bois apparents et qu'on les peint, afin de les conserver plus longtemps, de couleurs agréablement mariées avec les badigeons ou les peintures dont on recouvre les panneaux ou maçonnerie, ces constructions n'en sont que d'un effet plus pittoresque.

Les maçonneries de remplissage n'auraient aucune adhérence avec les pièces de bois et pourraient être facilement poussées hors de leurs cases si l'on ne prenait quelques précautions pour les y fixer. La meilleure manière d'y parvenir consiste à *rainer* ou *rueller* les faces des pièces de bois que la maçonnerie de remplissage doit joindre, c'est-à-dire à creuser dans ces faces une rainure angulaire A (*fig.* 1175) dans laquelle on insère les abouts des pans en maçonnerie; on la remplace souvent par une autre qui ne vaut pas autant, à beaucoup près, et qui consiste à larder les mêmes faces non rainées d'un *rappointis* qui s'engage dans les joints de la maçonnerie. Ces rappointis ont l'inconvénient de se rouiller, de se détruire très-vite et de laisser la maçonnerie sans liaison. Il vaut mieux, lorsqu'on ne veut pas se donner la peine de rainer ces pièces, clouer sur leurs arêtes de petites tringles a, b (*fig.* 1176) qui forment un auget dont l'effet se rapproche de celui des rainures, et à l'usure duquel on peut, dans tous les cas, remédier sans devoir démolir la maçonnerie.

Pour les constructions grossières et légères on remplace parfois la maçonnerie par un *torchis*, un *crépi sur lattes* ou un *revêtement en planches*.

Le torchis se compose de bâtons enveloppés de foin tordu en corde et enduits d'un mortier de terre grasse que l'on recouvre d'un enduit à la chaux ou au plâtre, ou même d'un simple badigeon, quand le torchis est sec. Les extrémités des bâtons sont engagées dans des rainures pratiquées à cet effet dans les joues des pièces de charpente, comme on le voit dans la *fig.* 1177.

Le *crépi sur lattes* se fait ainsi qu'on l'a décrit au nº 338, IIᵉ partie; les lattes se clouent contre les pièces de la charpente. Quelquefois ce crépissage est double, c'est-à-dire qu'il existe sur les deux faces du pan.

Les *revêtements en planches* se font de diverses manières : tantôt, comme dans les *fig.* 1178 et 1182, les planches sont assemblées dans des rainures ou des feuillures pratiquées dans les montants, et tantôt elles sont simplement clouées contre les pièces de la charpente. Elles s'assemblent elles-mêmes à plat joint ou bien à rainures et languettes. Elles sont quelquefois placées verticalement, et d'autres fois dans une position horizontale; dans ce dernier cas, elles sont assez fréquemment posées en recouvrement l'une sur l'autre. Les *fig.* 1178 à 1183 donnent des exemples de ces diverses dispositions.

Pour rendre plus chaud l'intérieur des bâtiments construits en pans de bois, on fait quelquefois aussi un double revêtement en planches, dont on peut laisser l'intervalle vide ou le remplir avec de la terre pilonnée, du sable, de la mousse, des feuilles sèches ou d'autres substances.

Ordinairement les pans de bois s'établissent sur un socle ou soubassement en maçonnerie ou sur des piliers de même espèce, comme on le voit dans les *fig.* 1173, 1174 et 1175. Lorsque l'écartement entre les points d'appui des premières sablières est fort grand, on est obligé d'y employer des poutres d'un fort équarrissage, fortifiées quelquefois par des *armatures* et qui portent le nom de *poitrails*. On décharge, du reste, ces poitrails par des combinaisons de pièces dont la *fig.* 1174 suffira pour donner une idée, et qu'on peut varier d'un grand nombre de manières.

928. Pans de bois intérieurs. — Les pans de bois intérieurs faisant fonction de murs de refend ne diffèrent en aucun point, quant à leur construction, des pans de bois extérieurs; seulement on les fait ordinairement un peu plus fournis en pièces de charpente et d'une épaisseur moindre, afin de ménager l'espace et de leur procurer en même temps une force capable de supporter le poids des planchers qui s'appuient sur eux. Quant aux cloisons qui n'ont d'autre objet que d'établir des séparations et qui n'ont pas à porter des planchers, on les fait souvent de montants très-espacés les uns des autres et dont on remplit l'intervalle de l'une ou l'autre des manières décrites précédemment (1).

C'est de la même manière que l'on fait les pans de bois des baraques peu élevées, telles que celles qui servent à camper la troupe. Ces pans de charpente se composent ordinairement de montants de 10 à 12 centimètres d'équarrissage et assemblés à distance de 1 à 2 mètres dans une semelle et une sablière. Dans ces sortes de constructions il suffit de placer des guettes ou des décharges contre les poteaux corniers.

929. Grosseur des pièces employées dans les pans de bois. — On détermine les équarrissages des pièces qui entrent dans un pan de bois d'après la connaissance de la résistance des espèces de bois dont elles sont formées et de l'effort qu'elles ont à supporter, ainsi que nous l'avons expliqué dans la IIIe partie. Nous compléterons ce qui y a été dit par le tableau suivant, qui donne l'épaisseur des pans de bois et l'équarrissage des pièces qui entrent dans leur composition tels qu'ils sont généralement adoptés par les praticiens.

TABLEAU des épaisseurs des pans de bois et des grosseurs de leurs pièces.

Millimètres.

Pans de bois des façades de 4 mètres de hauteur. — *Épaisseur.*		217 à 244
Poteaux corniers et poteaux de fond. — *Grosseur.*		244 à 271
Poteaux d'étrière (*de porte cochère*).	Id.	217 à 244
Sablières et chapeaux.	Id.	217 à 244
Poteaux d'huisserie.	Id.	189 à 217
Poteaux de remplage.	Id.	162 à 217
Guettes, décharges et croix de saint André.	Id.	162 à 217
Tournisses et potelets.	Id.	135 à 217
Écartement des poteaux de remplage.	Id.	271 à 325
Pans de bois intérieurs ou cloisons { de 4 mètres de hauteur. — *Épaisseur.*		162
au-dessus de 4 mètres.	Id.	189
Poteaux. . . . . { portant plancher. — *Grosseur.*		135 à 162
ne portant pas plancher. Id.		108 à 135
Cloisons légères. — *Épaisseur.*		81 à 135

930. Observation. — Les maisons en pans de bois ont été fort en usage dans tout le cours du moyen âge. Les charpentiers y trouvaient matière à déployer

____

(1) La maçonnerie en poteries creuses, dont nous avons parlé à la note de la p. 106, est très-employée à Paris pour les cloisons et les murs de refend.

toutes les ressources de leur science, et les sculpteurs se plaisaient à les décorer de capricieux bas-reliefs ; mais le danger des incendies et leur cherté relative (1) les ont fait successivement abandonner. On ne les emploie plus que pour des constructions provisoires et qui exigent une grande rapidité d'exécution, ou pour former des cloisons intérieures afin de ménager l'espace : ainsi pour faire des magasins ou des salles provisoires, des corps de garde ou des baraques de campement, etc., etc.

ARTICLE III.

SOUTIENS ISOLÉS.

931. Définition. — Les soutiens isolés sont employés pour diminuer la portée des voûtes ou des planchers. Ce sont des prismes ou des cylindres d'une grosseur généralement petite relativement à leur longueur et qui peuvent affecter un grand nombre de formes.

932. Espèces diverses. — On appelle *poteaux* les soutiens isolés en bois. Ce sont des pièces ordinairement équarries, dressées de bout et presque toujours d'un seul morceau, posant par le bas sur un *socle* ou *dé* (*fig.* 1785, pl. XXXIX) en pierre, snffisamment élevé au-dessus du sol pour les préserver de l'humidité (1) ; par le haut ils s'assemblent tantôt à tenons et mortaises avec les poutres des planchers qu'ils supportent, tantôt ils sont simplement serrés contre elles sans y être assemblés ; quelquefois encore ils s'assemblent à tenons et mortaises dans des sous-poutres taillées en forme de double console, et qu'on soutient en outre par des contre-fiches inclinées quand leur longueur le requiert. Les *fig.* 1184, pl. XXXVIII, et 1186, pl. XXXIX, montrent ces dernières dispositions ; d'autres fois enfin leur about qui s'applique contre les poutres est armé d'une plate-forme ou d'un manchon en fonte semblable à celui que nous avons déjà dessiné dans la *fig.* 642, pl. XXIV. La *fig.* 1187 en présente un nouvel exemple, et l'on pourrait y en ajou-

---

(1) En admettant, suivant le calcul de Rondelet, qu'un pan de bois de 0^m.217 (8 pouces) a une force équivalente à un mur de 0^m,434 (16 pouces), on trouve que le mur construit en briques coûterait par mètre carré, à raison de 15 francs le mètre cube de maçonnerie, fr. 6-45, tandis qu'un pan de bois, dans lequel il entrerait seulement un tiers du volume en bois et deux tiers en maçonnerie de briques, coûterait, savoir :

Pour 0^{m3},07 de bois compté au minimum à 70 fr. le mètre cube.. . . . . . fr. 4 90
Pour 0^m,22 de maçonnerie de briques à 15 fr. 3 30

Fr. 8 20

Cette considération serait suffisante pour les proscrire des constructions permanentes, lors même que l'inconvénient de leur combustibilité n'existerait pas.

(2) On ne se dispense de cette précaution que quand les poteaux prennent pied sur un plancher.

ter beaucoup d'autres, la forme de ces armatures étant susceptible d'être variée d'un grand nombre de manières.

On donne les noms de *pilier, pilastre, pied-droit, colonne* et *colonnette* aux soutiens isolés en pierre ou en fonte. *Pilier* est le terme générique ; il prend le nom de *pilastre* quand il est carré et astreint aux proportions des *ordres d'architecture* ; celui de *pied-droit*, lorsque, étant de section rectangulaire, il reçoit les retombées de deux voûtes contiguës ; celui de *colonne*, lorsqu'il est de section circulaire et astreint aux proportions des ordres ; enfin celui de *colonnette*, quand le diamètre de la section circulaire est compris vingt à trente fois dans la longueur du *fût* (1). Les piliers posent ordinairement sur une assise de pierre d'une plus grande section que celle qui leur est propre, et qui porte le nom de *dé*, de *socle* ou de *base*. A leur sommet ils sont couronnés d'une assise de même espèce qu'on désigne en général sous le nom de *chapiteau*, mais à laquelle on donne aussi le nom d'*imposte*, lorsqu'elle reçoit la retombée des voûtes.

Les colonnes et les pilastres ne s'appuient pas toujours immédiatement sur le sol : leur base repose quelquefois sur une seconde base, nommée *piédestal*, et qui se compose, comme la colonne, de trois parties, savoir : d'un *socle* ou *base* qui en forme la première assise, d'un *dé* qui en constitue le corps principal, et d'un chapiteau qui porte le nom de *corniche du piédestal* ; le socle et la corniche forment une saillie plus ou moins prononcée sur le dé et sont décorés de moulures.

933. Détails de construction. — Les soutiens isolés en pierres d'appareil sont formés ordinairement d'assises régulières (portant le nom de *tambours* lorsqu'elles sont circulaires) qui se posent les unes sur les autres avec toutes les précautions que la prudence exige, et qui ont été expliqués dans la IIe partie (n° 245) ; il est préférable, toutefois, de les former d'une seule pierre, lorsque la chose est possible sans trop de dépense, et dans tous les cas de réduire le nombre des assises au minimum, afin de diminuer le tassement dû à l'interposition du mortier dans les joints. Nos carrières de calcaire carbonifère offrent des bancs dont on peut tirer des pierres de 10 à 15 mètres de long sur 1 mètre de diamètre, et qui, posées en délit, offrent une résistance à peu près égale à celle qu'elles auraient dans le sens de leur lit de carrière.

Lorsque le diamètre ou la grosseur des piliers ne permet pas de les composer de tambours formés chacun d'une seule pierre, on emploie des pierres liées entre elles suivant les combinaisons les plus favorables à la stabilité, et en tenant compte des observations faites aux n°s 242 et 245. Ces pierres peuvent être agrafées et ancrées les unes aux autres lorsque le cas l'exige.

Les soutiens isolés en briques se construisent suivant les règles exposées aux n°s 314 à 317. Lorsqu'ils sont de section circulaire, il convient d'y employer des briques cunéiformes, semblables à celles dont on fait le revêtement des puits

---

(1) Corps de la colonne.

(*putsteen*); lorsqu'ils doivent offrir sur leur pourtour des saillies ou des renfoncements en forme de moulures, comme on le voit dans un grand nombre d'églises gothiques, il est bon de faire mouler des briques exprès, afin d'obtenir ces formes d'une manière aussi exacte que possible; on peut également placer en ces points des chaînes verticales en pierres taillées suivant le profil voulu; mais ce mode de construction coûte plus cher que l'autre, et il est moins solide à cause des tassements inégaux.

Les soutiens isolés en moellons se construisent comme les autres maçonneries de cette espèce.

Ordinairement on fait en pierre de taille la base et le chapiteau ou l'imposte des soutiens isolés construits en petits matériaux; on y maçonne même de distance en distance des assises de même nature afin de mieux les relier. Ces maçonneries doivent être faites, du reste, avec des soins tout particuliers, afin d'en diminuer le tassement.

Les piliers, les colonnes et les pilastres, peuvent être construits en fonte. Cette matière offre même, dans un grand nombre de cas, des avantages tout particuliers que nous détaillerons par la suite. Ces soutiens se coulent d'une seule pièce, ou par tambours qui s'ajustent les uns sur les autres à collet ou à manchon. Les plans de superposition et de juxtaposition des diverses assises ou tambours doivent, dans ce cas, être dressés sur le tour, de manière à obtenir sur tous les points un contact presque mathématique. Cela vaut beaucoup mieux que de se contenter des surfaces plus ou moins bien dressées qu'on obtient du moulage, sauf à couler du plomb dans les joints, ainsi qu'on le fait quelquefois. Le premier mode d'ajustage coûte peut-être un peu plus cher; mais on obtient, en revanche, un degré de force et de stabilité incomparablement supérieur à ce qu'on peut attendre de l'autre mode de construction. On peut citer comme un véritable modèle d'ajustage de ce genre les quatre piliers de support des chaînes du pont suspendu de Seraing sur la Meuse.

La fonte ayant une grande résistance à l'écrasement et pouvant être moulée sous les formes les plus variées, on peut souvent, en l'employant, remplacer un lourd pilier par une mince colonnette élégamment décorée.

ARTICLE IV.

VOUTES.

931. Espèces diverses. — Il existe une nomenclature fort étendue des diverses espèces de voûtes; car non-seulement on les désigne par les particularités de leur génération qui peuvent être variées d'un grand nombre de manières, mais encore par des expressions techniques d'un usage plus ou moins répandu.

Nous nous bornerons ici à mentionner les espèces principales.

On peut diviser les voûtes en deux grandes classes : celle des voûtes *simples* et celle des voûtes *composées*.

A la première appartiennent toutes les voûtes engendrées soit par le mouvement de révolution d'un arc de courbe quelconque, soit par le mouvement de progression d'une ligne continue, constante ou variable, le long d'une direction donnée.

On range dans la seconde classe toutes les voûtes résultant de la combinaison de deux ou de plusieurs voûtes simples.

Parmi les voûtes simples on a établi les désignations suivantes; on appelle :

Plates-bandes ou *voûtes en plate-bande*, les voûtes dont la génératrice est une droite et dont la surface d'*intrados* ou de *douelle* (intérieure) est plane (*fig.* 1188);

Voûtes en plein cintre, celles dont la section normale à l'axe est un demi-cercle (*fig.* 1189);

Voûtes en arc de cercle, celles dont la section est un arc de cercle plus petit que la demi-circonférence (*fig.* 1191);

Voûtes en ellipse, parabole, chaînette, anse de panier, etc., les voûtes qui ont pour section normale l'une ou l'autre des courbes mentionnées.

En général on appelle :

Voûtes surhaussées ou *surmontées*, les voûtes dont la génératrice est un arc de cercle plus grand que la demi-circonférence : tel est l'arc *en fer à cheval* (*fig.* 1190), qui caractérise l'architecture moresque, ou bien encore celles dont la génératrice est une courbe à deux axes inégaux dont le plus grand est vertical;

Voûtes surbaissées, les voûtes qui présentent une disposition contraire à celle qui vient d'être décrite (*fig.* 1191 et 1192);

Voûtes en ogive, celles dont la génératrice est formée de deux arcs de cercle qui se coupent sous un angle plus ou moins aigu. L'ogive, dont chacun des arcs est de 60°, est dite *tiers-point*. On dit l'ogive *surhaussée* lorsque les arcs ont moins de 60°, et *surbaissée* dans le cas contraire (*fig.* 1193);

Voûtes rampantes, les voûtes dont la génératrice est une courbe ayant ses naissances à des niveaux différents. Cette génératrice est parfois une courbe à plusieurs centres (*fig.* 1194).

Toutes ces diverses espèces de voûtes sont, de plus, dites :

En berceau, lorsque la directrice est une ligne droite;

Annulaires, lorsque cette directrice est une courbe.

Les voûtes en berceau et annulaires sont désignées sous le nom de *descentes*, quand la directrice est inclinée à l'horizon. On les dit *biaises*, quand la trace horizontale des plans de tête coupe obliquement la trace, également horizontale, d'un plan vertical passant par la directrice.

Si la génératrice n'est pas constante, mais qu'elle change proportionnellement au chemin qu'elle parcourt, la voûte est dite *conoïde*. Les voûtes conoïdes sont souvent désignées sous le nom de *trompes;* on les appelle aussi *voûtes en canonnière.*

Les voûtes de révolution sont désignées sous le nom générique de *voûtes en cul de four* ou de *calottes*. Elles prennent ceux de *voûtes* ou *calottes sphériques*, de *dômes* ou de *coupoles*, lorsque l'arc générateur est circulaire.

Enfin l'on désigne encore, parmi les voûtes simples, sous le nom de *voûtes ellip-tiques*, des voûtes ayant la forme d'un demi-ellipsoïde à trois axes différents.

Parmi les voûtes composées, on distingue principalement :

1° Les *voûtes en arc de cloître*, désignées aussi quelquefois sous le nom de *voûtes en arc de cercle*. Ces voûtes sont le résultat de l'intersection de deux ou plusieurs berceaux de même hauteur et dont les arêtes sont rentrantes. Elles prennent le nom de *coupoles à pans*, lorsqu'elles ont de vastes dimensions ; on leur donne celui de *voûtes en impériale*, quand elles sont fort surbaissées (*fig.* 1195 et 1196).

2° Les *voûtes d'arête* ; elles sont formées également par l'intersection de deux ou plusieurs berceaux de même hauteur, mais dont les arêtes sont saillantes (*fig.* 1197 et 1198).

3° Les *voûtes à lunettes*. On appelle *lunette*, en général, la trouée faite dans une voûte par le passage d'une voûte de moindre hauteur.

4° Les *pendentifs* ou *voûtes en pendentif*. On appelle ainsi les voûtes en dôme, percées à leur base par quatre lunettes (*fig.* 1199). Le nom de *pendentif* s'applique le plus spécialement, dans une coupole sphérique, aux triangles *abc*, compris entre les lunettes et un plan tangent au sommet de ces lunettes. Ce plan tangent sert quelquefois de base à une nouvelle coupole, comme on l'a marqué en pointillé dans la figure susmentionnée.

935. Détails de construction. — Ainsi que les murs, les voûtes peuvent se construire en pierre de taille ou en petits matériaux. L'on a vu, dans le *Cours de Stéréotomie*, tout ce qui se rapporte au tracé de l'appareil des voûtes en pierre de taille, et nous avons donné, dans la IIᵉ partie de ce cours, des détails qui suffiront dans la plupart des cas pour en bien diriger la construction. Nous trouverons d'ailleurs l'occasion de les compléter ultérieurement, pour ce qui concerne les voûtes d'une grande étendue, en parlant des ponts en pierre.

Les procédés de construction des voûtes en petits matériaux ont été également étudiées d'une manière générale, dans la IIᵉ partie de ce cours, et nous n'avons que peu de chose à ajouter à ce que nous avons dit aux nᵒˢ 311, 314 et 320.

936. Voûtes simples. — Pour les voûtes simples en briques, nous avons indiqué que, selon leur épaisseur, on les formait d'un ou plusieurs rouleaux appareillés de même que les murs ou pieds-droits qui les supportent ; et c'est, en effet, ce qui nous paraît le plus rationnel. Cependant il n'est pas hors de propos d'observer que cette règle n'est pas toujours suivie par les maçons du pays ; ils n'y ont égard, ordinairement, que pour les voûtes d'une brique et demie d'épaisseur et pour celles qui n'ont qu'une petite longueur, comme les arceaux de décharge qui recouvrent les portes et les fenêtres, et, en général, tous les arcs auxquels on donne le nom d'*arcs-doubleaux*. Pour toutes les autres voûtes, ils cessent l'appareil en boutisses et panneresses quelquefois à la naissance même de la voûte, et,

d'autres fois, seulement à partir des reins ou de l'emplacement des joints de rupture, et ils composent la voûte d'un ou plusieurs rouleaux d'une brique d'épaisseur chacun, appareillés entièrement en boutisses, comme on le voit dans la
fig. 1189.

Cette méthode est plus facile et plus expéditive que celle qui consiste à appa-
reiller la voûte par cours successifs de boutisses et de panneresses et nos maçons
la prétendent plus solide ; mais cette assertion ne nous paraît pas bien démontrée,
et la construction suivie par les arcs-doubleaux et les voûtes d'une brique et demie
semble même indiquer son peu de fondement. Ce qui, en tous cas, ne saurait
faire l'objet d'une contestation, c'est que des appareils différents dans deux parties
contiguës d'une même construction forment une disparate désagréable à l'œil ; et
l'on a peut-être tort de la créer pour éviter un inconvénient fort problématique,
et qui n'est présumablement objecté par les ouvriers que parce qu'ils trouvent
mieux leur compte à l'autre espèce de construction que la routine leur a rendue
familière (1).

L'emploi de l'appareil entièrement composé de boutisses ne nous semble réellement indispensable que dans les voûtes annulaires ou de révolution d'une forte
courbure. On conçoit que dans des voûtes de cette espèce plus les côtés des briques placées au parement de la douelle seront petits, et plus la courbure de la
surface sera régulière.

937. Voûtes composées. — Les voûtes d'arête, les voûtes en arc de cloître
et en général les voûtes composées construites en briques, demandent beaucoup
de soin et d'attention pour être bien faites. Les intersections doivent être déterminées rigoureusement d'après les règles de la géométrie descriptive et les arêtes
rentrantes ou saillantes appareillées avec un soin tout particulier et de manière
à présenter autant de solidité que possible ; il faut aussi rechercher l'appareil

---

(1) On lira avec intérêt les renseignements ci-après que je dois à l'obligeance du major du
génie Deman, commandant du génie à Diest. Cet officier supérieur partage, comme on le
verra, ma manière de voir :

« On a construit à Diest quelques voûtes dont le premier rouleau est formé, comme le
« parement des pieds-droits, de boutisses et panneresses. Ces voûtes sont : celles des portes
« de Hasselt et d'Anvers et celles qui viennent d'être établies sous les flancs des bastions
« 3 et 4 de la citadelle.

« Elles ont toutes parfaitement tenu et il n'y est survenu aucun accident après le décin-
« trement.

« Cet appareil produit un bel effet par l'harmonie qui existe entre l'intrados et le pare-
« ment des pieds-droits ; mais il exige un peu plus de précautions de la part des ouvriers ; il
« est même prudent, pour éviter de perdre la liaison, de marquer l'emplacement des bou-
« tisses et des panneresses dans quelques-unes des assises déterminées préalablement sur le
« cintre. »

Je citerai encore, comme un bel exemple de l'emploi en grand de l'appareil en boutisses
et panneresses, les voûtes d'arête de l'église de Sainte-Vaudru à Mons.

qui, tout en satisfaisant à cette dernière condition, exige le moins de main-d'œuvre.

Sauf quelques modifications de détail, il n'y a au surplus que deux méthodes d'appareil bien distinctes pour ces espèces de voûtes, ayant chacune des avantages et des inconvénients variables selon les cas.

La première consiste à construire la voûte par cours ou rangées de briques parallèles à la directrice des voûtes simples; la seconde, par cours ou rangées perpendiculaires aux arêtes d'intersection.

Ces deux modes de construction sont représentés appliqués à une voûte d'arête dans la *fig.* 1200.

Le second mode (à droite de la *fig.* 1200) offre sur le premier l'avantage de rendre la coupe des briques dans les angles plus simple et plus facile à exécuter; mais cet avantage, auquel on peut joindre, dans certains cas, celui d'une plus grande solidité, est compensé par divers inconvénients qu'on évite avec l'autre appareil; dans ce dernier, en effet, la construction est la même que pour une voûte simple ordinaire dans toute l'étendue de la voûte, à l'exception des angles; les cours de voussoirs sont compris entre des surfaces planes normales à la courbe de l'intrados; dans l'autre, les cours de voussoirs sont nécessairement compris entre des surfaces hélicoïdes également normales à la surface de la voûte. Outre cette circonstance qui complique la construction, il faut encore remarquer que dans l'appareil parallèle l'on n'a des briques en coupe que sur les arêtes, tandis que dans l'autre on en a également au sommet des arcs et contre les murs. L'appareil perpendiculaire aux arêtes ne nous paraît offrir un avantage réel que pour des voûtes dont la courbure est peu prononcée et pour les intersections sous des angles très-aigus.

Au surplus, il est souvent avantageux de faire les arêtes d'intersection en pierres d'appareil qui forment ainsi des chaînes ou des *nervures* dont on dispose les éléments de la manière la plus propre à se relier avec les maçonneries adjacentes. Les constructions gothiques offrent des exemples nombreux et remarquables de ces constructions, dont la *fig.* 1201 donnera aussi une idée.

Les nervures ou arêtes d'intersection pourraient être faites en fonte dans des cas fort nombreux, où l'emploi du métal procurerait tout à la fois force, facilité d'exécution, de décoration et économie.

On peut encore remplacer les nervures par des arceaux en briques, dirigés suivant les arêtes d'intersection et construits comme des arcs ordinaires en berceau, puis remplir les intervalles qu'ils laissent entre eux par de la maçonnerie appareillée de l'une ou de l'autre des manières décrites plus haut; de cette façon les coupes biaises des briques n'ont pas besoin d'être faites avec autant de précision que quand on laisse les arêtes angulaires visibles.

Les arêtes d'intersection saillantes des voûtes composées en sont, du reste, es parties faibles et ont besoin d'être renforcées. Les nervures ou les arceaux sont très-convenables à cet effet; quand on n'en fait pas usage, il faut donner plus d'épaisseur aux angles saillants que dans les autres parties de la voûte. Ainsi, pour des voûtes d'arête de 4 mètres de portée ou environ, on donne, par exemple, une brique ou une brique et demie d'épaisseur dans les angles, et une demi-brique ou une brique dans les intervalles.

938. Voûtes accolées. — Dans les constructions militaires à l'épreuve, il arrive souvent que deux voûtes accolées ont ensemble une épaisseur plus grande que celle du pied-droit commun qui les supporte; dans ce cas, on appareille leur naissance, ainsi que le montre la *fig.* 1202, c'est-à-dire que l'on fait seulement poser le pied des deux ou trois premiers rouleaux sur le sommet du pied-droit et qu'on arrête les autres sur des *coussinets* inclinés ménagés dans la maçonnerie de remplissage. On s'arrange de manière à avoir au moins une brique de largeur à la hauteur de la ligne *aa*.

Lorsque les voûtes sont fermées par des murs, on peut cacher leur appareil de tête en les arrêtant à la distance d'une brique de la surface de parement, ou le laisser apparent en leur faisant entièrement traverser le mur. Cette dernière disposition a peut-être l'avantage d'éviter des déchirures dans le sens de l'épaisseur du mur par suite du tassement des voûtes.

939. Voûtes légères. — Les briques creuses, dont nous avons parlé au n° 113, sont très-propres à la construction de voûtes d'une grande légèreté, et nous aurons l'occasion d'en montrer une application remarquable en traitant des planchers. Mais il n'est pas nécessaire d'avoir, pour la construction de voûtes de cette espèce, des matériaux fabriqués expressément pour cela; des poteries destinées à un tout autre usage y ont été parfois employées avec succès. C'est ainsi, par exemple, que dans quelques monuments antiques on trouve de grandes voûtes construites avec des espèces de bouteilles ou d'amphores semblables à celles dans lesquelles on renfermait l'huile et le vin. L'une des plus remarquables est le dôme de Saint-Vital à Ravenne.

Ce dôme est formé d'une double spirale de petits tuyaux creux en terre cuite de 7 pouces de longueur sur 2 pouces environ de diamètre (*fig.* 1203), ouverts par un bout et terminés en pointe à l'autre; ils sont arrangés et enchevêtrés les uns dans les autres, ainsi que le montre la *fig.* 1204. Ce genre de construction pourrait être imité de nos jours avec des cruchons semblables à ceux qui servent à enfermer l'eau de Seltz et la bière de Louvain, ou même des bouteilles de verre défoncées; on pourrait aussi les implanter tels qu'ils sont, en manière de voussoirs, dans une gangue de béton ou de bon mortier.

940. Armatures. — Il arrive fréquemment, dans la construction des bâtiments civils et militaires, mais dans les premiers surtout, que des convenances particulières empêchent que l'on puisse donner aux pieds-droits des voûtes toute l'épaisseur nécessaire pour résister convenablement à la poussée; dans ce cas, on est obligé de suppléer à la force qui manque aux murs par l'emploi d'armatures en fer apparentes ou cachées dont les dispositions varient selon les cas.

Il suffira toujours, pour donner une place, une forme et une force convenables

à ces armatures, de se rendre compte, d'après les principes exposés dans la
IIIe partie, 3e section, de la manière dont la voûte tend à se rompre et des forces
qui agiraient au moment de la rupture.

Ainsi, supposons qu'on ait à consolider, par une armature en fer, une voûte en
plein cintre tendant à se rompre de la manière indiquée *fig.* 921, pl. XXX : il est
facile de voir qu'un tirant placé un peu plus bas que les joints de rupture MN,
mn annulerait les forces qui tendent à les produire. On parviendrait encore jusqu'à un certain point à ce résultat, si des convenances s'opposaient à ce qu'on fît
usage d'une armature apparente à l'intérieur de la voûte, en entourant l'extrados
d'un bandage dont les extrémités viendraient se sceller solidement dans la base
des pieds-droits. Dans des voûtes d'arête ou en arc de cloître qui tendraient à se
rompre par la prépondérance des parties supérieures sur les inférieures, des
tirants placés à la hauteur des naissances ou vers les joints de rupture, dans le
sens des diagonales du carré ou du rectangle qui représente la projection horizontale de la voûte, seraient très-propres à détruire les effets de la poussée; on
parviendrait aussi au même but avec des tirants placés dans le sens des côtés du
carré et du rectangle. Dans les voûtes en dôme, des ceintures placées à la hauteur des joints de rupture sont ce qui convient le mieux; de pareilles ceintures
pourraient également être employées pour fortifier les voûtes en arc de cloître.
Observons, d'ailleurs, que dans les voûtes surbaissées il est souvent possible de
cacher les tirants dans l'épaisseur même des voûtes, tout en leur conservant une
bonne position; enfin n'oublions pas, pour déterminer la grosseur de ces tirants
ou ceintures, qu'ils sont soumis non-seulement à des forces d'extension résultant
de la poussée de la voûte, mais encore à celles qui proviennent des contractions
causées dans le métal par des changements de température. On tiendra compte
de ces dernières selon la manière expliquée au n° 612.

941. Voûtes extradossées. — Nous avons déjà dit que les voûtes sont souvent extradossées ou terminées extérieurement par une surface non parallèle à
celle de douelle; quelquefois la voûte est entièrement appareillée entre ces deux
surfaces, c'est-à-dire composée de *voussoirs*, de *pendants* et de *briques*, dont les
joints sont dirigés normalement à la courbe intrados et qui ne s'arrêtent qu'à la
courbe d'extrados; mais d'autres fois, et même le plus souvent, la voûte se compose de deux parties : d'un bandeau voûté d'épaisseur uniforme ou extradossé
parallèlement, et d'un remplissage en maçonnerie ou même en béton ou en blocaille
(voir les *fig.* 1203 et 1204); quelquefois même, lorsqu'on a intérêt à alléger les
voûtes, on loge dans le remplissage des reins, des poteries comme dans la partie
gauche de la *fig.* 1204. On trouve notamment des allégements de ce genre dans
plusieurs constructions antiques remarquables; des cruchons de grès ou même
des bouteilles de verre peuvent très-bien produire le même effet.

942. Chapes de voûtes. — Dans les bâtiments militaires à l'épreuve de la
bombe, les voûtes sont souvent à découvert ou n'ont d'autre couverture qu'une
couche de terre qui laisse filtrer les eaux pluviales; ces eaux auraient bientôt

pénétré et désorganisé les maçonneries si l'on ne prenait des précautions efficaces pour les en empêcher.

A cet effet, l'on enduit ordinairement l'extrados de la voûte d'une couche plus ou moins épaisse de mastic bitumineux ou de mortier hydraulique, à laquelle on donne le nom de *chape*, nom qui s'applique aussi à un mode d'extradossement particulier (1).

La construction des chapes en bitume a été décrite aux n°ˢ 337 et 364, auxquels nous renvoyons; nous mentionnerons seulement qu'on a obtenu, dans quelques-unes de nos places, de bons résultats avec des mastics artificiels, qui coûtent beaucoup moins cher que les mastics naturels, pour des chapes recouvertes de terre.

La construction de chapes en mortier n'offre également rien de particulier qui n'ait été décrit dans les n°ˢ 331, 333 et 336, et nous pourrions nous borner aussi à y renvoyer; mais l'importance de cet objet nous justifiera pourtant d'y revenir encore.

Ces chapes se composent ordinairement d'une couche de crépi et d'une ou deux couches d'enduit faites, l'une comme les autres, avec du mortier plus ou moins hydraulique, selon que la chape doit être ou non recouverte de terre. Les joints de la maçonnerie doivent être, au préalable de l'application du mortier, grattés sur une profondeur d'un centimètre à un centimètre et demi et bien lavés. L'épaisseur des couches de crépi et d'enduit est variable; on peut ne donner à chacune d'elles que 7 ou 8 millimètres, de façon à ce que la chape ait, en tout, 21 à 24 millimètres; mais cette épaisseur peut être portée jusqu'à 6 centimètres en faisant, comme dans les constructions militaires de France, un crépi de 3 centimètres et un enduit de pareille épaisseur. Il faut éviter, en tous cas, qu'aucune des couches ne sèche trop rapidement, et boucher avec soin les crevasses qui pourraient se former par le retrait. Pour éviter une dessiccation trop rapide, on doit travailler, autant que possible, par un temps couvert; lorsqu'on ne peut se dispenser de travailler par un temps chaud et sec, on recouvre le travail, au fur et à mesure qu'il avance, avec des nattes de jonc ou de roseaux, ou des toiles légèrement humides. Pour boucher les fentes, on mouille le mortier à l'endroit où elles se manifestent, soit avec de l'eau pure, soit avec du lait de chaux, puis on en resserre les lèvres en frappant à petits coups sur les côtés, avec une batte de bois ou avec une semelle de soulier sans talon qu'un ouvrier se chausse au pied. Une fois la dernière couche parfaitement sèche, on peut l'enduire, jusqu'à saturation, de couches de goudron minéral bien chaud, ou d'huile de lin bouillante. Préalablement à l'application de chaque couche d'huile de lin, on lisse la surface du mortier avec un gros caillou bien uni; cette opération n'est pas nécessaire quand on fait usage du goudron.

On complète parfois ces dispositions soit par une couche d'argile bien corroyée

---

(1) Celui où l'extrados de la voûte présente la forme d'un toit à deux versants.

et bien grasse de 30 à 40 centimètres d'épaisseur qu'on étend sur la chape, soit par la construction d'un pavement en briques composé ainsi qu'on le voit dans la *fig.* 1207, pl. LX. Des cours de briques *a*, posées de plat à claire-voie, supportent d'autres briques placées jointivement et formant une aire continue dont les joints sont remplis de bon mortier hydraulique. Les cours de briques à claire-voie sont placés dans le sens de la pente de la chape.

Ces précautions ne sont cependant utiles que quand les voûtes doivent être recouvertes de terre, et alors il peut être tout aussi bon, comme on le fait en France, de recouvrir la chape d'une couche de gros cailloux ou de retailles de pierres ou de briques de 7 à 8 centimètres d'épaisseur, afin de faciliter l'écoulement des eaux de filtration.

Ces rechargements de cailloux et de terre ne doivent d'ailleurs être faits que quand les chapes sont parfaitement sèches.

Les chapes elles-mêmes ne doivent jamais être faites, à moins d'urgence, qu'un an au plus tôt après le décintrement des voûtes. Il faut, pour ne pas courir la chance de les voir se fendre ultérieurement, et malgré toutes les précautions prises en les construisant, que les maçonneries aient fait tout leur mouvement et pris leur assiette.

L'effet des chapes serait incomplet si l'on ne ménageait, en les construisant, des moyens d'écoulement immédiat pour les eaux qu'elles recueillent.

On en a imaginé de plusieurs sortes que nous allons faire connaître.

Le mode d'extradossement en toit ou en chape en est lui-même un qui est bien suffisant quand le bâtiment auquel il s'applique est couvert d'une voûte unique.

Mais quand le bâtiment est couvert de plusieurs voûtes contiguës, les versants opposés des chapes forment, par leur réunion, des *noues*, où l'eau s'accumulerait et séjournerait si l'on ne lui ouvrait un passage.

Plusieurs moyens se présentent à cet effet.

L'un consiste (*fig.* 1208, pl. XXXIX) à incliner le fond de la noue vers l'un des murs de face à travers lequel les eaux viennent dégorger, par une gargouille, dans un tuyau de descente qui les conduit loin du bâtiment.

Ce moyen, qu'on a employé anciennement, est aujourd'hui à peu près complétement abandonné, si ce n'est pour des chapes non recouvertes de terre. On a remarqué, en effet, que, pendant l'hiver, les eaux qui filtrent de terre pendant les gelées, et presque toujours goutte à goutte, viennent se congeler à l'extrémité des gargouilles et y former des stalactites qui ont bientôt entièrement obstrué le canal, et qu'il est fort difficile de détacher sans endommager les chapes. Il en résulte que l'effet de la voie d'écoulement se trouve complétement suspendu, et pendant des périodes plus ou moins longues, dans la saison de l'année où il est le plus utile qu'elle fonctionne régulièrement.

Dans les bâtiments dont les chapes sont exposées à l'air libre, cet inconvénient existe à un degré beaucoup moindre. Il ne peut se manifester que pendant des intervalles momentanés de dégel causés par l'action du soleil sur la neige ou sur le givre; les stalactites n'acquièrent alors jamais assez de grosseur pour obstruer les gargouilles. Les eaux pluviales s'écoulent, dans ce cas, au fur et à mesure qu'elles tombent, tandis qu'il leur faut quelquefois un intervalle de plusieurs jours avant de traverser les terres dans l'autre cas, et pendant ce temps la gelée peut être survenue.

Cette disposition peut du reste se modifier, ainsi que c'est indiqué en pointillé sur la *fig.* 1208, en donnant au fond de la noue deux pentes partant du milieu de sa longueur en venant aboutir chacune à une gargouille et à un tuyau de descente placés à la façade du bâtiment.

En faisant l'inverse de cette dernière disposition, on en obtient une troisième (*fig.* 1209 et 1210, pl. XL.), qui est en usage actuellement pour les chapes recouvertes de terre. Elle consiste en deux pentes partant des murs de face et venant aboutir à un tuyau de descente pratiqué dans le milieu du pied-droit et dégorgeant lui-même dans un canal qui conduit les eaux au loin.

Ces pentes peuvent être plus ou moins roides, mais la moindre inclinaison qu'on puisse leur donner est celle de 1/100. En poussant cette inclinaison jusqu'à sa dernière limite, on ferait, par la réunion des noues et des versants des chapes, un entonnoir pyramidal dont le sommet aboutirait au tuyau de descente. Cette disposition, indiquée en pointillé dans la *fig.* 1210, évite mieux que les autres les filtrations, qui se frayent quelquefois un passage par les moindres solutions de continuité qui se manifestent entre les murs de masque ou de façade et les voûtes, mais elle exige plus de maçonnerie. Il n'est pas nécessaire toutefois d'employer de la maçonnerie pleine dans les parties *abc*. Rien ne s'oppose, au contraire, ce qu'on les élégisse par des voûtes.

Les tuyaux de descente de la disposition qui précède pourraient être en plomb, en zinc ou en fer, mais on les fait ordinairement en maçonnerie. Ce sont de véritables cheminées, de section carrée, ayant 20 à 30 centimètres de côté. Leurs parois doivent être enduites, avec le plus grand soin, de mortier éminemment hydraulique, parfaitement lissé à la truelle. Leur orifice supérieur est garni d'une pierre dont la surface extérieure est taillée en raccordement avec les pentes des chapes. Cette pierre est percée en son milieu, qui correspond à l'axe de la cheminée, d'un trou cylindrique de 10 centimètres de diamètre garni parfois d'un ajutage en métal.

Quand les chapes doivent être recouvertes de terre, il faut prendre quelques précautions pour empêcher que l'orifice du tuyau de descente ne s'obstrue. Une petite voûte faite en pierres sèches au-dessus de cet orifice est tout ce qu'il faut. On peut néanmoins la remplacer par un petit cylindre en fonte, terminé en calotte et tout percé de trous, comme on le voit dans la *fig.* 1211. Mais, dans ce cas même, il convient d'envelopper cet appareil dans un massif de blocaille au travers duquel l'eau filtre et dépose les particules de terre dont elle est chargée avant d'aboutir au tuyau de décharge.

Ces diverses dispositions suffiront pour faire naître l'idée de quelques autres qui sont moins usitées.

Observons, en terminant ce sujet, que malgré toutes les précautions prises en construisant les chapes, il se manifeste encore assez souvent, au bout d'un certain temps, des filtrations au travers des voûtes qui font reconnaître que l'effet des chapes est manqué. Cela provient presque toujours moins d'un défaut de construction, que de ruptures occasionnées dans les maçonneries (ruptures auxquelles participent tout naturellement les chapes), par suite de mouvements lents et dont les effets ne deviennent souvent sensibles qu'après des années.

Cet inconvénient, auquel il est impossible de parer à l'avance, parce qu'il se produit souvent de la façon la plus imprévue, a fait recourir dans quelques cas à l'emploi d'un revêtement en lames de plomb ou de zinc. Mais la couverture en plomb coûte fort cher, et le zinc constamment enterré et humide s'oxyde et se détruit rapidement. On a pris aussi le parti, dans quelques cas, de recouvrir les bâtiments à l'épreuve de toitures provisoires. Mais ces toitures provisoires ont également l'inconvénient d'être chères et d'exiger un entretien assez coûteux. Le mieux nous semble encore, malgré l'inconvénient qui y est inhérent, de couvrir les voûtes de chapes en mortier ou en bitume faites avec soin et en prenant toutes les précautions imaginables, tant en établissant les fondations qu'en élevant les murs et les voûtes, pour réduire les tassements à leur minimum. On évite d'ailleurs une grande partie des conséquences de cet inconvénient en ne chargeant les voûtes de terre qu'au moment même de la probabilité d'une attaque ou d'un siège. On peut toujours mettre les terres en dépôt près des bâtiments qu'elles doivent recouvrir, de manière que leur transport s'effectue en peu de temps. De cette façon on porte aisément remède aux moindres fentes qui se manifestent.

Nous n'avons pas mentionné, dans ce qui précède, le dallage et le carrelage des chapes de voûtes auquel on a eu aussi recours en plus d'une occasion. Ces constructions sont d'un prix élevé relativement aux chapes ordinaires, et leur effet est encore moins certain. Il en est à peu près de même des couvertures en pannes ou en tuiles plates posées sur l'extrados des voûtes à bain flottant de mortier.

Nous n'avons pas besoin de faire remarquer que les pieds-droits des voûtes et en général les murs adossés à des massifs de terre peuvent et doivent être garantis de l'humidité par des enduits semblables à ceux que nous avons décrits précédemment. On doit avoir soin en outre de ménager à leur pied une rigole d'écoulement, et de séparer les terres du mur par une couche de pierraille de 40 à 50 centimètres d'épaisseur. Cette pierraille est soutenue au-dessus de la rigole par une voûte en pierres sèches, comme on le voit dans la *fig.* 1212.

943. Épaisseur. — L'épaisseur des voûtes se détermine d'après les considérations et les règles qui ont été exposées dans la IIIe partie, 3e section. Nous n'y ajouterons que les renseignements suivants qui éviteront des calculs dans beau-

coup de cas. On pourra, lorsqu'il y aura doute, soumettre les épaisseurs indiquées
à la vérification des formules.

On donne ordinairement aux voûtes de caves de 3 à 4 mètres de portée une
brique d'épaisseur, c'est-à-dire 0^m,20 environ. Les reins étant remplis avec de la
blocaille, la même épaisseur se donne aux aqueducs de 1 mètre ou plus d'ouverture lorsqu'ils sont placés sous des cours ou des rues dans lesquelles peuvent
circuler de lourds fardeaux. Pour les aqueducs de moins de 1 mètre de largeur
on peut se contenter d'une demi-brique, à moins de circonstances particulières.

ARTICLE V.

PLANCHERS.

944. Définition. — Les planchers sont des pans de charpente horizontaux
qui partagent l'intérieur d'un bâtiment en étages et sont soutenus par ses murailles. Ils ont pour objet de porter les aires qui forment le sol artificiel sur lequel
on marche. Ces aires sont ordinairement en planches, mais on les fait quelquefois
aussi en maçonnerie, sans que l'ensemble de la construction cesse de porter le
nom de plancher.

945. Composition. — La charpente des planchers se compose de poutres,
de poutrelles ou de solives en bois, en fonte ou en fer forgé ou laminé qui peuvent se combiner d'un grand nombre de manières, suivant l'écartement et la
disposition des murs. Nous en avons déjà donné des exemples au n° 379 et dans
les *fig.* 399 à 404, pl. XV. Nous n'aurons donc encore ici qu'à compléter par quelques détails ce qui a été dit précédemment.

946. Division en quatre espèces — Nous distinguerons quatre espèces de
planchers :

1° Les planchers entièrement en bois;

2° Ceux en bois et maçonnerie;

3° Ceux en fer et maçonnerie ordinaire;

4° Ceux en fer et poteries.

947. Planchers en bois. — Les planchers entièrement en bois offrent deux
parties distinctes, susceptibles d'un grand nombre de combinaisons : la charpente
et l'aire, appelée aussi *plancher de pied* ou *parquet*.

948. Charpente. — Nous rapporterons à trois catégories différentes les combinaisons de la charpente.

Dans l'une nous ne trouvons que des *solives* ou des *gîtes* toutes de même équarrissage ou à peu près et n'ayant d'autres supports que les murs ou les points
d'appui qu'elles se prêtent mutuellement.

Dans la seconde nous trouvons encore des *solives* ou *gîtes*, comme dans la
précédente, mais elles prennent des points d'appui non-seulement sur les murs

et sur elles-mêmes, mais encore sur un système de *poutres* posant sur les murs longitudinaux et parallèles entre elles et aux murs transversaux. Ces poutres divisent ainsi l'espace en un certain nombre de rectangles plus ou moins allongés qui portent le nom de *travées*.

Enfin, dans la troisième catégorie nous rencontrons des combinaisons de poutres et de solives assez semblables à celles de la catégorie précédente, mais qui en diffèrent en ce que les poutres ne sont plus parallèles entre elles et aux murs et qu'elles forment des assemblages plus ou moins compliqués. Ces planchers sont connus sous le nom de planchers *à compartiments*, planchers *d'enrayures* ou *d'assemblages*.

949. Planchers composés de solives. — La *fig.* 1213 représente divers arrangements de poutrelles ou de solives formant des charpentes de planchers sans autre support que les murs ou les pans de bois. Cette figure, qu'accompagnent cinq coupes, peut tenir lieu en grande partie d'une description ; quelques détails seulement ont besoin d'être expliqués.

Dans le plancher A (à gauche de la figure), les poutrelles portent sur des pans de bois. Dans le plancher B elles sont encastrées des deux bouts dans des murs. Dans le plancher C elles portent sur des lambourdes *d*, scellées dans les murs. Dans le plancher D elles portent également sur des sablières ou lambourdes *g*, mais ces dernières ne sont pas logées dans les murs ; elles sont posées sur des *corbeaux* saillants *f*, en bois, en pierre ou en fer, scellés dans les murs. Enfin dans le plancher E (à droite de la figure), un certain nombre seulement des solives sont scellées dans les murs. Ces solives *i* sont désignées sous le nom de *maîtresses solives*. Toutes les autres ne sont encastrées dans le mur que par une extrémité, par l'autre elles sont assemblées dans des pièces *x*, *y*, appelées *linçoirs* et assemblées elles-mêmes avec les maîtresses solives. Les solives qui s'assemblent avec les linçoirs sont dites *solives boiteuses* ; elles sont désignées par la lettre *k* dans la figure.

On peut, à la rigueur, n'employer dans la construction d'un plancher que des linçoirs ou des solives boiteuses. Dans ce cas, les linçoirs sont assemblés dans des solives boiteuses au lieu de l'être dans des maîtresses solives. Cette disposition se trouve indiquée par le prolongement ponctué du linçoir *y*, jusqu'aux solives boiteuses *k'*, *k''*. La *fig.* 1214 en donne, en outre, un autre exemple qui montre qu'on peut, de cette façon, construire des planchers avec des solives qui n'ont pour longueur que les 2/3 de la largeur du bâtiment.

Les planchers peuvent aussi n'être portés que par les scellements de maîtresses solives entre lesquelles des *soliveaux* de remplissage sont assemblés, des deux bouts, dans des linçoirs.

On peut enfin construire un plancher en n'employant que des solives boiteuses, comme celui représenté *fig.* 1215. Les solives *a* et *o* font des angles égaux, en sens inverse avec les murs. Celles marquées *a*, qui sont scellées par un bout dans le mur, sont assemblées par l'autre bout dans les solives *o*, qui, à leur tour, sont scellées par un bout dans le mur opposé, et assemblées par l'autre bout dans les solives *a*. Vu la petitesse de l'angle que les solives *a* et *o* font entre elles, leurs assemblages sont fort longs et les mortaises les affaibliraient trop si on leur donnait la profondeur ordinaire des deux tiers de l'épaisseur des bois. On ne leur donne, ainsi qu'aux tenons, que le tiers de l'épaisseur horizontale des solives. Cette réduction de la dimension des tenons et mortaises ne permet pas de les cheviller ; mais elle est compensée par la longueur des assemblages dont on consolide la tenue en joint par deux petits boulons *v*, *x*.

950. Planchers à la Serlio. — Les planchers à la Serlio (1) sont des constructions de cette dernière espèce. La combinaison de solives boiteuses qu'ils présentent est imitée d'un amusement fort connu qui consiste à placer trois ou quatre couteaux de façon que, les bouts de ces manches posant sur des points fixes de niveau, leurs lames croisées alternativement puissent soutenir en l'air un objet qu'on veut leur faire porter.

Les *fig.* 1216 et 1217 représentent divers exemples de planchers à la Serlio. Elles se comprendront à la seule inspection.

Ces planchers demandent à être composés, en général, avec des solives très-étroites dans le sens horizontal et très-épaisses dans l'autre sens, afin qu'on puisse donner toute la force nécessaire aux assemblages, sans être obligé d'employer des moyens de liaison en métal, ce qui en augmenterait le prix.

On conçoit que ce système de construction peut être varié de mille manières. L'on trouvera dans la *fig.* 1218 l'une de ces applications les plus originales. Elle représente la charpente d'un plancher du château de plaisance du roi de Hollande, appelée *la Maison de bois*, exécuté dans une salle de 60 pieds (19^m,50 environ) de côté et dans la composition duquel il n'entre que de petites solives en chêne de 2 mètres environ de long et de 30 à 35 centimètres d'équarrissage. Une quelconque de ces solives *c*, par exemple, est portée par ses deux bouts dans les entailles des solives *b* et *f*, et en reçoit, à son tour, deux autres *d* et *d'* dans ses entailles. Toutes les solives qui joignent les murs sont reçues dans les entailles d'un cours de lambourdes DAB, posées de niveau tout autour de la salle et encastrées dans la maçonnerie.

Toutes ces solives sont taillées en dessous de manière à former une surface courbe du genre de celles dites *surfaces de voiles*. Cette courbure concave du dessous du plancher lui a été donnée pour empêcher que le fléchissement des assemblages ne rendît le plafond convexe, parce que, quelque petite qu'eût été la convexité, vue d'en bas, elle aurait été sensible et d'un effet désagréable. Il en résulte aussi une diminution de pesanteur vers le centre du plancher.

Ce plancher, de même que tous ceux à la Serlio, doit se monter sur un écha-

---

(1) Sébastien Serlio, célèbre architecte, né à Bologne en 1518, mort en 1552.

faudage ou une espèce de cintre qu'on démolit lorsque toutes les pièces sont solidement assemblées, fixées et recouvertes de l'aire en planches fortement clouée ou chevillée.

951. Planchers composés de poutres et de solives. — La *fig.* 1219 accompagnée de trois coupes représente en projection horizontale deux planchers dont les solives parallèles portent, au moins d'un bout, sur des poutres.

En F les solives *a* sont portées par un bout dans le pan de bois vertical MN, qui forme l'extrémité ou le pignon d'un bâtiment ; de l'autre bout, elles sont portées sur une poutre *b*, qui trouve ses appuis dans les pans de bois MQ, NR. Les solives *c* portent d'un bout sur cette poutre *b*, de l'autre, elles sont scellées dans les murs de refend QR.

Il faut observer, dans le cas où le bâtiment est en pans de bois, que les abouts des poutres et solives des planchers se trouvent ordinairement à des hauteurs différentes. Il faut pour ce motif assembler à des niveaux différents les chapeaux et sablières des pans de bois qui se joignent, et observer en outre que les abouts des poutres ont une bien plus forte charge que ceux des solives. En conséquence, il convient de les faire toujours porter directement à l'aplomb d'un poteau, et même de donner à ce poteau un plus fort équarrissage qu'aux autres ; il est bon, pour surcroît de précaution, de l'arc-bouter par des guettes ou des décharges.

Pour assurer aux charpentes des planchers d'un bâtiment en pans de bois la même invariabilité qu'aux autres parties de l'édifice, on établit dans les angles du plancher des *goussets g, g,* assemblés d'un bout dans les sous-sablières, et de l'autre bout dans les solives *a,* boulonnés aux poteaux P. Le remplissage des angles du plancher se fait au moyen de soliveaux *empanons d* (1).

En G les solives du plancher sont établies par travées. Celles *f* de la première travée sont scellées dans le mur QR, de l'autre bout elles sont portées dans des entailles par la poutre *i.* Les solives *h* de la seconde travée et des suivantes portent uniquement sur des poutres, jusqu'à la dernière qui pose, comme la première, d'un bout sur la dernière poutre et de l'autre sur un mur. Ce plancher pourrait être continué indéfiniment.

Pour réunir dans la même figure différents modes de construction, les assemblages sont différents sur chaque poutre, mais ordinairement on les fait de même espèce pour toutes les travées d'un même plancher.

Sur la poutre *b,* les solives sont simplement posées bout à bout. Sur la poutre *i,* elles sont encastrées, en tout ou en partie seulement, dans des entailles. Cette disposition a pour objet de diminuer la hauteur occupée par les poutres et les solives, au détriment de la hauteur des étages. Sur la poutre *k,* les solives posent

---

(1) Les *empanons* ou *empannons* sont des bois ordinairement de faible équarrissage, tous parallèles entre eux, assemblés dans une même pièce et décroissant de longueur comme les pennes ou plumes de l'aile d'un oiseau.

sur deux lambourdes fixées contre les deux côtés de la poutre par des étriers ou des boulons. Cette disposition offre le même avantage que la précédente et elle évite l'inconvénient d'affaiblir les poutres par des entailles, mais elle a celui de coûter plus cher.

Enfin, sur la poutre *e* les solives sont posées *enchevêtrées*. Cette disposition convient au cas où la poutre a trop peu d'épaisseur horizontale pour qu'on puisse y assembler les solives ou les poser bout à bout.

La *fig.* 1220 montre un système d'assemblage au moyen de boîtes en fonte employé en Angleterre, applicable aux diverses pièces qui entrent dans la composition des planchers.

952. Planchers à compartiments, etc. — Les combinaisons de poutres et de solives au moyen desquelles on forme les planchers à *compartiments*, d'*assemblage* ou d'*enrayures* peuvent être extrêmement variées, car elles dépendent non-seulement des dimensions des pièces de bois dont on peut disposer, mais encore de la forme de l'enceinte à planchéier.

Les *fig.* 1221 à 1227 en montreront quelques exemples.

La *fig.* 1221 présente l'une des combinaisons les plus simples employées pour couvrir une salle carrée, dont elle fait voir le demi-plan.

Dans chaque angle, un *coyer a*, placé diagonalement, porte, par ses deux bouts, dans les murs où il est scellé. Les scellements des coyers sont distribués de façon à diviser les côtés du carré en trois parties. Les coyers reçoivent l'assemblage des linçoirs *b*, parallèles aux murs. Ces linçoirs ont pour objet de soutenir les poutrelles jumelles *d,d,e,e*, qui se croisent à angle droit et s'assemblent à mi-bois au milieu du plancher, où elles sont serrées par quatre boulons. La queue carrée d'un bouton formant *cul-de-lampe* (1), remplit l'espace libre que les poutrelles laissent au centre. Des *goussets g*, et des soliveaux et empanons *h,f*, forment les remplissages. La *fig.* 1272 est une coupe de ce plancher suivant la ligne DE.

Ce mode de compartiment peut être appliqué à un plan oblong. Il peut être répété plusieurs fois dans l'étendue, en longueur, du plancher d'une galerie partagée en espaces carrés par des poutres. On peut aussi l'appliquer à des espaces ovales ou circulaires.

La *fig.* 1223 est le plan d'un autre plancher à compartiments. Des coyers *a* servent, comme dans le plancher précédent, à établir les portées de sa charpente dans les murs. Des linçoirs *b,c,d,e*, alternativement parallèles aux murs et aux coyers, dessinent des compartiments de forme semblable et qui décroissent proportionnellement en s'approchant du compartiment central.

Les vides sont remplis par des empanons parallèles aux linçoirs. Dans la construction de ce plancher on donne à tous les soliveaux le même équarrissage ;

---

(1) On appelle ainsi une espèce de clef pendante, ordinairement ornée de moulures ou sculptée.

mais les grosseurs des linçoirs diminuent à mesure que, se rapprochant du centre du plancher, ils ont une moindre charge à supporter.

Les *fig.* 1224 et 1226, pl. L, représentent deux planchers dans lesquels les poutres ou les solives sont assemblées de manière à former, dans l'intérieur d'une salle carrée, une succession d'octogones réguliers rendus solidaires les uns des autres par des assemblages que le dessin fait suffisamment comprendre.

Le premier octogone est obtenu, dans l'un et l'autre de ces deux planchers, par le moyen de quatre coyers qui s'appliquent sur les murs. Dans la *fig.* 1224 les côtés des octogones sont tous parallèles les uns aux autres et prolongés de telle manière que les pièces qui les forment s'assemblent entre elles à queue d'hironde simples et biaises.

Dans la *fig.* 1225 les côtés des octogones ne sont pas parallèles entre eux; chaque sommet de polygone inscrit correspond au milieu des côtés du polygone circonscrit où il est assemblé à tenons et mortaises. Toutes ces pièces sont tenues en joint par des *étrésillons* x ou des *liernes*, serrés avec force dans l'intervalle qui les sépare, et même assemblés avec elles à tenons et mortaises très-courts.

Des liernes ou des étrésillons semblables y sont employés pour roidir la charpente du plancher (*fig.* 1225).

Dans ces sortes de planchers on fait diminuer l'intervalle qui sépare les polygones de la circonférence au centre, suivant une loi qui donne le plus petit vide possible au centre du plancher; ce vide est rempli par une combinaison de pièces que le dessin fera suffisamment comprendre; on diminue également l'équarrissage des pièces au fur et à mesure qu'elles deviennent moins longues, tant pour alléger le poids du plancher vers le centre de la salle que pour économiser le bois.

Les angles renfermés entre les coyers et les murs peuvent être remplis par des soliveaux parallèles aux coyers, comme dans la *fig.* 1224, ou par des empanons qui leur sont perpendiculaires comme dans la *fig.* 1225.

Ces soliveaux ou empanons ainsi que les coyers sont assemblés dans un cours de lambourdes encastré dans les murs ou 'porté sur des corbeaux qui règnent tout autour de la salle.

Les *fig.* 1226 et 1227 présentent les détails de deux planchers d'enrayures, l'un construit dans une salle ronde, et l'autre dans une salle octogone.

Le premier est formé d'un système de fermes composées d'une solive horizontale o et d'un arc k assemblés entre eux et avec un poteau h scellé dans le mur; toutes les fermes sont assemblées, d'une part, dans une sablière circulaire g marquée en pointillé sur le plan, et d'autre part dans une couronne circulaire i qui occupe le centre du plancher et qui est elle-même remplie par un cul-de-lampe et des soliveaux j; ces fermes portent les cours de solives r distribuées en octogones concentriques équidistants.

Le second plancher est formé de poutres A en forme de demi-arc composées de deux pièces de bois réunies l'une à l'autre au moyen d'endents; ces poutres sont scellées, d'une part, dans le mur et sont assemblées, de l'autre, dans une couronne circulaire qui occupe le milieu du plancher ; les solives s sont aussi distribuées sur ces poutres en octogones réguliers concentriques et équidistants.

Les poutres qui entrent dans ces diverses combinaisons, comme dans toutes celles qu'on pourrait imaginer, peuvent être faites d'une seule pièce ou composées de plusieurs morceaux réunis de manière à former des armatures, ainsi que nous l'avons expliqué dans la IIIe partie (n°s 633 et suivants).

Les solives sont toujours d'une seule pièce ; on place ordinairement, contre ou près des murs, des solives qui soutiennent l'extrémité des planches du parquet ; ces solives, n'ayant à supporter que la moitié de la charge répartie sur les autres, peuvent n'avoir que la moitié de leur force. Par contre les maîtresses solives, et en général toutes celles qui, par suite de leur assemblage avec des linçoirs ou d'autres pièces, portent un surcroît de charge, doivent être d'un équarrissage plus fort que les solives ordinaires.

953. Observation relative à l'emplacement des poutres. — Lorsqu'on fait le projet d'un plancher dans la composition duquel il entre des poutres, on doit prendre garde de ne pas les faire porter au-dessus des vides des portes ou des fenêtres, à moins de nécessité absolue, et en prenant alors toutes les précautions que la prudence commande.

Cette observation est également applicable aux solives ; mais pour elles il est toujours facile d'y avoir égard en faisant usage de linçoirs portant sur des maîtresses solives, qu'on est libre de distribuer pour le mieux ; l'emploi des linçoirs a en outre l'avantage de diminuer le nombre des trous de scellement dans les murs, trous qui les affaiblissent toujours plus ou moins.

954. Scellement des bois dans les murs. — Quoique nous ayons montré dans les figures précédentes quelques dispositions où les bouts des solives ne sont pas engagés dans les murs, il en est cependant rarement ainsi. Presque toujours les solives, aussi bien que les poutres, sont scellées dans les parois qui les supportent. Lorsque ces parois sont en pans de bois, leur épaisseur est toujours trop faible pour que les pièces de charpente des planchers ne les traversent pas de part en part. Dans un grand nombre de vieilles constructions, même, elles les dépassent d'une certaine quantité, en formant ainsi des *encorbellements* dont on profitait pour donner aux étages une étendue plus grande qu'au rez-de-chaussée.

Il n'en est pas de même des poutres ou solives qui portent dans des murs. Dans ce cas leurs abouts sont ordinairement encastrés du tiers ou de la moitié de l'épaisseur des murailles, lorsque cette épaisseur n'excède pas 25 à 30 centimètres, et de 25 à 30 centimètres lorsque les murs sont plus épais.

Au surplus, lorsque l'épaisseur du mur le permet, il y a avantage pour la conservation des maçonneries à augmenter la longueur du scellement plutôt qu'à la diminuer. La raison en est que, plus les scellements sont longs, moins l'effet des vibrations du plancher sur les trous de scellement est à redouter. Les poutres et les solives agissent, en effet, dans ces trous, comme des leviers du premier genre, et leur action est d'autant plus forte que la différence entre les longueurs des parties encastrées et non encastrées. qui sont les deux bras de ce levier. est plus considérable.

Les poutres ayant à supporter une plus grande portion de la charge que les solives, on donne généralement un peu plus de longueur à leurs scellements ; et, à moins que les murs ne soient en pierres d'appareil, on les pose sur des *coussinets* A (*fig.* 1229) en bois ou en pierre, qui fortifient les bords des trous de scellement et qui reportent la charge sur une plus grande surface. Quand les planchers ont à porter de grandes charges, et surtout quand la maçonnerie n'est pas d'excellente qualité, il est bon d'établir aux endroits où posent les poutres des chaînes verticales en pierre montant de fond et construites ainsi que nous l'avons expliqué n° 918.

955. Préservatifs contre la pourriture. — On doit prendre, en outre, quelques précautions pour préserver de la pourriture les abouts des solives et surtout des poutres engagées dans les murs.

Assez souvent on se borne à les enduire d'argile, d'un peinturage au minium et à l'huile, de goudron, de soufre, ou à les envelopper dans une feuille de plomb ou de zinc, ou même dans un coffrage en planches (1). Ces moyens plus ou moins efficaces ne sont pas cependant d'une bonté absolue, soit parce qu'ils n'empêchent pas suffisamment l'humidité des murs d'atteindre le bois, soit parce qu'ils empêchent l'exsudation de celle dont ils sont naturellement imprégnés. Le moyen le plus certain d'arriver au but est de les isoler aussi entièrement que possible, ce qui peut se faire de plusieurs manières.

Pour les poutres, lorsque des convenances particulières ne s'y opposent pas, ce qu'il y a de plus simple, c'est de les faire poser sur des corbeaux en pierre ou en métal C, scellés dans les murs, en les tenant de 4 à 5 centimètres plus courtes que la distance qui sépare les murs : cette disposition se voit dans la *fig.* 1228. On prend encore la précaution d'isoler le bois de la pierre par l'interposition d'une couche de bitume, de soufre, de plomb, de zinc, etc.

Si les convenances s'opposent à l'adoption de cette disposition, on réserve, dans les parements intérieurs des murs, des niches cintrées ou carrées qu'on fait en tout sens un peu plus grandes qu'il ne faut pour y loger le bout des poutres. L'air peut ainsi circuler dans l'intervalle de séparation qu'on masque, si on le juge à propos, d'une manière quelconque. Il est bon seulement de conserver dans le masque quelques petits trous pour la circulation de l'air. Si ces trous devaient

---

(1) Le colonel Emy indique comme un excellent préservatif des bois engagés dans les murs un entourage en *plaques de liége* (écorce du chêne-liége). Il cite deux exemples (p. 417, t. I, *Traité de l'art de la charpenterie*) qui semblent en démontrer l'efficacité. Il faut observer toutefois que les deux exemples cités concernent des édifices construits à Bayonne ou dans les environs, et que notre savant constructeur fait remarquer lui-même que la pourriture des poutres scellées dans les murs est bien moins fréquente dans les contrées méridionales que dans celles du Nord.

faire un mauvais effet, on pourrait les supprimer à l'intérieur et les percer à
l'extérieur, ou adopter la disposition indiquée *fig* 1229; K est un carreau en terre
cuite, percé de trous, qui bouche l'orifice d'un créneau B en communication
avec la niche dans laquelle est placé l'about de la poutre.

Les mêmes moyens préservatifs que ci-dessus peuvent être employés pour les
solives; mais comme leur destruction n'entraine pas des conséquences aussi graves
que celles des poutres, on peut se borner, en général, à les préserver par un
enduit.

956. Ancrage des poutres et des solives. — L'emploi des poutres et des
solives nécessaires à la construction des planchers donne un moyen tout naturel
de consolider les murs; ils se trouvent par là réunis les uns aux autres, de manière à ce que leur ensemble forme un tout bien autrement stable sur sa base
que si les murs étaient entièrement isolés ou simplement reliés aux angles du
bâtiment. On augmente beaucoup cet effet des poutres et des solives en les ancrant
aux murs, ce qui peut se faire de diverses manières.

La plus simple, mais aussi la plus grossière, consiste à faire dépasser le mur
par le bout des poutres d'une certaine quantité et de le traverser contre le parement extérieur du mur par une clef en bois horizontale ou verticale, comme on
le voit dans la *fig.* 1230. Cette disposition n'est guère employée que dans les constructions villageoises ou dans les localités où le prix du fer est fort élevé.

Le plus souvent l'ancrage des poutres se fait ainsi qu'on le voit dans les *fig.* 1231
et 1168.

A (*fig.* 1231) est une bande de fer méplat, appelée la queue de l'ancre, tordue
au point *b* et boulonnée ou simplement clouée contre une des faces de la poutre.
Cette bande se termine par un œil carré ou rond C, dans lequel on introduit une
clef en fer *d*.

Cette disposition peut subir quelques légères variantes: ainsi la bande A peut
se terminer en crémaillère et être fixée contre la poutre par des clameaux (*fig.*
1232); d'autre part, on donne parfois aux clefs la forme d'un S, d'un Y ou d'un
chiffre. Ces figures, qui étaient surtout fort employées anciennement, avaient sans
doute pour but utile d'embrasser une plus grande surface de maçonnerie; mais,
en général, cette précaution peut être regardée comme superflue.

Lorsqu'on veut augmenter la solidité de l'ancrage, ce qui est requis, par
exemple, dans les magasins voûtés aux divers étages, ou dans ceux où l'on empile,
contre les murs, des matières pondéreuses exerçant des poussées de dedans en
dehors, on fait usage de la disposition représentée *fig.* 1232.

AA sont deux bandes en fer méplat fixées l'une au-dessus, l'autre au-dessous
de la poutre, avec des boulons, des clameaux ou des clous (les trois moyens sont
réunis dans la *fig.* 1232). Ces bandes offrent, à leur extrémité postérieure, un
crochet qu'on encastre dans le bois pour augmenter la difficulté de l'arrachement.
A leur extrémité antérieure, elles sont chacune munies d'un œil dans lequel on
passe une clef.

Cette disposition peut être rendue plus forte encore en remplaçant l'œil de chaque bande A par un bout fileté, muni d'un fort écrou, et la clef par une plaque de fonte qu'on serre contre le mur au moyen des écrous. Quelquefois on modifie cette disposition en réunissant la tête des deux bandes A, qui prennent alors la forme d'un étrier terminé par une vis à écrou, ainsi qu'on le voit dans la *fig.* 1233.

Les clefs d'ancres peuvent être apparentes au parement du mur, ou cachées dans la maçonnerie. Anciennement la première disposition était presque exclusivement en usage, et l'on en faisait même le sujet d'une sorte de décoration. De nos jours elle est presque entièrement abandonnée; presque toujours les têtes d'ancres de nos bâtiments sont cachées sous une épaisseur de 10 à 12 centimètres au moins de maçonnerie. On recommence pourtant à faire un assez grand usage d'ancres à clefs apparentes en fonte dans les édifices industriels et dans quelques autres. On leur donne alors la figure d'un disque orné d'une tête de lion, de sphinx, d'une rosette, ou simplement de nervures saillantes. On en fait de rondes, d'ovales, de losanges et d'autres formes.

Il arrive quelquefois que les poutres ne sont pas d'une seule pièce dans le sens de leur longueur, comme, par exemple, quand elles portent sur des soutiens isolés ou des murs de refend. Dans ce cas on réunit ordinairement leurs diverses fractions par des bandes en fer clouées ou boulonnées, selon le besoin. On a aussi fait parfois usage de clefs en double queue d'hironde, semblables à celles indiquées dans la *fig.* 262, pl. X. Enfin, quand ces solutions de continuité ont lieu sur des poteaux coiffés de boîtes en fonte, on peut disposer ces boîtes de manière à ce qu'elles réunissent solidement entre elles les fractions voisines des poutres. Ces fractions sont souvent coupées carrément et se juxtaposent bout à bout; quelquefois on les réunit à trait de Jupiter, ou au moyen d'autres assemblages.

Généralement on ancre toutes les poutres des planchers de l'espèce décrite au n° 949; quant aux solives, on les ancre seulement par cours distants de 2 en 2 ou de 3 en 3 mètres, selon le besoin. Les cours de solives ancrées doivent être reliés, dans le sens de leur longueur, par des moyens semblables à ceux qui ont été décrits plus haut pour les poutres composées de plusieurs morceaux. Dans les planchers d'assemblage et les enrayures, on ancre celles des pièces qui paraissent le plus favorablement disposées pour donner une grande stabilité, et de manière à ce que les ancres soient distribuées à intervalles à peu près égaux de 2 à 3 mètres.

Enfin on dispose quelquefois les sablières sur lesquelles on assemble les solives de manière à réaliser une sorte d'ancrage assez solide tant que les bois ne sont pas atteints par la pourriture. Cette disposition est représentée par une coupe *fig.* 1234.

957. Étrésillons et liernes. — On a parfois recours, pour roidir les planchers, à l'emploi de pièces de charpente nommées *étrésillons* et *liernes*. Les étrésillons sont des morceaux de bois qu'on fait entrer de force dans l'écartement des solives et qui les empêchent ainsi de flotter dans le sens horizontal. Les liernes ne sont, à proprement parler, que des étrésillons et remplissent le même office. Ce sont des soliveaux portant une suite d'entailles qui embrassent les solives, ainsi qu'on le voit dans la *fig.* 1235, et qu'on fixe sur le dessus des solives avec des chevilles. La profondeur des entailles est calculée de manière à ce que le dessus des liernes affleure avec la surface du plancher de pied. Les étrésillons et les liernes se placent ordinairement dans le prolongement des chevêtres, ainsi qu'on l'a marqué en pointillé dans la *fig.* 1231, ou entre des maîtresses solives. Les *fig.* 1224 et 1225 offrent d'autres exemples encore de leur emploi.

958. Enchevêtrures pour cheminées. — Pour soustraire un plancher à l'action du feu entretenu dans les cheminées de l'étage où il est établi, on dispose sa charpente de manière à laisser sous l'emplacement de chaque foyer un espace vide de bois qu'on remplit en maçonnerie dans l'épaisseur des solives.

L'encadrement qui limite cet espace vide est ce qu'on appelle une *enchevêtrure.*

Une enchevêtrure se compose ordinairement d'un linçoir *x*, qui s'assemble dans deux solives dites d'*enchevêtrure i* (*fig.* 1213), d'un équarrissage un peu plus fort que les autres, ou de deux *chevêtres s* (*fig* 1213), qui s'assemblent dans une solive d'enchevêtrure. Le linçoir ou les chevêtres servent de support à des solives boiteuses quand c'est nécessaire.

La grandeur des enchevêtrures dépend de celle des foyers : on leur donne rarement moins de 1^m,50 de long sur 0^m,60 de large.

Le remplissage en maçonnerie des enchevêtrures peut se faire de diverses manières :

1° Lorsque les solives ont une épaisseur suffisante, on peut construire une voussette en briques A (*fig.* 1236), sur laquelle on établit ensuite le pavé ou l'âtre du foyer. Il suffit que cette voussette ait 1/10 de flèche pour offrir toute la solidité désirable (1).

2° On peut encore, lorsque la décoration ne s'y oppose pas, employer la disposition représentée *fig.* 1237; B est une demi-voûte en briques, plus ou moins surbaissée, qui prend pied d'un côté sur le mur, et pose de l'autre sur le linçoir ou la solive d'enchevêtrure.

3° Enfin, on peut porter le remplissage en maçonnerie sur quelques bandes de fer, appelées *bandes de trémie*, qui sont solidement clouées sur les bords de l'enchevêtrure. La *fig.* 1238 représente cette dernière disposition; *a,a* sont les bandes de trémie clouées, dans le cas pris pour exemple, sur les solives d'enchevêtrure. Ces bandes de trémie sont des barres de fer méplat de 4 à 5 centimètres de largeur sur 5 millimètres d'épaisseur, recourbées en crochet à leurs extrémités, de manière que, étant clouées ou boulonnées sur les solives d'enchevê-

____

(1) A Paris on emploie fréquemment, dans ce cas, des poteries ou briques creuses maçonnées au plâtre, ainsi que je l'expliquerai plus loin en décrivant les planchers en fer et poterie.

trure ou les chevêtres, leur longue branche affleure le dessous de la charpente. Elles sont espacées à une distance telle qu'on puisse y poser des lignes de briques ou de carreaux en terre cuite qui forment le fond de l'âtre. On remplit le restant avec du béton, de la maçonnerie, du blocage, du plâtras ou de fins décombres bien tassés, et l'on maçonne ensuite sur ce remplissage le carrelage en brique, en carreau, ou en marbre qui doit former la partie superficielle de l'âtre.

On place quelquefois sur ou sous les bandes de trémie *aa* d'autres bandes *bbb*, qui les croisent à angle droit, soit pour porter les jambages des foyers, soit pour soulager les autres. Ces dispositions ne se prennent ordinairement que quand les enchevêtrures sont fort grandes.

Les âtres des cheminées ne sont pas les seuls endroits où la charpente des planchers doive être interrompue. Partout où passent des tuyaux de cheminée, il faut en éloigner les pièces de charpente d'au moins 12 centimètres, afin d'éviter des causes d'incendie, et cela oblige à y établir des enchevêtrures semblables à celles qui viennent d'être décrites. Les *fig.* 1211 et 1219 représentent des enchevêtrures de cette espèce.

Outre cela, on est souvent obligé de ménager dans les planchers des ouvertures de plus ou moins grande dimension, soit pour donner passage aux escaliers, soit pour ménager des trappes par lesquelles on élève, avec des machines, des marchandises ou des objets d'approvisionnement aux divers étages des bâtiments. Ces dernières se construisent d'une manière analogue aux enchevêtrures ; seulement elles exigent fréquemment des bois d'un plus fort équarrissage.

959. Grosseur et espacement des bois. — Nous n'avons pas besoin de dire, si l'on a bien compris nos leçons sur la résistance des matériaux, que la grosseur des poutres et des solives dépend non-seulement de leur portée, mais encore de leur écartement. En effet, on peut considérer la charge d'un plancher comme répartie uniformément sur toute sa surface, et d'après cela chaque solive, si l'on en excepte celles placées contre les murs, porte toute la charge du plancher comprise dans l'intervalle qui la sépare de sa voisine, comme chaque poutre porte celle de toute une travée. Beaucoup d'auteurs français fixent l'écartement des solives de manière à ce que leur ensemble présente autant de pleins que de vides, et c'est en partant de cette donnée qu'ils règlent les équarrissages des pièces principales pour les cas ordinaires. Nous pensons qu'il serait plus nuisible qu'utile de rapporter ici les tableaux d'équarrissages qu'ils donnent, ou les règles pratiques qui les reproduisent avec plus ou moins d'approximation, attendu qu'il est rare qu'en Belgique nous composions notre charpente d'une manière aussi massive. Généralement, nos solives sont placées à des distances qui varient de 7 à 10 décimètres d'axe en axe. Les formules que nous donnons aux n°s 619 et 620 sont d'ailleurs si simples et d'une application si facile, qu'il ne nous en coûtera pas beaucoup pour donner les tables suivantes, qui remplaceront avantageusement celles dont nous avons parlé plus haut.

TABLE des équarrissages à donner aux solives des planchers selon divers espacements et portées, et pour des maisons d'habitation ordinaires.

PORTÉE des SOLIVES.	ÉQUARRISSAGE. L'ESPACEMENT D'AXE EN AXE ÉTANT ÉGAL A					OBSERVATIONS.
	0m,50	0m,70	0m,80	0m,90	1m,00	
	m. m.	m. m.	m. m.	m. m.	m. m.	
3 mètres.	0,15 sur 0,11	0,17 sur 0,12	0,17 sur 0,12	0,18 sur 0,13	0,19 sur 0,14	Je me suis servi pour former cette table de la formule (A) du n° 619. J'y ai fait $p = 300$ k.; savoir : 30 k. pour la charge ordinaire du plancher $+270$ k. pour les surcharges acciden- telles, comprenant le poids des meu- bles et des personnes *en mouvement*, en aussi grand nombre que le com- porte l'espace. Les équarrissages sont en nombres ronds et offrent suf- fisamment de résistance pour être appliqués même aux bâtiments mili- taires servant au logement de la troupe.
4 —	0,18 sur 0,13	0,20 sur 0,14	0,21 sur 0,15	0,22 sur 0,16	0,24 sur 0,17	
5 —	0,21 sur 0,15	0,24 sur 0,16	0,25 sur 0,17	0,26 sur 0,18	0,27 sur 0,19	
6 —	0,23 sur 0,17	0,26 sur 0,18	0,27 sur 0,19	0,28 sur 0,20	0,29 sur 0,21	
7 —	0,25 sur 0,18	0,29 sur 0,20	0,30 sur 0,21	0,31 sur 0,22	0,32 sur 0,23	
8 —	0,28 sur 0,20	0,31 sur 0,21	0,32 sur 0,22	0,33 sur 0,23	0,35 sur 0,25	
9 —	0,31 sur 0,22	0,35 sur 0,25	0,36 sur 0,26	0,37 sur 0,27	0,39 sur 0,28	
10 —	0,33 sur 0,23	0,37 sur 0,26	0,38 sur 0,27	0,40 sur 0,28	0,42 sur 0,30	Les solives doivent être posées *de champ.*

TABLE des équarrissages à donner aux poutres des planchers, selon leurs espacements et portées, et pour des maisons d'habitation ordinaires.

PORTÉE des POUTRES.	ESPACEMENT des POUTRES mesuré PAR LA PORTÉE DES SOLIVES.	ÉQUARRISSAGE.	OBSERVATIONS.
		m. m.	
3 mètres.	3 mètres.	0,27 sur 0,19	Cette table a été calculée au moyen
	4 —	0,29 sur 0,21	de la formule (C) du n° 620, en y fai-
4 —	3 —	0,33 sur 0,23	sant toujours $p = 300$ k.; l'écartement
	4 —	0,36 sur 0,26	plus ou moins grand qui peut exister
5 —	3 —	0,37 sur 0,26	entre les solives est sans influence sen-
	4 —	0,42 sur 0,30	sible sur l'équarrisage des poutres,
6 —	3 —	0,43 sur 0,31	parce que l'équarrissage et le poids des
	4 —	0,47 sur 0,33	solives augmentent en même temps que
7 —	3 —	0,47 sur 0,33	leur nombre diminue ou qu'on les écarte
	4 —	0,52 sur 0,37	davantage, de telle sorte que leur poids
8 —	3 —	0,52 sur 0,37	total reste toujours à peu près le même.
	4 —	0,58 sur 0,41	Les poutres doivent être posées de
9 —	3 —	0,56 sur 0,40	champ.
	4 —	0,62 sur 0,44	
10 —	3 —	0,61 sur 0,43	
	4 —	0,67 sur 0,48	

960. Planchers de pied. — Nous avons réuni dans la *fig.* 1239 différents genres de construction de planchers de pied.

En A on voit un plancher fait de planches ordinaires, telles que les fournit le commerce. Ces planches, désignées sous le nom d'*ais*, sont *blanchies* au rabot, au moins sur leur face vue, et assemblées à rainures et languettes. Elles sont toutes clouées sur chaque solive avec deux ou trois clous disposés en rangée oblique. On tient généralement à employer toutes planches de mêmes dimensions dans la construction d'un même plancher. On assemble les ais en liaison, ainsi qu'on le voit dans la figure, lorsque cela est nécessaire.

Au lieu d'ais ordinaires, on emploie pour les planchers soignés des planches refendues en deux dans le sens de leur largeur, qui portent le nom de *frises* ou d'*alaises*, mais les dispositions restent les mêmes; seulement on blanchit souvent les deux faces des planches de cette sorte, de même que la face supérieure des solives, afin d'obtenir ainsi un plancher mieux dressé, et de n'être pas obligé à recourir à des ragréments ou des rabotages généraux qui sont presque toujours nécessaires quand on ne prend pas ces précautions. Ce genre de plancher se voit en B.

En C on a représenté un plancher de pied en *point de Hongrie* ou en *bâtons rompus*, et en D un plancher en *arète de poisson* ou *à fougère*. Les alaises sont clouées diagonalement sur les solives dans l'un et l'autre de ces planchers, et la seule différence qui se remarque entre eux, c'est que dans l'un les alaises sont coupées carrément et sont assemblées en liaison, tandis que dans l'autre elles offrent des coupes biaises dont l'ensemble forme un joint continu passant par l'axe longitudinal des solives.

On compose quelquefois les aires des planchers en bois de différentes espèces dont on combine la direction des fibres et les couleurs de diverses manières. On peut aussi, en n'employant qu'une seule espèce de bois, disposer les ais ou les alaises de façon que, même dans les combinaisons les plus simples, les fibres du bois se trouvent dirigées dans des sens différents qui produisent une variété d'aspects propre à décorer les planchers.

Enfin on revêt quelquefois la surface du plancher d'un plaquage en marqueterie, offrant des dessins plus ou moins compliqués, obtenus avec des bois fins de diverses couleurs. On trouve dans le commerce des plaquages de cette espèce tout préparés.

Les diverses espèces de planchers de pied que nous venons de décrire, et dans lesquels les ais ou les frises sont cloués directement sur les solives, portent le nom générique de *planchers simples*. Dans le but d'assourdir les planchers, on fixe quelquefois sur un premier revêtement en planches clouées sur les solives des lambourdes méplates sur lesquelles on cloue ensuite le véritable plancher de pied. L'intervalle entre les deux revêtements en planches est rempli de fins décombres, ou, ce qui vaut mieux, de mousse bien bourrée. Les planchers qui offrent cette disposition portent le nom générique de *planchers doubles*.

Pour clouer les planchers ordinaires aux solives, on emploie des clous dits *clous de plancher*, dont les lames sont forgées à quatre arêtes. Leurs têtes sont larges et à peu près rondes; elles forment en dessus une pointe de diamant fort aplatie. Pour les planchers qu'on veut exécuter plus proprement, on se sert de pointes de Paris d'une longueur égale à deux fois et demie ou trois fois l'épaisseur des planches. Les têtes de ces clous n'étant pas, à beaucoup près, aussi grosses que celles des clous ordinaires, on les fait entrer dans le bois, et on les chasse même plus profondément que le parement du plancher avec un *chasse-clou* en acier, sur lequel on frappe avec un marteau. On remplit les trous qu'ils laissent avec du mastic. On emploie aussi, pour fixer les planchers, des clous connus sous le nom de *clous à parquet*, qui sont encore préférables. Leur tête est oblongue et sa largeur est égale dans un sens à l'épaisseur de la lame du clou, mais dans l'autre elle a autant d'étendue que la tête ronde d'un clou de plancher. On a soin de chasser le clou à parquet de façon que sa tête croise le fil du bois. D'un coup de marteau on la noie dans l'épaisseur des planches.

On peut, à l'endroit où chaque clou doit être planté, faire avec un ciseau une petite mortaise carrée de quelques millimètres de profondeur pour y loger sa tête. On bouche ensuite chaque mortaise avec un petit tampon de bois bien ajusté et collé, qu'on y fait entrer de force.

On peut aussi attacher les planches avec des vis à bois à têtes fraisées qui affleurent le plancher; mais cette méthode ne permet pas d'aplanir la totalité de la surface des planches avec le rabot; il est préférable de se servir de vis dont les têtes sont plates; on les loge dans l'épaisseur des planchers, dans des trous cylindriques de quelques millimètres de profondeur, forés avec une mèche anglaise. Lorsque les planches sont posées et les vis serrées à fond, on remplit les trous avec des bouchons pris dans des cylindres tournés à bois de travers, et qu'on place de façon que le fil de leur bois soit dans la même direction que celui des planches. On les colle et on les chasse à coups de marteau, puis on les coupe au ras des planches. Le rabot les aplanit en même temps qu'on polit la surface du plancher. Cette méthode est particulièrement en usage pour les planchers d'appartement en bois de chêne.

Les *fig.* 577, 578, 579, 580, *pl.* XXIII, représentent diverses manières de joindre les planches longitudinalement. La *fig.* 582, même *pl.*, est une manière de disposer les rainures et languettes pour cacher les clous ou les vis qui attachent les planches aux solives; chaque planche que l'on pose cache ainsi les clous ou les vis de la planche posée avant elle. Cette méthode est très-bonne; elle fait de très-bel ouvrage et très-solide, surtout pour les planchers en frises étroites.

La plupart des diverses dispositions que nous venons d'indiquer sont principalement en usage dans les constructions civiles; pour les constructions militaires, on n'emploie généralement que les plus simples, c'est-à-dire les assemblages à rainures et languettes ou fausses languettes simples, et le clouage avec des clous de plancher ou de parquet.

Dans les magasins à poudre et dans quelques autres locaux où l'on doit faire usage de planches fort épaisses, on remplace souvent le clouage par un chevillage en bois de chêne bien sec. Dans les magasins à poudre, c'est même une nécessité, à moins qu'on ne préfère employer des clous en cuivre ou en zinc, malgré leur prix plus élevé, ou fixer les planches avec des clous ou des vis en fer dont les têtes sont profondément noyées dans le bois et couvertes de tampons en chêne. La présence du fer dans ces sortes de bâtiments est une cause de dangers trop graves pour qu'on ne doive pas la proscrire de la manière la plus absolue.

Lorsque les planches ne sont pas parvenues au plus grand état de siccité, il convient de ne les fixer que provisoirement sur les solives, et de les laisser dans cet état pendant un an au moins, afin qu'elles puissent prendre tout leur retrait. En les assemblant de nouveau et en les fixant entièrement au bout de ce temps, on a beaucoup moins de chance de voir se produire, par la suite, des disjonctions toujours désagréables à l'œil. La précaution que nous indiquons ici n'est même pas entièrement superflue avec des bois bien secs.

961. Plafonds. — La face inférieure des planchers forme le *plafond* des étages situés immédiatement au-dessous. Les plafonds peuvent être à charpente apparente ou en mortier.

La première manière a été surtout en honneur dans le courant du seizième siècle, et, après avoir été complétement abandonnée, elle commence à redevenir de mode aujourd'hui. Toutes les pièces de la charpente du plancher doivent, dans ce cas, être rabotées sur toutes leurs faces et même être ornées de moulures sur quelques arêtes. On peut profiter de la disposition naturelle des poutres et des solives pour créer, au moyen de quelques pièces de bois accessoires et de revêtements en menuiserie, des compartiments ou des *caissons*, dont le dessin peut être varié d'un grand nombre de manières. On cite, parmi les plus beaux modèles de plafonds de cette espèce, les dessins donnés par Serlio dans son *Architecture* (1); ces plafonds sont souvent désignés sous le nom de *soffites*, qui n'est que la traduction italienne (*soffitto*) du mot français.

Les plafonds de la seconde espèce se font de la manière qui a été décrite dans la deuxième partie, n° 338. Quand le plancher est simplement composé de solives, le lattis sur lequel on étend les enduits de plâtre ou de mortier est cloué sur leur face inférieure, et le plafond forme une surface tout unie, bordée par une corniche plus ou moins ouvragée. Quand le plancher est composé de poutres et de solives, si l'on veut faire un plafond uni, on est obligé de le *contre-giter*, c'est-à-dire de former, en prenant les poutres comme supports, un *gitage* ou *solivage* très-léger, dont la face inférieure affleure celle des poutres. Le lattis du plafond se cloue sur le *contre-gitage*; les contre-gîtes peuvent s'assembler soit dans des entailles, soit dans des rainures pratiquées au bas des poutres; mais assez souvent, vu le peu de poids qu'elles ont à supporter, on se contente de les faire entrer en serrant entre les poutres, et de les fixer avec quelques clous chassés obliquement à leurs extrémités, de manière à s'enfoncer dans les poutres. Ces divers moyens sont indiqués dans la *fig.* 1240.

Ces dispositions ne conviennent cependant qu'à des plafonds d'une portée ordinaire. Lorsque les planchers ont une grande portée, ils deviennent fort élastiques, surtout lorsqu'on emploie dans leur construction des bois résineux; il serait à craindre alors que les mouvements vibratoires qu'ils éprouvent ne dégradassent leurs plafonds en plâtre, ou au moins ne les fissent fendre dans toutes les directions, si on les lattait sur leurs solives. Pour éviter ces dégradations, on établit alors sous ces planchers une charpente plus légère destinée spécialement à porter le plafond.

On peut éviter le contre-gîtage en laissant les poutres apparentes; on cloue alors le lattis sur le dessous des solives, et on garnit les poutres d'un rappointis ou de morceaux de lattes attachés à claire-voie avec des clous, puis on plafonne sur le tout. On peut même, en procédant ainsi et au moyen d'une carcasse légère en planches et en lattes fixée contre les solives et les poutres, former des caissons plus ou moins compliqués imitant ceux des soffites.

On a remarqué que les planchers à poutres apparentes semblent donner aux

---

(1) Liv. VI, chap. xii.

appartements plus de hauteur qu'ils n'en ont réellement, tandis que les plafonds plats produisent un effet ordinaire.

962. Planchers en bois et maçonnerie. — La charpente de ces planchers offre des dispositions générales semblables à celles qui ont été décrites dans les numéros précédents, et la maçonnerie n'entre parfois que pour une faible part dans leur composition. Un carrelage en pierre ou en terre cuite, posé sur un lattis cloué, presque jointif sur les solives est fréquemment ce qui les différencie des autres. Le carrelage se maçonne sur une couche de plâtras ou de fins décombres étendue sur le lattis.

Ce genre de construction est fort en usage à Paris, et anciennement il était aussi très-répandu en Belgique ; mais nous ne l'employons plus actuellement que fort peu, les constructions entièrement en bois étant généralement plus durables, plus saines et à peu près aussi économiques. On fait aussi usage à Paris d'une disposition que nous ne connaissons pas encore ici : c'est le remplissage total ou partiel de l'intervalle entre les solives avec du plâtre ; ce remplissage a pour but d'assourdir les planchers et d'empêcher les odeurs de pénétrer d'un étage à l'autre ; mais il a l'inconvénient de charger la charpente d'un poids considérable et d'en hâter la pourriture. Ces planchers sont connus sous le nom de planchers *hourdés pleins* quand le remplissage est complet, et de planchers *hourdés en auget* quand le remplissage n'est que partiel.

La *fig.* 1241 représente un autre mode de construction de planchers en bois et maçonnerie, dont l'usage, moins répandu qu'autrefois, est encore cependant assez fréquent en Belgique. Il consiste en un système de solives *a*, distantes de 50 centimètres à 1 mètre, servant de supports à une succession de petites voûtes d'une demi-brique d'épaisseur, dont l'extrados, arasé dans un même plan de niveau, porte un carrelage ou un plancher de pied assemblé sur des lambourdes. Les solives, dans ce cas, doivent être de section carrée et posées sur une arête, ou bien de section triangulaire ou trapézoïdale. La première disposition nous paraît la meilleure.

Ces sortes de planchers s'emploient principalement dans les écuries, les étables, les magasins et autres constructions de même nature : ils sont connus sous le nom de *planchers voûtés sur poutrelles.*

963. Planchers en fer et maçonnerie. — Ces planchers ressemblent, pour la plupart du temps, aux planchers voûtés sur poutrelles. Toute la différence consiste en ce que les poutrelles en bois sont remplacées par des pièces de fonte ou de fer en T, et en ce que, pour ménager le métal, on donne beaucoup plus de portée aux voûtes. Ce genre de construction a été notamment appliqué sur une grande échelle et avec un plein succès à l'entrepôt de Bruxelles (1). Nous donnons (*fig.* 1242 et 1243) le dessin coté de deux sortes de poutrelles en fonte dont on y

---

(1) Construit en 1846, d'après les plans et sous la direction de M. l'architecte Spaak.

a fait usage. La plus forte des deux est destinée à porter un poids de 27,000 kilogrammes, et la plus faible un poids de 12,000 kilogrammes uniformément répartis. Notre formule (B) du n° 619, qui peut s'y appliquer avec suffisamment d'approximation, donne exactement la hauteur de 50 centimètres au milieu pour la première, et de 35 centimètres, au lieu de 40, pour la seconde. Cette vérification, soit dit en passant, pourra faire voir qu'elle mérite toute la confiance des praticiens. La portée des voûtes dans cette construction est généralement de 3ᵐ,30, et leur flèche ou montée, de 0ᵐ,45. Elles sont toutes formées d'un rouleau de briques boutisses, arasé de niveau avec de la maçonnerie de blocaille, et couvertes d'un carrelage.

Cette description suffira pour donner une idée de toutes les constructions du même genre. Nous y ajouterons seulement qu'on a fait usage, dans quelques cas, de poutrelles offrant la section d'un Y renversé ou d'un T simple renversé, et de quelques autres; mais, en général, il est avantageux d'adopter la forme qui peut se mouler le plus aisément, et les T doubles ou simples paraissent, pour cette raison, préférables.

Nous n'avons pas besoin de dire qu'on pourrait, avec des poutrelles de fonte ou de fer, réaliser des combinaisons tout à fait semblables à celles décrites aux nᵒˢ 951 et 952, dont tous les vides seraient remplis par des voûtes en berceau ou en impériale. On sentira même combien l'emploi du métal faciliterait les assemblages, soit des poutres entre elles, soit des solives aux poutres.

Les planchers de cette dernière espèce ont l'avantage d'être entièrement incombustibles et sont éminemment propres, à cause de cette qualité et malgré leur prix élevé, à être employés dans les magasins, les arsenaux et les autres locaux où l'on a un grand intérêt à éviter les causes d'incendie.

964. Planchers en fer et poteries. — Ces planchers sont actuellement employés sur une grande échelle dans les constructions parisiennes; mais ils n'ont pu parvenir encore à se faire admettre en Belgique, à cause de leur prix beaucoup plus élevé que ceux décrits au numéro précédent.

Nous n'en donnerons donc qu'une description sommaire, renvoyant pour les détails à l'intéressant ouvrage de Eck, intitulé : *Traité de construction en poteries et fer,* consacré spécialement à leur description.

La charpente des planchers en fer et poteries est entièrement composée de tirants, de *fermettes* ou même de *fermes* en fer forgé, reliés par des entretoises en fer qui maintiennent leur écartement, et qui forment avec eux un réseau dont les intervalles sont remplis par des briques creuses (semblables à celles dessinées (*fig.* 182, *pl.* VIII), noyées presque jointivement dans une gangue de plâtre.

Les fermettes ont la forme représentée *fig.* 1244. Elles se composent d'un arc dont les extrémités sont recourbées soit à crochet, soit à scellement, soit à patte, selon qu'elles doivent se rattacher à des murs ou se fixer à des pièces de bois. L'arc est maintenu dans sa forme courbe par deux tringles moisées en fer mince, boulonnées à leurs extrémités, et reliées dans leur milieu, avec l'arbalétrier, par une frette. Un étrésillon ou poinçon placé entre les lames verticales de la frette, et traversé lui-même par les boulons d'assemblage, s'oppose à la flexion de l'arc.

Les fermettes se placent sur les murs à 4 mètres environ les unes des autres. Dans l'intervalle qui les sépare, on place, à espacement régulier, deux tirants en fer de même grosseur que celui des fermettes. Ces diverses pièces sont ensuite reliées transversalement par de légères bandes en fer qu'on nomme entretoises principales, et qu'à leur tour on recroise transversalement par d'autres entretoises appelées entretoises secondaires. Toutes ces pièces s'assemblent les unes aux autres au moyen de crochets, comme on le voit dans la *fig.* 1245, qui montre en perspective une travée de plancher, construite ainsi que nous venons de le dire. AA sont deux fermettes, BB les tirants, CCC les entretoises principales, et DDD les entretoises secondaires. Les carreaux formés par l'intersection de ces diverses pièces ont de $0^m,80$ à $1^m,00$ de côté. Les poteries y sont maçonnées sur un cintre plat, qu'on peut enlever aussitôt que le plâtre est pris. Comme la prise du plâtre est presque instantanée, il n'est besoin, pour les salles même les plus vastes, que d'un cintre de 1 à 2 mètres de longueur; quand on l'a entièrement couvert, on peut le déplacer immédiatement et le transporter en avant pour continuer le travail.

Le système de fermettes que nous avons décrit ne convient qu'à des salles de petite dimension. Lorsqu'il s'agit de vastes salles, on est obligé de les remplacer par des fermes dont la force est en rapport avec la charge qu'elles ont à supporter. Les *fig.* 1244 et 1247, pl. XLII, en donnent deux exemples.

On pourrait, d'ailleurs, remplacer les fermes par des poutrelles en fonte, semblables à celles dont nous avons parlé au numéro précédent. On a fait aussi usage, pour des constructions de cette sorte, de poutrelles en tôle, qui n'étaient rien autre chose que des tuyaux de section lenticulaire, formés de feuilles de tôle assemblées par des rivets et soutenues à l'intérieur par des diaphragmes.

965. Poutrelles en fer laminé. — On fait, aujourd'hui, un très-grand emploi, même pour les constructions particulières, d'une sorte de poutrelles en fer étiré sous forme de double T, connues sous le nom de fers de la *Providence*, nom de l'établissement belge qui, le premier, les a mises dans le commerce (1). Ces poutrelles ont des dimensions variant de 12 à 26 centimètres en hauteur, et des poids allant de 10 à 58 kilogrammes. Les bourrelets inférieur et supérieur formant les doubles T ont des largeurs variables de $0^m,05$ à $0^m,07$, et une épaisseur moyenne de $0^m,01$. Les plus hautes poutrelles sont renfoncées par une nervure placée sur la côte, à égale distance des deux bourrelets du haut et du bas. Les dimensions en longueur dépassant 7 mètres sont considérées comme exceptionnelles.

Ces poutrelles sont fort résistantes et d'un emploi très-commode. En les fendant

---

(1) Plusieurs établissements belges fabriquent actuellement ces sortes de poutrelles, notamment celui de *Sclessin-lez-Liége*.

aux extrémités par lesquelles elles s'engagent dans les murs, et tournant l'une des moitiés d'un côté, et l'autre du côté opposé, de manière à leur donner la forme de *queue de carpe*, elles forment tout naturellement des ancrages très-solides.

Les planchers se forment habituellement avec des poutrelles de cette sorte posées parallèlement sur les murs à distance de 0^m,90 à 1^m,00 l'une de l'autre. Pour leur procurer plus de roideur dans le sens vertical, on leur donne une légère cambrure d'environ 1 centimètre par mètre. On les bande dans le sens latéral au moyen de tiges en fer à vis et écrous, espèce de longs boulons qui les rattachent les unes aux autres et aux murs. L'intervalle entre les poutrelles est voûté soit en briques ordinaires, soit en briques creuses (borie ou autres), et l'extrados des voussettes, arasé de niveau, reçoit un carrelage ou bien un plancher en bois dont les ais sont fixés sur des lambourdes reposant sur l'extrados des voussettes.

Le plafond s'établit sur un léger contre-gitage en bois qu'on fixe facilement sur les rebords du T inférieur des poutrelles et sur lequel se cloue le lattis, comme à l'ordinaire, soit sur un treillis en fil de fer fixé à la partie inférieure des poutrelles et qui dispense de l'emploi du lattis ordinaire ; quelquefois aussi sur la face inférieure des voussettes en briques ou en poterie.

On peut, avec ces poutrelles, faire des combinaisons et des assemblages d'une très-grande force qui permettent d'en former ainsi des poutres, des longerons et des armatures de toute espèce. Ces systèmes ne sont pas d'un emploi moins fréquent que celui des poutrelles tel que nous venons de le décrire.

Nous donnons, ci-après, pour la facilité des applications, un tableau, renseignant la charge *uniformément répartie*, qu'on peut faire supporter aux poutrelles de diverses hauteurs, longueurs et poids.

TABLEAU des charges qu'on peut faire supporter aux poutrelles dans les constructions.

(La charge étant répartie uniformément.)

HAUTEUR.	POIDS PAR MÈTRE COURANT.	ÉPAISSEUR.	LONGUEURS EN MÈTRES.								
			2	3	4	5	6	7	8	9	10
m.	k.	m.	k.	k.	k.	k.	k.	k.	k.	k.	k.
0,120	10 3/4	0,006	3850	2550	1925	1540	950	740	480	425	380
	11 1/2	0,007	4000	2675	2000	1600	1000	800	500	440	400
	12 1/4	0,008	4175	2800	2100	1670	1040	835	520	460	415
	13	0,009	4350	2935	2250	1740	1080	870	540	480	435
	14 1/4	0,010	4525	3025	2250	1810	1125	870	580	500	450
0,155	13 3/4	0,006	6150	4100	3075	2460	1535	1170	760	680	610
	15	0,007	6300	4200	3150	2500	1575	1250	790	700	630
	16 1/4	0,008	6500	4300	3250	2560	1625	1280	805	725	650
	17 1/2	0,009	6780	4500	3390	2730	1690	1365	845	750	675
	18 3/4	0,010	7240	4800	3620	2900	1810	1450	905	800	725
	20	0,011	7800	5200	3900	3125	1950	1560	965	890	780
	21 1/4	0,012	8500	5600	4250	3400	2100	1600	1060	920	800
0,180	18	0,008	9000	6000	4500	3600	2250	1800	1125	1000	
	19 1/2	0,009	9500	6350	4750	3800	2375	1900	1190	1050	
	21	0,010	10250	6800	5125	4100	2560	2050	1280	1140	
	22 1/2	0,011	11100	7400	5500	4440	2750	2200	1390	1230	
	24	0,012	12000	8000	6000	4800	3000	2300	1500	1325	
	25 1/2	0,013	13000	8650	6500	5200	3250	2500	1625	1450	
	27	0,014	14150	9450	7075	5660	3525	2625	1770	1570	
	28 1/2	0,015	15400	10300	7700	6160	3850	3000	1925	1700	
	30	0,016	16750	11150	8375	6700	4185	3200	2090	1860	
0,200	20	0,008	10150	6800	5075	4060	2540	2030	1270		
	21 1/2	0,009	11130	7420	5650	4450	2825	2225	1410		
	23	0,010	12350	8900	6175	4940	3090	2470	1550		
	24 1/2	0,011	13700	9150	6850	5500	3425	2740	1710		
	26	0,012	15200	10125	7600	6080	3800	2900	1900		
	27 1/2	0,013	16850	11225	8425	6740	4210	3250	2100		
	29	0,014	19700	13125	9850	7880	4925	3800	2475		
	30 1/2	0,015	21750	14500	10875	8700	5425	4150	2725		
	32	0,016	24000	16000	12000	9600	6000	4600	3000		
0,220	25 fort	0,009	14100	9400	7050	5640	3525	2800	1760		
	27	0,010	14600	9700	7300	5840	3650	2910	1825		
	29	0,011	15200	10100	7600	6080	3800	3040	1900		
	30 1/2	0,012	15775	10500	7875	6325	3900	3050	1975		
	32	0,013	16375	10960	8200	6550	4100	3175			
	33 1/2	0,014	17000	11325	8500	6800	4250	3300			
	35	0,015	17600	11700	8800	7050	4400	3400			
	36 1/2	0,016	18250	12150	9100	7300	4550				
	38	0,017	19000	12650	9500	7600	4750				

ARTICLE VI.

COMBLES ET TERRASSES.

966. Définition. — Le *comble* ou le *toit* est la partie qui couvre le bâtiment et met son intérieur à l'abri des intempéries.

967. Espèces diverses. — On a établi des subdivisions nombreuses parmi les constructions de cette espèce. Les unes sont basées sur la nature des matières qui entrent dans leur composition : ainsi il y a des combles *en bois, en fer* et *en maçonnerie*; les autres, sur la forme de leur surface apparente, et celles-ci sont beaucoup plus nombreuses que les premières.

Un comble qui n'offre qu'un seul *pan* ou *égout* plan porte le nom d'*appentis* (*fig.* 1248). On appelle comble *à deux versants* celui qui offre deux égouts rectangulaires partant d'un même *faîte* (*fig.* 1249). Ces combles sont ordinairement limités latéralement par des murs ou des pans de charpente triangulaires, qui portent le nom de *pignons* ou de *frontons*; quelquefois cependant les pignons sont remplacés par des *pans inclinés*, qui portent le nom de *croupes*, et l'ensemble prend alors le nom de comble *en pavillon* (*fig.* 1250).

On appelle, en général, *polygonaux* les combles composés de plus de quatre pans réunis par des *arêtes saillantes*. Ces pans peuvent aboutir tous à un même sommet, à une plate-forme horizontale, ou à une autre portion du comble dont les pans sont différemment inclinés. Ceux-ci rentrent dans la catégorie des *combles brisés*, dont nous parlerons tout à l'heure.

Le comble peut offrir à l'extérieur une surface unique, engendrée par la révolution d'un triangle ou d'un arc du cercle autour d'un axe vertical. Ils portent, dans le premier cas, le nom de combles *coniques*, et dans le second celui de combles *sphériques* ou *en dôme*.

Dans les combles composés de surfaces planes, les pans sont ordinairement de figure régulière. Cependant, des circonstances locales peuvent déterminer des dispositions contraires, et les combles prennent alors le nom de *biais* ou d'*irréguliers* (*fig.* 1251); quelquefois cette épithète ne s'applique qu'aux groupes. Pour éviter l'irrégularité des pans principaux dans les édifices dont la largeur n'est pas uniforme, on emploie parfois des combles *à surfaces gauches* ou *en aile de moulin* (*fig.* 1252).

On appelle *combles brisés* ou *à la mansarde* (*fig.* 1253) des combles dont les pans présentent, à une certaine hauteur, une brisure plus ou moins prononcée. Ordinairement la partie inférieure de ces combles est très-roide et presque verticale, tandis que la partie supérieure, qui forme ce qu'on nomme le *brisis*, est presque horizontale. Les combles de cette espèce ont eu une grande vogue pendant le siècle dernier; mais ils ne sont plus que rarement employés aujourd'hui. Il y a encore une autre espèce de combles brisés qu'on emploie quelquefois, malgré le grave inconvénient qui y est inhérent : ce sont ceux dont le sommet est coupé et remplacé par une brisure concave, ainsi qu'on le voit dans la *fig.* 1254. On a quelquefois recours à cette disposition dans de grands édifices pour éviter des toits d'une hauteur démesurée. L'inconvénient qu'elle a, c'est que les neiges se rassemblent et séjournent, à moins qu'on ne les enlève, dans le creux (*noue renfoncée*) $x\,y\,z$: leur poids fatigue la charpente, et l'humidité qu'elles entretiennent hâte leur destruction. On peut presque toujours l'éviter en employant les couvertures métalliques, qui permettent de donner beaucoup moins de roideur aux versants que les ardoises et les tuiles, et qui ne coûtent pas plus cher quand on sait les choisir et les construire convenablement, comme nous le démontrerons par la suite. La brisure s'étend quelquefois jusqu'au niveau de la naissance des égouts (*fig.* 1255); on a alors une véritable suite de toits à deux versants accolés.

Lorsque les deux versants contigus d'un comble sont inclinés à 45°, le comble est dit *droit* ou *d'équerre*, parce que l'angle des deux plans est de 90°. On le dit *surbaissé* lorsque l'inclinaison est moins roide, et *surhaussé* dans le cas contraire. Les combles des tours et des clochers, qui sont fort surhaussés, portent le nom de *flèches*.

Tous les combles dont nous venons de donner une idée sommaire peuvent être compris sous le nom générique de *combles simples*.

On appelle, en général, *combles composés* tous ceux qui résultent de l'intersection de plusieurs combles simples, plans ou courbes, réguliers ou irréguliers, et l'on conçoit que les combinaisons peuvent varier à l'infini.

968. Inclinaison des combles. — L'inclinaison des surfaces des combles n'est pas, comme on pourrait le croire, une chose que l'architecte peut varier selon son caprice. Elle dépend tout à la fois de la nature des matériaux de couverture et de celle du climat.

On comprend tout d'abord que des ardoises, des tuiles, des lames de zinc, de plomb, ou de tôle, superposées et à recouvrements, mais sans que leurs joints soient rendus complétement étanches, ne sauraient interdire passage à l'humidité dans les mêmes conditions qu'une lame de plomb d'une seule pièce, par exemple, ou formée de morceaux réunis par des soudures non interrompues. Une telle couverture met parfaitement à l'abri des infiltrations les constructions qu'elle recouvre, même lorsqu'elle est tout à fait horizontale, tandis qu'une couverture en ardoises, en tuiles ou en lames métalliques, posées à dilatation libre, livrerait passage à l'eau par tous ses joints. Cette remarque fait voir d'abord que les couvertures métalliques ou les aires en mortier ou en mastic, sans aucun joint ni fissure, sont les seules qui permettent d'atteindre la dernière limite du surbaissement des combles, c'est-à-dire la position horizontale.

Après cela, l'on comprendra qu'avec des couvertures *à joints*, l'inclinaison doit dépendre non-seulement du nombre des joints, mais encore et principalement de la grandeur des recouvrements de surfaces et de la nature des matériaux de couverture. Le nombre des joints augmente celui des points par où l'eau peut s'introduire et les inconvénients qui en sont la suite; il faut donc éviter d'autant plus la possibilité de cette invasion, et une augmentation d'inclinaison des surfaces du comble est, toutes choses égales d'ailleurs, un des moyens les plus simples et les plus efficaces.

L'influence de la grandeur des recouvrements et de la nature des matériaux de couverture est tout aussi facile à comprendre, si l'on observe qu'entre leurs surfaces de contact la capillarité joue un rôle dont les effets varient avec ces deux données. Avec des matériaux absorbants, plus ou moins spongieux, qui se *mouillent* aisément comme les ardoises et les tuiles, l'eau remonte dans les joints à une distance beaucoup plus grande de l'orifice qu'avec des matériaux, tels que les lames métalliques, jouissant de propriétés contraires. Il résulte donc de ceci que l'inclinaison doit être plus forte lorsqu'on emploie des ardoises ou des tuiles que lorsqu'on fait usage de lames de métal, afin de contrarier les effets de la capillarité par ceux de la pesanteur, ou que le recouvrement doit être plus grand. Mais comme, au delà d'une certaine limite, ce dernier moyen d'obvier aux effets de la capillarité offre du désavantage par rapport au premier, c'est à celui-là qu'on a eu le plus souvent recours. En général, on peut poser en principe que l'inclinaison doit augmenter en raison directe de la porosité des matériaux et de la petitesse de leur recouvrement.

Enfin, quant au climat, son influence sur l'inclinaison des combles est encore aisée à concevoir. L'eau qui remonte dans les joints des recouvrements ne peut y progresser d'une manière rapide et qui lui permette d'atteindre des points situés à une certaine distance de l'orifice que pour autant que l'état humide de l'atmosphère lui fournisse incessamment de nouveaux aliments. Si l'état de l'atmosphère est habituellement sec, l'eau déposée par les pluies et qui tend à monter par les joints sera presque aussitôt absorbée et ne pourra produire aucun effet nuisible; tandis que, s'il est habituellement humide, l'humidité s'entretiendra pendant de longs intervalles et pourra produire de notables ravages. C'est à des différences tranchées de cette espèce qu'il est rationnel d'attribuer celle que l'on remarque dans l'inclinaison des combles des pays chauds et de ceux des pays froids. Les terrasses et les combles surbaissés sont d'un usage général dans le Levant et le Midi de l'Europe, tandis que les combles ont généralement des pentes fort roides dans l'Occident et le Nord.

La théorie ne saurait, du reste, indiquer les limites rigoureuses dans lesquelles on doit se tenir selon les cas, mais l'expérience y a suppléé.

Dans nos contrées, on admet assez généralement aujourd'hui que l'inclinaison à 45° est bien suffisante pour les tuiles et les ardoises; mais cependant on n'a pas toujours été de cet avis. Dans le courant du moyen âge, on donnait généralement 60° et même 64° d'inclinaison aux versants des combles en ardoises. Par contre, beaucoup de constructeurs de notre temps estiment que l'inclinaison de 33° est suffisante pour cette espèce de couverture; mais l'expérience pourrait bien leur donner tort, comme elle l'a déjà fait pour les *brisis* des combles à la mansarde, dont l'inclinaison n'était que de 22° environ avec l'horizon, et qu'on regardait aussi comme bien suffisante il y a cent ans. Nous conseillerions toujours, dans l'état actuel de la question, de recourir aux couvertures métalliques toutes les fois que des convenances architectoniques s'opposent à ce qu'on emploie des combles d'équerre au moins.

Pour les combles métalliques, l'inclinaison peut être, en effet, beaucoup moindre que 45° et même atteindre l'extrême limite, comme nous l'avons fait voir. Toutefois, nous rappellerons que les couvertures formées de lames métalliques soudées les unes aux autres offrent des inconvénients qui leur font préférer, en général, celles où les lames sont assemblées à dilatation libre, et pour ces dernières on s'est généralement arrêté à la limite de 24°. L'expérience semble même avoir démontré qu'il convient de ne pas aller au delà de 21° pour les constructions auxquelles on veut donner toutes les conditions de durée compatibles avec une sage économie.

969. Idée générale de leur construction. — Les combles offrent deux choses bien distinctes.

La *couverture*, qui se construit suivant l'une ou l'autre des méthodes décrites en détail dans la II° partie.

La *charpente*, sur laquelle s'appuie la couverture. Cette dernière partie de la construction peut offrir des combinaisons excessivement variées, non-seulement à cause de la nature diverse des matériaux de couverture, mais encore et surtout par suite de la multiplicité des formes que le comble est susceptible de revêtir.

En général pourtant, la charpente d'un comble peut être comparée à celle d'un plancher. On y remarque ordinairement un système de solives légères, dirigées dans le sens de la pente du toit et qui portent le nom de *chevrons*, clouées ou assemblées, à 40 ou 50 centimètres d'intervalle, sur d'autres solives d'un équarrissage plus fort, placées dans le sens de la longueur du pan qu'on appelle *cours de pannes* et *faîtes* ou *faîtages*. La distance entre ces pièces dépasse rarement 2^m,50. Les cours de pannes portent à leur tour sur le profil des murs, ou, plus souvent, sur des pans verticaux en charpente appelés *fermes*, espacés de 3 à 4 mètres.

970. Fermes. — Les fermes de combles offrent des combinaisons trop variées pour que nous puissions les faire connaître toutes; nous en décrirons seulement les types principaux.

Nous distinguons parmi les fermes, abstraction faite de la matière :

1° Les fermes avec entrait	{ composées de pièces droites. { composées de pièces courbes.
2° Les fermes sans entrait	{ composées de pièces droites. { composées de pièces courbes.

971. Fermes à entrait composées de pièces droites. — Les fermes les plus simples de cette espèce sont composées de deux arbalétriers a, b (*fig.* 1256) et d'un entrait *c*. Les deux arbalétriers s'assemblent entre eux, à mi-bois ou à enfourchement, suivant l'angle voulu, et à tenon et mortaise avec embrèvement dans l'entrait. Cette espèce de ferme ne convient que pour de petites portées de 3 à 4 mètres au plus ; pour des portées plus considérables elle exigerait des bois d'un trop fort équarrissage, et il y a économie à introduire dans le système quelques nouvelles pièces qui empêchent les autres de fléchir.

La *fig.* 1257 représente une ferme dite *antique* ou *à la Palladio*, qui peut servir à couvrir des espaces de 20 à 25 mètres de portée ; la lettre *a* désigne les arbalétriers qui s'assemblent d'une part dans un poinçon *c* et de l'autre dans un entrait *d*. La flexion des arbalétriers est empêchée par un faux entrait *e* (1), lequel est assemblé avec les arbalétriers ; la flexion de ce faux entrait lui-même est empêchée par le poinçon *c* qui y est assemblé. Il en est de même de l'entrait, qui peut être en outre soutenu par des aiguilles pendantes *f* en plus ou moins grand nombre. Dans ces espèces de fermes, le poinçon et les aiguilles pendantes sont quelquefois des moises qui embrassent les arbalétriers et qui sont fortement serrées par des boulons comme dans la *fig.* 1257 ; mais d'autres fois aussi c'est l'inverse qui a lieu, comme on le voit dans la *fig.* 1258, qui représente une des fermes de l'ancienne basilique de Saint-Paul hors les murs à Rome.

Le faux entrait se place tantôt à la moitié de la hauteur du poinçon, afin que les deux parties des arbalétriers se trouvent dans les mêmes conditions ; d'autres fois il se place aux deux tiers à partir du bas, et alors on fortifie la partie inférieure de l'arbalétrier par un sous-arbalétrier qui s'assemble avec l'entrait et le faux entrait, comme l'indique la *fig.* 1258 ; quelquefois on double aussi le faux entrait ; d'autre fois, enfin, on le brise, comme le montre la *fig.* 1259, qui représente une ferme de l'église Sainte-Sabine à Rome.

Les dispositions que nous venons d'indiquer peuvent être, pour les très-grands combles, doublées ou triplées ; les *fig.* 1260, 1261, 1262 et 1263 en montrent un exemple détaillé tiré de la salle d'exercice de Moscou.

Nous n'avons pas besoin de dire que dans les fermes d'une grande portée les pièces de charpente doivent fréquemment avoir des équarrissages assez gros pour devoir être formées de pièces assemblées ; ces assemblages ou armatures se font alors d'après les procédés indiqués dans la III° partie (633 à 640).

On voit un exemple de ces pièces armées dans la *fig.* 1260.

Les fermes constituées ainsi que nous venons de l'expliquer ne sont d'une bonne application que pour les combles surbaissés ; pour les combles surhaussés, et même pour les combles d'équerre, il est convenable d'introduire dans la charpente quelques pièces ayant pour objet de donner plus de force à l'ensemble contre l'action latérale du vent, en maintenant l'invariabilité des angles. Dans

---

(1) Le faux entrait est aussi souvent désigné sous le nom d'*entrait retroussé*.

un grand nombre de charpentes, cet effet est obtenu au moyen d'*aisseliers a* (*fig.* 1264) et de *jambettes* ou *contre-fiches b*; au surplus, que le comble soit surbaissé ou surhaussé, il faut toujours choisir, parmi les nombreuses combinaisons de pièces au moyen desquelles on peut construire des fermes suffisamment résistantes, celle qui présente les dispositions les plus simples et qui conduisent le plus directement au but. Nous répétons ici ce que nous avons déjà dit ailleurs, que le seul moyen d'obtenir des charpentes solides sans y employer aucune pièce inutile, c'est de se rendre exactement compte des forces qui agissent sur elles et qui tendent à les déformer. On trouvera dans les ouvrages de Kraft, d'Émy et de Rondelet un grand nombre de fermes à entrait composées de bois droits qui, quoique citées comme remarquables, n'en pèchent pas moins fort souvent sous ce point de vue.

972. Fermes à entrait composées de pièces courbes. — Lorsque la surface extérieure du comble est formée d'une ou plusieurs surfaces courbes, les dispositions des fermes peuvent rester à peu près les mêmes que celles qui ont été indiquées dans les figures précédentes; mais les arbalétriers doivent présenter la courbure voulue. Ces arbalétriers pourraient être faits avec des pièces naturellement courbes ou courbées au feu; mais le plus souvent on les compose de pièces droites *gabariées* et entées à trait de Jupiter. Toutefois, les systèmes les plus économiques et les plus usités de nos jours sont ceux de Philibert de Lorme et d'Émy, dans lesquels on n'emploie que des planches ou des madriers, et que nous décrirons tout à l'heure en parlant des fermes sans entrait.

Quelques fermes de combles à surfaces planes présentent aussi, comme pièces accessoires destinées à fortifier l'ensemble, des arcs ou des pièces courbes. La *fig.* 1265, qui est une variante de la *fig.* 1260, offre un exemple de l'emploi judicieux d'un arc de cette espèce, composé de pièces assemblées en crémaillère et serrées par des boulons.

973. Fermes sans entrait composées de pièces droites. — L'entrait, nous l'avons déjà dit, a pour but de neutraliser la poussée des arbalétriers contre leurs supports; lorsqu'on le supprime, afin d'obtenir plus de dégagement sous le toit, on doit le remplacer par des pièces qui suppléent à sa fonction d'une manière moins directe, mais pourtant aussi complète que possible. Il serait long et fastidieux de décrire les diverses combinaisons qui ont été imaginées à différentes époques pour satisfaire à cette condition en n'employant dans la charpente que des pièces droites; mais les *fig.* 1266 à 1273 présenteront autant de types qui en donneront une idée.

La *fig.* 1266, pl. XLIII, représente une ferme gothique remarquable, comme celles de presque tous les édifices qualifiés de la sorte, par une extrême simplicité. Il faut observer, toutefois, que cette simplicité était malheureusement achetée par une grande consommation de bois, et c'est présumablement une des causes qui a fait renoncer à ce mode de construction. En effet, ces fermes étaient rapprochées les unes des autres autant que les chevrons de nos toitures actuelles, et c'est ainsi que, n'ayant qu'une très-petite charge à supporter, elles pouvaient être construites d'une manière aussi légère et n'avoir qu'une poussée fort minime.

Les *fig.* 1267 à 1273 représentent d'autres dispositions tirées de constructions modernes dans lesquelles les fermes sont espacées de 3 à 4 mètres; nous renvoyons en outre à la *fig.* 854, pl. XXIX. Dans toutes ces fermes on reconnaît que la poussée est diminuée, sinon détruite, par des pièces inclinées qui vont d'un arbalétrier à l'autre ou qui réunissent le sommet ou un point intermédiaire d'un même arbalétrier à une pièce horizontale nommée *gousset*, assemblée avec son about inférieur. De cette manière on forme un réseau de triangles qui ne peut subir d'autre variation de forme que celle résultant de l'élasticité de la matière (abstraction faite de celle qui résulte du jeu des assemblages, qu'on peut réduire à très-peu de chose en les faisant d'une grande justesse et en les consolidant avec des ferrures). Lorsque les pièces inclinées sont fort longues, on les soutient par des moises pendantes telles que celles marquées A dans les *fig.* 1268 et 1271, ou par de faux entraits tels que celui marqué B dans la *fig.* 1269. L'introduction de ces pièces dans la charpente permet d'augmenter le nombre des figures triangulaires et par suite l'invariabilité des angles.

974. Fermes sans entrait composées de pièces courbes. — L'invention des premières fermes de cette espèce paraît être due à Philibert de Lorme, architecte français du seizième siècle. Elles ont été plus ou moins modifiées dans la suite, notamment par Lacaze, Rondelet et Emy, mais l'idée mère est toujours restée la même.

Nous décrirons avec quelque soin les dispositions de Philibert de Lorme qui se distinguent par une grande simplicité; il nous sera ensuite facile de faire comprendre les modifications qu'elles ont subies, au moyen de quelques courtes explications.

975. Système de Philibert de Lorme. — La rareté et la cherté des bois de grandes dimensions nécessaires à la composition des fermes d'une grande portée paraissent avoir inspiré à ce célèbre architecte l'idée de sa charpente. L'on verra, en effet, qu'il ne fait entrer dans les plus grandes fermes que des morceaux de planches assemblées entre elles d'une manière ingénieuse et économique tout à la fois. Remarquons d'abord que Philibert de Lorme composait le comble de la manière encore fréquemment en usage de son temps, c'est-à-dire de fermes légères à peu près aussi rapprochées les unes des autres que les chevrons de nos toitures actuelles. L'écartement qu'il prescrit est de 2 pieds (66 centimètres).

Chaque ferme, selon son système, est formée de deux épaisseurs de planches d'un pouce (0^m,027), assemblées bout à bout en forme d'arc ou d'hémicycle, ainsi qu'on l'a représenté dans la *fig.* 1274. Les morceaux de planches qui forment les arcs n'ont pas plus de 4 pieds (1^m,50) de longueur sur 8 pouces (0^m,22) de largeur, et sont gabariés selon la courbure voulue. Toutes les coupes d'assemblages tendent au centre, et les joints d'une épaisseur de planches correspondent exactement au milieu de la longueur des planches de l'autre épaisseur. Ces deux doubles de planches sont fixés l'un contre l'autre avec des clous, et serrés en outre par le moyen des *liernes* dont nous allons parler.

Ces liernes, marquées *m* dans les *fig.* 1274, 1275 et 1276, ont principalement pour but de maintenir l'écartement de 66 centimètres entre les fermes ; elles sont formées de pièces de bois de 1 pouce (0^m,027) d'épaisseur, sur 4 pouces (0^m,108) de largeur, et traversent les arcs à chaque joint tendant au centre. Elles sont elles-mêmes traversées par deux clefs *n* d'un pouce (0^m,027) d'équarrissage, chassées dans des mortaises *o'o*, *fig.* 1275, distantes entre elles d'un peu moins que l'épaisseur horizontale des arcs ; ce qui fait qu'elles serrent les planches l'une contre l'autre, ainsi que nous l'avons dit plus haut. Ces clefs ne sont pas marquées dans la *fig.* 1274, afin de mieux laisser voir les joints de planches. Quelquefois, au lieu de deux mortaises séparées pour les recevoir, on ne fait qu'une seule mortaise oblongue, comme on l'a marqué en X sur la *fig.* 1275. Cette manière diminue le travail et permet encore de mieux serrer les arcs en employant des clefs légèrement cunéiformes.

L'invention de Philibert de Lorme fut, à son origine, l'objet d'une critique sans le moindre fondement. On prétendit qu'elle n'était applicable qu'aux combles revêtus en lames métalliques. Sa courbure extérieure, disait-on, empêchait les matériaux rigides, tels que des tuiles et des ardoises, de s'appliquer exactement les uns sur les autres ; elle les faisait *entre-bâiller*, et les combles n'étaient plus complétement à l'abri de la neige et de la pluie que le vent chassait par les joints. Rien n'était plus facile que d'obvier à cet inconvénient, soit en employant des ardoises de plus petite longueur que celles dont on faisait usage ordinairement, soit en se servant de tuiles légèrement courbes, ce qui n'eût pas augmenté sensiblement la difficulté de leur fabrication, soit en assemblant, sur l'extrados des arcs, des arbalétriers en planches, droits ou d'une moindre courbure que les hémicycles. Philibert de Lorme a laissé le dessin de plusieurs fermes de cette dernière sorte. Nous avons représenté un fragment de l'une d'elles dans la *fig.* 1277 ; l'arc ogif tangent à l'hémicycle est composé de la même manière que lui, et il s'y trouve réuni par des moises pendantes en planches *v*, traversées par les liernes et serrées entre deux clefs ordinaires.

Ce genre de charpente n'eût-il été applicable, au surplus, qu'aux combles cylindriques et en dôme, l'invention de Philibert de Lorme n'en eût pas moins été une des plus belles de la charpenterie.

976. Modifications au système de Philibert de Lorme. — Philibert de Lorme ne paraît pas avoir proposé, parmi les modifications à apporter à sa ferme pour la rendre applicable aux combles ordinaires, l'emploi d'arbalétriers droits. C'est une idée qui paraît n'être venue qu'ultérieurement, mais qui ne constitue pas un changement de grande importance. Nous avons cru inutile de le dessiner, on le comprendra aisément.

977. Modification de Rondelet. — Une autre modification proposée par Rondelet a tout aussi peu d'importance ; elle consiste à remplacer les *liernes pas-*

santes de Philibert de Lorme par des liernes assemblées sur l'intrados et l'extrados des hémicycles, ainsi que l'indique, par une coupe, la *fig.* 1278, pl. XLIV ; mais cette disposition ne présente évidemment pas, et à beaucoup près, une aussi grande solidité que celle de l'inventeur, et l'on ne pourrait la conseiller que pour des charpentes d'une petite portée.

978. Modification de Lacaze. — Un charpentier de Paris, nommé Lacaze, a fait une modification plus importante : c'est sur la constitution des hémicycles qu'elle porte principalement. Au lieu de les composer de planches de champ, assemblées ainsi qu'on l'a expliqué plus haut, Lacaze les compose de solives de 5 à 7 pouces ($0^m,14$ à $0^m,19$) de grosseur, refendues en deux et entées à trait de Jupiter. La *fig.* 1279 donne le détail de cet assemblage. Les entailles et les mortaises marquées sur cette même figure servent à l'assemblage de liernes et d'entretoises destinées à maintenir l'écartement entre les fermes.

979. Modification d'Emy. — Avant de parler de cette modification, qui porte aussi principalement sur le système de construction des arcs ou hémicycles, nous ferons observer que le système primitif de Philibert de Lorme subit, dans diverses constructions exécutées notamment en Hollande et en Belgique, un changement beaucoup plus important.

L'on n'a pas oublié que chaque ferme, dans le système de Philibert de Lorme, forme pour ainsi dire chevron, comme dans les combles gothiques, c'est-à-dire que leur espacement est assez faible pour qu'on puisse clouer immédiatement sur elles le lattis qui doit porter la couverture, sans qu'il soit nécessaire de recourir à l'emploi de cours de pannes et de chevrons, comme lorsque les fermes sont espacées de 2 à 4 mètres. Cette disposition nécessite une très-grande quantité de bois, et dans plusieurs circonstances on parvint à en diminuer la consommation, en imitant ce qui se fait dans les constructions ordinaires, tout en imitant aussi, jusqu'à un certain point, le système de Philibert de Lorme.

A cet effet on construisit les arcs non plus simplement avec deux doubles de planches clouées et liernées les unes aux autres, mais bien avec deux ou trois doubles de madriers, assemblés en liaison comme dans le système primitif, et maintenus les uns contre les autres par des boulons ou des brides en fer. Les arcs ainsi constitués purent acquérir une force qui permit de les espacer autant que les fermes ordinaires pour servir de supports à des cours de pannes destinés à porter un chevronnage.

De plus, lorsque les toits durent présenter, à l'extérieur, des surfaces planes, on combina, avec les arcs ainsi construits, une ferme droite composée le plus souvent de deux arbalétriers A, *fig.* 1280, de deux jambes de force B, de deux liens ou aisseliers C, d'un faux entrait D et d'un poinçon E. La réunion de cette ferme droite à l'arc se fit au moyen d'un système de moises pendantes F dirigées normalement à l'arc dans quelques cas et verticalement dans d'autres. Les moises embrassaient l'arc et la charpente droite au moyen d'entailles et étaient fortement serrées par des boulons. Ces dispositions se trouvent représentées dans tous leurs détails par la *fig.* 1281. Le colonel Emy les adopta, mais il perfectionna la construction des arcs d'une manière vraiment remarquable.

L'emploi des planches de champ pour la construction des arcs exigeait dans ces sortes de charpentes une sujétion, et occasionnait, par le gabariage, une perte de bois qui enlevait à cette construction une partie de ses avantages économiques. Le colonel Emy remédia à ces inconvénients en composant les arcs de longs madriers flexibles, courbés sur leur plat et maintenus par des ferrures. Voici le fait sur lequel est fondée l'invention du colonel Emy :

Si l'on prend quatre ou cinq planches superposées de plat, et si on les courbe toutes ensemble, puis, une fois la courbure obtenue, si l'on traverse le système par des boulons fortement serrés, cet ensemble se maintiendra sous la forme courbe qu'on lui a donnée. En effet, les planches ne pouvant plus, après cette opération, glisser les unes sur les autres, elles ne sauraient revenir à leur forme première sans que celles qui sont à la partie convexe de l'arc s'accourcissent et celles situées à la partie concave s'allongent. Il est facile maintenant de concevoir le parti qu'on peut tirer de cette observation. Toute la question de la construction d'un arc aussi étendu qu'on le voudra se réduira à employer des planches ou madriers assez longs et assez flexibles pour être pliés aisément selon la courbure voulue. En augmentant le nombre des couches et la force des moyens de réunion, on sera toujours maître de donner à l'arc le degré de rigidité nécessaire.

Cette invention, extrêmement simple, avait déjà été indiquée par M. Wiebeking, et même appliquée par lui à la construction des ponts (1); mais son application aux fermes des grands combles paraît revenir tout entière au colonel Emy.

Le colonel Emy compose ses arcs de longs madriers de sapin de 55 millimètres d'épaisseur sur 0^m,13 de largeur et 12 à 13 mètres de longueur, et il emploie pour les réunir un système de boulons et d'étriers en fer. Lorsque les madriers ne sont pas assez longs pour former l'arc d'une seule pièce, on les assemble en liaison, en ayant soin d'éviter que les joints ne tombent aux reins à l'extrados, et au sommet de l'arc à l'intrados, comme nous l'avons dit au n° 648. Les boulons de retenue ont environ 18 millimètres de diamètre et une longueur commandée par l'épaisseur de l'arc; on les espace d'environ 80 centimètres. Les étriers sont faits en fer méplat; ils se placent dans les intervalles des boulons.

La *fig.* 1280 représente une des fermes du hangar de Marac, près de Bayonne, construit en 1825 par l'inventeur. On y remarque, en H, l'arc en madriers courbés sur leur plat; en BCDE, la charpente droite combinée avec cet arc; et en FFF, les moises qui servent à relier ces deux pièces l'une à l'autre.

La *fig.* 1282 est la représentation d'une ferme du comble du manége de l'École

---

(1) Au pont d'Attenmarckt, notamment, formé d'une seule traverse de 43 mètres d'ouverture.

d'application de l'artillerie et du génie de Metz ; elle n'offre de grande différence avec la précédente qu'en ce que les moises pendantes sont verticales au lieu d'être normales à l'arc. Cette dernière disposition est recommandée lorsque l'arc a une grande rigidité. La première doit être préférée dans le cas contraire.

L'arc se construit sur un gabarit horizontal, disposé de la manière la plus convenable, selon les lieux. Les dispositions peuvent être variées d'un grand nombre de manières, et nous croyons inutile d'en rapporter ici des exemples. La forme de la charpente étant donnée, chaque ingénieur découvrira aisément le moyen qui le conduira le plus commodément et le plus sûrement au but.

980. Modifications d'Ardant. — Les charpentes que nous avons décrites en dernier lieu ont été assez vivement critiquées par M. le chef de bataillon du génie Ardant dans l'ouvrage que nous avons déjà cité plusieurs fois. Il les trouve d'un prix de revient plus élevé que celles dans lesquelles il n'entre que des pièces droites, et il avance, en outre, que la rigidité des arcs est loin d'être telle qu'on la suppose généralement. Nous ne croyons pas ces critiques entièrement fondées. La question du prix de revient doit nécessairement recevoir des solutions différentes suivant le prix relatif des bois débités en planches et autrement dans les diverses localités ; et quant à la grande flexibilité que cet habile ingénieur reproche aux hémicycles, se basant pour cela sur de nombreuses et belles expériences faites par lui, nous pensons que les dispositions vicieuses qu'il a adoptées pour ses principales fermes d'épreuve lui ont fait attribuer à ce défaut plus d'importance qu'il n'en a réellement.

Quoi qu'il en soit, M. Ardant a proposé, pour y remédier, deux moyens. Le premier consiste à remplacer les arcs en planches de champ de Philibert de Lorme, ou en planches courbées sur leur plat du colonel Emy, par des arcs en fonte. Cette substitution sera sans aucun doute avantageuse chaque fois que le prix de la fonte permettra d'y avoir recours sans un surcroît sensible de dépense. En effet, on remarquera, dans le tableau qui termine la 1re section de la IIIe partie, que tandis que le coefficient R′ relatif à la fonte n'est égal qu'à 10 fois environ le coefficient R′ relatif aux arcs en planches, son coefficient d'élasticité E égale 22 fois celui des mêmes arcs. Il en résulte qu'en donnant à l'arc en fonte une surface de section capable de résister à l'action de la charge permanente avec autant de force que l'arc en bois, sa flexibilité pourra être cependant beaucoup moindre. La *fig.* 1283 représente une ferme de ce genre, dessinée par M. Ardant. Le second moyen consiste à remplacer ces mêmes arcs par une combinaison de pièces droites formant, par leur intersection, un polygone inscrit aux arbalétriers, dont les angles pourront être arrondis par des pièces de rapport. La *fig.* 1284 représente une ferme de ce genre projetée par M. Ardant. Ses dispositions sont certainement remarquables ; mais nous ne pensons pas qu'elles doivent être absolument préférées à celles de Philibert de Lorme ou d'Emy. Elles ne s'appliqueraient d'ailleurs que difficilement à des charpentes d'une grande portée.

981. Fermes en métal. — Toutes les combinaisons de pièces de bois que nous avons décrites dans les numéros précédents peuvent être reproduites en métal (fer ou fonte). Elles acquièrent ainsi une élégance toute particulière, à cause des moindres dimensions transversales qu'on peut donner à toutes les pièces de la charpente. La réunion des pièces métalliques se fait au moyen des assemblages qui ont été décrits dans la IIe partie. Dans les combles métalliques les mieux combinés, la fonte est employée concurremment avec le fer malléable. Ce dernier est réservé pour les tirants ou entraits, et en général pour toutes les pièces qui ont des efforts d'extension à subir, tandis que la fonte est employée pour les pièces soumises à la compression ou à la flexion.

Les *fig.* 1285 à 1287 sont des types de fermes en métal.

La *fig.* 1285 est la représentation d'une ferme du comble en fer de la boulangerie militaire de Paris.

La *fig.* 1286, celle du comble en fer d'un des bâtiments de la station du chemin de fer de Londres à Birmingham, avec ses détails d'assemblage.

La *fig.* 1287 représente une des fermes, entièrement en fonte, de l'entrepôt de Gand.

La pl. XLV représente une des fermes gothiques de l'église de Laeken construites avec des fers en T.

982. Fermes mixtes. — Un grand nombre de combles récemment construits sont formés de combinaisons dans lesquelles le bois, le fer et la fonte sont employés tout à la fois. Dans quelques-uns, les tirants et les aiguilles pendantes seuls sont en fer forgé, tandis que tout le reste est en bois, comme dans la *fig.* 1288, pl. XLIV. Dans d'autres, on n'a conservé en bois que les arbalétriers. Les faux entraits, les contre-fiches et toutes les pièces soumises à des efforts de compression sont en fonte, tandis que toutes celles qui tirent sont en fer, exemples *fig.* 1289 et 1290, pl. XLVI. D'autres offrent, outre ces dispositions, des arbalétriers mi-partis en bois et mi-partis en fer : telles sont celles des hangars de la station de Douvres, du chemin de fer de Londres à cette dernière ville. Les arbalétriers sont composés d'une planche *a* (*fig.* 1291), serrée entre deux bandes de fer, *b* et *c*, par des vis. Cette disposition est très-commode pour assembler les cours de pannes sur les arbalétriers. La *fig.* 1292 représente enfin un système de fermes en bois et en fer, de l'invention du colonel Emy, dans lequel les arbalétriers sont tout à la fois armés et empêchés de pousser contre les murs, par le moyen de tringles en fer disposées d'une manière semblable à l'armature que nous avons décrite au n° 627 et dessinée pl. XXIX, *fig.* 876, et pl. XVII, *fig.* 409. La *fig.* 855, pl. XXIX, est une application de la même idée.

983. Fermes suspendues. — Dans la plupart des fermes, le tirant n'a d'autre fonction à remplir que d'empêcher les pieds des arbalétriers de s'écarter l'un de l'autre et de pousser contre les murs. On a proposé et essayé, dans quelques cas assez rares, de les faire servir en outre à supporter les arbalétriers, par une disposition analogue à celle employée dans certains ponts suspendus. La *fig.* 1293 est un exemple d'une disposition de ce genre, dans laquelle le tirant est formé par une poutre armée suivant le système de M. Laves. Le tirant peut être un polygone funiculaire en fer. Ces dispositions, extrêmement simples et qui peuvent s'appliquer à de très-grandes portées, ont l'inconvénient de diminuer la hauteur de l'espace compris sous l'entrait, et en second lieu de ne pas donner aux fermes une aussi grande rigidité que les autres. On ne peut conseiller de les employer que dans des cas exceptionnels. Un des plus beaux exemples, sans contredit, de l'emploi des fermes de cette espèce, est le comble du *Panorama* des Champs-Ély·sées à Paris. L'une des fermes de ce comble, représentée *fig.* 1294 et 1295, fait voir que le premier inconvénient a été évité au moyen d'une combinaison très-ingénieuse. Cette ferme fait partie d'un comble conique de plus de 20 mètres de portée.

984. Fermes en maçonnerie. — Dans un grand nombre de constructions civiles, on évite l'emploi des fermes en prolongeant dans les greniers les murs de refend de l'édifice sur lesquels on appuie le faîte et les cours de pannes. Lorsque les points d'appui qu'on peut se procurer de cette façon ne sont pas éloignés entre eux de plus de 7 à 8 mètres, il y a presque toujours économie à suppléer à l'absence de fermes intermédiaires par l'emploi de poutres de 25 à 30 centimètres d'équarrissage, sur lesquelles on cloue des chevrons. On laisse ces murs pleins ou simplement percés de portes lorsqu'ils doivent en même temps établir des divisions dans les greniers; mais quand ils n'ont pas cet office à remplir, on peut les élégir en entier par des voûtes en ogive. La maçonnerie qui reste peut alors être considérée comme une véritable ferme en maçonnerie.

Cette disposition a été imitée avec économie dans quelques grands hangars. La *fig.* 1294 en offre un exemple (1).

985. Cours de pannes et faîtages. — Les cours de pannes et les faîtages, outre qu'ils servent, comme nous l'avons dit, à supporter le chevronnage du comble, maintiennent le parallélisme des fermes sur lesquelles ils sont assemblés.

Les assemblages des cours de pannes ou fermes sont fort simples, et les *fig.* 1297, 1298 et 1299 les représentent. Dans la *fig.* 1297, A est le profil transversal d'un cours de pannes; B, l'arbalétrier de la ferme sur lequel il est posé ; C, un patin de bois nommé *tasseau* et *chantignole*, cloué sur l'arbalétrier et qui empêche le cours de pannes de glisser suivant la pente du toit. Cet assemblage est suffisamment solide, attendu que, comme on le verra tout à l'heure, le cours de pannes est encore fixé dans sa position par les chevrons qui y sont cloués. Néanmoins, quelques constructeurs le fortifient par un petit embrèvement marqué en pointillé.

Ce mode d'assemblage est celui qu'on emploie le plus communément, et on

---

(1) La pl. XLVII représente un hangar de cette espèce que j'ai fait construire en 1853 à Louvain, pour y remiser du matériel de chemin de fer, et j'ai pu m'assurer ainsi que ce genre de construction est extrêmement économique. Le hangar est composé de 14 travées, et il a une longueur totale de 56ᵐ,35 sur 11ᵐ,35 de largeur. Le mètre carré de superficie couverte revient à 6 fr. 63.

peut le remarquer dans presque toutes les figures de fermes que nous avons données précédemment. Cependant on profite assez fréquemment du prolongement des entraits retroussés, des aiguilles ou des moises pendantes, pour supprimer les chantignoles en tout ou en partie, comme on peut le voir notamment dans la *fig.* 1284. Enfin on entaille quelquefois les cours de pannes à la rencontre des arbalétriers, de manière à les embrasser de la même façon que les *liernes* embrassent les solives des planchers, et l'on place, dans ce cas, les chantignoles sur le côté des arbalétriers. Cette dernière disposition, dessinée dans la *fig.* 1298, a été particulièrement employée dans les fermes composées de *bois plats*, c'est-à-dire ayant pour section transversale un rectangle fort allongé.

Le faîte se pose quelquefois dans une bifurcation formée par les prolongements des arbalétriers, comme dans la *fig.* 1256, pl. XLII. Ses faces se trouvent dans le même plan que celles des cours de pannes; mais plus souvent il s'assemble à tenons et mortaises dans les poinçons des fermes, comme dans la *fig.* 1300 pl. XLVI; il présente, dans ce dernier cas, deux pans en chanfrein à sa partie supérieure, situés exactement dans le même plan que les faces supérieures des cours de pannes. Cette dernière disposition est celle qui est suivie généralement en Belgique; en Angleterre on en observe une autre qui nous paraît beaucoup meilleure sous plusieurs rapports. Le faîte consiste en un madrier méplat qui s'assemble dans un enfourchement pratiqué au sommet du poinçon (*fig.* 1301). Cette pièce, sous un petit volume, présente une grande résistance à la flexion dans le sens vertical, et comme elle est contre-buttée de droite et de gauche par les chevrons, elle ne saurait non plus fléchir ou se tordre latéralement; nous avons fait voir précédemment (366) qu'elle offre un moyen très-solide de pose et d'attache des faîtes en plomb.

Dans les fermes métalliques, les assemblages dont nous venons de parler se font ordinairement au moyen de boîtes fixées contre les arbalétriers et dans lesquelles on introduit les abouts des pièces qu'on y arrête ensuite par des goupilles ou des boulons. La *fig.* 1299 montre le détail d'un assemblage de cette espèce.

Lorsque les cours de pannes et les faîtes sont fractionnés en plusieurs morceaux et qu'ils ne sont pas reliés par des boîtes métalliques, ainsi que nous venons de le dire, leurs diverses fractions s'assemblent entre elles, soit à platjoint, soit à trait de Jupiter, en observant de faire tomber les assemblages sur les arbalétriers. On ancre assez souvent leurs extrémités dans les pignons des bâtiments de la même manière que les poutres des planchers; dans ce cas, et lorsque la construction a beaucoup à fatiguer, on consolide les entures longitudinales par des bandelettes en fer.

986. Liernes, liens et croix de Saint-André. — Dans les combles de petite portée, c'est-à-dire de 8 à 9 mètres au plus, les cours de pannes et le faîte sont suffisants pour maintenir les fermes dans leur position verticale, à moins que le bâtiment ne soit exposé à l'action de vents très-violents; dans ce dernier cas, et lorsque la portée des fermes acquiert une grande dimension, il est nécessaire de les affermir encore par d'autres moyens. On pourrait craindre, en effet, de voir ces grands pans de charpente gauchir et se tordre par l'effet des forces qui agissent sur eux, ce qui fatiguerait les assemblages et hâterait leur destruction.

L'un des moyens que l'on emploie le plus communément dans ce cas consiste à réunir différents points des fermes placés dans l'intérieur du comble par des cours de *liernes*. Ces liernes sont des solives simples ou moisées qu'on fixe ordinairement au moyen de boulons à certaines pièces des fermes. On voit la section transversale de pièces de cette sorte dans les *fig.* 1263 et 1250, où elles sont désignées par la lettre *x*. Un autre moyen, également fort employé, consiste dans l'emploi de *liens* qui s'assemblent, d'une part, dans les poinçons ou les arbalétriers, et, de l'autre, dans le faîte ou un cours de pannes. La *fig.* 1302 représente des liens de cette espèce; quelquefois ces liens sont remplacés par des *croix de Saint-André*, telles que celle qui se trouve marquée en pointillé dans la même figure. Ces assemblages se font à tenons et mortaises obliques et avec ou sans embrèvement dans les combles en bois; dans les combles en fer, ils peuvent être variés d'un grand nombre de manières, dont on se fera une idée en se reportant aux *fig.* 714, 729, pl. XVI, qui indiquent autant d'assemblages de serrurerie par lesquels on peut remplacer les tenons et les mortaises de la charpenterie.

987. Chevrons, empanons, coyaux et sablières. — Les chevrons se clouent à angle droit sur les cours de pannes, c'est-à-dire suivant la plus grande pente de l'égout; il en est de même des *empanons* : c'est ainsi que l'on nomme les chevrons d'inégale longueur qu'on emploie dans les croupes et les noues, comme *a* (*fig.* 1303); ils se fixent avec des chevilles de fer et quelquefois de bois sur chacun des cours de pannes et sur le faîte sur lequel ils viennent s'assembler en coupe, comme en *i*, *fig.* 1304, ou contre lequel ils viennent se clouer, comme en *h*, même figure; quelquefois on les assemble par enfourchement, ainsi qu'on le voit en K. Par le pied, on les fixe sur un madrier S, qui porte le nom de *sablière*, lequel se pose sur le dessus du mur; enfin on cloue quelquefois sur le bout des chevrons et sur une seconde sablière *s'*, placée en avant de la première, des bouts de chevrons C, qui portent le nom de *coyaux* et qui ont pour objet d'amener l'eau qui s'écoule sur le toit dans le chéneau qu'on place ordinairement au pied des égouts. Les sablières font assez souvent partie de la corniche en bois dont on décore le sommet des murs des édifices, et dont nous avons parlé précédemment (917).

Les sablières se composent ordinairement, comme les cours de pannes, de pièces entées bout à bout, à plat-joint ou autrement, selon l'occurrence.

Lorsque les chevrons sont assez longs pour devoir être faits de plusieurs morceaux, on les réunit par des assemblages de même espèce.

988. Observations. — Nous avons supposé dans ce qui précède que la toiture est supportée par un système de fermes. Lorsque les profils des murs sont assez rapprochés pour qu'on puisse s'en passer, les cours de pannes et le faîte se posent dans des encastrements convenables ménagés dans la maçonnerie.

Il arrive quelquefois qu'au lieu d'un système de chevrons posant sur des cours de pannes et le faîte, on emploie un système de petits cours de pannes très-rapprochés les uns des autres, et qui tiennent lieu du chevronnage ; cette disposition est notamment employée pour les couvertures en tôle ordinaire.

989. Fermes de croupe, d'arêtier, etc. — Lorsque le comble est simple et sans croupes, les fermes sont exactement les mêmes dans toutes ses parties ; elles se posent toutes perpendiculairement aux plus longs murs ou à l'axe longitudinal des bâtiments ; mais lorsque le comble présente des angles rentrants ou saillants produits par l'intersection de pans qui se coupent sous des angles quelconques, on est obligé d'introduire dans la charpente des fermes d'une autre forme destinées à servir de support aux abouts des faîtes et des cours de pannes.

Ces fermes sont désignées sous le nom de fermes *d'arêtier* quand l'angle qu'elles accusent est saillant, et de fermes *de noue* quand il est rentrant. En pareil cas, on désigne les fermes ordinaires sous le nom de fermes *de long-pan*. Quant à celles qu'on est obligé de placer dans les croupes, intermédiairement aux fermes d'arêtier, lorsque ces croupes ont de grandes dimensions, on les nomme *fermes* ou plutôt *demi-fermes de croupe*. Ce sont, en effet, très-souvent des moitiés de fermes de long-pan.

La *fig.* 1303 représente la projection horizontale d'un comble où l'on trouve les diverses espèces de fermes dont nous venons de parler.

La lettre A désigne les fermes de long-pan.

—	B	—	de croupe ;
—	C	—	d'arêtier ;
—	D	—	de noue et d'arêtier en même temps.

Toutes ces fermes sont composées d'une manière semblable. La seule différence consiste le plus souvent en ce que les pièces des fermes de noue et d'arêtier sont plus longues et plus fortes que celles des fermes de long-pan. On dispose en général les pièces qui entrent dans leur composition, de manière à ce qu'elles soient, en quelque sorte, la projection sur un plan oblique des pièces des fermes de long-pan. Il n'entre pas dans notre cadre de donner des exemples du tracé graphique de ces charpentes. Ce tracé, quelquefois très-compliqué, se fait par les méthodes ordinaires de la géométrie descriptive. Nous ne pouvons, non plus, entrer dans une foule de détails applicables à des cas particuliers, pour lesquels nous renvoyons aux traités spéciaux, et notamment à l'ouvrage du colonel Emy que nous avons eu si souvent occasion de citer. Nous n'avons en vue que de donner une idée claire et précise des combinaisons les plus usuelles, et nous pensons que ce que nous avons dit suffira.

990. Ouvertures dans les combles. — Ordinairement les combles sont traversés par des souches de cheminées et percés de lucarnes ou de lanterneaux qui servent à les éclairer. Ces percées se font le plus souvent dans les intervalles compris entre les fermes, c'est-à-dire au travers du chevronnage. Quelles que soient la grandeur et la figure des ouvertures de ce genre, elles sont formées par un encadrement compris entre deux chevrons auxquels on donne plus de force qu'aux autres, à cause des assemblages qu'ils doivent recevoir, et du surcroît de fatigue auquel ils sont exposés. Ces chevrons forment deux des côtés de l'ouverture, les autres côtés sont formés par des entretoises ou linçoirs qui s'assemblent avec eux, et qui reçoivent eux-mêmes l'assemblage de l'extrémité des chevrons compris dans l'intervalle.

La *fig.* 1305 représente une percée pratiquée dans un pan du toit pour donner passage à une souche de cheminée. AA sont les deux chevrons de rive ; BB sont des linçoirs assemblés à tenons et mortaises avec les chevrons AA (1) ; CCC sont les chevrons coupés, assemblés à tenons et mortaises, à paumes ou autrement, avec les linçoirs. On pourrait rendre l'ouverture octogone au moyen de *goussets* assemblés suivant les lignes ponctuées tracées sur la *fig.* 1305, et ovale ou circulaire en cintrant intérieurement les côtés de l'encadrement, mais les dispositions principales resteraient toujours les mêmes ; elles seraient encore telles dans le cas où la percée serait pratiquée dans un égout courbe ; il n'y aurait de différence qu'en ce que les linçoirs devraient être des pièces courbes à simple ou à double courbure, selon la forme de l'ouverture et de la surface dans laquelle elle serait percée. On trouvera un grand nombre d'exemples particuliers de ces percées dans l'ouvrage d'Emy, notamment à la planche 77. Nous croyons inutile de les rapporter ici, attendu que ces combinaisons ne doivent pas offrir de difficultés pour ceux qui, comme les lecteurs auxquels ce livre s'adresse spécialement, connaissent la géométrie descriptive et ses applications.

991. Lucarnes. — En général, une lucarne est une petite construction en charpente placée au-dessus d'une ouverture pratiquée dans le toit. Elle est formée de deux portions triangulaires en pans de bois qui sont ses joues ou *jouées*, assemblées dans l'épaisseur des chevrons latéraux de l'ouverture, qui prennent le nom de *chevrons de jouée*.

Les joues d'une lucarne supportent son toit. La lucarne se termine sur le devant par un châssis dormant qui forme fenêtre du côté de la façade du bâtiment. Cette fenêtre peut être carrée, cintrée, ovale ou ronde, mais les principales dispositions de la charpente de la lucarne restent les mêmes. Les *fig.* 1306 à 1312, pl. XLVIII, les feront comprendre.

La première est la projection verticale vue de face, et la seconde une autre projection verticale en coupe et profil d'une lucarne dont le toit est terminé en croupe sur le devant, avec arêtiers et empanons, et qui est lié au grand comble par des *noulets* (petites noues).

Le cours de pannes P est coupé pour le passage de la lucarne. Ordinairement la longueur des parties de ce cours de panne, qui se trouvent sans autre soutien

---

(1) Ces pièces doivent être tenues à une distance suffisante de la souche pour ne pas avoir à craindre que le feu puisse s'y communiquer.

que leur roideur, est fort petite, surtout si les fermes du comble sont peu écartées entre elles. Si elle est assez grande pour qu'on n'ose les laisser sans soutien, on y assemble deux linçoirs dont les abouts s'assemblent eux-mêmes soit dans deux cours de pannes situés l'un au-dessus, l'autre au-dessous de celui qui est coupé, soit dans un cours de pannes et dans la sablière, comme c'est le cas représenté dans la *fig.* 1307; ces linçoirs se placent du reste sous les chevrons qui portent les jouées de la lucarne.

Les *fig.* 1308 à 1312 n'ont pas besoin d'explication pour être comprises après ce qui précède; la légende qui suit suffira.

Fig. 1308, élévation, et *fig.* 1309, profil d'une lucarne *retroussée* qu'on emploie sur les combles de peu d'importance.

Fig. 1310, élévation; *fig.* 1311, plan, et *fig.* 1312, profil d'une lucarne formant saillie sur la façade du bâtiment, avec palier soutenu par des consoles en fer pour le service d'un grenier.

992. Moyens d'écoulement. — Une chose à laquelle on ne saurait prendre trop d'attention en construisant un comble, c'est de ménager des moyens d'écoulement faciles et prompts pour les eaux pluviales qui s'y rassemblent. A cet effet, les chéneaux qui les reçoivent doivent offrir des pentes suffisantes pour qu'elles soient attirées vers un certain nombre de points bas, occupés par des gargouilles qui dégorgent dans des tuyaux de descente. La pente des chéneaux doit être de 4 à 5 millimètres par mètre de longueur. Quand ils n'ont qu'une petite longueur, on ne fait ordinairement qu'une seule pente, aboutissant à un seul tuyau de décharge. Mais quand ils sont fort longs, on fait plusieurs pentes et contre-pentes, au pied desquelles on place les tuyaux. La section de ces derniers doit être suffisante pour donner passage à toute l'eau qui y arrive pendant les plus fortes averses. Sans cela, elle s'accumule bientôt dans les chéneaux et, débordant au-dessus, elle peut causer des avaries. Il faut considérer, d'ailleurs, que des saletés déposées sur les toits et entraînées par les eaux peuvent les obstruer en partie, et c'est ce qui fait qu'il est bon de leur donner une section plus forte que celle qui serait suffisante à la rigueur. On leur donne rarement moins de 5 centimètres de diamètre et quelquefois beaucoup plus. Cela dépend de l'étendue de la surface de toiture qu'ils ont à desservir.

993. Grosseur des bois et des fers. — Nous renvoyons, pour la détermination de la grosseur des pièces de bois ou de métal qui entrent dans la composition des combles, aux formules que nous avons données dans la IIIᵉ partie. Nous ne rapportons ici qu'à titre de renseignement les indications suivantes qu'on trouve dans les vieux auteurs, et qui s'appliquent aux fermes surhaussées.

On donne aux entraits, lorsqu'ils portent plancher, 1/18 de leur portée, et lorsqu'ils ne portent pas plancher, 1/24 seulement; aux arbalétriers, 1/15 de la portée des entraits; aux faux-entraits, 1/24; aux poinçons, 1/12; aux liens, 2/24; finalement aux cours de pannes 1/24 de l'intervalle entre les fermes.

Ces règles empiriques ont fait loi pendant longtemps; mais la charpenterie des combles s'est enrichie, de nos jours, de tant de combinaisons nouvelles, au moyen desquelles on a obtenu toute la force et la stabilité désirables avec une légèreté inconnue de nos ancêtres, que nous ne craignons pas d'avancer que ce serait s'exposer, la plupart du temps, à user beaucoup de bois en pure perte, que de suivre encore aveuglément les règles qu'ils nous ont laissées.

994. Terrasses. — Les combles sont quelquefois remplacés par des terrasses. Celles-ci s'établissent soit sur des planchers solides, soit sur des voûtes arasées de niveau. La substance la plus employée en Belgique pour ce genre de construction est le plomb en feuilles. Le zinc lui est quelquefois substitué, mais il ne parait pas résister aussi bien. Quelques essais faits avec le mastic bitumineux de Seyssel, dont nous avons déjà parlé dans la IIe partie, ont donné des résultats qui en rendent l'usage peu recommandable. Nous ne nous arrêterons pas ici à décrire ces travaux, dont nous avons déjà du reste donné une idée suffisante. Nous ferons seulement observer que, pour bien réussir, les couvertures doivent être établies sur des planchers solides, bien aérés et formés de bois non susceptibles de jouer, ou bien sur des maçonneries parfaitement rassises. On conçoit, sans qu'il soit besoin de le dire, que le jeu des charpentes ou le tassement des maçonneries sont de nature à fatiguer les lames métalliques, comme les planches d'asphalte, et à y produire des crevasses par lesquelles l'eau s'infiltre sous le toit, où elle vient bientôt pourrir les charpentes, s'il n'y est porté un prompt remède.

On comprend également que, lorsque la terrasse est établie sur une charpente, l'aérage de cette charpente est indispensable; autrement l'humidité se condensera sous la terrasse et hâtera la pourriture des bois, qui est d'ailleurs activée par la haute température que les rayons du soleil y entretiennent. Lorsque ces terrasses ne sont pas placées au-dessus d'un grenier qu'on peut aérer au moyen de fenêtres, ou lorsque la charpente doit être plafonnée en dessous, il convient de laisser des trous dans la maçonnerie des façades sur lesquelles s'appuient les poutres ou les poutrelles, pour que l'air puisse s'introduire et circuler dans l'intervalle qui les sépare.

ARTICLE VII.

AIRES ET PAVÉS.

995. Nous n'avons rien à ajouter à ce qui a été dit dans la IIe partie quant à la construction des aires et des pavés. Suivant leur destination, ces parties des édifices se font en pavés de pierre ou de bois, en dalles, en briques, en carreaux de terre cuite ou même en marbre, en suivant les indications que nous avons données (art. *Du paveur et du carreleur*).

ARTICLE VIII.

ESCALIERS.

996. Définitions. — Les escaliers sont des constructions composées de plans horizontaux, formant des degrés élevés à la suite les uns des autres, sur lesquels on pose les pieds en montant ou en descendant, pour communiquer aux différents étages d'un bâtiment. De là vient le nom de *marches* que l'on a donné à ces degrés.

Suivant la destination d'un escalier et la forme de l'espace dans lequel il est établi, que l'on appelle *cage*, il est composé de parties droites ou de parties courbes, et souvent des deux en même temps.

Les parties qui se projettent en ligne droite sur le plan se nomment *volées* ou *rampes*; celles qui sont courbes se nomment *quartiers tournants*.

Les pièces de bois inclinées qui soutiennent les marches d'une rampe sont les *limons*. Les limons des quartiers tournants sont des courbes rampantes.

Les limons sont situés du côté du centre de la cage de l'escalier; du côté opposé, les marches sont soutenues par les parois de la cage ou par de *faux-limons*.

L'espace vide qui répond au centre de la cage et qui est, dans la projection horizontale, entouré par celle des limons, se nomme le *jour de l'escalier*.

De quelque manière qu'un escalier soit développé par le moyen de ses limons, et quelle que soit l'inclinaison de ses rampes et quartiers tournants, le limon a une épaisseur verticale et une épaisseur horizontale constantes, tellement que le solide qu'il forme, rectiligne ou courbe, peut être regardé comme engendré par un rectangle vertical.

Ces limons ne sont pourtant pas toujours d'une génération aussi simple. Quelquefois ils sont ornés, sur les angles, de moulures plus ou moins riches dont les profils sont tracés dans ce même rectangle, pour que leur génération soit assujettie à la même loi que celle des limons. Dans les escaliers susceptibles de plus de décoration, et notamment dans ceux dont la grande largeur exige de forts limons, on orne ces limons avec des espèces de caissons creusés dans leur face verticale; ces caissons sont entourés de moulures.

Le dessus d'une marche, considéré par rapport à sa largeur, est généralement appelé *giron;* cependant ce nom s'applique de préférence aux marches des quartiers tournants.

Les *contre-marches* sont les parements verticaux des devants de marches; c'est aussi le nom des pièces de bois qui forment ces parements, lorsque les marches ne sont pas massives.

Les *paliers* sont des portions de planchers plus ou moins étendues distribuées à diverses distances dans la hauteur d'un escalier; ils sont utiles soit pour diviser son trop long développement et donner des points de repos, soit pour tenir lieu de quartiers tournants, soit pour donner des issues commodes aux portes des appartements des différents étages, soit enfin pour joindre les parties séparées du même étage d'un bâtiment.

On nomme *marche palière* celle qui est au niveau d'un palier et en forme le bord.

La *foulée* d'un escalier est la route qu'on suit en montant ou en descendant, ayant une main sur la *lisse* du garde-corps.

Dans les escaliers étroits la foulée occupe le milieu de la longueur des marches. On n'a égard à cette ligne que dans les quartiers tournants.

On donne le nom d'*emmarchement* à l'étendue des marches dans le sens de leur longueur ; c'est la largeur de l'escalier entre les limons et les parois de la cage ou les faux-limons.

On nomme aussi *emmarchement* l'assemblage d'une marche dans le limon, c'est-à-dire, la quantité dont une marche pénètre dans le limon pour s'y assembler et y trouver un appui.

L'*échiffre* est le commencement d'un escalier ; c'est l'assemblage en charpente qui soutient le premier limon, servant comme de base à l'escalier. C'est aussi le nom du mur qui sert de fondation à cet assemblage.

997. Proportions des marches. — L'expérience a fixé, comme proportions les plus convenables des marches des escaliers, $0^m,325$ pour la largeur horizontale et $0^m,1625$ pour la hauteur verticale. Néanmoins on est quelquefois forcé, à défaut d'espace, d'augmenter le rapport entre ces deux quantités, ou de le diminuer quand la longueur développée de la foulée se trouve, avec la hauteur qui sépare verticalement les points de départ et d'arrivée, dans un rapport plus grand ou plus petit. Dans ces deux cas, les praticiens observent assez généralement la règle suivante :

Quelle que soit l'inclinaison de l'escalier, la somme de la hauteur et de la largeur d'une marche doit être de $0^m,487$.

Ainsi, lorsque la hauteur des marches est de $0^m,135$, leur largeur doit être de $0^m,352$; lorsque la hauteur est de $0^m,189$, leur largeur doit être de $0^m,298$, et ainsi de suite.

Malgré cette règle et toutes celles qui ont été données par les architectes à différentes époques, on est forcé, pour que les escaliers soient commodes, de s'écarter peu des rapports qui fixent la hauteur des marches à $0^m,162$ et leur largeur à $0^m,325$, parce qu'on a reconnu que les escaliers dont la pente est trop douce, comme ceux dont la pente est trop roide, sont d'un usage également fatigant.

En général, dans les escaliers des maisons d'habitation, les marches ne doivent pas avoir plus de $0^m,19$ de hauteur et moins de $0^m,30$ de largeur.

998. Espèces diverses d'escaliers. — A compter de l'échelle, qui peut être considérée comme le type primitif, on distingue une grande diversité d'espèces d'escaliers. Nous allons, tout en les énumérant, donner quelques détails sur leur mode de construction.

999. Échelle. — Une échelle est un escalier portatif ordinairement composé de deux montants entre lesquels sont distribués, à des distances égales, des échelons horizontaux, qui sont des bâtons ou des liteaux assemblés dans les montants. Quelquefois l'échelle n'est composée que d'un seul montant traversé par les échelons, ou contre les côtés duquel sont cloués des patins qui en tiennent lieu ; ces patins sont parfois remplacés par des entailles faites le long des montants. Ces sortes d'échelles ne s'emploient que dans des cas où elles sont invariablement fixées aux lieux où elles sont nécessaires. On fait des échelles doubles ; elles sont composées de deux échelles simples réunies à charnières par leur sommet. Les montants sont plus écartés et les échelons plus longs par le bas que par le haut ; elles ont la propriété de se tenir seules en écartant les pieds des deux échelles qui les composent, tandis que les échelles simples doivent être appuyées contre un objet fixe pour qu'on puisse en faire usage.

Ordinairement les montants des échelles sont tirés d'espars en sapin refendus en deux ; ils sont ainsi très-solides et très-légers tout à la fois. Les échelons doivent être faits avec du bois fendu ; l'essence la meilleure, comme la plus employée, est le chêne. On les assemble dans les montants à tenons coincés qui les traversent de part en part. Quand les échelons sont ronds, les mortaises sont remplacées par des trous de tarière. De distance en distance (3 à 4 mètres), on réunit en outre les montants par des boulons. Le corps de ces boulons forme quelquefois échelon.

1000. Rampe-échelle. — Cet escalier, le plus simple après l'échelle, est composé d'un madrier épais posé sous une inclinaison convenable pour former une rampe praticable. Pour appuyer les pieds et les empêcher de glisser, le madrier est garni de liteaux prismatiques fixés avec des clous.

La *fig.* 1313 est une perspective de cette sorte d'escalier, souvent employé dans les travaux.

1001. Échelle de meunier. — Cet escalier se compose de deux planches ou madriers placés de champ dans une position inclinée et formant limons, dans lesquels sont assemblés, à tenons et mortaises ou par entailles de diverses sortes, des marches formées de planches ou de madriers suffisamment solides pour ne pas fléchir sous le poids des personnes et des charges qui peuvent poser dessus.

La *fig.* 1314 est la projection d'un escalier de cette espèce sur un plan vertical parallèle à ses limons, et vue sur la face extérieure d'un des limons. Cette figure fait voir diverses manières d'assembler les marches avec les limons. La *fig.* 1315 fait voir une autre manière de construire l'échelle de meunier. Les limons *a* sont découpés par des entailles donnant appui aux marches *b* qui y sont maintenues par des clous ou des vis ; on ajoute quelquefois des contre-marches *g* également clouées sur les faces verticales des entailles.

1002. Escalier à répétition. — Cette sorte d'escalier est représentée *fig.* 1316. Sa largeur est divisée en deux rampes dont les marches sont égales, mais d'une hauteur double de celle des marches ordinaires. Ces marches sont disposées de manière à ce que celles d'une des deux rampes correspondent au milieu de la hauteur des marches de l'autre rampe, si bien que celui qui monte ou qui descend fait usage de chaque rampe pour un seul pied ; il a le limon du milieu entre ses pieds. Le partage de l'escalier en deux rampes fait qu'on peut, en donnant beaucoup de roideur à l'escalier, donner à chaque marche une largeur suffisante pour que le pied porte bien, soit en montant, soit en descendant.

L'escalier à répétition peut être composé de trois rampes au lieu de deux. Celle du milieu a alors le double de la largeur des deux autres, qui sont disposées symétriquement à ses côtés. L'escalier peut, étant ainsi disposé, servir au passage de deux files de personnes à la fois. L'escalier à répétition remplace avantageusement l'échelle de meunier dans plusieurs circonstances, et même supplée à un escalier plus commode dans des cas où l'on est restreint par l'exiguïté de l'espace.

Ces diverses espèces d'escaliers ne sont employées que dans les usines, les moulins, les magasins, les échafaudages, et partout où la facilité de communication n'est pas une condition essentielle. Les proportions entre la hauteur et la largeur des marches indiquées plus haut ne leur sont pas applicables ; on ne s'astreint à d'autres règles, quant à cela, qu'à les rendre le moins fatigants que possible dans les conditions où ils doivent être placés.

Ces proportions ne sont applicables qu'aux escaliers des bâtiments habités, dans lesquels les communications entre les étages sont très-fréquentes et dont nous allons parler.

1003. Escalier ordinaire droit. — Pour bien faire comprendre la construction de ces derniers, tels qu'on les fait actuellement, nous commencerons par décrire la constitution d'une rampe ou volée droite ; il sera facile, après cela, de faire connaître en peu de mots les modifications qu'apportent les quartiers tournants à ces dispositions premières.

Une volée d'escaliers se compose ordinairement d'un limon et d'un faux-limon dans lesquels sont assemblées les marches et les contre-marches. Les limons, les faux-limons, les marches et les contre-marches se font, autant que possible, d'une seule pièce ; cependant, lorsque les marches sont très-larges, on est parfois obligé de les faire de deux pièces assemblées à rainures et languettes. Les contre-marches s'assemblent aux marches à rainures et languettes ou de diverses autres manières, qui sont dessinées dans les *fig.* 1317, 1318 et 1322, et les unes aussi bien que les autres sont assemblées dans les limons et faux-limons au moyen d'encastrements d'environ 0^m,03 de profondeur. Ces encastrements sont représentés dans la partie supérieure de la *fig.* 1318. Pour maintenir ces assemblages, il suffit de réunir les limons de distance en distance par des boulons minces et longs qu'on serre fortement. Le profil des limons peut être orné de moulures, comme nous l'avons déjà dit ; les marches font ordinairement, sur les contre-marches, une saillie de 4 à 5 centimètres, et cette saillie est elle-même presque toujours ornée de moulures plus ou moins compliquées.

La rampe, construite ainsi que nous venons de le dire, s'assemble d'une part dans une marche en pierre ou en marbre, scellée dans le pavé du rez-de-chaussée, ordinairement plus grande que les autres et terminée latéralement par une *volute*(*fig.* 1319), et de l'autre, dans la charpente du plancher ou du palier auquel elle aboutit. Lorsque la rampe part d'un palier ou d'un plancher d'étage pour atteindre un point plus élevé, on ne place pas de marche en pierre, mais on assemble le pied des limons avec la charpente du plancher ou du palier inférieur.

Ce mode de construction est généralement employé dans les bâtiments militaires, mais il peut être modifié de diverses manières. Quelquefois on supprime le faux-limon et, dans ce cas, les marches et les contre-marches s'assemblent, du côté opposé au limon, dans des rainures pratiquées dans le mur de cage de l'escalier. Cette disposition, qui était anciennement assez usitée, n'est pas à conseiller, sauf dans des cas exceptionnels, parce que les bouts des marches et des contre-marches scellées dans le mur sont sujets à se pourrir assez vite. Une autre disposition consiste à entailler le limon et quelquefois le faux-limon de manière à montrer le profil des marches, comme on le voit dans la *fig.* 1315 ; dans ce cas, les marches et les contre-marches sont clouées sur les faces des entailles. Ce genre d'escalier est d'un effet plus agréable à la vue que celui qui a été décrit en premier lieu, mais il a moins de solidité et convient mieux pour les constructions civiles que pour les édifices militaires. Enfin on fait parfois des escaliers sans limons : ces derniers sont composés de marches pleines assemblées les unes aux autres par des boulons. La *fig.* 1320 est la représentation d'un fragment d'escalier de ce genre, qui n'est guère d'usage que dans les constructions fastueuses. C'est une imitation des escaliers en pierre. Pour ne pas compliquer les figures, on n'a dessiné qu'un seul boulon réunissant deux marches contiguës. L'une de ces marches dessinée en pointillé, que l'on suppose ôtée, est projetée un peu plus haut et, de plus, dessinée en coupe, afin de mieux faire voir le logement du boulon. La *fig.* 1321 est en outre destinée à faire comprendre de quelle manière la liaison des marches des unes aux autres est obtenue au moyen de ces boulons. Pour la rendre plus claire, on a appliqué ce moyen de réunion à un système de pièces de bois carrées et posées sur un plan horizontal. La combinaison reste exactement la même, quand on l'applique à un escalier. La *fig.* 1322 est un autre mode d'assemblage de marches de cette espèce que le dessin fera suffisamment comprendre.

Quand on fait usage de marches pleines, on taille leur dessous suivant le plan rampant de la volée. Dans les autres espèces d'escaliers, le plan est formé quelquefois par un revêtement en planches assemblées entre elles et avec les limon et faux-limon à rainures et languettes, et plus fréquemment par un plafonnage sur latteaux cloués contre l'arête inférieure des marches ou contre un *gitage* assemblé aux limons et faux-limons. Ce gitage se voit en coupe dans la *fig.* 1318.

La volée d'un escalier, quel que soit d'ailleurs son genre de construction, est ordinairement munie d'un garde-corps, lequel, dans les constructions solides des casernes, se compose le plus souvent d'une série de montants verticaux de huit centimètres d'équarrissage sur 0^m,80 de haut, assemblés à tenons et mortaises dans le limon et surmontés d'une *lisse* ou *main-courante* arrondie par le haut, et assemblée avec eux aussi à tenons et mortaises. Quelquefois l'intervalle entre les montants est occupé par des croix de Saint-André.

La *fig.* 1323 montre ces diverses dispositions; dans les constructions plus lgéères ou plus élégantes, on peut les modifier de diverses manières; les plus fréquemment usitées sont celles représentées par les *fig.* 1324 et 1325; dans la première, la main-courante est supportée par une succession de petits balustres ou de colonnettes assemblées à tenons et mortaises dans le champ du limon; dans la seconde, elle est assemblée avec des balustres ou des colonnettes de même espèce, fixées au moyen de tenons ou de vis dans la face latérale du limon. Ces balustres ou colonnettes peuvent être très-ouvragées. Souvent on les fait en fonte, en fer creux ou même en cuivre tourné et poli. La main-courante a ordinairement un profil analogue à celui que représente la *fig.* 1326, et dans les constructions élégantes et soignées on la fait en bois d'acajou, de palissandre, etc. Le premier balustre est souvent beaucoup plus fort que les autres et d'une forme différente; on trouvera dans les ouvrages de menuiserie et de serrurerie une très-grande variété de modèles pour cet objet.

1004. Escalier à quartiers tournants. — Tout ce qui précède s'applique exactement à la construction des quartiers tournants, qui n'offrent d'autre différence qu'en ce que les limons, les mains-courantes et quelquefois les faux-limons se développent en courbe rampante, et en ce que les marches se dessinent en forme d'éventail. Le tracé des courbes rempantes des limons et mains-courantes doit satisfaire à la condition d'être sans changement de direction brusque ou sans *jarrets*, ce à quoi l'on parvient en procédant ainsi qu'il suit.

Soient (*fig.* 1327) AB, CD les projections horizontales des limons de deux volées droites raccordées par un quartier tournant projeté par l'arc de cercle BC dont le centre est en K; d... e... fg la *foulée* de l'escalier, et da la largeur des marches sur la foulée. En divisant toute la ligne d... e... fg en parties égales à da, on obtient des points a, b, c, d..., etc., par lesquels doivent passer les arêtes des diverses marches. Si l'escalier était uniquement composé de volées droites, des perpendiculaires au limon tracées par ces points de division donneraient la projection horizontale de ces arêtes. Mais ici le tracé doit se modifier à raison de l'existence du quartier tournant, si l'on veut satisfaire à la condition énoncée plus haut. En effet, il est visible que si l'on conservait une largeur uniforme aux marches des volées droites jusqu'aux points C et B, les marches en éventail comprises dans l'intervalle entre ces deux points y auraient nécessairement une largeur beaucoup moindre que les marches immédiatement adjacentes. Or, comme leur hauteur est la même, il en résulterait que la ligne de rampe changerait de direction brusquement et en formant une brisure ou un jarret. Ce que nous venons de dire est rendu sensible au moyen de la *fig.* 1328, qui présente en A'B' le développement de la rampe AB *fig.* 1327, et en B'C' celui de la rampe BC. Ces deux lignes forment entre elles un angle qu'il s'agit de faire disparaître. A cet effet on porte de B' en X une longueur égale à B'C', et par C' et X on élève deux perpendiculaires qui viennent se rencontrer en un point O ; de ce point O, comme centre, et avec un rayon égal à OC ou OX, on trace un arc de cercle qui est le raccordement cherché. En prolongeant jusqu'à cette courbe les traces horizontales *rs*, *tu* des girons des marches, on obtient en projection verticale une suite de points 1, 2, 3, etc., qu'il ne sera pas bien difficile de rapporter sur la projection horizontale. En effet, partant du point 2, dont la position sur la rampe n'a pas varié par suite de notre tracé et dont la projection horizontale est II, on portera II-III égal à 2-3, IV-V égal à 4-5, et ainsi de suite, et l'on obtiendra la projection horizontale de la rencontre des arêtes saillantes des marches avec le limon. Comme, d'autre part, ces mêmes arêtes doivent passer par les points de division que nous avons primitivement marqués sur la foulée, les lignes II-*u*, III-*v*, III-*x*, etc., seront les projections horizontales de ces arêtes. L'opération graphique que nous venons de décrire est connue des praticiens sous le nom de *balancement*. On observera qu'elle a pour résultat non-seulement de donner de la grâce à la courbe de l'escalier, mais encore d'augmenter la largeur des marches tournantes à leur *collet* et de rendre ainsi l'escalier d'un parcours plus facile.

Les limons courbes se tirent de pièces de bois droites qu'on découpe avec la scie à chantourner et qu'on achève avec des râpes ou d'autres outils. On les assemble avec les limons droits à tenons et mortaises, disposés ainsi que le montre la *fig.* 1329. Ce mode d'assemblage est également employé pour réunir les fractions des parties droites lorsqu'elles doivent être composées de plusieurs pièces, ce qu'on doit toujours éviter autant que possible.

1005. Escaliers variés. — On peut faire avec des rampes droites, des quartiers tournants et des paliers une grande quantité de combinaisons diverses d'escaliers. Les *fig.* 1330, 1331 et 1332, quoique dessinées à une petite échelle, suffiront pour donner une idée de quelques-unes de celles qui sont le plus employées. Dans la *fig.* 1330, le pied de l'escalier se trouve en A ; dans la *fig.* 1331, en B ; dans la *fig.* 1332, en C, etc., de petites flèches indiquent le parcours. On fait aussi des escaliers entièrement composés de marches tournantes, comme celui représenté *fig.* 1333 ; ces escaliers portent le nom de *vis* et leurs limons sont des hélices qui se construisent et s'assemblent de la même manière que les limons des quartiers tournants.

1006. Escaliers sur noyaux. — Anciennement, lorsqu'on introduisait des marches tournantes dans la composition d'un escalier, on les assemblait dans des prismes de bois ou de pierre A (*fig.* 1334) nommés *noyaux*, lesquels prenaient pied sur le sol et s'élevaient aussi haut que cela était nécessaire. Ces escaliers, dont la construction est plus simple et qui sont même plus solides que ceux à quartiers tournants, ont l'inconvénient d'être presque toujours d'un accès difficile près du collet des marches tournantes et sont d'ailleurs d'un aspect disgracieux. On n'en fait plus que fort rarement usage de nos jours.

1007. Escaliers en pierre. — Les escaliers en pierre ont une grande ressemblance, quant à la disposition et aux proportions des marches, avec les escaliers en bois qui ont été décrits ci-dessus. Leurs marches sont toujours pleines et se posent en recouvrement les unes sur les autres. Quelquefois leur réunion est solidifiée par des goujons en fer ; mais plus fréquemment la stabilité des marches est assurée par le scellement de leurs bouts dans les murs de la cage. Le dessous des marches est quelquefois taillé en surface rampante plane ou courbe. La *Géométrie descriptive* indique comment se font les épures de ces sortes d'escaliers, et nous nous dispenserons d'entrer ici dans de nouveaux détails après les explications qu'on a reçues dans le *Cours de stéréotomie.*

1008. Escaliers en fer. — On fait en fonte des escaliers qui ont aussi une grande ressemblance avec ceux en bois. Ce sont les mêmes principes qui président à leur tracé, mais les assemblages se font en utilisant les propriétés du métal ; on emploie principalement ceux à vis et écrous, tant pour la réunion des marches aux limons et faux-limons, que pour la réunion des différentes volées entre elles. Les limons, les faux-limons, les marches, les contre-marches et les rampes d'appui sont quelquefois très-ouvragés dans ces sortes d'escaliers ; mais dans tous les cas le giron des marches doit toujours être gaufré ou couvert d'aspérités, afin d'obvier autant que possible aux inconvénients du poli que prend le métal par l'effet de l'usure, et qui provoquerait des chutes.

ARTICLE IX.

OUVRAGES ACCESSOIRES.

I. — MENUISERIE.

1009. Parmi les principaux ouvrages en menuiserie qui complètent la construction d'un édifice, on doit principalement ranger :

Les portes,
Les volets,
Les fenêtres,
Les persiennes,
Les lambris,
Les cloisons légères.

1010. Portes, espèces diverses. — On distingue, sous le rapport du mode de construction, trois espèces de portes : les portes *sur barres*, les portes *sur châssis*, et les portes *à panneaux*. Sous le rapport de leur disposition, on les divise en portes à un seul *ouvrant, battant* ou *vantail*, portes *battantes* et portes *roulantes.*

1011. Portes sur barres. — La première espèce est composée d'un panneau de planches ou de madriers A... (*fig.* 1335, pl. XLIX) assemblés entre eux à rainures et languettes ou autrement, et cloués sur un système de barres transversales B, espacées entre elles de 0ᵐ,80 au plus et de 0ᵐ,30 au moins. La force des planches et des barres doit être proportionnée à la résistance qu'on attend de la porte. Pour les constructions légères on fait ordinairement le revêtement en planches de 25 millimètres d'épaisseur, et l'on donne à l'équarrissage des traverses 4 sur 10 à 12 centimètres. Pour les constructions plus solides on donne 3 à 4 centimètres d'épaisseur au revêtement, et aux barres 5 à 6 sur 12 à 15 centimètres d'équarrissage. Ces dernières sont toujours posées à plat contre le revêtement, et celui-ci est cloué ou chevillé contre elles. Lorsqu'il est cloué, les clous doivent avoir en longueur au moins le double de l'épaisseur du revêtement. On enfonce parfois leurs têtes dans le bois au chasse-clou, puis on remplit le vide avec un petit tampon de bois; on obtient ainsi un ouvrage plus propre. Lorsque le revêtement est chevillé, les chevilles doivent, pour bien faire, traverser le revêtement et les barres de part en part et être coincées par les deux bouts. Ce mode de construction est de rigueur dans l'intérieur des magasins à poudre, à moins qu'on ne fasse usage de clous en cuivre ou en zinc. Les barres sont ordinairement *chanfreinées* sur tout leur pourtour. Cela leur donne un meilleur aspect et en même temps diminue les chances de dégradation. (Les arêtes vives sont, en général, les parties les moins solides des constructions et on les abat dans un très-grand nombre de circonstances.)

1012. Portes sur châssis. — La seconde espèce se compose d'un panneau en planches ou en madriers, fixé sur un châssis ou bâti en charpente formé de *montants* verticaux, de *traverses* horizontales et quelquefois *d'écharpes* en diagonale. Les *fig.* 1336 à 1339 montrent les détails des portes de cette espèce. Les *fig.* 1336 et 1338 font voir les portes du côté du bâti. AA sont les montants verticaux; BBB les traverses horizontales assemblées avec les montants à tenons et mortaises; CC les écharpes. Ces diverses pièces sont ordinairement chanfreinées ou ornées de moulures sur leurs arêtes-vues et ces chanfreins ou moulures sont raccordés par des coupes en onglet, ainsi qu'on le voit dans la *fig.* 1339. Les coupes donnent plus de solidité aux tenons, en même temps que plus de propreté aux assemblages. Le revêtement est ordinairement formé d'un simple panneau en planches ou en madriers assemblés à rainures et languettes, cloué ou chevillé, comme on l'a expliqué plus haut. Mais quelquefois les planches ou les madriers sont assemblés et cloués en diagonale sur le bâti, pour donner plus de solidité à la construction. Les planches du revêtement s'opposent alors efficacement au liement des pièces du châssis (voir la partie gauche de la *fig.* 1337). On incline les joints vers le poteau tourillon de la porte, c'est-à-dire celui qui porte les pentures. Les écharpes se placent également dans le même sens. L'épaisseur et l'équarrissage des diverses pièces des portes de cette espèce sont assez variables. Pour les petites portes ordinaires de 1 mètre à 1ᵐ,30 de large sur 2 mètres de haut, on donne fréquemment 25 millimètres d'épaisseur au revêtement et 4 à 5 sur 10 à 12 centimètres d'équarissage aux pièces du bâti. Pour les portes plus solides de mêmes dimensions ou à peu près, on donne 3 à 4 centimètres d'épaisseur au revêtement et 5 à 6 sur 12 à 15 centimètres d'équarissage aux pièces du bâti. Pour les portes cochères des maisons d'habitation, l'épaisseur des pièces du bâti se proportionne à la hauteur des battants ; on leur donne généralement 0^m,025 à raison de chaque mètre de hauteur, ainsi 0^m,10 pour une porte de 4 mètres, 0^m,125 pour une porte de 5 mètres, et ainsi de suite. Quant à la largeur des dites pièces, elle varie selon leur position et les cas ; mais elle ne saurait être moindre que leur épaisseur, et elle en a souvent les 2/3 ou le double. Les revêtements de ces portes ont rarement moins de quatre centimètres. Enfin, pour les portes solides des poternes, des magasins à poudre et de quelques autres bâtiments militaires, on donne quelquefois jusqu'à 0^m,15 à 0^m,20 d'épaisseur aux pièces du bâti et une largeur à proportion, et au revêtement 0^m,06 à 0^m,08 d'épaisseur. Pour ne pas être obligé d'employer des madriers d'aussi forte épaisseur, on forme parfois les revêtements de plusieurs doubles de planches ou de madriers de petite épaisseur, cloués à joints croisés les uns sur les autres.

La construction que nous venons de faire connaître peut se modifier de la manière indiquée *fig.* 1337 et 1338, où l'on voit que le revêtement, au lieu d'être cloué sur la face extérieure du châssis, se trouve fixé dans des battées faites sur les arêtes des pièces qui le composent. La profondeur de ces battées est alors telle que le revêtement affleure avec la surface extérieure des pièces qui forment le contour du châssis.

Quelquefois les portes sont terminées en rond à leur partie supérieure. Leur construction reste la même, sauf que le châssis est complété par une pièce courbe qui s'assemble dans les montants. Les *fig.* 1337 et 1338 montrent une porte de cette espèce.

Les revêtements des grosses portes des édifices militaires, comme celles des entrées de ville, sont souvent garnis de clous à grosse tête en pointe de diamant qui reste saillante sur le bois. Ces clous sont distribués en quinconce sur le revêtement ; ils forment ainsi une sorte de décoration. Leur but principal est d'empêcher que la porte ne puisse être aisément brisée à coups de hache.

1013. Portes à panneaux. — Les portes à panneaux (*fig.* 1340) se composent d'un châssis construit d'une manière semblable à celui que nous avons décrit dans le numéro précédent, et de panneaux en planches ou en madriers. Les panneaux, au lieu de couvrir toute la surface du châssis, comme dans l'espèce précédente, ont seulement la grandeur nécessaire pour remplir les divers compartiments formés par les montants et les traverses. Ils sont assemblés dans des rainures pratiquées dans le champ des pièces du châssis, ainsi qu'on le voit dans les *fig.* 1341 à 1343, qui sont des coupes faites sur une grande échelle. Les panneaux sont ordinairement formés de morceaux de planches ou de madriers, rabotés sur les deux faces et assemblés entre eux à la colle et à rainures et languettes.

Les encadrements des panneaux sont souvent ornés de moulures tirées sur le chanfrein des pièces du cadre, comme dans la *fig.* 1341, ou appliquées contre leurs bords, comme dans les *fig.* 1342 et 1343. Les portes sont dites *à petit cadre* dans le premier cas, et *à grand cadre* dans le second. Les panneaux peuvent être eux-mêmes ornés de saillies et de moulures.

On fait actuellement usage pour les portes cochères et les portes *bâtardes* (1) des constructions civiles de panneaux en fonte très-*historiés*, c'est-à-dire ornés de dessins compliqués. Quelquefois on remplace les panneaux en bois par des panneaux en glace, en verre transparent, coloré, cannelé ou dépoli. Les traverses dans lesquelles s'assemblent ces panneaux de verre prennent alors des dimensions beaucoup moindres que d'ordinaire et se combinent de manière à former des dessins très-variés. Ces portes, désignées sous les noms de *portes vitrées, portes-fenêtres* ou *portes-croisées*, s'emploient surtout à l'intérieur des maisons d'habitation pour éclairer des pièces qui ne reçoivent pas directement le jour de l'extérieur, ou qui ne peuvent recevoir de jour que par ces portes, comme les corridors, les vestibules, etc. Leur construction a une grande analogie avec celle des croisées dont nous parlerons plus loin.

1014. Observation. — Quel que soit le mode de construction de la porte, on doit s'attacher à n'y employer que des bois parfaitement secs. Les portes à panneaux surtout demandent que cette condition soit rigoureusement observée; sans cela les panneaux se déjettent, se retirent et se fendent.

1015. Portes à un seul ouvrant et portes roulantes. — Les descriptions que nous avons données dans les numéros précédents (de 1012 à 1015) auront fait connaître complétement la construction des portes battantes et des portes roulantes, sauf la disposition des ferrures dont nous parlerons plus loin. Mais les portes battantes offrent encore quelques autres détails qu'il sera bon de consigner ici.

1016. Portes battantes. — Ces portes sont toujours construites sur châssis. Les deux battants ou vantaux qui les composent sont exactement de même construction que ceux des autres portes. Ce qu'on y remarque de particulier, c'est que les montants de rive (2) sont taillés de manière à fermer aussi hermétiquement que possible le joint qui se trouve entre eux. Les *fig.* 1344 à 1349 montreront diverses manières dont on peut faire cet assemblage. Toutefois, le plus souvent on se contente de tailler les montants de rive un peu obliquement, ainsi que le montre la *fig.* 1344 (afin de faciliter le jeu des battants), et de clouer sur l'un des battants à l'extérieur, et sur l'autre à l'intérieur, une latte légèrement saillante et quelquefois ornée de moulures C, qu'on appelle un *couvre-joint.* L'obliquité du joint $v\,x$ doit sensiblement se confondre avec un arc de cercle tracé avec $a\,x$ pour rayon.

---

(1) On nomme ainsi les portes ordinaires des maisons d'habitation à un seul battant qui ont 1^m,20 à 1^m,30 de largeur.

(2) On appelle ainsi les montants opposés à ceux auxquels sont attachées les pentures.

Les battants des portes, simples ou doubles, se suspendent quelquefois à la menuiserie qui garnit les embrasements des baies, ou aux pierres qui en forment l'encadrement. D'autres fois elles sont suspendues à un châssis *dormant* (fixe), sorte d'encadrement formé de madriers assemblés à tenons et mortaises, qui se fixe solidement et à demeure dans l'intérieur de la baie. Cet encadrement est formé de deux montants et d'une traverse qui les réunit par le haut. Lorsque la porte est à deux battants, chaque montant offre sur son champ une petite rainure *a* (*fig.* 1350), dans laquelle s'engage, lorsque la porte est fermée, une languette appelée *noix*, qu'on réserve sur le champ du montant de la porte auquel sont attachées les pentures. Cette languette ferme ainsi tout accès au vent et à la pluie. Lorsque la porte est à un seul vantail, un seul montant du dormant (celui auquel sont fixées les pentures) porte une rainure, l'autre est taillé légèrement obliquement ou en battée pour recevoir le montant de rive de la porte. Ce dernier montant est assez souvent garni d'un couvre-joint.

Les châssis dormants, comme celui que nous venons de décrire, sont parfois surmontés de quelques carreaux vitrés dont l'ensemble est désigné sous le nom d'*abat-jour*. Cette disposition sert à éclairer des corridors ou des cabinets intérieurs qui ne sauraient recevoir le jour autrement. La *fig.* 1351 montre un abat-jour cintré. On place assez souvent des abat-jour cintrés ou rectangulaires au-dessus des portes donnant sur la rue, même lorsque les battants sont directement appendus aux jambages. La construction de cet abat-jour est exactement la même que celle des fenêtres dormantes dont nous parlons plus loin.

1017. Guichets. — L'on pratique quelquefois au travers de grandes portes des ouvertures de diverses dimensions qu'on ferme par une petite porte particulière qui a le nom de *guichet*. La construction des guichets n'offre rien de particulier, mais ils apportent quelques modifications dans l'ensemble des pièces qui composent le châssis de la porte principale. Les *fig.* 1227 et 1334, qui représentent le dessin d'une porte avec le guichet, feront comprendre, par leur seule inspection, de quelle nature sont ces modifications,

1018. Volets. — La construction des volets a une grande ressemblance avec celle des portes. Ce ne sont même, à vrai dire, fort souvent, que de petites portes à un ou à deux vantaux, construites de l'une ou l'autre des trois manières que nous avons décrites plus haut. Seulement on fait la charpente un peu plus légère. Il y a toutefois une espèce de volets dont on fait grand usage dans les constructions civiles qui présente une disposition qu'on n'emploie pas dans les portes, bien qu'elle soit susceptible d'y être appliquée. Les volets dont nous voulons parler sont formés d'un plus ou moins grand nombre de vantaux étroits, réunis les uns aux autres par des charnières et pouvant se plier et se déplier de la même manière que les paravents qu'on place dans l'intérieur des appartements. Les charnières se mettent, à cet effet, alternativement à l'intérieur et à l'extérieur des vantaux. Ces volets sont connus sous le nom de volets *brisés*. Dans un grand nombre de constructions modernes, on ménage sur les côtés des baies de fenêtres un enfoncement A (*fig.* 1352 et 1353), dans lequel on cache le volet lorsqu'il est replié. Quand on fait usage de la disposition représentée *fig.* 1352, on garnit l'espèce de caisse dans laquelle on enferme le volet d'un couvercle orné de moulures, figurant soit un pilastre, soit un tout autre ornement d'architecture. Quand on emploie la disposition de la *fig.* 1353, ce couvercle est inutile, le dernier panneau du volet en tient lieu. Un patin *p*, fixé au châssis de fenêtre, le maintient en place dès que la fenêtre est fermée. On scelle souvent dans le seuil de la fenêtre soit quelques petits pitons en fer méplat, soit une petite galerie en fonte à jour, contre lesquels le volet vient s'arrêter lorsqu'il est déployé.

1019. Persiennes. — La construction des persiennes ressemble aussi à celle des portes à panneaux; leur pièce principale est un châssis composé de deux montants et de trois ou quatre traverses horizontales assemblés entre eux à tenons et mortaises. Les jours de ces châssis sont remplis par de petites planchettes inclinées à 45°, assemblées à encastrement dans les côtés du châssis de manière à ce qu'aucun rayon visuel horizontal ou plongeant ne puisse pénétrer à l'intérieur des appartements. Quelquefois l'ensemble de ces planchettes, au lieu d'être fixe, est susceptible de recevoir diverses inclinaisons au moyen d'un petit mécanisme.

1020. Fenêtres et croisées. — On divise les fenêtres en deux catégories : les fenêtres *dormantes* ou *fixes*, et les fenêtres *mobiles*. Ces dernières sont d'un emploi beaucoup plus fréquent que les autres et d'une construction plus compliquée.

1021. Fenêtres dormantes. — Une fenêtre dormante se compose d'abord d'un *encadrement* ou d'un *châssis*, dans la composition duquel il entre au moins deux montants, une traverse supérieure et une traverse inférieure. Quelquefois, lorsque les fenêtres sont de grande dimension, on ajoute un ou plusieurs montants ou traverses intermédiaires. Toutes ces pièces sont assemblées entre elles à tenons et mortaises avec coupes en onglet. Les espaces rectangulaires laissés entre ces différentes pièces sont remplis par un système de petits montants et de petites traverses qui portent le nom de *croisillons* ou de *petits bois*, et qui divisent ainsi ces espaces en carreaux de diverses grandeurs, qu'on remplit avec des verres à vitres ou des glaces de petite dimension (1). Les assemblages des croisillons entre eux et avec les pièces du cadre ont été décrits au n° 406 (II° partie). Les pièces du châssis ainsi que les croisillons portent des feuillures dans lesquelles on pose les vitres. Elles sont en outre décorées de moulures. La *fig.* 1354 fait voir l'ensemble et les détails d'une fenêtre dormante.

L'équarrissage de toutes les pièces qui entrent dans la composition des croisées

---

(1) On trouve des fenêtres d'édifices somptueux dans lesquelles il n'y a pas de croisillons ; tout espace rectangulaire laissé entre les pièces du châssis est occupé par une glace. Il y en a d'autres où il est rempli par un vitrage monté sur plomb, comme nous l'avons expliqué au n° 372 ; mais cette dernière disposition est rarement en usage aujourd'hui.

est variable ; il dépend de la grandeur de la fenêtre et du degré de solidité qu'on veut lui donner. En général, on adopte les dimensions suivantes : pièces du châssis, 0^m,04 à 0^m,05 d'épaisseur sur 0^m,10 à 0^m,12 de largeur ; croisillons, 0^m,03 ou 0^m,04 d'équarrissage.

Les fenêtres ne sont pas toujours rectangulaires comme celle représentée par la figure précédente ; il y en a de cintrées par le haut, d'ovales et de rondes ; mais leur construction se fait toujours d'une manière analogue ; il n'y a guère de différence que dans la forme du châssis. Les petits bois eux-mêmes n'offrent pas toujours des dispositions aussi simples que celles que nous avons dessinées dans la *fig.* 1354, qui sont les plus usitées. On les combine parfois de manière à former des étoiles, des losanges ou des dessins variés ; mais quelles que soient ces dispositions, les assemblages se font toujours de la même manière.

1022. Fenêtres mobiles. — On appelle fenêtres *mobiles* celles qui peuvent s'ouvrir et se fermer à volonté, et l'on en distingue de plusieurs espèces. Les principales sont :

Les fenêtres à un seul ouvrant ;

Les fenêtres à deux ouvrants ;

Les fenêtres basculantes ;

Les fenêtres en tabatière ;

Les fenêtres pivotantes ;

Les fenêtres roulantes ;

Et les fenêtres soulevantes, dites aussi *à guillotine.*

1023. Fenêtres à un seul ouvrant. — Ordinairement on ne construit de cette manière que les fenêtres dont les dimensions hors-d'œuvre ne dépassent pas 1 mètre de hauteur sur 0^m,80 de largeur. Elles sont formées d'un châssis dormant qui se fixe dans l'embrasement de la fenêtre, et d'un battant mobile que l'on suspend au moyen de pentures ou de fiches au châssis dormant. La construction du châssis dormant comprend deux montants et deux traverses assemblés à tenons et mortaises. Les montants et la traverse supérieure ont rarement plus de 0^m,04 sur 0,^m10 d'équarrissage ; mais la traverse inférieure offre assez souvent de plus fortes dimensions, et elle est taillée de façon à faciliter l'écoulement des eaux pluviales. La *fig.* 1355 fait voir la coupe transversale de cette traverse, et montre en même temps comment elle engrène avec la traverse du dormant. Tout le pourtour intérieur de ce châssis porte une *feuillure* ou *battée*, contre laquelle viennent s'appliquer les pièces de l'encadrement du battant mobile dont nous allons parler. Cette battée a pour objet principal d'empêcher les eaux pluviales chassées par le vent de pénétrer dans les appartements. Du côté où le battant mobile est appendu au châssis dormant, cette feuillure est quelquefois complétée par une rainure en quart de cercle, destinée à recevoir une *noix* de même forme qu'on réserve sur le battant mobile. Cette dernière disposition se trouve détaillée dans la *fig.* 1350.

Le battant mobile est composé d'une manière en tout semblable à la fenêtre dormante dont nous avons donné la description au numéro précédent ; seulement le pourtour de son encadrement présente en saillie tous les ressauts que le dormant offre en creux.

1024. Fenêtres à deux ouvrants. — Ces fenêtres conviennent aux baies de 1m,50 à 2m,50 de hauteur sur 0m,80 à 1m,25 de largeur. Leur construction est un peu plus compliquée que celle des précédentes ; mais il sera facile d'en donner une idée en peu de mots après ce que nous avons déjà dit. Les pièces qui la composent sont un châssis dormant et deux battants mobiles.

Le châssis dormant est constitué exactement de la même manière que précédemment ; seulement, pour diminuer la hauteur des battants mobiles lorsque celle de la fenêtre dépasse 1m,50 à 1m,80 on place aux 3/4 de sa hauteur, à peu près, une traverse horizontale qui porte le nom d'*imposte*, et l'on divise l'intervalle compris entre les montants, l'imposte et la traverse supérieure, en deux parties égales par une traverse verticale, dont la largeur est souvent égale à celle des deux montants de rive des battants mobiles réunis. L'imposte et cette traverse sont assemblées aux pièces du dormant à tenons et mortaises, avec encastrements et coupes en onglet.

Les battants mobiles sont exactement de même construction que celui dont il a été question au numéro précédent ; seulement leurs battants de rive sont disposés de manière à ce que le vent et la pluie ne puissent s'introduire par le joint. Les *fig.* 1345, 1349 donnent des exemples de celles de ces diverses dispositions qui sont les plus usitées. Les battants mobiles sont suspendus au moyen de pentures ou de fiches aux montants du châssis dormant ; la *fig.* 1356 est le dessin d'une fenêtre cintrée à deux ouvrants.

1025. Fenêtres basculantes. — Les fenêtres basculantes sont d'une construction analogue aux précédentes. Elles se composent comme elles d'un châssis dormant, formé parfois d'un simple encadrement et d'autres fois d'un encadrement complété par un système de traverses, et de croisillons formant une portion de fenêtre fixe, et d'un battant mobile susceptible de basculer autour d'un axe horizontal. Le pourtour de ce battant, ainsi que celui de la partie du dormant qui le reçoit, offre des feuillures de la forme la plus convenable pour s'opposer à l'introduction du vent et de la pluie. La *fig.* 1357 est une coupe verticale d'une fenêtre de cette espèce, et la *fig.* 1358 une projection verticale de la même fenêtre vue du dehors.

1026. Fenêtres en tabatière. — Les fenêtres de cette espèce sont d'une construction semblable à celle des fenêtres basculantes, à quelques légères différences près dans la forme et la disposition des feuillures. Le battant mobile est fixé à charnières par la traverse inférieure ou supérieure, et se manœuvre en s'ouvrant de haut en bas ou de bas en haut au moyen de divers mécanismes. Les *fig.* 1359 et 1360 en offrent un exemple.

1027. Fenêtres pivotantes. — La fenêtre pivotante n'est qu'une fenêtre basculante à laquelle on a fait faire un quart de conversion. L'axe de rotation est vertical au lieu d'être horizontal; mais, à cela près, toutes les autres dispositions restent à très-peu près les mêmes.

1028. Fenêtres roulantes ou glissantes. — Les fenêtres roulantes se composent quelquefois d'un châssis dormant contre lequel s'applique un châssis mobile. Ce dernier peut glisser dans des coulisses horizontales, et démasquer ainsi le cadre du châssis dormant en tout ou en partie. On facilite la manœuvre au moyen de roulettes qu'on place à la partie inférieure du châssis mobile et qui roulent sur le fond de la coulisse. On garnit parfois cette dernière d'une bande de fer polie. Quelquefois les fenêtres de cette espèce sont composées de deux châssis mobiles, qui peuvent se mouvoir de la manière qui vient d'être décrite.

1029. Fenêtres soulevantes. — L'usage de ces fenêtres est aujourd'hui à peu près abandonné à cause des dangers très-réels qu'elles présentent. Leur construction est la même que celle de l'espèce précédente; toute la différence consiste en ce que le châssis mobile glisse dans des coulisses verticales au lieu de coulisses horizontales. Pour ouvrir la fenêtre, on soulève le châssis mobile de bas en haut, et on le maintient à la hauteur qu'on désire au moyen d'une broche fixée dans le dormant. On peut rendre la manœuvre du châssis mobile plus aisée, en employant des contre-poids qui peuvent être cachés dans la muraille ou dans la menuiserie qui garnit l'embrasement.

1030. Menuiserie des embrasements des portes et des croisées. — Les embrasements des portes intérieures sont ordinairement garnis d'un placage en menuiserie, qui consiste 1° en un encadrement formé de planches assemblées à rainures et languettes et fixé contre les joues de l'embrasement. L'on pratique dans cet encadrement une battée de 1 à 2 centimètres de saillie contre laquelle s'arrêtent les battants. Cette battée est indiquée en A dans la *fig.* 1361. 2° En deux autres encadrements qui s'appliquent contre les bords du précédent, B, même figure. Ces derniers portent le nom de *chambranles*. Ils sont ordinairement décorés de moulures. Les pièces de ce revêtement se clouent les unes contre les autres, et, en outre, contre les tasseaux qu'on a soin de fixer dans les embrasements, en élevant les murs ainsi qu'on l'a expliqué au n° 919. Les embrasements des fenêtres se garnissent quelquefois d'une manière analogue à l'intérieur.

On se sert le plus souvent, pour ces divers ouvrages, de planches de 25 millimètres d'épaisseur. Lorsque les murs sont très-épais et les embrasements fort profonds, on forme quelquefois leur revêtement intérieur avec les panneaux assemblés à rainures et languettes dans un châssis composé de deux montants et de traverses, et d'une construction tout à fait semblable à celle des portes à panneaux.

1031. Lambris. — Les lambris sont des placages en menuiserie dont on revêt parfois les murs. Leur construction est tout à fait pareille à celle des portes à panneaux, c'est-à-dire qu'ils sont composés, en général, d'un bâti formé de montants et de traverses assemblés à tenons et mortaises, dans les jours duquel des panneaux sont assemblés à rainures et languettes. Toutes ces pièces sont parfois décorées de moulures plus ou moins compliquées, creusées dans leur épaisseur ou rapportées comme on l'a expliqué au n° 1014. Les montants et les traverses sont aussi distribués d'une manière symétrique et régulière, de façon à former des compartiments d'un dessin agréable à l'œil.

On appelle *lambris de hauteur* ceux qui règnent sur toute la hauteur de la muraille. Leur usage, très-répandu autrefois, est aujourd'hui très-restreint. On leur a substitué presque partout les tentures en papier, qui sont beaucoup moins dispendieuses. On appelle *lambris d'appui* ceux qui s'arrêtent à hauteur des appuis de fenêtres. On en fait encore usage assez fréquemment ; mais on se contente pourtant le plus souvent de garnir le pied des murs d'une simple planche posée de champ et formant *plinthe* tout autour des appartements. Cette planche est fixée au mur par des crampons à tête plate, espacés de 50 à 60 centimètres.

Les lambris de hauteur sont souvent terminés par le haut par une corniche plus ou moins saillante et ouvragée. Cet ouvrage se présentant à faire dans plusieurs autres cas, comme dans les garnitures des armoires réservées dans l'épaisseur des murs, les chambranles des portes très-ornées, les garnitures des alcôves, nous dirons ici un mot de leur construction.

Ces corniches ne sont pas pleines comme celles que l'on fait en pierre. Elles sont formées d'un assemblage de planches ornées de moulures, et disposées de manière à présenter au dehors l'aspect d'une corniche pleine. La *fig.* 1362 fera mieux comprendre qu'une plus longue explication ces dispositions qui peuvent être variées de mille manières.

1032. Cloisons légères. — Les cloisons légères sont d'une construction exactement identique avec celle des lambris. Elles n'offrent d'autre différence qu'en ce qu'étant isolées elles doivent offrir deux *belles faces*, c'est-à-dire être aussi bien travaillées d'un côté que de l'autre, tandis que les lambris appliqués contre les murs n'ont besoin d'être ouvragés que d'un seul côté.

1033. Garnitures de cheminées. — Lorsque les orifices des foyers ne sont pas garnis en pierre de taille ou revêtus en marbre, on les emboîte dans un encadrement en menuiserie, dont la *fig.* 1362 présente tous les détails. ABC est un châssis en planches qui encadre toute l'ouverture. Ces planches sont assemblées à tenons et mortaises, à mi-bois, en onglet ou autrement. Elles sont clouées contre quelques tasseaux en bois réservés dans la maçonnerie des jambages, et contre le bord de deux panneaux en planches, qui couvrent le côté des jambages. Sur cette menuiserie est clouée une planche saillante S, formant la *tablette* ou l'*appui* de la cheminée. L'encadrement du foyer et l'appui peuvent être décorés de quelques moulures. Cette garniture doit avoir des dimensions telles que toute la maçonnerie des jambages et de la voûte qui supporte le manteau de la cheminée soit dérobée à la vue. Elle peut être aussi plus compliquée et plus ouvragée ; mais il vaut mieux, lorsque la dépense permet de le faire, la remplacer par une garniture en marbre, ou même en petit granite, à demi poli, qui fait disparaître une cause fréquente d'incendie.

II. — SERRURERIE.

Nous rangerons parmi les ouvrages accessoires de serrurerie :

1° Les pentures, serrures et autres moyens de fermeture des portes et des fenêtres :

2° Les croisées en fer et en fonte ;

3° Les grilles et les barrières ;

4° Les paratonnerres.

1034. Pentures. — Ces ferrures sont d'une forme très-variable et qui dépend en partie de la manière dont la porte est placée et doit s'ouvrir.

Les plus simples sont de la forme représentée *fig.* 1264. Elles se composent d'une barre de fer méplat, recourbée en œillet à l'une de ses extrémités, et percée de quelques trous. Les pentures de cette espèce se fixent ordinairement sur les pièces du bâti de la porte au moyen de deux boulonnets et de quelques clous ou vis. Leur œillet s'engage dans un gond (*fig.* 1365) fixé au moyen d'un scellement ou d'une pointe barbelée dans l'encadrement en pierre ou en bois de la porte.

On modifie souvent ces pentures de la manière indiquée par les *fig.* 1366 et 1367. Elles forment alors en même temps une équerre qui sert à fortifier les assemblages du bâti de la porte. On varie encore cette dernière disposition de la manière indiquée *fig.* 1368. La penture, au lieu d'être terminée par un œillet, offre un pivot arrondi qui s'engage dans un collier scellé dans l'encadrement de la porte ou dans une *crapaudine*. Tout en conservant cette dernière disposition, on supprime parfois la branche horizontale de l'équerre, et la ferrure a alors la forme représentée *fig.* 1369. D'autres fois, pour la rendre plus solide, on la fait à deux branches au lieu d'une, offrant la forme d'une fourchette qui embrasse la charpente de la porte, comme on le voit *fig.* 1370 et 1371. Enfin on lui donne parfois une des formes représentées *fig.* 1372 et 1373. Ces dernières sont désignées sous le nom de *pommelles*.

Nous ajouterons à ces indications le dessin d'un système de penture fort original que nous avons vu appliqué en Angleterre à la construction de barrières susceptibles de s'ouvrir dans les deux sens et de se fermer seules. Ce système est représenté dans son ensemble et en perspective par la *fig.* 1374. La penture A, attachée à la traverse supérieure de la barrière n'offre rien de particulier. Elle est semblable à celle que nous avons dessinée *fig.* 1370; mais la penture B, attachée à la traverse inférieure, a une forme spéciale qui se trouve détaillée par la *fig.* 1375. On voit qu'elle est disposée de telle sorte que, selon que la barrière s'ouvre dans un sens ou dans l'autre, la rotation s'établit tantôt autour de l'étrier x et tantôt autour de l'étrier y. Il en résulte, comme le gond v de la penture supérieure ne change pas de position, que l'axe de rotation s'incline, quand on ouvre la barrière, soit suivant vx, soit suivant vy; et que le poids de la barrière produisant, dans chaque cas, une composante normale à l'une ou l'autre de ses deux grandes faces, elle retourne ainsi d'elle-même à sa position première, la seule où elle puisse rester en repos.

Le poids et la façon des pentures sont très-variables; cependant, en général, on leur donne plus de force et moins de fini pour les portes extérieures que pour les portes intérieures.

1035. Fiches. — On appelle *fiches* des espèces de petites pentures dont on fait un grand usage pour suspendre les fenêtres et les portes intérieures, assembler les panneaux des volets brisés, etc. On en distingue un assez grand nombre de variétés, parmi lesquelles nous mentionnerons comme étant de l'usage le plus fréquent :

1° La *fiche à broche ou à nœuds* (*fig.* 1376). L'un des ailerons de la fiche s'engage dans la boiserie dormante et l'autre dans la charpente du battant. Ces ailerons sont maintenus en place par des goupilles qui traversent de part en part les pièces dans lesquelles ils sont engagés.

2° La *fiche à vase* (*fig.* 1377), qui s'emploie comme la précédente.

3° La *fiche de brisure* (*fig.* 1378). C'est une fiche à nœuds qu'on met aux brisures des volets ou des portes qui se ploient en diverses parties.

4° La *fiche à chapelet* (*fig.* 1379). C'est une espèce de fiche à vase, dont les nœuds sont nombreux et tous enfilés sur une même broche.

5° La *fiche à sifflet* (*fig.* 1380). Ces fiches ne diffèrent des précédentes qu'en ce que les plans de séparation des nœuds sont plus ou moins inclinés, de façon que quand on ouvre la porte, les deux plans glissant l'un sur l'autre, la porte se soulève et passe aisément par-dessus un tapis ou les inégalités des pavements ou des parquets.

6° Le *couplet* (*fig.* 1381, 1382 et 1383). Cette ferrure ne diffère des fiches qu'en ce que les ailerons se clouent sur la boiserie au lieu de s'encastrer dans son épaisseur. Il y en a de plusieurs formes et grandeurs. Les couplets ne s'emploient qu'aux portes grossières.

1036. Verrous. — Un *verrou* se compose d'une barre de fer qui glisse dans des cramponnets pour fermer une porte ou une fenêtre. Le verrou peut être horizontal ou vertical. Les *fig.* 1384 à 1385 en offrent différents modèles. On désigne sous le nom de *targettes* de très-petits verrous. La *fig.* 1387 représente une *targette à panache*, nom qu'elle doit à sa platine découpée en fleuron; la *fig.* 1388, la *targette à valet*; le *valet* est un petit pêne à coulisse a qui tient le verrou ouvert ou fermé.

1037. Tourniquets. — *Fig.* 1389. Ce sont de petites pièces en fer montées sur une vis ou sur une broche, autour de la tête de laquelle elles peuvent tourner librement. Ils servent à fermer les petites portes ou fenêtres et à retenir ouverts les volets. Il y en a de diverses dimensions.

1038. Espagnolettes. — Cette ferrure consiste en une verge métallique ronde, terminée par les deux bouts en crochets qui entrent dans des gâches quand la verge tourne dans un sens, et qui en sortent quand elle tourne dans le sens opposé. La verge passe dans deux ou trois lacets *a* (*fig.* 1390), terminés en pitons qui l'attachent à la boiserie, mais qui lui laissent la liberté de tourner. Des embases placées des deux côtés de la tête des lacets empêchent la verge de hausser ou de baisser, et ne lui laissent que le mouvement giratoire. A la portée de la main, un levier de 16 à 18 centimètres de long, façonné en poignée avec un bouton, est attaché à la verge pour faciliter sa manœuvre. Ce levier est quelquefois fixé à demeure dans une direction perpendiculaire à la verge ; d'autres fois il y est attaché à pivot. Dans le premier cas, son extrémité peut être armée d'une boucle (*auberon*) qui s'engage dans le pêne d'une serrure ; dans le second, on l'arrête dans la position qui tient la porte ou la fenêtre fermée au moyen d'un mentonnet *b*.

1039. Crémones. — Les crémones ont quelque ressemblance avec les espagnolettes et servent aux mêmes usages. Elles se composent (*fig.* 1391) d'une tige en fer carré ou méplat *a*, terminée en pêne d'un côté et de l'autre par un crochet recourbé. A la hauteur de la main, cette tige offre une petite crémaillère dont les dents engrènent avec celles d'un petit pignon *b*, armé d'un levier de 16 à 18 centimètres de long et au moyen duquel on peut hausser ou baisser la tige à volonté. Tout cet appareil est maintenu contre un des battants de la fenêtre par un certain nombre de glissières *c*, fixées à vis contre la boiserie. Quand on baisse la tige, son extrémité inférieure entre dans un *picolet*, en même temps que son extrémité supérieure s'engage dans un arrêt convenablement disposé, et la fenêtre est fermée ; quand on hausse la tige, ses extrémités redeviennent libres et la fenêtre peut s'ouvrir. Cette ferrure s'applique aux portes, aux volets et aux persiennes, aussi bien qu'aux fenêtres où elle est actuellement presque exclusivement employée. Elle est ordinairement munie d'un poignée *d*.

On peut rapporter à ce genre de ferrure les verrous doubles mus par un pignon qui engrène dans des crémaillères, par lesquels on les remplace quelquefois. Nous avons représenté un de ces mécanismes dans la *fig.* 1392, et il se comprendra sans explication. Toute la ferrure est quelquefois encastrée dans l'épaisseur de la boiserie, et il n'y a d'apparent au dehors que la poignée qui sert à la manœuvrer. Cette disposition s'emploie aussi, quoique plus rarement, pour les crémones.

1040. Barres et fléaux. — Ce moyen de fermeture est assez fréquemment employé aux portes extérieures et aux volets. Les principales dispositions usitées sont représentées par les *fig.* 1393 à 1395. Dans la première, on voit le fléau A (barre de fer méplat) fixé à mouvement libre autour d'un boulon B qui traverse un des vantaux. L'autre vantail porte un crochet méplat boulonné ou fixé à vis, dans lequel s'engage le fléau. Dans la *fig.* 1394, le fléau se compose d'une barre qui a un mouvement de bascule autour d'un boulon placé vers le milieu de sa longueur. Les deux bouts de la barre viennent s'arrêter contre des crochets boulonnés aux vantaux, et placés d'une manière inverse l'un par rapport à l'autre. Enfin la *fig.* 1395 représente une barre de fer méplat, terminée à chaque bout par un piton à clavette, qui s'engage dans des trous percés dans chaque battant de la porte. Cette ferrure se place en dehors et les clavettes se placent en dedans. L'orifice des trous dans lesquels s'engagent les pitons est garni de rondelles de tôle.

1041. Clanches. — On appelle *clanche, clinche* ou *loquet,* une petite ferrure que l'on place aux portes. Le dessin que nous donnons *fig.* 1396 fera comprendre ce petit appareil que tout le monde connaît.

1042. Crochets de retenue. — On garnit presque toujours les portes et les volets de crochets de retenue. Nous en avons dessiné de deux sortes dans les *fig.* 1397 et 1398. Celui qu'on voit dans la *fig.* 1397 est en fer rond et n'offre rien de particulier que la figure ne fasse comprendre. L'autre fait partie d'un ressort renfermé dans une boîte en tôle qu'on scelle dans le mur. Le mentonnet dont il est muni s'abaisse quand le vantail vient le heurter, et se relève par l'effet du ressort dès que le vantail a dépassé l'arête saillante du mentonnet.

1043. Moraillons. — On a représenté un moraillon dans la *fig.* 1399. Il se compose d'une patte à charnière, garnie à son extrémité libre d'un auberon **A** qui s'engage dans le pêne d'une serrure. Quelquefois il n'y a pas d'auberon, et il est remplacé par un trou rectangulaire dans lequel entre un clameau qui reçoit un cadenas.

1044. Serrures. — Une serrure est une machine ordinairement très-compliquée, une sorte de verrou perfectionné qui sert à fermer ou à ouvrir les portes à volonté au moyen d'une clef.

La serrure offre une boîte parallélipipédique en tôle dont la face principale se nomme *palastre;* le côté opposé se nomme *couverture.* Les quatre autres faces forment l'épaisseur de la serrure. Celle de ces faces que traverse le *verrou* ou le *pêne* se nomme le *bord* ou le *rebord;* les trois autres ont le nom de *cloison.* Cette boîte contient tout le mécanisme. Le pêne se meut sur le palastre ; il est contenu par un ressort qui le comprime et qui entre dans des coches qui lui sont destinées. La *clef,* introduite dans cette machine, accroche en tournant le ressort et le soulève, en même temps qu'elle rencontre une *barbe* (saillie) du pêne, le pousse et le fait marcher. Le pêne, en sortant de la serrure, entre dans une *gâche* qui retient sa tête fortement, au moyen de quoi la porte est fermée. Pour empêcher qu'une autre clef n'entre dans la serrure, on dispose dans son intérieur des diaphragmes minces, placés de telle manière qu'ils passent librement dans des ouvertures pratiquées dans la clef. Ces dispositions générales peuvent être variées de mille manières, et, de tout temps, les serruriers se sont ingéniés à les combiner de façon à rendre les serrures aussi inviolables que possible. De là une foule de variétés de serrures qui se distinguent par les formes bizarres de leurs clefs ou les complications plus ou moins ingénieuses de leur mécanisme. Nous ne saurions donner ici même une idée de toutes ces variétés sans entrer dans des détails qui ne seraient pas à leur place. Nous nous bornerons à indiquer le nom et à donner une définition succincte de quelques serrures dont on fait le plus fréquemment usage.

On appelle serrure *à demi-tour* toute serrure dont le pène se pousse au moyen d'un bouton, d'une pomme ou d'une poignée quelconque, ou qu'on peut ouvrir par un demi-tour de clef. La serrure peut avoir, indépendamment de ce demi-tour, un tour ou un double tour de clef. La serrure à demi-tour se ferme par le choc du pène sur le sautillon de la gâche. Comme exemple, voyez *fig.* 1400.

La serrure *bénarde* s'ouvre et se ferme *à clef* des deux côtés, tandis que la serrure *ordinaire* ne s'ouvre de cette manière que d'un seul côté. La serrure bénarde convient aux appartements pour s'enfermer en dedans. Elle peut être à demi-tour, tour et demi et double tour.

On désigne sous le nom de serrure à *pène dormant* toute serrure dont le pène ne peut être mû qu'à l'aide d'une clef; sous celui de serrure *à auberonnière*, une serrure dont le pène ne sort pas de la boîte. Il fait sa course en dedans, tout contre le palastre, et passe dans l'auberon d'une auberonnière. La serrure *à moraillon* est construite de la même façon; toute la différence consiste en ce que le pène s'engage dans l'auberon d'un moraillon.

On appelle encore serrure *à secret* une serrure dont les pièces sont tellement combinées que, même avec la clef, on ne peut l'ouvrir si l'on n'en connaît pas le *secret*.

1015. Cadenas. — On appelle ainsi une serrure mobile et portative qui s'accroche et se décroche à volonté. On emploie les cadenas aux mêmes usages que les serrures ordinaires.

Il y a un presque aussi grand nombre d'espèces de cadenas que de serrures. On en distingue de longs, de ronds, d'ovales, de carrés; il y en a qui ont la forme d'un écusson, d'un cœur, d'un triangle, d'une boule, etc.

1016. Observation. — Telles sont les diverses ferrures les plus employées aux portes et fenêtres. Elles offrent, dans une foule de cas, des modifications qui portent sur mille petits détails que nous ne saurions indiquer ici : il faut les observer dans les constructions existantes. Un regard d'un instant en apprend plus en pareille matière qu'une longue description. On rencontrera aussi de temps en temps des ferrures qui ne rentrent dans aucune catégorie de celles que nous avons décrites. Il faut observer leur construction, s'en rendre compte, et, petit à petit, on se meuble la mémoire d'une infinité de détails dont on tire ultérieurement parti, et qu'on ne saurait bien apprendre autrement.

1017. Dimensions et poids de quelques ferrures. — Les dimensions et les poids des diverses ferrures décrites précédemment sont extrêmement variables ; néanmoins les renseignements suivants ne seront pas dépourvus d'utilité.

Les plus grosses pentures à une branche qu'on emploie aux portes de ville et de poterne pèsent de 15 à 20 kilogrammes. On y emploie du fer méplat de $0^m,015$

à 0,020 d'épaisseur sur 0^m,07 à 0^m,08 de largeur. Les grosses pentures en équerre et bifurquées qu'on emploie aux mêmes portes ont un poids qui va de 30 à 40 kilogrammes. On les fait avec du fer du même échantillon que les précédentes. Pour les portes ordinaires des magasins, des arsenaux, etc., le poids des pentures se tient ordinairement entre 3 et 6 kilogrammes. On y emploie du fer de 0^m,008 à 0^m,015 d'épaisseur sur 0^m,04 à 0^m,05. de largeur. Les gonds de ces portes se font avec du fer de 0^m,03 à 0^m,04 en carré. Les pentures des portes légères intérieures et des volets des bâtiments militaires pèsent rarement plus de 2 kilogrammes. Elles se font avec du fer méplat de 0^m,004 à 0^m,005 d'épaisseur sur 0^m,03 à 0^m,04 de largeur. Dans les bâtiments civils, les mêmes ferrures ont des poids beaucoup moindres. Les pentures en équerre de volets, qui sont les plus fortes qu'on emploie dans les cas ordinaires, pèsent rarement plus de 1 kilogramme.

Les fiches à nœuds sont classées, dans le commerce, par numéros. La plus petite espèce porte le n° 0000, les suivantes les n°s 000, 00, 0, puis n°s 1, 2, 3, etc. ; les n°s 4, 5 et 6 sont les plus employés.

Les crémones et les espagnolettes des fenêtres ordinaires des bâtiments civils pèsent de 2 à 3 kilogrammes. La tige des crémones a ordinairement, pour les fenêtres de cette sorte, 10 sur 15 millimètres de section transversale ; celles des espagnolettes, 15 à 16 millimètres de diamètre. Pour les bâtiments militaires, on leur donne souvent beaucoup plus de force.

On encastre rarement les serrures dans l'épaisseur des portes des constructions militaires. Presque toujours elles sont fixées sur les bâtis au moyen de quatre boulons. Leur boîte est en tôle forte. On lui donne de 20 à 25 centimètres de côté pour les grosses portes.

1048. Ferrage des portes, volets et croisées. — La ferrure ordinaire d'une porte extérieure à un vantail se compose de deux pentures et d'une serrure. Quelquefois la serrure est remplacée par une clanche ; d'autres fois, lorsque la serrure est à pène dormant et que la porte doit être fréquemment ouverte et fermée, on la munit tout à la fois d'une clanche et d'une serrure. Ces ferrures se fixent au moyen de boulonnets et de clous, ou de vis qui s'engagent dans les trous destinés à les recevoir. Les écrous des boulons doivent toujours être placés en dedans de la porte, c'est-à-dire du côté de l'intérieur du bâtiment. Lorsque la porte est à deux battants, l'un des vantaux est ferré de la même manière que celui qu'on vient de décrire ; l'autre est muni de deux pentures, d'une gâche de serrure et de deux verrous, l'un en haut, l'autre en bas de la porte, ou d'un double verrou semblable à celui de la *fig.* 1392. Ce dernier vantail, qui s'ouvre moins fréquemment que l'autre, est souvent désigné sous le nom de *dormant*. Les ferrures que nous venons d'indiquer sont encore quelquefois complétées par d'autres moyens de fermeture, qui mettent la porte plus à l'abri des tentatives qu'on ferait de l'extérieur pour l'ouvrir. Ces moyens consistent principalement en barres ou moraillons de différentes formes. Ces pièces sont boulonnées sur l'un des vantaux, et s'attachent à l'autre ou à l'encadrement fixe de la porte au moyen d'un cadenas, d'une serrure à auberonnière ou autrement. Les barres et les moraillons peuvent être remplacés par des chaînes fixées à l'un des vantaux par un clameau, et qui s'accrochent à un crochet fixé à l'autre.

Les portes intérieures à un vantail sont ordinairement suspendues au moyen de deux pentures ou de trois fiches à nœuds, et elles sont munies d'une serrure bénarde encastrée dans l'épaisseur du bâti ou fixée sur le bâti au moyen de quatre vis.

Les portes à deux battants sont ferrées de la même manière ; seulement la serrure de l'un des vantaux est remplacée par deux verrous, par une crémone ou par un double verrou manœuvré par une crémaillère.

Les volets, les persiennes et les fenêtres sont ferrés d'une manière analogue. Chaque vantail est suspendu au moyen de deux pentures, ou de deux ou trois fiches à nœuds ou autres ferrures du même genre ; l'un des vantaux porte en outre une crémone ou une espagnolette disposée de façon à fermer d'un seul coup les deux vantaux. Il suffira d'observer les nombreux exemples de ces dispositions, qu'on rencontre à chaque pas, pour en avoir bien vite une connaissance parfaite.

Une précaution importante, lorsqu'on ferre une porte, c'est de veiller à ce qu'elle ne *saigne pas du nez*, c'est-à-dire qu'elle n'incline pas en avant quand on l'ouvre, ce qui l'exposerait à traîner par terre et à être d'une manœuvre difficile. Le poseur doit avoir un soin tout particulier de ne pas trop serrer la porte dans la feuillure en attachant les pentures, car il l'empêcherait de battre librement dans celle de l'autre côté. Le ferrage de la menuiserie mobile exige, du reste, une foule de petites précautions qui sont bien connues des bons ouvriers, et qu'on apprendra en suivant quelques opérations de ce genre. Nous ne nous y arrêterons pas ici, dans la crainte de surcharger la mémoire de détails qui viendront rapidement s'y caser tout naturellement et sans effort lorsqu'on se livrera à la pratique de l'art.

1049. Croisées. — On fait actuellement, en fer battu ou en fonte, des croisées qui ne diffèrent, le plus souvent, de celles en bois qui ont été décrites aux nᵒˢ 1020 à 1030 que par les moindres dimensions des pièces élémentaires qui les composent, et qui dépendent, d'ailleurs, de leurs dimensions superficielles. Nous donnons comme exemples :

fig. 1401, une croisée cintrée dormante en fer ;

fig. 1402, une croisée à deux ouvrants, également en fer ;

fig. 2403, une croisée rectangulaire, en fonte et à bascule, construite pour les salles de l'hôpital militaire à Namur. On trouvera à côté de chacune de ces figures tous les détails nécessaires.

Quelquefois les fenêtres ne sont pas totalement en serrurerie comme celle dont on vient de parler ; il n'y a, en fer ou en fonte, que les croisillons qui sont assemblés dans un encadrement en bois.

1050. Grilles. — Les grilles sont des constructions en fer ou en fonte destinées à clôturer les cours, les jardins, les parcs, etc. Ces ouvrages étaient faits autrefois avec beaucoup de luxe et de richesse, mais aujourd'hui on les construit, en général, d'une manière assez simple.

Ordinairement une grille se compose de travées séparées par des pilastres en pierre, en maçonnerie ou en fer. Chaque travée est formée d'un certain nombre de barres horizontales, nommées *sommiers* ou *traverses* A, *fig.* 1404, scellées dans les pilastres, et dans lesquelles sont assemblés des hampes ou barreaux montants, carrés ou cylindriques, munis à leur partie supérieure d'un fer de lance ou d'un ornement, et à leur partie inférieure d'un cul-de-lampe. Ces ornements sont attachés aux hampes au moyen de goupilles rivées. Ils sont ordinairement en fonte, tandis que les barreaux sont en fer malléable, plein ou creux. L'assemblage des hampes avec les sommiers se fait de la manière suivante : les sommiers sont percés d'outre en outre, et à distance convenable de trous cylindriques forés à froid, et qui se correspondent bien exactement ; les hampes se placent dans ces trous et y sont maintenues par des goupilles rivées qui servent en même temps à maintenir l'écartement entre les sommiers, alors même qu'il ne le serait pas par le scellement de leurs extrémités. Ces dispositions peuvent être complétées par des ornements en fonte de diverses espèces qui se fixent, le plus souvent, avec des goupilles rivées sur les hampes ou sur les sommiers.

On fait, notamment pour les balcons, les rampes d'escaliers et autres ouvrages du même genre, des grilles qui sont d'une construction un peu différente de celle que nous venons de décrire ; elles se composent d'un certain nombre de montants distribués uniformément sur toute la longueur de la grille, et de traverses horizontales ou rampantes assemblées avec eux. Ces pièces forment par leur réunion des parallélogrammes plus ou moins allongés dont l'intérieur est rempli par des losanges, des lances ou des thyrses en croix, ou d'autres ornements, et même par des panneaux en fonte d'un dessin très-compliqué. Nous ne pouvons ici que donner une simple idée des constructions de ce genre dont on trouvera de nombreux modèles dans les ouvrages de serrurerie.

Les grilles sont souvent maintenues dans la position verticale au moyen de *poussarts* inclinés, d'une forme parfois élégante et très-ornée.

1051. Barrières. — Les barrières ne sont rien autre chose que des grilles mobiles. On y retrouve donc, en général, toutes les combinaisons des grilles dormantes, avec lesquelles elles sont fréquemment combinées. Mais, à cause même de leur mobilité, leur construction exige des soins tout particuliers. Les *fig.* 1405 à 1408 présentent tous les détails d'une barrière d'une assez grande dimension. L'examen attentif de ces dessins en apprendra plus qu'une longue description.

1052. Paratonnerres. — Les paratonnerres sont d'une construction fort simple. Ils se composent d'une tige ou *pointe* pyramidale ou conique A, *fig.* 1309, pl. LI, mise en communication directe avec le sol par une tige métallique B, nommée le *conducteur*. La pointe (*fig.* 1410) est formée d'une barre de fer forgé, terminée inférieurement par une embase conique très-évasée qui sert à rejeter les eaux pluviales à quelque distance du pied de la tige. Son extrémité supérieure est solidement dorée au feu; elle forme souvent une pièce séparée qui s'ajuste à vis sur la partie inférieure, ainsi qu'on le voit en *a*. La partie située sous l'embase doit avoir une longueur suffisante pour qu'on puisse donner un grand degré de fixité à l'appareil, contre lequel l'action des vents agit avec un grand bras de levier; on lui donne en outre la forme la plus convenable pour qu'elle puisse être fixée solidement, soit aux pièces de la charpente, soit à la maçonnerie des édifices sur lesquels le paratonnerre est placé.

Immédiatement au-dessus de l'embase, la pointe offre un renflement au centre duquel est percé un trou, dans lequel s'assemble, à vis et écrou, l'extrémité du conducteur, consistant en une barre ou une corde métallique, qui s'étend sans discontinuité et par le plus court chemin possible de ce point jusque dans le sol. Le conducteur n'est pas toujours d'une seule pièce dans le sens de sa longueur, surtout lorsqu'il n'est pas formé de fils métalliques tordus et commis ensemble; fréquemment, au contraire, il est composé d'une série de barreaux de 3 à 4 mètres de longueur qui sont entés les uns aux autres de diverses manières. L'une des entures les plus usitées, parce qu'elle est très-solide et d'une exécution facile, est celle représentée *fig.* 1411; le conducteur se termine toujours inférieurement par une *racine* formée de trois branches divergentes C.

Le conducteur est supporté ou maintenu dans tout son parcours, et à intervalles de 2 en 2 mètres environ, par des fourchettes de l'une ou l'autre des formes indiquées par les *fig.* 1412 et 1413. La première se cloue sur la volige des toits et la seconde se scelle dans les murs. Le conducteur se développe ainsi le long des toits et des murs et se rend au fond d'un puits humide ou d'un réservoir d'eau dans lequel plonge entièrement sa racine. Lorsqu'une de ses branches doit circuler sous terre, on la renferme, pour qu'elle ne se rouille pas, dans un auget en briques (*fig* 1414) rempli de braise de boulanger. Nous rappelons ici qu'il est admis que chaque pointe de paratonnerre garantit un espace limité par un cercle dont le centre est occupé par la tige, et dont le rayon est égal à deux fois la longueur de cette même tige. Cette donnée permettra de déterminer la distribution des tiges sur un bâtiment ou sur un groupe de bâtiments pour le préserver des effets de la foudre.

Lorsqu'on se trouve, par suite de cette considération, obligé de placer plusieurs pointes sur un même édifice, on les fait souvent communiquer à un conducteur unique par des portions de conducteurs spéciaux qui, partant du pied des pointes, viennent converger au conducteur commun. Une disposition de ce genre se voit dans la *fig.* 1409.

DEUXIÈME SECTION.

PONTS.

Nous ne parlerons ici que des ponts permanents qu'on établit sur le cours des fleuves, des rivières ou sur les fossés des places de guerre. La construction des ponts provisoires ou militaires a été étudiée dans d'autres cours.

1053. Espèces diverses. — Les ponts se divisent d'abord, d'après la nature des matériaux dont ils sont construits, en ponts de pierre, ponts de bois et ponts de fer. On trouve en outre des ponts que l'on pourrait qualifier de *mixtes*, dans lesquels toutes les parties ne sont pas construites avec les mêmes matières. Par exemple, il y a des ponts dont les piles sont en pierre et les arches ou travées en bois ou en fer ; d'autres dans lesquels on emploie tout à la fois la pierre, le bois et le fer. Après cette division viennent les subdivisions en ponts *droits* et ponts *obliques*, ou *biais*, *rectilignes* et *curvilignes*, puis en ponts *dormants* et ponts *mobiles*. Les ponts droits et rectilignes sont ceux dont l'usage est le plus répandu. On ne cite qu'un petit nombre d'exemples de ponts curvilignes ; mais les ponts obliques ont reçu dans ces derniers temps des applications nombreuses et qui tendent à augmenter chaque jour davantage. Les ponts mobiles reçoivent aussi des applications nombreuses non-seulement dans les places de guerre, mais encore dans les ports, sur les rivières, les canaux, etc. On les désigne, selon la manière dont s'accomplit leur mouvement, sous les noms de *ponts-levis, ponts tournants* ou *ponts roulants*.

Quelques détails sur la construction de ces diverses espèces de ponts montreront encore de nouvelles applications des principes généraux exposés dans les quatre premières parties du cours.

ARTICLE PREMIER.

PONTS EN PIERRE.

1054. Aperçu général. — Les ponts en pierre se composent d'une ou plusieurs voûtes qui portent le nom d'*arches*, lesquelles posent sur des pieds-droits plus ou moins élevés qu'on appelle *piles* ou *culées* : culée s'entend des pieds-droits extrêmes, et pile des pieds-droits intermédiaires.

La voie qui passe sur le pont est limitée par deux murs d'une petite élévation qui portent le nom de *parapets* ou *bahuts*, ou par des balustrades à jour qu'on nomme *garde-fous* ou *garde-corps*.

1055. Forme des diverses parties du pont. — Arches. — Les arches sont ordinairement en plein cintre, en arc de cercle ou en anse de panier.

Les voûtes en plein cintre, offrant l'avantage d'être tout à la fois d'une construction plus facile que les autres et d'avoir une moindre poussée, à portée égale, on les préfère chaque fois qu'elles n'offrent pas d'inconvénients. Mais ces inconvénients naissent souvent de la hauteur à laquelle il faut élever le pavé du pont; hauteur qui devient d'autant plus considérable que, dans les rivières sujettes aux crues, on est obligé, pour ne pas rétrécir le débouché au moment des crues, d'établir la naissance des arches à une certaine hauteur au-dessus des basses eaux. En pareil cas, on a recours aux arches en arc de cercle ou en anse de panier. Les anses de panier étaient fort en honneur au siècle passé, mais de nos jours on leur préfère assez généralement la forme en arc de cercle, qui n'offre pas les mêmes difficultés de construction. Tous les ponts construits sur la Sambre pour le passage du chemin de fer de Charleroi à Namur, ceux du Val-Benoît, de la Boverie, et à peu près tous ceux que l'on a exécutés en Belgique dans ces dernières années sont de cette forme. Le tracé des arches en plein cintre et en arc de cercle n'offre aucune difficulté; celui des arches en anse de panier demande quelque attention.

Ces courbes sont toujours composées d'un nombre impair d'arcs de cercle se raccordant tangentiellement de manière à former une sorte de courbe elliptique régulière et sans jarrets. On peut satisfaire à ces deux conditions de diverses manières, et il ne manque pas de méthodes plus ou moins ingénieuses à cet effet. Nous nous bornerons à faire connaître celle de M. Michal, ingénieur des ponts et chaussées, qui nous a paru une des plus simples. Les conditions énoncées plus haut sont satisfaites moyennant, 1° que les centres de deux arcs consécutifs se trouvent sur le même rayon, passant sur le point de contact des deux arcs; 2° que les rayons passant par les divers points de raccordement des arcs fassent des angles égaux entre eux, et égaux au quotient de 180° par le nombre d'arcs qui composent l'anse. Ainsi lorsque l'anse de panier est à 3, 5, 7 centres, les angles que les rayons doivent faire respectivement entre eux sont de 60°, 36°, 25°, etc.; 3° que les rayons soient égaux au rayon de courbure de l'ellipse qui a les mêmes axes que l'anse de panier.

Le tableau suivant a été calculé en partant de ces données; il renseigne les valeurs des rayons nécessaires pour effectuer le tracé. Ces valeurs sont exprimées en fonction de l'ouverture.

ANSES A 5 CENTRES.		ANSES A 7 CENTRES.			ANSES A 9 CENTRES.			
Rapport de la montée à l'ouverture.	1er rayon	Rapport de la montée à l'ouverture.	1er rayon	2e rayon	Rapport de la montée à l'ouverture.	1er rayon	2e rayon	3e rayon.
0,36	0,276	0,33	0,228	0,315	0,25	0,130	0,171	0,299
0,35	0,265	0,32	0,216	0,302	0,24	0,120	0,159	0,275
0,34	0,252	0,31	0,203	0,289	0,23	0,111	0,148	0,268
0,33	0,239	0,30	0,192	0,276	0,22	0,102	0,138	0,252
0,32	0,225	0,29	0,180	0,263	0,21	0,093	0,126	0,237
0,31	0,212	0,28	0,168	0,249	0,20	0,083	0,114	0,222
0,30	0,198	0,27	0,156	0,236				
		0,26	0,145	0,223				
		0,25	0,133	0,210				

Supposons maintenant qu'on veuille tracer une anse de panier à 5 centres; voici la manière d'opérer :

1º On trace une ligne aa' (*fig.* 1415) égale à l'ouverture de l'arche ; 2º sur cette ligne, comme diamètre, on décrit une demi-circonférence; 3º on divise cette demi-circonférence en cinq parties égales (en général en autant de parties qu'on veut avoir de centres); 4º on subdivise en deux parties égales la division qui occupe le sommet de la demi-circonférence; 5º par tous les points de division et de subdivision d,c',b,d', on fait passer des rayons ; de plus on les réunit les uns aux autres par des cordes; 6º sur le rayon milieu on marque une hauteur el, égale à la montée de l'arche ; 7º sur le diamètre aa', et à partir des deux extrémités on prend des longueurs af et $a'f'$, égales à la valeur consignée dans le tableau précédent et qui convient au rapport $\dfrac{el}{aa'}$; 8º par les points f et f' ainsi déterminés, on mène les droites indéfinies hfy, $h'f'g'$, parallèles aux rayons de, $d'e$; 9º des points h et h' où ces droites rencontrent les cordes ad, $a'd'$, et du point l, on trace des droites hi, $h'i'$, il, $i'l$ respectivement parallèles à dc, $d'c'$, cb, $c'b$; 10º enfin des points i et i' on mène des droites ik $i'k$ respectivement parallèles aux rayons ec ec'. Les points f,f',g,g', et k déterminés par ces diverses constructions sont les cinq centres de l'anse de panier satisfaisant, comme on peut aisément s'en rendre compte, aux conditions énoncées.

On procéderait d'une manière tout à fait semblable pour construire l'anse de panier à sept centres (*fig.* 1416). Ainsi on prendrait af égal au premier rayon du tableau ; on mènerait hg parallèle au premier rayon diviseur ed : on ferait ensuite hg égal au deuxième rayon consigné au tableau; on mènerait par g une parallèle au deuxième rayon diviseur ec et l'on achèverait la construction exactement comme dans le cas précédent. On opérerait d'une façon tout à fait semblable pour une anse à neuf centres et en général pour un nombre impair quelconque de centres.

Quant à l'anse de panier à trois centres, qu'on emploie quand aa' est moindre que $3el$, les centres se déterminent au moyen de la construction, sans qu'il soit besoin de recourir au calcul. Après avoir tracé et divisé en trois parties la demi-circonférence décrite sur aa', puis tracé les cordes ac, cb, bc', $c'a'$ et marqué le point l, *fig.* 1317, il suffit de tracer les parallèles lh et lh' à cb bc', pour obtenir les points h et h' par où passent les parallèles $h'i$ et hi aux rayons diviseurs. Les points i, i' et k sont les trois centres cherchés.

Les arches s'extradossent en chape plus ou moins inclinée ; mais il n'est pas toujours nécessaire de remplir entièrement les *tympans* (1) avec de la maçonnerie ; on peut au contraire les évider de diverses manières et même créer ainsi des débouchés supplémentaires aux eaux lors des crues.

1056. Piles. — La forme la plus simple des piles est celle d'un prisme droit à base rectangulaire ; mais cette forme ne s'emploie que pour les ponts construits dans les fossés secs, pour ceux qui sont placés sur une eau stagnante, ou pour des viaducs. Pour les ponts construits sur les cours d'eau, les piles sont ordinairement terminées, à l'aval et à l'amont, par un massif en maçonnerie faisant saillie sur les têtes des arches ; le massif d'amont s'appelle *avant-bec*, et celui d'aval *arrière-bec*. Ces becs s'élèvent jusqu'au-dessus des plus hautes eaux afin qu'ils préservent complétement le massif de la pile du choc des glaçons et des corps flottants. Ainsi dans les ponts en plein cintre et en anse de panier, ils peuvent s'élever au-dessus des naissances ; mais on les arrête ordinairement à cette hauteur dans les ponts en arc de cercle dont la naissance se place à la hauteur des hautes eaux. On les termine à leur partie supérieure par des demi-pyramides ou des demi-cônes qui les raccordent avec les tympans du pont.

Les becs ne sont pas seulement destinés à préserver les massifs des piles du choc des corps flottants ; mais aussi à empêcher, par leur forme, la contraction et les tourbillonnements de l'eau et par suite les affouillements autour des piles. Des expériences ont fait reconnaître que les avant-becs ayant pour section horizontale un triangle équilatéral, ou une ogive tiers-point, étaient ceux qui favorisaient le mieux l'écoulement de l'eau, et évitaient le plus complétement les inconvénients occasionnés par les tourbillonnements ; mais comme les angles aigus qu'ils présentent sont sujets à être endommagés facilement par les chocs, on donne généralement la préférence à la section demi-circulaire.

1057. Culées. — Les culées ont des formes plus variables que les piles et qui dépendent souvent des circonstances locales et particulières. Mais, en géné-

---

(1) On appelle *tympan* la partie du pont située au-dessus du plan de naissance des arches et comprise entre deux arches consécutives.

ral, elles se composent d'un mur parallèle aux piles, plus ou moins épais, soutenu du côté des terres par des contre-forts et flanqué de deux murs en aile, droits ou courbes, perpendiculaires ou obliques au mur de culée; elles sont ordinairement défendues par des demi-becs ou par des arrondissements qui en tiennent lieu. L'emploi des contre-forts a pour but de diminuer le cube de maçonnerie employé, tout en donnant à la culée une résistance suffisante. On parvient encore au même but en prolongeant l'arche dans l'intérieur de la culée jusqu'à la rencontre de l'empatement des fondations. On trouvera un exemple de cette disposition, fréquemment usitée en Angleterre, dans la *fig.* 1418 qui représente la demi-section longitudinale d'un pont-viaduc du chemin de fer de Glascow, Greenock et Paislay.

1058. Dimensions. — Les dimensions des diverses parties d'un pont dépendent toujours plus ou moins des circonstances locales. Ainsi lorsque le pont n'est pas établi sur un cours d'eau, on peut à volonté employer de grandes ou de petites arches, selon que l'on estime que l'un des systèmes sera plus économique que l'autre. En rivière, au contraire, la nécessité de laisser au cours d'eau le plus grand débouché possible oblige à préférer, en général, le système des grandes arches, bien qu'il soit presque toujours plus coûteux que l'autre. Les circonstances locales déterminent encore la longueur du pont et sa largeur entre les têtes des arches. On donne rarement à cette largeur moins de 6 mètres et plus de 16 (1). Enfin la hauteur qu'atteignent les eaux, à diverses époques de l'année, a une influence marquée sur la détermination de celle des piles et des culées, et celle-ci réagit à son tour sur la dimension des arches. On conçoit, en effet, que comme il y a certaine limite dans le rapport de la portée à la montée des arches en deçà de laquelle on ne saurait descendre; que comme, d'autre part, on est limité dans l'élévation totale du pont par la nécessité de ne pas dépasser certaines pentes ou rampes au delà desquelles la viabilité du chemin auquel le pont livre passage deviendrait difficile; on conçoit, disons-nous, qu'il n'y a souvent d'autre moyen de satisfaire à ces nécessités qu'en limitant l'ouverture des arches.

Lorsque la grandeur des arches n'est pas limitée par des circonstances de ce genre, on peut la porter à son maximum qui dépend alors uniquement de la résistance des pierres qu'on peut employer à leur construction. Les notions données dans la IIIe partie du cours permettront toujours d'apprécier jusqu'où l'on peut aller et où il est prudent de s'arrêter.

Les dimensions des piles et des culées dépendent en grande partie de celles des arches. Les piles n'ayant qu'une pression verticale à supporter, leur section peut se déterminer en tenant seulement compte de la résistance des pierres dont elles

---

(1) Le Pont-Neuf à Paris a 22 mètres de largeur entre les parapets ; le pont du Val-Benoît, qui donne passage à la fois à un chemin de fer et à une voie ordinaire, n'a que 15 mètres entre les têtes.

sont formées. C'est ce que l'on fait actuellement dans la plupart des cas. Cependant il est bon d'observer qu'avec les dimensions qu'elles ont ainsi, elles sont rarement à même de résister à la poussée des arches, et que, par suite, la destruction d'une des arches entraîne celle de tout le pont. Cette éventualité mérite d'être prise en considération dans certains cas et notamment dans les places de guerre. Lorsqu'on juge à propos d'y avoir égard, on détermine l'épaisseur des piles au moyen des formules contenues dans les n°⁵ 705 à 709, 714 à 723, 727 à 729.

Les mêmes formules servent à déterminer l'épaisseur des culées qu'il est impossible de soustraire à la poussée des arches extrêmes. Il est bon de remarquer néanmoins qu'une partie de cette poussée est contrebutée par celle des terres que soutient la culée, ce qui permet de se rapprocher sans danger de la limite assignée par la théorie, plus que si la culée se trouvait isolée.

L'épaisseur des arches à la clef peut se déterminer aisément au moyen de la méthode que nous avons exposée (III° partie); néanmoins on se sert souvent pour la calculer de la formule empirique suivante de Perronet :

$$e = 0,0347\,d + 0,025.$$

Dans cette formule, e est l'épaisseur cherchée, et d l'ouverture de l'arche si elle est en plein cintre; si l'arche est en arc de cercle, d exprime alors le double du rayon intrados, et si elle est en anse de panier, le double du rayon intrados de l'arc supérieur de la courbe.

1059. Fondations. — Le choix de la manière de fonder a une très-grande importance dans les ouvrages de cette espèce. Aussi ne saurait-on apporter trop de soins à la reconnaissance du terrain et à l'étude des moindres circonstances capables d'avoir une influence quelconque. C'est en rivière surtout que le choix des moyens d'établissement des fondations est une opération délicate. On ne doit, du reste, reculer devant aucune dépense pour éloigner toute chance d'affouillement, ou de dégradation aux maçonneries de la base ; mais il faut savoir estimer ces chances à leur juste valeur pour ne pas recourir à des précautions inutiles et qui, en pareil cas, coûtent toujours fort cher. La question de savoir s'il convient de fonder avec ou sans épuisement se présente au premier rang, et elle ne peut se résoudre que par un aperçu estimatif du coût dans les deux hypothèses. C'est au mode de fondation qu'on supposera le moins cher des deux qu'il faudra donner la préférence. D'ailleurs il n'est pas toujours nécessaire d'employer le même mode pour toutes les parties du pont. Ainsi, en général, les culées se trouvant placées sur la rive et dans des endroits qui ne sont recouverts que d'une petite hauteur d'eau, on les fonde souvent au moyen d'épuisements. On peut même adopter ce procédé pour établir les premières piles, tandis qu'au contraire le procédé de fondation sans épuisement est, en général, préférable pour les piles qui sont placées vers le milieu du cours d'eau. Des divers procédés de fondations sans épuisements, on ne fait, pour ainsi dire, usage que de celui que nous avons décrit sous le nom de *caissons foncés*. C'est ainsi qu'ont été fondées, entre autres, les piles du pont du Val-Benoît. La nature du sol décidera d'ailleurs si l'on peut s'établir sur le terrain naturel, ou s'il faut recourir aux pilotis; elle fait connaître de même si des files de palplanches ou des enrochements autour des piles sont suffisants pour en défendre la base contre les causes d'affouillements, ou s'il faut recourir au moyen dispendieux d'un radier général.

1060. Radiers généraux. — Ces radiers généraux, dont nous avons déjà dit un mot au n° 800, peuvent être construits en fascinage ou en maçonnerie. Quelquefois on fait en maçonnerie seulement la partie du radier comprise entre les piles, et l'on complète la défense du terrain, à l'amont et à l'aval, par des radiers en fascinage. Ces derniers se font au moyen de plates-formes, semblables à celles décrites au n° 494, que l'on coule en les chargeant de pierres. Nous décrirons cette opération en détail en traitant de l'établissement des digues, où elle se présente le plus fréquemment. Quant aux radiers en maçonnerie, ils se composent ordinairement d'une couche de béton plus ou moins épaisse coulée sur le fond ou sur un grillage, et recouverte d'une aire en pierres appareillées à chaque tête du radier, en voûte convexe vers l'axe longitudinal du pont. Les têtes du radier doivent être faites en gros blocs, mais l'intervalle peut être en petit appareil ou même en moellons. La *fig.* 1419 offre l'exemple d'un radier construit de cette manière.

Dans tous les cas ces radiers en maçonnerie sont compris entre deux files de palplanches au moins, placées l'une à l'aval, l'autre à l'amont. Quelquefois les files de palplanches sont remplacées par des crèches ou coffrages d'enrochement; on a eu notamment recours à cette dernière disposition au pont de Moulins sur l'Allier.

1061. Détails de construction. — Les culées, les piles et les arches peuvent être faites en pierres d'appareil, en moellons ou en briques. Toutefois ce dernier mode de construction n'est guère employé que pour les viaducs, les ponts construits dans les fossés secs des forteresses, ou dans l'eau stagnante. Dans ce cas même, les angles saillants des piles, des culées et des arches sont fréquemment garnis de chaînes en pierres appareillées, de façon à se relier le mieux possible avec la maçonnerie en petits matériaux. Ces appareils sont les mêmes que ceux qui sont dessinés dans les *fig.* 1138 à 1142, pl. XXXVII; des chaînes de même espèce se placent aussi parfois dans le corps même des piles, des culées et des arches, mais il convient de n'en faire qu'un usage modéré, pour le motif que nous avons expliqué au n° 918. Les piles et les culées en petits matériaux posent en outre presque toujours sur un soubassement en pierre de taille plus ou moins élevé, et l'on y maçonne de distance en distance des chaînes horizontales. On se dispense rarement de placer au moins une chaîne de ce genre à la hauteur de la naissance des arches; on lui donne même assez généralement une légère saillie et on la décore de quelques moulures. Enfin on maçonne souvent dans les arches construites en moellons ou en briques quelques cours de voussoirs en pierre d'appareil qu'on espace régulièrement. A cela près, la construction des culées et des piles de ponts n'offre aucun détail particulier qu'on ne soit à même de bien coordonner au moyen de ce qui a été décrit et expliqué antérieurement.

Quant à la construction des arches, une fois les cintres posés, elle se fait exactement de même que celle des voûtes en général; mais, vu leur grandeur, elle exige quelques précautions particulières, que Gauthey énumère et explique ainsi qu'il suit (1) :

« Quand les cintres commencent à porter les voussoirs, ils prennent un tassement « plus ou moins grand suivant la manière dont ils ont été construits. S'ils sont établis « sur des pieux, ils n'éprouvent, à mesure que la pose avance, qu'une légère com- « pression dont on corrige facilement les effets en laissant de temps en temps une « petite balèvre, lorsque après la pose de quelques assises cette compression est de- « venue sensible : il en résulte, au lieu d'une courbe continue, une courbe en cré- « maillère, dont la forme se rétablit successivement à mesure que la pose avance, « ou qu'on corrige lors du ragrément. Mais si les voûtes sont construites sur des cin- « tres mobiles, le tassement, indépendamment de ce qu'il est beaucoup plus con- « sidérable, offre des effets composés qui rendent la pose très-difficile. Le premier « est le soulèvement qui a lieu au sommet du cintre ; il oblige à charger ce sommet « d'un poids plus ou moins considérable, suivant l'ouverture de l'arche et son sur- « baissement (2). Le cintre éprouve ensuite un double tassement, occasionné d'une « part par l'effet de la charge du sommet, et de l'autre par l'avancement progressif « de la construction de la voûte ; et on sent combien il doit être difficile de juger à « chaque instant de la forme que le cintre prendra dans l'instant suivant, et de « placer les voussoirs de manière à ce que la courbure de la voûte soit celle que « l'épure a fixée.

« Pour remédier autant qu'il est possible à cette variation dans la forme du cintre, « on construit d'avance des tables qui contiennent les distances des arêtes de douelle « des voussoirs à deux lignes fixes, l'une horizontale et l'autre verticale, situées « dans les plans de têtes, et repérées sur la maçonnerie des piles ou des culées. « Ces tables offrent les moyens de placer sur le cintre l'arête de douelle de chaque « voussoir dans la position où elle doit se trouver, et qu'on a fixée en ayant « égard au tassement présumé des cintres, et tâchant de donner à la voûte, lors « de sa construction, une forme qui devînt, après ce tassement, celle que l'épure « a fixée. La position de cette arête déterminée, il reste à régler l'inclinaison des

---

(1) *Traité de la construction des ponts*, t. II, p. 267.

(2) Quand les cintres sont fixes et portés sur des pieux, ils ne peuvent se soulever au sommet, et il n'est pas nécessaire de les charger. Cependant cette précaution est utile, parce qu'elle fait faire d'avance au cintre le tassement qu'il aurait fait sous le poids des voussoirs, et assure par conséquent le succès de la pose. Elle a été employée au pont d'Iéna à Paris.

« voussoirs, ce qui peut se faire soit, comme aux ponts de Mantes et de Neuilly,
« par le moyen d'un fil à plomb qui bat sur un quart de cercle dont un des côtés
« s'applique le long du plan du joint, et dont le limbe offre une division sur
« laquelle le fil indique l'angle que ce plan doit faire avec la verticale (1); soit,
« comme au pont de Nemours, en fixant la position de l'arête d'extrados du vous-
« soir comme on a fixé celle d'intrados, par le moyen de ses distances horizon-
« tales et verticales à deux lignes fixes. Des cales plus ou moins fortes, placées sur
« les couchis et dans les joints des voussoirs, fournissent le moyen de satisfaire à
« ces différentes indications.

« Ces opérations, quand on construit sur des cintres retroussés, exigent une atten-
« tion continuelle et la plus grande sujétion, et on est alors obligé, à raison du
« mouvement continuel de ces cintres, de les répéter à tous les cours des voussoirs.
« Lorsque l'ouverture des arches ne passe pas 12 à 13 mètres, on peut employer
« un procédé plus simple, qui consiste à placer sur des files de pieux battus, en
« aval et en amont, des cercles en planches de sapin taillées suivant la courbure
« des voûtes. Des lignes tendues horizontalement sur ces cercles suffisent pour
« diriger la pose.

« On doit avoir égard en construisant les voûtes, surtout quand on emploie des
« cintres retroussés, aux effets résultant du resserrement des mortiers après le dé-
« cintrement, les joints près des points de rupture situés dans les reins tendant
« alors à s'ouvrir à l'extrados, et à se resserrer à l'intrados ; on doit, en posant les
« voussoirs, faire au contraire ces joints plus ouverts à l'extrados, afin qu'après le
« tassement leur largeur devienne uniforme. »

Toutes ces difficultés inhérentes à l'emploi des cintres retroussés, et si bien détaillées par Gauthey, justifient ce que nous avons dit au nº 253, qu'il faut leur
préférer des cintres fixes chaque fois que l'emploi de ceux-ci est possible sans
trop de difficultés. Il faut éviter également, autant que possible, l'emploi des cales,
parce que les effets du tassement sont beaucoup moindres. Cependant cette méthode de pose offre de telles facilités pour la construction des arches, qu'on l'emploie encore presque généralement, malgré les inconvénients qu'elle présente.
On peut remarquer, au surplus, que le coulis du mortier dans des joints plus ou
moins inclinés se fait dans des conditions plus favorables que quand ces joints sont
horizontaux, et qu'ainsi les chances de porte-à-faux se trouvent diminuées. Toutefois la pose sur cales ne saurait jamais, sous ce rapport, offrir des garanties aussi
complètes que celle à bain de mortier, qu'on devrait préférer toutes les fois qu'il
n'est pas matériellement impossible d'en faire usage.

Autrefois, afin de diminuer le tassement, on posait la clef et les cours de voussoirs adjacents *à sec*, et on les serrait avec des coins chassés avec force entre des
lattes savonnées. Cette méthode avait l'inconvénient d'occasionner souvent la rup-

---

(1) C'est l'instrument décrit au 329 et dessiné fig. 334, pl. XV.

ture des voussoirs et on y a renoncé. Actuellement les voussoirs de la clef, comme les autres, se posent à bain de mortier.

Le décintrement s'opère avec tous les soins expliqués au n° 254 de la II⁰ partie; nous n'avons rien à y ajouter.

La construction des cintres, l'établissement des échafaudages et des ponts de service, bien qu'on puisse les regarder comme des choses accessoires, ont cependant trop d'importance pour ne pas demander ici quelques additions à ce que nous avons déjà dit ailleurs (nᵒˢ 253 et 381).

1062. Construction et levage des cintres. — La composition des cintres étant arrêtée d'après les principes qui ont été exposés au n° 381, leur construction s'effectue sur un plancher sur lequel on a tracé le *gabarit* ou l'épure du cintre. Chaque pièce est alors présentée dans la position où elle doit être placée, puis piquée, entaillée et assemblée suivant les exigences du projet. Quand les circonstances locales le permettent, le plancher est établi au lieu même où le cintre doit être dressé. On laisse alors toutes les pièces assemblées, et au moyen d'un quart de conversion qu'on exécute avec des bigues, des grues ou d'autres engins, on dresse le cintre dans la position verticale, et on l'amène exactement dans la position qu'il doit occuper. Quand on travaille en rivière, ce plancher peut être construit sur des bateaux ou d'autres corps flottants qu'on fait aisément arriver sur l'emplacement des arches. Au pont du Val-Benoît la construction et le levage des cintres se sont effectués d'une manière analogue (1).

Lorsque les circonstances ne se prêtent pas à de semblables dispositions, on est obligé d'assembler les pièces à terre, puis de les désassembler pour les remonter sur place au moyen d'échafaudages provisoires qu'on démolit une fois le cintre monté. Ces échafaudages se composent ordinairement de planchers étagés sur des chevalets et sur lesquels s'appuient les étais provisoires. Le premier de ces planchers peut être porté sur des pieux d'échafaudage espacés de trois à quatre mètres et reliés par des chapeaux ou des moises. On monte ainsi successivement, en entier ou par parties, les différentes fermes du cintre, puis on place les entretoises, les liernes ou les moises qui doivent les réunir dans le sens perpendiculaire à leur plan de parement. Les couchis ne se mettent en place qu'au fur et à mesure de l'avancement de la pose des voussoirs. Toutefois quand l'arche a pour génératrice un arc de cercle d'assez peu d'amplitude pour que les couchis puissent s'y maintenir stables par l'effet du frottement, on peut poser tous les couchis d'un seul coup avant de commencer la pose des voussoirs. On peut encore opérer de même, dans le cas où le cintre a beaucoup de courbure, en y fixant les couchis avec des broches ou des chevilles; mais il faut alors que le décintrement puisse s'effectuer en faisant descendre tous les cintres d'un seul coup. Dans le plus grand nombre

---

(1) On trouvera les détails de cette opération, qui peut être d'ailleurs variée de diverses manières, au tome II des *Annales des travaux publics*, p. 354 et suiv.

de cas, on cintre toutes les arches à la fois et l'on monte la maçonnerie de même, afin de charger les piles d'une manière régulière et d'empêcher qu'il ne se développe des poussées latérales.

1063. Ponts de service. — On exécute ordinairement en même temps plusieurs piles et culées et presque toujours on construit simultanément toutes les arches ainsi que nous venons de le dire. Comme, jusqu'au moment de la fermeture des voûtes, ces parties de l'ouvrage sont séparées les unes des autres par des intervalles quelquefois fort grands et souvent couverts d'eau, le service des transports des matériaux exige la construction d'échafauds ou de ponts provisoires qui les mettent toutes en communication entre elles et avec les rives où sont les chantiers d'approvisionnement. Ces ponts ou échafauds, dits *de service*, se construisent quelquefois sur les maçonneries qu'on élève et qu'on prend comme points de support; d'autres fois on les construit à côté d'elles et parallèlement à l'axe longitudinal du pont. La première méthode est souvent la plus expéditive et la moins coûteuse, quoique, tant que les piles n'ont pas atteint une certaine hauteur, on soit obligé de déplacer plusieurs fois ces échafaudages, afin d'élever la maçonnerie d'une manière uniforme sur tous les points. Elle est surtout fort avantageuse après la pose des cintres, qui deviennent des points de support intermédiaires qui rendent la construction du pont provisoire plus facile et moins dispendieuse. Quelle que soit, au surplus, la disposition qu'on adopte, les ponts de service sont compoé s de deux ou trois files de *longerons*, portées dans les points intermédiaires aux piles, soit par des pieux moisés ou couronnés de chapeaux, soit par des chevalets qui reposent sur le fond où l'on bâtit ou sur les cintres, soit encore sur des bateaux ou d'autres corps flottants amarrés aux piles ou retenus par des ancres. On trouvera dans les descriptions de Perronnet, Regemortes, Gauthey, Lamandé, etc., des modèles variés à suivre ou à imiter selon le cas.

La force des ponts de service doit être proportionnée aux charges qui peuvent momentanément y stationner; ils sont en général d'une force beaucoup moindre lorsque la maçonnerie est faite en petits matériaux que lorsqu'elle s'exécute en pierres d'appareil; car, dans ce dernier cas, indépendamment de ce que, dans un temps donné, il se trouve nécessairement réuni sur son tablier des masses de pierres bien plus considérables que dans l'autre, il faut que le pont puisse encore porter les engins nécessaires au levage et au transport de ces pierres jusqu'à la place qu'elles doivent occuper dans la voûte. On facilite actuellement beaucoup la manœuvre du transport des grands voussoirs, en couvrant le pont d'un chemin de fer sur lequel roulent des camions à quatre roues qui transportent les pierres jusqu'au point où elles sont saisies par les machines qui les font lentement descendre jusque sur le cintre. Ces machines elles-mêmes sont de différentes sortes : tantôt c'est un plan incliné qui descend du pont de service jusque sur le cintre, tantôt une chèvre ordinaire ou portée sur des roulettes, d'autres fois un treuil à engrenages, une grue, etc. On ne saurait prescrire laquelle de ces machines doit être préférée; cela dépend des circonstances locales, et c'est dans leur choix raisonné d'après les circonstances que l'ingénieur fait preuve de sagacité. Autant que possible, il faut que le pont de service pour la construction des arches soit placé au-dessus du niveau de leur extrados à la clef, afin de ne pas en être incommodé pendant tout le temps de leur construction, qui est la partie la plus difficile de l'ouvrage (1).

1064. Construction des chapes.— Quand les arches sont décintrées et que le tassement des maçonneries est arrivé à son terme, on les recouvre d'une chape, en mortier hydraulique ou en mastic bitumeux, construite comme nous l'avons expliqué au n° 943. On recouvre la chape, lorsqu'elle est terminée, d'une couche de sable de 15 à 20 centimètres d'épaisseur, et on la laisse ainsi pendant un mois au moins. On procède ensuite au pavage, après avoir ôté le sable et répandu sur la chape, si elle est en mortier, un dernier coulis de mortier hydraulique. On ne doit pas négliger, comme nous l'avons déjà dit, de ménager des gargouilles d'écoulement pour les eaux qui se rassemblent sur les chapes, et ces gargouilles doivent être disposées de manière à ce que, sans nuire à l'aspect général de l'ouvrage, les eaux ne puissent se déverser sur aucune partie des maçonneries.

ARTICLE II.

PONTS DE BOIS.

1065. Idée générale de leur construction. —Les ponts de bois ne sont, à proprement parler, que des planchers portés sur des soutiens isolés, plus ou moins espacés. Mais, à raison même de cet espacement qui devient parfois considérable, les solives des planchers ordinaires doivent être fréquemment remplacées par des fermes. Néanmoins, quand les ponts sont de petites dimensions ou ne doivent donner passage qu'aux piétons ou à des voitures légères, on peut encore employer des dispositions tout à fait analogues à celles qui ont été décrites aux n° 949 et 951, seulement l'équarrissage des pièces est en général plus fort. Les soutiens sur lesquels s'appuie la charpente du pont peuvent être des piles, ou des culées en maçonnerie ou bien des pans verticaux de charpente. Ces pans sont désignés sous le nom de *palées*, quand ils remplacent les piles en maçonnerie ; mais ils conservent celui de *culées*, lorsqu'ils reçoivent les extrémités du pont. Chaque fraction de pont comprise entre deux piles ou deux palées, ou entre une pile et une culée, porte le nom de *travée*. Ordinairement on fait toutes les travées d'égale grandeur et de même construction. Le *tablier* du pont, qui est l'aire sur laquelle on marche, est limité des deux côtés par des *garde-corps* ou *garde-fous*.

1066. Détails de construction. Piles et culées en maçonnerie.—Les piles et les culées en maçonnerie des ponts de bois sont tout à fait semblables à celles

---

(1) L'échafaudage anglais avec grues sur chariots décrit au n° 252 est aujourd'hui très-fréquemment employé pour la construction des ponts et des grands viaducs.

des ponts en pierre, seulement on a soin de ménager dans leurs faces des ressauts ou des encastrements garnis en pierre de taille ou en fonte, qui servent à recevoir les abouts des pièces de charpente. Ces ressauts et ces encastrements doivent être disposés, autant que possible, de manière à ce que l'humidité ne puisse y séjourner et à ce que les bois puissent y être aérés.

1067. Palées.— Les palées peuvent être composées de différentes manières. La disposition la plus simple consiste en une file de pieux coiffée d'un chapeau ou de moises qui en tiennent lieu ; mais cette disposition ne peut être employée que pour des ponts de peu d'importance et d'une petite hauteur ; la complication de la charpente des palées croît en raison de l'une et de l'autre. Ordinairement on complète la disposition qui précède par des moises qu'on place à diverses hauteurs, horizontalement, d'écharpe ou en croix de Saint-André, ainsi qu'on en voit des exemples dans les *fig.* 1420, 1421 et 1422.

Quand cela n'est pas encore suffisant, on forme les palées non plus d'un seul pan de charpente composé ainsi que nous venons de le dire, mais de plusieurs pans plantés parallèlement les uns aux autres, et reliés solidement entre eux par des entretoises, des moises, des croix de Saint-André, etc., etc.

D'ailleurs on a fait une remarque qui amène fréquemment encore quelque complication de plus dans la construction : c'est que lorsque le pont est construit au milieu d'une masse d'eau susceptible de varier de niveau à diverses époques de l'année, les parties des palées qui sont alternativement immergées et émergées pourrissent beaucoup plus rapidement que celles qui restent toujours sous eau. De là on en est venu à composer la palée de deux parties : l'une qui reste constamment immergée, portant le nom de *basse palée* ; l'autre, qui est soumise aux alternatives d'immersion et d'émersion, qui porte le nom de *haute palée*. Les constructions que nous avons décrites plus haut s'appliquent alors aux basses palées. Elles sont également applicables aux hautes palées, en remarquant seulement que les pieux sont remplacés par des poteaux qui, au lieu de prendre fiche dans le sol, sont réunis par le pied au moyen d'une semelle simple ou moisée, laquelle se boulonne sur le chapeau des palées basses. Le détail de cet assemblage se voit dans la *fig.* 1423.

Enfin, il arrive parfois qu'un ou deux pans de charpente ont assez de force pour supporter le tablier du pont, mais que le terrain n'est pas assez résistant pour qu'on puisse être certain qu'il ne cédera pas sous la charge répartie par un aussi petit nombre de supports : dans ce cas, pour ne pas user du bois sans utilité, on fait d'abord une basse palée composée d'autant de files de pilots qu'il est nécessaire ; puis, après avoir réuni chaque file par un chapeau simple ou moisé, on les réunit toutes entre elles par des entretoises ou traversines sur lesquelles se posent alors les pans de haute palée. La *fig.* 1424 offre un exemple de cet assemblage.

1068. Brise-glace.— Dans les cours d'eau sujets aux débâcles ou qui charrient des corps flottants, on garantit souvent les palées par des brise-glace placés en amont. Tout au moins, on termine les palées par des éperons angulaires,

comme celui indiqué *fig.* 1421. Les brise-glace sont ordinairement formés de deux
pans de charpente construits comme ceux des palées, disposés angulairement l'un
par rapport à l'autre, de manière à présenter au fil de l'eau une arête inclinée;
les *fig.* 1425 et 1426 en offrent des exemples.

1069. Culées en bois. — Les culées en charpente se composent de la même
manière que les palées ; mais comme elles sont souvent soumises à des poussées
de terre plus ou moins considérables, et qui ne se trouvent pas toujours suffisamment contrebutées par la poussée des travées, on est parfois obligé d'ancrer les
pans de charpente dont elles sont formées avec des moises attachées en arrière à
des pieux de retenue. Les pans de charpente doivent être aussi revêtus intérieurement de planches ou de madriers, afin de maintenir les terres verticalement ou
sous un talus fort roide. Les culées se terminent, en outre, presque toujours par
des pans latéraux ou *en aile*, qui forment un angle quelquefois droit, plus souvent
obtus, avec les pans perpendiculaires à l'axe du pont.

1070. Travées. — Les travées sont, des diverses parties du pont, celles dont
les dispositions peuvent être variées du plus grand nombre de manières.

La disposition la plus simple est tout à fait semblable à celle des planchers sur
solives, décrite au n° 949 ; on y remarque un certain nombre de fortes solives ou
poutrelles posées à petite distance les unes des autres, suivant l'axe longitudinal
du pont, et recouvertes d'un plancher en madriers. Ces poutrelles portent ici le
nom de *longerons*; elles s'appuient directement sur le chapeau des hautes palées
ou sur le couronnement des piles. Cette disposition n'est guère applicable qu'à
des ponts dont les travées n'ont pas plus de quatre à cinq mètres d'ouverture.

Quand la grandeur des travées devient plus considérable, il faut suppléer par
des combinaisons diverses à l'insuffisante résistance des longerons. Ces combinaisons deviennent parfois fort compliquées; les plus simples, après celle que
nous avons indiquée plus haut, sont celles qui reposent sur l'emploi, en remplacement des longerons simples, de poutres armées d'après les principes exposés
dans les n°ˢ 633 à 640 de la troisième partie. On peut, en outre, avoir recours à
divers moyens auxiliaires pour diminuer la portée soit des longerons, soit des
poutres armées. Ces moyens consistent dans l'emploi de sous-poutres ou de sous-
longerons, disposés en *encorbellement* comme dans la *fig.* 1427, ou de contre-fiche
comme dans la *fig.* 1428. Les contre-fiches peuvent se combiner avec les sous-
poutres comme on l'a marqué en pointillé dans la *fig.* 1428 : et cela est préférable, parce que de cette façon on n'entame pas les pièces les plus importantes
du pont. Enfin on peut doubler, tripler, quadrupler les contre-fiches, les relier
par des moises pendantes et les arc-bouter contre des sous-longerons placés dans
le milieu des travées. On trouvera des exemples de ces dispositions dans les
fig. 1428, 1430 et 1431.

Quant aux autres systèmes, on peut les rapporter à deux types, dans l'un desquels le plancher du pont est *suspendu à des arcs*, et dans l'autre *porté sur des arcs*.

Mais, avant d'en aborder la description, nous donnerons quelques détails sur deux espèces de ponts dans lesquelles on a employé sur une grande échelle des poutres armées selon les systèmes indiqués aux n°s 639 et 640 et dessinés sous les *fig.* 897, 898, 900 et 901, pl. XXIX. Ces ponts sont ceux de M. Laves et les ponts américains.

1071. Ponts du système Laves. — Le genre d'armature imaginé par M. Laves a été appliqué par lui à la construction de passerelles et même de ponts d'une assez grande portée. La *fig.* 1432 donne l'élévation transversale d'une passerelle de 29^m,20 de portée sur 3^m,50 de largeur exécutée à Hanovre. Deux armatures semblables à celle qui se trouve projetée dans la figure en constituent les parties principales; dans chacune de ces armatures, un longeron *a* qui porte le plancher est compris entre les *travons* (1) et reçoit les assemblages à endents de l'extrémité de ces travons. Vu la grande portée du pont, chaque travon est formé de trois pièces de bois assemblées par simple enture pour les travons supérieurs, et par moises à fil de bois et endentures pour les travons inférieurs. Des moises verticales, embrassant tout à la fois les travons et les longerons, maintiennent l'écartement des travons. Ces deux armatures sont reliées, d'un côté à l'autre du pont, par des croix de Saint-André qui soutiennent de petits poteaux appuyés en leur point de croisement; ceux-ci supportent, à leur tour, un troisième longeron qui s'étend sous le milieu du plancher dans toute la longueur du pont. La *fig.* 1433, qui est une coupe transversale de ce pont, fait voir cette disposition.

Les ponts construits par M. Laves pour le passage des voitures sont composés à peu près de la même manière que cette passerelle. La principale différence consiste en ce que le plancher est cloué sur les travons supérieurs, ce qui a permis de supprimer les longerons. La *fig.* 1434 donne une idée de cette disposition.

1072. Ponts américains. — Nous désignons sous ce nom le système de ponts inventé par M. Ithies Town, architecte à New-York.

Les *fig.* 1435, 1436, 1437 et 1438, pl. LII en feront parfaitement comprendre les principales dispositions. Elles sont empruntées au pont viaduc de Richemont, composé de 19 travées de 46^m,76 de portée.

La *fig.* 1435 est l'élévation d'une travée de ce pont.

La *fig.* 1436 est une élévation qui donne le détail de la construction d'une partie du pont correspondant à une pile. La portion A de cette figure montre le revêtement en planches qui garantit la charpente des injures du temps et de la trop vive action du soleil; en B, la charpente est représentée dépouillée de son revêtement.

La *fig.* 1437 est la projection horizontale de la même partie du pont. Elle montre en A' une portion du plancher du pont; en B', la partie supérieure de la charpente dépouillée de planches; en C', on n'a figuré que la partie inférieure de la charpente. On voit sous le plancher A' la projection d'une pile en lignes

____

(1) M. Laves a donné ce nom aux segments courbes de son armature.

ponctuées ; en B' et C on a marqué les projections de croix de Saint-André qui forment *contrevents* (1).

La *fig.* 1438 est une coupe par un plan vertical perpendiculaire à l'axe longitudinal du pont.

On voit par ces trois figures que le pont est composé de deux fermes ou poutres armées, limitant la largeur du pont, et qui soutiennent tout le poids du plancher ; on voit, en outre, qu'elles se composent chacune d'une combinaison de madriers placés de champ, se croisant sous un angle peu différent de l'angle droit et qui forment ainsi un réseau offrant cinq rangs de losanges. Les madriers sont fixés les uns aux autres par deux gournables (chevilles de bois) qui les traversent et qui sont coincés aux deux bouts. Chaque réseau est moisé par trois rangs de ventrières horizontales (un en haut, deux en bas) qui s'étendent sur toute la longueur du pont. Ces ventrières sont composées de six épaisseurs de madriers de champ, traversés de gournables, dont chaque paire forme un élément de moise.

En résumé, tout ce pont est formé de deux longues poutres d'assemblage de 887 mètres de longueur, qui portent, comme des poutres simples, sur deux culées et dix-huit piles.

Des croix de Saint-André, formées de madriers de champ, maintiennent la position rectangulaire entre les deux grandes fermes horizontales et le solivage du pont.

Les dispositions que nous venons de décrire peuvent être modifiées de diverses manières. D'abord en ce qui concerne la construction des fermes ou poutres d'assemblage, on peut supprimer une des ventrières inférieures, si les circonstances n'exigent pas autant de solidité, ou en ajouter une de plus à la partie supérieure, si c'est le contraire. Secondement, l'on peut employer trois ou quatre fermes au lieu de deux, si la largeur et la solidité du pont l'exigent. Troisièmement, on peut faire reposer le solivage du pont sur les ventrières inférieures, au lieu de le faire porter sur les ventrières supérieures. Dans ce cas, les fermes forment tout à la fois garde-corps ou cloisons de séparation entre les diverses voies du pont, et peuvent même servir, si elles sont assez hautes, de murailles sur lesquelles on pose un toit qui met les passants et la charpente du pont à l'abri des injures du temps. Malgré cette dernière considération, qui constitue un avantage réel, il est pourtant préférable d'adopter la première disposition, parce qu'elle permet beaucoup mieux que l'autre d'établir la liaison entre les différentes fermes, et de s'opposer plus efficacement à leur dévasement latéral.

On prétend que les ponts construits de cette manière sont beaucoup plus rigides que ceux construits sur des cintres, et plus convenables, par suite, pour les via-

---

(1) On donne ce nom, en général, à des tirants en bois ou en fer, placés dans une charpente de manière à l'empêcher de se déformer sous l'action du vent ou de toute autre force horizontale.

ducs des chemins de fer. Dans tous les cas, ils sont bien remarquables par leur construction simple et originale.

On trouve, dans les traités de charpenterie, une foule d'exemples de ponts dont la construction a plus ou moins de rapport avec celle des ponts américains, et qui offrent comme pièces principales des poutres d'assemblage formées d'après le même principe, mais exécutées avec des pièces de bois d'un fort équarrissage, assemblées par les méthodes ordinaires.

1073. Ponts suspendus à des arcs. — Les ponts de ce système offrent, comme pièces principales, deux ou trois arcs en charpente plus ou moins surbaissés, dont les pieds posent sur les supports du pont. A ces arcs sont suspendues des moises verticales qui les embrassent, et qui supportent des traverses horizontales sur lesquelles posent les longerons. Lorsqu'on emploie trois arcs, ce qui n'a lieu que pour les ponts d'une grande largeur, celui du milieu forme entre-voie; les deux autres forment garde-fou, et on y ajoute, quand c'est nécessaire, un certain nombre de pièces accessoires à cet effet. On fait, d'ailleurs, concourir les pièces accessoires, autant que possible, à la solidité du pont. Quelquefois les cloisons formées de cette manière sont assez élevées pour qu'on puisse leur faire supporter une toiture. Cette disposition se remarquera dans la *fig.* 1439, destinée à donner une idée des ponts de cette espèce.

Les arcs peuvent avoir leur naissance placée au niveau du plancher du pont ou plus bas; ces dispositions dépendent en grande partie de leur amplitude et de leur rigidité. Nous indiquerons plus loin comment on les construit; mais nous ferons observer ici qu'on peut les remplacer avantageusement, dans quelques circonstances, par des systèmes de pièces droites formant polygone. Nous croyons pouvoir nous dispenser d'offrir des exemples de ces dernières dispositions, en disant qu'elles ont la plus grande ressemblance avec celles des fermes ordinaires des combles. Dans ce cas seulement, les entraits ou faux-entraits font fonction de longrines ou servent de support à des solives dites *pièces de pont,* sur lesquelles sont cloués les madriers.

1074. Ponts portés sur des arcs. — Ce système de pont diffère du précédent en ce que les arcs sont placés en dessous du tablier, au lieu d'être situés en tout ou en partie au-dessus. La charpente du tablier, au lieu d'être suspendue aux arcs, se trouve soutenue par des étançons simples ou moisés, verticaux ou normaux à l'arc. Cette disposition offre plusieurs avantages comparativement à la précédente : 1° le remplacement des pièces usées par vétusté est beaucoup plus facile ; 2° quelle que soit la largeur du pont, le tablier reste toujours complétement libre ; 3° les fermes peuvent être reliées les unes aux autres par des contrevents et des croix de Saint-André, ce qui n'est pas praticable dans les ponts du système précédent. Il en résulte un surcroît considérable de stabilité.

On peut, du reste, n'employer que deux ou trois maîtresses fermes sur lesquelles posent des traverses ; mais quelquefois on les multiplie suffisamment pour que leur espacement permette d'y clouer immédiatement les madriers du pont, comme si le pont était simplement composé de longerons. C'est une question d'économie qu'une estimation comparative permet toujours de résoudre.

Le pont d'Ivry, près Paris, que nous avons déjà eu occasion de citer, est considéré comme un des modèles les plus remarquables de ponts portés sur des arcs. Nous indiquerons ici quelques-uns des détails principaux de sa construction, afin de donner une idée des soins minutieux qu'exige un ouvrage de cette espèce.

La *fig.* 1440 est l'élévation d'une des arches de ce pont.

La *fig.* 1441 est le plan du dessus du pont. Dans cette figure la ligne *mn* répond à l'axe du pont, et la ligne *a'b'* à la ligne *ab* de la figure précédente.

La *fig.* 1442 est une coupe, par un plan vertical, suivant les lignes *ab* de l'élévation et *a'b'* du plan.

Les assemblages des différentes pièces qui sont représentées dans ces figures sont faits avec les soins les plus minutieux. Comme les bois, en se desséchant, prennent un retrait qui donne bientôt du jeu aux assemblages, et que ce jeu devient une cause de destruction des plus actives, on a pris garde de disposer les entailles des moises et de fixer la longueur de la partie taraudée des boulons d'assemblage de manière à pouvoir les resserrer à des intervalles de temps rapprochés. Par ce moyen, il est aisé de rendre à la charpente, chaque fois qu'il en est besoin, le même degré de fermeté qu'au moment où elle a été terminée.

Pour éviter les inconvénients de la pénétration mutuelle des fibres des bois à leur rencontre bout à bout dans la composition des arcs, on a interposé des plaques de cuivre dans tous les joints. Pour toutes les pièces qui se rencontrent angulairement, on a adopté l'assemblage anglais représenté *fig.* 454, pl. XIX.

Tous les bois employés dans la construction de ce pont sont de la meilleure qualité et du meilleur choix, tous équarris sinon rigoureusement à vives arêtes, du moins avec un petit pan régulier, formé à la varlope, de 0^m,0025, sans flache ni aubier. Cette précaution doit être observée non-seulement pour la belle apparence de la construction, mais encore pour empêcher les arêtes de se détériorer dans le maniement des bois et le lavage.

Toutes les pièces des arcs ont été choisies, autant que possible, dans les bois d'une courbure naturelle analogue. A défaut de bois naturellement courbés, on pourrait se servir de pièces courbées par les procédés qui ont été décrits dans la IIe partie, ou par celui imaginé par M. Wiebeking et dont nous parlerons tout à l'heure.

Afin de serrer fortement les unes contre les autres les pièces qui composent les arcs, outre les brides en fer boulonnées qu'on voit marquées sur la *fig.* 1440, on a incliné la surface de joint d'assemblage des moises horizontales, représentées en A, avec les moises pendantes. Par suite de cette disposition, le serrement des boulons des moises horizontales a pour résultat de les faire presser fortement contre les faces des pièces des arcs.

Nous ne parlerons pas d'une foule d'autres petites précautions qui exigeraient un détail trop étendu, mais qui n'en sont pas moins d'un haut intérêt. On fera bien.

lorsqu'on voudra faire le projet, ou quand on sera chargé de l'exécution d'un ouvrage de ce genre, d'en prendre connaissance dans l'excellent ouvrage où nous avons puisé les détails qui précèdent.

1075. Construction des arcs. — Les arcs qui entrent dans la composition des ponts en charpente peuvent être construits de diverses manières. On en a fait avec des pièces courbées naturellement, superposées et serrées par des boulons, ou assemblées à endents en crémaillère ; on en a construit avec des bois courbés par la chaleur ; on pourrait en faire avec des planches gabariées, comme dans le système de Philibert Delorme, ou avec de longs madriers flexibles, courbés sur leur plat et réunis les uns aux autres par des brides et des boulons, comme dans les fermes de combles du système Émy. Enfin un célèbre ingénieur bavarois, M. Wiebeking, a imaginé de les composer de poutres courbées à froid par des moyens mécaniques, et est parvenu de cette façon à faire des ponts vraiment gigantesques et de la construction la plus simple. Le système de M. Wiebeking est assez remarquable pour que nous nous y arrêtions un instant.

1076. Système Wiebeking. — Le procédé de M. Wiebeking est fondé sur cette remarque que toutes les pièces de bois, quel que soit leur équarrissage, peuvent être courbées aisément par des moyens mécaniques et sans être ramollies au préalable, du moment que leur longueur est dans un certain rapport avec les dimensions de leur équarrissage. C'est le même principe que celui de la charpente d'Émy, mais appliqué sur une beaucoup plus grande échelle.

Voici quelles sont les principales observations faites à cet égard par M. Wiebeking :

1° Les bois en grume ont un plus grand degré de flexibilité que les bois équarris. Une poutre de sapin équarrie de 16^m,75 de longueur sur 0^m,39 d'équarrissage, c'est-à-dire dont la longueur comprend à peu près 43 fois le côté de l'équarrissage, peut être courbée jusqu'à ce que la flèche de sa courbure soit la *trente-deuxième partie* de sa longueur, tandis que la flèche de courbure de la même pièce en grume peut être la *treizième partie* de la longueur.

2° Les pièces équarries, posées l'une sur l'autre, sont susceptibles d'une plus grande courbure qu'une pièce isolée.

3° Les bois résineux, flottés plus de dix jours, ne sont plus propres à être courbés.

4° Le bois de pin a plus d'élasticité, c'est-à-dire qu'il se ploie plus aisément que le sapin, et le mélèze plus que le pin. Les bois résineux, en général, ont plus d'élasticité que le chêne.

5° Les pièces de bois résineux, tels que le sapin, le pin, qui ne sont pas complétement sèches, reçoivent une courbure dont la flèche peut être de 1/20 de leur longueur pour des pièces de 0^m,292 d'équarrissage, et de 1/30 pour celles de 0^m,39 d'équarrissage.

6° La courbure des pièces de chêne fraîchement sciées ne permet qu'une flèche de 1/26 de leur longueur.

L'on voit, d'après cela, que ce procédé se prête admirablement à la construction des grands ponts, puisque la condition sur laquelle il repose c'est que l'on puisse former des arcs d'une assez grande ouverture pour qu'on puisse les composer de longues poutres de bois résineux ou même de chêne courbées, autant qu'on peut le faire *à froid,* par des moyens mécaniques.

Les observations rapportées plus haut ont conduit M. Wiebeking à fixer comme suit les flèches qu'il convient de donner aux arcs, d'après l'étendue de leurs cordes.

Pour une portée de 30 à 36 mètres, la montée doit être du 1/24 de la portée $(1^m,25$ à $1^m,50)$.

»	60	»	»	1/20 à 1/18 »	$(3^m,00$ à $3^m,33)$.
»	90	»	»	1/15 »	$(6^m,00)$.
»	116	»	»	1/14 »	$(8^m,30)$.
»	145	»	»	1/13 »	$(11^m,15)$.
»	175	»	»	1/12 »	$(14^m,60)$.

Mais, entre ces limites, on peut faire varier la courbure d'une faible quantité, suivant que le commandent la hauteur des eaux et les abords du pont.

La courbure des pièces de bois qui entrent dans la composition des arcs se donne sur un chantier de levage. Ces pièces de bois sont pliées par l'effet de la force de leviers, crics, palans et cabestans, et sont maintenues, pendant deux ou trois mois, sur des gabarits, formés d'une manière analogue à ceux qui ont été décrits au n° 465. Au bout de ce temps, elles n'ont plus de tendance à se redresser, et sont propres à être mises en place dans la construction définitive du pont.

1077. Observation. — Il n'est pour ainsi dire pas nécessaire de faire remarquer que les arcs en bois courbes peuvent quelquefois être avantageusement remplacés par des polygones composés de pièces droites diversement assemblées.

1078. Liaison des fermes entre elles. — Lorsque le pont est composé de fermes même les plus simples, il faut, par les moyens les mieux appropriés, rendre toutes ces fermes solidaires les unes des autres, afin qu'elles ne puissent se tordre ou se déverser, circonstance qui hâterait la dislocation des assemblages et la ruine du pont. Les madriers du plancher ou les traverses (*pièces de pont*) sur lesquelles on les cloue maintiennent solidement les fermes à leur partie supérieure; mais dans leurs parties basses il faut employer pour les réunir, soit des cours de moises, soit des liens, soit des croix de Saint-André, placés perpendiculairement à l'axe du pont. En général, plus les fermes ont d'élévation et de portée, plus les moyens de réunion doivent être multipliés. Dans les ponts de plus de 10 à 12 mètres de portée, ils ne seraient même pas toujours suffisants; on est alors obligé de compléter ces moyens d'assemblage par un système de contrevents, pièces en bois ou en fer disposées obliquement par rapport aux autres et formant avec elles, en projection horizontale, un réseau de triangles qui concourt efficacement à l'invariabilité de formes de toute la construction. Ces contrevents sont quelquefois eux-mêmes de véritables fermes. On en trouvera des exemples, ainsi que des autres moyens de liaison, dans les *fig.* 1435 à 1442.

1079. Construction du tablier.—Quand les longerons ou les fermes du pont ne sont pas distants de plus de deux mètres, le tablier se forme en clouant immédiatement sur ces longerons ou ces fermes une couche de madriers de 10 à 12 centimètres d'épaisseur. Lorsque la route qui passe sur le pont est destinée à être pavée, ce plancher est recouvert d'une couche de sable maintenu latéralement par un coffrage en madriers, et dans laquelle on pose le pavé, ainsi que nous l'avons expliqué au n° 344. Quand le passage ne doit pas être pavé on recouvre la première couche de madriers d'une seconde couche qui porte le nom de *faux tablier*. Le faux tablier est ordinairement moins épais que le tablier proprement dit, et quelquefois aussi il n'en occupe pas toute la largeur. On le fait toujours en bois d'une moindre valeur que le tablier (souvent en bois blanc ou en hêtre, tandis que le tablier est en chêne) et on le renouvelle avant qu'il soit suffisamment usé pour ne plus défendre le tablier. Ce dernier n'a ainsi à subir d'autres influences destructives que celles du temps et des variations atmosphériques. Les madriers du faux tablier se clouent sur ceux du tablier de manière à en couvrir parfaitement les joints.

Quand l'intervalle des longerons ou des fermes est plus grand que deux mètres, on y assemble transversalement un système de solives ou de pièces de pont espacées entre elles de deux mètres, ou plus rapprochées si le degré de fatigue auquel doit être soumis le tablier l'exige. C'est alors sur ces pièces que se cloue la première couche du tablier, dont les madriers sont dirigés parallèlement à l'axe longitudinal du pont. Quand on fait usage d'un faux plancher, on en cloue les madriers d'équerre sur ceux du plancher. Les pièces du pont sont légèrement entaillées à la rencontre des longerons, pour s'y assembler avec plus de fermeté. On les tient ordinairement un mètre ou un mètre et demi plus longues que la largeur du pont entre les fermes de tête : de cette manière elles forment de chaque côté un encorbellement de 50 à 75 centimètres, sur lequel on assemble le pied de jambettes inclinées, destinées, comme nous le verrons plus loin, à maintenir les garde-fous. Ces pièces sont d'ailleurs fortement chevillées ou boulonnées sur celles qui les supportent.

1080. Garde-fous.—Le plancher du pont est ordinairement garni de part et d'autre de garde-fous, dont la construction peut être variée de différentes manières : quand le premier tablier est cloué immédiatement sur les longerons, le garde-fou est ordinairement composé d'une succession de montants de 12 à 15 centimètres d'équarrissage fixés contre les parements extérieurs des longerons de tête ou des *garde-sable* (1), au moyen de brides en fer ou de boîtes en fonte, *fig.* 4389,

____

(1) Pièces de bois qui composent le coffre dans lequel est maintenue la forme de sable du pavé du pont.

et maintenus, de plus, dans la position verticale par une petite tringle en fer inclinée du côté du pont, et assemblée à vis et écrous, d'une part dans le montant, et de l'autre dans le tablier. Ces montants sont couronnés supérieurement par une *lisse* ou *main courante*, arrondie par le haut et assemblée avec eux à tenons et mortaises. Une ou deux sous-lisses assemblées à mi-bois ou, ce qui vaut mieux, passant d'outre en outre au travers des montants, divisent la hauteur de l'intervalle compris sous la main courante. Ces sous-lisses peuvent être remplacées par des croix de Saint-André.

Lorsque les longerons supportent une couche de *pièces de pont* disposées ainsi que nous l'avons indiqué plus haut, les montants du garde-fou s'assemblent à tenons et mortaises, dans ces pièces de pont, immédiatement au-dessus des longerons, et on les contre-butte par une jambette inclinée, assemblée aussi à tenons et mortaises, d'une part à l'extrémité des pièces du pont, et de l'autre aux montants. Les autres dispositions restent les mêmes que ci-dessus.

Les *fig.* 1444 et 1445 montrent les diverses dispositions que nous venons d'indiquer.

1081. Trottoirs. — Lorsque les ponts sont destinés à un passage fréquent et que leur largeur le comporte d'ailleurs, on construit ordinairement sur un des côtés, et souvent même sur les deux, des trottoirs d'une largeur qui varie, avec l'importance du pont, depuis un jusqu'à deux mètres.

Ces trottoirs peuvent être construits de diverses manières, que les *fig.* 1444 et 1445 indiquent d'une manière suffisamment claire.

Dans la première, le plancher du trottoir est formé de madriers cloués parallèlement à l'axe longitudinal du pont, sur des sommiers A assemblés à tenons et mortaises, d'une part dans les montants du garde-fou, et de l'autre sur des potelets B, assemblés eux-mêmes sur les pièces de pont.

Dans la *fig.* 1445, ce même plancher est composé de madriers cloués, dans le sens de l'axe transversal du pont, sur deux cours de lambourdes chevillés sur le premier plancher. Ces cours de lambourdes peuvent être placés tous deux en dedans du garde-fou, comme en *a*, ou bien l'un en dehors et l'autre en dedans comme en *b*, ou bien enfin, l'un en dedans du garde-fou, et l'autre de manière à recevoir l'assemblage des montants qui composent le garde-fou. Ces lambourdes doivent être un peu cintrées en dessous, ainsi qu'on le voit dans la *fig.* 1446, afin de permettre aux eaux pluviales de s'écouler. Elles séjourneraient dans le joint si l'on ne prenait cette précaution, et pourriraient rapidement la charpente.

1082. Goudronnage. — Toutes les pièces des ponts en charpente doivent être soigneusement goudronnées aussitôt après leur mise en place ; mais il est bon de ne couvrir de goudron, comme nous en avons fait déjà l'observation, que les faces directement exposées à la pluie, et de n'en recouvrir les autres qu'après quelques années, quand on a acquis la certitude que les bois sont complétement secs. Une précaution qu'on ne doit pas oublier, c'est de goudronner, au moment du montage, tous les tenons et mortaises et en général tous les joints d'assemblage ainsi que les boulons et toutes les ferrures.

1083. Dimensions. — Les principales dimensions des ponts en charpente, c'est-à-dire la grandeur, la hauteur et la largeur des travées, se règlent d'après les mêmes considérations que celles des ponts en pierre. Il en est encore de même de la force des piles et des culées, qu'il faut faire assez fortes pour résister soit à la charge verticale du pont, soit aux poussées transmises par les arcs ou autres dispositions de charpente analogues. Les formules contenues dans la troisième partie, et notamment celles du n° 626 relatives aux arcs, seront d'une grande utilité pour déterminer la force de ces poussées. Toutes les formules de la première section de cette partie trouveront, du reste, de nombreuses applications dans l'établissement des ponts en charpente, soit pour déterminer la section transversale des pièces d'après la grandeur et le mode d'action de leur charge, soit pour apprécier les principales déformations que le pont subira par suite des poids permanents ou accidentels auxquels il est soumis. Beaucoup de formules particulières, applicables aux combles et aux planchers, pourront immédiatement servir lorsqu'on y introduira la valeur des charges qui conviennent aux ponts. Telles sont notamment celles des n°s 607 à 627.

Quant à la manière d'évaluer la charge d'un pont, il faut remarquer qu'une telle construction n'est pas seulement soumise à l'action d'un poids permanent, mais encore à celle de charges accidentelles et de chocs dus au passage des voitures. On compte assez généralement de ce chef, pour les routes ordinaires, 200 kilogrammes de surcharge par mètre carré de tablier, ainsi que nous l'avons admis au n° 386.

ARTICLE III.

PONTS MÉTALLIQUES.

1084. Espèces diverses. — On divise les ponts en métal en *ponts ordinaires* et *ponts suspendus*; les uns et les autres se subdivisent ensuite en plusieurs sortes, suivant le genre de leur construction.

Ainsi, parmi les premiers on distingue les ponts sur poutres ou *longerons* et les ponts formés d'*arches composées de voussoirs*; parmi les seconds, il y a les ponts suspendus *en dessus* et les ponts suspendus *en dessous* à des *câbles en fil de fer* ou à des *chaînes*, et les ponts suspendus à des *arcs rigides*.

Le fer malléable et la fonte sont jusqu'ici les seuls métaux employés à la construction de ces diverses sortes de ponts. Souvent les piles et les culées qui supportent les longerons, les arches, les câbles ou les arcs, sont en maçonnerie, et leurs détails de construction sont exactement les mêmes que ceux des piles et culées des ponts en charpente dont nous avons parlé précédemment (n°s 1056 et 1057). Ce n'est que dans ces derniers temps qu'on a fait usage de supports en fonte.

PONTS ORDINAIRES.

1085. Sur longerons. — Les longerons des ponts métalliques offrent des formes variables selon la portée du pont, le degré de solidité et de rigidité qu'on veut obtenir, et la nature du métal employé. Lorsqu'ils sont en fonte, on leur donne la forme d'un large madrier posé de champ, renforcé par des nervures et évidé par des *jours* de différents dessins. Lorque les circonstances le permettent, il est avantageux de donner à la section longitudinale des longerons une forme qui se rapproche de celle du solide d'égale résistance. Quand la longueur des longerons ne dépasse pas 12 à 15 mètres, on peut les couler d'une seule pièce; lorsqu'ils sont plus longs, on est bien obligé de les fractionner en plusieurs morceaux qu'on assemble par les moyens qui paraissent les plus solides. Un des meilleurs est celui que nous avons décrit au nº 638 et dessiné dans la *fig.* 884, pl. XXIX. On le trouvera appliqué dans l'un des ponts-viaducs du chemin de fer de Londres à Birmingham, représenté avec les détails nécessaires dans la *fig.* 1447, pl. LIII.

Les longerons se posent sur le couronnement des piles et des culées comme ceux des ponts en bois. Pour les rendre solidaires les uns des autres et les empêcher de se déverser, on peut les relier, quand c'est nécessaire, par des tirants en fer, des croix de Saint-André ou des plaques de fonte évidées de diverses façons, qu'on y assemble au moyen de lèvres en retour d'équerre et de boulons à vis et écrous. On peut, du reste, les rapprocher suffisamment pour pouvoir y établir immédiatement le plancher; mais pour les ponts d'une grande portée surtout il est souvent préférable de n'en employer qu'un petit nombre, assez écartés, sur lesquels on pose des pièces de pont supportant le plancher.

Les longerons en fer malléable, dont l'usage se répand de plus en plus, offrent des combinaisons fort variées. Avec des barres de fer diversement croisées et embrassées par deux ou trois systèmes de moises, il est facile de réaliser des combinaisons analogues ou tout à fait semblables à celles des ponts américains, à la différence de matière près. Tels sont les ponts en treillis qui ont reçu de nombreuses applications dans ces derniers temps (1); le pont *Neuville*, et quelques autres systèmes du même genre, dans lesquels le fer, la tôle et quelquefois la fonte réalisent des réseaux rigides de différentes figures. Avec de la tôle forte, assemblée au moyen de rivets, on peut encore faire de longs tubes, de section elliptique ou rectangulaire, suffisamment résistants pour remplir l'office de longerons. Stephenson a utilisé cette idée sur une échelle vraiment gigantesque dans ce qu'il a appelé des *ponts-tubes*. L'un de ces ponts, construit sur la *Conway*,

---

(1) Le pont construit sur le Rhin à Cologne est un pont de cette espèce.

est formé d'un tuyau de tôle d'une section assez grande pour donner passage à un convoi de chemin de fer, et d'une longueur de 125 mètres, posé sur deux culées. La complète réussite de cette entreprise, qui eût été traitée de folie partout ailleurs qu'en Angleterre, a fait entreprendre d'autres ponts du même système où la hardiesse a été portée encore beaucoup plus loin. Le pont-tube sur la *Menai*, dont la longueur est de plus de 388 mètres, et dans lequel il y a une travée de 140 mètres de portée, est encore ce qui a été entrepris de plus grand en ce genre. Enfin l'on a réalisé et l'on emploie fréquemment pour la construction des ponts et viaducs de chemins de fer des longerons formés d'une plaque verticale de forte tôle renforcée haut et bas par une combinaison de cornières et de bandes de tôle fortement rivées, qui donnent à l'ensemble la forme d'un double T de plus ou de moins grandes dimensions.

1086. Ponts en arches. — Les ponts de cette espèce sont généralement en fonte, et ont été en quelque sorte calqués tantôt sur les ponts en pierre et tantôt sur ceux en bois. Dans le premier système, les arches sont composées de voussoirs de petites dimensions, juxtaposés suivant la courbure de l'arche ; il n'y a de différence avec les constructions en pierre : 1° qu'en ce que les voussoirs sont complétement creux et percés de jours ; 2° qu'ils sont reliés les uns aux autres par des vis, des boulons ou d'autres assemblages de serrurerie. Ce système est à peu près complétement abandonné.

Dans le second système, les arches sont formées d'un certain nombre de fermes plus ou moins éloignées les unes des autres, et dont la pièce principale est un arc qui supporte le tablier par l'intermédiaire de pièces diversement combinées.

Nous donnons comme exemple de construction, selon le premier système, la projection verticale d'une arche (*fig.* 1448) et la perspective (*fig.* 1449, pl. LIV) d'un voussoir en fonte du pont d'Austerlitz à Paris (1).

Comme exemple du second système, nous offrons (*fig.* 1450 et 1451) des dessins du pont du Carrousel, construit également à Paris (2).

Ce pont, qui passe pour l'un des plus beaux modèles en ce genre de construction, présente comme disposition spéciale remarquable des arcs en fonte creux, de section elliptique, dont l'intérieur est rempli par une *âme* en madriers de sapin courbés sur leur plat. La forme de tuyau elliptique donnée aux arcs a permis, vu la grande résistance de cette figure, d'économiser beaucoup de fonte, et l'emploi d'une âme en charpente a paru un puissant remède contre les effets des dilatations et des vibrations. Quant aux autres dispositions, elles sont à peu près les mêmes que dans la plupart des grands ponts en fonte construits dans ces derniers temps en Angleterre, où ce genre de construction a, comme tant d'autres, pris naissance et reçu les applications les plus nombreuses.

---

(1) Construit par Lamandé en 1806.

(2) Par Polonceau.

Dans la plupart des ponts anglais, les arcs ont pour section transversale un rectangle très-allongé, fortifié haut et bas par des nervures ; ils offrent ainsi un bandeau de section uniforme, rarement percé d'ouvertures. Les tympans ont également une section rectangulaire fort allongée, mais qui décroît de hauteur en allant des naissances des arcs vers leur sommet. Au contraire des arcs, ils sont presque toujours percés de jours de différentes formes, et souvent même ces jours ont une telle grandeur que ce qui reste ne constitue qu'un système d'anneaux métalliques, comme au pont du Carrousel, ou bien un réseau de triangles, de losanges de rectangles, etc.

Au surplus, les arcs, les tympans, les longerons et les autres pièces sont fractionnés en un certain nombre de morceaux réunis par des assemblages et boulonnés. Autrefois on faisait toutes ces fractions de petites dimensions, mais aujourd'hui on les fait généralement aussi grandes que le permet la capacité des appareils de fusion dont on peut disposer.

Les fermes en métal sont reliées entre elles par des entretoises et des contre-vents disposés d'une façon tout à fait analogue à ce que nous avons déjà indiqué pour les ponts de bois. Ces pièces sont ordinairement des plaques ou diaphragmes percés de jours, qui s'assemblent aux fermes par le moyen de lèvres ou retours d'équerre fortement boulonnés.

Quoique les indications qui précèdent se rapportent spécialement aux ponts en fonte, elles sont aussi pour la plupart applicables aux ponts en fer malléable. La principale différence, c'est que les grandes fractions des diverses parties de la charpente du pont, au lieu d'être coulées d'un seul jet, sont formées de barres de fer assemblées entre elles.

1087. Dimensions. — La question des dimensions à donner aux diverses fractions des ponts ordinaires en fer mérite une attention particulière. Les théories que nous avons développées donnent des indications précieuses, mais qui doivent être complétées par une foule de détails pratiques. La possibilité d'assembler les pièces solidement les unes aux autres, de les mouler aisément, de les obtenir sans retraits inégaux, qui font gauchir et même parfois éclater les grandes pièces, sont des points de la plus haute importance.

On voit, en résumé, que les constructions de cette espèce exigent non-seulement la connaissance parfaite des procédés et des théories que nous avons précédemment fait connaître, mais encore celle de l'art du sidérurgiste. Lorsqu'on ne possède pas cette dernière à un degré suffisant, il faut, avant de rien arrêter de définitif, soumettre ses plans à un bon maître de forges ou à un fondeur expérimenté, et recevoir ses observations. C'est une précaution utile même lorsqu'on est profondément versé dans leur art. Dans la pratique journalière qu'ils en font, ils recueillent mille petites osbervations, connues bien souvent d'eux seuls, ou dont l'importance n'est bien appréciée que par eux, et qui peuvent avoir une certaine influence sur les projets.

Une chose dont on ne doit pas négliger de tenir compte dans les constructions de cette espèce, c'est l'effet des variations de température; cependant cet effet n'a pas toujours l'importance qu'on pourrait lui croire au premier aperçu. Ainsi l'ingénieur Rennie a observé, par exemple, au pont de Southwark, dont les arches ont chacune 64 mètres d'ouverture, que le sommet se relevait seulement de 0^m,007 par chaque augmentation de 10 degrés du thermomètre de Fahrenheit (5° 1/2 centigrades à peu près), de sorte que pour une élévation totale de température de 90 degrés Fahrenheit (50° centigrades), ce qui peut être considéré comme la plus grande différence entre les températures extrêmes de notre climat, le surhaussement de l'arche ne peut être que de 0^m,07. C'est surtout dans les ponts à longerons d'une grand portée que cet effet mérite d'être pris en sérieuse considération. Il faut dans ce cas ménager un espace convenable entre les abouts des diverses parties des longerons et poser ces abouts sur des rouleaux de friction qui permettent aux dilatations et contractions de se produire sans difficulté.

1088. Levage. — Le levage des ponts métalliques s'effectue comme celui des ponts en charpente ; tantôt les longerons et les arcs sont levés d'une seule pièce, après avoir été, s'il y a lieu, assemblés sur un chantier ; tantôt on les monte pièce par pièce à la place qu'ils doivent occuper, sur des échafaudages ou des cintres construits exprès.

1089. Tablier. — Les tabliers des ponts en fer se construisent aussi d'une manière tout à fait semblable à ceux des ponts en charpente ; tantôt les madriers sont boulonnés sur les longerons ou les pièces de pont, tantôt ils sont cloués comme dans les ponts en bois sur des solives longitudinales ou transversales disposées de diverses manières.

On a fait des ponts où le tablier est en fonte comme tout le reste. Ce tablier est alors composé de plaques de fonte découpées à jour et fortifiés en dessous par des nervures, qui se posent dans des feuillures réservées dans les longerons ou les pièces de pont ; mais cette disposition n'est guère employée que pour les ponts de chemins de fer.

PONTS SUSPENDUS.

1090. Espèces diverses. — Nous distinguerons trois espèces de ponts suspendus :

1° Ceux dont le tablier est réellement suspendu à des câbles ou à des chaines flexibles, et que nous nommerons *ponts suspendus en dessus* ;

2° Ceux dont le tablier est soutenu par des chaines ou des câbles flexibles, que nous appellerons *ponts suspendus en dessous*;

3° Ceux dont le tablier est suspendu à des arcs rigides.

1091. Ponts suspendus en dessus. — Dans ce système, le tablier est suspendu par des tiges pendantes à des chaines ou des câbles appelés *polygones funiculaires* ou *arcs caténaires*, posés librement sur des points d'appui plus ou moins élevés et attachés, par leurs extrémités, à des points fixes.

Les chaînes forment ainsi des courbes paraboliques dont la flèche peut varier dans des limites assez étendues par rapport à la portée.

Les points de support des chaînes ou câbles sont tantôt placés à la même hauteur, comme dans la *fig.* 1452, et d'autres fois, mais plus rarement, ils ont des hauteurs très-différentes, comme dans la *fig.* 1453.

Ce dernier système offre des avantages qui le font adopter dans quelques cas spéciaux ; mais il présente, en revanche, des inconvénients qui lui font préférer le premier en général. Les avantages sont : qu'il épargne la construction d'un support ou d'une portion de support, ainsi que d'une portion de chaîne de retenue. Les inconvénients sont : que la tension des chaînes est augmentée, et les dépenses de leur construction en conséquence.

Ordinairement il n'y a, dans les ponts suspendus en dessus, que deux systèmes de chaînes de suspension : un de chaque côté du tablier. Cependant pour des ponts très-larges on peut en employer trois et même davantage. Les chaînes intermédiaires forment alors des cloisons ou des entre-voies sur le pont.

1092. Chaînes de suspension.— Les arcs caténaires sont formés de tiges carrées, rondes, méplates ou à pans, terminées par des anneaux ou des fourchettes qui s'engrènent les uns dans les autres et sont maintenus à frottement libre par des boulons (*fig.* 1454 et 1455); ou d'anneaux allongés réunis les uns aux autres par le même moyen (*fig.* 838, pl. XXVIII). Toutes ces pièces doivent être ajustées avec la plus grande précision ; les boulons tournés et filetés avec soin. La chaîne doit pouvoir se prêter avec la plus grande liberté de mouvement à tous les changement de forme qu'elle subit presqu'à chaque instant, et se rapprocher, en un mot, des conditions que remplirait un câble parfaitement flexible.

Il est rare d'ailleurs qu'on n'emploie qu'un seul arc caténaire pour supporter chaque extrémité du tablier. Cette disposition n'est guère employée que dans des passerelles et les ponts de peu d'importance. Pour les grands ponts, la section des tiges devrait être ainsi trop forte, et l'on trouve un assez grand nombre d'avantages à employer un système de deux, trois, quatre ou même d'un plus grand nombre de chaînes d'une section médiocre, sur lesquelles on répartit la charge du pont de manière à ce qu'elles éprouvent toutes un même degré de fatigue.

Les avantages de cette disposition sont, 1° qu'on peut employer à la construction des chaînes du fer de petit échantillon, ce qui donne plus de garanties quant à leur qualité ; 2° que les chaînes sont ainsi plus maniables et d'un levage plus facile ; 3° que les chances d'accident sont diminuées ; 4° enfin, considération qu'on ne doit jamais perdre de vue quand on érige une construction quelconque, qu'il est plus facile ainsi de faire des réparations et des renouvellements partiels.

A la vérité, ces avantages sont compensés par quelques inconvénients : ce sont un peu plus de main-d'œuvre dans la fabrication des chaînes et l'augmentation de la surface du métal en prise aux atteintes de la rouille ; mais ces inconvénients sont, en somme, beaucoup moindres que les avantages énumérés ci-dessus.

1093. Câbles de suspension.— Les conditions de flexibilité que nous avons indiquées plus haut comme importantes à atteindre dans les arcs caténaires sont obtenues au plus haut degré possible par l'emploi de câbles en fil de fer; mais, malgré cet avantage et quelques autres, leur emploi exclusif, recommandé pourtant par des constructeurs d'un grand mérite, n'a pu jusqu'à présent prévaloir. Ils offrent certainement quelques désavantages sur les chaînes, mais leur valeur n'est pas encore parfaitement constatée jusqu'à présent. Nous les ferons connaître en décrivant leur composition.

Ces câbles sont ordinairement formés de fil de fer des n°s 17 et 18, ayant 0^m,0026 à 0^m,003 de diamètre, pesant, au mètre courant, de 44 à 57 grammes, et vendus par rouleaux ayant de 140 mètres à 150 mètres de développement.

Ces fils sont dévidés un à un dans toute leur longueur sous une tension uniforme, puis assemblés en écheveaux plats ou ronds par des ligatures en fil de fer de plus petit échantillon recuit et contourné en spirale serrée autour des écheveaux. Ces ligatures ont ordinairement 10 à 11 centimètres de longueur et sont éloignées les unes des autres de 20 à 25 centimètres. Le point important, dans la fabrication des câbles, c'est que tous les fils soient également tendus, afin qu'ils travaillent également et ne soient pas sujets l'un plus que l'autre à se briser. On trouvera dans les mémoires de MM. Vicat, Dufour, Challayes, etc., insérés aux *Annales des ponts et chaussées*, la description des moyens et des appareils qu'ils ont employés pour y parvenir.

Lorsque le câble a plus de 140 ou 150 mètres de longueur, on est obligé de relier les fils dans le sens longitudinal. Deux moyens ont été employés à cet effet : le premier consiste à croiser les fils bout à bout en les faisant dépasser l'un sur l'autre d'une dizaine de centimètres, et à les réunir ainsi deux à deux par une ligature en fil recuit n° 4. On s'arrange, après cela, de manière à ce que ces ligatures soient distribuées en divers points de la longueur du câble.

Le second moyen consiste à fractionner le câble en plusieurs morceaux d'une certaine longueur, terminés aux deux bouts par des anneaux qui servent à les assembler les uns aux autres. Un anneau de cette espèce est reproduit *fig.* 1456, il est formé par le dédoublement des écheveaux sur une certaine longueur et par l'interposition d'une espèce de fer à cheval C, nommé *croupière*, creusé extérieurement en gouttière, dans lequel s'encastrent, en se croisant, les bouts dédoublés des écheveaux. On les réunit ensuite par une ligature serrée tout contre les croupières. La réunion des diverses fractions de câbles les unes aux autres se fait par le moyen de boulons et d'anneaux métalliques comme on le voit dans la *fig.* 1457.

Le plus grand inconvénient reproché aux câbles en fil de fer réside dans la facilité avec laquelle ils peuvent s'oxyder. A l'effet de parer autant que possible à cet inconvénient, chaque fil, avant d'être mis en écheveau, est passé à deux ou trois reprises dans un bain d'huile bouillante. Un autre inconvénient non moins grave, mais auquel il est pourtant plus facile de remédier avec quelques précautions, c'est la difficulté de soumettre tous les fils à un égal degré de tension. On conçoit que si les uns sont plus tendus que les autres, il peut arriver des ruptures partielles fort compromettantes pour l'ensemble. Jusqu'ici cependant on n'a pas encore cité d'exemples de ponts suspendus sur câbles en fil de fer détruits par la rupture des câbles, tandis qu'on en a vu un assez grand nombre où la rupture des chaînes a entraîné la ruine totale de la construction. Ce fait paraîtrait donc donner gain de cause aux ponts en fil de fer. Cependant cette question ne paraît pas encore suffisamment décidée pour bon nombre de constructeurs, et les uns continuent à préférer les ponts suspendus sur des chaînes, tandis que les autres accordent plus de confiance à ceux suspendus sur des câbles.

1094. Chaînes et câbles de retenue. — Les chaînes ou câbles de retenue, qui ne sont le plus souvent que les prolongements des chaînes ou câbles de suspension, sont construits exactement de la même manière que ceux-ci.

1095. Tiges de suspension. — Les tiges de suspension sont ordinairement en fer forgé. Quoiqu'on puisse les faire en fil de fer, on préfère cependant les tiges d'un seul morceau, parce qu'elles sont d'une exécution plus facile, tout aussi solides et au moins aussi durables. Les tiges forgées d'un seul morceau sont même employées dans les ponts où les arcs caténaires sont en fil de fer.

Le corps de la tige est ordinairement cylindrique; l'une de ses extrémités, celle qui s'attache aux pièces de pont, se termine par un bout fileté sur lequel s'adapte un écrou, ou par un étrier (*fig.* 1457 et 1458); l'autre bout est terminé de façon à s'attacher, de la manière la plus simple, la plus facile et la plus solide, aux chaînes ou aux câbles de suspension. Ces conditions peuvent être remplies d'un assez grand nombre de manières qui dépendent des dispositions adoptées pour la composition des chaînes et des câbles. Voici celles qui ont été le plus fréquemment employées :

1° Dans les ponts *sur chaînes*, on s'arrange de manière à ce que l'assemblage des maillons corresponde exactement à l'endroit où doivent s'assembler les tiges de suspension; à cet effet, on dispose les arcs caténaires les uns au-dessus des autres ou les uns à côté des autres, de manière à ce que les nœuds des divers arcs, projetés sur un plan vertical parallèle au grand axe du pont, tombent juste sur les verticales, passant par le milieu de toutes les pièces du pont, distribuées d'après les exigences du projet. Les boulons d'assemblage des chaînons entre eux peuvent servir alors en même temps de points d'attache aux tiges de suspension, qui n'ont besoin, pour être solidement réunies à la chaîne, que d'être terminées supérieurement par un anneau ayant même diamètre que le corps du boulon (*fig.* 1459). On a employé beaucoup d'autres dispositions, mais qui ne sont pas plus solides que celle que nous venons de décrire et qui ne sont pas aussi simples. On en trouve des exemples dans les *fig.* 1460 et 1461.

2° Dans les ponts sur câbles en fil de fer, des dispositions analogues peuvent être employées lorsqu'on a composé la chaîne de petits fragments de câbles réunis par des croupières; le même boulon qui passe dans les croupières, pour réunir les diverses portions du câble, passe en même temps dans des anneaux pratiqués à la tête des tiges de suspension. Lorsque les câbles sont formés d'un seul brin, ou lorsque les longueurs comprises entre les croupières sont trop considérables pour satisfaire aux exigences premières du système précédent, ce qu'il y a de mieux à faire et ce qui s'est fait le plus souvent, c'est de poser à cheval sur deux câbles contigus, dans le sens horizontal, des chaises en fonte ou en fer battu auxquelles s'attachent les tiges, soit à vis et écrous, soit par le moyen de brides ou d'étriers de diverses formes.

La *fig.* 1457 offre un exemple de cette disposition.

Dans quelques ponts de peu d'importance, on a réduit les éléments de suspension à de simples tiges inclinées partant de piliers plus ou moins élevés et venant s'attacher sous des angles de plus en plus petits en différents points du tablier. La *fig.* 1462 donne une idée de ce système. On a aussi quelquefois combiné ce moyen de suspension avec les chaînes et les tiges pendantes verticales.

1096. Pièces de ponts. —Les pièces de pont s'attachent, comme nous venons de le dire, aux tiges de suspension. Ordinairement elles sont en bois, quelquefois, mais assez rarement, en fonte. Dans le premier cas, elles ont la forme d'une solive de section rectangulaire terminée à chaque bout par une pyramide très-obtuse ou par une boîte de fonte dont la face extérieure est plus ou moins ornée. Dans le second, on leur donne une forme qui approche de celle du solide d'égale résistance, c'est-à-dire qu'on les fait plus hautes au milieu qu'aux extrémités. Leur section transversale offre la figure d'un T simple ou double. A ces pièces sont directement cloués les madriers qui forment le plancher du pont. Quelquefois pourtant on pose dessus des lambourdes longitudinales sur lesquelles s'attachent les madriers. Toutes les autres dispositions du plancher sont les mêmes que dans les ponts en charpente. Les trottoirs, les garde-corps sont aussi d'une construction parfaitement analogue. Les garde-corps, toutefois, sont d'une construction plus légère. Les tiges de suspension servent elles-mêmes de montants, et leur rapprochement permet souvent de supprimer les sous-lisses; de sorte que tout se réduit, dans beaucoup de cas, à une lisse assemblée à hauteur d'appui dans les tiges de suspension. Quand on veut remplir l'intervalle entre ces derniers, on le fait avec de petites tringles de fer vissées verticalement dans la lisse et le tablier, et plus ou moins rapprochées; quelquefois on n'emploie que deux tringles qu'on croise diagonalement, etc.

1097. Supports. — Les supports sur lesquels s'appuient les arcs caténaires sont en maçonnerie ou en fonte. Les supports en maçonnerie ont ordinairement la forme de piliers carrés ou rectangulaires, couronnés par une forte assise en pierre de taille formant tablette. Quelquefois les piliers de chaque côté du pont sont réunis les uns aux autres par des voûtes ou arcades en plein-cintre auxquelles ils servent de pieds-droits. L'ensemble, décoré de quelques saillies et moulures, prend alors la forme d'un *portique*; la construction de ces massifs de maçonnerie n'offre rien de particulier : seulement on conçoit que, servant d'appui à tout le pont, ils doivent être construits avec des soins excessifs. Ainsi, non-seulement toutes les précautions imaginables doivent être observées pour donner à leurs fondements un degré de fixité absolu, mais il faut encore que leurs assises soient montées de manière à ce qu'on n'ait à redouter ni porte-à-faux, ni déliaison latérale, par suite des mouvements des chaînes dont nous allons parler. Il est bon, à cet effet, de les relier par des agrafes et des ancrages disposés de façon à résister de la manière la plus directe aux efforts capables de produire ces déliaisons, et dont la direction est variable selon les circonstances.

Leur partie supérieure seule offre quelques dispositions spéciales que nous allons faire connaître.

L'on a dû comprendre que l'état de stabilité d'un pont suspendu est tout autre que celui d'un pont ordinaire ; dans celui-ci le canevas du pont, vu la grande rigidité des pièces qui le composent et la fixité donnée à tous les points d'assemblage, peut être considéré comme à peu près invariable ; tandis que dans l'autre, à cause de circonstances précisément inverses, ce canevas varie de forme pour ainsi dire à chaque instant. Il ne passe pas une voiture sur un pont suspendu, que les chaînes, pendant tout son parcours, ne prennent, en serpentant, des courbures tout autres que quand le pont est seulement chargé de son tablier ou d'une charge immobile et uniformément répartie.

Il en résulte notamment que le sommet des arcs caténaires se déplace continuellement, tantôt d'un côté, tantôt de l'autre, de sa position primitive, et que si l'on ne prenait quelques précautions pour faciliter ce mouvement, il entraînerait bientôt les assises de maçonnerie et disloquerait les supports en peu de temps.

A cet effet les couronnements des supports sont surmontés de fortes poulies en fonte ou de rouleaux de même métal, dits *rouleaux de friction*, sur lesquels glissent les câbles et les chaînes, lorsqu'ils accomplissent les mouvements dont nous venons de parler. Ces poulies et rouleaux de friction peuvent être disposés de diverses manières. Nous en donnons des exemples dans les *fig.* 1463 et 1464.

Les supports en fonte peuvent offrir un grand nombre de formes. Ils peuvent être creux ou pleins ; mais les piliers creux sont plus avantageux que les piliers pleins, parce qu'on peut, à égalité de volume de matière, leur donner un plus grand degré de stabilité et de résistance. Ordinairement on les forme de tambours qui s'assemblent les uns sur les autres, et dont les parois, percées d'ouvertures de diverses figures, sont consolidées à l'intérieur par des nervures ou des diaphragmes qui se croisent. Le pont de Seraing, sur la Meuse, offre un beau modèle de construction de ce genre. Ordinairement encore les supports en fonte reposent sur une base en maçonnerie à laquelle ils sont reliés solidement par des boulons qui traversent les diverses assises de la fondation, et ils portent supérieurement des poulies ou des rouleaux de friction disposés d'une manière analogue à ceux des piles en pierre.

On a construit quelques supports en fonte où l'emploi des rouleaux de friction a été évité d'une manière ingénieuse ; les chaînes sont attachées d'une manière fixe au sommet du support, mais ce support lui-même peut tout entier se mouvoir et se balancer sur une crapaudine, dans laquelle pose son pied arrondi en manière de tourillon. On n'a jusqu'ici fait qu'un usage restreint de cette disposition, qui est la même, du reste, que celle dont on s'est servi pour le comble suspendu du Panorama de Paris, dont le détail se voit dans la *fig.* 1295, pl. XLVI.

1098. Amarrage des chaînes de retenue. — L'attache des chaines de retenue au sol est une des choses desquelles dépend la solidité de la construction, et à ce titre elle demande aussi le plus grand soin.

A part les facilités ou les difficultés particulières que présentent les localités, il y a deux modes d'amarrage qui offrent chacun des avantages et des inconvénients. Dans le premier, les chaînes de retenue se dirigent sans déviation du sommet de la pile de rive jusqu'au point d'attache, comme on le voit dans la *fig.* 1465 à droite; dans le second, les chaines de retenue se dévient pour s'enfoncer verticalement en terre. (Voir la *fig.* 1465 à gauche.)

On comprend de suite que le poids des maçonneries dont on charge le bout des chaines de retenue agit différemment dans ces deux systèmes; dans le dernier, les maçonneries pèsent sur ces chaînes de la totalité de leur poids, tandis que, dans le premier, il n'y a qu'une partie de ce poids utilement employée. L'avantage, sous ce point de vue, est donc au dernier système; mais, en compensation, celui-ci exige des poulies ou des rouleaux de friction dans le coude, ainsi que des constructions très-solides pour les recevoir.

Les massifs de retenue doivent être d'un poids suffisant pour faire équilibre, en tout état de cause, aux effets de la tension qui leur est transmise par les chaînes. Dans le cas où la chaîne va droit au point d'amarrage, la tension T (*fig.* 1465) se décompose en deux forces : l'une verticale $T \cos \alpha$ (α étant l'angle que fait la chaîne avec la verticale), qui tend à soulever le massif, et l'autre $T \sin \alpha$, qui tend à le faire glisser sur sa base. Il faut donc que l'on ait tout à la fois, en représentant par P le poids du massif de retenue, et par $f = 0,76$ le rapport du frottement à la pression des maçonneries sur le terrain :

$$P > T \cos \alpha$$
$$\text{et } 0.76\,(P - T \cos \alpha) > T \sin \alpha.$$

Les mêmes conditions doivent encore être satisfaites quand le câble s'infléchit. De plus, la résultante des tensions des parties Ac et AS du câble doit être insuffisante pour renverser la culée. Ordinairement, on s'arrange de manière que la résultante de ces tensions passe dans la base du massif, et l'on évite ainsi la possibilité de ce mouvement.

Quoique le poids du massif de retenue soit en grande partie soutenu par les chaines, il n'en faut pas moins faire ses fondations très-solides, parce que, le massif étant soulevé plus fortement sur certains points que sur d'autres, les affaissements inégaux sont à craindre.

Dans le cas où la chaine s'infléchit, il est toujours bon de placer le point d'inflexion dans le sol, afin de profiter de sa résistance pour diminuer la tendance à glisser des assises supérieures du coussinet sur lequel la chaîne repose.

Nous observerons, enfin, qu'on peut en certains cas réduire de beaucoup ces massifs de retenue, en les reliant au sol par des endents de diverses formes; mais il faut pour cela que le sol offre une très-grande résistance au déchirement. Ce moyen a été notamment employé au pont de Fribourg (le plus grand pont suspendu connu). La *fig.* 1466 est une coupe verticale faite suivant l'axe des puits d'amarrage de cet ouvrage.

Les portions de chaînes engagées dans les massifs de retenue doivent être encore plus soigneusement peintes et enduites que les autres, leur position rendant encore plus actives les causes d'oxydation. Elles passent dans des cheminées, dont la section est appropriée à la grosseur des chaînes, réservées au milieu des massifs de retenue, et qui les traversent de part en part. L'intervalle entre les chaînes et les parois des cheminées est rempli avec de la chaux grasse en pâte qu'on recouvre à la surface d'une couche de suif. Privé d'air, cet enduit de chaux reste constamment mou, ce qui permettrait de l'enlever facilement au besoin pour visiter les chaînes. La chaîne, à sa sortie en dessous des maçonneries est traversée par une barre ou clef qui s'appuie contre une assise en pierre de taille, ou, ce qui vaut mieux, contre une plaque de fonte qui s'appuie elle-même contre la maçonnerie. On ménage dans le massif de retenue un puits ou une galerie qui permet de visiter en tout temps l'état de ces clefs, sur lesquelles, en dernière analyse, repose toute la stabilité de la construction. La *fig.* 1467, pl. LV, est destinée à donner une idée de ces diverses dispositions.

1099. Formules. — Nous avons déjà donné, aux n°ˢ 584 à 588, quelques formules relatives aux ponts suspendus, et nous avons montré d'une manière très-détaillée comment on pouvait s'en aider pour déterminer la force des principales pièces qui entrent dans la composition d'un pont. Nous croyons utile d'en rassembler ici quelques autres auxquelles on a besoin de recourir quand on a à projeter un ouvrage de cette espèce.

Les arcs caténaires forment, comme nous l'avons dit, une parabole dont l'équation est :

$$y = \frac{p}{2Q}(x^2 - x''); \quad \ldots \ldots \quad (\text{A}),$$

y et x étant les coordonnées d'un des points quelconques a, b, c (*fig.* 1465) auxquels sont attachées les tiges de suspension, rapportées à deux axes rectangulaires AX, AY, passant par le point le plus bas de la courbe ; x' l'abscisse du point d'attache a de la première tige de la suspension; p la charge par mètre de longueur du tablier (laquelle comprend le poids du câble, des tiges et du tablier); Q la *tension horizontale* de la chaîne.

Nommant f la plus grande ordonnée ou la flèche de l'arc caténaire, et $\frac{d}{2}$ la demi-portée du même arc, qui est l'abscisse de cette ordonnée, on a

$$f = \frac{p}{2Q}\left(\frac{d^2}{4} - x'^2\right) \quad . \quad . \quad . \quad . \quad \text{(B)}.$$

d'où l'on tire, quand f, p et x' sont donnés,

$$Q = \frac{p}{2f}\left(\frac{d^2}{4} - x'^2\right) \quad . \quad . \quad . \quad . \quad \text{(C)}.$$

Ces diverses équations se simplifient quand il y a une tige de suspension au point le plus bas de la courbe ; dans ce cas $x' = 0$, et l'on a simplement :

$$y = \frac{px^2}{2Q} \quad . \quad . \quad . \quad . \quad \text{(A')},$$

$$f = \frac{pd^2}{8Q} \quad . \quad . \quad . \quad . \quad \text{(B')},$$

$$Q = \frac{pd^2}{8f} \quad . \quad . \quad . \quad . \quad \text{(C')}.$$

Les équations (C) et (C') donnent le moyen de déterminer la tension dans le sens de l'axe de la chaîne, en remarquant que la *tension horizontale* est constante et qu'elle se combine avec les poids suspendus à la chaîne et agissant suivant des verticales pour produire la tension dans le sens de l'axe.

Si l'on considère, par exemple, une portion de chaîne comprise entre les deux points m, n (*fig.* 1465), la tension cherchée sera le résultat de la tension horizontale et d'une force verticale égale à la somme des poids appliqués, depuis le point le plus bas de la courbe jusqu'au point m. D'après cela, nommant x l'abscisse du point milieu de mn, la composante verticale pour ce point sera px, et la composante horizontale Q. Leur résultante dans le sens de l'axe de la chaîne, que nous désignons par T, sera

$$T = \sqrt{Q^2 + p^2 x^2} \quad . \quad . \quad . \quad . \quad \text{(D)}.$$

Pour le point le plus élevé de la courbe caténaire (celui où la chaîne pose sur les supports) qui donne évidemment le maximum de tension, on a

$$x = \frac{d}{2} \text{ et } \frac{pd}{2} = \frac{P}{2};$$

P étant le poids total du pont.
D'après cela,

$$T = \sqrt{Q^2 + \frac{P^2}{4}} \quad . \quad . \quad . \quad . \quad \text{(E)}.$$

Remplaçant Q par les valeurs (C') et (C) trouvées plus haut, on obtient :

1° Dans le cas où il y a une tige de suspension au point le plus bas de la chaîne,

$$T = \frac{P}{4} \sqrt{\frac{d^2}{4f^2} + 4} \quad \ldots \quad \text{(F)}.$$

formule dont nous nous sommes servi au n° 587.

Dans le cas contraire,

$$T = \frac{1}{2f} \sqrt{P\left(\frac{d^2}{4} - x^2 + f^2\right) + px^4} \quad \ldots \quad \text{(G)}.$$

Les équations (A) et (A′) donnent le moyen de déterminer la longueur des tiges de suspension suivant la position qu'elles occupent, et par suite la longueur totale de leur ensemble.

Les formules qui donnent cette longueur totale sont :

$$S = \frac{4fl^2 n}{3d^2}(n+1)(2n+1) \quad \ldots \quad \text{(H)}$$

quand il y a une tige de suspension au point le plus bas de l'arc caténaire, et

$$S = \frac{2fl^2 n}{3d^2}(4n^2 - 1) \quad \ldots \quad \text{(I)}$$

quand il n'y en a pas.

Dans ces formules,

S est la somme totale des longueurs de toutes les tiges de suspension d'un arc caténaire complet, mesurées à partir d'un plan horizontal partant du point le plus bas de l'arc ;

l la distance des tiges entre elles (supposée régulière) ;

n le nombre de subdivisions égal à l ;

f la flèche de l'arc caténaire ;

d l'ouverture du même arc.

Quand le tablier est placé au-dessous du plan de comparaison indiqué plus haut, il faut ajouter aux longueurs trouvées celles qui sont comprises entre ce plan et le tablier.

Les mêmes formules (A) et (A′) permettent encore de déterminer la longueur des câbles de suspension. Cette longueur est égale à la somme des parties droites comprises entre les différents points de suspension. Or, l'une quelconque de ces parties est égale à l'hypoténuse d'un triangle rectangle, dont un des côtés est la quantité l définie ci-dessus et l'autre côté la différence de deux tiges ou ordonnées consécutives. Désignant par y et y' la longueur de ces tiges, on a conséquemment, en appelant u la longueur cherchée,

$$u = \sqrt{l^2 + (y - y')^2} \quad \ldots \quad \text{(J)}.$$

En assignant à y et y' les valeurs convenables aux différentes tiges, on obtiendra ainsi successivement la longueur de chacune des parties de la chaîne comprises entre les tiges et par suite sa longueur totale.

Ce calcul étant assez long, on peut supposer, dans un grand nombre de cas, la chaîne égale à la longueur de la parabole circonscrite, laquelle est donnée par la formule

$$L = \frac{d}{2}\left(1 + \frac{8f^2}{3d^2}\right) \quad \ldots \quad (K).$$

Toutes les formules qui précèdent s'appliquent spécialement au cas où les deux branches de la courbe caténaire sont égales et symétriques ; mais elles peuvent être également applicables dans le cas où les deux branches de la courbe sont inégales, en considérant à part chacune de ses parties situées à droite et à gauche du point le plus bas ; f se prend alors pour l'ordonnée maximum de chacune des branches séparément, et l'on compte pour d le double de la distance qui sépare horizontalement le point le plus bas du point le plus élevé de chaque branche.

Les augmentations de température et la charge augmentent la longueur de la chaîne et par suite sa flèche. On peut apprécier ces variations au moyen des formules suivantes :

d représentant l'augmentation de longueur de la chaîne et t exprimant une augmentation en degrés centigrades, on a

$$\delta = L \times 0,0000122 \times t \quad \ldots \quad (L.)$$

et la longueur de la chaîne, par l'effet de l'augmentation de température t, devient

$$L' = L\,(1 + 0,0000122\,t) \quad \ldots \quad (M).$$

L'augmentation de flèche est donnée avec une approximation suffisante par la formule

$$x = \frac{3d}{8f} \times L \times 0,0000122 \times t \quad \ldots \quad (N).$$

L'augmentation de longueur due à la tension produite par la charge est exprimée par

$$\delta' = \frac{L \times T}{18518\omega} \quad \ldots \quad (O).$$

T étant la tension du câble supposée uniforme sur toute la longueur et exprimée en kilogrammes, et ω la section de la chaîne en millimètres carrés.

L'augmentation x' de longueur de la flèche est donnée par l'expression

$$x' = \frac{3d}{8f} \times \frac{L \times T}{18518\omega} \quad \ldots \quad (P).$$

1100. Ponts suspendus en dessous. — Les détails qui précèdent s'appliquent exactement, pour la majeure partie, aux ponts suspendus dans lesquels le tablier est soutenu par les arcs caténaires. Il n'y a guère de différence qu'en ce que les tiges de suspension deviennent ici des supports, qui peuvent être des colonnettes en fonte ou des montants en bois, et en ce que les chaînes de suspension peuvent être multipliées à volonté, ce qui constitue un grand avantage en faveur de ce système; mais cet avantage et quelques autres sont achetés par un assez grand inconvénient. Le centre de gravité des travées se trouvant situé beaucoup plus haut relativement aux points d'attache que dans le système précédent, leur stabilité dans le sens latéral est beaucoup moindre, et il faut employer des croix de Saint-André, multiplier les contre-vents, etc., pour l'assurer. Tous ces accessoires en augmentent le poids et forcent par conséquent à augmenter la section des chaînes, la masse des maçonneries d'amarrage, etc. Jusqu'à présent on ne considère pas ces ponts comme offrant un avantage bien décidé sur les autres, et on n'en a fait qu'un petit nombre d'applications et pour de petites ouvertures de travées. On conçoit, sans qu'il soit besoin de le dire, qu'on pourrait adopter un système mixte, dans lequel le tablier du pont serait en partie soutenu et en partie suspendu; mais nous ne connaissons pas encore d'exemple où l'on en ait fait l'application; et d'ailleurs des circonstances locales pourraient seules en justifier l'emploi.

Nous donnons, *fig.* 1468, le dessin d'un pont suspendu de la deuxième espèce; nous y avons ajouté les détails de l'attache des supports aux chaînes ainsi que quelques autres. Ils se comprendront sans explication.

1101. Ponts suspendus à des arcs rigides. — Ces ponts ont une grande ressemblance avec les ponts en charpente décrits au n° 1073, ou, pour mieux dire, ils n'en sont qu'une simple modification.

On y remarque, en effet, comme pièce principale, des arcs en fer ou en fonte, auxquels sont attachées des tiges pendantes en fer battu, qui s'assemblent par leur autre extrémité avec les pièces de pont qu'elles suspendent dans l'espace.

Le tablier ainsi que les tiges de suspension n'offrent rien de particulier.

Quant aux arcs, ils peuvent, comme ceux des ponts en arches, être construits d'un grand nombre de manières; mais ils ont trop de rapport avec les constructions ci-dessus rappelées et décrites au n° 1086, pour que nous croyions utile de nous y arrêter de nouveau.

Nous ne pouvons nous dispenser de dire que la fonte se trouve employée dans cette construction dans ses meilleures conditions de résistance.

C'est à ce système de ponts qu'appartiennent les ponts *Vergniais* dont on voit un échantillon à Chaudfontaine, près Liége. C'est également au même système qu'appartiennent les ponts baptisés du nom de *Bow-String* par les Anglais, ponts qui concourent avec les ponts tubulaires et les ponts *lattices* ou *en treillis* à donner passage aux chemins de fer sur les fleuves et les rivières qui ne peuvent être franchis que par des ponts à grandes portées.

ARTICLE IV.

PONTS BIAIS.

Le biais dans les ponts, comme dans toutes les autres constructions, amène toujours des complications qu'il est bon d'éviter quand on le peut. Cependant l'art a fait, dans ces derniers temps, de tels progrès dans les constructions de cette espèce, et elles sont devenues déjà si familières à un grand nombre d'ouvriers, qu'il y a aujourd'hui beaucoup moins de raisons qu'autrefois pour les éviter par le détournement des voies auxquelles elles donnent passage ou au-dessus desquelles elles sont jetées.

Les principaux détails de construction relatifs aux ponts droits sont entièrement applicables aux ponts biais. Il nous suffira de peu de mots pour indiquer quelques dispositions spéciales qu'on observe dans les ponts biais en maçonnerie, en bois et en fer.

1102. Ponts en pierre.— La construction des piles et des culées de ces ponts n'offre, en général, rien de particulier. Nous remarquerons seulement que ces maçonneries présentent des angles aigus et des angles obtus d'une très-inégale résistance, et que les angles aigus principalement demandent à être défendus par des chaînes en pierre. Quant aux arches, on a adopté actuellement un genre d'appareil reconnu fort solide, et dont les principes sont applicables aussi bien aux ponts en briques qu'à ceux en pierre de taille : c'est celui qu'on désigne sous le nom d'appareil *hélicoïdal*.

Dans cet appareil, tous les plans d'assise des cours de voussoirs, en briques ou en pierres, sont dirigés perpendiculairement aux plans de tête des arches et normalement à la courbe d'intrados dans tout leur parcours. Il en résulte qu'ils forment ainsi des hélices dont la trace sur le couchis du cintre et sur les plans de tête est facile à faire au moyen des règles de la géométrie descriptive. Quant aux plans de joints, ils se développent, tout en restant aussi normaux à la courbe d'extrados, perpendiculairement aux plans d'assise.

Il convient, pour la bonne exécution de ces sortes de voûtes, de tracer avec soin sur les cintres revêtus de leur couchis un certain nombre d'hélices qui servent à diriger le travail des ouvriers. Ce tracé se fait avec des règles pliantes que l'on fait passer par des points de la courbe déterminés géométriquement.

On a dans quelques cas évité les difficultés de cet appareil en fractionnant la voûte en un certain nombre de bandeaux droits disposés en crémaillère, ainsi que la *fig.* 1469 le fera comprendre.

1103. Ponts en bois.— Il y a plusieurs manières d'établir les travées des ponts obliques en bois. Celle qui est la plus généralement suivie consiste à les composer de fermes droites placées parallèlement aux plans de tête. On réserve, dans ce

cas, des encastrements ou endents dans les piles et les culées pour recevoir les
bouts des fermes; la *fig.* 1470 montre ces endents. Quelquefois on *débillarde* les
pièces pendantes qui doivent être embrassées par les moises destinées à relier les
fermes entre elles, de manière à ce que leurs faces de parement soient dans un
plan parallèle aux faces des piles ou culées ; mais souvent on se dispense même
de cette façon quand l'obliquité du pont ne l'exige pas impérieusement.

Il y a, du reste, souvent beaucoup d'avantages, dans les ponts de cette espèce,
à réduire le nombre des fermes à deux, une à chaque tête, sur lesquelles on fait
poser des pièces de pont dirigées perpendiculairement aux têtes. Ces pièces peuvent être pourvues de l'armature décrite au n° 636.

1104. Ponts en fer.— Tout ce que nous venons de dire des ponts en bois s'applique exactement aux ponts en fer. Les fermes ou longerons se construisent
comme pour un pont droit, et se placent parallèlement aux plans de tête dans des
encastrements ou endents réservés dans les supports. Les plaques, entretoises ou
autres moyens de liaison des fermes entre elles, se placent tantôt par lignes parallèles aux faces des piles et culées et tantôt perpendiculairement aux plans de tête.
La facilité avec laquelle on peut donner au métal toutes les formes imaginables
permet d'adopter des combinaisons qui seraient d'une réalisation difficile dans les
ponts en charpente et qui peuvent concourir à donner à la construction une certaine élégance. Il est bon, toutefois, malgré cette propriété du métal, d'adopter
pour ces ponts, comme pour ceux en charpente, les combinaisons les plus simples
et qui permettent d'employer des pièces dont les surfaces sont planes et perpendiculaires entre elles; elles sont généralement d'un moulage ou d'une façon plus
facile. Dans beaucoup de ponts obliques en fonte construits récemment en Angleterre, on s'est borné à deux fermes ou deux longerons de tête droits, sur lesquels
posent des pièces de pont normales aux têtes.

ARTICLE V.

PONTS MOBILES.

1105. Définition.— On donne le nom de *ponts mobiles*, en général, à tous les
moyens permettant d'établir un passage ou de l'interrompre à volonté. Ainsi les
trailles, les bacs, ponts volants, etc., etc., sont des ponts mobiles. Leur description ayant déjà été donnée dans un autre cours, nous ne nous en occuperons pas ici.
Notre intention est de faire connaître seulement quelques détails de construction
des diverses espèces de ponts-levis, des ponts roulants et des ponts tournants, dont
les dispositions générales ainsi que le principe mécanique sont déjà connus.

1106. Ponts-levis.— Nous rappellerons qu'il y a trois espèces de ponts-levis :
les ponts-levis *à flèches*, les ponts-levis *à bascule* et les ponts-levis *à mécanisme.*

1107. Ponts-levis à flèches. — Ceux de la première espèce se composent :

1° d'un tablier qui tourne autour d'une charnière et peut ainsi s'élever ou s'abattre à volonté ; 2° d'un contre-poids placé au bout de deux longs bras, appelés *flèches*, qui se rattache par des chaînes à l'extrémité libre du tablier.

Le tablier (*fig.* 1471) est ordinairement composé de quatre ou cinq longerons, assemblés à tenons et mortaises avec deux pièces transversales, nommées l'une le *chevet* et l'autre le *talon* du pont. Cette dernière porte les charnières ou les tourillons ; l'autre vient s'abattre dans une battée réservée dans la pile qui sert de support, ou contre le chevet d'un autre tablier lorsque le pont-levis est double.

Les tourillons sont cylindriques et portent sur des crapaudines en bronze ou en fonte scellées dans l'assise supérieure de la culée. On tient généralement à ce que leur axe soit dans le plan du plancher du pont. Ces tourillons forment les extrémités d'une barre ou essieu en fer qu'on encastre dans le talon et qu'on y maintient avec des boulons ou des étriers en fer battu (*fig.* 1472). Le chevet et le talon sont assez souvent d'un équarrissage plus fort que celui des longerons. Dans ce cas, l'assemblage est fait de manière à ce que la face supérieure des longerons affleure celle des pièces transversales ; le surcroît d'épaisseur se trouve ainsi en dessous des longerons. Cette charpente est goudronnée et recouverte d'un plancher simple ou double composé et construit comme celui des ponts fixes.

A chaque extrémité du chevet se trouve fixée une frette munie d'un anneau auquel viennent s'attacher les chaînes qui relient le tablier aux flèches. La *fig.* 1473 représente ce détail.

Le contre-poids se compose de la partie postérieure des flèches, et de deux ou trois entretoises assemblées à tenons et mortaises avec les flèches. Parfois l'une des entretoises peut se mouvoir dans une rainure pratiquée dans la joue intérieure des flèches, afin de pouvoir allonger ou raccourcir à volonté le bras de levier du contre-poids, et de rétablir ainsi l'équilibre lorsqu'il est dérangé par l'usure, la dessiccation de la charpente ou d'autres causes. Le jeu de cette pièce est obtenu au moyen d'une forte vis de rappel manœuvrée par une manivelle. Parfois aussi les cadres formés par l'assemblage des entretoises et des flèches sont remplis par des croix de Saint-André ; enfin, quand l'équilibre l'exige, on cloue contre la face inférieure de tout cet ensemble un plancher en madriers qui, avec lui, forme une espèce de coffre dans lequel on place des pierres, des longots de fonte ou d'autres matières pondéreuses ; deux chaînes terminées par un anneau sont attachées à l'entretoise postérieure, qui porte le nom de *culasse*. L'attache consiste en une patte munie d'un anneau dans lequel s'engage le premier maillon de la chaîne, qu'on fixe contre la culasse avec quelques clous ou vis à bois (*fig.* 1474).

Les flèches tournent sur un essieu qui consiste en une forte barre de fer allant de l'une à l'autre et terminée de chaque côté par une fusée cylindrique, qui pose dans une crapaudine en bronze ou en fonte scellée dans les supports du contre-poids. Cet essieu passe dans des mortaises pratiquées au travers des flèches et de part et d'autre desquelles il est maintenu par des clavettes (*fig.* 1475).

L'extrémité des flèches est armée d'une frette semblable à celle qui se trouve aux deux bouts du chevet et qui sert d'autre point d'attache aux chaines réunissant le tablier au contre-poids.

Les chaines sont en fer rond ou carré et à maillons oblongs.

Les supports des flèches et du contre-poids sont en bois, en fonte ou en maçonnerie. Leur construction n'offre rien de particulier, quoique leur forme et leur disposition puissent offrir de grandes différences.

1108. Ponts-levis à bascule. — La construction des ponts-levis à bascule est encore plus simple que celle des ponts-levis à flèches. Ils se composent, comme on le sait, d'un tablier dont une partie, appelée la *volée*, sert à franchir le passage, et l'autre, appelée la *culasse*, à former le contre-poids. Ce tablier est d'une construction tout à fait semblable à celle du tablier du pont à flèches ; seulement, afin de rendre la volée plus légère, on *délarde* les longerons en allant du talon de la culasse au chevet de la volée, et l'on donne moins d'équarrissage à cette dernière pièce qu'à l'autre. Quelquefois on cloue le plancher sur toute la surface de cette charpente, qui forme ainsi pont en arrière et en avant, et l'on maintient la bascule, lorsque le pont est baissé, par des verrous ou des *valets* de diverses formes ; mais cette disposition n'est pas sans offrir des dangers, et on la modifie souvent comme nous l'expliquerons plus bas.

L'axe de rotation consiste en un essieu en fer de force convenable, qui traverse, dans des mortaises à ce destinées, les longerons du pont. On ajoute ordinairement au tablier, pour faciliter sa manœuvre, un quart de cercle denté vertical (*fig.* 1476), qui engrène dans un pigeon embroché sur l'axe d'une roue de manœuvre. Ces pièces peuvent être en fer ou en fonte et se fixent au moyen de boulons ou de goujons à vis et écrous, savoir : le quart de cercle denté contre l'un des longerons du tablier ; et les crapaudines qui portent l'axe du pignon et de la roue de manœuvre contre le bord de la cage de la bascule.

Les dispositions que nous venons de décrire sont souvent modifiées ainsi qu'il suit : pour éviter les accidents qui auraient lieu si par négligence ou autrement la culasse du pont n'était pas bien soutenue par ses valets, la bascule est rendue indépendante du plancher qui recouvre la cage dans laquelle elle se meut. Ce dernier plancher est alors formé de poutrelles posées sur les bords de la cage dans les intervalles des longerons du pont-levis, et sur lesquelles est cloué le tablier. Cette modification en entraîne quelques autres dans les détails de la construction : 1° le talon de la culasse est boulonné sous l'about des longerons (voir *fig.* 1477), au lieu d'y être assemblé à tenons et mortaises ; 2° entre le plancher fixe et le plancher mobile on pose un madrier mobile, appelé la *clef du pont*, qu'on est obligé d'enlever pour opérer la manœuvre et qu'on munit à cet effet de deux anneaux. Si la nécessité de la manœuvre préalable de cette clef est un des plus graves inconvénients de ces sortes de ponts dans leur application aux places de guerre, la manœuvre des valets, dans la première disposition décrite, n'est pas moins désavantageuse. On a proposé divers systèmes pour remédier à ces inconvénients. Nous nous faisons un plaisir de citer comme un des mieux conçus celui qui a été indiqué par le major du génie Lagrange dans la *Revue militaire belge* (1). Nous n'y voyons d'objection sérieuse que dans la difficulté de remplacer pendant un siége les pièces de fonte qui entrent dans sa composition et qui pourraient être brisées par les projectiles ou par suite d'accident. Mais c'est une objection qui s'applique également aux ponts à mécanisme, dont nous parlerons tout à l'heure, et qui ont été néanmoins appliqués à un grand nombre de forteresses.

Il serait peu utile d'entrer ici dans des détails de construction relativement aux supports du pont et à la cage de la bascule. Il ne se présente là que des maçonneries ou des assemblages de charpente ordinaires qui se conçoivent sans difficulté, lorsque les dispositions de la cage, soit en maçonnerie, soit en charpente, sont arrêtées de manière à satisfaire aux conditions locales et mécaniques du projet.

1109. Ponts-levis à mécanisme. — Nous désignons sous cette dénomination générique les ponts-levis dans lesquels on fait équilibre au poids du tablier par des appareils plus savamment combinés que dans ceux dont il a été précédemment question. Ces combinaisons sont extrêmement variées, et nous ne prétendons pas décrire ici les détails de construction de toutes, ce qui pourrait devenir fastidieux. Nous choisirons simplement parmi les plus connues des exemples qui suffiront à donner une idée du mode de construction des autres.

1110. Ponts à la Delile. — Dans ce pont, le contre-poids consiste en deux rouleaux en fonte, reliés à l'extrémité du tablier par des barres de fer rigides, mais articulées au point de réunion avec ce tablier. Ces rouleaux sont astreints à descendre le long d'une courbe, dont les éléments sont calculés de manière à ce que la composante verticale du poids des rouleaux suive précisément la même progression décroissante que le moment du tablier par rapport à son axe de rotation.

Le tablier est construit exactement de même que celui des ponts à flèches. Quant aux diverses parties du mécanisme, elles peuvent être constituées de diverses manières.

Nous indiquons dans les *fig.* 1478 et 1479 deux dispositions différentes pour l'attache des barres des contre-poids au tablier. Les *fig.* 1480 et 1481 montrent l'assemblage des mêmes barres avec l'essieu des contre-poids : dans la première, lorsqu'ils sont indépendants l'un de l'autre ; dans la seconde, lorsque, ce qui est préférable, ils sont embrochés sur un même essieu. Les mêmes figures montrent des formes différentes de contre-poids (2).

---

(1) Tome Ier, p. 109.

(2) Ces contre-poids peuvent être faits de rondelles séparées, afin de pouvoir en modifier

Quant aux courbes sur lesquelles ils se meuvent, le mieux est de les former d'un rail saillant, qu'on peut sceller sur un massif de maçonnerie dont la face supérieure se développe parallèlement à la face du rail, ou boulonner sur un bâti en charpente. On peut aussi se servir d'un panneau en fonte percé de jours de différentes formes et découpé extérieurement selon la courbe voulue.

Les diverses parties que nous venons de décrire sont ordinairement complétées par des roues de manœuvre, lesquelles peuvent être en bois ou en fonte. La *fig.* 1482 est le dessin d'une roue en fonte. Les *fig.* 1483 et 1484 représentent des roues en bois d'un système de construction différent. Ces roues sont garnies à leur périphérie d'une gorge dans laquelle passe une chaîne sans fin qui sert à leur imprimer le mouvement.

1111. Ponts à la Derché. — Dans ce système, on fait équilibre au tablier au moyen d'un contre-poids fixe, pendu à l'extrémité d'une chaîne, qui se déroule sur une spirale dont les éléments sont calculés de telle sorte, que le moment du contre-poids soit toujours égal à celui du tablier dans les diverses positions qu'occupe celui-ci.

La plupart des détails de ce pont sont exactement les mêmes que ceux des précédents ; le tablier, les roues de manœuvre, les chaînes, sont dans ce cas. Le contre-poids peut être formé de disques en fonte, qu'on embroche en nombre suffisant à l'extrémité de la chaîne, terminée à cet effet par une tige de fer carré, terminée elle-même par une vis et un écrou ou par une clef qui soutient le dernier disque. Quant à la spirale, elle peut être en bois, en fer forgé ou en fonte ; le mieux est de la faire en fonte. Nous en offrons un dessin dans la *fig.* 1485. Son pourtour est muni d'une gorge sur laquelle se pose la chaîne du contre-poids, laquelle est fixement attachée, au moyen d'un boulon ou d'un crochet, au centre de la spirale. L'essieu de la spirale, qui porte en même temps la roue, roule dans des coussinets de bronze engagés dans une boîte en fonte : la *fig.* 1486 montre ce détail.

1112. Ponts à la Poncelet. — Ce système diffère des précédents en ce que le contre-poids, tout en descendant verticalement, perd à chaque instant de sa course une portion de son poids proportionnée à la diminution du moment du tablier dans son mouvement ascensionnel. Ce contre-poids est la seule chose qui offre quelque particularité de construction ; toutes les autres parties du pont sont les mêmes que celles des systèmes précédents.

Dans le système de Poncelet, le contre-poids est une chaîne pesante dont l'extrémité est soutenue par un support fixe, de sorte que la partie suspendue au tablier diminue de longueur au fur et à mesure qu'il se lève. Cette chaîne-contre-

le poids et rétablir l'équilibre de la machine, lorsqu'il est rompu par des causes quelconques. Ces rondelles peuvent être toutes réunies par des boulons transversaux qui les rendent solidaires les unes des autres.

poids est formée de disques en fonte moulée, appelés *masselottes*, de forme ovale et percés de deux trous parfaitement ronds qui servent à les assembler, ainsi que le montrent les *fig.* 1487 et 1488.

Les trous des masselottes doivent être percés à froid et bien perpendiculairement à leur surface latérale. On leur donne en diamètre trois à quatre millimètres de plus qu'aux boulons d'assemblage, qui doivent être tournés. On laisse au moins cinq à six millimètres d'intervalle entre les masselottes, ce qu'on obtient en mettant entre elles des rondelles de tôle qui s'embrochent sur les boulons.

La longueur des masselottes et l'intervalle entre les trous qui les traversent sont établis de manière que, la chaîne étant formée, il y ait au moins huit à dix millimètres entre leurs arrondissements consécutifs. Tous les détails d'exécution et de montage de cette chaîne doivent être faits avec le plus grand soin ; car c'est de la perfection de cette partie de la machine que dépend surtout la facilité de la manœuvre. Les chaînes-contre-poids peuvent être simples ou doubles. Dans ce dernier cas, chaque branche est construite exactement comme celle qui vient d'être décrite et se trouve suspendue par le bas à un support spécial, tandis que par le haut elle vient se réunir à une armature à deux branches suspendue à la chaîne du tablier. L'intervalle entre les deux branches de la chaîne doit être au moins de six à huit centimètres. Tous les détails de cette construction sont représentés dans la *fig.* 1489.

1113. Ponts roulants. — Les ponts roulants se composent d'un tablier qui, par un mouvement de translation horizontal, peut être retiré en arrière du passage qu'il recouvre. On connaît plusieurs combinaisons différentes pour arriver à ce résultat ; nous choisissons celle qui nous paraît la moins défectueuse : elle est représentée *fig.* 1490. Le tablier se compose d'une volée, et d'une culée dont le poids est suffisant pour l'emporter d'une certaine quantité sur celui de la volée. La charpente de ce tablier est la même que celle des autres ponts. Sous les longerons se trouvent des ornières creuses en fer, attachées au bois par le moyen de boulons à vis et écrous. Ces ornières glissent sur un système de roulettes en fonte R, tournant dans des boîtes en fonte enterrées sous le pont et portant sur des billes de bois ou sur une fondation en maçonnerie. Ces diverses pièces n'offrent rien de particulier dans leur construction, seulement il est bon de disposer les boîtes de telle façon que la poussière qui tamise à travers les joints du tablier ne puisse venir à la longue les obstruer et gêner ainsi le jeu des roulettes. La disposition que nous indiquons nous paraît remédier efficacement à cet inconvénient. Comme le tablier dans son mouvement de recul doit passer au-dessus du pavé qui se trouve en arrière, ce dernier doit être situé en dessous du plan de la face inférieure des longerons. Pour racheter la différence de niveau, on fait usage d'un faux tablier F, qu'on peut baisser ou lever autour du point O, au moyen d'un mécanisme quelconque qui pourrait être une presse hydraulique.

La manœuvre de ce pont peut se faire avec des crocs, qu'on attache à des anneaux fixés à la culasse, ou des palans et des crics horizontaux, dont les principales dispositions sont connues.

Nous n'avons pas besoin de faire remarquer que les ponts mobiles que nous avons décrits jusqu'ici pourraient être faits en fonte ; nous pensons même que pour les constructions civiles il y aurait souvent avantage à cette substitution de matière ; mais il n'en serait pas de même pour les ponts militaires, parce que la fonte ne se prête pas aussi facilement que le bois à des réparations nécessaires durant un siège.

1114. Ponts tournants. — Les ponts tournants se font actuellement presque toujours en fonte, et c'est un pont de cette espèce dont nous donnons la description. Il sera facile d'après cela de concevoir la construction d'un pont tournant en charpente, toutes les dispositions restant les mêmes et étant seulement reproduites par des assemblages connus de pièces de bois.

Un pont tournant se compose d'une volée et d'une culasse, formées l'une et l'autre de longerons minces et hauts, évidés par des jours de différentes formes et auxquels on donne, dans la partie qui forme volée, une figure qui approche de celle du solide d'égale résistance. Ces longerons sont réunis dans la volée par des tiges et des traverses en fer, et dans la culée par des plaques en fonte assemblées de diverses manières. Les deux parties du pont, culée et volée, sont d'ailleurs composées de telle sorte que, le pont étant placé sur son pivot, il y a équilibre entre l'avant et l'arrière. La culée porte sur un pivot vertical autour duquel s'accomplit la rotation. Pour faciliter ce mouvement, elle roule, par l'intermédiaire d'un plateau circulaire en fonte assemblé avec des longerons, sur un système de galets mobiles en fer ou en fonte disposés dans l'intervalle d'un double cercle ayant le pivot comme centre. Un engrenage composé d'un quart de cercle denté, scellé à la maçonnerie dans laquelle est fixé le pivot, et d'un pignon qui engrène avec le quart de cercle et qui est mû lui-même par un engrenage, sert à faciliter la manœuvre. Tous les détails de cette construction, qui exigerait une longue et fastidieuse description, sont représentés dans la *fig.* 1491, pl. LVI. La légende qui l'accompagne la fera aisément comprendre.

1115. Ponts mobiles des places de guerre. — Les différents systèmes de ponts mobiles, dont nous venons de décrire la construction, ont reçu des applications plus ou moins nombreuses aux places de guerre ; mais presque tous offrent, dans ce cas, des inconvénients qu'on s'est ingénié à faire disparaître, sans y être encore complétement parvenu jusqu'ici. Ces inconvénients sont parfaitement indiqués dans les leçons XIXe et XXe (quatrième partie) du *Cours de fortification* du major Fallot, auxquelles nous renvoyons.

En dernière analyse, il serait encore difficile de décider, à l'heure qu'il est, si les ingénieuses inventions mécaniques de Bélidor, Dobenheim, Delile, Bergère, Derché et Poncelet, sont bien réellement à préférer à l'antique pont-levis à flèches.

Nous pensons, en présence de cet état de choses, qu'il ne sera pas inutile de produire une idée qui ne serait, il est vrai, applicable qu'à des cas spéciaux assez nombreux, mais qui pourrait remédier à tous les inconvénients signalés sans en créer d'autres bien notables.

Les *fig.* 1492 à 1493, pl. LIII, serviront à nous faire comprendre.

La *fig.* 1492 est un plan d'ensemble;

La *fig.* 1493, une coupe sur la ligne xy du plan ;

La *fig.* 1494, une coupe sur la ligne vw du plan.

A, est le passage d'une poterne ou d'une porte de ville, flanqué de deux chambres casematées B ;

C, le pont dormant qui aboutit au passage ;

D, un pont roulant destiné à établir ou à rompre la communication.

Ce pont serait composé de deux chariots montés sur quatre roues en fonte, et exactement semblables à des wagons de chemins de fer dont on aurait enlevé les bords. Le fond de ces wagons formerait le tablier du pont ; les roues glisseraient sur deux rails horizontaux parallèles, fixés sur des encorbellements scellés dans les murs de revêtement de la fosse au-dessus de laquelle le pont est jeté. La manœuvre se ferait en tirant l'un des chariots dans la casemate de droite et l'autre dans celle de gauche. Un coup de sonnette commanderait la manœuvre.

Au point de vue de la construction, ces dispositions nous semblent réunir toutes les conditions désirables : simplicité, solidité, économie et rapidité de manœuvre. Au point de vue militaire, nous ne voyons pas quelle objection sérieuse on pourrait faire à l'encontre, en plaçant l'interruption de passage au point où nous l'indiquons dans nos figures. La portion du passage dans laquelle l'ennemi pourrait s'introduire a trop peu de longueur pour qu'il ait la faculté de s'y couvrir contre les feux de flanc des bastions et ceux d'une ou deux pièces qu'on placerait dans le sens de l'axe du passage et qu'on protégerait par une traverse.

1116. Dimensions des diverses parties des ponts mobiles. — Il nous resterait à faire connaître quelles sont les dimensions communément adoptées pour les diverses parties des ponts mobiles, dont nous avons donné la description, si la chose était possible; mais on conçoit sans peine qu'elle ne l'est pas; les dimensions et les dispositions générales sont elles-mêmes si variables que les détails de l'ensemble doivent s'en ressentir. Si l'on ajoute à cela qu'il faut, pour régler ces dimensions, non-seulement tenir compte des plus fortes charges que le pont peut avoir à supporter, mais encore satisfaire aux lois de l'équilibre, on comprendra mieux encore le fondement de notre assertion.

Voici la marche qu'il convient de suivre en pareille matière :

On estime d'abord l'effort maximum auquel chacune des pièces du pont peut être soumise, et l'on détermine ses dimensions transversales en conséquence. On examine ensuite si les dimensions trouvées satisfont aux conditions d'équilibre. Les poids spécifiques des matières employées et leurs dimensions en longueur, largeur et épaisseur, permettront de faire cette vérification et de modifier convenablement les premiers résultats si c'est nécessaire. Il est bien entendu que, pour satisfaire aux conditions de l'équilibre, on pourra forcer certaines dimensions, mais jamais les réduire au-dessous de celles indiquées par la condition d'une résistance suffisante.

Les renseignements suivants pourront servir de jalons dans ces recherches, lorsqu'il s'agira de pont-levis semblables à ceux qu'on fait aux portes des places de guerre, c'est-à-dire ayant environ quatre mètres d'ouverture.

Longerons du tablier : 18 sur 25 centimètres d'équarrissage au milieu. On les délarde légèrement en épaisseur horizontale en allant du talon au chevet, de manière à ce qu'ils aient 0^m,20 au talon et 0^m,16 au chevet.

Talon : 30 sur 30 centimètres d'équarrissage.

Chevet : 20 sur 20 centimètres d'équarrissage.

Flèches : 20 sur 25 centimètres d'équarrissage à l'endroit des tourillons.

Tourillons : 5 à 6 centimètres de diamètre.

Chaines d'attache : diamètre du fer des maillons, 12 à 15 millimètres.

Poulies de renvoi : 60 centimètres de diamètre.

Poulies de manœuvre : 1 mètre de diamètre.

TROISIÈME SECTION.

OUVRAGES HYDRAULIQUES.

ARTICLE PREMIER.

ÉCLUSES.

1117. Espèces diverses. — On distingue trois espèces d'écluses : les écluses *de navigation*, les écluses *de chasse* et les écluses *de fuite*.

Les premières servent à faciliter aux bateaux le parcours des cours d'eau ; les secondes servent à déblayer l'entrée des ports des atterrissements qui s'y forment, ou à produire des courants violents dans les fossés des places de guerre pour contrarier les travaux d'attaque ; les troisièmes servent à tendre et à détendre rapidement des inondations, ou à mettre à sec en peu de temps les fossés d'une forteresse. La construction des écluses de fuite est la même que celle des écluses de chasse.

ÉCLUSES DE NAVIGATION.

1118. Idée générale. — L'idée générale qu'on doit se faire d'une écluse de navigation est celle d'une vaste rigole rectangulaire, ouverte par le haut et placée entre deux réservoirs appelés *biefs*, dans lesquels l'eau se trouve à des niveaux différents.

Les deux débouchés de cette rigole sont fermés par des portes à deux vantaux, dites *busquées*, à cause de la manière dont les vantaux se joignent. Le jeu des vantaux permet de mettre en communication la capacité intérieure qui sépare les portes et qu'on désigne sous le nom de *sas*, alternativement avec le bief supérieur ou d'*amont* et le bief inférieur ou d'*aval*.

1119. Parties constitutives. — Les parties constitutives d'une écluse de cette sorte sont :

Le *radier* ou le fond de la rigole ;

Les *bajoyers* ou les côtés ;

Les *portes busquées.*

Le radier et les bajoyers sont ordinairement construits en maçonnerie (1) ; les portes busquées peuvent être faites en bois, en fonte ou en fer.

On distingue dans le radier :

Le *busc d'amont* A (*fig.* 1495, pl. LVI) ; c'est le heurtoir contre lequel viennent battre les vantaux de la porte située vers le bief d'amont ;

Le *busc d'aval* B, heurtoir de la porte d'aval ;

Le *mur de chute* C ; c'est le ressaut en maçonnerie qui sépare verticalement le radier du busc d'amont.

Dans les bajoyers on remarque :

Les *musoirs* D, les murs en retour E ou les murs en aile F : les musoirs sont les parties arrondies des extrémités des bajoyers qui les raccordent avec les murs en retour ;

Les *chardonnets* G, H : ce sont des battées arrondies dans lesquelles se placent les poteaux tourillons des portes busquées ;

Les *enclaves* I, K : ce sont des renfoncements ménagés dans les bajoyers pour recevoir les vantaux quand les portes sont tout ouvertes.

Les *rainures de poutrelles* L : ces rainures sont pratiquées dans des chaînes en pierre de taille. Elles ont pour objet de permettre l'établissement d'un barrage provisoire, pour faciliter les réparations qui deviennent nécessaires aux portes ou au radier.

Les parties de l'écluse situées au delà des portes d'aval et d'amont, et dans les-

---

(1) On peut les faire en charpente pour une construction provisoire ; mais ce genre de travail s'exécutant rarement, je me borne à le mentionner.

quelles ces portes se meuvent pour venir se placer dans leurs enclaves, sont désignées sous le nom de *chambres d'aval* et *chambres d'amont*.

Nous donnerons quelques détails sur la construction de ces diverses parties ;
mais au préalable nous croyons utile de transcrire ici les prescriptions de M. l'inspecteur divisionnaire *Minard*, relativement à l'établissement des fondations, qui
est la partie la plus délicate de ces importants ouvrages (1) :

1120. Fondation des écluses. — La charge superficielle des bajoyers
d'une écluse est moindre que celle que supportent les fondations des ponts ou
même des maisons ordinaires. C'est donc moins sous ce rapport que nous considérons les fondations d'une écluse que sous celui de la pression continuelle qui
s'exerce de l'amont à l'aval, par l'effet de la retenue d'eau, et qui produit le soulèvement des buscs, des filtrations sous les fondations, des communications entre
le sas et les biefs, etc., accidents ordinaires contre lesquels il faut se prémunir et
qui arrêtent la navigation.

Voici les principales précautions indiquées par l'expérience dans les fondations
selon l'espèce de terrain :

Terrain dur inaffouillable. Bien unir le roc à la maçonnerie, éviter les filtrations entre eux par des parties saillantes en contre-bas du radier ou par des contre-forts derrière les bajoyers. On peut, suivant la dureté du roc, ne pas faire de
radier, mais on ne peut se dispenser de maçonner les buscs et même les chambres des portes. On peut aussi ne pas faire de garde-radier (2).

Terrain ferme mais attaquable. Si le sol peut être attaqué par le mouvement de
l'eau entrant dans le sas, quoique ayant beaucoup de fermeté, il suffit d'un
radier de peu d'épaisseur faisant office de revêtement ; 0^m,25 à 0^m,35 suffisent. Il
faut prendre garde qu'il ne soit soulevé par la lame d'eau qui s'introduirait entre
la maçonnerie et le terrain ; on fera un garde-radier plus épais que le radier.

Même terrain recouvert de 2^m,50 de terrain tendre. Si le terrain ferme est recouvert d'une couche de terrain tendre de 2^m à 2^m,50 d'épaisseur on peut atteindre
le premier par des bétonnages remplissant des fouilles ou des draguages faits
sous l'épaisseur des bajoyers seulement. Il ne paraît pas nécessaire de les étendre
sous le radier, qui a plutôt une tendance au soulèvement qu'à l'enfoncement (*fig.* 1499).

Terrain incompressible affouillable. Sables, graviers, etc.; fonder immédiatement

---

(1) *Cours de construction des ouvrages qui établissent la navigation des rivières et des canaux*, p. 174 et suiv.

(2) Il n'est pas nécessaire, surtout dans ce cas, de dresser le fond de la fouille suivant un
plan de niveau. On peut relever les bords de manière à avoir deux pentes venant former
noue dans le sens de l'axe du sas, comme on le voit dans la coupe (*fig.* 1496). On peut aussi
établir en pente les fondations des murs en aile et du mur de chute (*fig.* 1497 et 1498). Ces
dispositions diminuent les terrassements, les maçonneries et les épuisements. On verra plus
loin (1122) ce qu'on entend par garde-radier.

sur le sol et donner au radier de 0ᵐ,60 à 2ᵐ d'épaisseur, selon la chute, la largeur de l'écluse et la ténacité des maçonneries. S'opposer aux filtrations en dessous par des bétonnages ou des maçonneries en travers descendant plus bas que les fondations générales, à la tête d'amont et d'aval, et sous les buscs; ou bien, battre des files de palplanches sous toute la largeur de l'écluse. Faire le radier plus épais sous le busc et la chambre des portes d'aval. Faire un arrière-radier en aval, dont l'épaisseur décroîtra en s'éloignant de l'écluse et dont la longueur totale dépendra de la chute et de la résistance du terrain.

Si, comme il arrive souvent dans ces sortes de terrain, les sources sont très-abondantes, après avoir déblayé jusqu'à ce que les épuisements soient trop coûteux, on achèvera la fouille des fondations par le draguage. On en dressera le fond en pente convenable pour l'écoulement ultérieur; on en relèvera un peu les bords au pourtour; on creusera de suite les puisards dans la partie basse; après quoi on recouvrira le tout d'une couche de 0ᵐ,30 à 0ᵐ,50 de béton, de manière à avoir une espèce de grande cuvette plate imperméable dans laquelle on épuisera après une prise complète des mortiers (*fig.* 1500 et 1501).

Si les fondations sont beaucoup au-dessous du niveau des sources, on devra, après les draguages, battre une enceinte de pieux et palplanches au pied des grands talus de la fouille, un peu agrandie en conséquence, puis on coulera une aire de béton de 0ᵐ,60 à 1ᵐ d'épaisseur dans l'intérieur; ensuite, au moyen d'échafauds portés sur les têtes des pieux d'enceinte dépassant le niveau des sources, on plantera dans le béton des poteaux verticaux ou inclinés (*fig.* 1038 et 1039, pl. XXXIV), qui serviront à soutenir des panneaux, de manière à former une seconde enceinte intérieure, formant avec la première un encoffrement périmétrique qu'on remplira de béton jusqu'au niveau des sources, en soutenant l'extérieur par des remblais. On aura ainsi une enceinte de batardeaux au milieu de laquelle on épuisera après la prise des mortiers. On enlèvera les poteaux et les panneaux, et on exécutera les maçonneries. Les massifs de béton de l'encoffrement taillés en retraite, si les poteaux sont inclinés, feront partie des bajoyers et du mur de chute. Ils devront être ruinés sous l'eau à la tête d'aval pour ouvrir le passage de l'écluse, à moins que par économie on n'ait rempli cette partie des batardeaux de terre glaise plus facile à enlever.

Si l'on craignait de fendre le béton en enfonçant les poteaux, on pourrait contre-bouter les pieds de ceux-ci par de longues pièces de bois, allant d'un batardeau à l'autre.

Les poteaux intérieurs doivent être peu inclinés. Si on leur donne une forte inclinaison, on emploie beaucoup moins de béton. Mais celui qui remplit l'angle aigu de l'encoffrement ne peut y arriver qu'en coulant par un talus naturel et en y accumulant toute la laitance. Il n'a donc qu'une médiocre résistance et peut donner lieu à des accidents qu'on évite par des panneaux verticaux où peu inclinés.

Terrain compressible jusqu'à 12 mètres. Pilotis, grillage, plancher sous les radiers

seulement et maçonneries par-dessus; files de palplanches sous les buscs principalement; éviter dans le grillage les pièces continues de l'amont à l'aval.

Terrains compressibles indéfiniment. Tels que glaise, tourbe, vase, sable bouillant, etc. Donner beaucoup d'empatement à la fondation. Déblais, épuisements,
enceinte de pieux jointifs ou palplanches; puis enrochement de moellons pilonnés dans l'intérieur, ou grand nombre de petits pilots battus, le gros bout en
bas et en allant du périmètre de la fouille au centre; ensuite grillages et plancher général.

Il est bon de charger uniformément l'aire des fondations, en remplissant le
vide du sas par des matériaux pesants qu'on n'enlève qu'après l'introduction de
l'eau dans l'écluse; sans cette précaution, on s'exposerait parfois à voir les bajoyers
s'enfoncer pendant qu'on les élève, et le radier se soulever. Cet effet est surtout à
redouter dans les terrains où le battage des pilots de l'intérieur fait remonter
ceux du pourtour.

Si l'abondance des eaux empêchait de mettre à sec la fouille des fondations,
on pourrait, après l'enceinte de pieux ou palplanches, faire un enrochement de
moellons pilonnés et couler une couche de béton; et si celle-ci ne comprimait
pas suffisamment les sources, on essayerait de construire le radier par parties en
concentrant les moyens d'épuisement les plus efficaces sur une petite surface.

Si enfin l'épuisement était reconnu impossible, ou si l'on avait lieu de craindre
qu'en enlevant l'eau, le fond de la fouille ne vînt à se relever, on aurait la ressource de fonder par caisson sur une couche épaisse de béton coulée sous eau,
dans une fouille faite à la drague.

Observations relatives aux pilots et aux grillages. Les pilots ne doivent jamais
traverser la maçonnerie des radiers, parce que le mortier ne faisant pas corps
avec le bois, ils seraient autant de voies par lesquelles s'établiraient bientôt des
filtrations. Lorsqu'on fonde sur pilots et grillage, on remplit les cases du pilotis
jusqu'à fleur du dessus du grillage avec du moellon seulement, et l'on ne commence la maçonnerie qu'au-dessus du grillage ou du plancher dont il peut être
recouvert.

Sous les radiers aussi bien que sous les bajoyers, les traversines doivent toujours
être posées les premières. On assemble dessus les longrines, mais sans entailler les
traversines. Ces traversines forment comme une succession de petits barrages qui
arrêtent les filtrations. On conçoit que, si l'on adoptait une disposition inverse,
les filtrations s'établiraient avec une grande facilité le long des longrines.

1121. Maçonnerie des radiers (1).— La maçonnerie des radiers peut être
faite en briques bien cuites ou en moellons pour la plus grande partie. Les têtes
d'amont et d'aval, qui ont plus à souffrir que le reste, sont ordinairement en pierres

---

(1) La plupart des détails qu'on va lire sont textuellement extraits de l'ouvrage de M. Minard déjà cité à la page 249.

appareillées en claveaux (*fig.* 1495). Le radier du sas près du mur de chute, recevant le choc de l'eau quand on l'emplit, doit être recouvert en dalles de pierres sur trois à quatre mètres de longueur. La partie comprise entre les murs de fuite doit être recouverte en pierres de taille appareillées avec soin. Quand on craint qu'elles ne soient pas bien liées au massif ou au plancher sur lesquels elles seraient posées, on les rend solidaires par des boulons, des queues d'hironde, des recouvrements en claveaux, etc., qui fortifient le système contre le courant sortant du sas et contre le soulèvement (*fig.* 1502, 1503 et 1504).

On fait souvent le radier en voûte renversée, ayant environ 0^m,25 à 0^m,30 de flèche, afin de lui donner plus de résistance contre les sous-pressions.

L'épaisseur du radier dépend de la chute de l'écluse, de sa largeur et de la consistance des maçonneries. Elle doit être telle qu'il y ait imperméabilité et résistance à la pression de bas en haut qui tend à soulever le radier, non-seulement dans l'état habituel de l'écluse, mais encore lorsqu'on vide le bief inférieur et le sas pour les réparations. Le maximum de cette pression est égal à la différence de niveau entre l'eau du bief supérieur et le dessus du radier, c'est-à-dire, d'environ quatre à cinq mètres. Il est rare que cette pression du bief d'amont agisse sur toute la surface du radier du sas. Au moins est-il certain que le soulèvement ne doit pas se mesurer par la hauteur à laquelle s'élèverait l'eau qui agit sous le radier de bas en haut, multipliée par la surface du radier. On en trouve la preuve quand on considère ce qui a lieu dans la construction des radiers au moyen de béton au-dessus duquel on épuise. Il arrive souvent que la couche de béton a un poids moindre que la tranche d'eau qui la recouvrirait, si les sources remontaient à leur niveau naturel, ainsi que le démontrent celles qu'on est quelquefois obligé d'encaisser. Voici des bétons qui n'ont point été soulevés par des sous-pressions auxquelles remontaient les sources.

<pre>
Aqueduc Chauny. . . . . . . béton 0ᵐ,40 sous-pression 2ᵐ ;
Écluse Venette (dans l'axe). .   »   0ᵐ,90   »   2ᵐ,70 ;
Écluse Pecquigny. . . . . . .   »   0ᵐ,25   »   2ᵐ,20 ;
Écluse de Grafft. . . . . . .   »   0ᵐ,70   »   2ᵐ,60 ;
Écluse de Brienne. . . . . . .   »   0ᵐ,50   »   2ᵐ,40.
</pre>

Comme ces bétons ne pesaient pas deux fois et demie leur poids d'eau, ils eussent été soulevés infailliblement, si la sous-pression totale avait été égale au produit de leur surface par la hauteur où remontaient les sources. Il est vraisemblable que le béton était soudé au terrain en plusieurs endroits, et que là où il adhérait, la sous-pression ne se faisait pas sentir.

Quoi qu'il en soit, pour des écluses de 5^m,20 à 2^m,60 de chute, on donne généralement au radier depuis 0^m,30 jusqu'à 1^m,50 d'épaisseur, et plus communément de 0^m,80 à 0^m,90, y compris le béton.

1122. Arrière-radiers et garde-radiers. — On appelle arrière-radiers et garde-radiers des ouvrages dont le but est de garantir la tête d'aval des écluses des affouillements qui s'y forment ordinairement par le courant sortant du sas quand on le vide.

L'arrière-radier n'est qu'un prolongement du radier (*fig.* 1505). On en diminue l'épaisseur à proportion de son éloignement de l'écluse. Il est ordinairement construit de la même manière que le radier. Cependant on en a fait aussi en enrochement et en fascines chargées de moellons.

La longueur des arrière-radiers dépend de la chute de l'écluse et de la résistance des terrains qu'ils protégent.

Par le nom de garde-radier on entend des corrois en béton ou en maçonnerie que l'on fait à la tête d'aval des écluses (*fig.* 1506 et 1507); on les descend jusqu'à la profondeur présumée de l'affouillement; cela est suffisant, attendu qu'ordinairement l'excavation n'a pas lieu immédiatement à l'aval de l'écluse, mais à quelques mètres de la tête.

Les garde-radiers, ne régnant que sous les têtes d'aval des écluses, sont moins coûteux que les arrière-radiers, qui doivent garnir tout le fond du canal ; mais il y a des cas où ceux-ci sont préférables, comme dans les écluses d'accession aux rivières. Ordinairement celles-ci ensablent l'embouchure pendant les crues : l'affouillement qui se forme en peu de temps dans cet ensablement par les *sassements* produit au delà un autre atterrissement moins considérable dans le cas d'un arrière-radier, parce que celui-ci, plus que le garde-radier, facilite les chasses par les vantelles des portes et soutient la vitesse horizontale de l'eau.

1123. Buscs. — Les buscs sont maçonnés dans le radier. On les fait ordinairement en pierres de taille appareillées en claveaux. Celui d'amont forme le couronnement du mur de chute qu'on fait aussi souvent en pierre de taille. On fait les claveaux aussi grands que possible ; ceux des extrémités doivent être engagés sous les chardonnets. Leur épaisseur doit être de $0^m,60$ au moins, dans les buscs d'aval des écluses de $2^m,60$ de chute, et encore sont-ils quelquefois soulevés.

1124. Heurtoirs en bois. — Lorsqu'on n'a pas de pierre dure, il est nécessaire de placer en avant de l'angle saillant des buscs deux pièces de bois de $0^m,20$ à $0^m,25$ d'équarrissage, appelées *garde-buscs* ou *heurtoirs*, contre lesquelles les portes s'appliquent mieux que contre la pierre et qui empêchent celle-ci d'être épauffrée par la chute de quelques corps durs et pesants. Ces heurtoirs, forçant les claveaux à s'aligner, s'opposent à ce que l'un d'eux déplacé n'arrête la porte et ne l'empêche de fermer, accident qui interrompt la navigation. Les heurtoirs s'assemblent à mi-bois à l'angle de busc et ne doivent pas être engagés sous les chardonnets pour pouvoir être changés facilement. Ils sont fixés aux pierres du busc par des boulons verticaux goujonnés dont les écrous sont noyés dans l'épaisseur du bois ; on calfate les joints avec la pierre.

1125. Bajoyers. — Les bajoyers sont entièrement construits en briques ou en moellons, excepté dans les angles saillants et rentrants, aux têtes, aux musoirs, aux couronnements et dans les parties qui sont exposées à la corrosion de l'eau en mouvement, lesquelles doivent être en pierre de taille.

Les musoirs d'amont, qui reçoivent le choc des bateaux, et la tablette de couronnement sont ordinairement en pierre de taille de 0^m,35 à 0^m,50 de hauteur d'assise. Leurs dimensions doivent être d'autant plus fortes que le tonnage des bateaux est plus grand. Si la tablette n'a que 0^m,35 d'épaisseur, il faut agrafer les pierres.

Les musoirs doivent être en pierre de taille jusques et y compris les rainures des poutrelles.

Les chardonnets doivent être en pierre de taille dure, du plus haut appareil, pour éviter les fuites par les joints. Quelquefois on les a formés d'une seule pierre, afin de parer complétement à cet inconvénient. Dans le même but on a fait parfois le chardonnet d'une seule pièce de bois verticale (*fig.* 1508). Par là on évite les épaufrures des arêtes, qui sont à la fois les parties angulaires les plus faibles d'une écluse et les plus exposées au frottement et à la pression des bateaux. Derrière ces chardonnets en bois on peut employer des pierres de taille de petit appareil.

La coupe horizontale du chardonnet doit présenter le prolongement du busc et un arc de cercle tangent, dont le rayon, un peu plus grand que celui du poteau tourillon de la porte, a son centre placé sur le rayon allant au point de tangence (*fig.* 1509). On fait du côté des bajoyers un petit pan coupé, et la profondeur de l'enclave est telle, que la porte étant ouverte et parallèle à l'axe de l'écluse, il y a environ cinq centimètres de jeu de l'enclave pour loger les corps étrangers qui pourraient gêner l'ouverture, et autant en arrière du parement du sas pour éviter le contact des bateaux. Quelquefois au lieu du petit pan coupé on raccorde le premier arc de cercle par un second qui lui est tangent ainsi qu'à l'enclave (*fig.* 1510); enfin on a fait des chardonnets qui n'avaient point de parties circulaires et que les portes ne touchaient que par un plan vertical (*fig.* 1511); mais cette dernière disposition est à peu près abandonnée aujourd'hui.

Lorsque la navigation est extrêmement active, il faut avoir recours à des moyens extraordinaires pour préserver les parements du frottement des bateaux. On cite des écluses de petite section, à Birmingham, qui sont en quelque sorte bardées intérieurement de plaques de fonte de 0^m,10 d'épaisseur.

Les parements des sas demandent les plus grands soins pour éviter les *chambres* qui se forment derrière eux par suite des sassements réitérés. Lorsque l'écluse est pleine, l'eau tend à pénétrer dans le massif et se loge dans les petits vides s'il en existe. Quand le niveau baisse dans le sas, l'eau sort de ces vides et entraîne des parcelles de mortier; cet effet, répété trois à quatre mille fois dans l'année, agrandit les vides et dégarnit les joints. Quelquefois l'eau, qui a le temps de remplir les chambres pendant l'ouverture des portes d'amont et la manœuvre du bateau, ne peut pas en sortir aussi promptement que l'écluse se vide: de là poussée dans le sas, dégradation et chute du parement. Telle est la détérioration ordinaire des écluses, que l'on peut sinon empêcher, au moins retarder par une maçonnerie parfaitement pleine et homogène.

Il est dangereux de rejointoyer les parements des bajoyers chambrés ; on retarde ainsi la sortie de l'eau des chambres, et l'on augmente par là le danger de voir le parement se souffler et tomber.

Il est donc très-important que la maçonnerie des parements soit en excellent mortier hydraulique, et que son tassement soit égal à celui du massif pour éviter la disjonction ; c'est dire qu'on ne doit point employer des chaînes de pierre de taille verticales ; mais il est bon de placer deux chaînes horizontales à la hauteur des niveaux d'eau des biefs où les bateaux frottent le plus souvent.

Lorsqu'on emploie la brique dans les parements, il faut qu'elle soit dure et bien cuite. En général, pour les ouvrages de l'espèce, il convient d'en faire un triage soigné par rapport à leur dureté. On emploie les moins dures au parement qui touche aux terres et dans le remplissage, les plus dures au parement vu, et celles de dureté moyenne forment la maçonnerie qui touche à ce dernier parement.

Outre les chaînes de pierre dont on vient de parler, on peut aussi placer des boutisses de pierre de taille en échiquier pour soutenir la brique, et mieux relier le parement au corps de la maçonnerie.

1126. Portes busquées. — La construction des portes busquées est un des points les plus importants dans une écluse ; comme elle se trouve on ne saurait mieux détaillée dans l'ouvrage de M. Minard (1), nous nous bornons à copier textuellement ce que dit cet auteur :

Je traiterai simultanément, dit M. Minard, des portes des grandes écluses de mer et de celles des canaux ; j'entends par grandes écluses celles où doivent passer les vaisseaux de ligne ou les plus forts bâtiments marchands. Les portes busquées qui ferment de telles écluses offrent la meilleure étude de ce genre de construction. Elles ont besoin d'être établies avec plus de soin parce que l'énorme charge d'eau qu'elles supportent (100 à 250 tonneaux) et leur propre poids (25 à 50 tonneaux) les fatiguent considérablement. Leur largeur est d'ailleurs proportionnellement plus grande par rapport à leur hauteur que pour les portes des canaux, qui ne pèsent que de 2,600 à 7,000 kilogrammes et ne supportent que 6 à 12 tonneaux de pression.

1127. Portes busquées en bois. — Je m'occuperai d'abord des portes planes en bois. Elles sont formées de deux vantaux qui s'arc-boutent en s'appuyant aussi sur le busc et le chardonnet. Chaque vantail est composé de deux poteaux verticaux (2), sur lesquels s'assemblent plusieurs traverses horizontales ; le tout est recouvert de madriers. Telles étaient les premières portes construites en Hollande ; on y a ajouté depuis une ou deux pièces inclinées appelées *bracons*, allant du bas

---

(1) *Cours de construction des ouvrages qui établissent la navigation des rivières et des canaux*. chap. xvii et xviii.

(2) Celui de ces poteaux autour duquel s'accomplit le mouvement giratoire de la porte est nommé poteau *tourillon* ; l'autre est appelé poteau *busqué*.

du poteau tourillon à l'entretoise supérieure près du poteau *busqué*, et une ou deux écharpes en fer placées perpendiculairement aux bracons.

Les portes tournent au moyen d'un pivot fixé au pied du poteau tourillon et d'un collier qui embrasse sa tête, et quelquefois d'une roulette placée près du poteau busqué.

Les portes busquées, eu égard aux forces qui agissent sur elles et qui les fatiguent, peuvent être considérées dans trois positions : 1° ouvertes ; 2° tournantes ; 3° fermées.

1128. Efforts qu'elles supportent quand elles sont ouvertes. — Lorsqu'il n'y a pas de roulettes et que la porte est ouverte, le poteau tourillon est la seule pièce qui porte toutes les autres, lesquelles tendent à le quitter par l'effet de leur poids total si la mer est basse, et de leur poids diminué de celui qu'elles perdent dans l'eau si la mer est haute ; et il faut remarquer que ces poids sont considérables, un vantail pesant depuis 25 jusqu'à 50 tonneaux.

S'il n'y a ni bracon ni écharpe, le rectangle de la porte tend à devenir un losange, et c'est ce qui arrive à la longue. Dès qu'il y a système triangulaire, il ne peut y avoir que rotation autour du pied du bracon ; ainsi les entretoises supérieures tendent à sortir de leurs mortaises dans le tourillon, auquel il faut les relier par des ferrures.

Quant au poteau busqué, il est entièrement porté par le tenon de l'entretoise supérieure, tandis qu'il porte à son tour la moitié de toutes les entretoises. Au moins en serait-il ainsi, si nous devions considérer les sommets du triangle du poteau, de la traverse supérieure et du bracon comme les seuls points fixes ; mais comme le bracon triangule aussi avec toutes les entretoises, tous ces systèmes se prêtent un appui mutuel, et les bordages cloués sur toutes les pièces rendent encore le tout plus solidaire.

Cependant d'énormes pressions ont lieu dans les assemblages ; les fibres tirées ou poussées dans le sens de leur longueur résistent, mais celles qui supportent des pressions qui leur sont perpendiculaires cèdent un peu, et il résulte de l'ensemble de ces pressions qu'au bout d'un temps plus ou moins long la porte s'abaisse du côté du poteau busqué, ou, comme on dit, *donne du nez*.

Tous les efforts des constructeurs tendent et doivent tendre en effet à prévenir ou retarder ce mouvement.

Ainsi les uns mettent deux et même trois bracons (*fig.* 1512, pl. LVII) ; d'autres, des pièces de bois en sens inverse, faisant office d'écharpes ; d'autres, des écharpes en fer ; d'autres enfin, de très-gros taquets dans l'angle des traverses supérieures avec le poteau tourillon, ou de fortes équerres en fonte encastrées à la même place : les uns combinent ces moyens, les autres les emploient tous à la fois.

Il est évident que l'utilité du bracon serait atténuée si on le faisait porter en bas sur la traverse inférieure et si on l'assemblait en haut sur le poteau busqué, il n'y aurait plus exactement triangle.

Il paraît aussi qu'il faut éviter de dépasser l'angle de 45° pour l'inclinaison des bracons; le triangle qu'ils forment avec les autres pièces cesse alors d'être aussi rigide, parce que le bracon plus long et pressé debout plie; parce que les assemblages étant très-aigus, les fibres du bracon font éclater l'embrèvement des entretoises et y pénètrent.

Enfin, il n'est pas bien utile de mettre plus de deux bracons, parce que le troisième, ayant sa tête très-rapprochée du tourillon, agit avec un bras de levier trop court, et que la plus petite compression des fibres de la traverse à l'assemblage du bracon permet un abaissement triple ou quadruple à l'assemblage du poteau busqué, et que d'ailleurs la flexion de cette traverse dans le sens vertical peut être assez forte. Les mêmes motifs rendent les taquets et les consoles en fonte placés dans l'angle supérieur du tourillon, encore moins efficaces, puisque le bras de levier est encore plus court.

Il est certain que la roulette est un moyen qui prévient tout abaissement de la porte, et quoiqu'elle ait des inconvénients que nous examinerons plus tard, la grande sécurité qu'elle donne fait qu'on l'adopte généralement; cependant les Hollandais, grands constructeurs de portes, les ont définitivement supprimées. Il n'y en a point dans les portes qu'ils ont récemment construites; mais il faut remarquer que les marées étant faibles dans leurs ports, ils doivent baisser les radiers de leurs écluses d'autant plus qu'elles sont plus larges pour obtenir le tirant d'eau nécessaire aux gros navires; ainsi leurs portes sont en grande partie dans l'eau, même lorsqu'elles manœuvrent à mer basse, et par conséquent elles perdent une grande partie de leur poids.

On a encore employé un moyen aussi bon que la roulette pour soutenir l'extrémité d'une porte pendant qu'elle ne tourne pas : c'est une espèce de verrou vertical, que l'on descend à volonté avec un cric et qui, s'appuyant sur le radier, non-seulement soutient la porte, mais pourrait même la soulever par une manœuvre inconsidérée, ce qui est un inconvénient.

Enfin, on a formé entre les entretoises des grandes portes de mer des espaces clos entretenus vides autant qu'il convient au moyen de pompes; ils font l'effet de flotteurs et maintiennent l'égalité entre le poids de la porte et le volume déplacé à mer haute, quand on manœuvre les portes.

1129. Quand elles tournent. — Si l'on considère la porte tournante, elle est, relativement à sa pesanteur, dans les mêmes circonstances que précédemment; mais il y a de plus une force de rotation appliquée au poteau busqué, quelquefois au milieu, plus souvent à la tête. La résistance est dans le déplacement de l'eau, dans les frottements du poteau tourillon contre le chardonnet, le collier et la crapaudine, et surtout sur la roulette s'il y en a une. Il résulte de là : 1° qu'on tend à faire éclater les joues des mortaises de l'assemblage des traverses supérieures avec le tourillon; 2° que, s'il n'y a pas de roulette, le poteau tourillon est soumis à une force de torsion; 3° que, s'il y en a une, le plan de la porte tend à gauchir le frottement de la roulette retenant le pied busqué, tandis que la tête s'avance la première, puisqu'elle transmet le mouvement.

Les deux premiers effets nécessitent l'emploi d'étriers qui lient le tourillon aux entretoises, et le troisième engage à saisir les portes par le pied à l'endroit même où est la roulette.

C'est ici le lieu d'observer en détail la rotation de la roulette. D'abord, on remarquera qu'elle ne peut jamais être bien placée, si l'on veut qu'elle diminue notablement le frottement ; car pour cela il faudrait lui donner un diamètre tel qu'on ne pourrait la loger sous la traverse inférieure, entre laquelle et le radier il n'y a que $0^m,15$ ou $0^m,20$ tout au plus, à moins d'entailler la traverse ; et si on la met en amont pour ne pas entailler le buse, elle ne se trouve pas sous le centre de gravité de la porte et nécessite une entaille dans l'enclave.

En second lieu, il est facile de voir que, pour tourner, la roulette doit être un peu conique, ou mieux sphérique.

3° La pression (à mer basse) qu'elle exerce sur les points du radier qu'elle parcourt étant considérable (plus de la moitié du poids de la porte, 15,000 à 30,000 kilogrammes), on est obligé de les garnir d'une partie circulaire en plusieurs morceaux de fer ou de cuivre, qu'il est bien difficile d'établir assez solidement pour qu'au bout de quelque temps ils ne cèdent pas inégalement ; ce qui détruit l'effet de la conicité et empêche la rotation.

4° Et c'est ici un point capital, l'axe de la roulette ne peut avoir que $0^m,04$ à $0^m,08$ de diamètre, dimension hors de proportion avec la pression. Or, dans le mouvement des axes, il faut une certaine relation entre le poids et la surface frottante, au delà de laquelle les métaux s'écrouissent, les particules entrent les unes dans les autres, et le glissement ne peut avoir lieu. D'ailleurs un axe aussi petit doit plier un peu.

Il n'est donc pas étonnant que les roulettes ne tournent pas, ou au moins ne tournent que par intervalles. L'expérience apprend que les mouvements ont lieu par saccades. Quand on se place sur une porte tournante, on reconnaît que le mouvement n'est pas continu ; on sent et on entend qu'il est tantôt doux, tantôt dur, parce que la roulette s'arrête par intervalles. Ainsi la porte est tantôt plane et tantôt gauche, et on la voit quelquefois osciller sous la tension et l'élasticité des cordages ou des crics de manœuvre. Ces secousses produisent le plus mauvais effet sur les assemblages qu'elles tendent à disloquer.

Aussi plusieurs constructeurs n'ont-ils placé dans leurs portes que des roulettes d'attente, c'est-à-dire un peu au-dessus du radier, qu'elles ne doivent toucher que dans le cas où les portes donneraient du nez (Anvers, Dunkerque, etc.). D'autres plus ou moins prudents les ont supprimées.

1130. Quand elles sont fermées. — Considérons maintenant les portes dans leur position habituelle, c'est-à-dire fermées, retenant la mer haute dans un bassin et s'appuyant l'une sur l'autre.

La pression de l'eau, agissant sous la traverse inférieure, tend à soulever les portes et fait équilibre à une partie de leur poids. Elle agit aussi normalement à chaque vantail et fait plier les entretoises. D'autre part, un vantail s'appuie sur l'autre : pour bien se représenter cette action, il faut remarquer que le rectangle d'un vantail est soutenu inébranlablement par deux côtés adjacents contre le busc et le chardonnet, d'où il résulte qu'il ne s'appuie sur l'autre vantail que par l'angle opposé. Cette action a donc lieu principalement dans le dessus ; l'effet est de pousser les entretoises supérieures parallèlement à elles-mêmes, plus que les autres ; elles s'avancent un peu vers les chardonnets, et devenant d'ailleurs un peu plus courtes par suite de leur flexion, elles permettent par ces deux raisons aux poteaux busqués d'obéir à la pression de l'eau ; le pied ne quitte pas le heurtoir, la tête seule s'avance, et le poteau s'incline sur l'estrade où il surplombe de $0^m,03$ à $0^m,08$. Les deux poteaux d'un vantail cessent d'être parallèles, le plan des portes se gauchit ; si le premier effet du mouvement que nous venons de détailler, qui est d'enfoncer les tenons dans les mortaises, consolide les assemblages, le gauchissement tend à disloquer ceux de la tête et du tourillon.

Quand on fait attention que ce mouvement et la flexion des entretoises ont lieu à chaque basse mer, c'est-à-dire deux fois par jour, que le gauchissement est dans un sens opposé à celui qu'éprouvent les portes par l'action des forces qui les ouvrent, on reconnaîtra qu'il ne peut qu'être très-préjudiciable à leur conservation.

Il est impossible de s'opposer complétement à ces mouvements, et tout l'art du constructeur consiste à les diminuer et à en paralyser les effets.

Il est manifeste qu'ils sont d'autant plus petits qu'on augmente le nombre et l'équarrissage des entretoises. Mais il y a inconvénient à les multiplier parce qu'on affaiblit les tourillons ; reste donc à augmenter l'équarrissage.

Généralement on donne la même épaisseur (perpendiculairement au plan du vantail) aux quatre pièces extrêmes qui en forment le châssis. On y pratique des feuillures du côté d'amont pour recevoir le bout des bordages qui s'appliquent sur les entretoises intermédiaires, lesquelles ont par conséquent moins d'épaisseur contre la poussée de l'eau. L'espacement à donner à ces dernières pièces est un point essentiel sur lequel les opinions ne sont pas encore franchement arrêtées.

1131. Espacement des entretoises. — En considérant isolément la pression statique de l'eau, et en supposant que la mer descend jusqu'au busc, on voit qu'elle augmente de zéro jusqu'au bas du vantail ; on est rationnellement porté à proportionner la résistance des parties de la charpente à la charge qui les presse, et en conséquence à rapprocher les entretoises dans le bas. Mais plusieurs considérations de nature différente ébranlent tellement ce raisonnement, que plusieurs ingénieurs n'ont vu aucun inconvénient à admettre l'égalité des intervalles.

1° Les parties supérieures des portes ont à résister non-seulement à la simple pression de l'eau, mais aux chocs des petites vagues et accidentellement à ceux des bâtiments.

2° Ces mêmes parties, plus exposées aux alternatives de sécheresse et d'humidité, de froid et de chaleur, se détériorent et s'affaiblissent plus tôt.

3° Les entretoises à mi-hauteur sont plus affaiblies que les autres par les entailles des bracons qui les rencontrent près de leur milieu.

4° Si un madrier élastique, appuyé par ses extrémités et son milieu sur trois points de niveau, est chargé uniformément, la théorie et l'expérience apprennent que l'appui du milieu porte les deux tiers de la charge totale, et les cinq huitièmes si la charge croît comme la pression de l'eau sur une porte de l'écluse.

D'un autre côté, j'ai trouvé (c'est toujours M. Minard qui parle) par expérience directe qu'en chargeant un madrier appuyé par les extrémités avec des poids croissant comme la pression de l'eau, la plus grande flexion avait lieu aux cinq douzièmes de la longueur.

Dans la charpente des portes, l'action de l'eau sur une entretoise est transmise par les bordages et modifiée par leur résistance propre, et bien que les faits précédents ne soient pas absolument applicables, puisqu'il y a plus de deux entretoises et que les bordages des portes ne posent pas librement sur les entretoises, mais y sont fixés par des clous, l'analogie nous porte à conclure qu'il y a un commencement d'action semblable.

Ainsi si les bordages sont verticaux, leur grande flexion tend à avoir lieu sur une ligne horizontale aux cinq douzièmes de la hauteur; c'est l'entretoise à mi-hauteur qui correspond à cette ligne, tandis que les autres correspondent à une flexion moindre; la première pliera donc davantage.

Si les bordages sont parallèles au bracon, ceux du haut ont leurs extrémités appuyées sur le chardonnet et la traverse supérieure, ceux du bas sur le busc et le poteau battant. Le lieu de la grande flexion que tendent à prendre les bordages sera une courbe passant un peu au-dessous de la diagonale qui va du pied du busqué au sommet du poteau tourillon. Les bordages rapprochés du bracon sont les plus chargés, ils agiront plus que les autres sur les entretoises; c'est l'entretoise à mi-hauteur dont le milieu correspondra à la plus grande flexion des madriers les plus chargés, tandis que les autres seront rencontrées par la courbe des flexions maximum vers leurs extrémités : c'est donc encore la première qui pliera le plus.

5° La force qui presse le bout des entretoises n'est pas proportionnelle à la hauteur de l'eau, parce que, comme nous l'avons vu, la tête du poteau busqué surplombe sur l'estrade, les vantaux se gauchissent, l'angle qu'ils forment entre eux est plus obtus dans le dessus ; en conséquence la composante dans le sens de la longueur des vantaux, c'est-à-dire la pression debout, serait plus grande dans le haut à égalité de pression.

6° Plusieurs autres considérations moins fortes rendent les portes plus faibles dans le haut; c'est dans le haut que les assemblages sont fatigués quand on manœuvre la porte ; quand elle pèse sur elle-même, s'il n'y a pas de roulette ; quand on ferme la porte contre la marée, ce qui détermine un courant dont l'effet, au moment de la fermeture, est un choc, etc., etc.

7° Enfin, ce qui est plus concluant que tous les raisonnements précédents, l'expérience prouve que généralement on a trop fortifié la partie inférieure des portes dont les entretoises sont plus rapprochées, puisque ce n'est jamais la plus basse qui plie le plus, et que la flexion maximum se remarque à celle qui est un peu au-dessus du milieu.

Il résulte donc du système ordinaire de charpente des portes, et des hauteurs d'eau auxquelles elles sont exposées dans les ports, que c'est vers leur milieu qu'elles sont plus faibles, qu'il ne faut pas suivre l'indication des pressions pour déterminer les intervalles des entretoises, et que, si on se décide à ne pas les espacer également, il ne faut les rapprocher que très-peu dans le bas.

Les charpentiers hollandais connaissaient très-bien cette partie faible ; souvent pour y remédier, et sans craindre d'interrompre les cours des bordages, ils ont placé, dans le milieu de la hauteur, une entretoise de même épaisseur horizontale que les entretoises extrêmes.

Il est d'ailleurs inutile de chercher à faire des portes planes qui ne fléchissent point, puisque les pièces de bois d'un équarrissage tel qu'on peut espérer de les trouver et d'une portée commandée par la largeur des écluses plient sous leur propre poids.

Non-seulement on a cherché à proportionner l'intervalle des entretoises aux charges qu'on supposait qu'elles avaient à porter, mais on a aussi fait varier leur dimension verticale dans le même but.

Enfin, eu égard aux difficultés de trouver les fortes pièces nécessaires aux écluses des grands ports militaires, on a employé des entretoises qui avaient moins d'équarrissage vers le poteau busqué que vers le tourillon (environ $0^m,05$). Cette disposition adoptée depuis longtemps, et très-usitée aujourd'hui, est préférable. En effet, il résulte de la forme conique des arbres que, pour avoir une pièce d'égal équarrissage, il faut enlever quatre prismes triangulaires, de manière que la pièce qui reste est plus faible, et parce qu'on on a diminué l'équarrissage et parce que les faces ne sont pas coupées de droit fil.

D'après ce que nous avons déjà dit de la transmission de la pression de l'eau par les bordages aux entretoises, des deux lignes d'appui fixe qui supportent un vantail, le busc et le chardonnet, des deux autres lignes très-résistantes, les traverses supérieures et le busqué, enfin de la solidarité que les bordages établissent en partie entre les entretoises, on reconnaît l'impossibilité d'assigner la portion de pression qui agit sur chacune d'elles.

Ceux qui ont appliqué le calcul à cette question ont supposé que chaque entretoise portait la tranche d'eau comprise entre les lignes horizontales qui diviseraient les intervalles en parties égales ; si dans cette hypothèse on calcule la charge qui agit normalement sur l'entretoise la plus fatiguée, celle qui par expérience éprouve la plus grande pression, je trouve (dit Minard), abstraction faite de la pression longitudinale, une fraction du poids de rupture qui est pour les portes de :

Flessingue.   0,28
Anvers, 1re écluse.   0,57

Anvers, 2° écluse.   0,36
Rochefort.   0,37
Le Havre.   0,22
La Rochelle..   0,32
Cherbourg.   0,42

Il faut remarquer qu'il s'agit d'une pression non permanente.

Quant aux portes des canaux, je donnerai ici les dimensions les plus ordinaires pour une écluse de 5^m,20 de passage et de 2^m,60 de chute.

Dans les portes d'aval il y a six entretoises ; les poteaux et les entretoises extrêmes ont 0^m,30 d'équarrissage. L'épaisseur des traverses intermédiaires est réduite à 0^m,25 ou 0^m,24, et leur hauteur diminue de 0^m,29 à 0^m,22. Ces portes ne supportent que momentanément la pression due à la chute.

Lorsque le mur de chute n'est point abaissé, les portes d'amont ont quatre entretoises. Les pièces du châssis ont 0^m,28 à 0^m,26 d'équarrissage et les deux entretoises intermédiaires sont diminuées en proportion. Ces portes sont pressées continuellement.

En général, dans les canaux, les entretoises les plus chargées, considérées isolément et eu égard seulement à la pression normale de la tranche d'eau qui leur correspond, ne supportent que du quinzième au quart du poids de rupture.

1132. Assemblages des pièces de charpente. — Nous dirons un mot des assemblages. Les entretoises portent un tenon qui entre dans les mortaises des poteaux. La traverse inférieure ne doit avoir qu'un demi-tenon pour ne pas trop affaiblir les poteaux ; il en serait de même des autres traverses inférieures si elles étaient trop rapprochées, car elles affameraient les poteaux à leur pied. Souvent les traverses extrêmes ont de doubles tenons.

On ne fait point d'embrèvement dans la charpente des portes des canaux, mais on en fait généralement à tous les assemblages des grandes portes de mer.

Le grand bracon doit toujours être placé en amont, car il serait trop découpé si l'on n'entaillait les entretoises à sa rencontre de 0^{m}02 à 0^m,04, et celles-ci seraient trop affaiblies si l'entaille était en aval.

Quant à l'assemblage des petits bracons, il se fait par embrèvement, mais en ayant soin d'ôter le moins de bois possible à l'entretoise.

L'affaiblissement des entretoises par l'embrèvement des bracons peut être évité au moyen de boîtes en fonte boulonnées (*fig.* 1513, 1514 et 1515).

Les tenons simples doivent avoir entre le tiers et le quart de l'épaisseur des pièces qui les portent, et pour longueur la moitié de la pièce dans laquelle ils entrent.

Les bordages ont 0^m,08 à 0^m,12 d'épaisseur pour les plus grandes portes ; pour les plus petites, on ne peut leur donner moins de 0^m,05 ; le calfatage ne tiendrait plus.

Les bordages sont parallèles au bracon ou verticaux. Cette dernière disposition est favorable à la force de la porte. Car la traverse supérieure n'étant point pressée immédiatement par l'eau, et étant cependant d'un fort équarrissage, les bordages verticaux offrent une grande résistance étant appuyés sur elle et sur le busc. Il faut mettre alors le bracon en autant de morceaux qu'il y a d'intervalles d'entretoises.

Tous les assemblages doivent être remplis de goudron au moment de la pose, et tous les joints extérieurs calfatés soigneusement et brayés.

Les portes des écluses à la mer nécessitent une précaution inutile pour celles des canaux: il faut les préserver de l'action des vers. Elles doivent être mailletées, doublées en cuivre, en zinc, ou au moins d'un platelage en sapin qu'on renouvelle. Pour exécuter le mailletage ou doublage, on garnit les madriers de la face d'aval depuis le bas jusqu'aux hautes mers de morte eau (*fig.* 1516 et 1517), ce qui évite les angles rentrants. Quand on emploie le doublage en cuivre ou zinc, il faut qu'il ne touche pas les ferrures, qui peuvent être corrodées en dix ans. On a quelquefois étamé des ferrures, mais cela ne fait que retarder l'action électrique. Il en est de même du plomb laminé interposé; quatre à cinq feuilles de gros papier gris valent mieux.

Les assemblages des portes sont fortifiés par des ferrures en fer plat, ayant ordinairement 0^m,10 à 0^m,12 de largeur sur 0^m,015 à 0^m,030 d'épaisseur pour les grandes portes, et 0^m,06 à 0^m,08 sur 0^m,01 pour les petites.

Les équerres sont peu efficaces pour maintenir les angles; leurs boulons sur la même ligne tendent à faire éclater les poteaux sur toute leur hauteur. Les étriers sont préférables; ils sont indispensables au poteau tourillon, disposé à se fendre par suite de la torsion qu'il éprouve au pied par la résistance du pivot et à la tête par le gauchissement du vantail.

Quelquefois les extrémités des étriers sont percées d'orifices rectangulaires correspondant à une mortaise de la traverse, dans lesquels on chasse à coups de masse des coins de fer qui rapprochent les entretoises des poteaux (*fig.* 1518 et 1519).

La position naturelle des écharpes est la diagonale allant du pied du poteau busqué à la tête du tourillon; les vantelles empêchent quelquefois de les placer ainsi; dans ce cas on rapproche le point d'attache inférieur du tourillon (*fig.* 1518 et 1521), ou on relève ce point.

Les écharpes doivent être doubles, c'est-à-dire placées sur les faces d'amont et d'aval; elles ont 0^m,12 à 0^m,16 de largeur, sur 0^m,02 à 0^m,04 d'épaisseur pour les grandes portes, et de 0^m,05 à 0^m,08 sur 0^m,01 à 0^m,02 pour les petites. On doit pouvoir les raccourcir au moyen de moufles à clavettes (*fig.* 1522 et 1523), ou d'une vis à deux sens et d'écrous, placés à la jonction des deux parties dont elles sont composées (*fig.* 1524 et 1525).

L'importance des écharpes est contestée par plusieurs ingénieurs. Il est certain que j'ai vu (dit Minard) quelques écharpes de grandes portes d'écluses rompues à leur attache supérieure; que cela a lieu aussi sur les canaux, surtout aux écharpes d'aval accrochées par les bateaux. D'un autre côté, la flexion et la pénétration dans le bois des boulons qui fixent leurs extrémités, diminuent beaucoup leur rigidité.

Les boulons à vis et écrous ont une tête carrée placée en amont. Quelquefois leurs bouts sont rivés dans les trous fraisés des étriers. Ce procédé a l'avantage de n'offrir aucune saillie sur les ferrures. Les boulons ont de 0^m,006 à 0^m,035 de diamètre.

Les ferrures plates, à l'exception des écharpes, sont encastrées dans les bois qu'elles affleurent. Pour les poser avec précision, les entailles, après avoir été préparées, prennent l'empreinte exacte des ferrures présentées à chaud avant de les placer ; ensuite on remplit l'entaille de papier épais, de feutre, de toile goudronnée ou de mousse. Les têtes de boulons sont entourées de filasse enduite de suif avant qu'ils soient chassés dans leurs trous à coups de masse.

On place, en amont des portes, des consoles en fer destinées à supporter le marche-pied pour le service des éclusiers (*fig.* 1526).

L'eau de mer endommageant le fer, on a remplacé ce métal par le cuivre rouge dans les étriers, équerres, boulons, etc. ; il en résulte une dépense double au moins, et elle ne semble pas justifiée, car la détérioration des ferrures d'une porte n'a pas lieu avant son renouvellement, époque à laquelle on peut remplacer les mauvais fers : ainsi il ne peut y avoir danger (1).

1133. Du busc et heurtoir. — Il faut avoir grand soin qu'aucune ferrure ne fasse saillie sur les parties de la traverse inférieure et du tourillon qui s'appuient sur le busc et le chardonnet, afin d'éviter les entailles qu'elles exigeraient. Le heurtoir ou busc est en pierre ou en bois. Dans le premier cas, il peut s'y faire des écornures qu'on ne peut réparer si le radier ne découvre pas, et d'un autre côté les heurtoirs en bois sont attaqués par les vers, mais ils ont l'avantage de pouvoir être remplacés et modifiés quand on change les portes ; il faut qu'ils soient mailletés ou doublés. On les fixe devant le busc avec des boulons goujonnés dont l'écrou est noyé et affleure l'estrade. Quelquefois on a garni leur face verticale d'un cuir épais ou d'un morceau de chanvre tressé, bouilli dans le suif, dans le but d'obtenir un contact plus exact entre la porte et le busc.

Les Anglais ont employé une plaque verticale de fonte posée contre la maçonnerie du busc, laquelle reçoit elle-même un madrier de bois contre lequel vient frapper la porte.

La battée des portes contre le busc est de 0^m,15 à 0^m,20 ; elle a été réduite à 0^m,05 contre le poteau busqué des portes de Flessingue. Le jeu entre la traverse et le radier est de 0^m,10 à 0^m,20.

1134. Épure des portes. — Lorsqu'on trace l'épure des grandes portes,

---

(1) Minard ne tient pas compte ici de la durée infiniment plus longue des garnitures en cuivre qui peuvent suffire à un grand nombre de renouvellements de charpente ; je pense qu'en prenant en considération cette circonstance, la défaveur n'est pas aussi grande qu'il le suppose, et même que, quoique coûtant plus en frais de premier établissement, les garnitures en cuivre sont à la longue plus économiques que des ferrures ordinaires.

on doit relever le rectangle de $0^m,03$ à $0^m,05$ du côté du poteau busqué, pour compenser l'abaissement qui s'opère toujours quelque temps après le levage.

Les portes sont d'abord taillées sur le chantier, la face d'aval en dessus, puis désassemblées et assemblées la face d'amont en dessus, et élevées sur des chevalets, de manière à ce que les charpentiers puissent travailler en dessous, frapper les ferrures à coups de masse, serrer les boulons, calfater, etc., etc.

Ce dernier levage se fait quelquefois sur le radier même de l'écluse ; dans le cas contraire, on amène les portes du chantier à l'écluse sur des rampes en les faisant marcher au moyen de rouleaux et de cabestans. S'il s'agit de portes à renouveler, le transport peut se faire par eau. Enfin, pour ôter les anciennes portes et pour mettre en place les nouvelles, on se sert de bigues ou d'appareils fixes établis sur le bajoyer (*fig.*1527, 1528 et 1529).

1135. Pivots et crapaudines. — Le système de rotation du tourillon se compose de pivots et crapaudines au pied, et de colliers et demi-colliers à la tête, et quelquefois de roulettes près du busqué.

Dans toutes les anciennes portes, le pivot était fixé au poteau, et la crapaudine au radier ; aujourd'hui dans plusieurs écluses, mais non pas dans celles des ports militaires, on a renversé le système, c'est-à-dire qu'on place le pivot en bas et la crapaudine en dessus, afin d'éviter le frottement du sable qui peut tomber dans la crapaudine, quoiqu'à vrai dire on n'en voie pas dans les crapaudines ordinaires bien faites, et qu'on retrouve après un temps très-long le suif dont on les remplit. Le suif acquiert une grande dureté par la pression. En plaçant une porte à Rochefort, j'avais (dit Minard) fait remplir entièrement la crapaudine de suif, présumant que l'excédant sortirait par le jeu entre le pivot ; mais le poids de la porte ne put le chasser et l'on fut obligé de la relever pour ôter du suif. Même fait a eu lieu depuis à l'écluse du port de commerce de Cherbourg.

La proposition de renverser le système, faite d'abord en 1772, n'eut pas de suite ; elle fut reproduite trente ans plus tard, et mise à exécution pour la première fois au canal de Saint-Quentin (les Anglais ont employé en même temps ce système au canal de Rochedal). Plusieurs portes de ce canal, renouvelées après seize années de service, ont montré les pivots et les crapaudines en fonte dure en aussi bon état qu'au moment de la pose. Les surfaces de contact étaient très-polies. Toutefois on avait reconnu un défaut à la crapaudine ; l'extérieur encastré dans le poteau était hexagonal (*fig.* 1530 et 1531, pl. LVIII). Cette forme trop rapprochée du cercle permettait à la longue un mouvement de rotation dans le bois qui aidait à faire éclater le pied du poteau. On a corrigé ce défaut en substituant à l'hexagone une forme semblable à la partie du pivot encastrée dans le radier (*fig.* 1532 et 1533) ; il eût été mieux d'adopter le cercle avec deux parties saillantes de $0^m,03$.

Pour les plus grandes portes, les pivots fixés aux poteaux-tourillons ont de $0^m,40$ à $0^m,50$ de diamètre extérieur, et ont intérieurement un creux polygonal qui doit être exactement rempli par le bois du poteau. On a vu des poteaux qui, trouvant assez de résistance dans le frottement du pivot et de la crapaudine, ou dans l'adhérence qu'ils contractaient par un trop long repos, finissaient par tourner dans leur pivot en arrondissant les angles du tenon.

L'épaisseur des bords du pivot est de $0^m,04$ à $0^m,06$, et, sous l'axe de rotation, de $0^m,06$ à $0^m,11$. Il faut avoir soin de faire envelopper le pourtour du poteau par le pivot et de pratiquer dans le rebord quelques trous fraisés, pour retenir le pivot au poteau au moyen de vis, afin qu'il ne le quitte pas à la pose de la porte, ce qui arrive presque toujours sans cette précaution (*fig.* 1534 et 1535).

La crapaudine est une boîte qui reçoit le pivot et qui est scellée dans le radier. Pour qu'elle ne tourne pas, on lui donne extérieurement une forme polygonale (*fig.* 1536), ou on y pratique une ou deux oreilles saillantes (*fig.* 1537). Les épaisseurs de la crapaudine sont à peu près égales à celles du pivot. Quant à la quantité dont elles se pénètrent, elle varie de $0^m,20$ à $0^m,30$; mais cette profondeur de la crapaudine est trop forte et gêne pour enlever les portes. On n'a donné que $0^m,12$ à l'écluse de Flessingue ; l'expérience a appris que cette innovation n'avait aucun inconvénient (*fig.* 1535).

Les deux surfaces de contact doivent s'opposer réciproquement leur convexité. Elles doivent être de même métal et bien garnies de suif à la pose des portes. On laisse de chaque côté $0^m,002$ de jeu horizontal entre la crapaudine et le pivot et $0^m,02$ de jeu vertical.

On ne doit jamais oublier, dans le système de construction du radier, que le point où est placée la crapaudine d'une porte de grande écluse supporte quelquefois plus de 50,000 kilogrammes ; il faut avoir égard à cette pression sur les longrines, traversines ou pilots qui seraient en dessous.

Lorsqu'on a placé le pivot au bas et la crapaudine au-dessus, on a dû beaucoup réduire le diamètre du pivot, pour qu'il restât assez de bois autour de l'extérieur de la crapaudine qui garnit tout le pied du tourillon, et même se relève pour l'envelopper et lui sert de frette. Ce diamètre est de $0^m,10$ à $0^m,11$ et la saillie d'environ $0^m,07$ (*fig.* 1538 et 1539).

Les pivots et crapaudines se font en métal de canon. On commence aujourd'hui à employer la fonte de fer, même à la mer. Le temps apprendra si elle résistera à l'eau salée. Dans ce dernier cas, il faut, comme on l'a déjà dit, éviter le contact des métaux différents qui se détériorent promptement par l'action galvanique.

1136. Colliers. — Les colliers sont des parties métalliques circulaires qui maintiennent la tête du poteau-tourillon dans l'axe vertical passant par le centre du pivot. Il faut bien distinguer les colliers des portes munies de roulettes de ceux des portes qui n'en ont pas. Les premiers ne servent qu'à empêcher la tête du poteau de vaciller ; les seconds empêchent seuls la porte de tomber sur le radier et supportent une traction horizontale considérable (10 à 30 tonneaux). Il suffit donc de parler de ceux-ci, qui exigent plus de force et de soins dans leur exécution.

Les colliers ordinaires sont composés de deux parties demi-circulaires réunies par des charnières. Celle qui est du côté du bajoyer y est fixée par deux tirants ou ancres (autrefois trois). Les charnières sont nécessaires pour ne pas desceller les colliers chaque fois qu'on doit renouveler les portes.

Le diamètre intérieur du collier doit être égal à celui du tourillon, c'est-à-dire à l'épaisseur de la porte, afin qu'on puisse lever verticalement le vantail au-dessus de la crapaudine, et en dégager le pivot quand on veut remplacer une porte ; ou si le diamètre du collier est un peu plus petit ($0^m,03$ à $0^m.04$), cela force à diminuer d'autant le diamètre du tourillon au-dessous de la position du collier, afin que celui-ci n'arrête pas l'exhaussement de la porte (*fig.* 1540).

Les dimensions qu'on donne au collier sont telles, tant dans la partie étroite que dans la charnière, qu'il ne supporte que le quarantième ou le cinquantième du poids de rupture, sous le rapport de la simple traction ; mais le collier doit aussi résister aux chocs ou aux énormes pressions qu'il peut recevoir des navires qui traversent l'écluse.

Ainsi, pour les grandes écluses des ports militaires, les colliers de bronze ont de $0^m,07$ à $0^m,09$ d'épaisseur et $0^m,20$ à $0^m,25$ de hauteur (*fig.* 1541, 1542, et 1543).

Pour les canaux de moyenne section, ces colliers ou demi-colliers en fer forgé, supportant ordinairement une charge de 1,800 kilogrammes, ont de $0^m,02$ à $0^m,03$ d'épaisseur et $0^m,07$ à $0^m,10$ de hauteur.

Les colliers ont autant de branches qu'il y a de tirants. Celles-ci sont terminées par une tête avec deux endents de chaque côté ; ordinairement il y a encore deux autres endents plus éloignés, et les branches du collier embrassent exactement les ancres. On coule du plomb entre deux pour augmenter le contact. Quelquefois ce sont au contraire les ancres ou tirants qui embrassent les branches du collier ; mais cette dernière forme est bien plus difficile à obtenir de pièces qui se forgent que la première.

1137. Ancres ou tirants. — Les tirants des ancres ont 5 à 6 mètres de longueur pour les écluses de mer et $1^m,50$ à 2 mètres pour les canaux. Ils sont traversés par des goujons de $0^m,70$ à $0^m,80$ de largeur, le tout bien scellé dans la maçonnerie du bajoyer. L'équarrissage des tirants est de $0^m,07$ à $0^m,10$ pour les écluses de mer et de $0^m,03$ à $0^m,07$ pour les canaux, ce qui les rend quarante ou cinquante fois plus résistants qu'il n'est nécessaire. Minard pense qu'on pourrait beaucoup réduire leur épaisseur.

Les colliers ne doivent pas dépasser l'alignement de leurs bajoyers ; il est même bon qu'ils soient un peu en arrière pour être garantis des chocs. Pour les bien centrer avec la crapaudine, il faut les remplir d'un cercle de bois du centre duquel on fait tomber un fil à plomb sur le centre de la crapaudine et qui reste suspendu pendant tout le temps de la pose du collier et des scellements des ancres.

Celles-ci peuvent être placées sur une assise quelconque ou sur le couronnement. Jadis on a placé deux colliers à différentes hauteurs.

On n'a quelquefois employé qu'un demi-collier ; dans ce cas, son diamètre

intérieur doit être celui du tourillon qui s'appuie par derrière contre le chardonnet.

Les colliers se font en bronze, en fonte de fer ou en fer forgé. Les ancres sont
toujours de ce dernier métal.

1138. Roulettes. — Les roulettes ont de $0^m,20$ à $0^m,40$ de diamètre, et les
axes de $0^m,05$ à $0^m,08$. L'axe doit être fixé à la roulette. Il tourne dans les chapes
boulonnées à la traverse inférieure (*fig.* 1544, 1545 et 1546), ou quelquefois à un
potelet vertical appliqué à cet effet contre l'amont des entretoises (*fig.* 1547);
quelquefois aussi on a découpé la traverse inférieure pour laisser passer la roulette plus haute que le jeu entre la porte et le radier.

Les roulettes sont un peu coniques ou un peu sphériques, elles tournent sur des
chemins circulaires métalliques d'environ $0^m,20$ de largeur et 5 à 6 centimètres
d'épaisseur, bien scellés au radier.

Les roulettes, leur axe, les circulaires, les chapes, peuvent être en bronze ou en
fonte de fer ; mais toutes ces parties doivent être d'un même métal pour éviter la
corrosion galvanique qui a été remarquée plusieurs fois en démontant de vieilles
portes.

Le scellement des circulaires et des crapaudines dans les radiers se fait en
plomb, en ciment hydraulique, en soufre; on a renoncé à ce dernier qui généralement fait éclater la pierre par le gonflement du sulfure qui se forme autour des
parties de fer.

Lorsqu'il est impossible d'assécher les trous où l'on doit couler le plomb, celui-
ci en est chassé avec violence par l'eau qui entre en vapeur sous lui. Le seul
moyen d'y maintenir le plomb fondu est de couler dans les trous un peu d'huile
avant de verser le plomb.

1139. Manœuvre des portes. — Les portes d'écluses s'ouvrent :

1º Avec les flèches ou balanciers, qui ne sont autre chose que les prolongements
des traverses supérieures sur les bajoyers et qui sont poussés par l'éclusier. Ce
moyen n'est employé que pour les petites portes.

2º Avec des cordages attachés à des organaux boulonnés sur la partie supérieure
du poteau busqué. Alors il faut des cordages en amont et en aval et quatre
cabestans.

3º Avec un cordage fixé aux deux bouts d'une bielle en faisant deux ou trois
tours sur un cabestan (*fig.* 1548 et 1549); de cette manière on peut tirer et pousser un vantail avec un seul cabestan ; la bielle devant glisser sur la plate-forme
de l'écluse, il faut prendre la porte par la tête du poteau busqué.

4º Avec le même système dans lequel la corde est remplacée par une crémaillère en fonte (*fig.* 1550) ou en fer forgé encastré et boulonné dans la bielle
une lanterne (*fig.* 1551 et 1552) engrenant dans la crémaillère est placée au
pied du cabestan (*fig.* 1553).

5º Avec des chaînes saisissant les portes à la traverse inférieure, s'envidant
autour de tambours métalliques logés dans le massif des bajoyers, dont les axes,

prolongés jusqu'au-dessus du couronnement de l'écluse, sont manœuvrés comme des cabestans (*fig.* 1354 et 1355).

6° Par un arc denté en fonte fixé perpendiculairement au vantail et mû par un pignon à axe vertical établi sur la tablette du bajoyer. L'arc denté passe sur la plate-forme de l'écluse ou pénètre dans une enclave ménagée dans le massif du bajoyer (*fig.* 1356, 1357 et 1358).

7° Par un arc en fonte denté du côté du centre, fixé au radier sur lequel engrène un pignon dont l'axe vertical, placé le long du poteau busqué, est mû en haut par l'éclusier qui se meut lui-même avec la porte (*fig.* 1359 et 1360).

Les balanciers sont fréquemment employés dans les écluses des canaux; ce moyen est simple, soulage les colliers, et en diminue le frottement; il fatigue les assemblages supérieurs.

Les cabestans, crémaillères et roues dentés, lorsqu'ils sont appliqués dans le bas de la porte ou au milieu, fatiguent peu les assemblages; ils donnent la possibilité d'ouvrir les portes malgré une légère différence du niveau entre l'eau du sas et d'un bief; ce qui a le grand avantage d'abréger le temps des sassements.

1140. Des vantelles. — Les vantelles des portes se placent ordinairement entre les deux dernières entretoises inférieures; leur distance aux poteaux dépend de la meilleure position qu'elles peuvent avoir par rapport à l'écharpe et au bracon qui obstruent leur ouverture et gênent leur mécanisme. Par cette raison leur largeur varie de $0^m,60$ à $0^m,40$; leur hauteur est l'intervalle des entretoises. Lorsqu'elles sont dans l'angle du poteau busqué, les jets fluides des deux vantaux se heurtent immédiatement à leur sortie de l'orifice et l'écoulement est un peu entravé.

Les vantelles sont ordinairement composées de petits madriers horizontaux (*fig.* 1361), assemblés à languettes et à rainures et maintenus par des pentures et ferrures en fer à cheval *mm* terminées par une tige *pp* servant à la manœuvre. Les madriers glissent dans les coulisseaux formés de deux pièces de bois appliquées contre les potelets; ces coulisseaux, ayant $0^m,12$ à $0^m,15$ de saillie sur le plan des portes, forcent à tenir l'enclave plus profonde, ou à y pratiquer des renfoncements. On préfère donc souvent des coulisseaux en fer, et même quelquefois on place les vantelles dans l'épaisseur des portes pour éviter toute saillie. Quelquefois les vantelles sont en fonte ou en tôle fixées sur un châssis en fer forgé.

1141. Moyen de lever les vantelles. — Pour manœuvrer les vantelles on emploie généralement des crics en fer ou en fonte (*fig.* 1362, 1363 et 1364); ceux-ci sont plus économiques. En Angleterre, on emploie un cric composé de pignon et crémaillère à double rang de dents; les dents d'un rang correspondent latéralement au vide de l'autre. On emploie aussi des vis en fer et en bois. Au canal du Languedoc, il y a des vis en bois que l'on remplace successivement par des crics.

Il y a près de deux siècles qu'on a employé le levier simple (1365), et, après l'avoir abandonné, on y est revenu dans ces derniers temps. La difficulté de son application venait de ce que la vanne s'élevant de 0^m,40 à 0^m,50, la puissance devait parcourir un espace triple ou quadruple pour qu'un seul éclusier eût assez de force : or, le bras de l'homme a de la peine à parcourir une hauteur de 1^m,50 à 2^m,00 ; mais on a trouvé le moyen de diminuer la levée de la vanne en divisant celle-ci en deux ou trois orifices *mmm* (*fig.* 1566), fermés par autant de petites vantelles *ppp* ; de cette manière on voit que pour obtenir, par exemple, des orifices de 3×0^m,14=0^m,42 de hauteur, il suffit de lever les trois vantelles *ppp* de 0^m,18.

Cela s'opère facilement au moyen d'un levier *ab* (*fig.* 1567 et 1568, pl. LIX), agissant dans le plan de la porte, faisant mouvoir une portion de roue dentée *m*, engrenant dans une crémaillère *d* de la tige de la vantelle. La vanne est levée instantanément ; tandis qu'avec les crics il faut une demi-minute et avec les vis une minute.

On a mis les vantelles en équilibre avec des contre-poids au moyen de poulies et de chaînes ; alors on n'a plus à vaincre que les frottements et la pression de l'eau. Ce qui a été exécuté de plus ingénieux en ce genre consiste à équilibrer l'une par l'autre deux vantelles égales ouvertes dans le même vantail ; elles sont dans le système (*fig.* 1566) ; leur tige communique à des bras égaux d'un même levier ; l'une s'ouvre en s'abaissant, l'autre en s'élevant. Un seul coup de levier suffit donc pour les fermer ou les ouvrir à la fois.

On a fait aussi des vantelles en fonte tournant verticalement dans leur milieu. L'axe de rotation en fer prolongé jusqu'au haut de la porte est terminé par une manivelle. La manœuvre se fait en un instant et presque sans effort (*fig.* 1569, 1570 et 1572).

1142. Action de la mer haute sur les portes d'èbe (1), **et portes-valets pour l'empêcher.** — Lorsque les portes d'èbe d'un bassin de flot sont fermées, il arrive à mer haute que le mouvement des ondes de l'avant-port produit du côté d'aval une surcharge qui peut aller jusqu'à 1^m,50. Elle est suffisante pour entr'ouvrir les portes qui se referment dès que la lame est descendue. Ce ballottage frappe les vantaux l'un contre l'autre et les fatigue beaucoup. On les retient par des verrous horizontaux ; dans quelques ports on se contente de faire une rousture à la tête des poteaux busqués, mais on emploie aussi des valets qui soutiennent la porte sur presque toute sa hauteur. Ce sont comme d'autres petites portes d'écluses s'appliquant dans les enclaves des grandes quand celles-ci sont fermées et qui, en s'ouvrant, viennent se placer normalement aux grandes en manière

---

(1) On appelle *portes d'èbe* les portes des écluses de mer dont le busc est tourné du côté des terres, et *portes de flot* celles dont le busc est tourné du côté opposé. Les premières retiennent l'eau dans les bassins ; les secondes empêchent l'eau de la mer de s'y introduire.

d'arcs-boutants. Des taquets les empêchent de tourner davantage. Elles sont d'ailleurs retenues par des verrous fixés aux deux traverses supérieures qui sont à même hauteur (*fig.* 1572.)

Ces portes-valets peuvent, à la rigueur, transformer les portes d'èbe en portes de flot; on peut effectivement retenir la haute mer et l'empêcher d'entrer en partie dans un bassin de flot dont on a baissé les eaux; mais ce moyen ne peut être complet, et on doit s'attendre à une certaine élévation du niveau du bassin, qui peut aller jusqu'à un mètre ou deux dans une seule marée.

1143. Portes courbes. — Les portes courbes sont plus fortes que les portes droites à égalité d'équarrissage; c'est à tort, dit M. Minard, que Bélidor a avancé le contraire. On sait qu'une pièce en bois légèrement courbe et fixée à ses bouts, chargée en son milieu, ne fléchit que du vingt-cinquième environ de la flexion de la même pièce droite posée sur deux appuis, et ce rapport serait encore plus petit si la charge était également répartie. En second lieu, il est évident que la flexion des portes droites tend à rompre les joints d'amont et les assemblages; tandis que dans les portes courbes l'effet de la pression est de resserrer tous les assemblages, et par conséquent de les consolider. L'objection réelle contre ces portes est la difficulté de trouver des bois d'une égale courbure; car il ne faut pas couper les fibres. Mais comme l'expérience apprend qu'il suffit d'une flèche d'environ un trentième, on peut assez facilement obtenir cette légère courbure, soit naturellement, soit artificiellement.

Autrefois en Hollande on faisait beaucoup de portes courbes; en France il y a un siècle on en faisait dans les ports militaires de Brest, de Rochefort; aujourd'hui en Angleterre on n'en fait pas d'autres pour les grandes écluses.

La flèche de courbure varie entre un vingtième et un quarantième de la longueur du vantail. L'équarrissage est de $0^m,40$ à $0^m,50$ pour les écluses de 17 mètres de passage. Mais le nombre des entretoises est de 9 à 10 pour 7 à 10 mètres de hauteur. Les bordages, soit qu'ils recouvrent toutes les entretoises, soit qu'ils n'aillent que d'une entretoise à l'autre, sont toujours verticaux. Il en résulte que, pressés comme des voussoirs, ils supportent à eux seuls une partie de la pression, soulageant d'autant les entretoises et rendant les portes plus étanches.

Quant à l'écartement des entretoises, tantôt elles se touchent dans les parties inférieures, tantôt elles sont un peu plus rapprochées dans le milieu de la hauteur.

Ces portes ont ou n'ont pas de bracon, mais toutes ont des roulettes qui ordinairement sont très-près du poteau busqué ou même dessous.

1144. Portes mixtes. — On fait aussi des portes qu'on pourrait appeler mixtes, c'est-à-dire dont les entretoises sont composées d'une pièce courbe du côté d'amont et d'une autre pièce droite en aval, assemblées par endents et boulonnées. Tel est le système des grandes portes de Cherbourg, dont chaque vantail a environ 10 mètres de large sur 11 mètres de haut. Il y a 14 entretoises jointives en bas et 6 séparées. L'épaisseur au milieu est de $0^m,85$, et de $0^m,55$ aux extrémités. La flèche est donc de 0^m,30, c'est-à-dire environ un trente-troisième (*fig*. 1579).

Ce système, dans lequel une des pièces agit comme voussoir et l'autre comme tirant, a l'avantage d'employer des bois d'un équarrissage moins fort.

On fait aussi des portes avec des entretoises d'une seule pièce droite en aval et courbe en amont, comme à Liverpool, à Dunkerque, etc. (1).

1145. Portes en fer forgé et bois. — On a fait au canal de Saint-Quentin des portes dans lesquelles on a combiné le fer avec le bois (*fig*. 1574, 1575 et 1576). Elles sont composées d'un châssis avec croix de Saint-André en fer forgé de 0^m,06 et 0^m,08 d'équarrissage; les fers sont incrustés entre deux plans de madriers jointifs horizontaux en amont et verticaux en aval; ils ont 0^m,20 d'épaisseur ensemble; ils sont serrés par de petits écrous à la rencontre de chaque madrier.

Ces portes à la longue plient beaucoup sous la charge. Elles ont duré autant que les portes tout en bois. Elles coûtent à peu près le double à établir; leur entretien est le même; le renouvellement, qui ne s'applique qu'aux madriers, coûte moitié de celui des portes ordinaires.

1146 Portes courbes en fonte. — Les Anglais ont combiné le bois avec la fonte. Ils ont fait des portes d'écluses de mer avec des entretoises en fonte recouvertes de madriers (*fig*. 1577 et 1578).

Ce système consiste en un poteau-tourillon, demi-cylindre creux, de 0^m,05 d'épaisseur; la surface plane, côté des entretoises, est percée d'ouvertures ovales dans les intervalles des membrures, afin de passer le bras et les boulons dans l'intérieur. Le poteau busqué est simplement un angle en fonte rempli d'une pièce de bois de 0^m,12 sur 0^m,30; le contact avec les chardonnets et le busc s'obtient aussi avec des fourrures en bois.

Les membrures ou entretoises sont des pièces de fonte courbes dont la section transversale est un ⊥. Elles sont terminées par d'autres T du côté des poteaux, avec lesquels elles s'assemblent par boulons. Les bordages sont boulonnés sur la face verticale des membrures; celles-ci ont une largeur horizontale de 0^m,35 à 0^m,40 et une épaisseur de 0^m,04 à 0^m,035; l'autre branche de ⊥ a 0^m,22 de largeur et 0^m,03 d'épaisseur. Les bordages sont verticaux et ont 0^m,06 à 0^m,08 d'épaisseur; la flèche de courbure est d'un vingtième à un quarantième.

Toutes ces dimensions ne sont relatives qu'à des écluses de 10 à 20 mètres de passage, et n'ont pas encore été appliquées à de plus grandes largeurs.

Ces portes sont soutenues par des roulettes placées très-près du busqué. On ne supprime la roulette que pour les petites portes des canaux.

A l'égard de la rotation, comme la fonte peut affecter diverses formes sans

---

(1) On a proposé également d'employer des entretoises courbées et armées suivant le système de M. Laves.

altération de ténacité, qui est la même dans tous les sens, il est facile d'adapter au poteau tourillon le système ordinaire des pivots et des colliers avec de plus petits diamètres que pour les portes en bois, ce qui diminue le frottement.

Les Anglais, qui ont la fonte à bas prix, sont les premiers qui l'aient employée dans les portes d'écluses, d'abord pour les canaux, puis pour les ports de mer. A l'égard de cette dernière application, il y a deux observations à faire ; la première est que la largeur des écluses, et par conséquent le fort tonnage des navires qui en approchent, les exposent à des chocs violents pour lesquels les portes en fonte présentent plus de chances de rupture que les portes en bois. Aussi au canal Calédonien, les portes extrêmes des groupes d'écluses accolées sont-elles en bois et les portes intermédiaires en fonte. La seconde observation est que la fonte, continuellement plongée dans l'eau de mer et en contact avec des boulons de fer forgé, sera corrodée, et qu'on ne peut encore prévoir la durée de ces portes.

1147. Portes en fonte d'une seule pièce. — On a fait des portes d'écluses tout en fonte. Les Anglais en ont donné le premier exemple au canal de Chester. Il a été imité en France au canal de Berry, qui est à petite section, et au canal de Saint-Denis dont les écluses ont 7m,80 de passage.

Les vantaux du canal de Chester (qui sont ceux d'une porte d'amont) ont été fondus d'une seule pièce et pèsent chacun environ 2,100 kilogrammes. Ceux du canal de Berry sont de deux morceaux, et ceux du canal de Saint-Denis étaient formés de quatre panneaux assemblés les uns sur les autres par des rebords et par des boulons à 0m,30 d'intervalle. L'épaisseur de la plaque du panneau inférieur était de 0m,025, et celle des autres de 0m,022 à 0m,028.

1148. Portes en fonte et tôle de fer. — On a fait aussi des portes en fonte et tôle de fer : beaucoup de portes de cette espèce ont été posées au canal du Nivernais. Elles ne diffèrent des portes anglaises que par la tôle de fer de 0m,003 d'épaisseur substituée aux madriers de recouvrement, et par quelques perfectionnements dans la disposition et l'assemblage des entretoises. Elles coûtent trois cinquièmes en sus du prix des portes de bois (1) ; mais on doit présumer qu'elles seront d'un entretien nul quant à la fonte, et sans doute très-faible quant à la tôle.

Tous ces systèmes en fonte offrent quelques chances de rupture ; une entretoise d'une porte en fonte d'aval du canal de Beaucaire a été rompue par le choc d'un bateau ; le poteau tourillon d'une autre porte d'aval au même canal s'est rompu sous la pression de l'eau. Un accident du même genre a eu lieu au canal du Nivernais ; une porte d'aval du canal Saint-Denis, toute en fonte, s'est brisée sous le choc d'un bateau entraîné par l'eau du sas qui s'est vidé subitement par la rupture de la fourrure en bois du poteau busqué.

1149. Portes les unes au-dessus des autres. — On a exécuté en 1807 à

____

(1) Cette différence ne serait pas aussi grande en Belgique, où la fonte et le fer sont à meilleur marché qu'en France.

Flessingue un système de portes qui a été depuis imité à Anvers (*fig.*. 1579 et 1580), à Beaucaire et au canal latéral de la Loire, et le sera sans doute ailleurs : il doit être décrit ici, parce qu'il semble donner la facilité de fermer avec des portes busquées les grandes ouvertures qu'on est obligé d'adopter aux écluses de mer pour le passage des steamers.

Ce système consiste en deux paires de portes l'une au-dessus de l'autre, et dont la traverse supérieure de la plus basse sert de buse ou heurtoir à l'entretoise inférieure de la paire de portes la plus haute. Ces dernières portes sont plus larges que les inférieures; de cette manière celles-ci, supportant une tranche d'eau bien moins large que si elles laissaient entre elles un passage aussi grand que les portes supérieures, peuvent être faites avec des entretoises moins fortes. Il est vrai que le passage de l'écluse se trouve divisé en deux rectangles, dont l'inférieur, plus étroit, est fermé par les portes du bas, et dont le supérieur, plus large, est fermé par les portes du haut ; mais cette forme s'applique heureusement aux gabarits des navires et des bateaux à vapeur.

1150. Observations. — Pour compléter les détails qui précèdent, et que nous avons voulu donner tels qu'ils se trouvent dans l'excellent ouvrage de Minard, nous ajouterons ceux qui suivent.

1° On arrondit ordinairement le poteau tourillon des portes d'écluses ainsi que le montre la *fig.* 1581, afin de lui permettre de tourner aisément dans les chardonnets. Les poteaux busqués se délardent plus ou moins obliquement suivant l'angle du buse, et de manière à ce que le plan de joint par lequel ils se touchent divise exactement en deux l'angle du buse ; mais il est convenable que le délardement ne s'étende pas au delà du tiers ou de la moitié de l'épaisseur des poteaux busqués, ainsi que le montre la *fig.* 1582. On conserve ainsi plus de force à ces poteaux et le joint ferme mieux.

2° Un moyen qui peut être utilement employé pour empêcher les portes *de donner du nez*, et que Minard passe sous silence, c'est de lier le poteau busqué au tourillon prolongé par un levier pesant (*fig.* 1583), dont on charge la culasse autant que de besoin. Ce levier peut servir en même temps à manœuvrer la porte. Ce moyen ne paraît toutefois applicable qu'aux petites portes, à cause des fortes dimensions qu'il faudrait donner au levier pour en obtenir bon effet si les portes étaient grandes.

1151. Pression de l'eau contre les portes. — La connaissance de la pression exercée par l'eau contre une porte d'écluse est souvent nécessaire pour fixer les dimensions de ses pièces principales. Les données fournies par Minard et rapportées dans les numéros précédents pourront dans un grand nombre de circonstances exempter de tout calcul, mais elles ne sauraient y suppléer entièrement. Les formules et méthodes suivantes, que nous extrayons de l'ouvrage hollandais de Storm Buysing (1), combleront cette lacune.

---

(1) *Bouwkunde Leer Cursus. Handeling tot het kennis der waterbouwkunde.*

Si l'on nomme b la largeur de la porte, h sa hauteur et D la pression normale exercée contre la porte par une pression d'amont, on a :

$$D = 500\, bh^2.$$

Si la porte est soumise en même temps à une pression d'aval et d'amont, comme c'est le cas le plus ordinaire, la différence de pression, qui est la force à laquelle la charpente est soumise, aura pour expression :

$$D' = 500\ b(h^2 - h'^2),$$

h' étant la hauteur d'eau à l'aval et h celle à l'amont.

Il faut observer dans ce dernier cas que la pression ne se répartit pas uniformément sur toute la surface de la porte, mais qu'elle augmente à partir du niveau d'eau d'amont jusqu'à celui d'aval, et que de ce dernier jusqu'au bas de la porte elle reste constante et égale à $1000\ (h - h')$ par mètre carré.

Pour déterminer la répartition de la pression sur les diverses pièces de la charpente de la porte, il est suffisamment exact de supposer, comme nous l'avons déjà fait pour d'autres cas (n° 698), les madriers de revêtement sciés et assemblés par morceaux, bout à bout, sur le milieu des entretoises et autres pièces du bâti. Cette supposition, qui les place dans des conditions de résistance moindres que dans la réalité, tend à donner des équarrissages plutôt forts que faibles et abrége singulièrement les calculs.

En admettant cette hypothèse, on peut regarder chaque entretoise comme recevant une partie de la pression que supportent les deux panneaux qui viennent s'appuyer contre elle.

Nous allons montrer comment le calcul de ces pressions peut se faire.

Supposons que la porte soit divisée en quatre compartiments ou panneaux par cinq entretoises, et nommons u la hauteur du premier panneau, v celle du second, w celle du troisième et x celle du quatrième. On aura pour la pression normale exercée sur le premier panneau :

$$D_1 = 500\, bu^2 = 500\, \frac{bh^2}{h^2}\, u^2 = D\, \frac{u^2}{h^2}.$$

Sur le deuxième : $\displaystyle D_2 = \frac{v\,(2\,u + v)}{h^2}\, D,$

Sur le troisième : $\displaystyle D_3 = \frac{w\,\{\,2\,(u + v) + w\,\}}{h^2}\, D,$

Sur le quatrième : $\displaystyle D_4 = \frac{x\,\{\,2\,(u + v + w) + x\,\}}{h^2}\, D,$

et ainsi de suite, s'il y avait un plus grand nombre d'entretoises.

Connaissant ainsi la portion de pression répartie sur chacun des panneaux, on trouvera la pression sur les entretoises en remarquant que les pressions des panneaux agissent sur elles en raison inverse de la distance qui les sépare du centre de pression.

Or, la distance du centre de pression à la surface du liquide est, pour un rectangle, comme c'est ici le cas,

$$2/3 \, \frac{h^2 + hh' + h'^2}{h + h},$$

h étant la distance du niveau de l'eau au côté supérieur du rectangle, et h' la distance au côté inférieur.

D'après cela, dans le cas pris pour exemple, la distance du centre de pression à la surface du liquide est :

Pour le 1er panneau, $2/3 \, u$,

Pour le 2e panneau, $2/3 \, \dfrac{(u+v)^2 + u(u+v) + v^2}{u+(u+v)} = 2/3 \, \dfrac{3u^2 + 3uv + v^2}{3u+v}$,

Pour le 3e panneau, $2/3 \, \dfrac{3u(+v)^2 + 3(u+v)w + w^2}{2(u+v)+w}$,

Pour le 4e, enfin, $2/3 \, \dfrac{3(u+v+w)^2 + 3(u+v+w)x + x^2}{2(u+v+w)+x}$,

et ainsi de suite.

Connaissant la position des centres de pression, on en déduit aisément la distance des entretoises, et, par suite, les pressions sur ces entretoises qui sont :

Pour la première, $P_1 = \dfrac{D}{3h^2} u^2$

Pour la deuxième, $P_2 = \dfrac{D}{3h^2} \left\{ 2u^2 + v(3u+v) \right\}$

Pour la troisième, $P_3 = \dfrac{D}{3h^2} \left\{ v(3u+2v) + w[3(u+v)+w] \right\}$

Pour la quatrième, $P_4 = \dfrac{D}{3h^2} \left\{ w[3(u+v)+2w] + x[3(u+v+w)+x] \right\}$,

Etc., etc.

Pour la dernière entretoise, qui ne supporte qu'une partie de la pression du dernier panneau de revêtement, le deuxième terme du second membre de l'équation se réduira à zéro. Dans le cas d'une porte à cinq entretoises, la valeur de cette pression sera :

$$P_5 = \frac{D}{3h^2} \left\{ x[3(u+v+w) + 2x] \right\}.$$

Si toutes les entretoises sont placées à des intervalles égaux, on aura $u = v = w = x$, et, par suite :

$$D_1 = \frac{u^2}{h^2}\, D \quad \text{et} \quad P_1 = \frac{D}{3h^2}\, u^2$$

$$D_2 = \frac{3u^2}{h^2}\, D \qquad P_2 = \frac{D}{3h^2}\, 6u^2$$

$$D_3 = \frac{5u^2}{h^2}\, D \qquad P_3 = \frac{D}{3h^2}\, 12u^2$$

$$D_4 = \frac{7u^2}{h^2}\, D \qquad P_4 = \frac{D}{3h^2}\, 18u^2$$

Etc., etc.

et s'il n'y a que cinq entretoises :

$$P_5 = \frac{D}{3h^2}\, 11u^2.$$

Enfin si la porte est divisée en quatre panneaux par cinq entretoises, comme nous l'avons admis, on aura $u = \frac{1}{4}\, h$ et

$$D_1 = \frac{1}{16}\, D \quad \ldots \quad P_1 = \frac{1}{3}\, D \times \frac{1}{16}$$

$$D_2 = \frac{3}{16}\, D \quad \ldots \quad P_2 = \frac{1}{3}\, D \times \frac{6}{16}$$

$$D_3 = \frac{5}{16}\, D \quad \ldots \quad P_3 = \frac{1}{3}\, D \times \frac{12}{16}$$

$$D_4 = \frac{7}{16}\, D \quad \ldots \quad P_4 = \frac{1}{3}\, D \times \frac{18}{16}$$

Etc., etc.

$$P_5 = \frac{1}{3}\, D \times \frac{11}{16}$$

D'après ce qu'on a vu précédemment, c'est une disposition de cette espèce que Minard conseille d'adopter, et alors il est naturel de donner, d'après les observations de cet ingénieur, des équarrissages égaux et calculés d'après celui qui convient à l'entretoise la plus fortement chargée. On peut néanmoins donner une légère diminution d'équarrissage aux entretoises qui sont soumises à des pressions moindres.

Nous ferons observer toutefois que tous les constructeurs ne partagent pas encore l'avis exprimé par Minard, et que l'on en trouve qui préférent espacer les entretoises de manière à ce qu'elles soient toutes soumises à d'égales pressions.

Il ne sera donc pas inutile de donner ici une construction graphique fort simple indiquée par Baud (1) pour régler, sans le secours de calculs fort longs, la distribution des entretoises en satisfaisant à cette condition.

---

(1) *Waterbouwkundigen Cursus*, II° deel, p. 56.

Soit AB (*fig.* 1584) la hauteur de la porte, et supposons que le niveau de l'eau affleure le point A et qu'il n'y ait pas de contre-pression à l'aval. Si l'on tire BC perpendiculaire à AB égale à un mètre (mesuré à l'échelle), la surface du triangle ABC sera proportionnelle à la pression de l'eau sur une largeur de 1 mètre de porte. En outre, chaque ligne b_1c_1, b_2c_2, etc., tirée parallèlement à BC, sera proportionnelle à la pression perpendiculaire exercée aux points b_1, b_2, etc.

Maintenant si l'on divise le triangle ABC par des parallèles b_1c_1, b_2c_2, b_3c_3, etc., en parties d'égale superficie, la surface du petit triangle Ab_1c_1 représentera la somme des pressions sur la hauteur Ab_1 de la porte; la surface du trapèze $b_1c_1c_2b_2$, celle exercée sur la hauteur b_1b_2, et ainsi de suite, de sorte que la porte se trouvera naturellement divisée en parties soumises à des pressions égales. Actuellement marquons les centres de gravité $f_1f_2f_3$, etc., des figures Ab_1c_1, $b_1c_1c_2b_2$, etc., etc., et projetons-les normalement sur AB; les points de division ainsi déterminés marqueront les centres de pression des divisions Ab_1, b_1b_2, etc., de la porte, et si l'on place les entre toises aux hauteurs ainsi déterminées elles seront évidemment dans la condition sus-énoncée.

La division du triangle ABC en parties d'égale surface et la détermination des centres de gravité de ces parties peuvent se faire aisément au moyen des constructions suivantes :

1° Divisez AB en autant de parties égales que vous voulez avoir d'entretoises.

2° Tracez une demi-circonférence sur AB comme diamètre.

3° Par les points d'égale division de AB tirez les perpendiculaires Ia_1, IIa_2, $IIIa_3$, etc.

4° Rabattez ensuite sur AB les points a_1, a_2, a_3, etc., en b_1, b_2, b_3, au moyen d'arcs de cercle ayant successivement Aa_1, Aa_2, Aa_3 pour rayon, et tirez les perpendiculaires b_1c_1, b_2c_2, b_3c_3, etc.; ces lignes diviseront le grand triangle ABC en parties d'égale superficie. En effet, par cette construction on a

$$\overline{Ab_1}^2 \;:\; \overline{Ab_2}^2 \;:\; \overline{Ab_3}^2, \text{ etc., etc., } = 1 : 2 : 3, \text{ etc., etc.}$$

D'autre part, les surfaces des triangles Abc_1, Ab_2c_2, Ab_3c_3, etc., sont entre elles aussi comme $\overline{Ab_1}^2 \;:\; \overline{Ab_2}^2 \;:\; \overline{Ab_3}^2$, ou $= 1 : 2 : 3$, et l'égalité des surfaces Ab_1c_1, $b_1c_1c_2b_2$, $b_2c_2c_3b_3$, etc., etc., s'ensuit.

5° Divisez la ligne BC en deux parties égales et tirez AE : il est visible que tous les centres de gravité cherchés se trouveront sur cette ligne.

6° Prolongez indéfiniment à droite et à gauche les lignes b_1c_1, b_2c_2, et tirez la perpendiculaire Ad. Faites ensuite $Ad=b_1c_1$; $b_1d_1=b_2c_2$, $b_2d_2=b_3c_3$, etc., et $c_2c_2=b_1c_1$, $c_3c_3=b_2c_2$. Tirez enfin les lignes c_1d, c_2d_1, c_3d_2, etc.; ces lignes couperont la droite AE en des points $f_1f_2f_3$, etc., qui seront les centres de gravité cherchés, et qu'on projettera ensuite sur AB pour avoir la position des entretoises.

Si, contrairement à l'hypothèse admise, il y avait une contre-pression d'aval, ainsi que c'est presque toujours le cas, il faudrait en tenir compte, ce qui se ferait sans difficulté en procédant suivant la méthode exposée.

ÉCLUSES DE CHASSE.

1152. Description générale. — Les écluses de chasse proprement dites se composent d'un passage ou pertuis maçonné fermé à son débouché par des portes qu'on peut ouvrir dans un temps très-court, malgré la grande pression de l'eau à laquelle elles sont soumises. L'eau, retenue en amont à une hauteur plus considérable qu'à l'aval, se précipite alors par le passage ouvert avec une violence extrême, entraînant et chassant devant elle tout ce qu'elle rencontre. On y distingue donc d'après cela deux bajoyers, un radier précédé d'un avant-radier et même d'un faux radier, et des portes. Quelquefois, comme à l'écluse de chasse de Diest (1), plusieurs passages sont accolés les uns aux autres, et les bajoyers intermédiaires forment piles.

Les principaux détails de construction des écluses de navigation sont applicables aux écluses de chasse, et il serait oiseux de les répéter de nouveau à leur occasion ; seulement, en raison de la violence des secousses et des chocs qu'elles subissent lors des chasses, de l'action puissante des masses d'eau en mouvement auxquelles elles donnent passage, toutes les précautions indiquées précédemment doivent être renforcées.

Ainsi le terrain doit être défendu avec plus de soin encore que dans les écluses ordinaires, tant à l'amont qu'à l'aval, par des files transversales de palplanches ou des nervures en béton, sous les fondations. Les radiers doivent être plus longs et plus épais, constitués avec les matériaux les plus résistants, réunis entre eux par une taille propre à les maintenir en place, ou par des scellements et des ancrages. Les bajoyers eux-mêmes doivent être construits, au parement du moins, avec des matériaux plus résistants (si les chasses doivent être fréquemment renouvelées), reliés avec la maçonnerie de remplissage. Quant aux portes, soumises à des chocs violents quand elles manœuvrent sous de fortes pressions, leur construction exige encore plus de soin et de force que celle des écluses de navigation. D'ailleurs, elles présentent fréquemment des dispositions différentes.

1153. Systèmes divers de portes. — L'importance de l'ouverture instantanée des portes se conçoit aisément. Sans elle une partie de la force des chasses se trouverait perdue. Aussi a-t-on imaginé un grand nombre de systèmes pour y parvenir. Il serait superflu de les renseigner tous ; nous nous bornerons à parler de ceux qui sont actuellement le plus en usage, parce qu'ils ont été reconnus les meilleurs.

____

(1) Construite par le major du génie De Lannoy, aujourd'hui lieutenant général.

Ces systèmes sont ceux des *portes tournantes* à axe vertical, et des *portes à éventail* ou *à la Blanken* (du nom de leur inventeur).

Indiquons d'abord le principe de ces constructions.

1154. Portes tournantes. — Les portes tournantes (*fig.* 1585) consistent en un vantail vertical, constitué à peu près comme les vantaux des portes busquées, mais dans lequel le poteau tourillon se trouve placé à quelque distance de la verticale passant par le centre de gravité de la porte ; il la divise ainsi en deux portions inégales, qui viennent battre dans des feuillures disposées de telle sorte que, sous la pression de l'eau, la porte reste fermée. Dans la plus grande des deux portions du vantail se trouve une vantelle, semblable à celle des portes busquées, qui ferme ou démasque à volonté un orifice tel, qu'en le déduisant de la surface de cette portion, ce qui en reste soit plus petit que l'autre. De cette manière, l'excès de pression qui, en agissant sur la grande partie de la porte, la tenait fermée, se trouvant plus qu'annulé, la porte s'ouvre d'elle-même par l'excès de pression qui a lieu sur l'autre portion.

1155. Portes à éventail. — Les portes à éventail sont d'une construction et d'une manœuvre toutes différentes.

Elles se composent (*fig.* 1596, pl. LX) de deux vantaux busqués exactement semblables à ceux des portes d'écluses ordinaires ; mais à chacun des poteaux tourillons vient s'assembler un autre vantail nommé *éventail*, disposé de telle façon que, quand les vantaux busqués sont fermés, il se trouve dans le prolongement du parement du bajoyer. L'angle entre les deux vantaux assemblés sur le même tourillon est maintenu invariable par des entretoises et des croix de Saint-André allant de l'un à l'autre. L'éventail est d'une plus grande surface que le vantail de la porte busquée.

Dans les bajoyers se trouvent pratiqués (*fig.* 1595) :

1° Des enclaves *abc*, de forme circulaire, décrites avec un arc de cercle dont le centre se confond avec celui du poteau tourillon, et dont la longueur est au moins égale à celle de l'éventail.

2° Un aqueduc M, partant de la tête amont des bajoyers ou de la chambre d'amont, et venant déboucher dans la partie droite des chambres des éventails.

3° Un autre aqueduc V, partant de la chambre des éventails et venant déboucher dans la chambre d'aval ou dans la tête aval des bajoyers.

Ces deux aqueducs ont une même section transversale, et ils sont barrés chacun par une vanne qui permet d'établir ou d'interrompre à volonté la communication entre les chambres d'éventail et l'aval ou l'amont de l'écluse.

Voici maintenant comment s'opère la manœuvre, en supposant que l'eau soit à un niveau plus élevé à l'amont qu'à l'aval.

1° Pour fermer les portes :

On baisse la vanne de l'aqueduc V et on lève celle de l'aqueduc M. Par là, l'eau monte dans la chambre d'éventail au niveau d'amont et presse les éventails dans le même sens que l'eau qui se trouve entre les bajoyers presse les portes busquées, c'est-à-dire de manière à faire tourner ces dernières d'amont en aval et à fermer le passage.

2° Pour ouvrir les portes :

On fait la manœuvre inverse, c'est-à-dire qu'on lève la vanne de l'aqueduc V et qu'on baisse celle de l'aqueduc M. Il s'ensuit que l'eau se met dans la chambre d'éventail au niveau d'aval, et que les portes se trouvent pressées en dedans du passage par l'eau au niveau d'amont. Alors voici ce qui arrive. L'éventail, ayant une plus grande surface que la porte busquée, reçoit un excès de pression qui, s'il a assez de force pour vaincre les frottements et les autres résistances, suffit pour pousser les éventails dans leurs chambres. Comme les éventails sont liés d'une manière invariable avec les portes busquées, celles-ci s'ouvrent en suivant le mouvement des éventails.

Maintenant suppose-t-on qu'à la suite d'une chasse d'amont en aval, et de l'abaissement de l'eau dans le bassin d'amont (ce qui peut avoir lieu, par exemple, dans un port de mer où l'on aurait fait une chasse à la marée haute), l'eau dans le bassin d'aval soit à un niveau plus élevé que dans celui d'amont, la manœuvre des portes se fera de la manière suivante :

1° Pour les tenir fermées, on ouvrira la vanne de l'aqueduc V et l'on fermera celle de l'aqueduc M; de cette manière, l'eau se met dans les chambres d'éventail au niveau du bassin d'aval, et l'excès de pression qu'elle exerce sur les éventails suffit pour maintenir les portes busquées fermées.

2° Pour donner une chasse, on ouvrira la vanne M et l'on fermera la vanne V. Par suite, l'eau se mettra dans les chambres d'éventail au niveau d'amont, et la pression contre les portes busquées cessant d'être contre-balancée, celles-ci s'ouvriront instantanément.

1156. Avantages des portes à éventail. — Les avantages des portes à éventail, relativement aux portes tournantes, sont évidents et bien constatés du reste par l'expérience. Outre qu'elles ferment généralement mieux que les autres et sont moins sujettes aux accidents, elles ont l'avantage de pouvoir s'ouvrir et se fermer dans les deux sens sous les plus fortes comme sous les plus faibles pressions d'eau, ce qui ne peut se faire avec les portes tournantes. Celles-là ne peuvent s'ouvrir que dans un sens, ne peuvent se refermer sans les plus grandes difficultés avant que le niveau de l'eau à l'aval ait atteint celui de l'amont, et qu'ainsi toute pression sur ces portes se trouve annulée.

1157. Leurs inconvénients. — Mais elles ont, par contre, l'inconvénient d'être beaucoup plus coûteuses et d'exiger beaucoup plus d'espace pour leur emplacement. Ce dernier inconvénient est quelquefois capital, et c'est principalement pour y remédier qu'un savant ingénieur hollandais, feu le capitaine Alewyn, a imaginé le système qui porte son nom.

1158. Portes à la Alewyn. — La *fig.* 1387 est destinée à donner une idée de ce système. A et B sont deux portes busquées ordinaires, C et D sont deux autres portes semblables, mais un peu plus courtes; enfin, E et F sont deux dernières portes, désignées sous le nom de *portes couplées* (koppel deuren), assemblées à charnières avec les autres. L'ensemble de ces portes forme, comme on le voit, deux parallélogrammes qui se touchent par un de leurs angles, mais qui sont légèrement distants par l'angle opposé. Les portes couplées sont un peu plus longues que les autres. Des aqueducs, G,H, L,K, mettent en communication avec l'aval et l'amont les espaces renfermés dans les deux parallélogrammes sus-indiqués. Des vannes, L,M,N,O, servent à établir ou à interrompre à volonté la communication de ces aqueducs avec les chambres.

Voici maintenant comment s'opère la manœuvre.

1° Pour ouvrir les portes :

On ouvre les vannes L,N et l'on ferme les deux autres. L'eau descend dans les chambres au niveau d'aval, tandis que les portes couplées sont pressées par le niveau d'amont. Comme la pression est plus grande sur elles que sur les portes C,D, elles cèdent en entraînant ces portes et celles A,B avec elles, et viennent se placer dans les enclaves des bajoyers, comme c'est indiqué en pointillé au dessin.

2° Pour fermer les portes :

On ferme les vannes L,N et l'on ouvre les deux autres. L'eau monte dans les chambres au niveau d'amont, et, pressant encore avec plus de force contre les portes couplées que contre les autres, elle détermine la fermeture du passage.

On verra aisément que ces manœuvres peuvent se répéter dans l'autre sens, en supposant que l'eau soit, par suite du reflux, par exemple, à un niveau plus élevé dans le bassin d'aval que dans le bassin d'amont.

L'expérience n'a malheureusement pas entièrement confirmé la bonté de cet ingénieux système, employé au canal de Zuid-Willemsvaart à Maestricht, et à celui de Terneuzen à Gand. La manœuvre des portes était très-difficile, et elles ne s'ouvraient ni ne se fermaient entièrement. On a fini par enlever les portes couplées.

L'une des principales causes de cet insuccès réside sans doute dans la traction énorme qu'exercent les portes couplées sur les portes busquées, tendant ainsi bien plus que de coutume à leur faire donner du nez et à augmenter les frottements. On avait cependant pris la précaution au canal de Terneuzen, pour remédier à cet inconvénient, de suspendre les portes couplées à de fortes grues en fer, qui avaient leur point d'appui sur le radier et qui pouvaient suivre ces portes dans leur mouvement.

1159. Détails de construction des portes tournantes. — Les portes tournantes se composent (*fig.* 1351), comme les portes busquées, d'un fort cadre formé de deux montants de rive, d'un certain nombre d'entretoises et d'un poteau tourillon A, placé de telle manière que les deux portions de porte aient des superficies dans le rapport de 5 à 6. Cette charpente est complétée par des potelets BB, qui limitent, dans la plus grande des deux parts, l'orifice sur lequel on place la vanne, et, si la porte est assez grande pour cela, par des bracons et des écharpes. Cette charpente est ensuite recouverte d'un double revêtement en madriers.

Le poteau tourillon tourne par le pied dans une crapaudine semblable à celles des portes busquées ordinaires, et, par le haut, dans un collier attaché à une forte poutre placée transversalement au-dessus de l'écluse, ou scellé dans la maçonnerie d'une voûte jetée au-dessus des bajoyers.

Ces colliers et crapaudines, supportant la majeure partie de la pression à laquelle la porte est soumise, doivent être fixés avec une grande solidité.

Nous montrons, *fig.* 1588, une disposition originale employée à une écluse d'inondation construite, en 1843 et 1844, au fort Honswyk (Hollande). Une seule porte tournante, de 13 mètres de largeur totale, sert à barrer deux passages adjacents, séparés par une pile en maçonnerie; les deux parties de la porte ne sont pas, comme à l'ordinaire, dans le prolongement l'une de l'autre, mais elles sont placées en retraite l'une sur l'autre autour d'un fort poteau tourillon, et de telle manière que chacune puisse, quand le passage est ouvert, venir s'appliquer dans l'enclave qui lui est réservée dans la pile de séparation, ainsi qu'on le voit en pointillé dans la figure.

Cette porte offre encore ceci de remarquable que le plus grand des deux panneaux est muni de deux vantelles dont la grandeur est calculée de manière que l'une seulement étant levée, il y a équilibre entre les pressions sur les deux vantaux. Le mouvement de la porte se détermine par la levée de la seconde.

Il arrive quelquefois que l'on place des portes tournantes aux portes busquées des écluses de navigation, à l'effet de les faire servir en même temps à donner des chasses. Les portes tournantes se placent alors entre les deux dernières entretoises inférieures des portes busquées, qui portent des colliers dans lesquels tournent les tourillons de la porte tournante.

Ces colliers affaiblissant les entretoises, on a intérêt à leur donner un aussi petit diamètre que possible; mais il ne faut pas perdre de vue, d'autre part, que les tourillons supportant la majeure partie de la pression, il faut néanmoins leur conserver une grande force. On parvient à satisfaire à ces conditions en traversant le poteau tourillon suivant son axe par une barre de fer carrée, mais tournée aux deux bouts sur une petite longueur, de manière à former deux tourillons fort courts. A l'écluse d'Ostende, une des portes tournantes ménagées dans les portes busquées avait été emportée en 1823 (quatre ans après sa construction) par la rupture d'un des tourillons en bois, de 0^m,20 de diamètre; on y a remédié par le moyen que nous venons d'indiquer. S'il avait été tout d'abord employé, on aurait pu probablement réduire aussi l'équarrissage des entretoises dans lesquelles sont engagés les tourillons des portes tournantes. Ces entretoises ont, en effet, 0^m,70 de largeur horizontale pour une écluse de 12 mètres d'ouverture.

Les portes tournantes, quelle que soit la manière dont elles sont placées, ont leurs panneaux arrêtés contre des battées; mais ces panneaux sont dans des conditions très-différentes. L'un, le plus grand, est fortement pressé et maintenu par le liquide contre la battée; l'autre, au contraire, tend à en être écarté par l'effet de la même pression et de la flexibilité de la matière. Il est important, pour obvier à cet inconvénient, de procurer au petit panneau, pendant que la porte est au repos, un soutien qui le soulage de la fatigue qu'il en éprouve, et qui le mettrait bientôt hors de service.

Ce soutien consiste en ce que l'on nomme un *valet*.

Le valet est ordinairement une pièce de bois semblable à un poteau tourillon, et qui se manœuvre au moyen d'un levier. La *fig.* 1589 est destinée à en faire comprendre les dispositions.

1160. Détails de construction des portes à éventail. — La porte busquée et l'éventail sont chacun d'une construction entièrement semblable à celle des portes ordinaires des écluses de navigation; seulement, étant sujets à subir des pressions dans les deux sens, ils sont munis souvent, comme les portes tournantes, d'un double revêtement.

On a remarqué toutefois que ce double revêtement n'est pas toujours sans inconvénient. A la longue, l'intervalle finit par se remplir de vase, et il en résulte ainsi un surcroît de pesanteur qui tend à rendre la manœuvre plus difficile en faisant donner du nez.

On a remédié à cet inconvénient, à la grande écluse de Terneuzen, par un moyen dont l'expérience a fait reconnaître la bonté. Il consiste à ne revêtir les portes que d'un seul côté, et à maintenir les madriers contre la poussée au vide par des bandages de fer boulonnés aux entretoises, ainsi qu'on le voit dans la *fig.* 1590.

Nous avons fait voir que le jeu des portes à éventail était basé sur une différence entre la surface de la porte busquée et celle de l'éventail, contre lesquelles s'exerce la pression de l'eau. L'expérience a fait reconnaître qu'une différence de 1/6 suffit pour vaincre les frottements et les autres résistances.

La forme du poteau tourillon d'une porte à éventail se voit dans la *fig.* 1591, ainsi que l'équarrissage de la pièce de bois dont il est tiré. Cet équarrissage est ordinairement d'au moins 0ᵐ,45 à 0ᵐ,52, à cause de nombreuses entailles que cette pièce doit recevoir pour l'assemblage des entretoises. L'arrondissement circulaire qu'on y remarque a ordinairement de 0ᵐ,18 à 0ᵐ,22 de rayon, et est raccordé tangentiellement avec les côtés.

La première exigence d'une porte à éventail, c'est que l'angle entre la porte busquée et l'éventail reste constant. A cet effet, on les réunit l'un à l'autre par des liens qu'on assemble à queue d'hironde dans les entretoises (*fig.* 1586). Cet assemblage exige, pour être bon, que les entretoises soient placées dans les deux portes au même niveau ou à un niveau peu différent.

Selon l'importance des portes, on place quelquefois deux ou trois systèmes de liens semblables.

On donne aussi quelquefois à ces liens une courbure dont le centre se confond avec celui de rotation; mais cela est inutile, et des entretoises droites, tout en exigeant moins de bois et de main-d'œuvre, sont en même temps peut-être plus solides.

Lorsque les portes sont fort grandes, les liens acquièrent eux-mêmes de grandes dimensions, et pourraient fléchir dans le milieu si on ne les y soutenait. A cet effet, on les supporte par des traverses de bois assemblées d'une part dans le tourillon, et de l'autre dans un montant placé dans le milieu de l'angle d'éventail et en dehors du dernier lien. Ces pièces forment ainsi un pan de bois vertical, qui peut être renforcé, suivant le cas, par des croix de Saint-André ou autrement. Quand les portes sont fort grandes, on peut y employer deux pans de bois semblables. Ce pan de bois est projeté en AB dans la *fig.* 1586.

Les traverses s'assemblent au montant extérieur à tenons et mortaises chevillés; mais cet assemblage serait impossible avec le poteau tourillon, et l'on y supplée par un assemblage en queue d'hironde coincé, dont le détail se voit dans la *fig.* 1538.

Pour que la manœuvre se fasse plus aisément, on donne ordinairement une excentricité de 3 à 4 centimètres aux pivots du poteau tourillon, de manière à ce que le poteau étant tangent aux chardonnets lorsque la porte est fermée, il s'en éloigne progressivement quand elle s'ouvre. On évite ainsi un frottement assez considérable.

Voici une manière simple de satisfaire à cette condition.

Soient, *fig.* 1593, OD', OC les projections horizontales de l'axe de la porte busquée dans ses deux positions (fermée et ouverte), et O' le centre de l'arrondissement du chardonnet qui doit se confondre avec celui du poteau tourillon quand la porte est fermée. Soit encore *ex* le jeu que l'on veut avoir par suite de la complète ouverture de la porte.

Tracez l'indéfinie *e*D', suivant la direction que doit occuper la porte busquée quand elle est fermée, et marquez le point O', centre de l'arrondissement du chardonnet. Décrivez cet arrondissement DE*ey*. Portez de *e* en *x* le jeu que vous voulez avoir par suite de la complète ouverture de la porte et marquez une longueur égale de O' en O.

Du point O, tracez l'indéfinie OC suivant la direction que doit avoir la porte busquée quand elle est toute ouverte. Avec le rayon O*x*, décrivez une circonférence de cercle coupant OC en C'. Prenez DC' et portez-le de *x* en E, et tracez *x*E. Par le milieu de cette droite, ainsi que par le milieu de O'O, menez des perpendiculaires indéfinies HI, KL. Ces perpendiculaires se couperont en un point O'' qui marque l'emplacement du pivot de la porte pour satisfaire à la condition voulue.

On voit en effet que la porte pivotera autour du point O'' de manière à ce que le point D venant à se transporter en C', le point E se transportera en *x* et le point O' en O, les arcs DC', E*x* et O'O, étant égaux par construction.

Le point O'' se trouverait également en élevant une perpendiculaire FG par le milieu de DC' jusqu'à son intersection avec celle menée par le milieu de O'O.

La connaissance des points O et O″ est nécessaire pour déterminer exactement les longueurs de la porte busquée et de l'éventail. C'est à partir du point O que l'on compte celle de la porte, et à partir du point O″ celle de l'éventail.

La longueur de l'éventail détermine, à son tour, le rayon de la cage dans laquelle il se meut. On donne à ce rayon 4 ou 5 centimètres de plus qu'à la longueur de la porte.

Quelquefois, pour éviter une trop grande perte d'eau par le joint qui existe par là entre le poteau extérieur de l'éventail et le mur de la cage, on pratique dans ce poteau une rainure où l'on insère une solive de sapin, qui remplit le joint et qui s'use facilement suivant les inégalités du mur. Cette solive est d'un facile renouvellement. On laisse seulement subsister un joint de 4 à 5 centimètres entre l'entretoise inférieure de l'éventail et le radier de la cage qui est un peu plus bas que celui de l'écluse. Le ressaut qui en résulte forme un heurtoir contre lequel vient battre l'éventail en même temps que la porte contre le busc.

La connaissance des centres O et O″ est encore nécessaire pour tracer l'emplacement de l'enclave du pied du poteau tourillon dans le radier. Il faut, pour cela, tracer deux cercles d'égal rayon des points O et O′ comme centres. Ces deux cercles indiquent les emplacements occupés par le poteau tourillon dans les deux positions extrêmes de la porte, et leurs parties extérieures limitent, par conséquent, la grandeur et la forme de l'enclave. On augmente ces dimensions de quelques millimètres, afin d'avoir un peu de jeu.

Les portes à éventail ont une plus forte tendance encore que les simples portes busquées à donner du nez; mais on y obvie en les faisant tourner, par le haut, dans une poutre qui s'appuie d'une part contre le chardonnet, et de l'autre contre l'angle opposé de la cage d'éventail. Cette poutre sert en même temps à supporter un plancher dont on recouvre la cage pour empêcher la chute de corps étrangers qui pourraient gêner la manœuvre des portes (*fig.* 1594).

Pour que la pression de l'eau puisse facilement s'exercer sur toute la surface extérieure de l'éventail, on a soin de ménager dans la paroi droite de la cage dans laquelle il se meut un renfoncement de 15 à 20 centimètres dans lequel débouchent les orifices d'aqueducs.

Finalement, pour éviter la difficulté que l'eau, en se précipitant avec violence par le passage entr'ouvert des portes, oppose à leur mouvement, on cloue quelquefois des planches à claire-voie sur les liens qui réunissent les portes aux éventails. De cette manière, le choc se divise et s'absorbe en quelque sorte. On peut, du reste, éviter cet inconvénient, en grande partie, par une manœuvre bien ménagée des vannes.

1161. Écluse de Nieuport.— Pour compléter ces détails, nous donnons (*fig.* 1595 et 1596) le plan et quelques coupes d'une écluse de chasse, avec portes à éventail, construite pour la défense de la place de Nieuport (1).

------

(1) Le projet et la construction de cette écluse, érigée en 1823, et qui a toujours parfai-

Cet exemple nous donnera l'occasion de faire quelques nouvelles remarques qui ne seront pas sans utilité.

D'abord, c'est la possibilité de combiner les portes à éventail de manière à ce que l'écluse puisse servir en même temps à donner des chasses, et à la navigation ordinaire. C'est ce qui a été fait à l'écluse de Nieuport. Les deux portes de flot et d'èbe, A et B, que l'on voit à l'opposite des portes à éventail C, n'ont pas d'autre but.

Quand on veut introduire un bateau dans le sas (intervalle compris entre les points B et C), on ouvre d'abord les vantelles ménagées dans la porte de flot A, et l'eau se met ainsi au même niveau dans le sas qu'à l'amont de l'écluse. On ouvre entièrement les portes A et B, et l'on fait entrer le bateau dans le sas. Veut-on le faire passer dans le bief d'aval, on agit sur les portes à éventail comme si l'on voulait donner une chasse ; par suite, l'eau baisse dans le sas au niveau d'aval, et les portes à éventail étant tout ouvertes, rien ne s'oppose à ce qu'on fasse passer le bateau dans le bassin d'aval. Les manœuvres pour le passage du bateau d'aval en amont se concevront aisément sans qu'il soit besoin de les décrire.

Nous ferons remarquer, en second lieu, que la porte d'èbe B, busquée en sens inverse de la porte de flot A, a pour objet de permettre les manœuvres de navigation lorsque les eaux se trouvent, par suite de la marée, à un niveau plus élevé dans le bassin d'aval que dans celui d'amont.

Cette disposition de doubles portes busquées s'observe dans les écluses d'un grand nombre de ports sujets à la marée.

On a fait enfin, à l'écluse de Nieuport, la remarque que les portes à éventail précédées de longs passages sont d'une manœuvre plus facile que lorsqu'elles se trouvent au débouché d'un passage très-court, et le motif en est assez facile à saisir.

Le rétrécissement de la veine fluide qui s'effectue à une grande distance des portes fait que le niveau de l'eau baisse rapidement dans le passage dès que les portes commencent à s'ouvrir, et qu'ainsi elles manœuvrent sous des pressions beaucoup moindres que si elles se trouvaient rapprochées de la chute.

Toute la maçonnerie de l'écluse de Nieuport est en briques. On y remarque seulement quelques chaînes en pierre de taille à l'endroit de l'emplacement des portes et des poutrelles de barrage. Les musoirs sont également en pierre.

Le radier est en charpente. On l'avait primitivement projeté en pierre de taille, sous forme de voûte renversée.

Les bajoyers et le radier sont fondés sur pilotis et grillage en charpente, comme cela se voit par les coupes transversales. Sept files de palplanches défen-

---

tement manœuvré, sont du capitaine ingénieur Goblet, aujourd'hui ministre d'État et inspecteur général des fortifications et du corps du génie.

dent le sol contre les filtrations qui auraient pu chercher à se créer passage sous le radier.

Cette écluse est précédée, comme toutes celles de l'espèce, d'un avant-radier et d'un faux radier.

L'avant-radier repose sur un grillage sur pilotis, et se compose d'une aire en maçonnerie de briques de 0^m,60 d'épaisseur, recouverte d'un grillage en charpente revêtu d'un plancher qui se trouve dans le prolongement du radier de l'écluse. Les cases de ce grillage sont remplies par des maçonneries de briques.

Le faux radier est en fascinages. Il est formé d'un lit de fascines posées de plat, recouvert par un tunage chargé de pierres, le tout ayant ensemble une épaisseur de 1^m,40.

ARTICLE II.

DIGUES.

Les constructions considérées jusqu'ici nous ont montré des exemples nombreux et variés des connaissances qui font l'objet des quatre premières parties du cours. Celles dont nous allons dire maintenant quelques mots ont principalement pour objet de faire voir l'application des travaux de fascinages. Les places et les forts que nous possédons sur les bords de la mer et de l'Escaut nous donnent quelquefois l'occasion de les exécuter, et leur connaissance est indispensable à nos ingénieurs militaires, bien qu'à un moindre degré cependant qu'à ceux des ponts et chaussées.

1162. Leur construction. — Les digues telles qu'on les construit sur les bords de la mer et de l'Escaut sont le plus souvent de grandes levées de terre, à talus extérieur et intérieur très-doux, et dont le pied est défendu par des fascinages ou des tunages.

Leur construction est différente suivant qu'elle s'opère sur une plage découverte à marée basse ou dans des lieux constamment couverts d'eau.

1163. Sur une plage découverte à marée basse. — Dans le premier cas, après avoir déterminé l'épaisseur de la digue en crête, sa hauteur et la largeur de sa base, par la considération que le talus intérieur ait au moins 1 1/2 de base sur 1 de hauteur, et le talus extérieur 1 de base sur 2 de hauteur, on procède ainsi qu'il suit :

Lorsque le terrain est très-bon, ce qui est assez rare, on commence par le labourer sur toute la surface que doit occuper la base de la digue, afin d'obtenir une union plus intime avec les terres qu'on superpose.

Si le terrain est vaseux, on remplace ce travail par un matelas de foin que l'on charge de gazons de *schorre*.

Enfin, si le terrain est mauvais, sans être pourtant assez vaseux pour empêcher qu'on n'y puisse ouvrir des tranchées, on creuse, dans le sens longitudinal de la digue et sur l'emplacement de la base, trois fossés parallèles d'un mètre environ de largeur sur 1^m,50 de profondeur que l'on remplit de glaise pilonnée.

Ces diverses dispositions ont pour objet d'empêcher aussi complétement que possible, et avec la moindre dépense, les filtrations qui tendent à se créer passage sous la digue et qui causeraient bientôt sa ruine.

On les complète ordinairement par des grillages en saucissons dont les cases sont remplies de terre de schorre ou de glaise, et dont on recouvre encore l'arasement par une couche de fascines de 0^m,20 à 0^m,30 d'épaisseur maintenue par un tunage.

Ces grillages se construisent à l'emplacement du pied de la digue et sont séparés par un intervalle plus ou moins considérable rempli de terre de schorre. Ils forment ainsi deux espèces de radiers dont l'étendue, tant en arrière qu'en avant de la digue, se règle d'après la qualité du terrain et les craintes que l'on peut concevoir quant aux affouillements qu'y pourra former le déversement des eaux qui s'opère, comme nous le montrerons plus loin, à chaque marée montante ou descendante, par-dessus le massif de la digue en construction. L'épaisseur de ces radiers et la grosseur des pierres dont on charge le tunage se règlent aussi en conséquence.

Ces premiers travaux exigent les plus grands soins, parce que c'est de leur bonne exécution que dépend en partie la réussite de l'entreprise.

Ces préparatifs étant faits, on marque la position des deux pieds de la digue par une première couche de fascines bien serrées, la tête tournée en dehors, et à laquelle on donne au moins 0^m,20 d'épaisseur. Cette couche de fascines est fixée au terrain par un tunage formé de deux clayonnages de 0^m,20 à 0^m,25 de hauteur, distants entre eux de 0^m,40 à 0^m,50, et dont les intervalles sont remplis par du gazon de schorre bien pilonné. L'intervalle qui sépare les deux lignes de fascinages est rempli de la même manière. Le premier tunage est surmonté d'une seconde couche de fascines de même épaisseur que la première et reliée comme elle, à la base sur laquelle elle repose, par un nouveau tunage. L'intervalle des tunes, comme celui des deux lignes de fascines, est rempli de terre de schorre pilonnée. Ces couches de fascines et ces tunages sont placés en retraite les uns sur les autres suivant l'inclinaison du talus. On les monte ainsi successivement et exactement de la même manière jusqu'à la hauteur des marées ordinaires de vives eaux.

Mais ces opérations, qui paraissent extrêmement simples, offrent cependant de grandes difficultés dans le cours de leur exécution, comme nous allons le montrer.

D'abord l'eau, en passant et en repassant sur la tête de la digue en construction à chaque flux et reflux, endommage plus ou moins le travail exécuté pendant la mer basse. On répare chaque fois ce qui a été dégradé, et, pour diminuer l'étendue de ces dégradations, on termine le sommet de la digue, chaque fois qu'on est obligé d'abandonner le travail, par un dos d'âne, dont les versants sont formés de terre de schorre entremêlée de fascines. On monte ainsi la digue sans trop d'embarras jusqu'à environ 2 mètres en contre-bas du niveau de la mer haute.

Arrivé là, on procède à la fermeture de la digue, opération critique et qui peut amener, à la moindre imprudence, une rupture, la perte de tout le travail précédent, et souvent déterminer dans le sol des affouillements qui augmentent les difficultés de la construction ultérieure.

Pour fermer la digue, on rassemble d'abord une grande quantité de matériaux, fascines, claies, piquets, terre de schorre, qu'on place sur quelques points élevés hors de l'eau, de distance en distance, et sur des bateaux. On réunit des ouvriers en aussi grand nombre qu'il est possible d'en employer sur tout le développement de la digue sans gêne ni confusion, et, avant que la digue ne soit découverte par la marée descendante, on met la main à l'œuvre. Des hommes ayant de l'eau jusqu'aux aisselles plantent, au mouton à bras, du côté des terres, de gros piquets, contre lesquels on appuie des claies et des terres de schorre, afin de former ainsi une diguette suffisante pour retenir l'eau dans le polder à une hauteur de $0^m,70$ à $0^m,90$ au-dessus du niveau précédent, pendant que la mer descend.

Dans l'intervalle qui précède le retour du flux, on travaille avec ardeur à augmenter la force de cette diguette et à l'élever, de manière à ce que sa crête devance toujours d'une certaine quantité la marée montante.

Cette avance sur la marée est indispensable; car si on se laissait devancer par elle, le déversement qui s'opérerait sur le talus intérieur de la diguette l'aurait bientôt rompue, et il s'établirait alors des courants capables non-seulement de l'entraîner tout à fait, mais d'entraîner avec elle le corps de la digue, puis d'affouiller profondément le terrain sur lequel elle repose.

On conçoit donc toute l'importance des mesures à prendre pour opérer ce travail; il ne faut l'entreprendre que quand on est sûr de tout son monde et de ses approvisionnements.

A l'égard de ces derniers, on ne doit pas perdre de vue que ces terrassements tassent beaucoup, même pendant l'exécution, et que la quantité de matériaux dont il faut s'approvisionner ne doit pas se déterminer seulement d'après la hauteur à atteindre, mais encore d'après le tassement qui s'opère continuellement, et que les observations du travail précédent auront appris à apprécier. Sous ce rapport, il faut plutôt qu'il y ait surabondance que pénurie.

Une fois la digue élevée au-dessus des hautes mers, on la renforce à chaque marée et on la recharge en crête jusqu'à ce qu'elle ait atteint les dimensions voulues et que le tassement soit insensible.

On procède ensuite à l'évacuation des eaux du polder au moyen d'écluses d'écoulement, construites en même temps que la digue et qu'on fait manœuvrer à chaque marée basse.

Les digues ainsi construites sont rarement étanches aussitôt après leur construcon ; mais bientôt les vides dans les terres et les fascinages qui donnent passage aux petites filtrations s'oblitèrent par suite du tassement et des atterrissements, et la digue devient étanche au bout de quelque temps. On est averti du succès de l'opération lorsque l'eau des filtrations commence à devenir limpide.

Lorsque la digue a une grande étendue, on ne la ferme pas toujours d'un seul coup, ainsi que nous venons de le dire, ce qui serait impossible dans quelques cas. Alors on la monte à hauteur sur un certain nombre de points, en laissant entre eux des intervalles aussi bien défendus qu'on le peut par des radiers en fascinages, et par lesquels l'eau entre et sort à chaque marée. On bouche ensuite en même temps ou successivement ces divers passages, en procédant comme il vient d'être dit.

Le choix de la position des passages réservés est de la plus grande importance pour la réussite de l'opération. La connaissance de la constitution du sol, l'observation de la direction des courants, de celles dans lesquelles soufflent les vents les plus à redouter, donnent à cet égard les indications nécessaires, mais il faut une grande perspicacité et une grande expérience pour les bien apprécier. Il est bon, dans ces circonstances, de recueillir les conseils des vieux ouvriers, et de ne s'en écarter qu'avec la plus grande circonspection.

1164. Sur une plage couverte d'eau. — Lorsque la base des digues doit descendre au-dessous de la basse mer, la partie constamment immergée se construit au moyen de plates-formes semblables à celles qui ont été décrites au n° 494 (II° partie), qu'on échoue à l'emplacement des pieds de la digue, ainsi que cela va être décrit.

Ces plates-formes se construisent ordinairement en une marée et sur une plage assez basse pour que la marée montante les mette à flot. Deux ou trois hommes les amènent alors à l'emplacement où elles doivent être coulées, et fixent leur position au moyen de deux ou trois ancres. Cela étant fait, des bateaux chargés de gazons de schorre et de pierres de lest se placent côte à côte sur tout le pourtour de la plate-forme. Les bateliers font passer un bout de corde, amarré au bateau par une extrémité, sous un croisement de saucissons, de manière à soutenir ou à laisser filer à volonté la plate-forme sous sa charge, en retenant ou en lâchant l'autre bout. A un commandement donné, toute la flottille se met à charger régulièrement la plate-forme sur tous les points ; et au fur et à mesure qu'elle pèse sur les cordes de retenue, on largue celles-ci jusqu'à l'immersion complète. L'on continue ensuite à charger jusqu'au moment où l'on juge que la plate-forme est assez lestée pour couler à fond. A ce moment, le chef de la manœuvre commande *lost* (lâchez) ; toutes les amarres sont lâchées en même temps et la plate-forme s'échoue.

Immédiatement après, des canots chargés de terre de schorre s'avancent au-dessus, et, conjointement avec la flottille qui a travaillé à l'immersion, ils chargent la plate-forme jusqu'à ce qu'on juge qu'elle pourra résister aux courants.

L'on échoue ainsi une première ligne de plates-formes sur l'emplacement des deux pieds de la digue ; puis on en remplit l'intervalle avec de la terre de schorre. Ce remplissage étant arasé autant qu'il est possible, on procède de chaque côté à l'échouement successif d'une seconde ligne de plates-formes placée en retraite sur la précédente. L'intervalle entre ces deux nouvelles lignes de plates-formes est après cela rempli et arasé comme il vient d'être dit. L'on continue de la même manière, jusqu'à ce que le sommet de la dernière plate-forme échouée soit au niveau de la marée basse. Le restant de la digue se construit ensuite ainsi qu'on l'a expliqué pour les digues établies immédiatement sur une plage découverte par la marée.

ÉPIS ET RISBERMES.

1165. — Les épis sont des espèces de digues qui s'avancent dans une rivière ou dans la mer perpendiculairement ou obliquement par rapport aux rives ou à la côte. Leur construction est fort variable selon leur destination et l'état des lieux ; mais, dans notre pays, le plus souvent ils se composent d'une levée de terre grasse de schorre, dont les côtés, la tête et le dessus sont garantis de l'action des flots par des fascinages de revêtement, des fascinages de plat et des tunages. D'autres fois, leur construction a de l'analogie avec celle des risbermes que nous allons décrire.

Les risbermes ont pour objet principal la défense et la réparation des rives affouillées. Leur construction ressemble, comme nous l'avons déjà dit ailleurs, à celle des plates-formes ; seulement, leur mode d'échouement est différent.

Pour construire une risberme, on creuse dans la rive des tranchées qui lui sont perpendiculaires et distantes d'environ deux mètres, dans lesquelles on enracine, au moyen de forts piquets, de longs saucissons, semblables à ceux qui servent à la construction des plates-formes. Le fond des tranchées est descendu jusqu'au niveau de l'étiage ou des basses eaux, de manière que la plus grande partie des saucissons flotte à la surface de l'eau. Cette première couche de saucissons est recroisée d'équerre par d'autres saucissons, dont la distance, égale à un mètre environ près de la rive, va en se resserrant vers l'autre bout, jusqu'à n'être plus que de 0^m,50. Les croisements des saucissons sont fortement serrés avec des harts ou des cordages goudronnés. Sur ce grillage on pose un massif de six à sept lits de fascines, dont toutes les fascines extrêmes présentent leurs branches effilées du côté de l'eau ; les autres sont placées alternativement dans deux sens perpendiculaires ou en diagonale. Ces couches de fascines sont maintenues soit simplement par des piquetages clayonnés, soit par des saucissons croisés et correspondants à ceux de la base inférieure auxquels on les relie. Dans tous les cas, la surface supérieure de cette plate-forme est couverte de lignes de clayonnages élevés formant des cases dans lesquelles on place le lest. La plate-forme reste flottante pendant tout le temps de sa construction. Quand elle est achevée, on la charge de pierres ou de matériaux pesants, et elle s'échoue en venant s'appliquer contre la rive affouillée.

On construit ainsi parfois plusieurs plates-formes de revêtement en retraite les unes sur les autres ; mais toutes se font et s'échouent de la même manière.

Cette espèce d'ouvrage est connue des Hollandais et des Flamands sous le nom de *baurdewerk* (ouvrage *de fascinage en barbe*).

———

Nous terminerons ici nos applications. Nous aurions pu y comprendre des détails sur divers autres ouvrages militaires très-importants, comme les murs de revêtement, les poternes, les portes de ville, les batardeaux de diverses espèces, etc. ; mais ces travaux n'offrent pas, en général, de difficultés d'application assez marquées pour qu'il soit nécessaire de leur consacrer un article. Ce ne sont, en définitive, que des ouvrages en maçonnerie ou en charpente assez simples, et qui n'exigent, pour être bien faits, que l'observation des règles qui ont été détaillées dans les IIe et IVe parties.

Qu'on n'oublie pas, d'ailleurs, que dans une matière aussi vaste que celle que nous traitons on ne saurait tout dire, et que nous avons dû nous borner, le plus souvent, à attirer l'attention sur les objets les plus importants et les plus saillants de chaque nature d'ouvrage. Ils suffiront toujours, avec un peu d'attention et de raisonnement, pour établir les bases d'un projet ; mais nous conseillerons néanmoins, lorsque la chose en vaudra la peine, comme s'il s'agissait d'un grand pont, d'une écluse ou d'un édifice important, de consulter des mémoires spéciaux, qu'on trouve répandus dans un grand nombre de recueils, et notamment dans les *Annales des Ponts et chaussées* de France et *des Travaux publics* de Belgique, et dans le *Mémorial de l'officier du génie*. On y rencontrera mille observations et mille détails intéressants, qui n'auraient su trouver place dans un ouvrage comme celui-ci sans lui donner une étendue démesurée.

Cependant nous ne conseillerions jamais, en pareil cas, de se borner à choisir, pour le copier servilement, un modèle s'appliquant plus ou moins bien aux convenances locales auxquelles on a à satisfaire, mais d'en étudier un grand nombre, pour prendre dans chacun ce qu'on y trouve de bon. Un ingénieur vraiment digne de ce nom ne copie pas ; il s'inspire des travaux de ses devanciers, il soumet à un raisonnement approfondi tout ce dont il croit pouvoir tirer bon parti, n'adopte que les dispositions qui lui paraissent être à l'abri de toute critique, et cherche à perfectionner celles qui lui semblent mauvaises ou dont l'expérience a constaté l'insuffisance ou l'inefficacité. C'est ainsi qu'ont procédé tous ceux auxquels la science est redevable de ses progrès.

SIXIÈME PARTIE

ÉCONOMIE DES TRAVAUX

ARTICLE PREMIER.

CHOIX DES MATÉRIAUX.

1166. Considérations générales. — En thèse générale, il est avantageux d'employer aux constructions les matériaux indigènes, et plus particulièrement ceux que produit la localité où l'on bâtit. Cependant il y a à cet égard des exceptions. Ainsi, pour en citer immédiatement un exemple, il y a avantage dans bien des cas à employer les bois du Nord de préférence aux bois de charpente indigènes, tant à cause de leur prix de revient qui, dans beaucoup de localités, est inférieur à celui du chêne, que de leurs grandes dimensions en longueur, qui permettent de diminuer le nombre des assemblages et d'obtenir tout à la fois plus de solidité et une économie de main-d'œuvre.

Parmi les matières mêmes que fournit la contrée, il faut encore savoir diriger son choix de manière à obtenir un résultat donné avec la moindre dépense possible.

Ainsi, on trouve dans la plupart de nos places des pierres naturelles et artificielles de diverses sortes qui, les unes et les autres, peuvent être employées à la confection des ouvrages en maçonnerie ; on y rencontre des essences variées de bois qui peuvent être utilisées à la construction des charpentes. Indépendamment de cela, les mêmes ouvrages peuvent être faits en employant des matériaux de natures toutes différentes ; ainsi le fer et la fonte peuvent être employés en remplacement du bois dans un grand nombre de pièces de charpente ; le bois peut remplacer la pierre dans la construction des arches d'un pont, etc., etc. Quelles règles y a-t-il à observer pour faire un choix parmi les matériaux d'une même nature, pour décider l'emploi de telle substance de préférence à telle autre d'une nature différente ?

Au premier aperçu, il semblerait que les matériaux dont l'emploi procure la dépense la plus minime sont ceux qu'il faut préférer ; mais cette règle, qui doit être adoptée quand les diverses substances qu'on pourrait employer sont également avantageuses sous le rapport de la durée, de la facilité de la mise en œuvre et d'autres convenances, offre de nombreuses exceptions lorsqu'il s'agit surtout de matières dont la durée est fort différente.

En effet, il faut considérer, dans ce cas, que si l'on fait de prime abord une plus faible dépense pour la construction d'un travail donné, en employant des matières moins durables que d'autres, il s'établira bientôt des compensations, souvent à leur désavantage, par l'argent qu'elles exigeront en entretien et renouvellements. Et ce ne sont pas seulement les capitaux engagés à ces entretiens et renouvellements successifs qu'il faut considérer, mais encore le résultat de leur immobilisation, qui a pour effet d'en accumuler les intérêts au point de représenter des sommes souvent énormes au bout d'une petite période d'années.

Cette question est, comme on le voit, du plus haut intérêt, et nous commencerons par donner quelques indications pour la résoudre facilement et pratiquement.

1167. Formules relatives à l'intérêt de l'argent. — A cet effet, nous rappellerons d'abord qu'il a été démontré en algèbre (1) qu'un capital C placé à intérêts composés pendant un nombre n d'années (r étant le taux de l'intérêt annuel) donne, au bout de la dernière année, une somme représentée par

$$C(1+r)^n. \quad . \quad . \quad . \quad (A)$$

Considérons maintenant des capitaux C placés à intérêts composés à certains intervalles égaux pendant une période de n années, et voyons ce que deviennent ces capitaux avec les intérêts des intérêts au bout de la dernière année.

Nommons m l'intervalle des placements :

Le premier capital placé au bout de la première période m porte intérêt pendant $n - m$ années et donne.. . . . . . $C(1+r)^{n-m}$

Le second capital placé au bout de la deuxième période m porte intérêt pendant $n - 2m$ années et donne. . . . . . $C(1+r)^{n-2m}$

Le troisième capital placé au bout de la troisième période m porte intérêt pendant $n - 3m$ années et donne. . . . . $C(1+r)^{n-3m}$

. . . .

. . . .

Le dernier capital placé au bout de la dernière période, dont le terme atteint un nombre d'années moindre que n, porte intérêt pendant $n - xm$ années et donne. . . . . . $C(1+r)^{n-xm}$

---

(1) Lacroix, *Éléments*, p. 350.

Ces différents termes sont ceux d'une progression géométrique dont le quotien est $(1+r)^m$ et dont le terme général est

$$c\left[\frac{(1+r)^n-(1+r)^{n-xm}}{(1+r)^m-1}\right]. \quad \cdot \quad \cdot \quad (B).$$

Afin de faciliter l'emploi des formules (A) et (B) et de permettre de suivre aisément les calculs dont nous ferons usage ultérieurement, nous donnons ci-après une table renfermant les différentes valeurs que prend une expression de la forme $(1+r)^n$, dans laquelle on fait varier n, l'intérêt de l'argent étant calculé à raison de 5 %, ou faisant $r=0,05$.

Table destinée à faciliter le calcul des formules relatives à l'intérêt de l'argent placé à 5 p. 100.

Nombre d'années ou n.	VALEUR de $(1+r)^n$.	Nombre d'années ou n.	VALEUR de $(1+r)^n$.	Nombre d'années ou n.	VALEUR de $(1+r)^n$.	Nombre d'années ou n.	VALEUR de $(1+r)^n$.
1	1,05	26	3,555673	51	12,0408	76	40,7743
2	1,1025	27	3,73346	52	12,6428	77	42,8130
3	1,157625	28	3,92013	53	13,27495	78	44,9537
4	1 2155	29	4,11614	54	13,9387	79	47,2014
5	1,27628	30	4,32191	55	14,6356	80	49,5614
6	1,3401	31	4,53804	56	15,3674	81	52,0395
7	1,4071	32	4,76494	57	16,1358	82	54,6415
8	1,477455	33	5,00319	58	16,9426	83	57,3736
9	1,55133	34	5,25335	59	17,7897	84	60,2422
10	1,628894	35	5,51602	60	18,6792	85	63,2544
11	1,71034	36	5,79182	61	19,61315	86	66,4171
12	1,79586	37	6,08141	62	20,5938	87	69,7379
13	1,88565	38	6,38548	63	21,6235	88	73,2248
14	1,97993	39	6,70475	64	22,7047	89	76,8861
15	2,07893	40	7,03999	65	23,8399	90	80,7304
16	2,182875	41	7,39199	66	25,0319	91	84,7669
17	2,29202	42	7,76159	67	26,2835	92	89,0052
18	2,40662	43	8,14967	68	27,5977	93	93,4555
19	2,52695	44	8,55715	69	28,99755	94	98,1283
20	2,6533	45	8,98501	70	30,42064	95	103,0347
21	2,78596	46	9,43426	71	31,94775	96	108,1864
22	2,92526	47	9,90597	72	33,5451	97	113,596
23	3,07152	48	10,04013	73	35,2224	98	119,276
24	3,2251	49	10,9213	74	36,9835	99	125,239
25	3,386355	50	11,4674	75	38,8327	100	131,501

1168. Application de ces formules aux portes d'écluses.—Pour éclaircir par un premier exemple ce qui a été dit plus haut, supposons qu'il s'agisse de construire une porte d'écluse. Cette construction peut être faite, comme nous l'avons dit, en bois ou en métal ; il s'agit de rechercher lequel des deux genres de construction sera le plus profitable.

Nous supposons que chaque vantail en bois coûtera . . . . fr. 1,200

et en métal 1,500

Admettons encore que le premier coûtera annuellement, en frais de goudronnage pour entretien. 25

et le second, en frais de peinturage tous les trois ans. 35

Enfin, que le vantail en bois dure trente ans, tandis que, moyennant l'entretien de la peinture, l'on considère la durée de la porte en métal comme indéfinie.

1169. Première manière d'envisager la question. — Comparons d'abord ce que sont devenues ces diverses dépenses après un siècle, par exemple, au moyen de l'accumulation des intérêts.

Pour la première nous trouverons, en faisant usage de la formule (A), dans laquelle nous ferons $C = 1,200$, $n = 100$:

$$1200 \times 131,501 \qquad\qquad = 157801,20$$

Pour la seconde, nous trouverons, au moyen de la même formule, en conservant à n la même valeur et faisant $C = 1,500$,

$$1500 \times 131,501 \qquad = 197251,50$$

Les dépenses d'entretien deviendront :
1° pour la porte en bois, en faisant dans la formule (B) $n = 100$, $m = 1$, $xm = 99$, $C = 25$,

$$25\left[\frac{131,501 - 1,05}{1,05 - 1}\right] \qquad = 65225,50$$

2° Pour la porte en fonte, en faisant dans la formule (B) $n = 100$, $m = 3$, $xm = 97$, $C = 35$,

$$35\left[\frac{131,501 - 1,157}{1,157 - 1}\right] \qquad = 29057,00 \text{ à peu près}$$

Enfin, remarquons que la porte en bois ne durant que 30 ans, tandis que l'autre dure au moins 100 années, il y a, tous les 30 ans, à renouveler le capital primitif d'établissement de la porte en bois, c'est-à-dire à dépenser trois fois, pendant le siècle, la somme de 1,200 fr. En faisant dans la formule (B) $C = 1.200$, $n = 100$, $m = 30$, $xm = 90$, on trouve que cet emploi successif de capitaux représente, au bout de 100 ans, avec les intérêts accumulés, une somme de

A reporter. . . 226808,50   223026,70

$$\text{Report.} \ . \ . \ 226808,50 \qquad 223026,70$$

$$1200\left[\frac{131,501 - 1,629}{4,323 - 1}\right] \qquad\qquad = 46896,00 \text{ à peu près.}$$

$$\text{Totaux.} \ . \ . \ 226308,50 \qquad 269922,70$$

Différence en faveur de la construction
en métal.   43614,20

Le résultat de ce calcul fait voir que, bien que la porte en bois coûte primitivement un cinquième de moins que la porte en fonte, il ne faut pas un laps de temps bien considérable pour que la dépense de la première dépasse celle de la seconde d'une somme assez notable.

On pourrait objecter à cela qu'en considérant les choses de cette manière, on s'engagerait à grever le présent au profit de l'avenir, et que les ressources dont l'État dispose ne lui permettent pas toujours d'adopter des combinaisons actuelles coûteuses en vue de bénéfices qui ne se réaliseront qu'après de longues années et dont la génération présente ne jouira peut-être pas. Mais cette objection est trop spécieuse pour qu'on puisse s'y arrêter.

Que résultera-t-il, en effet, de cette manière d'apprécier ? Que pendant quelques années on ferait un peu moins de travaux qu'on n'en fait habituellement, mais qu'on les ferait mieux, et que bientôt les frais d'entretien et de renouvellement diminuant, on serait à même de rétablir l'équilibre et ultérieurement d'obtenir une situation meilleure.

Au surplus, si cette objection prévalait, il y aurait encore une autre manière d'envisager les choses qui l'éviterait.

1170. Deuxième manière. — Lorsque, pouvant choisir entre deux espèces de construction, différentes par le prix et par la durée, on se décide à adopter celle qui dure le moins parce qu'elle est moins chère, on peut raisonnablement admettre que pour qu'il y ait avantage à en agir ainsi, il faut que la différence de prix placée à intérêts composés soit capable de reproduire, à la fin de la période de durée, une somme au moins égale à celle de première mise, plus la différence, afin de trouver ainsi, sans bourse délier et indéfiniment, la somme nécessaire au renouvellement et l'avantage primitif.

Par exemple, dans le cas particulier que nous avons choisi et où il y a entre la construction en bois, qui dure 30 ans, et celle en métal, dont la durée est indéfinie, une différence de 300 francs, il faudrait au moins, pour que la première fût plus avantageuse que la seconde, que cette différence de 300 francs, placée à intérêts composés pendant 30 ans, produisît net une somme de 1,500 francs.

Le calcul nécessaire pour opérer cette vérification, quoiqu'un peu long, est cependant fort simple :

300 fr. placés à intérêts composés pendant 30 ans donnent,
d'après la formule (A), 300 × 4,322   1296,60

La 1re année, avec la construction en bois, nous dépensons
25 francs d'entretien de plus qu'avec celle en
métal, lesquels portent intérêt pendant 30 ans.
C'est donc à déduire : 25 × 4,322   =   108,05

La 2e année, même dépense d'entretien en plus, portant intérêt pendant 29 ans : 25 × 4,116   =   102,90

La 3e année, nous dépensons en moins 10 fr. d'entretien portant intérêt pendant 28 ans ; c'est donc à ajou-
ter : 10 × 3,920   =   39,90

Les années suivantes, nous avons successivement, savoir :

4e année :	25 fr.	en plus	pendant	27 ans	= 25 × 3,733 =	93,325	
5e »	25 »	»	»	26 »	= 25 × 3,556 =	88,90	
6e »	10 »	en moins	»	25 »	= 10 × 3,386 =		33,86
7e »	25 »	en plus	»	24 »	= 25 × 3,225 =	80,625	
8e »	25 »	»	»	23 »	= 25 × 3,072 =	76,80	
9e »	10 »	en moins	»	22 »	= 10 × 2,925 =		29,25
10e »	25 »	en plus	»	21 »	= 25 × 2,786 =	69,65	
11^e »	25 »	»	»	20 »	= 25 × 2,653 =	66,325	
12^e »	10 »	en moins	»	19 »	= 10 × 2,527 =		25,27
13^e »	25 »	en plus	»	18 »	= 25 × 2,407 =	60,175	
14^e »	25 »	»	»	17 »	= 25 × 2,292 =	57,30	
15^e »	10 »	en moins	»	16 »	= 10 × 2,183 =		21,83
16^e »	25 »	en plus	»	15 »	= 25 × 2,079 =	51,975	
17^e »	25 »	»	»	14 »	= 25 × 1,980 =	49.50	
18^e »	10 »	en moins	»	13 »	= 10 × 1,886 =		18,86
19^e »	25 »	en plus	»	12 »	= 25 × 1,796 =	44,90	
20^e »	25 »	»	»	11 »	= 25 × 1,710 =	42,75	
21^e »	10 »	en moins	»	10 »	= 10 × 1,629 =		16,29
22^e »	25 »	en plus	»	9 »	= 25 × 1,551 =	38,775	
23^e »	25 »	»	»	8 »	= 25 × 1,477 =	36,925	
24^e »	10 »	en moins	»	7 »	= 10 × 1,407 =		14,07
25^e »	25 »	en plus	»	6 »	= 25 × 1,340 =	33,50	
26e »	25 »	»	»	5 »	= 25 × 1,276 =	31,90	
27e »	10 »	en moins	»	4 »	= 10 × 1,216 =		12,16
28e »	25 »	en plus	»	3 »	= 25 × 1,158 =	28,95	
29e »	25 »	»	»	2 »	= 25 × 1,103 =	27,575	
30e »	10 »	en moins	»	1 »	= 10 × 1,05 =		10,50

Totaux.. . . .   1190,800   1517,89
Déduction faite de..   1190,80

Reste net.. .   327,09

On trouverait donc que, sous ce nouveau point de vue, la construction la moins
chère sous le rapport des frais de premier établissement serait encore loin d'être
aussi économique que l'autre.

La condition de la durée indéfinie de l'une des deux constructions nous a permis de présenter la solution de la question de cette manière ; mais il n'en serait plus de même si elles avaient l'une et l'autre, ce qui arrive plus fréquemment, des durées limitées différentes. En effet, en satisfaisant à la condition de reproduire à la fin de chaque période un capital capable de permettre la reconstruction et d'opérer une économie dont les intérêts reproduiront de nouveau le même capital à la fin de la période suivante, nous assimilons l'une des constructions à celle d'une durée illimitée, tandis que l'autre n'offrirait pas le même avantage. La comparaison manquerait donc de justesse alors, et force serait de l'établir sur de nouvelles bases.

1171. Troisième manière. — Supposons donc que la porte en bois dure 38 ans et celle en métal 90 ans, les autres données précédemment admises restant les mêmes.

Nous pourrons admettre que chaque construction coûte annuellement une certaine somme qui comprend comme éléments :

1° Une fraction du capital d'établissement augmenté des intérêts comptés pendant la période de durée la plus longue ;

2° Une fraction des frais d'entretien avec les intérêts composés pendant le même laps de temps;

3° Une certaine prime ou réserve annuelle qui, portant intérêt et accumulée, doit reproduire, à la fin de chaque période de renouvellement, le capital nécessaire à la reconstruction.

Or, après n années, un capital C devient

$$C(1+r)^n ;$$

donc la dépense annuelle de ce chef est

$$\frac{C(1+r)^n}{n}.$$

En représentant par e les frais d'entretien renouvelés à divers intervalles de m années, on a, au bout de n années

$$e\left[\frac{(1+r)^n - (1+r)^{n-xm}}{(1+r)^m - 1}\right],$$

et la dépense annuelle de ce chef est

$$\frac{e}{n}\left[\frac{(1+r)^n - (1+r)^{n-xm}}{(1+r)^m - 1}\right].$$

Enfin, représentant par p la prime annuelle de réserve, satisfaisant à la condition de reproduire le capital C au bout d'une période de d années, on a, en faisant dans la formule (B), $n=d, m=1, xm=d,$

$$p\left[\frac{(1+r)^d - 1}{r}\right] = C,$$

d'où

$$p = \frac{Cr}{(1+r)^d - 1}.$$

Le total de ces trois quantités forme le prix de revient annuel que nous représentons par

$$A = C\left[\frac{(1+r)^n}{n} + \frac{r}{(1+r)^d - 1}\right] + \frac{e}{n}\left[\frac{(1+r)^n - (1+r)^{n-xm}}{(1+r)^m - 1}\right]. \quad . \quad . \quad (C).$$

En substituant dans l'équation (C) les valeurs numériques relatives aux constructions entre lesquelles on a à choisir, il est facile d'arriver à la conclusion que l'on cherche.

Ainsi, appliquant à cette formule les données propres à nos portes d'écluses, nous aurons :

1° Pour la porte en bois,

$$C = 1200 \quad n = 90, \quad d = 30 \quad e = 25, \quad m = 1, \quad xm = 89$$

et

$$A = 1200\left[\frac{80,73}{90} + \frac{0,05}{3,322}\right] + \frac{35}{90}\left[\frac{80,73 - 1,05}{0,05}\right] = 1535.83;$$

2° Pour la porte en fonte,

$$C = 1500, \quad n = 90 \quad d = 90 \quad e = 35, \quad m = 3, \quad xm = 87$$

et

$$A = 1500\left[\frac{80,73}{90} + \frac{0,05}{79,73}\right] + \frac{35}{90}\left[\frac{80,73 - 1,158}{0,158}\right] = 1511.53.$$

On voit, d'après cela, que dans ces limites respectives de durée, les deux constructions seraient à peu près aussi avantageuses l'une que l'autre et que le choix serait indifférent.

Lorsque l'entretien annuel est nul et qu'on ne doit tenir compte que des renouvellements, la formule (C) devient simplement

$$A = C\left[\frac{(1+r)^n}{n} + \frac{r}{(1+r)^d - 1}\right]. \quad . \quad . \quad (D).$$

1172. Application aux billes de chemins de fer. — On trouverait, par exemple, un cas d'application de cette formule pour les billes de chemins de fer, qui ne s'entretiennent pas, mais se renouvellent à des époques plus ou moins rapprochées.

Ainsi supposons deux billes, l'une en bois blanc coûtant 4 fr. et durant 5 ans, et l'autre en bois de chêne coûtant 5 fr. et durant 10 ans, la dépense annuelle de la première sera :

$$A = 4 \times \left[\frac{(1+0,05)^{10}}{10} + \frac{0,05}{(1+0,05)^5 - 1}\right] = 4 \times 0,163 + 0,225 = 1.55,$$

et la dépense annuelle de la seconde :

$$A = 5 \times \left[\frac{(1+0,05)^{10}}{10} + \frac{0,05}{(1+0,05)^{10}-1} \right] = 5 \times 0,163 + 0,078 = 1.205.$$

L'emploi de la bille en chêne est donc avantageux (1).

1173. Particularités inhérentes à certaines questions spéciales. — Les questions que nous venons d'examiner, quoique déjà assez complexes, sont loin de résumer pourtant tous les incidents particuliers qui se présentent dans d'autres cas. Nous avons eu à y tenir compte de différences dans les prix de premier établissement et d'entretien; d'une durée inégale et d'une différente répartition des charges d'entretien. A ces circonstances, qui se présentent le plus fréquemment, viennent encore souvent s'en joindre d'autres dont nous allons tâcher de faire comprendre la nature par quelques exemples.

1174. Toitures. — Jusqu'ici, les matériaux de couvertures les plus employés pour les édifices permanents sont la tuile, l'ardoise et le zinc. On veut rechercher s'il est indifférent, sous le rapport de la dépense, d'employer l'un ou l'autre genre d'ouvrage, et, dans le cas contraire, lequel il faut préférer.

En ne considérant qu'une superficie égale de toiture de ces diverses espèces, la question se résout immédiatement au moyen de la formule (C) et des éléments suivants qui sont des données d'expérience.

---

(1) Cette question des billes de chemins de fer a été traitée par M. l'ingénieur Maus dans un rapport publié au tome IV, p. 79, des *Annales des Travaux publics*, mais d'une manière un peu différente et qui, je crois, n'est pas aussi exacte. M. Maus ne compte dans le prix annuel que l'intérêt simple du capital d'acquisition, sans tenir compte des intérêts accumulés. Mon appréciation, en ce qui concerne les billes en bois blanc et en chêne, me conduit à une conclusion qui diffère peu de la sienne, mais elle m'en donne une assez différente pour ce qui regarde la comparaison des billes en chêne et des billes métalliques. M. Maus estime que, pour que ces dernières offrent égal avantage avec les premières, en supposant leur durée égale à 40 ans, il ne faut pas que leur prix dépasse 2,22 fois celui de la bille en chêne. Suivant ma manière d'opérer, il ne faudrait pas que ce prix dépassât 1,38 fois celui de la bille en chêne. En effet, admettant une durée de 40 années pour la bille métallique, la formule (D) donne, pour la bille en chêne,

$$A = C \left[\frac{(1+r)^{40}}{40} + \frac{0,05}{(1+r)^{40}-1} \right] = C \times [0,176 + 0,079] = 0,253\,C;$$

appelant X le prix de la bille en métal et posant

$$0,253\,C = X \left[\frac{(1+r)^{40}}{40} + \frac{0,05}{(1+r)^{10}-1} \right] = X \times [0,176 + 0,008] = 0,184\,X,$$

on tire

$$X = \frac{8,253}{0,184}\,C = 1,38\,C.$$

Nature de la couverture.	Prix de 1er établissement du mètre carré, lattes et voliges comprises.	Entretien annuel.	Durée.
Tuiles ou pannes.	2,00	0,02	50 ans.
Ardoises. . . .	5,40	0,04	75 »
Zinc n° 14. . . .	7,80	0,00	100 au moins.

En effet, appliquant ces données et faisant de plus $n=100$, $m=1$, et $xm=99$, nous trouvons :

Prix de revient annuel de la couverture en tuiles, par mètre carré, fr.   3 16

    Id.   en ardoises,   id.   8 24

    Id.   en zinc n° 14,   id.   10 26

En considérant les choses ainsi, il y a un avantage considérable à faire usage de la tuile, et le zinc est désavantageux même par rapport à l'ardoise.

Mais si l'on réfléchit que la tuile, l'ardoise et le zinc peuvent s'employer sous des pentes très-différentes, les choses se présenteront sous une face nouvelle.

En effet, une toiture dont les égouts sont inclinés a pour objet de couvrir une certaine surface horizontale ; or plus l'inclinaison des égouts est forte, plus le rapport de la surface de couverture employée à la surface horizontale couverte augmentera. Et non-seulement avec la tuile et l'ardoise, par exemple, il faudra plus de surface de couverture pour couvrir un mètre carré d'espace horizontal qu'avec le zinc, mais encore les premières espèces de couverture exigeront des fermes plus élevées, et par suite, plus de bois que la dernière.

Ces deux circonstances sont de nature à modifier les résultats obtenus, ainsi que nous allons le montrer :

Supposons qu'on adopte l'inclinaison de 45° pour l'ardoise et la tuile et celle de 25° pour le zinc. La surface de couverture pour un mètre carré d'espace horizontal sera, avec la tuile et l'ardoise, $1^m,42$, et avec le zinc $1^m,11$. Admettons encore que la charpente des toitures en tuiles et en ardoises exige, par mètre carré d'espace couvert, $0^{m3},116$ de bois et coûte de ce chef 11 fr. 60, et que celle de la toiture en zinc ne demande que $0^{m3},085$ (1) de bois et ne coûte que 8 fr. 50. Le prix de premier établissement par mètre carré d'espace couvert sera, d'après cela :

    1° Pour la toiture en tuiles. . . . . . $1,42 \times 2,00 + 11,60 = 14,44$.

    2° Pour la toiture en ardoises. . . . . $1,42 \times 5,40 + 11,60 = 19,17$.

    3° Pour la toiture en zinc.. . . . . . $1,11 \times 7,80 + 8,50 = 17,16$.

On voit déjà, sans aller plus loin, que le prix d'établissement de la toiture en zinc est inférieur à celui de la toiture en ardoises, et que, comme les frais d'en-

---

(1) Ces données sont des résultats d'expérience.

tretien sont nuls pour la toiture en zinc, en même temps que sa durée est plus longue, elle conservera cet avantage quelle que soit la période de temps que l'on embrasse.

Il ne reste plus maintenant, pour étudier complétement la question, qu'à soumettre les dépenses de 14 fr. 44 avec entretien annuel de 0 fr. 02 et renouvellement après 50 ans, et de 17 fr. 16 sans entretien et avec renouvellement tous les 100 ans seulement, à l'épreuve de la formule (C).

On obtient ainsi :

1° Pour le prix de revient annuel du mètre carré d'espace couvert par une toiture en tuiles à 45°,

$$14,44 \times 1,3197 + 0,02 \times 26,09 = \qquad 19,58$$

2° Pour le prix de revient annuel du mètre carré d'espace couvert par une toiture en zinc n° 14 inclinée à 25°,

$$17,16 \times 131.50 = \qquad 22,57$$

Il y a donc un certain avantage économique dans l'emploi de la tuile, quoique beaucoup moindre cependant qu'on n'aurait pu le supposer au premier aperçu.

1175. Voûtes. — L'établissement des voûtes soulève des questions qui ont une certaine analogie avec celle que nous avons examinée dans le cas précédent. Veut-on, par exemple, rechercher ce qu'il y a de plus économique, dans tel cas donné, d'une voûte unique plus ou moins surbaissée portant sur deux pieds-droits, ou d'une succession de voussettes portant sur des poutres en fonte ? Non-seulement il faut tenir compte, dans la détermination du prix par mètre carré d'espace couvert, de la valeur des matériaux qu'on peut employer dans l'un et l'autre cas, mais aussi de la diminution d'épaisseur qu'il est possible de donner aux pieds-droits dans l'une des deux hypothèses, par suite de la diminution des poussées.

1176. Soutiens isolés. — Les soutiens isolés nous montreront encore une autre face de la question que nous étudions.

Supposons qu'on ait à supporter un poids de 25,000 kilogrammes au moyen d'un support cylindrique de 9 mètres de haut. On veut savoir s'il y a avantage économique à employer la pierre (petit granit) ou la fonte.

La section portante de la colonne en pierre se déterminera au moyen de la formule du n° 556 dans laquelle on fera $Q'=25000$ kil. et $R'=500000$; on trouvera ainsi

$$\Omega = 0^{\text{m}^2},05 \text{ à peu près.}$$

La section portante de la colonne en fonte se trouvera par la même formule en y faisant $Q'=25000$ et $R'=4000000$, en supposant que le diamètre de la colonne ne sera pas compris plus de 20 fois dans la hauteur. Ce calcul donne

$$\Omega' = 0^{\text{m}^2},00625.$$

La durée de la pierre étant censée aussi longue que celle de la fonte, abstraction faite de toute autre considération, la matière dont l'emploi sera le plus avantageux sera celle qui, sous les dimensions trouvées plus haut, coûtera le moins. En d'autres termes, si F est le prix du mètre cube ou des 7,200 kilogrammes de fonte, et P celui du mètre cube de pierre, l'avantage de l'emploi de la fonte par rapport à la pierre n'existera que si l'on a, pour notre cas particulier,

$$\mathrm{F} < \frac{5000}{625}\,\mathrm{P} = 8\mathrm{P},$$

et en général

$$\mathrm{F} < \frac{\Omega}{\Omega}\,\mathrm{P}.$$

Cependant, avant d'admettre comme définitif, après cette première vérification, un résultat défavorable à la fonte, il y aurait encore à examiner si les deux soutiens seraient également exécutables avec les quantités de matières indiquées par le calcul, et, en cas de négative, dans quelles limites on devrait les augmenter l'une et l'autre.

Or, dans le cas présent, on reconnaîtrait bien vite, d'une part, qu'un soutien en pierre de $0^{m2},05$ de section portante ne pourrait avoir que $0^{m},24$ de diamètre, et que ce diamètre serait compris 37 fois environ dans la hauteur; qu'ainsi il serait extrêmement grêle et susceptible de se briser sous l'effet d'un faible choc latéral. Nous admettons que ce diamètre devra être triplé. D'autre part, on trouverait qu'avec la fonte une section portante de $0^{m2},00625$ donnerait la possibilité de faire, par exemple, une colonne creuse de $0^{m},45$ de diamètre et de $0^{m},0044$ d'épaisseur.

Cette épaisseur serait aussi trop faible pour une pièce de cette dimension, et nous supposerons qu'on la triplera et qu'on la portera ainsi à $0^{m},0132$ pour obtenir une force suffisante.

De l'augmentation des dimensions théoriques que nous avons admise il s'ensuivra :

1° Qu'en faisant usage de la fonte une section portante de $0^{m2},01875$ suffira ;

2° Qu'en faisant usage de la pierre il faudra une section portante de $0^{m2},45$.

D'après cela l'avantage subsistera pour la fonte, dans le cas pris pour exemple, tant qu'on aura

$$\mathrm{F} < \frac{45000}{1875}\,\mathrm{P} = 24\mathrm{P};$$

au lieu de 8 P, comme nous l'avions trouvé d'abord.

1177. Charpentes. — L'établissement des charpentes donne souvent lieu à des considérations tout à fait analogues. Là, lorsqu'on recherche ce qui est économiquement le plus avantageux, du bois, de la fonte et du fer, abstraction faite des différences dans la durée et les frais d'entretien, il y a souvent à examiner s'il est possible d'employer le bois sous les dimensions que la théorie indique ; si sous ces dimensions cette matière est aussi susceptible que la fonte et le fer de résister à des chocs latéraux et de fournir des assemblages solides. Dans un grand nombre de cas, la question envisagée de cette manière donne un avantage marqué au métal, alors qu'on aurait conclu tout le contraire si l'on s'en était seulement tenu à comparer le prix des pièces sous les dimensions que les formules leur assignent.

Nous ne nous étendrons pas davantage sur ce sujet ; ce que nous en avons dit suffira pour mettre sur la voie de ce genre aussi varié qu'important d'investigations.

1178. Observations. — Si aucune des considérations précédentes n'est applicable aux cas examinés, et si, ce qui se présente quelquefois, les conditions de durée et d'entretien sont les mêmes ou peu différentes pour les matériaux entre lesquels on peut choisir, alors on se basera uniquement sur la comparaison des prix de revient à pied d'œuvre. Mais, pour ne pas commettre d'erreur à cet égard, il ne suffira pas de connaître exactement les prix de la localité et de ses environs ; il conviendra encore de s'enquérir de ceux des produits similaires dans les autres localités du royaume, ainsi que des moyens et des prix de transport pour les faire arriver à pied d'œuvre. Il est quelquefois avantageux de faire venir de loin certains produits que l'on trouve tout aussi bons près de l'endroit où l'on bâtit. Il suffit pour cela que le centre de production éloigné soit relié au lieu de consommation par une bonne route, un canal, un chemin de fer, tandis qu'on ne peut communiquer avec le point rapproché que par de mauvais chemin de terre.

C'est un point sur lequel nous appelons l'attention, parce qu'il est trop souvent négligé.

Enfin, une autre considération qui doit influer sur le choix à faire, et dont on ne tient pas toujours suffisamment compte, c'est d'approprier la qualité des matériaux à la nature permanente ou provisoire de la construction. S'il est rationnel, par exemple, de n'employer à la construction d'une caserne que du chêne équarri à vives arêtes et sans aubier, il ne l'est plus d'en prescrire l'usage pour une baraque de campement ou pour une construction d'une durée limitée. Des bois d'une essence moins estimée ou grossièrement équarris rendent dans ce cas d'aussi bons services à un prix beaucoup moins élevé.

ARTICLE II.

MODES DIVERS D'EXÉCUTION DES TRAVAUX.

1179. Énumération des divers modes. — Les travaux peuvent s'exécuter de trois manières :

À forfait ;

A bordereau de prix,
A l'économie,   } en régie.

Chacune de ces trois manières offre des avantages et des inconvénients que nous allons préciser.

1180. Exécution à forfait. — Le travail à forfait s'exécute moyennant un prix convenu *in globo* avec un entrepreneur, qui se charge de construire, à ses risques et périls, la totalité des ouvrages décrits dans un *devis* ou *cahier de charges* sous diverses conditions consenties à l'avance.

A la première vue, ce mode d'exécution paraît extrêmement avantageux, et il l'est en effet dans un grand nombre de cas. Cependant les avantages ne sont pas aussi grands qu'ils le paraissent de prime abord, et, dans quelques cas même, ils sont moindres que ceux des autres modes d'exécution. Ceci a besoin d'être éclairci.

Le grand avantage du marché à forfait, c'est de mettre à la charge de l'entrepreneur toutes les mauvaises chances qui peuvent surgir pendant l'exécution des travaux, et de savoir positivement, avant de mettre la main à l'œuvre, quelle est la dépense à laquelle on s'engage. Mais il faut observer d'abord que les entrepreneurs expérimentés mettent généralement tout au pis dans leurs évaluations, et qu'ils recueillent ainsi, par suite de chances favorables, des bénéfices parfois fort considérables, qu'aurait réalisés, en adoptant un autre mode, celui qui a traité avec eux ; en second lieu, que les entrepreneurs inexpérimentés, qui se laissent volontiers aller à des illusions favorables et qui règlent leur demande en conséquence, trouvent presque toujours, les avocats aidant, le moyen de se faire payer des dommages et intérêts lorsque de mauvaises chances sont venues tromper leur attente. Nous pourrions citer nombre d'exemples pour prouver nos assertions, si le raisonnement seul n'en indiquait pas suffisamment le fondement.

Ce mode d'exécution est, en outre, celui dans lequel la fraude offre peut-être le plus de tentations à l'entrepreneur. Pour augmenter ses bénéfices, il est enclin à tromper sur les dimensions prescrites, à fournir des matériaux d'une qualité inférieure, à négliger les soins de leur mise en œuvre ; d'où il résulte que la surveillance d'une entreprise à forfait ne doit pas être beaucoup moins active que celle d'une autre espèce, et que sous ce rapport encore on ne peut guère compter sur des économies.

Observons maintenant, après avoir réduit les avantages du marché à forfait à leur juste valeur, que quand par sa nature le travail offre peu de chances à l'imprévu, et peut, de prime abord, être décrit avec une grande exactitude (et ce cas se présente fréquemment dans les travaux neufs), le plus grand des inconvénients signalés ci-dessus disparaît, et qu'alors il est réellement avantageux d'y avoir recours, à cause surtout de la simplicité de la comptabilité qu'il exige.

Ce mode d'exécution est celui qui est suivi le plus généralement en Belgique pour les travaux du génie militaire et pour la plupart des grands travaux ressortissant aux autres branches du service public.

1181. Exécution à bordereau de prix. — Comme son nom l'indique, le travail *à bordereau de prix* se fait d'après une *liste* ou *bordereau* de prix, établis et consentis à l'avance, pour chaque unité d'*espèce*, de *volume*, de *superficie*, de *longueur* ou de *poids* d'ouvrages dont l'exécution est nécessaire.

Le grand avantage de ce mode d'entreprise, c'est de ne faire aucun sacrifice aux exagérations du calcul de l'imprévu, et de laisser celui qui construit libre d'apporter, pendant l'exécution, des modifications avantageuses au projet primitif, qu'on ne saisit quelquefois bien qu'alors. En effet, l'entrepreneur ne fait ici que fournir, d'après des ordres donnés et sous des formes prescrites, des mètres cubes de maçonnerie ou de charpente; des mètres carrés de toiture, de pavage, de peinture, etc.; des kilogrammes de fer, de fonte, de plomb, etc.; peu lui importe au fond la quantité, puisqu'il en reçoit le prix. Tandis que dans le contrat à forfait le moindre changement ne peut être apporté au projet primitif sans des conventions additionnelles, dont le résultat tourne presque toujours au profit de l'entrepreneur.

Mais si le marché à bordereau de prix présente tous ces avantages, d'autre part il offre aussi plus d'un inconvénient.

Le premier, c'est la complication de la comptabilité, qui exige parfois un personnel particulier. Ici, en effet, on n'a plus seulement à vérifier avec soin et exactitude les dimensions, le poids et la qualité des objets fournis, à veiller à la bonne mise en œuvre des matériaux, mais il faut encore enregistrer scrupuleusement et méthodiquement les dimensions et les poids du travail de chaque jour, y appliquer les prix du bordereau, et relever, en un mot, au fur et à mesure de l'avancement du travail, tous les éléments du décompte général de l'ouvrage.

Le second, et c'est le plus considérable, c'est de permettre bien plus facilement que l'autre la réalisation de bénéfices frauduleux par suite de la connivence de l'entrepreneur et des préposés à l'exécution. Non-seulement on peut fabriquer des états mensongers en se basant sur des quantités de travail imaginaires qui ne peuvent plus être vérifiées dans la suite, mais on peut encore, en faisant faire à l'entrepreneur des fournitures considérables d'articles sur lesquels son bénéfice est grand, en réduisant à leur minimum les fournitures où son bénéfice est petit, lui procurer des bénéfices illicites. Il est vrai que l'on peut insérer dans le contrat des clauses pour mettre obstacle à des faits de cette nature, mais il y a presque toujours moyen de les éluder.

Par suite le travail à bordereau de prix peut, malgré des estimations bien faites, laisser plus d'incertitude dans le chiffre total de la dépense que le travail à forfait.

Malgré ces inconvénients, ce mode d'exécution nous paraît pourtant être celui qu'il faut préférer lorsqu'il s'agit de travaux qui, par leur nature, ne comportent pas le degré de certitude qu'exige l'emploi du marché à forfait. Tels sont, par exemple, les travaux de restauration et d'entretien, certains travaux de fondations, etc.

Son emploi sera toujours avantageux dans ce cas lorsqu'on aura préposé à l'exécution des agents de tous rangs sur la probité desquels on pourra complétement compter.

1182. Nécessité de l'adjudication pour les travaux publics.—Lorsqu'un particulier veut faire bâtir, soit qu'il se décide à faire entreprendre sa construction à forfait, soit qu'il préfère le bordereau de prix, il s'adresse ordinairement à plusieurs entrepreneurs, recueille leurs prix, leurs conditions, et s'arrête à ceux qui lui paraissent les meilleurs.

Le gouvernement ni ses agents ne peuvent procéder ainsi ; mais ils peuvent arriver à peu près aussi sûrement au même résultat au moyen de l'adjudication publique.

L'adjudication publique, c'est la mise en présence d'intérêts rivaux qui se font concurrence, et cette concurrence amène nécessairement l'abaissement des exigences dans toutes les limites du possible.

Cependant, malgré les garanties qu'elle présente, l'adjudication n'atteint pas toujours ce résultat. Bien souvent les entrepreneurs s'entendent et se coalisent entre eux pour obtenir un prix élevé. Comme ce concert est rendu d'autant plus facile que le nombre de participants sérieux à l'adjudication est plus petit, il est un premier point d'une grande importance : c'est d'y appeler le plus de monde possible, d'y attirer des entrepreneurs complétement inconnus les uns aux autres. Pour cela, il faut d'abord insérer dans le cahier des charges toutes les facilités compatibles avec l'économie, et ensuite donner une grande publicité aux annonces d'adjudication et aux clauses favorables dont il s'agit.

Lorsque, malgré ces précautions, des coalitions se forment, on procède à une réadjudication ou même à plusieurs réadjudications successives auxquelles on tâche d'attirer de nouveaux participants. Si l'on ne parvient pas à briser la ligue, il y a un moyen certain d'en éviter le retour pour l'avenir, c'est de décider l'exécution en régie.

1183. Mode d'adjudication pour les travaux du génie militaire. — Pour les travaux du génie militaire qui s'exécutent presque toujours à forfait, l'adjudication se fait ainsi qu'il suit : les annonces sont affichées dans les différentes places du royaume et insérées au moins quinze jours à l'avance dans *le Moniteur* et dans un des journaux les plus répandus de la place que concerne l'adjudication. Pendant ce temps, le devis descriptif ou cahier des charges est soumis, chez le commandant du génie, et au lieu où doit se faire l'adjudication, à l'inspection de toutes les personnes qui veulent en prendre connaissance. Ce cahier des charges est accompagné d'un détail estimatif propre à faire connaître aux amateurs les principales bases de la dépense.

Le jour fixé pour l'adjudication et à l'heure dite, chaque concurrent remet à celui qui préside à l'opération un billet cacheté contenant sa *soumission*, et l'on n'admet ensuite que les soumissionnaires à concourir aux enchères dont il va être parlé.

Cette formalité remplie, le public se retire, le président fait le dépouillement des soumissions en marquant la plus basse. Il fixe après cela un chiffre de beaucoup inférieur à cette dernière, le quart ou la moitié tout au plus, et détermine la *hausse* ou l'*enchère*, c'est-à-dire la quantité dont on élèvera successivement le taux de départ jusqu'au moment où l'un des concurrents dira *à moi* ou jusqu'à ce que l'on ait atteint le chiffre de la plus basse soumission.

Après ces préliminaires, le public est réappelé, et l'on procède aux enchères. On commence à annoncer la *mise à prix*. Si personne ne prend, on fait sucessivement crier une nouvelle somme égale à la précédente augmentée de la hausse, et l'on ne s'arrête qu'au moment où l'un des concurrents dit *à moi*. Celui-là est proposé comme adjudicataire au gouvernement.

On fait quelquefois l'inverse, c'est-à-dire que, prenant pour point de départ la soumission la moins élevée, on met son chiffre au rabais, les concurrents sont appelés à se disputer l'entreprise en offrant des prix de moins en moins élevés, et l'on propose au gouvernement celui dont l'offre est la plus favorable. Ce mode d'adjudication présente peut-être sur le précédent l'inconvénient d'exciter parmi les concurrents une émulation trop vive qui leur fait dépasser parfois les bornes de la prudence.

Si le gouvernement retire parfois un bénéfice d'une offre peu réfléchie, il n'a pourtant aucun intérêt à en provoquer de telles, car en causant souvent la ruine de ceux qui s'y sont laissé entraîner elles font presque toujours naître des difficultés qui tournent rarement au profit de l'État.

L'adjudication de l'entreprise à bordereau de prix se fait d'une manière analogue, mais on peut établir les enchères ou les rabais soit sur la totalité des prix du bordereau, soit sur chaque prix en particulier ou des séries de prix déterminées. Dans les deux derniers cas, on ne doit accorder la préférence qu'à la soumission qui, après application des prix aux quantités des diverses sortes d'ouvrages projetés, donne le résultat le plus avantageux.

Nous avons supposé dans ce qui précède que tous les concurrents aux adjudications sont des hommes jouissant d'assez de crédit, de savoir pratique, d'intelligence et d'activité pour pouvoir mener à fin les travaux qu'ils entreprennent. A l'égard du crédit, on obtient des garanties en prescrivant que l'entrepreneur présentera comme cautions deux personnes d'une solvabilité reconnue, ou dont à la rigueur on peut exiger la preuve. Mais à l'égard de la capacité, de l'intelligence et de l'activité, c'est une chose beaucoup plus chanceuse, car tout le monde prétend être capable, actif et intelligent, lorsqu'il s'agit de réaliser des bénéfices en expectative. C'est un point trop délicat pour être traité ici, mais sur lequel nous appelons une sérieuse attention. L'emploi d'entrepreneurs incapables ou négligents est dans quelques cas une source d'augmentation considérable de dépense, et toujours de retard et d'embarras de tout genre. C'est un devoir pour les agents de l'État d'éclairer leurs supérieurs autant qu'ils le peuvent à ce sujet, de recueillir et de leur soumettre avec impartialité tout ce qu'ils savent des antécédents des

personnes présentées comme adjudicataires, afin de faire apprécier le degré de
leur moralité et de leur capacité.

1184. Exécution à l'économie. — Dans l'exécution à l'économie, les travaux se font immédiatement sous les ordres des préposés de l'État par des
ouvriers employés à la journée ou à la tâche, et avec des matériaux qu'on leur
fournit.

Ce mode d'exécution est celui de tous qui exige le plus de détail et de comptabilité, mais aussi c'est celui où l'on peut le plus complétement s'assurer d'une
exécution soignée. Si l'on achète soi-même les matériaux, on a moins de chance
d'être trompé que lorsqu'on passe par les mains d'un entrepreneur qui a un certain intérêt à en acquérir d'une qualité médiocre pour les faire accepter comme
étant de la meilleure, moyennant mille ruses qu'on apprend à connaître à la
longue ; d'autre part, si l'on paye les ouvriers à la journée, ceux-ci n'ont aucun
intérêt à accélérer le travail en négligeant des soins qui nuisent à la bonté de la
mise en œuvre.

Aussi, comprise de cette manière, l'exécution à l'économie est celle dont l'emploi est préférable chaque fois qu'il s'agit de travaux qui exigent des soins particuliers et qui ne peuvent être surveillés sans interruption par celui qui les dirige.
On peut craindre toutefois que, livrés à eux-mêmes, les ouvriers, tout en travaillant bien, ne travaillent que fort peu, et que par suite la dépense finale ne soit
augmentée ; mais il faut observer que l'on obtient une compensation par une
diminution des frais de surveillance. Quant aux matériaux, on les obtient généralement à meilleur marché qu'en passant par un entrepreneur, parce qu'on a de
moins à payer dans leur prix le salaire que ce dernier s'alloue pour ses peines et
ses démarches de tout genre, ainsi que pour ses avances de fonds. En somme,
lorsqu'elle est dirigée par des gens actifs, intelligents et probes, l'exécution à
l'économie est la moins chère, et c'est probablement cette circonstance qui lui a
valu son nom.

Lorsque l'ouvrage n'exige pas les soins excessifs dont nous avons fait mention,
ou lorsqu'il peut être surveillé par un personnel suffisant, il y a un grand avantage à faire travailler les ouvriers *à la tâche* (au mètre cube, au mètre carré, au
poids ou à la pièce) ; on peut aussi diminuer les embarras qu'occasionne l'exécution à l'économie en adjugeant publiquement à forfait ou à bordereau de prix
les matériaux nécessaires. On obtient ainsi un mode mixte qui offre parfois des
avantages.

Le mode d'exécution à l'économie est celui qui est le plus fréquemment adopté
par les particuliers à cause des avantages qu'il leur offre ; mais il n'est que très-
rarement employé pour les travaux de l'État, à raison des inconvénients qu'il
présente dans ce cas.

Un particulier peut débattre avec les marchands et les ouvriers les prix des
matériaux et de la main-d'œuvre, et il est directement intéressé à obtenir les conditions les plus favorables. Un agent du gouvernement, eût-il l'expérience néces-

saire au débat et à la conclusion des marchés, a peut-être un intérêt tout à fait contraire. Car, d'un côté, l'État ne lui tiendra généralement aucun compte des efforts qu'il aura faits pour arriver à économiser quelques centaines ou quelques milliers de francs, et de l'autre, ceux avec qui il aura traité le déclareront un homme difficile en affaires et chercheront peut-être à ternir sa réputation par des accusations qu'on lance si facilement contre les dépositaires ou les dispensateurs des deniers de l'État, et que le public admet toujours volontiers, ou du moins trop facilement.

Cette considération est majeure, et elle est cause que, malgré les avantages qu'il offre, le mode d'exécution à l'économie n'est presque jamais employé par le génie militaire. Il faut des travaux d'une urgence extrême, d'un soin d'exécution excessif, ou l'impossibilité de procéder autrement sans trop de désavantage, pour qu'on y ait recours.

L'exécution à bordereau de prix et celle à l'économie sont connues sous le nom générique d'exécution *en régie*, parce que, dans l'un comme dans l'autre mode, l'exécuteur ou *régisseur* doit rendre un compte exact de toutes les dépenses de l'opération.

1185. Attachements.—Ce compte s'établit sur des notes dites *attachements*, qui se recueillent et s'inscrivent méthodiquement, jour par jour, dans un registre à ce destiné. Ces notes comprennent le nombre de journées et de fractions de journées employées; le métré détaillé de toutes les parties des ouvrages de maçonnerie, charpente, menuiserie, etc., exécutées; le poids des ferrures employées, etc., etc. Quand la régie est établie sur un bordereau de prix, il est essentiel de mettre ses attachements chaque jour d'accord avec ceux de l'entrepreneur, et, en cas de dissentiment, d'en noter exactement la nature et les causes. La négligence de cette précaution conduit toujours, lors du règlement de compte, à des chicanes, dont il est très-difficile d'obtenir une solution favorable aux intérêts de l'État, les éléments de conviction des juges appelés à prononcer sur le dissentiment pouvant disparaître ou être rendus difficiles à constater par suite de travaux ultérieurs.

L'exécution à forfait ne présente pas cet inconvénient au même degré : les différences d'appréciation ne peuvent porter que sur la qualité des matériaux, la bonté de leur mise en œuvre, et sur l'interprétation de quelques clauses du cahier des charges; et c'est encore là un de ses avantages qu'il est bon de constater. Mais pour que cet avantage existe dans toute son étendue, il faut que la description du travail à exécuter, ainsi que toutes les clauses et conditions, soient formulées d'une manière claire, nette et précise, et qui ne donne prise à aucune chicane.

1186. Devis descriptif.—La description du travail à exécuter porte le nom de *devis descriptif*. C'est la partie la plus difficile à bien traiter du contrat à passer avec l'entrepreneur, car c'est de l'interprétation rationnelle de ses divers paragraphes que naissent les plus fréquentes difficultés.

1187. Conditions à remplir.—Un devis, dit M. Emmery (1), doit être clair, concis, et tout à la fois suffisamment développé, parce que c'est à ce texte que l'on s'en rapportera en cas d'incertitude et de difficulté sur les obligations de l'entrepreneur.

Quelles que soient les divisions et les subdivisions d'un devis, ajoute cet ingénieur, on doit encore le partager en articles cotés, depuis le premier jusqu'au dernier, suivant une série unique de numéros. Si on s'écarte de cette marche, si on adopte plusieurs séries de numéros, bien que ces diverses séries soient appliquées à différents chapitres ou sections, il en résulte de la confusion dans les citations, dans les idées.

L'ordre à apporter dans le texte pour que ces articles soient convenablement échelonnés et détachés demande la plus grande attention. Sans multiplier outre mesure le nombre des articles, il faut cependant que le même numéro n'embrasse pas des éléments disparates. A plus forte raison cet esprit de classification doit-il s'appliquer aux grandes divisions du devis.

1188. Modèles de devis prescrits pour les travaux du génie militaire. — Une instruction ministérielle, du 20 novembre 1847, prescrit les modèles de devis suivants pour les entreprises du génie militaire ; le système de classification qui y est suivi satisfait aux conditions ci-dessus énoncées.

MODÈLE N° 1.

TITRE.

1° Pour l'entretien des fortifications, des bâtiments militaires et des ouvrages mixtes.

Devis et conditions d'après lesquels, en vertu de l'autorisation de M. le ministre de la guerre, en date du .... numéro .... quatrième division (génie), et sous réserve de son approbation ultérieure, le .... (noms, prénoms et grade du fonctionnaire qui préside à l'adjudication) mettra en adjudication publique :

1° L'entretien ordinaire de .... (spécifier les ouvrages de fortification et les bâtiments militaires à entretenir) ;

2° Quelques réparations .... (spécifier également ces réparations).

PREMIÈRE PARTIE.

SECTION PREMIÈRE.

ENTRETIEN ORDINAIRE.

Description détaillée des travaux.

A. Fortifications.
B. Bâtiments militaires.
C. Ouvrages mixtes.
D. Détails d'exécution.

---

(1) *Pont d'Ivry.*

SECTION DEUXIÈME.

RÉPARATIONS , RENOUVELLEMENTS ET CONSTRUCTIONS NEUVES.

A. Fortifications.

B. Bâtiments militaires.

C. Ouvrages mixtes.

D. Détails d'exécution.

N. B. Les travaux seront, autant que possible, décrits dans l'ordre où ils doivent être exécutés.

DEUXIÈME PARTIE.

Art. 1. Matériaux.

Art. 2. Stipulations diverses.

Art. 3. Frais imprévus.

TROISIÈME PARTIE.

Art. 1. Lois, arrêtés et règlements sur le transport des matériaux ; dispositions particulières.

Art. 2. Termes d'exécution.

Art. 3. Amendes.

Art. 4. Termes de payement.

Art. 5. Décès de l'entrepreneur.

Art. 6. Requêtes de l'entrepreneur.

Art. 7. Mode d'adjudication.

Art. 8. Frais d'adjudication.

Art. 9. Droits d'enregistrement.

Art. 10. Conditions générales.

Art. 11. Procès-verbal d'adjudication

MODÈLE N° 2.

TITRE.

2° Pour les travaux autres que ceux de l'entretien ordinaire.

Comme ci-dessus ; seulement on remplace la spécification des travaux d'entretien et de réparation par celle des travaux neufs à exécuter.

PREMIÈRE PARTIE.

SECTION PREMIÈRE.

(S'il y a lieu de subdiviser la première partie en sections.)

Description générale des travaux.

. . . .

. . . .

Description détaillée.

. . . .

. . . .

N. B. La première partie contiendra autant de sections qu'il y aura d'ouvrages différents.

DEUXIÈME PARTIE.

Comme au modèle n° 1.

TROISIÈME PARTIE.

Comme au modèle n° 1.

1189. Explications.—Quelques courtes explications suffiront pour faire comprendre comment on peut encadrer dans ces modèles toutes les particularités d'un devis.

1190. Sur la première partie. — La première partie du devis doit contenir la description des travaux. Pour les travaux d'entretien et de réparation, qui ne se composent guère que de petits détails, on passe immédiatement à la description détaillée, en suivant l'ordre des matières indiqué dans les deux sections de cette partie. Pour les autres travaux, on fait d'abord une description générale, puis une description détaillée.

Par le moyen de la description générale, on donne une idée de l'ensemble et des principales dimensions des travaux, de leur situation, de leurs rapports avec les constructions avoisinantes, du mode de construction de leurs diverses parties, etc. Ainsi, s'il s'agit, par exemple, d'un bâtiment, on dira où il sera placé et à quelle distance d'autres bâtiments ou de points de repère fixes ; à quel niveau au-dessus d'un plan de repère invariable ; s'il est composé d'un ou de plusieurs corps, et quelles sont les principales dimensions en longueur, largeur et hauteur de chacun d'eux. On spécifiera en quelle espèce de maçonnerie les murs seront faits, de quelle espèce de toiture on entend faire usage, etc., etc.

Au moyen de la description détaillée, on fixe le détail des divers travaux en pierre de taille, maçonnerie, plafonnage, carrelage, toiture, charpente, menuiserie, serrurerie, peinturage, etc., etc., qui doivent concourir à l'établissement de l'édifice.

Nous avons indiqué plus haut à quelles conditions doivent satisfaire en général ces descriptions. Voici quelques conseils qui pourront aider à les remplir.

Nous pensons, d'abord, qu'on fera bien de subdiviser chacune des grandes divisions du programme ministériel en un certain nombre de paragraphes ou d'articles bien déterminés, et portant un numéro et un titre placé en marge qui en indique l'objet. Cette subdivision évitera la confusion, les répétitions, facilitera les recherches lorsqu'on aura besoin de recourir à quelque clause du devis, et évitera toute obscurité dans les renvois aux divers paragraphes.

Suivant l'observation faite par M. Eummery, il faut adopter pour cette subdivision un numérotage unique.

La recommandation faite de suivre dans la marche progressive de la description l'ordre dans lequel ces travaux seront exécutés est en général bonne à suivre. Cependant il se présente des cas où elle pourrait apporter un peu de désordre si on la suivait à la lettre. Ainsi, lorsque l'on construit un bâtiment, par exemple, on commence ordinairement par faire la maçonnerie des fondations et des gros murs jusqu'au niveau du premier étage ; arrivé là, on pose les poutres et les solives du plancher ; puis on reprend la maçonnerie jusqu'à un nouvel étage, et ainsi de suite jusqu'à la corniche. On pose ensuite la charpente du toit, puis la couverture. Après cela, on achève les planchers, puis on fait les cloisons légères, les crépissages, les plafonnages, et enfin on termine par la pose de la menuiserie légère, comme les portes, fenêtres, volets, etc.

Il est facile de voir d'après cela que si l'on suivait pas à pas dans la description la marche progressive des travaux, on serait obligé de s'occuper, dans plusieurs articles successifs et séparés, de maçonnerie, de charpenterie, de menuiserie et de serrurerie, ce qui amènerait des solutions de continuité dans la description et nécessiterait fréquemment des redites ou des renvois à des paragraphes antérieurs.

Nous pensons qu'il vaut mieux, dans des cas pareils, subdiviser la description détaillée par nature d'ouvrages, et terminer d'un seul coup tout ce qui est relatif à la maçonnerie, puis à la charpente, à la couverture, au crépissage et au plafonnage, à la menuiserie, à la serrurerie et au peinturage. C'est, du reste, de cette manière qu'on procède le plus fréquemment dans nos places.

Actuellement, voici à peu près comment il faut traiter chacun de ces objets en particulier.

Pour la maçonnerie, on détermine exactement toutes les dimensions, tant en longueur qu'en largeur et épaisseur, des fondements et des nettes maçonneries, indiquant les dimensions des retraites et des saillies, des baies de portes, de fenêtres, et en général de tous les vides ou de tous les ressauts qu'on doit y ménager. On complète ces détails par l'énumération des seuils, plinthes, cordons, dés, tablettes, etc., etc., en pierre de taille, qui servent à orner les façades ou à renforcer les murs, et dont on donne les dimensions et les profils.

Pour la charpente, on fixe le nombre, les dimensions et l'essence des poutres, poutrelles et solives des planchers, la composition des fermes des combles, l'essence et les dimensions de leurs pièces, etc., etc.

Pour la couverture, on décrit la composition du lattis ou de la volige, la qualité et l'espèce de matériaux de couverture, la manière dont ils seront attachés, les endroits qui devront être garnis de faîtières en poterie ou en métal, les raccordements avec les souches de cheminée, les lanterneaux servant à éclairer les combles ou des parties intérieures des édifices, le nombre et la position des crochets d'échelles, etc.

Pour le crépissage et le plafonnage, on désigne les chambres qui devront être crépies et plafonnées, la composition du crépi et du plafond, les moulures qui doivent y être tirées.

Pour la menuiserie, on indique les chambres qui seront revêtues de planchers de pied, en décrivant l'épaisseur et l'essence des ais, la manière dont ils seront assemblés et cloués au solivage. On détermine le nombre de portes, fenêtres et volets ou autres objets de menuiserie mobile ou dormante à fournir et placer ; décrivant soigneusement la construction de chacun d'eux et la manière dont ils seront fixés en place.

Pour la serrurerie, on indique le nombre et le poids des ancres à fournir, ainsi que leurs dimensions principales, le nombre, le poids et, si c'est nécessaire, les dimensions des boulons, liens, étriers, crochets, pentures, serrures et ferrures de toute espèce nécessaires soit pour consolider les charpentes, soit pour ouvrir et fermer la menuiserie mobile, etc., etc.

Enfin, pour le peinturage, on désigne les boiseries, les murs et les fers qui seront peints, en indiquant le nombre de couches, leur nuance, les précautions de mise en œuvre, etc., etc.

Pour faire ces diverses descriptions d'une manière nette et concise, il est important d'appeler chaque objet par son nom le plus généralement admis; on évite ainsi le recours à des périphrases qui allongent le devis et le rendent souvent obscur. A défaut de termes techniques, il est presque toujours avantageux de renvoyer à des modèles ou à des dessins cotés. C'est surtout lorsqu'il s'agit de formes ou de dispositions spéciales que cette observation a le plus de valeur. On doit être bien convaincu que le simple renvoi à une figure faite et cotée avec soin en apprend plus à la simple inspection que la lecture longue et fatigante d'une description même soignée. Dans la plupart des cas, nous pensons qu'on doit se borner à fixer au devis les dimensions des objets, et qu'un dessin détaillé doit faire le reste.

Enfin, il est bon d'éviter d'intercaler dans ces descriptions, qui sont principalement destinées à fixer les quantités et la nature des objets à fournir et des travaux à exécuter, les détails de main-d'œuvre qu'on croit utile de stipuler pour garantir une bonne exécution. Ces derniers détails trouvent leur place dans les paragraphes D de la 1re partie du devis intitulé : *Détails d'exécution*. On comprendra, d'ailleurs, sans que nous ayons besoin de le dire, qu'il conviendra de consacrer dans cette division des articles séparés relatifs aux travaux de diverses natures qui font l'objet de l'entreprise.

1191. Sur la deuxième partie.—Dans l'article premier, intitulé: *Matériaux*, on prescrit la qualité des matériaux à fournir et mettre en œuvre, en disant à quelles conditions ils doivent satisfaire, quelles épreuves ils devront subir pour être reçus, comment ils devront être façonnés et manipulés. Il est encore bon de subdiviser cet article en autant de paragraphes numérotés qu'il y a d'espèces de matériaux à employer. Ainsi on fait des paragraphes spéciaux pour les pierres de taille, les briques, le moellon, la chaux, le sable, les ciments, le mortier, la tuile, le bois, les fers, etc., etc.

Dans l'article deuxième, intitulé : *Stipulations diverses*, on insère les conditions tout à fait particulières à l'entreprise, comme, par exemple, que les terrassements seront faits en tout ou en partie par la troupe, qu'on coupera des gazons dans les terrains de l'État, que l'État fournira tels ou tels matériaux ou moyens d'exécution, etc.

Dans l'article troisième, intitulé : *Frais imprévus*, on fixe une certaine somme en rapport avec le montant présumé de l'entreprise, servant à exécuter des ouvrages non décrits au devis dont la nécessité se ferait sentir durant les travaux. Afin d'éviter toute contestation dans le règlement de compte de ces travaux supplémentaires avec l'entrepreneur, on insère dans le même article un tarif de prix qu'il déclare accepter, applicables aux diverses espèces de travaux ayant quelque rapport avec ceux que l'on a décrits. La somme qu'on réserve ainsi pour les dépenses imprévues est rarement de plus de 1/20 et de moins de 1/40 du montant de l'estimation. On stipule, dans l'article où il en est question, qu'elle est comprise dans le prix d'entreprise, mais qu'il n'en sera tenu compte à l'entrepreneur qu'en proportion des travaux supplémentaires exécutés. Ainsi supposons une entreprise estimée à 50,000 francs; on y ajoutera, pour dépenses imprévues, une somme de 1,250 à 2,500 francs. On pourra ainsi avoir à payer à l'entrepreneur une somme totale de 51,250 à 52,500 fr. s'il s'exécute pour 1,250 ou 2,500 fr. de travaux non prévus; mais on ne lui devra que 50,000 fr. s'il n'en exécute pas.

1192. Sur la troisième partie. — Des arrêtés royaux exemptent des taxes municipales établies dans les villes les matériaux destinés aux constructions militaires neuves. On constate que ce bénéfice est acquis à l'entrepreneur dans l'article 1er, intitulé : *Lois, arrêtés et règlements sur le transport des matériaux*, etc. ; mais on a soin de dire en même temps qu'il ne peut jouir de l'exemption qu'en accomplissant les formalités requises.

On insère, en outre, dans le même article, une clause qui met à la charge de l'entrepreneur les peines de police qui seraient la conséquence de contraventions aux règlements existants sur la voirie, et les dommages et intérêts qui pourraient être réclamés du chef de dispositions vicieuses prises par l'entrepreneur, soit pour le transport, soit pour le dépôt des matériaux, etc.

Dans l'article 2, intitulé : *Termes d'exécution*, on fixe la date précise du commencement des travaux, ainsi que celle de leur achèvement complet. Assez souvent, et pour peu que le travail soit considérable, on échelonne différents termes d'achèvement pour diverses parties des ouvrages; ainsi on peut fixer une époque pour l'achèvement des maçonneries, une autre pour celui de la grosse charpente, de la toiture, etc. On peut encore dire que telle partie de bâtiment ou d'un ouvrage de fortification, par exemple, sera entièrement achevée (maçonnerie, charpente, menuiserie, serrurerie, etc.) pour une telle époque, telle autre partie pour une autre époque, etc., etc.

Dans l'article 3, intitulé : *Amendes*, on détermine les pénalités que peut encourir l'entrepreneur en cas de fraude, de malfaçon ou de retard dans l'exécution.

Ordinairement, quand la somme d'entreprise en vaut la peine, on la paye par 1/3, 1/4, 1/5, etc., suivant l'avancement des travaux. Dans l'article 4, intitulé :

Termes de payement, on dit à quelles périodes du travail l'entrepreneur pourra recevoir ces tantièmes ; on indique, en outre, de quelle façon les payements seront effectués. Il est prudent de compasser ces payements de manière à ce que les travaux exécutés par l'entrepreneur représentent une certaine valeur en sus de celle qu'on lui a remboursée. On obtient ainsi une garantie de continuation d'exécution et un moyen de coercition qu'on n'aurait pas sans cette précaution. Assez généralement on retient aussi un certain tantième (1/10 au moins du montant de l'entreprise), qu'on ne délivre pour solde définitif qu'au moment où les travaux sont non-seulement terminés, mais encore ont subi l'épreuve d'une année de bonne conservation aux risques et périls de l'entrepreneur. Ce dernier est obligé de les entretenir pendant ce temps et de les livrer après dans le meilleur état possible.

L'article 5 est destiné à régler les mesures à prendre en cas de décès de l'entrepreneur.

Dans l'article 6, intitulé : *Requêtes de l'entrepreneur,* on détermine par quelle filière doivent passer les réclamations concernant les travaux que l'entrepreneur croit nécessaire d'adresser à l'autorité supérieure.

Dans l'article 7, intitulé : *Mode d'adjudication,* on dit si l'entreprise se fait à forfait ou sur bordereau de prix, dans quelle forme les soumissions seront rédigées, si l'on entend procéder par enchères ou par rabais.

Dans l'article 8, intitulé : *Frais d'adjudication,* on établit le décompte des frais d'écriture, de dessins, d'affichage, d'insertion dans les journaux, d'annonces relatives à l'adjudication, qu'on met à la charge de l'entrepreneur.

L'article 9, intitulé : *Frais d'enregistrement,* stipule que les droits d'enregistrement et de cautionnement établis par les lois pour les contrats d'entreprise sont également à la charge de l'entrepreneur.

1193. Conditions générales.—On conçoit qu'une administration qui adjuge annuellement de nombreux travaux voit continuellement se reproduire dans le devis la plupart des conditions qui font l'objet de la 2e et de la 3e partie des modèles nos 1 et 2, de même que celles qui sont comprises dans les paragraphes D de la première partie. En effet, ces conditions sont relatives à des points qui sont réglés administrativement et qui, dans toutes les places du royaume, sont ainsi traités d'une manière uniforme ; ou à des précautions propres à garantir une bonne exécution, qui sont partout à peu près les mêmes ; ou bien encore aux qualités des matériaux, qu'on peut déterminer d'une manière générale pour tout le pays.

De là résulte la possibilité d'arrêter, une fois pour toutes, un certain nombre de conditions, dites *conditions générales,* auxquelles il suffit de renvoyer par un article du devis, et c'est là l'objet de l'article 10.

Les conditions générales actuellement en vigueur (1) sont contenues dans deux

---

(1) Elles forment l'objet de deux arrêtés ministériels : l'un en date du 15 décembre 1848,

cahiers publiés par les soins du département de la guerre, et qui contiennent, l'un 75 articles relatifs à des mesures d'ordre et d'administration, et l'autre 148 articles renfermés dans deux sections : la première, consacrée aux conditions relatives à la fourniture, la réception, la qualité, l'essai et la préparation des matériaux ; la seconde, à celles relatives à la bonne exécution des diverses sortes de travaux qu'on est dans le cas d'exécuter le plus fréquemment. On les trouvera en annexes à la fin de ce volume.

L'usage de ces conditions générales supprime presque en entier les sections 2 et 3 et les paragraphes D de la 1re section des devis.

ARTICLE III.

APPRÉCIATION DU PRIX DES OUVRAGES.

1194. Devis estimatif.—Le devis descriptif définit exactement, comme nous l'avons dit, la forme, les dimensions et le genre de construction de chaque partie de l'ouvrage.

Au moyen de ces données, il est facile de calculer avec exactitude la quantité de chaque nature d'ouvrage qu'il sera nécessaire de faire ; et si l'on y applique le prix de l'unité de volume, de superficie ou de poids, on aura leur coût. En faisant le total de tous ces cas partiels, on aura le total ou le montant des dépenses d'exécution. Le cahier qui contient ces calculs porte le nom de *devis* ou de *détail estimatif*. Sa rédaction, lorsqu'on connaît les prix élémentaires, n'offre aucune difficulté. Il suffit d'y mettre un peu d'ordre et de méthode.

Or, si le devis descriptif a été lui-même conçu et rédigé avec ordre et méthode, il n'y aura qu'à le suivre pas à pas dans la rédaction du devis estimatif pour arriver à obtenir le même résultat dans cette pièce.

Nous donnons ici comme exemple le devis estimatif d'une petite écurie, rédigé selon le modèle, légèrement modifié, adopté dans nos places.

---

l'autre en date du 29 avril 1849. Elles ont remplacé les anciennes conditions générales hollandaises (*algemeene voorwarden*), qui, faites spécialement pour les provinces septentrionales de l'ancien royaume des Pays-Bas, offraient beaucoup de difficultés d'application aux provinces méridionales, qui forment aujourd'hui la Belgique. Elles étaient depuis longtemps tombées presque en désuétude, et c'est ce qui a fait songer à leur en substituer d'autres.

Direction des fortifications.

Place de

Exercice de 18.. à 18..

CONSTRUCTION D'UNE ÉCURIE.

DEVIS estimatif de la dépense à faire pour la construction d'une écurie à...

montant à fr. 2887,95.

REPÈRES du DEVIS DESCRIPTIF.					DÉSIGNATION DÉTAILLÉE des TRAVAUX et FOURNITURES.	QUANTITÉS (1).	N° DU TARIF DES PRIX.	PRIX DE L'UNITÉ.	SOMMES	
Partie.	Section.	Paragraphe.	Article.	Numéro.					PARTIELLES.	TOTALES.
								Fr. C.	Fr. C.	Fr. C.
I	»	A		1	*Terrassements.* Déblais de fondations transportés et remblayés à deux relais................	$20^{m3},03$	1	00 40	8 00	8 00
I	»	B		2	*Maçonneries.* Maçonnerie en moellons et mortier hydraulique pour fondements............	$10^{m3},00$	2	10 00	100 00	
				3	Maçonnerie en briques et mortier hydraulique.....	$60^{m3},00$	3	18 00	1080 00	
I	»	C		4	Pierre de taille bleue.......	$0^{m3},403$	4	160 00	61 48	1211 48
				5	*Charpente.* Sapin de Riga pour un faîte, quatre pannes, deux sablières et quatre poutrelles	$1^{m3},51$	5	102 00	151 02	
I	»	D		6 et 7	Chevrons et coyaux en perches de sapin, de $0^{m},07$ de diamètre moyen.........	$380^{m},00$	7	0 30	111 00	268 02
				8	*Toiture.* Pannes bleues de Boom....	$116^{m2},32$	12	2 04	298 49	
				9	Tuiles faîtières et arêtières..	$36^{m},60$	13	0 90	32 94	
I	»	E		10	Tuiles en verre............	36,00	14	0 69	24 84	356 27
				11	*Crépissage.* Crépissage en deux couches.	$5^{m2},24$	15	0 60	3 14	3 14
I	»	F		12	*Menuiserie.* Chêne pour consoles.......	$0^{m3},061$	6	160 00	9 76	
				13	Auges en chêne............	$17^{m},64$	23	7 10	125 21	
				14	Rateliers.................	$18^{m},04$	17	4 90	88 40	
				15	Chêne pour corbeaux et traverses................	$0^{m3},08$	6	160 00	12 80	
				16	Cheminées d'aérage en planches................	2,00	21	8 70	17 40	
				17	Porte extérieure...........	$5^{m2},87$	16	8 60	50 48	
				18	Châssis de croisée........	$5^{m2},62$	17	7 10	40 40	311 48
					TOTAL A REPORTER.................					2221 39

(1) Nous désignons dans cette colonne mètre cube par m^3; mètre carré par m^2; et mètre courant, ou linéaire, par m.; kilogramme par k. Pour les objets qui se payent à la pièce, le chiffre n'est accompagné d'aucun indice.

Partie.	Section.	Paragraphe.	Article.	Numéro.	DÉSIGNATION DÉTAILLÉE des TRAVAUX et FOURNITURES.	QUANTITÉS.	N° DU TARIF DES PRIX.	PRIX DE L'UNITÉ.	SOMMES PARTIELLES.	SOMMES TOTALES.
								Fr. C.	Fr. C.	Fr. C.
					REPORT..					2221 39
I	»	G			*Serrurerie.*					
				19	Fer forgé pour ancres et tirants.	43^k,00	24	0 60	25 80	
				20	Id. deux agrafes.	3^k,80	25	0 70	2 66	
				21	Id. boulons filetés avec écrous.	10^k,00	27	1 30	13 00	
				22 à 26	Id. pour diverses petites ferrures.	5^k,00	26	1 10	5 50	
				27 et 28	Id. pentures et accessoires. .	7^k,00	25	0 70	4 90	
				29	Serrures de 12 sur 16 centimètres, avec clefs, gâches et écussons............	2,00	32	5 60	11 20	
				30	Plats verrous..............	12,00	30	0 40	4 80	67 86
I	»	II			*Peinture et goudronnage.*					
				31	Peinturage à l'huile en trois couches................	23^{m2},35	36	0 70	16 35	
				32	Goudronnage en deux couches....................	8^{m2},90	37	0 10	0 89	17 24
I	»	I			*Travaux divers.*					
				33	Trous de scellement dans la pierre et scellements au plomb..................	29,00	39	0 50	10 00	
				34	Verre à vitres demi-blanc..	2^{m2},48	38	3 50	8 68	18 68
					TOTAL..........					2328 17
II				3	Frais imprévus.......................					50 00
III				8	Frais d'adjudication..................					216 34
				9	Frais d'enregistrement (1)..............					30 89
					Total général sans bénéfice d'entrepreneur....					2625 41
					Bénéfice d'entrepreneur 1/10...					262 54
					Montant présumé de la dépense..					2887 95

Ainsi estimé à la somme de *deux mille huit cent quatre-vingt sept francs quatre-vingt-quinze centimes.*

A   , le   18

(Signature.)

L'on voit qu'en disposant les calculs comme dans cet exemple, on arrive à

---

(1) Les droits d'enregistrement et de cautionnement se comptent à raison de 1 fr. 25 c. p. °/₀ du montant de l'entreprise.

connaître non-seulement le résultat final de la dépense, mais encore la quote-part dans cette dépense des travaux de diverses natures qu'on aura à exécuter.

Lorsque le travail se divise en plusieurs sections, il convient de subdiviser en trois la colonne des sommes, afin d'en avoir une dans laquelle on inscrit la dépense totale des travaux de chaque section.

Ces subdivisions de la dépense totale sont souvent utiles, surtout dans les administrations publiques.

1195. Métrés. — Afin d'éviter de donner au devis estimatif une longueur démesuré et de permettre d'embrasser plus aisément d'un seul coup d'œil les principaux éléments de la dépense, on se borne à porter, *in-globo*, comme nous l'avons fait ci-dessus, les quantités de travaux à exécuter. Mais ces quantités elles-mêmes doivent être justifiées, et c'est là l'objet des *métrés* (1), qui forment le complément indispensable, en même temps qu'une des bases d'un détail estimatif bien fait.

Ces métrés doivent, comme toutes les pièces de comptabilité, être dressés avec ordre, méthode et régularité, et rien n'est encore plus facile, lorsqu'on a pris garde de donner ces trois qualités au devis descriptif.

1196. Exemple. — Il nous suffira de donner comme exemple le métré des paragraphes *Terrassement* et *Maçonnerie* de notre devis estimatif, pour faire comprendre comment cette pièce se rédige.

---

(1) Autrefois on disait *toisé*, et cette vieille expression est encore souvent employée, malgré le changement du système de mesures.

Direction des fortifications.

Place de

Exercice de 18.. à 18..

CONSTRUCTION D'UNE ÉCURIE.

MÉTRÉ des ouvrages à exécuter pour la construction d'une écurie à…

RENVOIS au DEVIS DESCRIPTIF.					DÉSIGNATION des OUVRAGES.	Longueur.	Largeur.	Épaisseur, hauteur ou profondeur.	CUBATURES		SURFACES		POIDS.
Partie.	Section.	Paragraphe.	Article.	Numéro.					Partielles.	Totales.	Partielles.	Totales.	
1	»	A	»		*Terrassements.*								
				1	Déblais de fondation, pour un mur de face.	12m,00	1m,00	0m,50	6m,00				
					Pour un autre mur semblable.	»	»	»	6,00				
					Pour un mur de pignon.	10,00	0,60	0,50	3,00				
					Pour l'autre mur de pignon.	»	»	»	3,00				
					Pour un mur de refend.	9,00	0,50	0,45	2,03	20m,03			
					Ces déblais seront transportés moyennement à 3 relais de distance, où ils seront remblayés et damés.								
1	»	B	»		*Maçonneries.*								
				2	Maçonnerie en moellons et mortier hydraulique pour fondements.	55,60	0,36	0,50	10,00	10,00			
				3	Nette maçonnerie en briques et mortier hydraulique pour les murs extérieurs.	44,00	0,30	3,00	19,00				
					Pour le mur de refend.	9,00	0,20	3,00	5,40				
					Pour deux pignons.	20,00	0,30	1,60	9,60				
									61,60				
					A déduire pour les vides.	……	……	……					
					Une porte.	2,00	1,50	0,30	0,90				
					Une fenêtre.	1,50	1,00	0,30	0,45				
					Cinq autres fenêtres semblables.	»	»	»	2,25				
									3,60				
					Reste.	……	……	……	……	61,00			
				4	*Pierre de taille.*								
					Un seuil de porte.	1,70	0,30	0,30	0,153				
					Un seuil de fenêtre.	1,70	0,25	0,10	0,042				
					Cinq autres semblables.	»	»	»	0,208	0,403			

Le présent métré a été dressé par le soussigné NN.

A   le

(Signature.)

N. B. On porterait dans les colonnes intitulées *surfaces* et *poids* les quantités d'ouvrages qui se payent au mètre carré et au kilogramme.

1197. Analyse ou sous-détail des prix. — Le métré est, comme nous l'avons déjà dit, une des bases importantes du détail estimatif ; mais il en est une autre qui ne l'est pas moins, c'est *l'analyse ou sous-détail des prix élémentaires*.

Il faut remarquer en effet qu'il n'est pas un seul des ouvrages compris dans le devis estimatif dont le prix ne soit composé d'éléments très-complexes et qui demandent à être estimés eux-mêmes à leur juste valeur.

Ainsi, dans le prix du mètre cube de terrassement, il entre d'abord une fraction du prix de la journée du terrassier, puis une certaine somme pour prêt et usure d'outils, de planches de roulage, etc.; dans celui du mètre cube de maçonnerie en briques, doivent figurer en première ligne le prix du nombre de briques et du volume de mortier nécessaires, puis un tantième du prix de la journée du maître-maçon et de son aide, plus enfin une certaine somme pour prêt et usure d'outils, de perches et de planches d'échafaud, etc. Le prix du mortier lui-même, qui entre dans la composition du prix de la maçonnerie, se décompose en prix du sable, de la chaux, du ciment ou de la pouzzolane employés, et en prix de main-d'œuvre de fabrication, plus une certaine somme encore pour prêt et usure d'outils, construction de baraques, d'aires ou de machines, etc.

1198. Importance d'une bonne analyse de prix. — L'importance d'un bon sous-détail de prix est incontestable, car il fournit seul les moyens de discuter avec certitude, dans un grand nombre de cas, et les prétentions des entrepreneurs et l'économie qui peut résulter de l'emploi de telle espèce d'ouvrage de préférence à telle autre.

On aurait tort de croire qu'au moyen de l'adjudication publique la connaissance exacte des prix n'offre pas le même intérêt que quand on traite de la main à la main, et de supposer que la concurrence rectifiera suffisamment les erreurs commises par défaut de renseignements exacts sur les prix des choses. On peut être persuadé, au contraire, qu'en général ce n'est là qu'une exception, et que la plupart du temps, lorsque les concurrents à une entreprise trouvent, dans les prix appliqués aux détails estimatifs, une certaine exagération qui leur permet de réaliser des bénéfices, ils se coalisent pour se les partager.

Des prix établis trop bas n'ont pas un inconvénient aussi fâcheux, mais ils ont celui de provoquer des hausses à chaque adjudication, et de faire naître des difficultés administratives, tellement redoutées de beaucoup de fonctionnaires, que cela crée une tendance à tomber dans l'excès contraire.

1199. Difficulté de la confection d'une bonne analyse. — Mais autant une bonne analyse de prix est importante, autant elle est difficile et longue à faire. Celui qui s'y livre est arrêté à chaque pas par des difficultés : ici ce sont les entrepreneurs qui ont enjoint aux marchands ou fournisseurs avec lesquels ils traitent de ne donner que des renseignements aussi exagérés que ceux qu'ils fournisssent habituellement eux-mêmes; là ce sont des différences fabuleuses entre les prix des marchands indépendants des entrepreneurs, et qui ont pour cause tantôt des différences de qualités qu'ils négligent de renseigner ou que leur i ntérêt les engage à dissimuler, tantôt le plus ou moins de bonne foi avec laquelle ils livrent, de prime abord, leur prix véritable à l'acheteur; ailleurs l'un donne le prix de sa marchandise vendue *en détail*, et l'autre celui de la vente *en gros*.

De là naissent mille contradictions, au milieu desquelles il est fort difficile de démêler l'exacte vérité. Ce n'est qu'à force de renseignements puisés aux sources les plus différentes que la lumière peut se faire.

Si l'on ajoute à tout cela le manque de renseignements parfaitement exacts sur les quantités d'ouvrages que des ouvriers d'une force et d'une habileté moyennes peuvent faire en une journée, et selon le degré de sujétion auquel l'ouvrage est soumis, sur l'usure des outils et des machines qu'ils emploient, etc., etc., on concevra mieux encore combien sont difficiles à faire de bonnes analyses de prix.

Du reste, l'ordre dans la distribution des matières est encore ici d'une indispensable nécessité.

La manière de procéder qui semble la plus rationnelle est celle qui consiste à établir en premier lieu les prix des dépenses élémentaires, comme ceux des journées d'ouvriers de divers métiers et des matières premières; de passer ensuite à la composition des prix les moins compliqués, pour continuer de proche en proche à estimer ceux qui le sont le plus. Pour rendre ce travail plus clair et éviter des répétitions, il faut numéroter chaque prix de l'analyse afin de pouvoir renvoyer à son numéro chaque fois qu'on en fait usage dans un prix plus compliqué.

1200. Analyse-modèle pour les travaux du génie militaire de France. — On appréciera mieux tout ce que nous avons dit ci-dessus en lisant avec attention les cahiers d'analyse-modèle publiés par le génie militaire français.

Malgré leur étendue, nous les reproduirons en annexes à la fin de ce volume.

APPENDICE.

TRAVAUX D'ENTRETIEN ET DE RÉPARATION.

1201. Préliminaires. — Dans ce qui précède, nous avons exposé les règles générales de l'art de bâtir, et nous en avons montré quelques applications importantes à des constructions neuves. Mais le constructeur n'a pas toujours à appliquer ses connaissances à des travaux de cette espèce ; les dégradations que subissent, par l'effet de mille causes extérieures, les ouvrages des hommes appellent continuellement son attention et exigent souvent, pour être réparées, plus d'intelligence et de véritable savoir que les travaux neufs les plus compliqués.

Ajoutons encore que fréquemment, par suite d'un changement dans la destination des édifices ou de conditions nouvelles auxquelles ils doivent satisfaire, il devient indispensable d'y apporter des modifications qui nécessitent parfois aussi des travaux extrêmement délicats.

Notre enseignement laisserait donc quelque chose à désirer si nous ne donnions des instructions à ce sujet.

1202. Nature et causes des dégradations. — Les dégradations que subissent les parties d'un édifice sont de diverses sortes et les causes en sont très-variées.

1203. Maçonneries. — Ainsi, dans les maçonneries, les pierres, les briques et les mortiers s'écaillent, s'égrènent ou se pourrissent par suite de l'action des intempéries de l'atmosphère, et surtout de la gelée; on les voit se fendre, s'épauffrer ou éclater par suite de tassements irréguliers, d'une mauvaise répartition des charges, ou de défauts cachés, quelquefois aussi par l'effet de la germination ou du développement de plantes dont les graines, emportées par le vent, ont été déposées dans les joints des maçonneries; tantôt des filtrations d'eaux pluviales ou des tassements irréguliers font séparer les parements du corps des maçonneries; ils se bombent, *prennent du ventre*, comme on le dit en termes de l'art, puis finissent par s'écrouler par grandes parties. D'autres fois ce sont les fondements qui manquent; des tassements totalement imprévus se manifestent dans le terrain et entraînent le déchirement, le déversement et quelquefois la chute des maçonneries. Ailleurs, les mêmes effets sont produits par la destruction lente et graduelle des grillages, des pilotis; dans d'autres cas encore, le terrain, attaqué et miné par les eaux, les influences atmosphériques, cesse à la longue d'offrir aux maçonneries un appui suffisamment solide; des chocs extérieurs et purement accidentels, l'action des moyens destructeurs que l'homme a à sa disposition, sont encore autant de causes qui apportent leur contingent aux détériorations qui atteignent les maçonneries même les mieux faites et les plus solides.

1204. Crépis et enduits. — L'humidité et la gelée attaquent, disjoignent et font souffler les enduits; une extinction tardive de la chaux produit le même effet. Les eaux salpêtrées qui circulent dans l'intérieur des maçonneries ont encore une action désorganisatrice plus prononcée.

1205. Pavés, dallages, carrelages. — Les pavages, dallages et carrelages de tout genre s'usent, se défoncent et se brisent par suite du piétinement ou du roulage, de l'action alternative des gelées et des dégels qui font successivement gonfler et dégonfler le terrain sur lequel ils sont assis; par l'effet des eaux qui détrempent le terrain et le ramollissent au point de céder sous la moindre pression.

1206. Toitures en ardoises et en tuiles. — Les ardoises et les tuiles se désorganisent par les mêmes causes que les autres pierres. La chute de corps pesants, l'action du vent, les mouvements de la volige occasionnés par le resserrement des assemblages, les secousses imprimées par les ouragans, le jeu hygrométrique, etc., sont de nouvelles causes qui cassent les matériaux de couverture et les rendent indépendants de leurs points d'attache. De là résulte la mise à nu de la volige ou de la charpente. Il faut ajouter à cela la désorganisation, lente et progressive ordinairement, mais quelquefois fort active, des jointoiements et solins, des ruellées, l'usure des clous par la rouille, etc.

1207. Travaux en matériaux ligneux. — Les charpentes, et en général tous les ouvrages en bois, se détériorent d'une autre manière et parfois par d'autres causes. L'action alternative du sec et de l'humide les fait passer par divers degrés de désorganisation jusqu'à la pourriture la plus complète; les vers viennent encore s'ajouter à cette cause de destruction et lui impriment un surcroît d'activité. Le feu vient parfois anéantir en quelques instants les constructions les plus vastes. Quelquefois enfin un commencement de désorganisation suffit pour enlever à certaines pièces une grande partie de la force qui leur est nécessaire, et elles fléchissent outre mesure et se brisent.

1208. Ouvrages métalliques. — Les ouvrages en fer et en fonte sont attaqués, corrodés et perforés par la rouille. Sans être totalement détruits, ils perdent progressivement de leur élasticité ou de leur force, et il arrive un point où, n'étant plus assez forts pour résister, ils se rompent.

Les ouvrages en cuivre, en bronze, en zinc, sont plus durables en général ; l'oxydation n'a pas d'aussi funestes résultats ; mais, en quelques cas, leur destruction est singulièrement hâtée par l'action de certains acides végétaux produits par le croupissement dans l'eau de feuilles d'arbres emportées par le vent. Les toitures en zinc notamment souffrent beaucoup de la corrosion qui en résulte. On a remarqué que le voisinage des noyers leur est surtout très-défavorable.

Ajoutons encore à cette cause de destruction, qui attaque aussi le fer comme les autres métaux, les réactions chimiques produites sous l'influence des forces galvaniques qui se développent par le contact de deux métaux d'espèce différente.

Enfin, faisons remarquer que, comme les constructions en pierre, comme celles en bois, les constructions en métal ont aussi à souffrir de l'action des chocs accidentels produits par les ouragans, ou par les moyens destructeurs que l'homme a en sa puissance.

1209. Remèdes préventifs.—La connaissance de ces diverses causes de destruction ou de désorganisation est extrêmement utile au constructeur. Par là il peut, en érigeant ses ouvrages, prendre toutes les précautions que lui suggère son industrie pour les y soustraire autant que possible, et nous en avons déjà tenu compte dans les préceptes que nous avons donnés en traitant de la construction des travaux neufs ; mais nous l'avons déjà dit, malgré toutes les précautions imaginables, on ne parvient jamais à obvier complétement à ces détériorations ; on ne fait qu'en reculer le terme et les rendre de moindre conséquence. Ainsi on peut admettre, en règle générale, que tout ouvrage, quelle que soit sa nature, doit être l'objet d'un *entretien* bien dirigé, si l'on veut qu'il se conserve intact.

1210. Entretien. — Règle générale. — La bonne direction de l'entretien d'une construction unique ou d'un ensemble de constructions, telles que celles qui constituent une forteresse, par exemple, est une chose assez importante pour que nous en disions d'abord quelques mots avant d'aborder le détail des travaux.

Nous dirons en premier lieu qu'on ne peut jamais apporter trop tôt le remède à une dégradation qui se manifeste ; car fréquemment les dégâts qui en sont la conséquence immédiate augmentent dans une progression effrayante. Dans le joint dégradé d'une maçonnerie se loge la semence d'une plante dont les racines, en se développant, ont assez de force pour briser les pierres et faire souffler les parements. La plus petite filtration, dans un ouvrage hydraulique, peut en déterminer la ruine complète en moins de vingt-quatre heures.

On devrait donc poser en règle générale qu'une dégradation, quelle qu'elle soit, doit être réparée aussitôt que constatée. Malheureusement, les circonstances ne permettent pas toujours d'en agir ainsi. Les fonds dont on dispose y mettent de fréquents obstacles. Ce qu'il y a à faire alors, c'est d'apprécier aussi exactement qu'on le peut le degré relatif de gravité des diverses détériorations et de porter d'abord son attention et ses remèdes sur celles dont les conséquences seraient les plus funestes. Ainsi, dans un bâtiment, la toiture est ce qu'il faut d'abord entretenir avec le plus grand soin, puisque de sa bonne conservation et de son imperméabilité dépend la conservation des parties sous-jacentes ; dans un mur, les tablettes de couronnement et les cordons sont les parties qu'il faut le plus soigner, parce que, par leurs joints entr'ouverts, la pluie trouve bientôt un passage jusque dans le cœur des maçonneries, qu'elle pourrit et désorganise, etc.

Nous conseillerons après cela de procéder aux réparations avec ordre et esprit de suite. On gaspille souvent inutilement l'argent qu'on emploie à faire, sans système bien arrêté, quelques réparations insignifiantes dans toutes les parties d'un édifice, tandis qu'on pourrait en obtenir un excellent résultat en concentrant toute la dépense sur un point pour y faire une réparation importante. Mais c'est surtout dans les grands ensembles d'ouvrages que cette observation acquiert une importance majeure ; car à l'inconvénient que nous venons de signaler il s'en joint encore un autre très-grave : c'est de rendre d'autant plus difficile le contrôle des opérations d'un entrepreneur, qu'on lui permet d'éparpiller ses travaux sur un plus grand nombre de points. Cent mètres carrés de rejointoiement, exécutés sur les murs d'une forteresse de quelque étendue, offrent des difficultés de vérification qu'on comprendra sans peine, tandis que toute espèce de fraude est rendue presque impossible si on les exécute sur une seule courtine ou sur une face de bastion.

Ainsi, pour résumer tout ceci, nous recommandons à ceux qui auront à diriger des travaux d'entretien qui ne pourront tous être entrepris en même temps, ce qui sera le cas le plus fréquent :

1° De discuter avec soin les dégradations les plus importantes et auxquelles il est le plus urgent de porter remède, et de les classer toutes par ordre d'importance ;

2° D'en entreprendre l'exécution successivement et régulièrement, en s'attachant à mettre une construction ou une partie de construction tout entière en bon état avant de passer à une autre.

Pour mieux faire saisir notre pensée, supposons qu'on ait à entretenir une forteresse dont tous les bâtiments militaires sont en plus ou moins mauvais état, et avec une somme trop minime pour en attaquer plus d'un à la fois.

On commencera par dresser un état de situation de chacun d'eux et par déterminer l'ordre dans lequel on les réparera. Cela fait, on entreprendra la mise en bon état du premier, qu'on restaurera entièrement avant de passer au second, et ainsi de suite. Si l'on ne peut entreprendre la restauration du bâtiment tout entier, on s'attaquera à l'une ou à quelques-unes de ses parties seulement qu'on réparera complétement avant de toucher aux autres. Ainsi on remettra en bon état la toiture d'abord, puis les murs, les crépissages et plafonnages, la charpente. la menuiserie, la peinture, etc., en procédant toujours du plus important à ce qui l'est moins.

On ne distraira de la somme dont on dispose que le strict nécessaire pour parer provisoirement aux dégradations qu'il est impossible de négliger. Au bout de quelques années, on sera tout surpris du résultat qu'on aura obtenu avec des sommes minimes et qui, dépensées d'une autre manière, n'auraient donné que des résultats inappréciables.

Ceci bien entendu, nous passons au détail des travaux d'entretien les plus importants.

1211. Travaux d'entretien. — Maçonneries, rejointoiements. — Les rejointoiements se font sur les maçonneries dont les joints de mortier sont dégradés. Ils s'opèrent de la même manière que les jointoiements (251 et 310); seulement, après avoir gratté le mortier des joints sur un centimètre ou deux de profondeur, on arrose la maçonnerie, afin que le mortier qu'on emploie pour les remplir ne soit pas trop rapidement privé de son eau par des matériaux secs et absorbants.

1212. Pierres et briques placées en recherche (1). — Lorsque quelques pierres ou briques isolées du parement ont été brisées ou détruites par diverses causes, on procède à leur remplacement, après avoir enlevé soigneusement tout ce qui en reste, ainsi que leur gangue de mortier. Les pierres nouvelles se posent dans un bain de mortier dont on a soin d'enduire toutes les faces de la cavité où elles doivent être placées. Il va sans dire qu'on doit employer des pierres ou des briques de même nature que celles du mur qu'on répare, afin de ne pas y créer des disparates choquantes.

1213. Parements soufflés (2). — Lorsqu'un parement est fortement soufflé,

---

(1) En général, toutes les réparations où il ne s'agit que de remplacer par-ci par-là quelques matériaux détériorés portent le nom d'ouvrages *en recherche*.

(2) Dans les murs en moellons, les *soufflures* s'étendent ordinairement jusqu'à la queue des moellons de parements. Dans les murs en briques, elles s'arrêtent assez généralement à la profondeur des premières panneresses. On a assigné différentes causes à la formation de ces soufflures ou écorchements d'une demi-brique, mais je pense que celle qui y joue le plus grand rôle réside dans l'extinction tardive des mortiers qui s'exécute plus rapidement dans les parties exposées au contact de l'air que dans les autres. Cette extinction tardive a pour résultat de faire gonfler les joints au parement plus que ceux de l'intérieur, et il en résulte une fracture au point le plus faible du parement. Or, c'est justement celui qui est situé au milieu de la longueur des premières boutisses et qui correspond au joint des panneresses. Il arrive fréquemment, lorsque le mur n'a pas une grande épaisseur, qu'au lieu de fracturer le parement, le gonflement du mortier, qui s'opère différemment aux deux faces, fait courber ou voiler le mur. Cet effet était surtout très-remarquable dans le mur d'octroi de la ville de Bruxelles.

on s'en aperçoit souvent à la vue, parce qu'il fait une bosse ou un *ventre*; mais lorsque la dégradation n'est pas aussi avancée, la solution de continuité qui existe entre le parement et le corps du mur peut ne pas être accusée de cette manière. Il est toutefois facile de la constater par le son que rend la maçonnerie. Lorsqu'on frappe avec un marteau un parement soufflé, quelque petit que soit l'intervalle qui le sépare du corps du mur, il rend un son sourd et faux, tandis que celui qui ne l'est pas rend un son clair et net.

Pour réparer un parement soufflé, il faut abattre en entier tout ce qui a souffert, nettoyer et laver proprement la maçonnerie restante, et reconstruire un parement neuf à la place de l'ancien, en ayant soin d'en raccorder soigneusement les assises avec celles de la maçonnerie adjacente et de les relier, autant que faire se peut, avec l'ancienne maçonnerie.

Il ne faut pas se dissimuler toutefois que cette liaison, quelque bien exécutée qu'elle soit, est extrêmement précaire et tout à fait insuffisante, si la portion de parement renouvelée a quelque étendue. En effet, l'ancienne maçonnerie ne tasse plus, tandis que la maçonnerie fraîche qu'on y accole fait son tassement comme toutes les autres, et il résulte nécessairement de cette immobilité d'une part et de ce mouvement de l'autre une solution de continuité.

Pour parer autant que possible à cet inconvénient, on a recours, surtout lorsqu'il s'agit de parements tout entiers à refaire, à des artifices de construction que nous allons successivement faire connaître.

Un premier moyen consiste à attacher le parement à l'ancienne maçonnerie avec des crampons à double tête aplatie (*fig.* 1599, pl. LXI), dont la pointe est chassée à coups de masse dans les joints de l'ancienne maçonnerie, ou scellée, soit dans des trous percés au pistolet de mineur, ainsi que nous l'expliquerons, soit dans des encastrements de moindre profondeur pratiqués dans la face vue de quelques grosses pierres reconnues solides et bien scellées elles-mêmes dans la vieille maçonnerie. Ces crampons se distribuent, autant que possible, par bandes régulières, espacées de deux mètres, et se placent en quinconce.

Un second moyen consiste à remplacer les crampons en fer par des boutisses en pierre distribuées de la même manière; mais ce moyen ne nous paraît pas offrir les mêmes garanties que le précédent, d'abord parce que le scellement des boutisses dans la vieille maçonnerie offre difficilement une solidité équivalente à celle que l'on peut facilement donner aux crampons en fer, et ensuite parce que ces boutisses n'ont pas, comme le fer, la propriété de plier pour se prêter aux légers tassements de la maçonnerie, et se brisent fréquemment ou se descellent. Ce moyen est d'ailleurs assez souvent plus cher que le premier.

Un troisième moyen consiste à faire dans la vieille maçonnerie des tranchées verticales offrant pour section horizontale la figure d'une queue d'hironde (*fig.* 1600). On enchevêtre dans ces rainures verticales la maçonnerie du nouveau parement. Cette méthode a été employée sur une grande échelle aux réparations des fortifications d'Anvers, et on s'en est bien trouvé jusqu'à présent, quoique la solidité des angles aigus des queues d'hironde, sur laquelle repose toute la liaison, puisse paraître contestable ; mais elle a, dans tous les cas, l'inconvénient d'être fort chère, à cause des soins tout particuliers qu'exige la taille des encastrements en queue d'hironde, et elle serait difficilement applicable aux murs en moellons.

Nous lui préférerions la suivante, dont nous nous sommes servi avec un plein succès pour réparer un grand nombre de murs de la citadelle de Namur.

Le parement se monte contre l'ancienne maçonnerie, bien nettoyée jusqu'au vif, sans aucune préparation préalable ; mais de deux mètres en deux mètres (en élévation) on procède ainsi qu'il suit : on pose sur la maçonnerie bien arasée de niveau une chaîne en pierre, construite et reliée comme c'est expliqué au n° 294, II° partie, et l'on relie ensuite cette chaîne à la vieille maçonnerie comme nous allons l'expliquer : on perce au pistolet de mineur, et au niveau de la face supérieure de la chaîne, une série de trous cylindriques de 5 à 6 centimètres de diamètre et de 50 à 60 centimètres de profondeur (selon la bonté de la maçonnerie), espacés entre eux de 1^m,50 ; ces trous sont destinés à recevoir la queue d'un système d'ancres qui se scellent à leur tête dans les pierres de la chaîne. A l'effet de les attacher plus solidement au vieux mur, les queues de ces ancres sont bifurquées (*fig.* 1601) et armées d'un crochet en retour d'équerre à chaque branche, que l'on fait très-flexible. Avant d'introduire l'ancre dans le trou, on place dans la bifurcation un coin, dont la tête, arrêtée contre le fond du trou, fait élargir et serrer les deux branches de l'ancre contre la paroi lorsqu'on la chasse avec une masse. On termine ensuite le scellement en remplissant le trou avec du plâtre ou du mortier hydraulique (1).

Ce mode de construction est très-facile, très-propre et très-solide en même temps, plus économique que le précédent, et, en outre, d'une application plus générale.

1214. Murs déversés. — Lorsque des murs sont sortis de leur aplomb et menacent ruine par suite de tassements inégaux dans les fondements ou de poussées, il n'est pas toujours impossible de remédier à ce grave inconvénient, et, dans quelques cas, on peut redresser par les divers moyens que nous allons sommairement indiquer.

Lorsqu'on peut prendre en avant ou en arrière du mur des points d'appui suffisamment inébranlables, on peut essayer en opérant avec des crics, des leviers, des vis, etc. L'important, c'est de ménager l'action de la force de manière qu'elle ait lieu régulièrement et sans secousse. L'appareil le plus simple consiste à placer contre le mur à redresser, et contre le point d'appui, des madriers AA (*fig.* 1602), entre lesquels on place un étrésillon solide légèrement incliné et dont on fait marcher le pied avec le bec d'un ciseau ou d'un pied-de-biche B, de ma-

---

(1) La force de ce scellement est très-considérable. J'ai fait faire, étant à Namur, deux expériences dont les résultats sont consignés dans le tableau suivant et qui serviront à la faire

nière à repousser le mur dans la direction voulue. Pour les murs ordinaires des bâtiments, ce moyen offre généralement une puissance suffisante; mais quand il s'agit de gros murs, il faut souvent en employer de plus énergiques.

Celui que nous venons d'indiquer peut être rendu tel, en plaçant à l'une des extrémités des étrésillons un rouleau de bois R (*fig.* 1603), armé de pointes en fer à sa surface, si c'est nécessaire, qu'on fait tourner au moyen de leviers. L'effet de cette machine se comprendra aisément à la seule inspection de la figure.

Nous croyons inutile de donner des exemples d'emplois de vis et de crics. On concevra aisément le parti qu'on pourra en tirer selon les lieux.

Nous nous bornerons à indiquer deux autres moyens dont l'emploi est plus original et moins connu.

Le premier est basé sur la force immense (infinie en théorie) nécessaire pour tendre un cordon pesant horizontalement et en ligne droite. Que l'on imagine un câble pesant en fer, attaché solidement d'une part au mur déversé et de l'autre à un point fixe, et posé horizontalement sur un plancher provisoire établi sur des chevalets ou sur des supports quelconques; que l'on suppose ensuite ce plancher démonté par parties, la chaîne tendra à prendre la forme

---

apprécier. On avait employé de bon plâtre de Montmartre pour le scellement, et l'on s'est servi, pour déterminer l'arrachement, d'un levier coudé dont l'une des branches portait contre le mentonnet de l'ancre, tandis que l'autre était chargée de poids.

QUALITÉ des MAÇONNERIES.	Temps écoulé entre le coulé du plâtre et l'expérience.	Quantité de plâtre employé.	Poids de l'ancre et de son coin.	Dimensions du levier.			Poids placé à l'extrémité du long bras.	Observations
				Longueur du grand bras.	Longueur du petit bras.	Équarrissage.		
Maçonnerie en moellons de psammite par relevés; mortier ordinaire....	144 heures.	1 3/4 kil.	4 kil.	$2^m,00$	$0^m,10$	$\dfrac{0^m,016}{0,064}$	$229^k,50$	L'ancre n'a pas bougé; le mentonnet sur lequel agissait le levier a plié.
Maçonnerie en briques; mortier ordinaire.........	48 heures.	1 kil.	4 kil.	2,00	0,10	$\dfrac{0,016}{0,064}$	$113^k,30$	Le levier a plié; l'ancre est sortie à cet instant, du trou de 3 cent.

L'on voit, d'après cela, qu'une force approximative de 4,590 kilogrammes n'a pu faire bouger l'ancre dans le mur en moellons, et qu'il a fallu plus de 2,270 kilogrammes de traction pour obtenir un résultat dans le mur en briques.

parabolique dans les parties non soutenues en entrainant le mur dans son mouvement, si son poids et sa résistance propres sont convenablement établis. Ce moyen paraît très-simple et peut être utilisé dans des cas fort nombreux.

Nous ne croyons pas pourtant qu'on s'en soit encore servi (1).

Le second moyen est fondé sur la force que le fer développe en se contractant par suite d'un refroidissement, ou en se dilatant par la chaleur. Il a été employé, avec un plein succès, au Conservatoire des arts et métiers, à Paris, dans les circonstances suivantes.

Par suite de l'établissement d'un mur A (*fig.* 1604) sur la voûte d'une des salles principales de cet édifice, les pieds-droits, C, B, avaient cédé à la poussée et s'étaient déversés du dedans au dehors. Il était devenu indispensable de les empêcher de céder davantage et de les remettre d'aplomb si c'était possible. M. Molard imagina de placer de fortes ancres, D, à la naissance de la voûte et de les serrer avec un levier contre des plateaux en fonte placés à chaque extrémité et en dehors du mur. Il eut en même temps l'heureuse idée de chauffer les ancres au moyen de réchauds portatifs, de manière à les faire dilater d'une quantité assez notable pour pouvoir faire faire quelques tours de plus aux écrous en cet état que quand les barres étaient à la température ordinaire. On remarqua, à la suite de l'opération, que le fer en se contractant ramenait les murs vers leur aplomb d'une quantité égale à la dilatation de la barre. Cette opération, répétée plusieurs fois avec des précautions que l'on comprendra facilement, pour ne pas perdre à chaque fois le terrain gagné par l'opération précédente, eut pour résultat final de remettre les choses dans leur état normal.

Nous n'avons pas besoin de rappeler que la théorie donne le moyen de déterminer la section des ancres, de manière qu'elles aient la force nécessaire pour résister à un refroidissement voulu, tout en restant tendues entre deux points résistants. Nous renvoyons, à cet égard, au n° 612 (III° partie).

Il serait inutile de faire observer aussi qu'on pourrait se servir de la dilatation pour produire un résultat inverse, et que cela pourrait être utilisé pour redresser deux murs qui tomberaient l'un vers l'autre. Quels que soient les moyens que l'on emploie, ces opérations sont toujours extrêmement délicates, et exigent d'être dirigées et surveillées par des hommes adroits et intelligents, et d'être entourées de toutes les précautions imaginables pour éviter des malheurs en cas de chute. Une précaution presque toujours indispensable, c'est d'envelopper le mur par une charpente en bois ou en métal, suffisamment solide pour empêcher toute disjonction dans les éléments de la maçonnerie pendant le mouvement qu'on lui imprime. Dans quelques cas, il suffit de quelques planches ou madriers placés aux

---

(1) Feu le colonel du génie Dandelin me l'avait indiqué pour redresser le pont de bois qui joignait l'ouvrage du *Donjon* à celui de *Terre-neuve* à la citadelle de Namur, mais la chute prématurée de cet ouvrage n'a pas permis d'en faire l'essai.

principaux points d'application des forces agissantes; dans d'autres, il faut une sorte de chemise en pan de bois ou de fer, d'une force capable de répartir uniformément sur le mur tout entier l'effort exercé sur quelques points.

Lorsque le redressement du mur est reconnu impossible, on peut encore examiner, avant de le démolir, si, au moyen de contre-forts ou d'arcs-boutants en maçonnerie, on ne peut lui rendre la stabilité nécessaire, sans nuire à l'aspect de la construction. Ces contre-forts doivent s'établir sur un fondement solide, et être reliés avec le mur par des *écorchements* qu'on pratique dans son parement, afin de bien enchevêtrer les matériaux.

1215. Murs lézardés. — On appelle *lézardes* les fentes qui se manifestent dans les maçonneries; presque toujours elles sont produites par des tassements inégaux dans les maçonneries ou dans le sol. Dès qu'un accident de ce genre se manifeste, on doit l'observer et suivre sa marche avec soin. Parfois il s'arrête dans des limites restreintes, et l'on peut aisément le réparer en démolissant la maçonnerie à droite et à gauche de la lézarde, et en la reconstruisant avec des matériaux d'une plus grande dimension. On fait ainsi disparaître la fente sans nuire, d'une manière sensible à l'œil, à la régularité de l'appareil. Dans ce cas, l'on a soin de faire la démolition par *écorchements*, tels que la liaison de la maçonnerie de remplissage avec la maçonnerie adjacente soit aussi parfaite que possible. D'ailleurs, une semblable réparation ne doit être entreprise que quand on est bien assuré que la lézarde ne s'ouvre plus, ce qui peut être aisément constaté en introduisant dans la fente des coins de bois ou de pierre que la moindre augmentation d'ouverture fait tomber.

Lorsqu'on s'aperçoit que le mouvement se continue au point de faire sérieusement craindre la chute d'une partie du mur dans un temps plus ou moins rapproché, il faut immédiatement étançonner, par les meilleurs moyens applicables aux circonstances, ce qui menace ruine, et examiner si, par le moyen d'un *rempiétement*, il n'est pas possible d'arrêter immédiatement le mouvement.

1216. Rempiétement. — Un rempiétement est une reprise des maçonneries en *sous-œuvre*, c'est-à-dire sous le plan de leurs fondations. Cette définition fait concevoir combien cette opération est délicate, puisque le mur se trouve dépourvu de son appui primitif et naturel pendant tout le temps qu'elle dure.

En général, voici comment on y procède :

On commence par soutenir le mur à rempiéter, aussi bien que possible, par des appuis provisoires, qui portent le nom d'*étançons* ou de *chevalements*. On désigne sous le nom d'*étançons* des poutres de bois, peu inclinées par rapport à la verticale, appuyées d'une part sur le sol, et de l'eau encastrées dans le mur (*fig.* 1605). Il est toujours convenable de faire porter les extrémités des étançons contre des plateaux en madriers qui répartissent leur action sur une plus grande surface, et de les roidir fortement au moyen de coins qu'on chasse sous leur pied à coups de masse. On appelle *chevalement* une espèce de chevalet en charpente (*fig.* 1606), composé généralement d'un chapeau, A, qui traverse le mur de part en part, et de deux étançons, B, B. Ce mode de soutènement est plus efficace que le précédent, et on doit l'employer de préférence quand rien ne s'y oppose. Indépendamment de ces précautions, si le mur est percé de baies de portes ou de fenêtres, on prend celle de les étrésillonner toutes, ainsi qu'on le voit dans la *fig.* 1607. On place deux madriers contre les joues de la baie, et dans l'intervalle on serre fortement des étrésillons inclinés, E, E.... Enfin, si le cas le permet, on ancre encore le mur à d'autres constructions par des tirants ou des armatures en fer de diverses formes.

Cela étant fait, on déblaye le terrain, en avant ou en arrière des fondations, sur une longueur d'un mètre ou deux, selon sa nature, et la profondeur à laquelle on veut asseoir le nouveau fondement. On le coupe, autant que possible, à pic, ainsi qu'on le voit dans la *fig.* 1608, et on le maintient ainsi au moyen d'étrésillons appuyés contre des madriers. On excave ensuite le terrain placé immédiatement sous la maçonnerie par parties plus ou moins étendues, selon la nature des maçonneries, et lorsqu'il est entièrement déblayé au fond du niveau de la tranchée, on commence la nouvelle maçonnerie jusqu'à ce qu'elle atteigne l'ancienne, contre laquelle on la serre autant que possible. Si, au point où on la commence, le terrain n'est pas meilleur que plus haut, on lui donne un fort empatement, et on la raccorde avec l'ancienne maçonnerie par une suite de retraites étagées. Lorsqu'une portion du mur est rempiétée de cette manière, on en entame une autre adjacente, et de proche en proche on finit par lui donner ainsi une fondation nouvelle.

Dans quelques circonstances, au lieu de procéder par continuité, comme nous venons de l'expliquer, il est avantageux de former de distance en distance des rempiétements séparés formant des espèces de piliers par lesquels on soutient le mur aux points des plus fortes charges, et dont on remplit ultérieurement les intervalles. En tout cas, chaque reprise de maçonnerie doit être terminée latéralement par des *harpes*, afin qu'on puisse la relier avec les autres parties.

1217. Rempiétements en sable. — On a fait depuis quelques années, dans la place de Nieuport, des rempiétements en sable qui ont parfaitement réussi. Ces travaux, dirigés par M. le capitaine du génie Cambier, ont trop d'intérêt pour que nous n'en donnions pas quelque détail. Ils fourniront, d'ailleurs, de nouvelles preuves à l'appui de ce que nous avons dit, au numéro 782, de l'emploi du sable dans les fondations.

1218. Travaux de Nieuport. — Le premier travail de rempiétement entrepris s'est fait à l'arsenal non voûté.

Ce bâtiment, construit de 1818 à 1822, forme une vaste salle rectangulaire, de 75 m. de longueur sur 10m,65 de largeur hors-d'œuvre, et de 9m,80 de hauteur jusqu'au faîte du toit; mais cette hauteur est divisée en deux par un plancher établi à 3m,30 au-dessus du sol du rez-de-chaussée.

Des lézardes s'y faisaient déjà remarquer en 1829, et elles ont été en s'agrandissant et en s'augmentant, au point de faire craindre une chute prochaine. A la date où les travaux de rempiétement ont été entrepris, le bâtiment était déchiré par trente-trois lézardes, et elles allaient en s'élargissant avec une telle rapidité, que celles que l'on bouchait avec du mortier s'ouvraient de nouveau au bout de trois ou quatre semaines.

Des fouilles, exécutées autour des fondements, avaient fait reconnaître que ces accidents étaient dus à la pourriture complète du pilotis et du grillage sur lesquels les murs avaient été assis. Les pilots, qui avaient eu primitivement 0^m,80 de circonférence, n'avaient plus d'intact que le cœur, réduit à une baguette de 0^m,05 à 0^m,06 de circonférence, et les bois de grillage étaient dans le même état.

Ces faits, soit dit en passant, prouvent, une fois de plus, le peu de confiance que méritent les pilotis appliqués aux fondations ordinaires.

Pour mettre un terme à ces mouvements, on décida le rempiétement des murs par un massif de sable.

Après avoir établi des chevalements pour supporter les murs, on creusa par parties la tranchée destinée à recevoir le massif de sable par lequel on se proposait de remplacer le pilotis et le grillage ; cette tranchée avait au sommet une largeur de 3^m,50, et au fond 2^m50. La profondeur a varié de 0^m,80 à 1^m,50, et il est bon de noter que les anciens pilots avaient 5 mètres de fiche, ce qui indique que le sable repose sur une couche encore épaisse de terrain compressible. Au surplus, ce dernier fait nous a été affirmé de la manière la plus formelle par l'officier qui a dirigé les travaux.

Cette tranchée fut ensuite remplie de sable siliceux, humecté et bien damé, jusqu'à une hauteur de 0^m,25 au-dessous du premier tas de briques de l'ancien fondement. Cet intervalle fut alors rempli par quatre tas de bonnes briques, maçonnées avec aussi peu de mortier que possible et chassées avec force, au moyen d'un taquet de bois, dans le dernier tas.

Le damage du sable s'est fait avec une dame plate, du poids de 50 kilogrammes, formée d'un madrier de 2 mètres de longueur, 0^m,30 de largeur et 0^m,06 d'épaisseur, muni de poignées en fer.

Les travaux, commencés le 24 août 1845, étaient terminés le 5 novembre suivant. Le 23 mars 1846, on enleva tous les chevalements, et depuis ce temps le mur, posé sur sa base de sable, n'a plus fait le moindre mouvement.

Le second travail, qui s'est fait pendant le courant de 1846, consistait à rempiéter de la même manière que l'arsenal dont il vient d'être question le bâtiment des magasins du génie.

Ce bâtiment avait été bâti dans des circonstances à peu près identiques à celles qui concernent l'arsenal, et il était dans un état tout aussi déplorable. Malgré des systèmes d'ancrages qu'on avait employés dès 1835 pour arrêter les mouvements qui s'étaient fait remarquer dans les murs, ceux-ci continuaient à se fendre d'une manière effrayante, et à tel point, qu'on y voyait des crevasses ayant jusqu'à 7 centimètres d'ouverture.

Le rempiétement s'est fait exactement comme à l'arsenal, et le résultat a été tout aussi satisfaisant.

Commencé le 9 octobre 1846, il était terminé le 12 novembre suivant, et le 11 mars 1847 on enlevait les chevalements; depuis lors, tous les mouvements ont cessé.

Finalement, on a entrepris un dernier ouvrage de rempiétement sur sable dans des conditions encore plus défavorables. Il s'agissait cette fois de mettre un terme à la désorganisation complète des maçonneries d'un laboratoire à l'épreuve de la bombe, qui se déchiraient en tous sens depuis plusieurs années.

Ce laboratoire avait été construit en 1820 dans les mêmes conditions que les deux bâtiments cités ci-dessus. Il a hors-d'œuvre 27^m,20 de longueur sur 8^m,60 de largeur et 5^{m}80 de hauteur au-dessus du sol. Dès 1835, on y observa de légères lézardes, qui allèrent graduellement en augmentant de nombre et d'étendue, au point qu'en 1848 on regardait le bâtiment comme tout à fait perdu et devant être démoli.

Enhardi par les succès des restaurations précédentes, M. le capitaine Cambier proposa de lui appliquer le même moyen de restauration, bien qu'il présentât cette fois des difficultés beaucoup plus grandes.

Le succès le plus complet a encore couronné son entreprise.

Les murs, après avoir été fortement reliés par des ancres à vis et écrous, et arc-boutés à l'extérieur avec des poutres, furent *déchaussés* par portions, et placés sur un massif de sable, dont la hauteur a varié de 0^m,70 à 1^m,75; les travaux ont commencé le 2 mai 1849 et étaient terminés le 1er juin suivant. Cinq jours après, l'on a desserré les écrous des ancres et les premières cales de l'étançonnage, sans qu'il se soit manifesté le plus petit mouvement.

Deux mois plus tard, on a enlevé les ancres et les étançons, et, le 7 août, le bâtiment reposait entièrement sur sa base de sable, sans qu'on eût observé le moindre tassement. On boucha ensuite les crevasses, et jusqu'à ce jour on n'a pas remarqué qu'elles eussent la plus légère tendance à se rouvrir (1).

----

(1) Les travaux dont j'ai rendu compte ci-dessus, en puisant mes renseignements dans les notices officielles rédigées par M. le capitaine Cambier, suffiraient pour prouver aux plus incrédules que le sable peut être employé en toute confiance dans les fondations ordinaires *en mauvais terrain.* Mais comme ce procédé est encore peu connu et qu'un grand nombre de ceux qui en ont connaissance doutent encore de son efficacité en pareil cas, je crois utile de relater ici divers autres travaux de fondations sur sable qui ont été faits tant dans la place de Nieuport que dans les environs et qui ont toujours été suivis d'un succès complet.

Pour être court, j'en résumerai les diverses circonstances comme suit :

1° *Murs de profil sur la chaussée de Bruges, entre les canaux d'Ypres et de Furnes, et du passage dans le mur contigu au flanc gauche de la lunette n° 106.*

Les anciens murs étaient en ruine et devaient être entièrement reconstruits. Ils avaient été établis sur un pilotis portant un grillage dont les bois étaient tellement pourris qu'on les cou-

Les rempiétements, déjà fort difficiles dans les constructions ordinaires, deviennent à peu près inexécutables dans les ouvrages hydrauliques ; mais on a inventé, il n'y a pas bien longtemps, un procédé qui peut avantageusement en tenir lieu dans les cas où les constructions sont compromises par suite d'affouillements résultant de filtrations.

1219. Procédé d'injection. — Ce procédé consiste à injecter avec une pompe foulante du mortier hydraulique dans les cavités reconnues sous les fondements. Il est dû à l'ingénieur français *Bérigny*.

Voici en général comment on opère : on commence par percer au trépan, au travers des maçonneries, un système de trous d'un plus ou moins grand diamètre, partant d'un endroit où il y a toute commodité pour placer les appareils d'injection, et aboutissant aux chambres d'affouillement. Ces trous servent d'abord à retirer toute la vase liquide qui peut être rassemblée dans les cavités, et

---

pait à la pelle jusqu'à 1ᵐ,10 de profondeur. Le terrain était constitué de remblais de terre vaseuse mêlée de terre glaise et de tourbe sur une hauteur de 5 à 6 *mètres*.

Les nouvelles fondations se firent ainsi : à l'emplacement des anciens grillages on creusa des tranchées de 1ᵐ,10 de profondeur sur 1ᵐ de largeur, puis on les remplit sur 0ᵐ,70 de hauteur de sable fin, pur, humecté et bien damé. Sur chacun de ces massifs de sable on maçonna alors quatre dés de 0ᵐ,80 d'épaisseur sur autant de largeur et 0ᵐ,40 de hauteur, distants de 3ᵐ,60 d'axe en axe. Ces dés servirent de pieds-droits à trois voûtes en arcs de cercle de 0ᵐ,90 de flèche, maçonnées sur une forme de sable reposant elle-même sur le terrain, et par-dessus lesquelles on monta les nettes maçonneries.

Ces travaux, achevés en juin 1841 et observés minutieusement jusqu'à ce jour, n'ont pas dénoté l'apparence du plus petit mouvement.

1° *Dés de support dans deux magasins à poudre.*

Ces dés avaient pour objet de supporter des bacs destinés à renfermer la poudre, et qui répartissent sur chacun d'eux une charge de 1,400 kilogrammes. Ils devaient être établis sur un remblai de *terre vaseuse d'environ trois mètres de hauteur.*

On les a assis sur des massifs de sable *d'un mètre* de profondeur et de 0ᵐ,80 de côté. Chargés depuis le mois d'octobre 1841, ils n'ont éprouvé aucun tassement.

3° *Expérience faite le 14 octobre 1845.*

Dans un terrain formé de *terres rapportées mêlées de décombres* on fit une tranchée d'un mètre de profondeur. Après en avoir battu fortement le fond à la hie, on la remplit de sable humecté et bien damé. Sur ce sable on posa un premier lit de briques sèches de 1ᵐ,50 de longueur sur autant de largeur, sur lequel on avait coulé du mortier bien délayé. Au-dessus de cette assise, on en maçonna dix-huit autres offrant deux retraites de 0ᵐ,20 chacune sur tout le pourtour, et l'on couronna le tout d'un dé en pierre de taille de 0ᵐ,35 de hauteur sur 0,ᵐ25 de côté.

Le 20 octobre 1845, à deux heures de relevée, cette maçonnerie, qui venait d'être achevée, reçut une charge de 1,700 kilogrammes en lingots de plomb.

Cinq jours après (le 25, à deux heures de relevée) on n'avait observé aucun affaissement et l'on ajouta une nouvelle charge de 1,700 kilogrammes. On porta successivement cette charge, d'abord jusqu'à 8,500 kilogrammes, ce qui donna lieu à un tassement d'*un millimètre ;* puis jusqu'à 57,000 kilogrammes. Au bout de huit jours, un nouveau tassement

qu'il est important d'en extraire complétement pour ne pas avoir à craindre des accidents ultérieurs. On peut y parvenir, comme l'a fait en plusieurs circonstances M. Berigny, en introduisant dans les trous d'injection, doublés en métal ou en bois, si c'est nécessaire, une espèce d'écouvillon garni d'étoupes qu'on fait descendre jusqu'à la vase, puis qu'on retire vivement en manière de piston de pompe. La vase, pressée par l'atmosphère, le suit dans son mouvement ascensionnel, et, si on le retire assez vivement du trou, elle jaillit au dehors et vient se répandre tout autour comme une lave. En répétant souvent cette opération dans les divers trous pratiqués, on finit par vider complétement les chambres, ce qu'on reconnaît quand on n'amène plus que de l'eau claire à la suite de l'écouvillon. On peut alors commencer l'injection. Pour cela, on se sert d'une sorte de corps de

---

d'*un sixième de millimètre* fut observé par l'effet de cette charge. On la laissa ensuite en place encore pendant trente-deux jours sans observer aucune dépression nouvelle.

4° *Murs de profil près de l'écluse du Comte, à Nieuport.*

Ce travail, fait sous la direction de l'administration des ponts et chaussées, s'est accompli dans les circonstances suivantes :

Le terrain sur lequel on devait bâtir les murs de profil était un remblai d'environ 6 mètres de hauteur.

On y creusa une tranchée de 1^m,40 de profondeur sur 1^m,00 de largeur, que l'on remplit de sable après en avoir préalablement battu le fond. Les premières assises de briques ont un mètre de largeur et les autres offrent des retraites qui réduisent la largeur à 0^m,63, à la naissance des nettes maçonneries.

« Quoique le sable, lit-on dans la note de M. Cambier, n'ait pas été placé avec tous les « soins qu'exigent ces sortes de travaux, l'on n'a eu à signaler qu'un léger mouvement dans « un des murs ; ce mouvement s'est déclaré immédiatement après que le mur a été « élevé à sa hauteur, mais il n'a pas eu de suite, et au bout de cinq semaines il était complé- « tement arrêté. »

5° *Fondations de l'église de Coxyde.*

Le village de Coxyde est situé à deux lieues de Nieuport, contre les dunes. L'église qu'on voulait y bâtir devait reposer sur le terrain d'un ancien polder composé d'une couche de glaise résistante sur 0^m,60 de profondeur, au-dessous de laquelle se trouve du sable mouvant rempli de sources.

M. l'architecte *Focqueur*, ayant vu la réussite de l'emploi du sable à Nieuport, n'hésita pas à en faire l'application à cette construction qu'il dirigeait. Il a fait déblayer la glaise jusqu'au sable mouvant et l'a remplacée par du sable bien damé, sur lequel les murs de l'église ont été assis.

La maçonnerie a été commencée à la fin de septembre 1845. La fondation jusqu'aux nettes maçonneries a un mètre de largeur sur 1^m,25 de hauteur. Les murs en élévation ont 0^m,78 d'épaisseur. On les éleva, en 1845, jusqu'à 2 mètres de hauteur sans remarquer le moindre mouvement.

En mars 1846, les travaux furent repris et montés à 13 mètres de hauteur.

En 1847, on éleva les murs de la tour, qui ont 0^m,84 d'épaisseur et 18 mètres de hauteur, et l'on couvrit la nef.

Enfin, en 1348, on posa la flèche en charpente de la tour, qui a 23 mètres de hauteur.

Pendant ces diverses phases des travaux, ni depuis, l'on n'a observé le moindre mouvement.

pompe en métal ou en bois, rond ou carré, muni à sa partie inférieure d'un ajutage d'un plus petit diamètre (*fig.* 1609), qu'on adapte successivement sur les trous percés dans la maçonnerie et qu'on emplit de mortier. Au moyen d'un refouloir sur lequel on agit à l'aide d'un petit mouton mû par une sonnette, on chasse le mortier en avant jusqu'à ce que le corps de pompe soit vidé ; puis on retire le refouloir pour recommencer à nouveaux frais. Pour éviter qu'en retirant le refouloir le mortier ne sorte des cavités dans lesquelles sa pression l'a introduit, on peut avoir recours à deux moyens : l'un consiste à percer au bas du corps de pompe un trou, que l'on bouche, pendant que le refouloir agit, avec un petit tampon *a*, et que l'on ouvre quand on veut retirer le refouloir. L'air atmosphérique entrant par ce trou vient contre-balancer la pression qui pourrait faire remonter le mortier sans cette précaution. L'autre moyen qu'on emploie quand il y a des obstacles à ce qu'on use du précédent consiste à placer sous le refouloir une espèce de tampon ou de bourre de foin semblable à celles dont les canonniers se servent pour charger leurs pièces. Le frottement de ce tampon contre le corps de pompe, joint au poids du mortier et à son frottement contre les parois des conduits, suffit, suivant les expériences de M. Berigny, pour contre-balancer l'effet de la pression atmosphérique. La bourre est ensuite chassée en avant avec le mortier par l'injection suivante. L'injection est en elle-même une opération extrêmement simple; mais, pour réussir complétement, elle demande à être dirigée en observant certaines précautions.

La première, c'est de ménager des issues à l'air qui remplit les chambres ou affouillements ; sans cela son ressort élastique empêcherait de les remplir avec exactitude, ce qui est très-important. Il faut donc qu'à chaque trou d'injection corresponde au moins un évent par où l'air puisse s'échapper. Lorsque les chambres sont étendues et qu'il faut plusieurs trous pour en opérer l'injection complète, ces trous font naturellement l'office d'évents les uns par rapport aux autres, si l'on prend garde de ne pas intercepter leurs communications. A cet effet on commence l'injection par les trous qui aboutissent à une extrémité de l'affouillement, et l'on avance graduellement, trou par trou, jusqu'à l'autre extrémité. On ne cesse l'injection par un trou que lorsqu'on voit le mortier arriver à l'orifice du trou voisin, ou lorsque celui par lequel on injecte refuse absolument le mortier.

M. Berigny est parvenu ainsi à injecter jusqu'à 55 mètres cubes de mortier hydraulique sous le radier de l'écluse de chasse de Dieppe.

Une autre précaution indispensable, c'est de fermer, avant de commencer l'injection, les communications que les chambres pourraient avoir avec l'extérieur à un niveau égal ou inférieur au leur. On conçoit que sans cette précaution le mortier injecté s'écoulerait par là, et qu'on pourrait n'en obtenir aucun effet. On y parvient par des rempiétements partiels ou des encaissements en pieux ou palplanches jointifs, disposés pour le mieux d'après les circonstances locales.

Le mortier hydraulique n'est pas la seule matière que l'on ait employée à des travaux de cette nature ; on s'est aussi servi de glaise réduite à l'état de pâte, et même de béton.

1220. Observation. — On a parfois à exécuter dans les bâtiments une opération qui a une certaine analogie avec celle du rempiétement, mais qui offre en général beaucoup moins de difficultés. C'est lorsqu'il s'agit, par exemple, de changer la façade d'un rez-de-chaussée ou d'un étage au-dessus duquel en existent plusieurs autres. Dans ce cas, après avoir étrésillonné toutes les baies, soutenu le poids des planchers par des étançons qui montent les uns au-dessus des autres jusqu'aux derniers étages, recintré les voûtes et établi des chevalements sous les trumeaux de la partie de la façade qui se trouve immédiatement au-dessus de celle qu'on veut refaire, on démolit la maçonnerie sous-jacente et on reconstruit ensuite à nouveaux frais et sous les nouvelles formes données. On prend seulement la précaution de maçonner à joints très-petits et avec des matériaux de choix, et de serrer aussi fortement qu'on le peut les dernières assises de la nouvelle maçonnerie contre les premières de l'ancienne.

Une fois le *serrement* fait, on peut enlever sans crainte les chevalements, les cintres et les étançonnages, puis boucher les trous ménagés autour de l'emplacement des chapeaux des chevalements ou pour la pose des autres pièces de charpente.

1221. Murs humides. — L'humidité est non-seulement une cause de destruction très-active dans les maçonneries, mais elle peut rendre les locaux malsains ou impropres à contenir les divers genres d'approvisionnements qu'on y met. Plusieurs causes tendent à la produire, et il faut chercher à bien les connaître avant de s'arrêter à un parti quelconque pour y porter remède.

Dans beaucoup de cas, l'humidité provient de ce que le mur, étant adossé à des terres, retient l'eau dont elles s'imprègnent par l'effet des sources ou des pluies, et qui finit par transsuder au travers des maçonneries. D'autres fois, et c'est un cas également très-fréquent, l'eau est *pompée* des fondements par suite de l'action absorbante et capillaire des matériaux. Ailleurs, l'humidité est produite par la pluie chassée contre le parement extérieur du mur, qui, fait avec des matériaux trop poreux ou de mauvais mortier, laisse percer l'eau jusqu'à l'intérieur. D'autres fois, enfin, l'humidité a pour cause les propriétés hygrométriques des matériaux, qui absorbent l'eau en vapeur répandue dans l'atmosphère, la condensent dans leurs pores, où elle devient latente, pour la restituer dans certaines circonstances sous forme d'une sorte de transpiration abondante. On voit alors les pierres se couvrir d'une moiteur qui se transforme bientôt çà et là en gouttelettes ruisselant le long des murs ; les pierres *pleurent*, comme disent les ouvriers.

Nous allons indiquer ce qui peut être fait pour porter remède dans ces différents cas.

1222. 1ᵉʳ cas. Humidité provenant de terres adossées au mur. — Si le mur n'est pas muni de *barbacanes* à sa base, on peut essayer si, en en pratiquant, l'humidité ne disparaîtra pas après quelque temps. Ces barbacanes peuvent se percer au trépan ou au ciseau de maçon. Il est bon, dans tous les cas, de les revêtir de tubes en fonte qu'il convient aussi de pousser plus ou moins avant dans les terres, afin d'aller y chercher l'eau de plus longue main et de l'empêcher de venir encore mouiller le parement intérieur. Ce procédé est employé fréquemment en Angleterre, où il a presque toujours produit d'excellents résultats dans les circonstances les plus défavorables. Les tubes d'asséchements ont 7 à 8 centimètres de diamètre extérieur et sont percés, sur tout leur pourtour, de petits trous coniques plus petits en dehors qu'en dedans, afin d'empêcher, autant que possible, leur oblitération. Ils ont 1^m,25 à peu près de longueur, sont légèrement coniques et munis d'un manchon qui permet de les assembler aisément bout à bout. Un de ces tubes chasse l'autre dans les trous percés au trépan et qu'on prolonge dans les terres d'une longueur de 4 à 8 mètres.

Si ce moyen ne réussit pas ou ne peut être employé, il en est un autre auquel on pourra avoir recours, ou même que l'on pourra lui préférer *à priori* dans quelques cas. Il consiste à faire une tranchée pour séparer les terres humides du mur, en ayant soin de la creuser aussi bas que la retraite des fondations. On maçonne, au fond de cette tranchée, une rigole en pierres ou en briques A, *fig.* 1650, à laquelle on donne une pente d'un pour cent au moins et la forme d'une petite voûte renversée. Au-dessus de la rigole on construit une voûte en pierres sèches B, et, au-dessus de cette voûte, on remplit la tranchée avec de la blocaille jetée pêle-mêle et sans mortier. L'eau des terres suinte alors à travers cette blocaille, se rassemble dans la rigole et s'écoule au dehors par une issue qu'on a pris soin de ménager. Il suffit de donner à la tranchée 40 à 50 centimètres de largeur au fond. On tient ses parois aussi roides que possible par des étrésillons qu'on enlève au fur et à mesure qu'on la remplit de blocaille. Lorsque le mur n'a pas été crépi, il est bon de le faire, en prenant toutes les précautions usitées en pareil cas pour avoir un crépi exempt de fissures, et de n'employer que d'excellent mortier hydraulique. On agit de même si le crépi dont il a été recouvert se trouve dégradé ou pourri.

Enfin, il est encore un autre moyen auquel on peut avoir recours dans certaines localités pour faire disparaître l'humidité dont les terres sont imprégnées et qui est la cause première de celle du mur. C'est le forage de *puits absorbants*. On appelle ainsi un trou foré à la sonde comme les puits artésiens, mais qui produit un effet inverse. Dans quelques cas l'humidité de certaines couches de terre provient de ce qu'il se trouve en dessous d'elles des couches d'argile imperméable, qui ne laissent pas filtrer les eaux plus bas dans des terrains perméables sur lesquels elles reposent elles-mêmes. Si l'on vient à percer le banc d'argile par des trous de sonde, l'eau trouve son écoulement naturel, et le banc d'argile devient alors un véritable bouclier qui empêche les eaux imprégnant les terrains sous-jacents d'être pompées par les maçonneries. L'humidité du mur peut, en pareil cas, et après une telle opération, disparaître comme par enchantement. Mais l'on conçoit que ce procédé est bien plus rarement applicable que les précédents. La connaissance exacte de la constitution géologique du sol peut seule faire préjuger les chances de réussite.

1223. 2ᵉ cas. Humidité pompée par les fondements. — Si la constitution du sol ne se prête pas à l'emploi des puits absorbants, le moyen le plus efficace, sans contredit, est d'interposer entre les fondements et la nette maçonnerie une couche plus ou moins épaisse d'une substance imperméable, comme du plomb, du zinc, du bitume, etc. A cet effet, on commence par percer sur un point du mur un trou au trépan assez grand pour qu'on puisse y passer une lame épaisse de scie; puis on ouvre avec cette scie un trait horizontal d'un mètre de longueur, plus ou moins, selon que la qualité des maçonneries et la prudence permettent de le faire. On glisse ensuite dans le trait de scie une feuille de plomb ou de zinc goudronnée, ou du bitume, en ayant soin de lui faire remplir le joint le mieux possible. On continue ainsi cette opération, de proche en proche, sur toute l'étendue du mur; mais pour ne pas avoir à chaque reprise un nouveau trou de trépan à percer, on tient la feuille intercalée un peu moins longue que le trait de scie.

Comme il reste toujours entre les feuilles des joints par lesquels l'humidité pourrait encore passer un peu, il est bon d'y injecter du goudron minéral chaud avec une petite pompe foulante. On pourrait aussi remplacer les feuilles imperméables par une injection de plomb ou de bitume fondu et porté à une température assez élevée pour que le seul contact de la matière liquide puisse la souder avec celle qui est déjà figée. Dans ce cas, on limiterait l'étendue de chaque injection partielle par une règle en fer, au moins aussi large que la lame de scie, qu'on retirerait, pour donner passage à cette dernière, une fois la matière solidifiée.

1224. 3ᵉ cas. Humidité résultant des mauvaises exposition et construction du mur. — Les remèdes, dans ce cas, sont assez variés. On peut les classer en deux catégories : remèdes extérieurs et remèdes intérieurs.

Les remèdes extérieurs consistent à garantir le parement battu par la pluie au moyen d'une chemise qui peut être construite de diverses manières. On peut, selon l'occurrence, se servir d'un crépissage fait en excellent mortier hydraulique, et peint à l'huile comme à l'ordinaire, ou imbibé avec les compositions *hydrofuges* mentionnées au nº 543 (appendice à la IIᵉ partie), ou même simplement goudronné, si l'on pense que cela pourra suffire; cela dépend de la gravité du mal auquel on veut remédier. Dans quelques cas on revêtira le parement exposé avec des bardeaux, des ardoises, du plomb, du zinc, de la tôle peinte ou des tuiles de diverses formes, placés à recouvrement comme sur les toits, et fixés sur un lattis cramponné solidement à la muraille, ou maçonnés à bain de mortier. Les Anglais emploient pour cet usage une sorte de tuiles que nous voudrions voir fabriquer dans notre pays, et qui donnent un des revêtements défensifs les plus efficaces que nous connaissions. Nous les avons représentées dans les *fig.* 1611 à 1620. Ce mode de construction est d'autant plus remarquable que, tout en satisfaisant à un but éminemment utile, il se prête à une décoration variée et peu coûteuse. Les *fig.* 1621 à 1625 montrent encore une autre forme de tuiles employées en

Angleterre pour couvrir les murs humides et qui produisent, étant mises en place, le même effet qu'un mur ordinaire de briques.

Comme remèdes intérieurs, on peut employer un rejointoiement ou crépissage, avec enduits en excellent mortier hydraulique, peint simplement à l'huile ou imbibé au préalable de la composition hydrofuge, après avoir soigneusement enlevé tout l'ancien crépissage et vidé les joints de la maçonnerie aussi profondément que possible. On peut aussi faire usage d'un revêtissage en plomb ou en zinc, fixé au mur avec des attaches de même métal. On peut encore employer un lambrissage en bois, mais il est bon de le tenir à une petite distance du mur, parce que l'humidité le pourrirait trop vite. Dans tous les cas, qu'on se serve de lambris ou de lames de métal, il est bon d'en goudronner la face cachée. Mais le meilleur moyen, sans contredit, est de faire une cloison, distante de huit à dix centimètres du mur, et en ayant soin d'y pratiquer des évents par où l'air puisse circuler. Ce moyen a malheureusement l'inconvénient de rétrécir l'espace intérieur, mais il est infaillible. Pour le motif que nous venons d'indiquer, il faut faire les cloisons aussi minces que possible. On peut les faire en briques ou en carreaux posés de champ, et maintenus de distance en distance (de mètre en mètre, par exemple,) par des poteaux montants en charpente, fixés mais non adjacents au mur. On peut encore, sur des poteaux de même espèce, mais plus rapprochés, clouer un lattis, sur lequel on applique un plafonnage semblable à celui décrit au nº 338 (IIe partie). On se borne même, en certains cas (dans les appartements tapissés de papiers peints, par exemple,), à clouer sur les poteaux une bonne toile cirée, le côté ciré tourné vers le mur, sur laquelle on colle le papier. Des feuilles de plomb ou de zinc peuvent être aussi clouées sur une charpente analogue. Enfin, les lambris distants du mur ne sont, en résumé, rien autre chose que des cloisons de cette espèce.

1225. 4ᵉ cas. Humidité hygrométrique. — Les remèdes sont peut-être aussi variés, mais moins certains, dans ce dernier cas que dans les autres. Ils consistent principalement en enduits de mortier hydraulique, de peinture, de goudron ou d'autres matières hydrofuges qui ont pour but de soustraire les pierres à l'action directe de l'humidité atmosphérique. On peut aussi s'aider en plaçant dans l'intérieur des locaux des dépôts de matières très-avides d'eau, qu'on renouvelle de temps à autre (de la chaux vive, du chlorure de calcium, par exemple,); mais ce qu'on peut conseiller de mieux, c'est d'éviter de faire usage, pour l'intérieur, de pierres jouissant de cette fâcheuse propriété. Nous mentionnons comme telle, notamment, le calcaire compacte de notre terrain de transition.

1226. Observations générales. — Il est de la plus haute importance, lorsqu'on veut assécher des murs humides, de ne pas adopter au hasard l'un ou l'autre des remèdes qui viennent d'être décrits. Il faut avant tout s'enquérir, aussi exactement que possible, de la cause du mal; sans quoi l'on s'expose à jeter son argent, et à augmenter parfois les conséquences fâcheuses de l'humidité, loin de les amoindrir. Ce cas aurait lieu, par exemple, si, l'humidité provenant des fondements, on enduisait les parois du mur de part et d'autre avec des enduits hydrofuges ; l'humidité, qui ne pourrait plus transsuder, s'accumulerait dans le mur, et, s'élevant davantage par l'effet de la capillarité, pourrait gagner des points qu'elle n'aurait pas encore atteints. Nous n'avons pas besoin de faire remarquer, après cela, que lorsqu'on érige des constructions nouvelles il convient d'adopter de prime abord toutes les précautions que la nature du terrain et l'exposition du mur exigent pour éviter de devoir recourir par la suite aux moyens auxiliaires que nous venons d'indiquer. Ainsi, si le mur est adossé à des terres, il faut assécher ces terres par tous les moyens possibles, et les en séparer par un matelas en pierres sèches, construit comme nous l'avons dit plus haut. Si le terrain des fondements est humide, il faut l'assécher encore autant qu'on le peut, en procurant un écoulement aux eaux qui y suintent, ou en empêchant les eaux pluviales de s'y infiltrer, ce à quoi l'on parvient par l'établissement d'un trottoir plus ou moins large au pied du mur. Si ces moyens ne paraissent pas suffisants, on coule sur l'arasement des fondations, tenu un peu au-dessus du niveau du sol, une couche de mastic bitumineux, sur laquelle on construit ensuite la nette maçonnerie. Le même moyen s'emploie pour assécher les pavés des caves ou des rez-de-chaussée lorsqu'il n'y a pas de caves ; et, en ce cas, il faut avoir soin qu'il n'y ait aucune solution de continuité entre l'enduit placé sous le pavement et celui coulé sous la nette maçonnerie ; sans cela l'humidité se frayerait un passage par le joint. (Nous indiquons une disposition de cette espèce pour un magasin à poudre, *fig.* 1626.) Si le mur est exposé à être battu par des pluies fréquentes et violemment chassées par le vent, on a soin de n'employer à sa construction que d'excellent mortier hydraulique et des pierres non poreuses, surtout au parement extérieur.

Nous n'avons pas parlé dans ce qui précède des murs salpêtrés, parce qu'on ne connaît jusqu'à présent aucun moyen réellement efficace de parer à cet inconvénient.

Seulement, comme l'humidité paraît être une condition indispensable à la formation du salpêtre, on a quelque chance de le faire disparaître, ou d'en diminuer la production, en mettant en œuvre les moyens les plus appropriés pour assécher le mur.

La présence du salpêtre se révèle, d'ailleurs, par des efflorescences blanches et salines qui recouvrent les murs et désorganisent rapidement les enduits, ainsi que les peintures et les tentures dont on les recouvre.

1227. Crépis, enduits, plafonnage dégradés ou détruits. — Avant de réparer un crépi, un enduit ou un plafond dégradé ou détruit, on commence par bien nettoyer le mur ou le lattis sur lequel il était appliqué, en enlevant soigneusement toutes les parties qui ont souffert. On gratte en outre le mortier des joints de la maçonnerie, sur un à deux centimètres de profondeur ; puis on lave le mur avec un balai rude ou en l'aspergeant d'un jet d'eau lancé avec force par une pompe foulante. Cela fait, on reconstruit le crépi, l'enduit ou le plafond, comme on l'a expliqué à l'art. III de la IIᵉ partie de cet ouvrage.

On ne doit pas négliger, quand on procède à de telles réparations, de rechercher les causes de la dégradation, afin d'obvier le plus efficacement possible à ce qu'elles ne se renouvellent pas dans la suite.

1228. Pavages défoncés. — Quand les dépressions sont de peu d'étendue, on se borne à extraire de leurs alvéoles les pavés enfoncés, et à les replacer soit dans une nouvelle forme de sable, soit dans une forme de mortier, selon le cas, au niveau des pavés adjacents, en ayant soin de remplacer par des pavés neufs ceux qui auraient été brisés. On fait, pour nous résumer, un *pavage en recherche*.

Quand, au contraire, les dépressions sont nombreuses et profondes, on fait ce qu'on appelle *un relevé à bout*. Cela consiste à démolir le pavé en entier et à le reconstruire sur une nouvelle forme de sable ou de mortier, en employant ceux des vieux pavés qui sont encore intacts ou à peu près, et en remplaçant par des pavés neufs ceux qui ont trop souffert. Ces derniers ne s'éparpillent pas au milieu des vieux pavés, mais se réservent pour remplir le vide que laisse dans le pavage démoli la somme des pavés mis au rebut.

Les pavages en recherche et les relevés à bout se font, du reste, en suivant les règles relatives aux pavages neufs.

1229. Routes empierrées. — Les ornières qui se creusent dans ces routes se remplissent avec du cailloutis concassé à la grosseur ordinaire. On doit avoir soin d'employer aux réparations des pierres de même nature que celles qui ont servi à la construction primitive de la route, et d'enlever la boue ou la poussière qui recouvre le fond des ornières avant d'y mettre le nouveau cailloutis.

Dans les routes, rues, cours, passages, etc., empierrés ou pavés, il faut veiller tout particulièrement à ce que les rigoles, cassis, aqueducs et autres voies d'écoulement soient toujours propres et bien entretenus ; sans cela l'eau fait bientôt des ravages considérables, en détrempant et ramollissant le sol, en déchaussant les pavés, en entraînant la terre sur laquelle ils reposent, etc.

1230. Dallages et carrelages dégradés. — Les pavements en dalles, carreaux, briques, etc., se réparent également, soit par des travaux en recherche, quand les dégradations sont peu importantes, soit par des relevés à bout, quand les dégradations sont fortes. Quand la démolition ne comprend pas toute la surface du pavement, on doit la terminer par des écorchements qui permettent de relier solidement les parties neuves aux parties vieilles, et employer des matériaux qui par leur forme, leur couleur et leur appareil, ne créent pas de disparate choquante à l'œil.

1231. Aires en mastic et en béton. — Si l'on a affaire à du mastic bitumineux, on encadre la partie dégradée dans une figure régulière, qu'on découpe nettement avec un couteau, après avoir ramolli ce mastic par la chaleur, et on l'enlève ensuite. On nettoie bien le pavage sur lequel elle repose, puis on coule de nouveau mastic qu'on soude autant que possible aux parties adjacentes, et dont on égalise la surface au niveau du dallage voisin. Quand les dégradations ont quelque importance, on s'arrange de manière à renouveler des portions de *planches*

tout entières, ce qui est généralement plus solide et produit moins mauvais effet
que quand les réparations ne comprennent qu'une partie de la largeur des
planches. Il va de soi qu'avant de renouveler le mastic il convient de s'assurer
que le pavement sous-jacent est encore bon, et, dans le cas contraire, de procéder
à sa réparation préalable.

Si la dégradation à réparer affecte une aire en béton, on démolit toute la
partie dégradée aussi loin qu'il le faut pour rencontrer la maçonnerie vive et
intacte, et sur toute l'épaisseur de la couche ; on nettoie parfaitement le trou et
on le lave avec de l'eau claire ; puis, après l'avoir asséché avec un torchon ou de
l'étoupe, on y coule de nouveau béton, en prenant toutes les précautions décrites
ailleurs, et en ayant soin, en outre, de le comprimer de manière à le faire entrer
dans tous les creux des parties avoisinantes.

1232. Toitures en ardoises, en tuiles et en métal. — Tant que la volige
est saine, on peut se borner, pour entretenir les toitures en ardoises, à des travaux en recherche. Mais dès que la volige se pourrit, les clous ne tiennent plus,
et l'on s'expose à voir les réparations faites emportées par le premier ouragan. Il
vaut mieux alors procéder par des renouvellements *à bout*. Dans ce cas, on démolit de grandes parties de toiture, ardoises et voliges. On fait servir à la reconstruction toutes les voliges encore saines, de même que toutes les ardoises non
brisées ni décomposées, après les avoir retaillées.

Les réparations aux toitures en tuiles se font d'après les mêmes principes.

Quant à celles des toitures en feuilles métalliques, elles se bornent, le plus
souvent, à renouveler des feuilles perforées, fendues ou déchirées, ou à y faire
quelques soudures. Ce n'est, en général, qu'à des intervalles fort longs que le
renouvellement de la volige devient nécessaire, et, par suite, la démolition de
grandes parties de toitures.

Les soudures exigent beaucoup de soin et de surveillance pour être bien faites.
Souvent il arrive que le métal se déchire à côté. Dans ce cas, il est presque toujours préférable de renouveler la feuille tout entière que de s'obstiner à boucher
les nouvelles crevasses. Le métal ayant une assez forte valeur intrinsèque, il y a
peu de perte à échanger le vieux contre du neuf.

L'entretien du mortier dans les joints des tuiles faîtières et autres, des solins
et des ruellées près des cheminées, exige un soin particulier. Il en est de même
des lames de métal qui en tiennent parfois lieu et qui garnissent les faîtes, les
noues, les chéneaux de gouttières, etc. Quant à ces derniers, on doit, en outre,
les tenir constamment en état de propreté, pour empêcher que des matières, en
s'y accumulant, ne portent obstacle au libre et facile écoulement des eaux.
Pour le même motif, il convient également de les débarrasser des neiges qui s'y
accumulent et qui surchargent, d'ailleurs, les toits et fatiguent les charpentes.

1233. Ouvrages en bois. — Les grosses charpentes et les menuiseries s'entretiennent souvent au moyen de goudronnages ou peinturages qui, pour produire de bons effets, ne doivent être appliqués que dans les conditions et avec les

précautions indiquées dans les nᵒˢ 149, 529 et 543. On les renouvelle par parties ou en entier quand elles sont dans un état de pourriture assez avancé. Ces travaux présentent, en général, peu de difficultés. Il arrive, toutefois, des cas assez nombreux où les pièces renouvelées ne sauraient plus être remises en joint à l'aide du genre d'assemblage primitivement employé ; mais il est toujours facile d'en choisir un, parmi ceux que nous avons indiqués (nᵒˢ 386 à 451), qui convienne au cas où l'on se trouve.

C'est principalement par les assemblages que les pièces de charpente périssent. Ce sont donc les points qui doivent être le plus attentivement examinés quand on veut s'assurer si elles sont encore en état convenable de service. On se sert, pour sonder les pièces de bois, du ciseau, du vilebrequin ou de la tarière.

Les grands ouvrages de charpente, comme les ponts, les combles, etc., demandent parfois à être soutenus par des étançons provisoires pendant qu'on y exécute les réparations. Ces étançonnages peuvent même être très-compliqués. Mais il faut toujours les faire aussi simples que possible, et tâcher de les rendre d'un montage et démontage faciles.

Le fer et la fonte peuvent rendre de grands services dans les réparations des charpentes, soit pour leur rendre une force qu'elles ont perdue par l'âge, soit pour les corroborer lorsqu'elles cèdent sous des charges trop fortes, soit encore pour faire des assemblages solides là où les combinaisons ordinaires de la charpenterie en produiraient difficilement de tels. Les cas sont trop variés, et les remèdes trop subordonnés aux circonstances locales, pour que nous puissions donner des indications plus précises.

1231. Ouvrages métalliques. — Tout ce que nous venons de dire des charpentes s'applique exactement et en entier aux ouvrages en métal. Seulement, la faculté que possèdent les métaux de pouvoir être forgés et pliés à chaud ou à froid, ou d'être coulés sous les formes les plus diverses, augmente les moyens de remplacer des parties cassées, usées ou hors de service. On se sert souvent, pour chauffer et plier ou redresser sur place des barres de fer, pour les terminer par de nouveaux assemblages, etc., de réchauds portatifs, activés par des soufflets à main.

1235. Travaux divers. — Dans la revue rapide que nous venons de faire nous nous sommes particulièrement arrêté aux gros travaux d'entretien et de réparations. Mais il en est une foule d'autres qui, sans présenter les mêmes difficultés ou avoir la même importance, exigent cependant des soins assidus et une surveillance active de la part de ceux qui en sont chargés.

De ce nombre sont l'aérage des magasins et locaux inoccupés, le blanchissage à la chaux des bâtiment habités, le peinturage des boiseries et des fers, le ramonage des cheminées, la vidange des latrines, le nettoyage des égouts, rigoles et aqueducs, l'extirpation des herbes sur les murs, pavés, etc.

Nous terminerons par quelques détails à ce sujet.

1236. Aérage des locaux. — Le défaut de renouvellement d'air est une cause très-active de destruction. La décomposition lente et graduelle des matériaux produit des gaz qui vicient celui que renferment les locaux, augmentent la température et favorisent ainsi la pousse ou le développement de plantes ou d'animaux parasites, qui hâtent les progrès de la décomposition.

Il est donc important au bon entretien des bâtiments de renouveler sans cesse l'air qui s'y trouve, en ouvrant les fenêtres, les portes et les volets, de manière à créer des courants et à les soumettre à l'influence bienfaisante des rayons solaires, qui absorbent l'humidité, nouvelle cause de destruction fort active qui s'ajoute ordinairement aux autres.

On choisit autant que possible, pour aérer les bâtiments inoccupés, un temps sec et clair. On ouvre les portes et les fenêtres quelque temps après le lever du soleil, et on les ferme avant qu'il se couche ; ayant soin, dans cette opération, de fixer la menuiserie mobile à des crochets ou par d'autres moyens, afin d'éviter qu'elle ne se brise ou se disloque par l'effet d'un courant d'air trop vif ou d'un coup de vent inattendu.

1237. Badigeonnage des chambres habitées. — Le blanchissage à la chaux des lieux habités est considéré comme un bon moyen hygiénique. C'est, d'ailleurs, un moyen économique de leur donner un aspect propre et riant. L'opération a été décrite au numéro 340, et nous n'avons rien à y ajouter, sinon que quand on badigeonne sur de vieux murs, il faut, au préalable, gratter tout le vieux badigeon soufflé ou écaillé, et réparer les crépis ou enduits sur lesquels il est appliqué.

Il faut généralement trois couches de badigeon au lait de chaux pour obtenir des murs bien blancs.

1238. Peinturage des boiseries, fers, etc. — Nous n'avons rien à ajouter à ce qui a été dit à ce sujet au numéro 343, auquel nous renvoyons.

1239. Ramonage de cheminées. — Les cheminées dans lesquelles on fait du feu se couvrent rapidement d'un enduit de suie ou de charbon très-divisé, qui peut prendre feu et le communiquer aux parties voisines des édifices. C'est donc une précaution commandée par la prudence que de faire enlever ce dépôt de suie au moins une fois l'an. Le ramonage des cheminées peut se faire de plusieurs manières. Quand leur tuyau a des dimensions suffisantes, on y fait monter un enfant, qui râcle la suie et la fait tomber. Dans le cas contraire, on y introduit un bouchon de paille, d'épines ou de houx, qu'on serre entre deux cordages et auquel on suspend un boulet qui l'entraîne par son poids. De cette manière, en faisant monter et descendre ce bouchon, on parvient encore à détacher la suie. Cette opération ne réussit toutefois complétement que dans des tuyaux de section arrondie. Dans les tuyaux carrés ou rectangulaires le bouchon s'introduit difficilement dans les angles, et la suie y reste assez souvent attachée. Cette considération devrait engager à renoncer, en général, à cette forme de tuyaux.

On peut, enfin, remplacer le bouchon d'épines par une brosse en soies dures, qu'on introduit par le bas du tuyau et qu'on fait promener jusqu'en haut, en augmentant successivement la longueur du manche par des bouts de lattes qu'on ajuste les uns aux autres. Il faut, bien entendu, que ces lattes soient assez flexibles pour suivre sans se briser les sinuosités du canal. C'est dans l'emploi d'un appareil de ce genre que consiste le ramonage dit *mécanique*.

1240. Vidange des latrines. — Les matières fécales des latrines se rassemblent assez souvent dans des fosses d'où il faut les extraire de temps à autre. Cette opération, connue sous le nom de *vidange*, offre rarement des difficultés, mais peut devenir très-dangereuse pour les hommes qui s'y livrent, si l'on n'observe pas certaines précautions. Nous croyons utile de les indiquer ici.

On ne doit jamais laisser descendre un homme dans une fosse de latrines sans s'être préalablement assuré que l'air qui s'y trouve est respirable, et, de plus, qu'il ne cessera pas d'être tel lorsqu'on remuera les matières. A cet effet, après avoir ouvert la fosse, il faut faire remuer la matière qui s'y trouve avec une perche, puis, cette opération faite, y faire descendre une lampe de sûreté. Si la lampe ne brûle qu'avec peine, ou s'éteint au bout de quelque temps, il faut chercher à neutraliser le gaz délétère qui produit cet effet en y lançant de la chaux pure ou chlorurée, du sulfate de fer ou d'autres substances désinfectantes. On ne doit en permettre l'accès que quand on a tout lieu de croire que la cause de danger a disparu ; et alors il faut encore prendre la précaution d'attacher aux cordes avec des courroies à boucles les hommes qu'on y descend, et de faire rester sur le bord de la fosse autant d'hommes qu'on en laisse descendre dans l'intérieur, afin de trouver un secours immédiat en cas d'accident.

Les matières des fosses d'aisances doivent être transportées dans des tonneaux bien étanches ; et l'opération terminée, il faut chercher à neutraliser au plus tôt l'odeur qui en résulte par l'emploi du chlorure de chaux ou de poudres désinfectantes plus efficaces (1).

1241. Nettoyage des rigoles, égouts, etc. — Le curage des égouts, quand on doit y introduire des hommes, demande des précautions tout aussi grandes que la vidange des latrines. Les gaz qui s'y forment n'y sont ni moins abondants

---

(1) Les inconvénients attachés à cette sale opération sont en grande partie évités par l'emploi des *latrines à vidanges inodores* dont on se sert actuellement dans une grande partie des maisons de Paris. Ce qui distingue ces latrines des autres, c'est que les matières fécales sont reçues dans des tonneaux étanches de petite capacité placés sur un chantier dans une cave ou dans une fosse maçonnée, et qu'on enlève après avoir tamponné leur orifice, chaque fois qu'ils sont pleins. Il est vraiment étonnant que ce procédé si simple, si économique et si hygiénique tout à la fois, soit à peine connu dans nos villes.

Il est un autre perfectionnement dont l'emploi commence à se répandre, mais qui n'a encore reçu que peu d'applications dans nos bâtiments militaires. Il consiste à couper la communication du siége d'aisances avec la fosse en faisant plonger l'extrémité de l'orifice du pot ou du tuyau de descente dans un bac en pierres ou dans une cuvette de fonte dont les bords sont un peu plus élevés que l'orifice inférieur du pot ou du tuyau, Cette disposition, désignée à Bruxelles sous le nom de *coupe-air*, évite les émanations les plus infectes et surtout celles

ni moins délétères. Aussi ne faut-il jamais négliger, quand on le peut, de prendre des dispositions qui rendent le nettoyage à bras d'hommes moins fréquent. Les plus efficaces sont de leur donner la plus forte pente possible, en même temps qu'une section transversale en forme d'œuf posé sur son petit bout. De cette manière, lorsque, à la suite d'une forte pluie, les eaux viennent à s'y engouffrer, elles acquièrent un courant assez rapide pour entraîner facilement les atterrissements qui s'y forment. On a observé que cet effet n'était jamais aussi complet dans les égouts dont la section transversale présente des angles. La boue s'amasse et se solidifie dans ces angles au point que des courants même violents ne peuvent l'en détacher. Un moyen excellent de curer les égouts, mais qui n'est malheureusement pas toujours applicable, c'est de se ménager la faculté d'y donner des *chasses* par le jeu d'écluses ou de vannes convenablement disposées.

Quand on doit opérer le curage à bras d'hommes, on profite de la circonstance pour faire faire aux maçonneries toutes les réparations qu'elles réclament. Il en est de même des fosses de latrines, quand on les fait vidanger.

1242. Arrachage des herbes sur les murs, les pavés, etc. — Le vent emporte dans l'air une foule de semences végétales, qui s'introduisent dans les joints des maçonneries, des pavages, etc., y germent et s'y développent. Bientôt la végétation acquiert assez de force pour chasser le mortier hors du joint, et même pour briser la pierre. C'est donc une nécessité d'extirper les plantes qui paraissent et d'employer tous les moyens pour les empêcher de repousser. Il n'en est, à vrai dire, qu'un d'une certitude absolue, c'est l'extirpation complète des racines ; mais comme elles s'étendent parfois fort loin, et jusque derrière les parements, il n'est pas toujours aisément exécutable. On essaye parfois, en ce cas, de les brûler avec de la chaux vive ou des acides, sauf à démolir plus tard quelques pierres ou quelques briques si l'on ne parvient pas ainsi à s'en rendre maître.

Dans les pavages, la pousse des herbes a moins d'inconvénients que dans les maçonneries ; cependant, outre qu'elles leur donnent un mauvais aspect, elles y entretiennent une humidité toujours nuisible. On se borne généralement à extirper une fois par an les herbes des pavés, tandis qu'on le fait deux fois, au printemps et en automne, sur les murs.

Il est utile, cependant, d'arracher les herbes au moins deux fois l'an sur les trottoirs qui bordent les bâtiments d'habitation et autres, parce qu'elles y entretiennent une humidité qui se communique aux murs. Pour la même raison, on

qui se produisent après la vidange des fosses, qui rendent souvent les cabinets inabordables pendant plusieurs jours (*).

(*) Cette disposition a fait l'objet d'une notice de M. le garde du génie français Carrolero, insérée depuis longtemps au MÉMORIAL DE L'OFFICIER DU GÉNIE. On en comprendra aisément le détail en jetant les yeux sur la fig. 1627.

prescrit ordinairement, dans les devis d'entretien, de peler le terrain, sur une largeur régulière de 0^m,40 à 0^m,30, le long des murs qui ne sont pas bordés de trottoirs. Cette opération se fait aussi une couple de fois par année.

1243. Manœuvre des portes, barrières, ponts, écluses, vannes, etc. — Les portes, les barrières et en général toutes les clôtures mobiles qui ne se manœuvrent pas journellement, doivent être visitées, manœuvrées, nettoyées, et graissées ; et, pour bien faire, au moins une fois par mois. Sans cela, les gonds, les pentures et les serrures se rouillent, s'encrassent et sont bientôt mis hors de service. Le graissage de ces ferrures ne doit jamais se faire qu'après qu'elles ont été parfaitement débarrassées de la vieille graisse et de la poussière qui les envahit. On se sert ordinairement, pour les graisser, d'un mélange de suif et de plombagine (mine de plomb).

Les ponts-levis, les vannes, les portes d'écluse, etc., doivent aussi être manœuvrés, nettoyés et graissés au moins une fois par mois. On les visite en même temps avec soin, pour s'assurer s'il n'y est pas survenu quelque avarie et pour y porter immédiatement remède, s'il y a lieu.

1244. Pompes. — Les pompes doivent être tenues constamment en bon état de service et de manœuvre par le nettoyage et le graissage, à intervalles réguliers et plus ou moins rapprochés, des balanciers, manivelles, engrenages et autres mécanismes ; par le renouvellement des cuirs des pistons, la fermeture des fuites qui se manifestent aux tuyaux d'aspiration, d'ascension ou aux corps de pompe, etc., etc. En temps de gelée, il faut prendre la précaution de les entourer de mousse ou de fumier, pour empêcher l'eau de s'y congeler et de faire, par là, crever les tuyaux. Quand les pompes ne doivent pas servir à cette époque de l'année, le mieux est d'enlever les pistons et les secrets et de les mettre en magasin.

FIN DU COURS.

Ma tâche est remplie ; mais j'ai encore un mot à ajouter avant de déposer la plume.

On sera peut-être surpris, en lisant ce livre, du petit nombre de citations qu'il renferme, eu égard aux nombreux emprunts que j'ai dû faire à des ouvrages déjà publiés.

Qu'on ne croie pas cependant que j'aie voulu, par un silence calculé, m'approprier le travail d'autrui. J'ai pensé que si, dans un ouvrage de cette espèce, il fallait citer les auteurs chaque fois qu'on leur prend une idée, une manière de présenter certains faits, on n'écrirait pas une page sans y rattacher un nom, et que cela pourrait fatiguer le lecteur : voilà la seule raison qui m'a engagé à me montrer si sobre de citations. Je me suis borné à indiquer les sources de mes emprunts les plus importants.

Du reste, j'ai suivi, en cela, l'exemple d'un homme dont les ouvrages ont toujours joui d'une réputation de loyauté autant que de science :

« Malgré tout ce que je pourrais dire pour justifier les raisons de parler de la
« décoration, dit Belidor (livre V de *la Science des Ingénieurs*), ce n'a pas été sans
« peine que je me suis décidé à écrire sur un sujet si délicat, les bibliothèques
« étant remplies de livres qui semblent avoir épuisé la matière ; car il faut
« avouer que cette science, après avoir été longtemps ensevelie sous les ruines
« des édifices antiques, est parvenue aujourd'hui à un degré de perfection qui la
« met au-dessus de son ancienne splendeur, et qu'il faut être bien habile ou bien
« téméraire pour ajouter quelque chose aux préceptes que tant de grands hommes
« nous ont laissés : aussi n'est-ce pas mon dessein, n'ayant en vue que de rendre
« mon ouvrage complet, en évitant aux lecteurs la peine d'étudier un grand nom-
« bre de traités, où il n'est pas aisé de faire un bon choix de règles. Aussi, à le bien
« prendre, ce n'est pas moi qui vais parler, mais plutôt Vitruve, Palladio, Vignole,
« Scamozzi, Chambray, Perrault, Blondel, Daviler, et tous les autres architectes
« dont les ouvrages ont de la réputation. Souvent même je me sers de leurs pro-
« pres termes, n'ayant pas voulu imiter ceux qui changent les expressions d'un
« auteur pour s'en approprier les idées. »

Cette déclaration de Belidor, j'aurais pu la faire servir de préface à mon écrit. Comme lui, j'aurais pu dire : « A bien prendre, ce n'est pas moi qui vais parler, mais Belidor, Rondelet, Sganzin, Navier, Perronet, Gauthey, Émy, Minard, e autres hommes de savoir et de renom, dont je n'ai fait que résumer les travaux. »

On trouvera, du reste, plus loin la liste des principaux auteurs dont j'ai compulsé les ouvrages. En leur rendant ainsi la part qui leur revient du mérite de celui-ci, je fournirai aux jeunes constructeurs des indications qui pourront leur être utiles lorsqu'ils voudront se former une bibliothèque.

Ce livre n'a donc d'autre prétention que de résumer le travail des autres. Cependant, il n'est peut-être pas dépourvu de quelques parties nouvelles ; mais je n'oserais l'affirmer : car dans une science qui a exercé le talent de tant et de si éminents écrivains, qui sait si ce que je crois nouveau n'a pas déjà reçu les honneurs de la publicité ? Le proverbe : *Nil novi sub cælo*, est d'une application plus fréquente qu'on ne le pense.

Plusieurs personnes, après la lecture du premier volume, ont bien voulu m'adresser des paroles encourageantes ; bon nombre m'ont dit que mon livre remplissait une véritable lacune. En leur témoignant de nouveau toute ma reconnaissance d'une appréciation aussi bienveillante, je ne puis m'empêcher de déclarer cependant que je n'en accepte pas, pour moi seul, le bénéfice.

Certes, sans le concours de mes camarades du corps du génie, et des autres personnes qui, sans me connaître, ont souscrit avec une confiance que je n'étais pas en droit d'espérer, ce livre n'aurait peut-être jamais vu le jour.

C'est donc à eux autant qu'à moi que revient l'honneur d'une œuvre utile, si mon *Cours de Construction* a réellement ce mérite.

Enfin, je ne terminerai point sans adresser des remerciments tout spéciaux à M. le capitaine du génie Liagre pour le concours aussi actif qu'intelligent qu'il m'a prêté dans la fastidieuse besogne de la correction des épreuves.

LISTE DES OUVRAGES CONSULTÉS.

ARDANT.	*Études théoriques et expérimentales sur l'établissement des charpentes à grande portée.*
BELIDOR.	*La Science des ingénieurs.*
Idem.	*Architecture hydraulique, ou l'Art de conduire, d'élever et de ménager les eaux pour les différents besoins de la vie.*
BERIGNY.	*Mémoire sur un procédé d'injection propre à prévenir ou arrêter les filtrations sous les fondations des ouvrages hydrauliques.*
BERTHOT.	*Notes pour servir à résoudre quelques-unes des questions qui se présentent le plus souvent lorsqu'on projette ou qu'on dirige des travaux publics.*
BEAUDANT.	*Minéralogie.*
Idem.	*Géologie.*
BISTON.	*Manuel du Chaufournier.*
BRARD.	*Éléments d'exploitation.*
BREES.	*Railway practice.*
BULLET.	*Architecture pratique.*
CAUCHY.	*Mémoire sur la constitution géologique de la province de Namur.*
Idem.	*Cours inédit de Minéralogie, Géologie et Métallurgie.*
CLAUDEL.	*Formules, tables et renseignements pratiques à l'usage des ingénieurs.*
DALY.	*Revue de l'Architecture et des Travaux publics.*
DE GAYFFIER.	*Manuel des Ponts et Chaussées.*
DE JUSSIEU.	*Botanique.*
D'OMALIUS.	*Mémoires géologiques.*
Idem.	*Géologie.*
Idem.	*Coup d'œil sur la Géologie de la Belgique.*
DUMAS.	*Chimie appliquée aux arts.*
ECK.	*Traité des Constructions en poteries et fer.*
EMMERY.	*Le Pont d'Ivry.*
ÉMY.	*Traité de l'Art de la Charpenterie.*
FALLOT.	*Cours de Fortification, ou Leçons sur l'Art militaire et les Fortifications, données à l'École militaire de Bruxelles.*
GAUTHEY.	*Traité de la Construction des Ponts.*
GENIEYS.	*Tables à l'usage des ingénieurs.*
GWILT.	*Architecture.*
KARSTEN.	*Manuel de la Métallurgie du Fer, traduit de l'allemand, par Culmann.*
LAISNÉ,	*Aide-mémoire des Officiers du Génie.*

LOUDON.   *Encyclopedia of cottage, farm and villa architecture and furniture.*

MILNE EDWARDS.   *Zoologie.*

MINARD.   *Cours de Construction des Ouvrages qui établissent la navigation sur les rivières et canaux.*

MORIN.   *Aide-mémoire de Mécanique pratique.*

NAVIER.   *Leçons sur l'Application de la Mécanique à l'établissement des Constructions et des Machines.*

NOSBAN.   *Manuel du Menuisier, Ébéniste et Layetier.*

PÉCLET.   *Traité de la Chaleur.*

PERRONNET.   *Œuvres.*

PONCELET.   *Introduction à la Mécanique industrielle, physique et expérimentale.*

REGEMORTES.   *Description du Pont de Moulins sur l'Allier.*

RIFFAUT, VERGNAUD ET M...   *Manuel du Peintre en Bâtiments.*

ROCOURT DE CHARLEVILLE.   *Traité sur l'Art de faire de bons mortiers.*

RONDELET.   *Traiter de l'Art de Bâtir.*

SIMS.   *Practical Tunnelling.*

STORM BUYSING.   *Handeling tot de Kennis der Waterbouwkunde voor de Kadetten van der Waterstaat en der Genie.*

STORM VAN S'GRAVESAND.   *Handeling tot de Kennis der burgerlyke en militaire Bouwkunst voor de Kadetten der Genie.*

TOUSSAINT.   *Manuel d'Architecture.*

Idem.   — *de la Coupe des Pierres.*

Idem.   — *du Maçon, Plâtrier, Couvreur et Paveur.*

Idem.   — *du Serrurier.*

TREDGOLD.   *Essai pratique sur la force du fer coulé et d'autres métaux.*

VALENTIN.   *Manuel du Charpentier.*

VANDERMAELEN.   *Dictionnaire géographique de la Belgique.*

VICAT.   *Résumé des connaissances actuelles sur les qualités, le choix et la convenance réciproque des matériaux propres à la fabrication des mortiers et des ciments calcaires.*

Idem.   *Nouvelles études sur les pouzzolanes artificielles.*

Annales des Ponts et Chaussées.

Annales des Travaux publics.

Mémorial de l'Officier du Génie.

Devis-modèle français.

Instruction sur les paratonnerres adoptée par l'Académie royale des sciences (Institut).

ANNEXES.

I

ANALYSE-MODÈLE DE FRANCE.

—

Observations sur l'analyse des prix des différents ouvrages
dépendant du service du génie.

La bonne façon des ouvrages et l'économie dans la dépense sont les premières
règles que l'on doit se prescrire dans la rédaction d'un devis et d'une analyse des
prix. Les officiers du génie ne sauraient y apporter trop de soins et d'attention,
autant dans l'intérêt des entrepreneurs que dans celui du gouvernement; car s'il
est convenable que l'État paye le moins possible, il n'est pas moins juste que les
entrepreneurs, en exécutant fidèlement toutes les conditions d'un marché, trouvent,
dans un bénéfice raisonnable, le dédommagement qui leur est dû pour prix de leur
industrie, de leur peine et de l'avance de leurs fonds.

Ces principes, que l'on a eus constamment en vue dans la rédaction du devis
général, ont également servi de guide dans la seconde partie de ce travail, qui a
pour objet la détermination, par une analyse raisonnée, des prix des différentes
natures d'ouvrages en usage dans le service du génie.

En examinant les analyses faites pour les travaux du génie dans les places de
France, on est frappé de la diversité des résultats qu'elles présentent. Quoique les
localités puissent apporter quelques modifications dans les éléments des prix, il
est cependant des principes généraux, des expériences positives, qui, reposant
sur des faits constatés, fournissent des données d'après lesquelles on peut prévenir
des erreurs qui compromettraient plus ou moins les intérêts de l'État. Il était donc
utile de réunir en corps de doctrine les connaissances sur cette matière, éparses,
soit dans les écrits particuliers du corps du génie, soit dans les ouvrages spécialement consacrés à l'art des constructions; le présent travail ne doit être considéré
que comme un résumé de ce qui a été fait et dit sur le mode d'évaluer les dépenses

—

des ouvrages dépendant du service du génie. On s'est appuyé, autant que possible, dans la détermination des éléments des prix, sur des expériences qui ont été faites en grand, et dont les résultats moyens puissent s'appliquer au plus grand nombre de cas ; à défaut d'expériences, on s'est aidé du raisonnement et du calcul qui peuvent quelquefois y suppléer : c'est aux constructeurs à apprécier maintenant les résultats et à rectifier ce qu'ils pourraient avoir d'erroné, d'après leurs propres observations.

Les prix des travaux se composent de plusieurs éléments, savoir :

1° La valeur des matériaux ;

2° Les déchets que les matériaux subissent dans leur emploi ;

3° La main-d'œuvre employée à l'exécution des ouvrages ;

4° Les faux frais, comprenant la dépense des outils, équipages et machines ; la construction, l'entretien ou le loyer des hangars, chantiers et magasins ; les frais de conduite et de surveillance des travaux, d'administration intérieure ; les menues dépenses sans objet déterminé, etc., etc. ;

5° L'intérêt des fonds avancés par l'entrepreneur et son bénéfice.

On va successivement examiner chacun de ces éléments.

Valeur des matériaux. — Presque toujours on adopte pour base de la valeur des matériaux les prix courants du commerce dans le pays où s'exécutent les travaux ; mais cette donnée n'est pas toujours sûre : dans ce cas, on doit examiner attentivement ces prix, en ayant égard aux diverses circonstances qui peuvent les faire varier, comme exploitation des forêts, ouverture de nouvelles carrières, établissement d'usines, etc. Ces prix peuvent aussi varier par l'exécution simultanée de grands travaux sur le même point ou dans des lieux voisins, par l'état de paix ou de guerre avec les pays limitrophes, etc. Quelquefois les prix du commerce ne peuvent pas s'appliquer aux estimations d'une entreprise un peu considérable qui exigera nécessairement un développement de moyens qui changeront la nature et la valeur des objets ; ainsi dans une place abandonnée depuis long-temps et où il n'y aurait eu que de petits travaux d'entretien, les prix courants du pays seraient évidemment trop élevés, si l'on voulait en faire l'application à des travaux considérables. Le contraire aurait lieu dans une place où l'on aurait d'abord exécuté de grandes constructions et qui ne serait plus ensuite l'objet que de simples travaux d'entretien. Il se peut encore qu'il n'existe pas de prix de commerce : ce cas arrive lorsqu'on emploie des procédés nouveaux ou inusités dans le pays, lorsqu'on exploite de nouvelles carrières, et toutes les fois que les constructions entreprises ont lieu dans un pays peu habité ou n'offrant aucune ressource pour l'exécution des travaux.

Il est donc utile de donner l'analyse complète de la valeur des matériaux, en remontant aux premiers éléments, soit pour servir à la vérification des prix du commerce, soit pour établir rigoureusement les prix lorsque des circonstances particulières en rendront la connaissance nécessaire.

La valeur des matériaux comprend : 1° le prix de la propriété ; 2° les frais d'extraction et de fabrication ; 3° la dépense du transport, soit au magasin, soit à pied d'œuvre ; 4° les droits de douane et d'octroi.

Le prix de la propriété est la somme payée au propriétaire du fonds, comme forêt, carrière, briqueterie, four à chaux, etc. Ce genre d'évaluation est très-variable d'après la nature de l'exploitation et les chances de succès qu'elle peut présenter. Ce sera l'objet d'informations prises sur les lieux.

Les frais d'extraction et de fabrication sont plus difficiles à évaluer. Leur détermination exigerait de vastes connaissances pratiques et des observations nombreuses qui sont loin d'avoir été faites. La variété des procédés ne permet guère d'appliquer à un pays des résultats observés dans un autre ; ces résultats, d'ailleurs, dépendent de l'intelligence qui préside aux travaux, des applications plus ou moins heureuses des procédés mécaniques, et d'une foule de circonstances qui doivent être examinées sur les lieux. On ne donnera donc qu'un petit nombre d'évaluations de ce genre, moins pour en indiquer les résultats, que pour donner des exemples de la marche à suivre dans ces sortes d'analyses ; mais on invite les officiers du génie à recueillir sur ce sujet le plus grand nombre possible d'observations ; à les comparer, les discuter, pour en tirer des résultats susceptibles d'être employés avec quelque certitude dans les analyses qu'ils auront à établir.

Les moyens de transport, moins difficiles à évaluer, doivent cependant, par leur importance, être l'objet d'une grande attention. Ces moyens sont très-variables, et la dépense qu'ils occasionnent dépend des localités, des saisons, et de l'intelligence qui dirige l'exécution des travaux. On supposera presque tous les transports se faisant par terre, soit qu'on y emploie des hommes ou des animaux. Dans beaucoup d'endroits les transports se font par eau ; dans ce cas, c'est ordinairement l'usage qui en règle le prix, et il serait impossible de présenter à ce sujet des résultats qui fussent susceptibles d'applications générales.

Pour plusieurs espèces de matériaux le transport ne peut avoir lieu sans qu'il en résulte un déchet, soit par la casse, le tamisage ou toute autre cause. Ces déchets dépendent non-seulement de la nature des matériaux, mais aussi des moyens de transport employés et de la longueur du trajet. On devra donc les évaluer avec soin et comprendre leur valeur dans l'estimation du prix des matériaux. Ce déchet est indépendant de celui qui a lieu dans leur emploi et dont nous parlerons ci-après.

Les droits de douane et d'octroi doivent s'ajouter au prix d'achat et de transport des matériaux, c'est-à-dire à leur *valeur brute*, puisqu'ils sont à la charge des entrepreneurs.

Enfin il est encore une considération importante à laquelle on doit avoir égard en faisant une analyse. En prenant pour base d'une évaluation la valeur brute des matériaux, on compte les quantités de matières pour ce qu'elles sont effectivement ; mais souvent il n'en est pas ainsi dans le commerce, et les usages modifient sensiblement ce résultat. Dans notre pays comme dans beaucoup d'autres, les marchands en gros livrent de plus grandes quantités qu'il n'en est porté dans le marché, ou bien ils font des remises ou des crédits à terme, etc., etc. Comme on compte, dans les détails de l'analyse, toutes les dépenses réellement faites, et que d'ailleurs les stipulations du marché doivent procurer à l'entrepreneur un bénéfice suffisant pour payer ses soins et l'intérêt de ses avances, il est juste d'avoir égard aux avantages qui proviennent des usages, remises et crédits.

Déchet dans les matériaux. — Les déchets dans l'emploi des matériaux dépendent en partie de leur qualité et en partie des soins et de l'habileté des ouvriers et de l'intelligence de ceux qui les dirigent. On les a déterminés pour chaque espèce de matériaux d'après les observations des meilleurs constructeurs. Au surplus, comme les déchets sont sujets à d'assez grandes variations, on les a indiqués, moins pour établir des règles, que pour rappeler les circonstances dans lesquelles on doit tenir compte de ces déchets. Il sera donc nécessaire de consulter l'expérience pour corriger ce que les données du présent travail pourraient avoir de défectueux dans leur application à chaque localité.

Main-d'œuvre. — L'évaluation de la main-d'œuvre des différentes espèces de travaux est beaucoup plus facile à déterminer que celle de la valeur brute des matériaux. Les observations faites sur cet élément d'analyse sont susceptibles d'une application plus générale, et les modifications que peut apporter dans les résultats l'habileté plus ou moins grande des ouvriers ou la nature variée des matériaux seront indiquées par des expériences locales; car si la force des hommes peut être regardée comme constante dans les différentes parties de la France, l'habitude, l'adresse et même les facultés morales des ouvriers influent aussi sur le produit de leur travail.

Les quantités de main-d'œuvre que l'on a indiquées pour chaque nature d'ouvrage sont celles des résultats moyens déduits de la comparaison raisonnée des différentes observations qu'il a été possible de recueillir. On a toujours pris pour base de nombreuses expériences, afin d'arriver à la connaissance du travail journalier, parce que ce travail doit être tel, qu'il puisse se continuer régulièrement pendant un grand nombre de jours. Il est donc nécessaire que le repos et la nourriture réparent tellement les forces d'un ouvrier ou d'un moteur animé quelconque, que chaque jour il se retrouve dans le même état que la veille, et puisse conséquemment produire le même effet utile. Si, au contraire, on prenait pour base de la détermination de l'effet utile le travail de quelques instants, comme l'observation apprend qu'un moteur animé produit une quantité de mouvement d'autant plus grande à chaque instant que la durée du travail est moindre, il est évident qu'on arriverait à un résultat inexact, et que, dans l'application, on verrait rarement les données fournies par de telles expériences confirmées par le produit d'un travail de quelque durée.

Les résultats que l'on a adoptés devraient être considérablement modifiés si l'on voulait les appliquer aux travaux exécutés dans les colonies : car Coulomb, membre de l'Académie des sciences, et longtemps employé à la Martinique en qualité d'officier du génie, a observé que, sous cette latitude, où le thermomètre de Réaumur est rarement au-dessous de vingt degrés, les hommes ne sont pas capables de la moitié d'action journalière qu'ils peuvent fournir dans nos climats.

Le prix des journées doit être réglé d'après le taux auquel l'usage l'a fixé dans chaque pays. On fera à ce sujet une observation assez importante : dans la plupart des analyses on prend pour base le salaire habituel d'un journalier ; cette évaluation est sans inconvénient lorsqu'il s'agit d'ouvrages qui ne s'exécutent pas autrement qu'à la journée ; mais pour ceux que l'on donne ordinairement à la tâche, comme terrassements, fascinages, etc., on prend souvent pour base de l'analyse la quantité de travail faite en un jour par un homme employé à la tâche, et l'on y applique le prix de la journée d'un journalier. Ainsi, pour citer un exemple très-fréquent de ce genre d'erreur, on détermine le prix du mètre cube de déblais, en supposant qu'un manœuvre déblaye et charge quinze mètres cubes de terre (à un homme à la fouille) dans une journée de travail, et l'on évalue cette tâche au même prix que la journée d'un manœuvre. Il est cependant bien reconnu qu'un homme à la tâche et un homme à la journée ne produisent pas la même quantité d'action journalière ; et dans le cas particulier que l'on vient de citer, un manœuvre à la journée fera bien rarement un déblai de quinze mètres cubes. Quelques auteurs estiment que les hommes employés à la journée ne font que moitié de l'ouvrage qu'ils pourraient faire à la tâche ; d'autres fixent ce rapport aux deux tiers, et l'on croit que cette évaluation approche beaucoup plus de la vérité : on l'a en conséquence prise pour base.

Quant à la durée de la journée de travail, l'usage général dans les services publics est de la supposer de dix heures, non compris le temps des repos. Souvent, à la vérité, les journées d'été sont de plus de dix heures de travail effectif, et les journées d'hiver, au contraire, sont plus courtes ; mais cela est indifférent pour les évaluations adoptées dans le présent travail, et l'on peut prendre l'heure pour unité de temps, en avançant la virgule des décimales d'un rang vers la gauche. De la sorte, on appliquera ces résultats à des journées composées d'un nombre quelconque d'heures, en multipliant ce nombre par le travail produit dans une heure.

Pour la facilité des calculs, on a adopté la division décimale de l'heure ; on y a joint quelquefois l'indication du temps en minutes et secondes, afin de donner une idée plus précise du temps employé à un ouvrage déterminé.

Faux frais. — On comprend sous le nom de *faux frais* les dépenses de l'adjudication des travaux et de la reddition des comptes ; le prix de la patente ; la dépense des hangars, chantiers et magasins ; les frais d'outils, lorsqu'ils ne peuvent pas entrer d'une manière spéciale dans l'analyse ; les frais de conduite, de surveillance et d'administration intérieure ; et, enfin, les menues dépenses qui, devant être réparties sur tous les travaux, ne pourraient être aisément calculées pour chacun en particulier.

De ces faux frais, les uns sont constants et les autres sont variables. Les faux frais constants sont les dépenses de l'adjudication et le prix de la patente. Les autres faux frais sont variables pour la même place, non-seulement en raison de l'importance des travaux, mais encore d'après la capacité de l'entrepreneur, la profession qu'il exerce personnellement, les ressources qu'il peut tirer d'établissements créés pour d'autres entreprises, et enfin par différentes causes locales qu peuvent influer sur la quotité de ces faux frais.

On commettrait une grave erreur en supposant que, dans tous les cas, ces faux frais sont dans une proportion invariable avec la masse des dépenses : il est bien évident, par exemple, que dans une place où l'on dépenserait annuellement 10,000 francs, le rapport de la dépense aux frais serait bien plus élevé que si, dans la même place, on dépensait annuellement 100,000 francs. Deux analyses successives de la place de Strasbourg viennent à l'appui de cette assertion : dans la première de ces analyses (pour 1817, 1818 et 1819), faite avec le plus grand soin, on a trouvé, par des calculs exacts, que pour une dépense annuelle de 100,000 francs, les faux frais de l'entreprise étaient de 7,000 francs par an, c'est-à-dire de 7 pour cent ; dans une nouvelle analyse faite pour la même place et avec autant de soin (pour 1820, 1821 et 1822), les faux frais sont évalués à 8,000 francs par an, quoique la dépense annuelle soit estimée à 200,000 francs, ce qui les réduit à 4 pour cent. On voit donc, d'après cet exemple, que l'on ne peut pas établir un rapport constant entre les faux frais et la masse des dépenses.

De tous les faux frais que l'on a détaillés plus haut on n'a porté, comme éléments de dépense, que les frais d'outils, d'engins et de machines, et ceux de magasins et de surveillance, lorsqu'ils pourront être appréciés rigoureusement. On a supposé que, dans tous les cas, les outils étaient fournis par les entrepreneurs ; quelquefois, ce sont les ouvriers eux-mêmes qui les fournissent, les entretiennent et les remplacent à leurs frais. C'est une considération à laquelle il faudra avoir égard dans la rédaction des analyses, soit en supprimant entièrement les frais d'outils, soit en les comprenant dans le prix élémentaire de la journée. Quant aux engins et machines, il arrive souvent que ces objets sont construits aux frais de l'État, ou tirés de ses magasins, pour être mis à la disposition des entrepreneurs, qui alors sont chargés de les entretenir et répondent de leur conservation. On doit tenir compte de toutes ces circonstances.

La dépense des hangars, chantiers et magasins est encore une chose extrêmement variable : quelquefois ils sont en partie ou en totalité fournis par le gouvernement ; d'autres fois les entrepreneurs les possèdent en propre, ou bien sont obligés de les construire ou de les prendre à loyer. On ne peut pas non plus donner des règles pour l'évaluation fixe des frais de conduite, de surveillance, d'administration intérieure. Ces frais consistent dans le traitement des commis employés, soit dans le bureau de l'entrepreneur, soit sur leurs travaux ou pour les achats ; dans la paye des appareilleurs, gâcheurs, etc., qui dirigent les ouvriers ; dans la haute paye des maîtres-ouvriers ; dans les frais de tracé, de garde, de bureau, etc. Toutes ces dépenses dépendent, non-seulement de la somme annuelle destinée aux travaux, mais de circonstances accidentelles très-variables. Si l'on pensait qu'elles ne dussent pas entrer dans l'analyse, il faudrait les comprendre, dans le bénéfice de l'entrepreneur, comme élément variable, et qui doit, ainsi que la quotité de ce bénéfice, influer sur les chances de l'adjudication.

Bénéfice de l'entrepreneur. — Dans les analyses de prix il est d'usage d'augmenter le total de tous les éléments de la dépense que l'on vient d'examiner *d'un dixième*, pour tenir compte à l'entrepreneur de l'intérêt de ses avances et pour le payer de ses soins et de son industrie. Cette fixation est évidemment trop faible pour des entreprises de peu d'importance, et beaucoup trop élevée lorsqu'il s'agit de très-grands travaux. Ainsi dans une place où l'on ne dépenserait annuellement que 5,000 ou 6,000 francs, un bénéfice de 500 à 600 francs, souvent diminué par un rabais, ne sera pas un salaire suffisant pour un entrepreneur qui aura dû, malgré l'exiguïté de la dépense, donner une grande partie de son temps à l'exécution et à la surveillance des travaux. Au contraire, lorsqu'on dépense sur un même point plusieurs centaines de mille francs, le bénéfice de l'entrepreneur sera énorme, quoique ses peines et ses avances n'aient pas augmenté dans la même proportion que la dépense. Il est, d'ailleurs, à considérer que, dans le service du génie, les payements se faisant avec une grande régularité, et la liquidation des comptes ayant lieu dans le courant de l'année qui suit celle où les travaux ont été exécutés, les avances de l'entrepreneur ne sont jamais considérables.

On pense donc que le bénéfice de l'entrepreneur et les faux frais, à l'exception des frais d'outils et des dépenses éventuelles qui appartiennent spécialement à une nature d'ouvrage déterminée, doivent rester tout à fait en dehors de l'analyse, et que les prix bruts doivent être présentés à l'adjudication, laquelle se ferait dans un ordre inverse de ce qui s'est pratiqué jusqu'ici. Ainsi, en supposant les prix d'un bordereau calculés comme on vient de le dire, on ouvrira l'enchère sur ces prix bruts ; et si personne n'offre de rabais ou n'accepte ces prix, on les augmentera successivement d'une unité ou d'une demi-unité par cent, jusqu'à ce que l'un des concurrents accepte la dernière offre faite. Un règlement particulier déterminera les formalités à suivre dans ce nouveau mode d'adjudication par surenchère.

Au reste, on conçoit que d'après l'usage où l'on est, dans le service du génie, de faire porter les rabais ou les surenchères sur l'ensemble du prix, il est surtout essentiel d'établir une sorte d'harmonie entre eux, pour que l'augmentation ou la diminution proportionnelle sur chacun de ces prix soit la même, et que, dans le cas même où ils ne seraient pas bien rigoureusement calculés, ils puissent cependant servir de point de départ pour l'adjudication. Car, lorsqu'il y aura une concurrence, les rabais ou les surenchères reporteront naturellement les prix à peu près à leur juste valeur. On devra donc s'attacher particulièrement à obtenir ce résultat important ; et l'on en approchera d'autant plus, qu'on emploiera des éléments plus simples dans l'analyse des prix.

On a cru devoir entrer dans tous ces détails sur la marche qui a été suivie. On a donné dans des notes des développements plus étendus sur les différentes parties de ce travail, soit pour faire connaître les autorités dont on s'est appuyé, soit pour exposer ses idées propres. Les sources où l'on a principalement puisé sont : les ouvrages de Vauban, de Cormontaigne et des autres officiers du génie qui ont écrit sur l'art des constructions ; le *Traité de la construction des Ponts*, par Gauthey ; l'*Art de bâtir*, par Rondelet ; le *Tableau détaillé des prix*, par Morizot ; les *Expériences de la main-d'œuvre*, par Boistard ; celles d'Anselin ; et les analyses des prix pour les travaux du génie dans toutes les places de France, dont on a soigneusement discuté et comparé les résultats.

GÉNIE.

Place de

—

ANNÉES 18 , 18 et 18.

DIRECTION D

ANALYSE des prix des différentes natures d'ouvrages militaires à exécuter dans la place d   et dépendances, pendant les années 18   , 18   et 18   .

CHAPITRE PREMIER. — Journées.

Dans l'évaluation du prix des journées on a supposé (ce qui arrive le plus souvent dans les travaux du génie) que l'entrepreneur traitera directement avec les terrassiers et manœuvres, les maçons et charpentiers, et que, pour les autres états, il sera obligé de s'adresser aux maîtres-ouvriers, à qui il devra donner un certain bénéfice. Dans le cas où cette supposition devra être modifiée, il sera aisé de le faire d'après les détails dans lesquels on va entrer.

Le prix élémentaire de la journée est la somme que reçoit l'ouvrier pour sa peine, sans déduction ni retenue, soit pour fourniture d'outils, soit pour bénéfice du maître. Cette valeur peut varier selon les temps et les lieux. On a adopté une moyenne entre les prix des principales places de France, afin d'établir approximativement le rapport entre les différentes espèces de journées ; mais la détermination de ces prix dans chaque lieu sera l'objet d'informations précises, et lorsque les ouvriers seront divisés par classes, on y aura égard dans l'analyse. On n'a supposé pour chaque espèce d'ouvriers qu'une classe unique, parce que l'on présente ici des résultats moyens fournis par le mélange des ouvriers des différentes classes. Cette méthode, qui abrége beaucoup les calculs d'analyse, donne, en définitive, à peu près les mêmes résultats que celle qui tiendrait compte du plus ou moins d'habileté de chaque classe d'ouvriers.

Il est entendu que les prix que l'on va donner sont pour des journées de dix heures de travail effectif.

ARTICLE 1er.
Un manœuvre.

Prix élémentaire. Fr. 1,250

ART. 2.
Un manœuvre avec outils et faux frais. (Voyez la note 1.)

Prix brut de la journée.   1,250
Frais d'outils.   0,050

        Total. . .   1,300

Faux frais, 1/20 du total ci-dessus.   0,065

    Prix à porter au bordereau. . .   1,365

ART. 3.
Un manœuvre travaillant dans l'eau.

Prix élémentaire.   1,560

ART. 4.
Le même avec outils et faux frais.

Prix brut de la journée.   1,560
Frais d'outils.   0,050

        Total. . .   1,610

Faux frais, 1/20 du total ci-dessus..   0,080

    Prix à porter au bordereau. . .   1,690

ART. 5.
Un terrassier.

Prix élémentaire.   1,500

ART. 6.
Le même avec outils et faux frais.

Prix brut de la journée.   1,500
Frais d'outils.   0,050

        Total. . .   1,550

Faux frais, 1/20 du total ci-dessus.   0,078

    Prix à porter au bordereau. . .   1,628

ART. 7.
Un terrassier travaillant dans l'eau.

Prix élémentaire.   1,880

Art. 8.

Le même avec outils et faux frais.

Prix brut de la journée. . . . . Fr. 1,880
Frais d'outils. 0,050

                               TOTAL. . . 1,930

Faux frais, 1/20 du total ci-dessus. 0,097

             Prix à porter au bordereau. . . 2,027

Art. 9.

Un petit manœuvre, une femme ou un enfant.

Prix élémentaire. 0,750

Art. 10.

Les mêmes avec outils et faux frais.

Prix brut de la journée.. 0,750
Frais d'outils. 0,050

                               TOTAL. . . 0,800

Faux frais, 1/20 du total ci-dessus. 0,040

             Prix à porter au bordereau. . . 0,840

Art. 11.

Un mineur ou rocteur.

Prix élémentaire. 2,500

Art. 12.

Le même avec outils et faux frais. (Voyez la note 2.)

Prix brut de la journée. 2,500
Frais d'outils. 0,150

                               TOTAL. . . 2,650

Faux frais, 1/20 du total ci-dessus. 0,133

             Prix à porter au bordereau. . . 2,783

Art. 13.

Un gazonneur et taluteur.

Prix élémentaire. 1,800

Art. 14.

Le même avec outils et faux frais.

Prix brut de la journée. 1,800

                           A reporter. . . 1,800

Report. . . . Fr. 1,800

Frais d'outils. 0,050

Total. . . 1,850

Faux frais, 1/20 du total ci-dessus. 0,093

Prix à porter au bordereau. . . 1,943

Art. 15.
Un fascineur et clayonneur.

Prix élémentaire. 1,800

Art. 16.
Les mêmes avec outils et faux frais.

Prix brut de la journée. 1,800
Frais d'outils. 0,050

Total. . . 1,850

Faux frais, 1/20 du total ci-dessus. 0,093

Prix à porter au bordereau. . . 1,943

Art. 17.
Un élagueur, échenilleur et cureur de fossés. (Voyez la note 3.)

Prix élémentaire. 2,100

Art. 18.
Les mêmes avec outils et faux frais. (Voyez la note 3.)

Prix brut de la journée. 2,100
Frais d'outils. 0,050

Total. . . 2,150

Faux frais, 1/20 du total ci-dessus. 0,108

Prix à porter au bordereau. . . 2,258

Art. 19.
Un vidangeur.

Prix élémentaire. 3,000

Art. 20.
Le même avec outils et faux frais.

Prix brut de la journée. 3,000
Frais d'outils. 0,250

Total. . . 3,250

Faux frais, 1/10 du total ci-dessus. 0,325

Prix à porter au bordereau. . . 3,575

Art. **21**.

Un maitre poseur de fascines.

Prix élémentaire. . . . . Fr. 4,000

N. B. Ces ouvriers et les suivants fournissent leurs outils.

Art. **22**.

Un contre-poseur ou maitre fascineur.

Prix élémentaire. 2,500

Art. **23**.

Un affûteur de piquets.

Prix élémentaire. 2,000

Art. **24**.

Un maitre maçon et appareilleur.

Prix élémentaire. 3,500

Art. **25**.

Un maçon.

Prix élémentaire. 2,150

Art. **26**.

Le même avec outils et faux frais. (Voyez la note 4.)

Prix brut de la journée. 2,115

Total. . . 2,115

Faux frais, 1/10 du total ci-dessus. 0,215

Prix à porter au bordereau. . . 2,330

Art. **27**.

Un manœuvre faisant le mortier.

Prix élémentaire. 1,500

Art. **28**.

Le même avec outils et faux frais. (Voyez la note 5.)

Prix brut de la journée. 1,500

Total. . . 1,500

Faux frais, 1/10 du total ci-dessus. 0,150

Prix à porter au bordereau. . . 1,650

Art. **29.**

Un tailleur de pierre. (Voyez la note 6 sur cet article et les trois articles suivants.)

Prix élémentaire. . . . . Fr. 3,000

Art. **30.**

Le même avec outils et faux frais, travaillant la pierre tendre.

Prix brut de la journée.	3,000
Frais d'outils.	0,400
Prix à porter au bordereau. . .	3,400

Art. **31.**

Le même travaillant la pierre dure.

Prix brut de la journée.	3,000
Frais d'outils.	0,600
Prix à porter au bordereau. . .	3,600

Art. **32.**

Le même travaillant le grès ou le granit.

Prix brut de la journée.	3,000
Frais d'outils.	1,000
Prix à porter au bordereau. . .	4,000

Art. **33.**

Un poseur.

Prix élémentaire. 3,000

Art. **34.**

Le même avec outils et faux frais.

Prix brut de la journée.	3,000
Total. . .	3,000
Faux frais, 1/10 du total ci-dessus.	0,300
Prix à porter au bordereau. . .	3,300

Art. **35.**

Un contre-poseur.

Prix élémentaire. 2,400

—

Art. 36.

Le même avec outils et faux frais.

Prix brut de la journée. . . . . Fr. 2,400

| | Total. . . | 2,400 |

Faux frais, 1/10 du total ci-dessus. 0,240

Prix à porter au bordereau. . . 2,640

Art. 37.

Un couvreur.

Prix élémentaire. 2,250

Art. 38.

Le même avec outils et faux frais.

Prix brut de la journée. 2,250

Total. . . 2,250

Faux frais, 1/10 du total ci-dessus. 0,225

Prix à porter au bordereau. . . 2,475

Art. 39.

Un maître plâtrier.

Prix élémentaire. 3,800

Art. 40.

Un plâtrier.

Prix élémentaire. 2,400

Art. 41.

Le même avec outils et faux frais.

Prix brut de la journée. 2,400

Total. . . 2,400

Faux frais, 1/10 du total ci-dessus. 0,240

Prix à porter au bordereau. . . 2,640

Art. 42.

Un paveur.

Prix élémentaire. 2,500

Art. 43.
Le même avec outils et faux frais.

Prix brut de la journée. . . . . Fr. 2,500

Total. . .   2,500

Faux frais, 1/12 du total ci-dessus. 0,208

Prix à porter au bordereau. . .   2,708

N. B. L'évaluation de tous ces faux frais à 1/12 de la main-d'œuvre est donnée par *Gauthey* et confirmée par des renseignements pris à Paris.

Art. 44.
Un maître charpentier.

Prix élémentaire.   4,000

Art. 45.
Un charpentier.

Prix élémentaire. . . . . Fr. 2,700

Art. 46.
Le même avec outils et faux frais. (Voyez la note 7.)

Prix brut de la journée. 2,700

Total. . .   2,700

Faux frais, 1/10 du total ci-dessus. 0,270

Prix à porter au bordereau. . .   2,970

Art. 47.
Un maître menuisier.

Prix élémentaire. 3,750

Art. 48.
Un menuisier.

Prix élémentaire. 2,600

Art. 49.
Le même avec outils et faux frais. (Voyez la note 8.)

Prix brut de la journée. 2,600

Total. . .   2,600

Faux frais, 1/6 du total ci-dessus. 0,433

Prix à porter au bordereau. . .   3,033

Art. 50.
Un scieur de long. (Voyez la note 9.)

Prix élémentaire. . . . . Fr. 2,500

Art. 51.
Un charron. (Voyez la note 9.)

Prix élémentaire. 2,500

Art. 52.
Un tourneur. (Voyez la note 9.)

Prix élémentaire. 2,500

Art. 53.
Un maître forgeron-serrurier ou taillandier.

Prix élémentaire. 3,750

Art. 54.
Un forgeron-serrurier ou taillandier.

Prix élémentaire. 2,250

Art. 55.
Les mêmes avec outils et faux frais. (Voyez la note 10.)

Prix brut de la journée. 2,250

Total. . . 2,250

Faux frais, 10/47 du total ci-dessus. 0,479

Prix à porter au bordereau. . . 2,729

Art. 56.
Un ferblantier-plombier ou fondeur.

Prix élémentaire. 2,500

N. B. On a compris tous les faux frais dans les prix des journées de ferblantier, pompier, et des autres ouvriers désignés jusqu'à l'art. 64, parce que ces ouvriers seront presque toujours employés en fournissant eux-mêmes leurs outils. On suppose ordinairement que tous les faux frais équivalent au dixième de la main-d'œuvre.

Quant aux journées de batelier, art. 65, on n'y a compris aucuns faux frais.

Art. 57.
Un maître pompier ou fontainier.

Prix élémentaire. 4,000

Art. 58.
Un pompier ou fontainier.

Prix élémentaire. . . . . Fr. 2,350

Art. 59.
Un maître peintre ou vitrier.

Prix élémentaire. 2,750

Art. 60.
Un peintre ou vitrier.

Prix élémentaire. 2,500

Art. 61.
Un broyeur de couleurs.

Prix brut de la journée. 1,700

Art. 62.
Un maître calfat.

Prix brut de la journée. 4,250

Art. 63.
Un calfat.

Prix brut de la journée. 2,600

Art. 64.
Un maître batelier.

Prix brut de la journée. 4,000

Art. 65.
Un batelier.

Prix brut de la journée. 2,500

Art. 66.
Un charretier. (Voyez la note 11.)

Prix moyen élémentaire. . . . . 1,750 à 2,500

Art. 67.
Un cheval ou mulet harnaché. (Voyez la note 12.)

Prix élémentaire. 2,250

Art. **68**.

Un cheval ou mulet harnaché, avec conducteur.

Une journée de cheval harnaché (67). . . . . Fr.	2,250
Une journée de charretier (66).	2,000
Total. . .	4,250
Faux frais, 1/20 du total.	0,213
Prix à porter au bordereau. . .	4,463

Art. **69**.

Un âne avec un bât et deux paniers.

Prix élémentaire.	1,200

Art. **70**.

Un âne avec un bât, deux paniers et un conducteur pour deux ânes.

Une demi-journée de femme ou d'enfant, à 0,75 l'une (9).	0,375
Une journée d'âne (69).	1,200
Total. . .	1,575
Faux frais, 1/20 du total.	0,079
Prix à porter au bordereau. . .	1,654

Art. **71**.

(Voyez la note 13.)

Un tombereau à un collier, conducteur compris.

Une journée de tombereau.	0,380
Une journée de cheval harnaché (67).	2,250
Une journée de charretier (66).	1,750
Total. . .	4,380
Faux frais, 1/20 du total.	0,219
Prix à porter au bordereau. . .	4,599

Art. **72**.

(Voyez la note 14.)

Un tombereau à deux colliers, conducteur compris.

Une journée de tombereau.	0,450
Deux journées de cheval harnaché (67).	4,500
Une journée de charretier (66).	2,000
Total. . .	6,950
Faux frais, 1/20 du total.	0,348
Prix à porter au bordereau. . .	7,298

Art. 73.

(Voyez la note 15.)

Un tombereau à trois colliers, conducteur compris.

Une journée de tombereau. . . . . Fr.	0,500
Trois journées de cheval harnaché.	6,750
Une journée de charretier.	2,250
Total. . .	9,500
Faux frais, 1/20 du total.	0,475
Prix à porter au bordereau. . .	9,975

Art. 74.

(Voyez la note 16.)

Voiture à quatre roues et à deux colliers, conducteur compris.

Une journée de voiture.	0,700
Deux journées de cheval.	4,500
Une journée de charretier.	2,000
Total. . .	7,200
Faux frais, 1/20 du total.	0,360
Prix à porter au bordereau. . .	7,560

Art. 75.

Voiture à quatre roues et à trois colliers, conducteur compris.

Une journée de voiture.	0,850
Trois journées de cheval (67).	6,750
Une journée de charretier.	2,250
Total. . .	9,850
Faux frais, 1/20 du total.	0,493
Prix à porter au bordereau. . .	10,343

Art. 76.

Voiture à quatre roues et à quatre colliers, conducteur compris.

Une journée de voiture.	1,000
Quatre journées de cheval (67).	9,000
Une journée de charretier.	2,500
Total. . .	12,500
Faux frais, 1/20 du total.	0,625
Prix à porter au bordereau. . .	13,125

Art. **77.**

Une nacelle de pêcheur. . . . . Fr. 0,750

Art. **78.**

Une nacelle pour le gravier. 1,000

Art. **79.**

Un bateau avec ses agrès. Selon la grandeur.

Art. **80.**

Une vis d'Archimède. 1,470

Art. **81.**

Un chapelet. 2,500

Art. **82.**

Une petite sonnette. . . . . »

Art. **83.**

Une grande sonnette. . . . . »

———

PRIX ÉLÉMENTAIRES

Servant à l'analyse des prix des ouvrages de terrassement dont le détail est compris dans le chapitre II de l'analyse, lesquels devront être modifiés suivant les localités pour chaque analyse particulière.

———

Les prix des journées sont ceux établis dans le chapitre Ier de l'analyse.

OUTILS ET OBJETS DIVERS.

Pelle ronde. . . . . Fr.	3 50
Louchet ou pelle carrée.	5 00
Pioche.	5 30
Manche de pelle.	0 35
Manche de pioche.	0 30

Brouette. . . . . Fr. 6 00
Un mètre courant de planches de roulage (rebuts ou bois blanc). . .   0 25
Un arc de pré (produit annuel). 1 00
Une voiture de fumier. 10 00
Un kilogramme de graine de foin. 1 00
Un cent de chevilles pour le piquetage des gazons. 0 50

CHAPITRE II. — Ouvrages de terrassement.

Art. 84.

Le mètre cube de terre à un homme à la fouille, chargée dans une brouette, un panier, une civière, ou déposée à longueur de bras sur le bord de l'excavation.

Détail.

On comprendra sous la désignation de terre à un homme à la fouille le sable sec ou légèrement humide, la terre de jardin, celle de prairie et de marais, enfin toute terre qui s'enlève aisément avec la pelle ou le louchet, et sans faire usage de la pioche.

Frais de fouille. — L'expérience prouve qu'un terrassier ordinaire, placé sur un terrain de cette espèce, fouillera et chargera, dans une journée de dix heures de travail effectif, 15 mètres cubes. (Voyez la note 17.)

La journée de terrassier ayant été supposée à 1 fr. 50 c., chaque mètre cube reviendra à. . . . . Fr. 0 100

Frais d'outils. — Pour évaluer les frais d'outils, on supposera que l'on emploie un égal nombre de pelles rondes et de pelles carrées ou louchets. Une pelle et un louchet serviront à déblayer 3,000 mètres cubes (200 journées) et coûteront :

La pelle ronde. . . . . Fr. 3 50
Le louchet. 5 00
Pendant le même temps, ces outils useront :
6 manches à 35 c., ci.   2 10
Et coûteront, par évaluation, pour réparation des fers. . . .   1 40
                                                    Total. . .   12 00

Répartissant cette somme sur 3,000 mètres cubes, on trouve pour chacun. 0 004

Faux frais. — Les faux frais dans les travaux de terrassement se com-

                                        A reporter. . .   0,104

Report. . . Fr. 0,104

posent des frais de surveillance, de garde des outils, de la fourniture des jalons, piquets, masses, cordeaux, niveaux d'eau, niveaux de maçon, tringles, clous, marteaux, etc., etc., ainsi que des malfaçons, qui restent à la charge de l'entrepreneur. On les évalue au vingtième des frais de fouille, et l'on adoptera ce résultat pour tous les travaux de terrassement, ci 1/20.   0 005

TOTAL. . .   0 109

ART. 85.

Le mètre cube de terre à un homme à la fouille, jetée à la pelle à la distance de deux mètres au moins et de quatre mètres au plus, ou déposée sur une berge élevée de 1 mètre 60 cent. au-dessus du terrain en excavation, ou chargée dans un tombereau, dans un camion ou dans des hottes, ou enfin dans des paniers sur une bête de somme.

DÉTAIL.

Frais de fouille. — L'ouvrier, dans ce cas, est obligé de donner à sa pelle une force d'impulsion qui exige un surcroît d'effort et consume une partie de temps. Plusieurs expériences ont prouvé que son travail pouvait être considérée comme réduit d'un cinquième de ce qu'il serait s'il déposait la terre à longueur de bras. (Voyez la note 18).

La journée étant de 1 fr. 50 c., et le travail réduit à douze mètres cubes, on aura pour un mètre. . . . . Fr. 0 125

Frais d'outils. — Deux outils, valant 12 fr. tout compris (art. 84), ne serviront que pour le déblai de 2,400 mètres cubes; ce qui donne pour un mètre cube. 0 005

Faux frais. — 1/20 des frais de fouille, ci. 0 007

TOTAL. . .   0 137

ART. 86.

Prix qui doit être ajouté par mètre cube aux prix des articles 84 et 85, pour chaque homme à la fouille, en sus du premier.

DÉTAIL.

Frais de fouille. — Le travail de l'ouvrier qu'on adjoint au premier doit procurer à celui-ci le moyen de fouiller les 15 mètres cubes (art. 84). La journée du piocheur étant supposée de 1 fr. 50 c., son salaire, pour chaque mètre cube pioché, sera de. . . . . Fr. 0 100

Frais d'outils. — Les frais d'outils dépendront non-seulement de leur qualité, mais aussi de la nature du terrain. On peut admettre, comme terme moyen, qu'une bonne pioche servira pendant 170 journées, c'est-

A reporter. . .   0 100

Report. . . Fr. 0 100

à-dire pour 2,550 mètres cubes de terre à deux hommes. Elle

coûtera 5 fr. 30 cent. Fr. 5 30

Pendants ce temps elle sera acérée quatre fois, ce qui donne,

à raison de 40 cent. par acérage. 1 60

Elle usera quatre manches à 30 cent. l'un. 1 20

Total. . .   8 10

Répartissant cette somme de 8 fr. 10 c. sur 2550 mètres cubes, on

trouve que les frais d'outils sont pour chacun. 0 003

Faux frais. — 1/20 des frais de fouille, ci. 0 005

Total. . .   0 108

Art. **87.**

Le mètre cube de terre ou de sable pris dans l'eau à un homme à la fouille, chargé
dans une brouette, un panier, une civière, ou déposé à longueur de bras.

Détail.

Frais de fouille. — On suppose que les épuisements ne peuvent être opérés de
manière que les ateliers restent à sec, et qu'il en résulte pour l'ouvrier la nécessité de se tenir dans l'eau. Des expériences faites à Strasbourg, à Antibes et dans
d'autres places, ont prouvé que, dans ce cas, un terrassier ne pouvait pas déblayer
plus de sept mètres cubes dans une journée. On doit, de plus, observer que cet
ouvrier, travaillant dans l'eau, doit recevoir une journée plus forte, soit à raison
des maladies que l'humidité engendre, soit comme dédommagement d'une plus
grande consommation d'habillement.

On a supposé (art. 7) que le prix de cette journée était de 1 fr. 88 c. ; on aura
donc pour un mètre cube. . . . . Fr. 0 269

Frais d'outils. — Comme à l'art. 84. . . . .   0 004

Faux frais. — 1/20 des frais de fouille, etc. 0 014

Total. . .   0 287

Art. **88.**

Le mètre cube de terre ou de sable pris dans l'eau à un homme à la fouille, jeté à la
pelle, à la distance de 2 mètres au moins et 4 mètres au plus, ou déposé sur une
berge élevée de 1 mètre 60 cent. au-dessus du terrain en excavation, ou chargé dans
un tombereau, dans un camion ou dans des hottes.

Détail.

Frais de fouille. — Dans ce cas, le terrassier ne déblayera plus que six mètres
cubes dans une journée à 1 fr. 88 c. ; on aura donc pour un mètre cube. Fr. 0 313

Frais d'outils. — Comme à l'art. 85.   0,005

Faux frais. — 1/20 des frais de fouille, etc.   0,016

Total. . .   0,334

ART. **89**.

Prix qui doit être ajouté par mètre cube aux prix des articles 87 et 88, pour chaque homme à la fouille, en sus du premier.

DÉTAIL.

Frais de fouille. — La journée est de 1 fr. 88 c. et le travail de 7 mètres cubes ; on aura donc pour un mètre cube. . . . . .Fr. 0,269

Frais d'outils. — Comme à l'article 86.   0,003

Faux frais. — 1/20 des frais de fouille.   0,014

TOTAL. . .   0,286

ART. **90**.

Le mètre cube de roc extrait par la mine.

DÉTAIL.

Il serait impossible de relater toutes les diverses espèces de roc qui peuvent se rencontrer. Chaque localité exige à cet égard des expériences particulières pour déterminer les quantités de main-d'œuvre et de poudre nécesaires, ainsi que la consommation en outils qui est également très-variable. L'exemple que l'on va rapporter n'a pour but que d'indiquer un mode pour la rédaction d'une analyse particulière : on y a conservé les prix d'outils tels qu'ils sont portés dans ladite analyse, pour que ces prix influent nécessairement sur la durée des outils et sur la dépense des faux frais.

Frais de fouille. — Pour l'extraction de 10 mètres cubes de roc granitique, on a employé :

5 journées 1/2 de mineur rocteur à 2 fr. 50 c.   Fr. 13,750

1,62 kilogramme de poudre de mine, à 3 fr.   4,860

Frais d'outils. — 200 journées de mineur ont occasionné en outils une dépense de 2 pics à roc, à 3 fr. Fr. 6,00

Réparation des pics.   3,00

2 pioches à 4 fr.   8,00

Réparation des pioches. . . . . . , ...   2,00

Intérêt de la valeur des outils, réparation et détérioration des barres à mines, pistolets, épinglettes, etc.   40,00

TOTAL pour 200 journées. . . Fr. 59,00

Ce qui donne pour 5 journées 1/2.   1,623

Faux frais. — 1/20 des frais de fouille.   0,768

Dépense pour 10 mètres cubes. . .   21,001

Ce qui donne pour un mètre cube. . . . . .Fr. 2,100

Art. 91.

Le mètre de roc extrait par la mine et chargé dans des brouettes, etc.

Détail.

Le prix de l'article 90. (Voyez la note 19.). . . . . .Fr. 2,100
0,10 journée de manœuvre avec outils et faux frais à 1 fr. 36 c. (art 2).   0,136

Total. . .   2,236

Art. 92.

Le mètre cube de roc extrait par la mine et chargé dans un tombereau, etc.

Détail.

Le prix de l'article 90. (Voyez la note 19.). . . . . .Fr. 2,100
0,13 journée de manœuvre avec outils et faux frais à 1 fr. 36 c. (art. 2).   0,177

Total. . .   2,277

TRANSPORT DES TERRES.

Art. 93.

Le mètre cube de terre transportée à la brouette à un relais sur terrain ferme.

Détail.

Main-d'œuvre. — L'expérience prouve que, dans le même espace de temps employé par un terrassier à fouiller la terre nécessaire au chargement d'une brouette et à la déposer dedans, un autre ouvrier peut conduire cette brouette à la distance de 30 m. en plaine ou 20 mètres sur une rampe au 12e, la décharger et la ramener à l'excavation. (Voyez la note 20.)

Un terrassier, dans sa journée fixée à 1 fr. 50 c., roulera donc 15 mètres cubes de terre à un relais : un mètre cube coûtera donc. . . . . . Fr. 0,100

Frais d'outils. — Une brouette peut suffire au transport de 2,000 mètres cubes (voyez la note 21) : si donc une brouette coûte 6 fr., on aura pour la dépense d'un mètre cube.   0,003

Faux frais. — 1/20, ci.   0,005

Total. . .   0,108

Art. 94.

*Le mètre cube de terre transportée à la brouette à un relais sur un terrain assez mou
pour exiger l'emploi des planches de roulage.*

Détail.

Transport. — Prix du transport (art. 93). . . . . .Fr. 0,108

Report. . . . Fr. 0,103

Planches de roulage. — On a trouvé par expérience (voyez la note 22) que le roulage d'un mètre cube de terre sur des planches en consommait $0^m,0222$. Si on suppose que la valeur de ces planches, qui sont ordinairement des dosses de rebut ou des planches de bois blanc, soit de 0 fr. 25 c. le mètre courant, on aura pour 0^m0222 à 0 fr. 25 c. le mètre, transporté à pied d'œuvre, ci.   0,006

Faux frais. — 1/20, ci.   0,005

TOTAL. . .   0,114

ART. 95.

Le mètre cube de terre boueuse et liquide ou vase extraite de l'eau, transportée à la brouette, à un relais, sur terrain ferme.

DÉTAIL.

Main-d'œuvre. — La brouette employée à ce service doit être fermée par devant; mais nonobstant cette disposition, vu la situation inclinée que le rouleur lui donne, et le peu de consistance du déblai, qui empêche de remplir la brouette comble, elle contiendra bien moins de déblai que dans le cas de la terre ordinaire. En supposant la terre à peu près liquide, la contenance de la brouette ne serait que de $0^{m.c.},025$, et le travail, dans une journée, de $11^{m.c.},250$ (voyez la note 23), que l'on réduira à 11 mètres cubes à cause du déblai qui se répand sur le chemin du roulage et la nécessité de nettoyer plus souvent l'intérieur de la brouette.

Le travail d'une journée étant de 11 mètres cubes, et le prix de la journée de 1 fr. 50 c., on aura donc pour un mètre cube, ci. . . . . Fr. 0,136

Frais d'outils. — On consommera autant de brouettes, dans un temps donné, à transporter de la terre boueuse qu'à transporter de la terre ordinaire; la dépense, dans les deux cas, sera donc en raison inverse des quantités de terre transportées. Or, on a vu (art. 93) qu'une brouette pouvait servir au transport de 2,000 mètres cubes de terre ordinaire; elle ne servira, pour de la terre boueuse, qu'au transport de 1,463 mètres cubes; et comme elle coûte 6 fr., on aura pour la dépense d'un mètre cube.   0,004

Faux frais. — 1/20 de la main d'œuvre, etc.   0,007

TOTAL. . .   0,147

ART. 96.

Le mètre cube de terre boueuse et liquide ou vase extraite de l'eau, transportée à la brouette, à un relais, en employant des planches de roulage.

DÉTAIL.

Pour la main-d'œuvre et les brouettes, le prix brut de l'article 95.

ci. . . . . Fr. 0,140

Planches de roulage (art. 94) (à la rigueur 0ᵐ0257 par mètre cube,
coûtant 0 fr. 0064).   0,006

Faux frais. — 1/20 de la main-d'œuvre, etc..   0,007

Total. . .   0,153

Art. 97.

*Le mètre cube de rocaille ou gravier mastiqué, transporté à la brouette, à un relais,
sur terrain ferme.*

Détail.

Main-d'œuvre. — D'après le poids de cette espèce de déblai, un rouleur n'en transportera que 12 mètres cubes dans sa journée payée 1 fr.
50 c. Ce sera donc pour un mètre cube, ci. Fr.0,1250

Frais d'outils. — Une brouette ne servira plus qu'au transport de
1,600 mètres cubes; elle coûte 6 fr. : ce sera donc pour un mètre cube.   0,0038

Faux frais. — 1/20 de la main-d'œuvre, etc.   0,0064

Total. . .   0,1352

Art. 98.

*Le mètre cube de rocaille ou gravier mastiqué, transporté à la brouette, à un relais, en
employant des planches de roulage.*

Détail.

Pour la main-d'œuvre et les brouettes, le prix brut de l'art. 97, ci. . Fr. 0,129
Planches de roulage (art. 94) (à la rigueur 0ᵐ,0236 par mètre cube). .   0,006
Faux frais. — 1/20 de la main-d'œuvre, etc.   0,007

Total. . .   0,142

Art. 99.

Le mètre cube de roc, transporté à la brouette, à un relais, sur terrain ferme.

Détail.

Main-d'œuvre. — Si l'on suppose que, d'après le poids du roc, un rouleur n'en transportera que 10 mètres cubes dans sa journée payée 1 fr.
50 c., ce sera pour un mètre cube, ci. . . . . Fr. 0,1500

Frais d'outils. — Une brouette ne servira plus qu'au transport de
1333 mètres cubes; elle coûte 6 fr. : ce sera donc pour un mètre cube.   0,0045

Faux frais. — 1/20 de la main-d'œuvre, etc.   0,0077

Total. . .   0,1622

ART. **100**.

Le mètre cube de roc, transporté à la brouette, à un relais, en employant des planches de roulage.

DÉTAIL.

Pour la main-d'œuvre et les frais de brouette, le prix brut de l'art. 99. Fr. 0,1545
Planches de roulage, 0ᵐ,0283 par mètre cube, à 25 c. le mètre. . . . 0,0071
Faux frais. — 1/20 de la main-d'œuvre. 0,0081
Total. . . 0,1697

ART. **101**.

Le mètre cube de terre, transportée à la civière, à un relais.

DÉTAIL.

D'après les expériences faites à Marseille par les officiers du génie, deux hommes de force ordinaire porteront, au moyen d'une civière, cent kilogrammes de terre, et feront, dans une journée de dix heures, trois cents voyages à 40 mètres de distance en plaine. Ils parcourront donc 24 mille mètres dans la journée, aller et retour. En supposant le relais de 30 mètres, ainsi qu'on l'a admis pour les autres moyens de transport, les mêmes hommes feront, dans une journée, quatre cents voyages à 30 mètres de distance horizontale (ou 20 mètres en rampe), et transporteront quarante mille kilogrammes, c'est-à-dire à peu près 22 mètres cubes de terre, en prenant toujours, pour la pesanteur moyenne d'un mètre cube de terre quelconque, 1821 kilogrammes, ce qui donne 0ᵐᶜ,055 (pesant mille kilogrammes) pour la charge d'une civière. (Voyez à note 24.)

Main-d'œuvre. — 22 mètres cubes coûteront, pour la main-d'œuvre, la journée de deux terrassiers, c'est-à-dire 3 fr. (art. 7). Ce sera donc pour un mètre cube. 0,136
Frais d'outils. — Les frais d'outils sont estimés 10 c. pour la journée de deux ouvriers pour 22 mètres cubes : donc pour un mètre cube. . . 0,005
Faux frais. — 1/20 de la main-d'œuvre. 0,007
Total. . . 0,148

ART. **102**.

Le mètre cube de toute espèce de gravier, rocaille et roc, transporté à la civière, à un relais.

DÉTAIL.

Main-d'œuvre. — Si l'on adopte, pour le poids moyen d'un mètre cube de roc, trois mille kilogrammes, les deux hommes payés 3 fr. en transporteront 13$^{\text{m.c.}}$,333; on aura donc pour le transport d'un mètre cube. . Fr. 0,225

Frais d'outils. — Les frais d'outils étant de 10 c. pour la journée de deux ouvriers ou pour 13$^{\text{m.c.}}$,333, on aura pour un mètre cube.   0,0007

Faux frais. — 1/20 de la main-d'œuvre, etc.   0,011

Total. . .   0,243

Art. 103.

Le mètre cube de toute espèce de terre portée à la hotte, à un relais.

Détail.

Main-d'œuvre. — Un homme transportera dans sa journée 10 mètres cubes à 30 mètres (voyez la note 25), qui coûteront 1 fr. 50 c. : c'est donc pour un mètre cube. . . . . Fr. 0,150

Frais d'outils. — En supposant les frais d'outils de cinq centimes par jour ou pour 10 mètres cubes, on aura donc pour un.   0,005

Faux frais. — 1/20 de la main-d'œuvre, etc.   0,008

Total. . .   0,163

Art. 104.

Le mètre cube de terre transportée au panier, à un relais.

Détail.

Main-d'œuvre. — On supposera que ces transports se feront par des femmes ou des enfants de douze à seize ans. D'après l'analyse de Marseille, chaque panier contiendra 0$^{\text{m.c.}}$,010, et un petit manœuvre fera, dans une journée de 10 heures, trois cents voyages à 40 mètres ou quatre cents voyages à 30 mètres. Dans ce dernier cas, la quantité de terre transportée sera donc de 4 mètres cubes, qui reviendront à 75 c., prix de la journée (art. 13) : donc pour un mètre cube. . . . . Fr. 0,188

Frais d'outils. — L'analyse de Marseille porte les frais de panier à 0 fr. 06 c. par journée : ce sera donc pour un mètre cube.   0,015

Faux frais. — 1/20 de la main-d'œuvre, etc.   0,010

Total. . .   0,213

Art. 105.

Le mètre cube de terre élevée à un relais, en faisant usage de paniers, l'excavation étant disposée en gradins de 1^{m}, 60 hauteur chacun.

Nota. Le premier relais comptera double, pour tenir compte du déchargement du panier.

Détail.

Main-d'œuvre. — Une femme ou un jeune garçon, dans une journée de 10 heures, peuvent, placés sur un gradin, prendre à leurs pieds mille paniers pleins, les déposer sur le gradin supérieur, y reprendre mille paniers vides, qu'ils déposeront à la place où ils ont pris le panier plein. (Voyez la note 26.)

Chaque panier contenant 0^{m.c.},010, un petit manœuvre élèvera 10 mètres cubes dans une journée. Cette journée étant de 75 c., on aura pour la dépense d'un mètre cube. . . . . Fr. 0,075

Frais d'outils. — Il faudra au moins 2 paniers par travailleur. Si l'on suppose que leur durée soit 4 jours, et que le prix de chacun soit de 60 c., ce sera une dépense de 1 fr. 20 c. pour 4 journées ou 40 mètres cubes, et, pour un mètre cube, 3 c. (le double des frais d'outils de l'article 104), ci. 0,030

Faux frais. — 1/20 de la main-d'œuvre, etc. 0,005

Total. . . 0,110

Art. 106.

Le mètre cube de toute espèce de terre transportée à trois relais (90 mètres), au moyen d'un camion.

Détail. (Voyez la note 27.)

Main-d'œuvre. — Le camion contenant 0^{m.c.},200, traîné par deux hommes et poussé par un troisième, a une vitesse moyenne de 50 mètres par minute (0^h 0166), toute perte de temps compensée : il parcourra donc les 180 mètres de l'aller et du retour en 216″ ou . . . . H. 0 060

Le temps nécessaire pour décharger le camion et le retourner devant les chargeurs est de 120″ ou 0 033

Temps total du transport pour 0^{m.c.},200 . . . . 0 093

On fera donc, dans une journée de 10 heures, 107 voyages, et l'on transportera 21^{m.c.},400 à trois relais, pour 4 fr. 50 c., prix de la journée des trois hommes employés à traîner le camion. Ainsi, l'on aura pour la valeur du transport d'un mètre cube. . . . . Fr. 0,210

Frais d'outils. — Pour déterminer les frais du camion, l'on admettra qu'ils sont de 30 c. par camion pour une journée de 10 heures. D'après la contenance du camion, il faudra cinq chargements et cinq voyages pour le transport d'un mètre cube. Les cinq chargements, en mettant deux terrassiers à la charge, prendront. . . . . Fr. 0,417

Les cinq voyages, aller et retour. 0,300

Les cinq déchargements. 0,166

Total. . . 0,883

0^h 883 ou 0 j. 0883 à raison de 30 c. pour une journée donnent, pour un mètre cube. 0,026

1/20 de la main-d'œuvre, etc. 0,012

Total. . . 0,248

Art. **107**.

Augmentation à allouer par mètre cube de terre, pour chaque relais en sus des trois premiers, en faisant usage du camion.

Détail.

Main-d'œuvre. — Il faut 72″ ou 0ʰ 020 pour parcourir un relais, aller et retour ; il faudra donc payer aux trois rouleurs 0 fr. 009 pour 0ᵐ·ᶜ,200, et par conséquent pour un mètre cube. . . . . Fr. 0,015

Frais d'outils. — Les frais de camion pour 5 fois 0ʰ 020 ou 0ʰ 1, à raison de 30 c. pour une journée, seront donc pour un mètre cube. . .   0,003

Faux frais. — 1/20 de la main-d'œuvre, etc.   0,002

Total. . .   0,050

Art. **108**.

Le mètre cube de terre élevée à 4ᵐ,80 ou 3 relais, par le moyen d'un bourriquet à manivelle.

Détail. (Voyez la note 28.)

On supposera que la manivelle du treuil a 0ᵐ,40 de rayon et 0ᵐ,50 de longueur ; l'arbre 0ᵐ,60 de circonférence et 10ᵐ,30 de longueur ; le câble qui s'enroule sur le cylindre a 0ᵐ,40 de tour et porte un panier ou une caisse contenant 0ᵐ·ᶜ,033 de terre.

Main-d'œuvre. — On emploie cinq hommes pour manœuvrer le bourriquet ; savoir, un pour remplir et accrocher le panier, deux pour tourner la manivelle, et deux autres pour décrocher le panier et le vider.

L'expérience apprend que, pour élever 0ᵐ·ᶜ,033 de terre à trois relais ou 4ᵐ,80, il faut 100″ = 0ʰ 0277 ; le travail produit dans une journée de 10 heures sera donc de 12 mètres cubes.

La valeur de la journée se compose de celle des cinq hommes employés qui, à 1 fr. 50 c. l'une (art. 7), font 7 fr. 50 c. On aura donc pour un mètre cube. . . . . Fr. 0,625

Frais d'outils. — Les frais d'outils et d'équipages s'évaluent ainsi (analyse de Givet) :

1° Un treuil supposé coûter 30 fr., ferrures comprises, peut servir à élever 2000 mètres cubes à 10 mètres de hauteur ou 4166 mètres cubes à trois relais ; c'est donc pour un mètre cube. . . . . Fr. 0,007

2° Un câble de 8 mètres de longueur, y compris les attaches, pèsera 9 kilogrammes et coûtera 13 fr. 50 c., à raison de 1 fr. 50 c. le kilogramme. Il sera usé après avoir élevé 4166 mètres cubes à 3 relais ; c'est donc pour un mètre cube.   0,003

A reporter. . .   0,625

Report. . . Fr. 0,625

3° Un panier supposé valoir 2 fr. sera usé après avoir élevé
100 mètres cubes à 3 relais; c'est pour un mètre cube. . . . .Fr. 0.020

4° La pelle du chargeur, comme l'article 84.   0,004
                                                            ————

      Total des frais d'équipages et d'outils. . .   0,034   0,034

Faux frais. — 1/20 de la main-d'œuvre, etc.   0,033
                                                                       ————

                         TOTAL. . .   0,692

ART. 109.

*Augmentation à allouer par mètre cube de terre élevée au bourriquet, par chaque
relais (de 1ᵐ,60) en sus des trois premiers.*

DÉTAIL.

Main-d'œuvre. — D'après la vitesse observée (voyez la note 28), il
faudra 370″ = 0ʰ10277 pour élever un mètre cube à un relais; c'est
donc, en comptant toujours le prix de la journée à 7 fr. 50 c., pour un
mètre cube. . . . . Fr. 0,077

Frais d'outils. — Les frais d'équipage, étant de **3 c.** pour trois relais,
seront, pour un relais, de.   0,010

Faux frais. — 1/20 de la main-d'œuvre, etc.   0,004
                                                                    ————

                      TOTAL. . .   0,091

ART. 110.

*Le mètre cube de terre élevée à 6ᵐ,40 ou quatre relais, par le moyen du bourriquet à
manège.*

(Voyez, pour la description de cette machine, une notice de M. le colonel
Finot dans le 3ᵉ numéro du *Mémorial* (1).)

DÉTAIL. (Voyez la note 29.)

D'après l'expérience faite à Toulon, le temps de l'ascension à 1ᵐ,60
est de 0ʰ 008571; il sera donc, pour quatre relais, de. . . H. 0,034284

Le temps nécessaire pour vider la caisse est de.   0,008333
                                                            ————

Ainsi, l'on aura pour le temps total d'une ascension. . . H. 0,042617

D'où l'on conclut que, dans une journée de 10 heures, il se fera 234
ascensions, au moyen desquelles on élèvera, à raison de 0ᵐ·ᶜ·,340 par
fois, 79ᵐ·ᶜ·,560 de terre foisonnée ou 68ᵐ·ᶜ·,200 de terre mesurée au
déblai. Mais pour charger dans les caisses 79ᵐ·ᶜ·,560, il ne faudra pas
moins de six terrassiers, qui devront régler leur travail de manière

---

(1) *Mémorial de l'officier du génie,* t. VI, p. 52, édition belge.

qu'il y ait toujours une caisse remplie à l'instant où il en descendra une
vide.

Les frais de la journée se composeront donc de :

1° Une journée de la machine, évaluée, tous frais compris, à Fr. 1,65

2° Une journée de cheval harnaché, conducteur et faux frais
compris (art. 68).   4,50

3° Six journées de terrassier pour charger et placer les
caisses, outils et faux frais compris, à 1 fr. 64 c. l'une (art. 8). .   9,84

4° Une journée de manœuvre pour décharger les caisses à la
fin de l'ascension, outils et faux frais compris (art. 2).   1,36

      Total de la dépense pour 68$^{m.c.}$,200.   17,35

D'où l'on conclut pour le prix d'un mètre cube élevé à quatre relais. Fr. 0,268

Les faux frais sont compris dans le détail précédent. . . . .   » »

                     TOTAL. . .   0,268

ART. 111.

Augmentation à allouer par mètre cube de terre élevée par le bourriquet à
manége, par chaque relais de 1^m,60 en sus des quatre premiers. . . . . .Fr. 0.02

DÉTAIL. (Voyez la note 29.)

ART. 112.

Le mètre cube de terre élevée à deux relais ou 3^m,20 dans des hottes en montant un
escalier, chargement compris.

DÉTAIL. (Voyez la note 30.)

Un homme de force ordinaire, portant 0$^{m.c.}$,027 de terre dans une
hotte, fera 330 voyages à deux relais de hauteur pendant une journée
de travail. Il montera donc 8$^{m.c.}$,910 qui coûteront 1 fr. 50 c., ce qui
donne, pour un mètre cube, ci. . . . . Fr. 0,169

Les frais d'outils, à 5 centimes par jour (art. 103), seront pour un
mètre cube.   0,006

Faux frais, 1/20 de la dépense ci-dessus.   0,009

                     TOTAL. . .   0,184

A quoi il faut ajouter le prix du chargement d'un mètre cube de terre
dans des hottes (art. 86).   0,140

                     TOTAL. . .   0.324

ART. 113.

Augmentation à allouer par mètre cube de terre élevée dans des hottes, en
montant un escalier, pour chaque relais de 1^m,60 en sus des deux pre-
miers. . . . . .Fr. 0.09

DÉTAIL. (Voyez la note 30.)

Art. **114.**

Le mètre cube de terre élevée à deux relais ou 3^m,20 dans des hottes, en montant une échelle, chargement compris.

DÉTAIL. (Voyez la note 31.)

Un homme de force ordinaire, portant 0^{m·c·},011 de terre dans une hotte, pourra faire 543 voyages, à deux relais de hauteur, pendant un jour. Il portera donc 5^{m·c·},973 pour 1 fr. 50 c.; la dépense sera donc pour un mètre cube. . . . . Fr. 0,251

Les frais d'outils, à 5 centimes par jour, seront pour un mètre cube .   0,008

Faux frais, 1/20 de la dépense ci-dessus.   0,013

                                                  TOTAL. . .   0,272

A quoi il faut ajouter le prix du chargement d'un mètre cube de terre dans des hottes (art. 85), ci.   0,149

                                                  TOTAL. . .   0,412

Art. **115.**

Augmentation à allouer par mètre cube de terre élevée dans des hottes, en montant une échelle, pour chaque relais de 1^m,60 en sus des deux premiers. . . . . Fr. 0,14

DÉTAIL. (Voyez la note 31.)

Art. **116.**

Le mètre cube de terre transportée à dos d'âne sur un terrain pierreux et en rampe très-inclinée à un relais (20 mètres).

DÉTAIL.

D'après des expériences citées dans l'analyse d'Antibes, un âne peut porter un vingtième de mètre cube de terre, c'est-à-dire 0^{m·c·},050; et il parcourt une distance de 40 mètres, est déchargé et revient au point de départ en trois minutes ou 0^h 050000. Le temps du déchargement est évalué à 30 secondes ou 0^h 008333.

On conclut de là que le temps nécessaire pour parcourir 40 mètres, aller et retour, est de 0^h 041667; et par conséquent, il faudra, pour parcourir un relais de 20 mètres, aller et retour. . . . . . H. 0,020833

Le temps du chargement, à raison de 10 heures pour 12 mètres, est de.   0,041666

Le temps du déchargement est de.   0,008333

                                                TOTAL. . .   0,070832

que l'on portera à 0^h 08 pour tenir compte des accidents, pertes de

temps, etc. Il faudra donc, pour le transport d'un mètre, 20 fois 0ʰ 08
ou 1ʰ 6, qui, à raison de 1 fr. 65 c. (art. 70) par journée, conducteur et
faux frais compris, donne, pour le prix d'un mètre cube transporté à
un relais, ci. . . . . Fr. 0,264

Art. 117.

Augmentation à allouer par mètre cube de terre transportée à dos d'âne, pour chaque
relais de 20 mètres en sus du premier.

Détail.

Le temps du transport à un relais, aller et retour, est, d'après le détail
qui précède, 0ʰ 020833. Il faudra donc, pour le transport d'un mètre
cube, 20 fois cette quantité, c'est-à-dire, 0ʰ 416666.

0ʰ 416666, à raison de 1 fr. 65 c. par jour, fait. . . . . Fr. 0,069

Art. 118.

Le mètre cube de terre transportée à trois relais ou 98 mètres de distance en plaine
par un tombereau à un collier.

Détail. (Voyez la note 32.)

La charge du tombereau sera de 0ᵐ·ᶜ·,370 pesant environ 675 kilogrammes. Le cheval traînant cette charge en rase campagne aura une
vitesse de 50 mètres par minute : ainsi, pour parcourir trois relais, aller
et retour, c'est-à-dire 180 mètres, il emploiera. . . . . H. 0,060000
Le tombereau sera chargé par trois terrassiers en. . . .   0,102777
Le temps du déchargement sera de.   0,033333
Le temps perdu à l'origine du mouvement, avant que le
tombereau ait la vitesse de 50 mètres par minute qui lui est
attribuée.   0,010333
                                                  ————
               Temps total pour un voyage. . .   0,206663
La journée de 10 heures comporte 48 voyages; on transportera donc,
dans cette journée, 48 fois 0ᵐ·ᶜ·,370, c'est-à-dire 17ᵐ·ᶜ·,660 pour le prix
de la journée d'un tombereau, qui, tous les frais compris, est de
4 fr. 60 c. (art. 71).
D'où l'on déduit pour le prix d'un mètre cube. . . . . Fr. 0,260

Art. 119.

Augmentation à allouer par mètre cube de terre transportée dans un tombereau à un
collier, pour chaque relais en sus des trois premiers.

Détail. (Voyez la note 32.)

Le tombereau parcourt le relais, aller et retour, en 72″ ou 0ʰ 02. La dépense pour $0^{m.c.},370$ sera donc de 0 fr. 46 c. $\times 0,02 = 0^f,0092$, et par conséquent, pour un mètre cube. . . . . Fr. 0,023

Art. **120**.

Le mètre cube de terre transportée à quatre relais ou 120 mètres de distance en plaine par un tombereau à deux colliers.

Détail. (Voyez la note 33.)

La charge du tombereau sera de $0^{m.c.},800$ pesant 1436 kilogrammes. D'après la vitesse des chevaux, le temps employé pour parcourir quatre relais, aller et retour, sera de 288′ ou. . . . . H. 0,080000

    Le tombereau sera chargé par trois terrassiers en. . .   0,222222

    Le temps du déchargement sera de.   0,050000

    Le temps perdu à l'origine du mouvement.   0,041111

               Temps total pour un voyage. . .   0,393333

La journée de 10 heures comporte 25 voyages : on transportera donc, dans cette journée, 25 fois $0^{m.c.},800$, c'est-à-dire 20 mètres cubes pour le prix de la journée d'un tombereau à deux colliers, qui est de 7 fr. 30 c. tous frais compris (art. 72). D'où l'on déduit pour le prix d'un mètre cube. . . . . Fr. 0,365

Art. **121**.

Augmentation à allouer par mètre cube de terre transportée dans un tombereau à deux colliers, pour chaque relais en sus des quatre premiers.

Détail. (Voyez la note 33.)

Le tombereau parcourt le relais, aller et retour, en 72″ ou 0^h 02 : la dépense pour $0^{m.c.},800$ sera donc de 0 fr. 73 c. $\times 0,02 = 0^f,0146$, et par conséquent pour un mètre cube. . . . . Fr. 0,0183

Art. **122**.

Le mètre cube de terre transportée à cinq relais ou 150 mètres de distance en plaine par un tombereau à trois colliers.

Détail. (Voyez la note 33.)

La charge du tombereau sera de $1^{m.c.},250$ pesant 2276 kilogrammes.

Le temps employé pour parcourir cinq relais, aller et retour, sera de 6′. H. 0,100000

    Le tombereau sera chargé par trois terrassiers en. . . .   0,347222

    Le temps du déchargement sera de.   0,055555

    Le temps perdu à l'origine du mouvement.   0,043888

              Temps total pour un voyage. . .   0,546665

La journée de 10 heures comporte 18 voyages ; on transportera donc,
dans cette journée, 18 fois 1$^{m.c.}$,250, c'est-à-dire 22$^{m.c.}$,500 pour le
prix de la journée d'un tombereau, qui, tous frais compris, est de 10 fr.
(art. 75).

D'où l'on déduit pour le prix d'un mètre cube. . . . . Fr. 0,444

Art. 123.

*Augmentation à allouer par mètre cube de terre transportée dans un tombereau à trois
colliers, pour chaque relais en sus des cinq premiers.*

Détail. (Voyez la note 33.)

Le tombereau parcourt le relais en 0^h,02 : la dépense pour le transport
de 1$^{m.c.}$,250 sera donc de 1 fr. 00 c. $\times$ 0^h,02 = 0 fr. 02 c., et pour un
mètre cube. . . . . Fr. 0,016

Art. 124.

*Le mètre cube de terre transportée à cinq relais ou 150 mètres de distance en plaine
par une voiture à quatre colliers.*

Détail. (Voyez la note 33.)

La charge de la voiture sera de 1$^{m.c.}$,700 pesant environ 3096 kilogrammes.

Le temps employé pour parcourir cinq relais, aller et retour, sera
de. . . . . H. 0,100000

La voiture sera chargée par trois terrassiers en.   0,472222

Le temps du déchargement.   0,055555

Le temps perdu à l'origine du mouvement.   0,046666

Temps total pour un voyage. . .   0,674443

La journée de 10 heures comporte 15 voyages ; on transportera donc,
dans cette journée, 15 fois 1$^{m.c.}$,700, c'est-à-dire 25$^{m.c.}$,500 pour le prix
de la journée d'une voiture à quatre colliers, qui, tous frais compris, est
de 12 fr. 80 c. (art. 76.)

D'où l'on déduit pour le prix d'un mètre cube. . . . . Fr. 0,502

Art. 125.

*Augmentation à allouer par mètre cube de terre transportée dans une voiture à quatre
colliers, pour chaque relais en sus des cinq premiers.*

Détail. (Voyez la note 33.)

La voiture parcourt le relais en 0^h 02 : la dépense pour le transport
de 1$^{m.c.}$,700 sera donc de 1 fr. 28 c. $\times$ 0,02 = 0^f,0256, et pour un mètre
cube. . . . . Fr. 0,015

Art. **126**.

Le mètre cube de terre boueuse et liquide, ou vase extraite de l'eau, trans-
portée à trois relais ou 90 mètres par un tombereau à un cheval. . . Fr. 0,11

(Voyez, pour le détail des articles 126, 127, 128, 129, 130, 131, 132,
et 133, la note 34.)

Art. **127**.

Augmentation à allouer par mètre cube de terre boueuse et liquide, ou vase
extraite de l'eau, transportée dans un tombereau à un collier, pour chaque
relais en sus des trois premiers.   0,028

Art. **128**.

Le mètre cube de même terre transportée à quatre relais ou 120 mètres par
un tombereau à deux colliers.   0,180

Art. **129**.

Augmentation à allouer par mètre cube de même terre transportée dans un
tombereau à deux colliers, pour chaque relais en sus des quatre pre-
miers.   0,021

Art. **130**.

Le mètre cube de même terre transportée à cinq relais ou 150 mètres par un
tombereau à trois colliers.   0,730

Art. **131**.

Augmentation à allouer par mètre cube de même terre transportée dans un
tombereau à trois colliers, pour chaque relais en sus des cinq premiers.   0,018

Art. **132**.

Le mètre cube de même terre transportée à six relais ou 180 mètres, par
une voiture à quatre colliers.   0,910

Art. **133**.

Augmentation à allouer par mètre cube de même terre transportée dans une
voiture à quatre colliers, pour chaque relais en sus des six premiers. .   0,017

Art. **134**.

Le mètre cube de rocaille ou gravier mastiqué transporté à trois relais ou
90 mètres par un tombereau à un cheval.   0,300

Voyez, pour le détail des articles 134, 135, 136, 137, 138, 139, 140
et 141, la note 35.)

Art. 135.

Augmentation à allouer par mètre cube de même terre transportée dans un tombereau à un collier, pour chaque relais en sus des trois premiers. . Fr. 0,051

Art. 136.

Le mètre cube de même terre transportée à quatre relais ou 120 mètres par un tombereau à deux colliers. 0,400

Art. 137.

Augmentation à allouer par mètre cube de même terre transportée dans un tombereau à deux colliers, pour chaque relais en sus des quatre premiers. 0,023

Art. 138.

Le mètre cube de même terre transportée à quatre relais ou 120 mètres par un tombereau à trois colliers. 0,160

Art. 139.

Augmentation à allouer par mètre cube de même terre transportée dans un tombereau à trois colliers, pour chaque relais en sus des quatre premiers. 0,020

Art. 140.

Le mètre cube de même terre transportée à cinq relais ou 150 mètres par une voiture à quatre colliers. 0,560

Art. 141.

Augmentation à allouer par mètre cube de même terre transportée dans une voiture à quatre colliers, pour chaque relais en sus des cinq premiers. 0,019

Art. 142.

Le mètre cube de roc transporté à trois relais ou 90 mètres par un tombereau à un collier. 0,320

(Voyez, pour le détail des articles 142, 143, 144, 145, 146, 147, 148 et 149, la note 36.)

Art. 143.

Augmentation à allouer par mètre cube de roc transporté dans un tombereau à un cheval, pour chaque relais en sus des trois premiers. 0,037

Art. 144.

Le mètre cube de roc transporté à trois relais ou 90 mètres par un tombereau à deux colliers. 0,410

Art. **145**.

Augmentation à allouer par mètre cube de roc transporté dans un tombe-reau à deux colliers, pour chaque relais en sus des trois premiers. . . . . Fr. 0,02?

Art. **146**.

Le mètre cube de roc transporté à quatre relais ou 120 mètres par un tom-bereau à trois colliers. 0,470

Art. **147**.

Augmentation à allouer par mètre cube de roc transporté dans un tombe-reau à trois colliers, pour chaque relais en sus des quatre premiers. . . . 0,024

Art. **148**.

Le mètre cube de roc transporté à quatre relais ou 120 mètres par une voi-ture à quatre colliers. 0,570

Art. **149**.

Augmentation à allouer par mètre cube de roc transporté dans une voiture à quatre colliers, pour chaque relais en sus des quatre premiers. 0,023

Art. **150**.

Le régalage d'un mètre cube de terre à un homme à la fouille, quel que soit le mode de transport.

Détail. (Voyez la note 37.)

0ʰ 15 de terrassier, à 1 fr. 64 c. la journée, tous frais compris (art. 8). Fr. 0,025

Art. **151**.

Le régalage d'un mètre cube de terre à plus d'un homme à la fouille, quel que soit le mode de transport.

Détail. (Voyez la note 37.)

0ʰ 25 de terrassier, à 1 fr. 64 c. la journée, tous frais compris (art. 8). Fr. 0,041

Art. **152**.

Le talutage d'un mètre carré de surface de remblai de terre à un homme à la fouille.

Détail. (Voyez la note 37.)

0ʰ 10 de terrassier taluteur, à 1 fr. 94 c. la journée, tous frais com-pris (art. 17). . . . . Fr. 0,019

Art. 153.

Le talutage d'un mètre carré de surface de remblai de terre à plus d'un homme à la fouille.

DÉTAIL. (Voyez la note 37.)

0ʰ 13 de terrassier taluteur, à 1 fr. 94 c. la journée, tous frais compris (art. 17). . . . . Fr. 0,025

Art. 154.

Le damage, par couche de 15 à 20 centimètres d'épaisseur, d'un mètre cube de toute espèce de terre susceptible d'être pilonée.

DÉTAIL. (Voyez la note 37.)

0ʰ 5 de terrassier, à 1 fr. 64 c. la journée, tous frais compris (art. 8). . Fr. 0,082

Art. 155.

Le régalage sans sujétion et le damage d'un mètre cube de terre à un homme a la fouille.

DÉTAIL.

Régalage sans sujétion d'un mètre cube (art. 150). . . . . Fr. 0,025
Damage d'un mètre cube (art. 154).   0,082

TOTAL. . .   0,107

Art. 156.

Le régalage et le damage d'un mètre cube de terre à plus d'un homme à la fouille.

DÉTAIL.

Régalage d'un mètre cube (art. 151). . . . . Fr. 0,011
Damage d'un mètre cube (art. 154).   0,082

TOTAL. . .   0,123

Art. 157.

Le régalage avec sujétion et le damage d'un mètre carré de surface de remblai de terre à un homme à la fouille.

DÉTAIL.

Régalage avec sujétion d'un mètre cube (art. 152). . . . . Fr. 0,019
Damage sur 3 décimètres de profondeur, ce qui donne pour un mètre
carré 0ᵐ·ᶜ,300 de damage à 0ᶠ,082 le mètre cube (art. 154).   0,025

TOTAL. . .   0,044

Art. 158.

*Le régalage avec sujétion et le damage d'un mètre carré de surface de remblai de terre
à plus d'un homme à la fouille.*

Détail.

Régalage avec sujétion d'un mètre cube (art. 153). . . . . Fr. 0,025
Damage sur 3 décimètres de profondeur, ce qui donne pour un mètre
carré 0^m.c.,300 de damage à 0^f,082 le mètre cube (art. 154).   0,025

Total. . .   0,050

Art. 159.

*Le régalage, le damage et le recoupement avec sujétion d'un mètre carré de surface
de remblai de terre à un homme à la fouille.*

Détail.

Damage et régalage (art. 157). . . . . Fr. 0,045
Recoupement d'un mètre carré, 0^h 20 de terrassier taluteur, à 1 fr. 94 c.
la journée, tous frais compris (art. 17).   0,039

Total. . .   0,084

Art. 160.

*Le régalage, le damage et le recoupement avec sujétion, d'un mètre carré de surface
de remblai de terre à plus d'un homme à la fouille.*

Détail.

Damage et régalage (art. 158). . . . . Fr. 0,050
Recoupement d'un mètre carré, 0^h 30 de terrassier taluteur, à 1 fr. 94 c.
la journée, tous frais compris (art. 17).   0,058

Total. . .   0,108

Art. 161.

*Le dragage, à la main, d'un mètre cube de sable mouvant, à 1^m,50 de profondeur
moyenne sous l'eau.*

Détail. (Voyez la note 38.)

Une journée de batelier (art. 65), à 2 fr. 50 c., ci. . . . . Fr. 2,500
Une journée de nacelle pour le gravier (art. 78), à 1 fr. 00 c., ci. . .   1,000
Un vingtième de la dépense ci-dessus pour faux frais.   0,175

Total. . .   3,675

—

GAZONNEMENT.

ART. 162.

Le mètre carré de revêtement en gazons à queue, les gazons étant fournis par l'entrepreneur et pris à un relais de distance au plus.

DÉTAIL.

Indemnité de terrain. — On suppose que les gazons seront levés dans la dimension de 0^m,30 de longueur de face, 0^m,35 de queue, et 0^m,10 d'épaisseur, de manière qu'après la recoupe il leur restera 0^m,25 de face, 0^m,30 de queue, et 0^m,08 d'épaisseur. Il faudra donc 50 gazons pour faire un mètre carré de parement ; à quoi il faut ajouter un dixième pour tenir compte des gazons brisés dans le transport : c'est donc un total de 55 gazons qu'il faudra lever.

Un are de pré contient en surface 952 gazons, que l'on réduit à 800 à cause des taupinières, crevasses et autres accidents du terrain. (Analyse de Saint-Omer.) L'indemnité à accorder au propriétaire du pré sur lequel on lève les gazons dépend du produit annuel du terrain et du temps et des frais que demandera la mise en valeur. Ce sont des éléments très-variables ; aussi on va donner l'analyse de ces dépenses pour un cas particulier, seulement afin de faire connaître la marche à suivre. Supposons que le produit d'un are de pré soit de 1 fr. 00 c. (100 fr. l'hectare, ou 51 fr. 07 c. l'arpent des eaux et forêts).

Pour remettre en valeur un pré de 64 ares 40 centiares on a dépensé :

1° 32 journées de manœuvre pour piocher le terrain, à 1 fr. 36 c. . . . . Fr. 43,52

2° 5 voitures de fumier, à 10 fr. 00 c. 50,00

3° 4 journées de manœuvre pour répandre et enfouir le fumier, à 1 fr. 36 c. 5,44

4° 28 kilogrammes de graine de foin, à 1 fr. 00 c. 28,00

5° 4 journées de manœuvre pour semer et herser, à 1 fr. 36 c. 5,44

TOTAL. . . 32 40

Par conséquent, la dépense pour un are sera 2 fr. 06 c. Si le travail de la mise en valeur se fait de manière que le pré commence à produire dès la seconde année, on peut en évaluer le rapport à une demi-année, c'est-à-dire 50 c. par are ; à la troisième année le pré sera en plein rapport. Ainsi, l'on aura pour l'indemnité à accorder pour un are :

1° La perte du produit de la première année. . . . . Fr. 1,00

A reporter. . . 1,00

Report. . . Fr. 1,00

2° Les frais de mise en valeur.   2,06

3° La perte de la moitié du rapport de la deuxième année.   0,50

TOTAL. . .   3,56

Cette indemnité est due pour 800 gazons ; elle sera donc de 25 c. pour les 55 gazons nécessaires à un mètre carré, ci. . . . . Fr. 0,250

Levée des gazons. — Un gazonneur, aidé de deux manœuvres, lèvera dans un jour 1400 gazons. (Voyez la note 39.)

La journée du gazonneur est, tous frais compris (art. 18). Fr. 1,94

2 journées de manœuvre, *idem* (art. 2) à 1 fr. 36 c. l'une. .   2,72

Dépense totale pour lever 1400 gazons. . .   4,66

Et pour 55 gazons ou un mètre carré de gazonnement.   0,183

Transport des gazons. — On a vu (note 20) qu'un rouleur faisait 450 voyages à un relais dans une journée : il transportera 4 gazons dans sa brouette (1); c'est donc 1800 gazons dans sa journée, payée à 1 fr. 64 c. (art. 9), outils et faux frais compris; ci, pour 55 gazons, 0,3055 de terrassier.   0,050

Chargement et déchargement. — Le chargement des gazons sur la brouette et le déchargement étant de sujétion emploient deux manœuvres, pour chaque opération, pour un rouleur, à 1 fr. 50 c. l'une (art. 8), font 6 fr. 30 c., avec le vingtième des faux frais (il n'y a pas d'outils); ci, pour 55 gazons, ou 1 mètre carré.   0,192

Façon de revêtement. — Un gazonneur, aidé par un manœuvre, fera, dans un jour, 6 mètres carrés de revêtement de gazons à queue. (Voyez la note 39.)

Le gazonneur coûtera, outils et faux frais compris (art. 18). Fr. 1,94

Le manœuvre *idem* (art. 2).   1,36

Dépense totale pour la façon de 6 mètres carrés. . .   3,30

Et pour un mètre carré, ci.   0,550

TOTAL. . .   1,225

ART. 163.

Le mètre carré de revêtement en gazons à queue, les gazons étant fournis par l'entrepreneur, et pris à un relais de distance au plus, avec piquetage.

DÉTAIL.

Le gazonnement sans piquetage, comme à l'article 162. . . . . . . Fr. 1,225

A reporter. . .   1,225

---

(1) Un gazon des dimensions admises cubera 0$^{\text{m.c.}}$,0105, et pèsera 15$^{\text{kil.}}$,75 à raison de

Report. . . . Fr. 1,225

Piquetage. — Pour le piquetage, il faudra 15 chevilles pour un mètre carré. (Analyse de Saint-Omer), 0',005 l'une, tous frais compris. . . .   0,075

Total. .   1,300

Nota. Les détails des articles 162 et 163 vont donner immédiatement les prix des articles 164, 165 et 166.

Art. 164.

Le mètre carré de revêtement en gazons à queue, les gazons étant pris sur un terrain appartenant à l'État, et à un relais de distance au plus, sans piquetage. . . . . Fr. 0,98

Art. 165.

Le mètre carré de revêtement en gazons à queue, les gazons étant pris sur un terrain appartenant à l'État, et à un relais de distance au plus, avec piquetage.   1,05

Art. 166.

Prix à ajouter à ceux des articles 162, 163, 164 et 165, pour chaque relais en sus du premier, les gazons étant transportés à la brouette.   0,05

Art. 167.

Le mètre carré de revêtement en gazons à queue, les gazons étant fournis par l'entrepreneur, pris à huit relais de distance, et transportés dans des tombereaux à un collier. (Voyez la note 40.)

Détail.

Indemnité de terrain. — Comme à l'article 162. . . . . Fr. 0,250
Levée des gazons. — *Idem.*   0,183
Transports des gazons. — La charge du tombereau devant être de 675 kilogrammes, il contiendra 42 gazons : on réduira ce nombre à 40. En employant trois hommes au chargement et autant au déchargement, on peut admettre que leur travail, dans un temps donné, lorsqu'ils chargent ou déchargent des gazons sur des brouettes, et celui qu'ils font dans le même temps, en chargeant ou déchargeant des gazons sur des tombereaux, seront dans le même rapport que les quantités de terre chargées dans un jour par un homme sur des brouettes et sur des tombereaux c'est-à-dire :: 15 : 12. Or on a vu (art. 162) qu'un homme pouvait char-

A reporter. . . .   0,433

1500 kilogrammes pour 1 mètre cube de terre végétale. La charge de la brouette sera donc de 63 kilogrammes.

Report. . . . Fr. 0,433

ger ou décharger sur une brouette, dans un jour, 900 gazons ; il en chargera ou déchargera donc sur un tombereau 720, et trois hommes en chargeront ou déchargeront 2160 en dix heures : d'où l'on conclut pour le temps du chargement de 40 gazons. . . . . II. 0,185185

Le temps de déchargement sera le même, ci. 0,185185

Le temps de l'aller et de retour à huit relais, sera. . . 0,160000

Le temps perdu à l'origine du mouvement. 0,010555

Temps total pour un voyage. . . 0,540925

Ainsi un tombereau, coûtant 4 fr. 60 c. (art. 71), fera dix-huit voyages dans sa journée, et transportera à huit relais 720 gazons. Le transport de 55 gazons nécessaires pour revêtir un mètre carré coûtera donc. . 0,351

Chargement et déchargement. — 3 hommes, payés ensemble 4f,725, faux frais compris, chargeront sur un tombereau 2160 gazons dans un jour ; ainsi le chargement de 55 gazons coûtera.. . . . . . Fr. 0,1203

Le déchargement coûtera la même somme, ci. 0,1203

Total. . . 0,2406   0,241

Façon de revêtement. — Comme à l'article 162. 0,550

Total. . . 1,575

De l'analyse précédente on tirerait les prix du gazonnement à queue avec piquetage et sans indemnité pour le terrain, les gazons étant pris à la même distance.

Art. 168.

Le mètre carré de revêtement en gazons à queue, comme ci-dessus, avec piquetage. . . . . Fr. 1,650

Art. 169.

Le mètre carré de revêtement en gazons à queue, les gazons étant pris sur un terrain appartenant à l'État et non affermé, à huit relais de distance, et transportés dans des tombereaux à un collier. 1,33

Art. 170.

Le même avec piquetage.. 1,40

Art. 171.

Prix à ajouter à ceux des articles 167, 168, 169 et 170, pour chaque relais en sus des huit premiers, les gazons étant transportés dans des tombereaux à un collier. (Voyez la note 40.). 0,013

Art. **172.**

Le mètre carré de revêtement en gazons posés de plat, les gazons étant fournis par l'entrepreneur, et pris à un relais de distance au plus.

Détail.

Les gazons étant réduits, par la recoupe, aux dimensions de $0^m,30$ sur $0^m,25$, il en faudra 13,33 pour un mètre carré ; à quoi il faut ajouter un dixième pour déchet dans le transport. C'est donc un total de 14,66 gazons qu'il faudra lever pour revêtir un mètre carré.

Indemnité de terrain. — On a vu dans l'analyse de l'art. 162 que l'indemnité de terrain était de 3 fr. 56 c. pour 800 gazons ; elle sera donc pour 14,66 gazons de. . . . . Fr. 0,067

Levée des gazons. — La même analyse donne 4 fr. 66 c. (une journée de gazonneur et deux de manœuvre) pour le levage de 1400 gazons ; on aura donc pour 14,66 gazons. 0,049

Transport. — Un rouleur, payé 1 fr. 64 c. (art. 8), transportera 1800 gazons à un relais dans une journée ; le transport de 14,66 gazons coûtera donc. 0,013

Chargement et déchargement. — Quatre manœuvres, payés ensemble 6 fr. 30 c. (art. 162), chargeront et déchargeront 1800 gazons dans un jour ; ce sera donc pour 14,66 gazons ou un mètre carré. 0,031

Façon du revêtement. — Un gazonneur, aidé d'un manœuvre, fera en un jour 20 mètres carrés de revêtement en gazons posés de plat (Analyse de Douai). Ils sont payés ensemble 3 fr. 30 c. (art. 162) ; ce sera donc pour un mètre carré. 0,165

Total. . .   0,345

Art. **173.**

Le même avec piquetage.

Détail.

Le gazonnement sans piquetage, comme à l'art. 172. 0,345

Piquetage. — Il faudra, d'après les conditions du devis, trois chevilles par gazon ; ce sera 44 pour un mètre carré, à $0^f,005$ l'une. 0,220

Total. . .   0,565

Art. **174.**

Le mètre carré de revêtement en gazons posés de plat, les gazons étant pris sur un terrain appartenant à l'État et non affermé, à un relais de distance au plus. 0,28

Art. **175.**

Le même, avec piquetage. 0,30

ART. **176.**

Prix à ajouter à ceux des art. 172, 173, 174 et 175, pour chaque relais en
sus du premier, les gazons étant transportés à la brouette. . . . . Fr. 0,013

ART. **177.**

Le mètre carré de revêtement de gazons posés de plat, les gazons étant fournis par
l'entrepreneur, pris à huit relais de distance, et transportés dans un tombereau à
un collier.

DÉTAIL.

Indemnité de terrain. — Comme à l'art. 172. . . . . Fr. 0,067
Levée des gazons. — Idem. 0,049
    Transport. — D'après le détail de l'art. 167, un tombereau à un col-
lier, payé 4 fr. 60 c., transportera dans une journée 720 gazons à huit
relais : le transport à la même distance de 14,66 gazons nécessaires
pour un mètre carré coûtera donc. 0,094
    Chargement et déchargement. — Six manœuvres, payés ensemble 9 fr.
45 c. (art. 167), chargeront et déchargeront dans un jour, sur des tombereaux, 2160 gazons ; ce sera donc pour 14,66 gazons. 0,164
    Frais du revêtement. — Comme à l'art. 172. 0,165
                                      TOTAL. . . 0,439

ART. **178.**

Le même avec piquetage.

DÉTAIL.

Le gazonnement sans piquetage, comme à l'art. 177. 0,439
Le piquetage, comme à l'art. 172. 0,220
                                      TOTAL. . . 0,659

ART. **179.**

Le mètre carré de revêtement en gazons posés de plat, les gazons étant pris sur un
terrain appartenant à l'État, à huit relais de distance, et transportés dans des
tombereaux à un collier. . . . . Fr. 0,37

ART. **180.**

Le même avec piquetage. 0,59

ART. **181.**

Prix à ajouter à ceux des art. 177, 178, 179 et 180, pour chaque relais en sus des
huit premiers, les gazons étant transportés dans des tombereaux à un collier.

Détail.

Chaque relais en sus demandant 6ʰ,02 pour l'aller et le retour coûtera pour un voyage, ou le transport de 40 gazons, 0ᶠ,0092 (note 40); ce
sera donc pour 14,66 gazons ou un mètre carré. . . . . .Fr. 0,0034

Art. 182.

Le mètre carré de revêtement en pisé, la terre étant prise à un relais.

Détail.

Un maçon piseur, aidé d'un manœuvre qui le sert et lui porte la terre
supposée prise à un relais de distance au plus, fait dans un jour 4 mètres carrés de revêtement, de 50 centimètres d'épaisseur. (Voyez Coin-
tereaux, *Art du pisé*, p. 42.) C'est donc, pour un mètre carré, 0,25 journée de maçon à 2 fr. 40 c., outils et faux frais compris (art. 26).   0,600

0,25 journée de manœuvre à 1 fr. 65 c., outils et faux frais compris
(art. 28).   0,412
                                                                   ————
                                          Total. . .   1,012

PRIX ÉLÉMENTAIRES

servant à l'analyse des prix des ouvrages de fascinage dont le détail est compris dans le chapitre III de l'Analyse, lesquels devront être modifiés suivant les localités pour chaque analyse particulière.

Nota. Assez ordinairement le prix des fascines sera établi d'après ce qu'elles coûteront prises à la forêt ; l'on évaluera ensuite les frais de transport, soit par une analyse spéciale, ainsi qu'on l'a fait dans les détails des articles, soit d'après le prix en usage dans chaque pays pour ce genre de transport. Quelquefois le bois des fascines est tiré des forêts de l'État, et alors on ne doit payer que la coupe, la confection et le transport, sans compter le bénéfice d'exploitation. Le prix admis dans cette analyse pour un mètre cube de branchage non coupé ne représente que la valeur du fonds, c'est-à-dire l'indemnité due au propriétaire de la forêt.

Les prix des journées sont ceux établis dans le chapitre Ier de l'Analyse.

MATÉRIAUX DIVERS.

Le mètre cube de branchages pour fascines, mesuré serré, et non compris la coupe (voyez la note 41). . . . . Fr.	1,00
Le cent de petites fascines (voyez l'art. 183).	6,00
Le cent de fascines moyennes (voyez l'art. 184).	9,70
Le cent de grandes fascines (voyez l'art. 185).	26,50
Le cent de bottes de 50 petites harts (voyez l'art. 186).	10,15
Le cent de bottes de 50 moyennes harts (voyez l'art. 187).	14,50
Le cent de bottes de 50 grandes harts (voyez l'art. 188).	33,60
Le cent de bottes de 25 clayons pour épis (voyez l'art. 189).	23,60
Le cent de bottes de 25 clayons pour gabions (voyez l'art. 190). . . .	9,90
Le cent de bottes de 25 clayons pour fascines de couronnement (voyez l'art. 191).	8,50
Le stère de bois ordinaire pour grands piquets.	6,00
Le stère de petit bois pour piquets de toute espèce.	5,00
Le mètre cube de blocailles pris à la carrière (voyez la note 42). . . .	3,30
Le mètre cube de gravier pris au gisement. (Dans l'analyse on a supposé cette valeur nulle : ce sera quelquefois un droit à payer au propriétaire).	» »

CHAPITRE III. — Fascinages, tunages, épis, revêtements en fascines, en saucissons, etc.

Art. 183.

Le cent de petites fascines de $2^m,00$ de longueur, de $0^m,30$ de circonférence au gros bout et $0^m,25$ au petit bout, reliées de cinq harts, rendu à pied d'œuvre, chargement, déchargement et arrangement compris.

Détail.

Prix brut. — Chaque fascine cubant $0^{m.c.},012$, il faudra
pour 100 fascines $1^{m.c.},200$ de branchages, à 1 fr. l'un. . . Fr.   1,200

   11 bottes de 50 petites harts, y compris 1/10 de déchet dans
l'emploi, à $0^r,08$ l'une (art. 186)   0,880

   Une journée et demie de fascineur, pour la coupe du bois,
la façon et l'empilement des fascines, à $1^r,943$ (art. 16) .   2,915

        4,995

1/5 pour le bénéfice d'exploitation (voyez la note 52) . .   0,999

Valeur de 100 petites fascines prises à la forêt.   5,994   Fr.   6.000

Frais de transport. — Pour évaluer les frais de transport de la forêt à pied d'œuvre, on supposera une distance moyenne de quatre kilomètres. Une voiture à deux colliers (chargée de 1200 kilogrammes seulement à cause des mauvais chemins) fera trois voyages par journée de 10 heures, et portera à chaque voyage 450 fascines (1); ce sera donc 1350 fascines pour une journée de voiture à deux colliers (art. 74), ci. . . . . Fr.   7,560

   Une demi-journée de manœuvre pour aider le conducteur
à charger et à décharger la voiture, à 1 fr. 25 c. l'une (sans
outils).   0,625

        8,185

Les frais de transport seront donc pour 100 fascines.   0,593

                      Total. . .   6,593

qu'on portera à 6 fr. 60 c.

---

(1) Cent petites fascines pèsent 260 kilogrammes.

Art. **184.**

Le cent de fascines moyennes de 2ᵐ,50 à 3ᵐ,00 de longueur, de 0ᵐ,45 à 0ᵐ,50 de tour au gros bout et 0ᵐ,25 au petit bout, reliées de deux harts, rendu à pied d'œuvre, chargement, déchargement et arrangement compris.

Détail.

Prix brut. — Chaque fascine cubant 0ᵐ·ᶜ·,037, il faudra
pour 100 fascines 3ᵐ·ᶜ,700 de branchages, à 1 fr. l'un. . . . Fr. 3,700

4,4 bottes de 50 harts moyennes, à 0ʳ,12 l'une (art. 187).   0,528

Deux journées de fascineur, pour coupe, façon et empilement, à 1ʳ,943.   3,886

                                                8,114

1/5 pour bénéfice d'exploitation.   1,623

Valeur de 100 fascines moyennes prises à la forêt. . . .   9,737 Fr. 9,700

Frais de transport. — Les circonstances étant les mêmes que pour
l'art. 183, une voiture à deux chevaux portera 150 fascines à chaque
voyage (1) ; ce sera donc 450 fascines pour une journée de voiture à
deux colliers, ci. . . . . Fr. 7,560

Une demi-journée de manœuvre pour aider le conducteur
au chargement, etc., à 1 fr. 25 c. l'une.   0,625

                                                  8,185

Les frais de transport seront donc pour 100 fascines.   1,819

                                       Total. . .   11,519

qu'on réduira à 11 fr. 50 c.

Art. **185.**

Le cent de grandes fascines de 4ᵐ,00 de longueur, de 0ᵐ,95 à 1ᵐ,00 de circonférence au gros bout et 0ᵐ,25 à 0ᵐ,30 au petit bout, reliées de quatre harts, rendu à pied d'œuvre, chargement, déchargement et arrangement compris.

Détail.

Prix brut. — Chaque fascine cubant 0ᵐ·ᶜ·,140, il faudra pour 100 fascines 14 mètres cubes de branchages, à 1 fr. l'un. . . . . Fr. 14,000

8,8 bottes de 50 harts moyennes, à 0ʳ,12 l'une (art. 187).   1,056

3,6 journées de fascineur, pour coupe, façon et empile-

                                  A reporter. . . .   15,056

---

(1) Cent fascines moyennes pèsent 800 kilogrammes environ.

Report. . . . Fr. 15,056

ment, à 1f,943 l'une.   6,995

22,051

1/5 pour bénéfice d'exploitation   4,410

Valeur de 100 grandes fascines prises à la forêt. . . . .   26,461 Fr. 26.500

Frais de transport. — Une voiture à deux chevaux portera 40 fascines à chaque voyage (1); ce sera donc 120 fascines pour une journée de voiture à deux colliers, ci. . . . . Fr. 7,560

1/2 journée de manœuvre, comme à l'art. 183, à 1 fr. 25 c. l'une.   0,625

8,185

Les frais de transport seront donc pour 100 fascines.   6,823

Total. . .   33,323

qu'on réduira à 33 fr. 30 c. (voyez la note 43).

Nota. Dans les trois articles qui précèdent on a admis, comme donnée d'expérience, qu'un mètre cube de branchages serrés en fascines pesait 218 kilogrammes.

Art. 186.

Le cent de bottes de 50 petites harts, de 0ᵐ,50 à 0ᵐ,70 de longueur et de 3 à 5 centimètres de tour, rendu à pied d'œuvre.

Détail.

Prix brut. — La valeur du bois sera trois fois celle de petites fascines (art. 183), ci . . . . Fr. 3,600

Coupe et façon : 2 1/2 journées de fascineur, 1f,943 l'une.   4,857

8,457

1/5 pour bénéfice d'exploitation.   1,691

Valeur de cent bottes prises à la forêt. . . . .   10,148 Fr. 10,150

Frais de transport. — Une voiture à deux colliers portera 1500 bottes dans un jour, ci..   7,560

1/2 journée de manœuvre, pour chargement, etc., à 1 fr. 25 c. l'une.   0,625

8,185

Les frais de transport seront donc pour 100 bottes de petites harts.   0,546

Total. . .   10,696

qu'on portera à 10 fr. 70 c.

---

(1) Cent grandes fascines pèsent 3000 kilogrammes environ.

Art. **187.**

Le cent de bottes de 50 harts moyennes, de 0^m,75 a 1^m,25 de longueur et de 3 à 6 centimètres de tour, rendu à pied d'œuvre.

Détail.

Prix brut. — La valeur du bois sera six fois celle des petites fascines
(art. 183), ci. . . . . Fr. 7,200
   Coupe et façon : 2 1/2 journées de fascineur, à 1^f,943 l'une   4,857
   1/5 pour bénéfice d'exploitation.   2,411

     Valeur de 100 bottes prises à la forêt. . . . .   14,468 Fr. 14,500
Frais de transport. — Une voiture à deux colliers portera
1500 bottes dans un jour, ci. . . . . Fr. 7,560
   1/2 journée de manœuvre, pour chargement, etc., à 1 fr.
25 c. l'une.   0,625
                                           8,185

Les frais de transport seront donc pour 100 bottes de harts.   0,546
                                Total. . .   15,046

qu'on réduira à 15 fr.

Art. **188.**

Le cent de bottes de 50 grandes harts, de 2^m,00 à 3^m,00 de longueur et de 5 à 8 centimètres de tour, rendu à pied d'œuvre.

Détail.

Prix brut. — La valeur du bois sera six fois celle des fascines moyennes
(art. 184), ci. . . . . Fr. 22,200
   Coupe et façon : 3 journées de fascineur, à 1^f,943 l'une.   5,829
                                   28,029
   1/5 pour bénéfice d'exploitation.   5,606
     Valeur de 100 bottes prises à la forêt. . . . .   33,635 Fr. 33,600
Frais de transport. — Les frais de transport comme à l'art. 184. . .   1,819
                                  Total. . .   35,419

qu'on réduira à 35 fr. 40 c.

Art. **189.**

Le cent de bottes de 25 clayons, pour épis, tunages, de 4^m,50 à 5^m,00 de longueur et de 6 à 9 centimètres de tour, rendu à pied d'œuvre.

Détail.

Prix brut. — La valeur du bois est la même que pour 100 grandes ascines (art 183), ci. . . . . Fr. 14,000

, 6,6 bottes de 50 harts moyennes, à 12 c. l'une (art. 187).   0,792

Coupe et façon : 2 1/2 journées de fascineur, à 1f,943 l'une.   4,857

                                      19,649

1/5 pour bénéfice d'exploitation   3,930

Valeur de 100 bottes prises à la forêt. . . . .   23,579 Fr. 23,600

Frais de transport. — Une voiture à deux colliers portera 50 bottes de clayons par voyage ; ce sera donc 150 bottes pour une journée, ci.   7,560

1/2 journée de manœuvre, pour aider à charger, etc., à 1 fr. 25 c. l'une.   0,625

                                      8,185

Les frais de transport seront donc pour cent bottes de clayons. . .   5,456

                                Total. . .   29,056

qu'on réduira à 29 fr.

Art. **190**.

Le cent de bottes de 25 clayons pour gabions, claies, de 2ᵐ,60 à 3ᵐ,30 de longueur et de 6 à 7 centimètres de tour, rendu à pied d'œuvre.

Détail.

Prix brut. — La valeur du bois est quatre fois celle des petites fascines (art. 183), ci. . . . . Fr. 4,800

4,4 bottes de 50 harts moyennes, à 12 c. l'une.   0,528

Coupe et façon : 1 1/2 journée de fascineur, à 1f,943 l'une.   2,915

                                      8,243

1/5 pour bénéfice d'exploitation.   1,649

Valeur de cent bottes prises à la forêt. . . . .   9,892 Fr. 9,900

Frais de transport. — Les frais de transport comme à l'art. 184. . .   1,819

                                Total. . .   11,719

qu'on réduira à 11 fr. 70 c.

Art. **191**.

Le cent de bottes de 25 clayons pour fascines de couronnement, de 2ᵐ,60 à 3ᵐ,30 de longueur et de 3 à 5 centimètres de tour, rendu à pied d'œuvre.

Détail.

Prix brut. — La valeur du bois est trois fois celle des petites fascines (art. 183), ci. . . . . Fr. 3,600

4,4 bottes de 50 harts moyennes, à 12 c. l'une.   0,528

Coupe et façon : 1 1/2 journée de fascineur, à 1',943 l'une.   2,915

                                              7,043

1/5 pour bénéfice d'exploitation.   1,409

Valeur de cent bottes prises à la forêt. . . . .   8,452 Fr.   8,500

Frais de transport. — Les frais de transport comme à l'art. 184. . .   1,819

                                        Total. . .   10,319

qu'on réduira à 10 fr. 30 c.

Art. **192**.

*Le cent de bottes de 25 clayons, pour saucissons de revêtement, de 4ᵐ,00
de longueur et de 6 à 12 centimètres de tour, rendu à pied d'œuvre.* Fr. 29,000
Le détail comme à l'art. 189.

Art. **193**.

*Le cent de grands piquets, de 1ᵐ,60 à 2ᵐ,00 de longueur et de 20 à 30 centimètres
de tour, rendu à pied d'œuvre.*

Détail.

Prix brut.— 1,250 stères de bois ordinaire à 6 fr. le stère, y compris
les frais d'abatage et le bénéfice d'exploitation. . . . . . Fr. 7,500

0,25 journée d'affûteur de piquets, à 2 fr. l'une. . . .   0,500

                                      8,000 Fr.   8,000

Frais de transport. — En faisant les mêmes hypothèses que pour le
transport des fascines, une voiture à deux colliers transportera en trois
voyages 450 piquets, ci. Fr. 7,200

1/2 journée de manœuvre, pour aider le conducteur à
charger, etc., à 1 fr. 25 c. l'une.   0,625

                                       7,825

Ainsi les frais de transport seront pour 100 grands piquets.   1,739

                                        Total. . .   9,739

qu'on portera à 9 fr. 75 c.

Art. **194**.

*Le cent de piquets pour clayonnage d'épis, de 1ᵐ,30 à 1ᵐ,40 de longueur et de 15 à
18 centimètres de tour, rendu à pied d'œuvre.*

Détail.

Prix brut. — 0,450 stère de petit bois à 5 fr. le stère,   compris les

frais d'abatage et le bénéfice de l'exploitation. . . . . . . Fr. 2,250
0,07 journée d'affûteur de piquets, à 2 fr. l'une. . . .   0,140
                                    2,400 Fr. 2,400

Frais de transport. — Avec la dépense détaillée dans l'art. 193 pour les frais de transport, et montant à 7f,825, on transportera 1200 piquets; ce sera donc pour 100 piquets.   0,652

                                   TOTAL. . . 3,052

qu'on réduira à 3 fr.

ART. **195**.

Le cent de piquets de gabions, de 1m,20 de longueur et de 9 à 12 centimètres de tour, rendu à pied d'œuvre.

DÉTAIL.

Prix brut. — 0,150 stère de petit bois à 5 fr. le stère, etc. Fr. 0,750
0,07 journée d'affûteur de piquets, à 2 fr. l'une. . . .   0,140
                                 0,890 Fr. 0,900
Frais de transport. — Les frais de transport comme à l'art. 194. . .   0,652

                                  TOTAL. . . 1,552

qu'on portera à 1 fr. 60 c.

ART. **196**.

Le cent de piquets pour claies, de toute longueur et de 9 à 12 centimètres de tour, rendu à pied d'œuvre.

Pour chaque décimètre de longueur en sus de 1m,20, on augmentera d'un dixième, c'est-à-dire de 16 c., le prix de l'art. 195.

ART. **197**.

Le cent de piquets pour saucissonnage de 0m,80 de longueur et de 16 à 19 centimètres de tour, rendu à pied d'œuvre.

DÉTAIL.

Prix brut., — 0,300 stère de petit bois à 5 fr., etc. . . . Fr. 1,500
0,07 journée d'affûteur de piquets, à 2 fr. l'une.   0,140
                                 1,640 Fr. 1,650

Frais de transport. — Avec la dépense détaillée dans l'art. 193 pour les frais de transport, et montant à 7f,825, on transportera 1500 piquets; ce sera donc pour 100 piquets.   0,522

                                  TOTAL. . . 2,172

qu'on portera à 2 fr. 20 c.

Art. **198.**

Le mètre cube de blocailles pour chargement de lunes, etc., rendu au dépôt ou à pied d'œuvre.

Détail.

Prix brut. — Le mètre cube coûte à la carrière (voyez la note 42). . Fr. 3,300

Frais de transport. — Supposons que le transport se fasse par voiture, et que la carrière soit à 2 kilomètres du dépôt ou de l'œuvre. Un tombereau à deux chevaux portera $0^{m.c.},750$, à raison de 2000 kilogrammes pour le poids d'un mètre cube.

Le temps du chargement de $0^{m.c.},750$, en y employant 3 manœuvres, sera, en comptant $0^h,85$ pour le chargement d'un mètre cube par un seul manœuvre. . . . . H. 0,283

Déchargement   0,030

Parcours de **2** kilomètres, aller et retour.   1,333

Temps total pour un voyage. . .   1,646

Nous pouvons donc admettre, en tenant compte de la difficulté des chemins aux abords de la carrière, des pertes de temps au lieu du chargement, etc., qu'un tombereau ne fera que de cinq à six voyages par jour. Il transportera donc moyennement $4^{m.c.},125$: le prix de la journée étant 7 fr. 30 c. (art. 72), on aura pour un mètre cube.   1,770

Nous avons dit qu'il fallait pour le chargement d'un mètre cube par un manœuvre $0^h.85$, ci. . . . . H. 0,85

Emmétrage des blocailles, ci.   0,75

1,60

$1^h,60$ ou 0,16 journée de manœuvre à 1 fr. 25 c. l'une.   0,200

Total. . .   5,270

qu'on portera à 5 fr. 30 c. (voyez la note 44).

Art. **199.**

Le mètre cube de gravier transporté par bateaux et déposé sur l'épi, pour la fouille, le chargement et le déchargement, jusqu'à 200 mètres de distance en amont.

Détail.

On supposera :

1° Que la charge d'un bateau est de 4 mètres cubes ;

2° Que le chargement sur l'épi exige un roulage moyen de 15 mètres ;

3° Que le bateau, monté par 4 hommes, dont 2 bateliers et 2 manœuvres. mettra 5 minutes ou 0ʰ.083 pour descendre et remonter 100 mètres.

On peut considérer le gravier comme de la terre à 1 1/2 homme à la fouille. Ainsi, un homme fouillera et chargera 10 mètres cubes de gravier en 10 heures, et il faudra, pour le chargement du bateau par les quatre hommes qui le manœuvrent, une heure, ci. . . . . H.   1,00

Pour le transport à 15 mètres.   0,33

Pour le déchargement sur l'épi.   0,66

Temps du parcours, aller et retour.   0,17

Temps total pour un voyage. . .   2,16

Un bateau fera donc 4 1/2 voyages par jour, et transportera sur l'épi 18 mètres cubes de gravier, dont la dépense sera :

2 journées de batelier, à 2 fr. 50 c. l'une. . . . . . . Fr. 5,000

2 journées de manœuvre terrassier, à 1 fr. 50. c. . . .   3,000

1 journée de nacelle (art. 78), à 1 fr.   1,000

Frais d'outils à 5 c. par journée de travailleur.   0,200

Total. . .   9,200

Faux frais, 1/20, ci.   0,460

Total pour 18 mètres cubes. . .   9,660

Et pour un mètre cube, 0ᶠ,537, qu'on pourra porter à. . . . . . . Fr. 0,550

Nota. On trouverait aisément que pour chaque cent mètres de plus en amont, il faudrait augmenter le prix du mètre cube de gravier d'à peu près 0 f., 025.

Le gravier se prend sur les bancs du fleuve, autant que possible en amont de l'ouvrage pour la facilité du transport ; quelquefois en face, et plus rarement en aval (voyez la note 45).

Art. **200**.

La pose de cent fascines moyennes, employées à la marée, y compris l'enfoncement des piquets et la façon du clayonnage.

Détail.

Pour la pose de 1000 fascines, on a employé :

1 journée de maître fascineur, à 2 fr. 50 c. (art. 22). . Fr. 2,500

2 journées de fascineur, à 1ᶠ,943 (avec outils et faux frais).   3,886

1 journée de manœuvre, à 1ᶠ,365 (*idem*).   1,365

Total pour 1000 fascines. . .   7,751

Et pour 100 fascines. . . . . Fr. 0,775

qu'on portera à 78 c.

ART. **201.**

La pose de cent fascines moyennes employées à la marée, y compris l'enfoncement des piquets et la façon du clayonnage.

DÉTAIL.

Pour la pose de 11000 fascines, on a employé :

24 marées de maître fascineur, ou 16 journées, à 2 fr. 50 c. Fr. 40,000

30 marées de fascineur, ou 20 journées, à 1f,943 (avec outils et faux frais). 38,860

51 marées de manœuvre, ou 34 journées, à 1f,365 (*idem*). 46,410

TOTAL. . . 125,270

Plus-value pour travail dans l'eau, 1/4 en sus de la dépense ci-dessus 31,318

TOTAL pour 11000 fascines. . . 156,588

Et pour 100 fascines. Fr. 1,118

qu'on réduira à 1 fr. 10 c.

ART. **202.**

La mise en place d'un mètre cube de blocailles.

DÉTAIL.

Dans une journée de 10 heures, un atelier composé d'un ouvrier coffreur (payé comme un maçon) et d'un manœuvre, façonnera à la masse la tête des pierres, cassera en éclats les pierres défectueuses pour les employer au remplissage des vides, mettra en place et serrera avec des coins de bois deux mètres cubes de blocailles. Il faudra donc, pour un mètre cube :

1/2 journée de maçon, à 2f,365 l'une. . . . . Fr. 1,183

1/2 journée de manœuvre, à 1f,365 l'une. 0,683

Pour les coins de bois, par estimation. 0,250

TOTAL. . . 2,116

qu'on réduira à 2 fr. 10 c. (voyez la note 46).

ART. **203.**

Le mètre cube d'épis en couches de fondation et de correction, tout compris et sans chargement de gravier.

DÉTAIL.

Matériaux. — Il résulte d'observations faites avec soin sur un travail exécuté sur le Rhin et suivi pendant six mois sans interruption qu'un atelier ordinaire de poseurs de fascines, organisé comme il est dit ci-après, au nombre de 31 hommes, peut faire dans une journée 350 mètres cubes d'épis, dans lesquels il entre :

925 grandes fascines, à 33 fr. 30 c. le cent (art. 185). . . Fr. 308,025

90 bottes de clayons pour épis, à 29 fr. le cent (art. 189).   26,100

3200 piquets pour clayonnage d'épis, à 3 fr. le cent (art. 194).   96,000

Total des fournitures pour 350 mètres cubes. . .   430,125

Et pour un mètre cube. . . . . Fr. 1,229

Main-d'œuvre. — Pour la main-d'œuvre de la même quantité d'épis, il faut le travail, pendant une journée, d'un atelier composé ainsi qu'il suit :

Un maître poseur, un contre-poseur, un affûteur de piquets, six clayonneurs, vingt-deux manœuvres : on aura donc

1 journée de maître poseur, à 4 fr. (art. 21). . . . . . . Fr. 4,000

1 journée de contre-poseur, à 2 fr. 50 c. (art. 22). . . .   2,500

1 journée d'affûteur de piquets, à 2 fr. (art. 23).   2,000

6 journées de clayonneur, à 1 fr. 85, avec outils (art. 16).   11,100

22 journées de manœuvre, à 1 fr. 30 c. avec outils (art. 2).   28,600

Total de la main-d'œuvre pour 350 mètres cubes. . .   48,200

Et pour un mètre cube. . . . . Fr. 0,138

1,367

Faux frais, perte et déchet de matériaux, 1/20 du total, ci.   0,068

Total. . .   1,435

qu'on portera à 1 fr. 45 c.

Art. **204**.

Le mètre cube d'épis en couches ordinaires et avec parements et chargements de gra-vier, tout compris.

Détail.

Matériaux. — Il entre dans la composition de 200 mètres cubes d'épis de cette nature :

700 grandes fascines, à 33 fr. 30 c. le cent (art. 185). . . Fr. 233,100

80 bottes de clayons pour épis, à 29 fr. le cent (art. 189).   23,200

3300 piquets pour clayonnage d'épis, à 3 fr. le cent (art. 194)   99,000

66 mètres cubes de gravier, à 55 c. l'un (art. 199). . . .   36,300

Total des fournitures pour 200 mètres cubes. .   391,600

Et pour un mètre cube. Fr. 1,958

Main-d'œuvre. — Un atelier organisé comme il a été dit (art. 203) fera 200 mètres cubes en une journée ; ainsi, la main-d'œuvre coûtera pour 200 mètres cubes 48f,200, et pour un. 0,241

2,199

Faux frais, perte et déchet de matériaux, 1/20 du total, ci. 0,110

Total. . . 2,309

qu'on réduira à 2 fr. 30 c. (voyez la note 47).

Art. 205.

Le mètre courant de saucissons pour revêtement de digues et de talus, en brins de fascines et d'un mètre de tour sur toute la longueur.

Détail.

Pour 100 mètres courants, on a employé :

Matériaux. — 220 fascines moyennes, à 11 fr. 50 c. le cent (art 183).. . . . . Fr. 25,300

7 bottes de 50 grandes harts, à 35 fr. 40 c. le cent de bottes (art. 188). 2,478

Main-d'œuvre. — 6 1/2 journées de fascineur, à 1f,943 l'une 12,630

Total pour 100 mètres courants. . . 48,408

Et pour un mètre. . . . . Fr. 0,404

qu'on peut réduire à 40 c.

Art. 206.

Le mètre courant de saucissons ou fascines de couronnement de 66 centimètres de tour sur toute la longueur, en brins de fascines.

Détail.

Pour 100 mètres courants, on a employé :

Matériaux. — 100 fascines moyennes, à 11 fr. 50 c. le cent (art. 183). . . . . Fr. 11,500

7 bottes de 50 harts moyennes, à 15 fr. le cent de bottes (art. 187). 1,050

Main-d'œuvre. — 3 1/4 journées de fascineur, à 1f,943 l'une 6,315

Total pour 100 mètres courants. . . 18,865

Et pour un mètre. . . . . Fr. 0,189

qu'on peut porter à 19 c.

Art. **207**.

Le mètre courant de saucissons d'un mètre de tour sur toute la longueur et en gau-
lettes, pour revêtement de batterie.

Détail.

Pour 100 mètres courants, on a employé (*école régimentaire du 3e ré-*
giment du génie) :

Matériaux. — 150 bottes de gaulettes pour saucissons, à 29 fr. le cent
(art. 192), ci. . . . . F. 43,500

7 bottes de 50 grandes harts, à 35 fr. 40 c. le cent de
bottes (art. 188). 2,478

Main-d'œuvre. — 13 journées de fascineur, à 1f,943 l'une. 25,259

Total pour 100 mètres courants. . . 71,237

Et pour un mètre. . . . . Fr. 0,712
qu'on peut réduire à 70 c.

Art. **208**.

Le mètre courant de saucissons ou fascines de couronnement de 66 centimètres de
tour sur toute la longueur, en gaulettes.

Détail.

Pour 100 mètres courants, on a employé :

Matériaux. — 150 bottes de gaulettes pour fascines de couronnement,
à 10 fr. 30 c. le cent (art. 191). . . . . Fr. 15,450

2 bottes de 50 harts moyennes, à 15 fr. le cent de bottes
(art. 187). 1,050

Main-d'œuvre. — 6 1/2 journées de fascineur, à 1f,943
l'une. 12,629

Total pour 100 mètres courants. . . 29,129

Et pour un mètre. . . . . Fr. 0,291
qu'on peut réduire à 29 c.

Art. **209**.

Le mètre carré de revêtement de digue ou de talus, en saucissons de brins de fascine
d'un mètre de tour, remblai et damage des terres compris.

Détail.

Pour 50 mètres carrés, on a employé :

Matériaux. — 165 mètres courants de saucissons, y compris tous dé-

chets pour larder les saucissons et fausse coupe, à 40 c. l'un
art. 205). . . . . Fr. 66,000
   165 piquets pour saucissonnage, à 2 fr. 20 c. le cent
(art. 197). 3,630
   15 grands piquets de retraite, à 9 fr. 75 c. le cent
(art. 193). 0,413
   1 botte de 50 grandes harts pour les retraites, à 35 fr. 40 c.
le cent (art 188). 0,354
   Main-d'œuvre. — 3 journées de fascineur, à 1f,943 l'une
(tout compris) 5,829
   3 journées de manœuvre, à 1f,365 l'une (tout compris). 4,095
                                        ————
            Total pour 50 mètres carrés. . . 80,321
Et pour un mètre carré. . . . . Fr. 1,610
qu'on peut réduire à 1 fr. 60 c.

Art. **210.**

*Le mètre carré de revêtement de saucissons de brins de fascines de 0m,66 de tour,
remblai et damage des terres compris.*

DÉTAIL.

Pour 50 mètres carrés, on a employé :
   Matériaux. — 265 mètres courants de saucissons, y compris tous déchets pour larder les saucissons et fausse coupe, à 19 c. l'un
(art. 206). . . . . Fr. 50,350
   275 piquets pour saucissonnage, à 2 fr. 20 c. le cent
(art. 197). 6,050
   15 grands piquets de retraite, à 9 fr. 75 c. le cent (art. 193). 0,413
   1 botte de 50 grandes harts pour les retraites, à 35 fr. 40 c.
le cent (art. 188). 0,354
   Main-d'œuvre. — 3 1/2 journées de fascineur, à 1f,943 l'une
(tout compris). 6,801
   3 journées de manœuvre, à 1f,365 l'une (tout compris). . 4,095
                                        ————
            Total pour 50 mètres carrés. . . 68,063
Et pour un mètre carré. . . . . Fr. 1,361
qu'on peut réduire à 1 fr. 36 c.

Art. **211.**

*Le mètre carré de revêtement en saucissons de 1 mètre de tour et en gaulettes, remblai
et damage des terres compris.*

DÉTAIL.

Pour 50 mètres carrés, on a employé :

Matériaux. — 165 mètres courants de saucissons, y compris tous déchets pour larder les saucissons et fausse coupe, à 70 c. l'un (art. 207). . . . . .Fr. 115,500

165 piquets pour saucissonnage, à 2 fr. 20 c. le cent (article 197).   3,630

15 grands piquets de retraite, à 9 fr. 75 c. le cent (art. 193).   0,413

1 botte de 50 grandes harts pour les retraites, à 35 fr. 40 c. le cent (art. 188).   0,354

Main-d'œuvre. — 3 journées de fascineur, à 1f,943 l'une (tout compris).   5,829

3 journées de manœuvre, à 1f,365 l'une (tout compris) .   4,095

Total pour 50 mètres carrés. . .   129,821

Et pour un mètre carré. . . . . Fr. 2,597

qu'on peut porter à 2 fr. 60 c.

Art. **212**.

Le mètre carré de revêtement en saucissons de 66 centimètres de tour et en gaulettes, remblai et damage des terres compris.

Détail.

Pour 50 mètres carrés, on a employé :

Matériaux. — 265 mètres courants de saucissons, y compris tous déchets pour larder les saucissons et fausse coupe, à 29 c. l'un (art. 208). . . . . .Fr. 76,850

275 piquets pour saucissonnage, à 2 fr. 20 c. le cent (art. 197).   6,050

15 grands piquets de retraite, à 9 fr. 75 c. le cent (art 193).   0,413

1 botte de 50 grandes harts pour les retraites, à 35 fr. 40 c. le cent (art. 188).   0,354

Main-d'œuvre. — 3 1/2 journées de fascineur, à 1f,943 l'une (tout compris).   6,801

3 journées de manœuvre, à 1f,365 l'une (tout compris). .   4,095

Total pour 50 mètres carrés. . .   94,563

Et pour un mètre carré. . . . . Fr. 1,891

qu'on peut porter à 1 fr. 90 c.

Art. **213**.

Chaque gabion de parapet de 60 centimètres de diamètre et de 1 mètre de hauteur de clayonnage, rendu à pied d'œuvre.

Détail.

Pour 10 gabions on a employé :

Matériaux. — 75 piquets, déchet compris, à 1 fr. 60 c. le cent (art. 195) . . . . Fr. 1,200

25 bottes de gaulettes, à 11 fr. 70 c. le cent (art. 190). . 2,925

2 bottes de 50 petites harts, à 16 fr. 70 c. le cent (art. 186). 0,214

Main-d'œuvre. — 3 journées de clayonneur, à 1^f,943 l'une (tout compris). 5,829

$$\overline{}$$

Total pour 10 gabions. . . 10,168

Et pour un gabion. Fr. 1,017

qu'on peut porter à 1 fr. 02 c.

Art. **214**.

Le mètre carré de revêtement en gabions, avec couronnement de fascines, remblai et damage des terres compris.

Détail.

Pour 36 mètres carrés, on a employé :

Matériaux. — 60 gabions, à 1 fr. 02 c. l'un (art. 213). . . Fr. 61,200

32 mètres courants de fascines de couronnement en gaulettes, à 29 c. l'un (art. 208). 9,280

Main-d'œuvre. — 2 journées de clayonneur, à 1^f,943 l'une (tout compris). 3,886

3 journées de manœuvre, à 1^f,365 l'une (tout compris). 4,095

$$\overline{}$$

Total pour 36 mètres carrés. . . Fr. 78,461

Et pour un mètre carré. Fr. 2,179

qu'on peut porter à 2 fr. 18 c.

Art. **215**.

Le mètre carré de claie, rendu à pied d'œuvre.

Détail.

Pour 10 claies de 2^m,00 de longueur et de 1^m,20 de hauteur de clayonnage, faisant 24 mètres carrés, on a employé :

Matériaux. — 95 piquets de 1^m,40, y compris le déchet dans l'emploi, à 1 92 c. le cent. (art 195 et 196). . . . . Fr. 1,824

40 bottes de 25 clayons, à 11 fr. 70 c. le cent (art. 190). 4,680

2 bottes de 50 petites harts, à 10 fr. 70 c. le cent (art. 186). 0,214

Main-d'œuvre. — 2 journées de clayonneur, à 1^f,943 (tout compris) 3,886

$$\overline{}$$

Total pour 24 mètres carrés. . . 10,604

Et pour un mètre carré. . . . . Fr. 0,442

qu'on peut réduire à 44 c.

Art. **216**.

Le mètre carré de revétement en clayonnage, remblai et damage des terres compris.

Détail.

Pour 24 mètres carrés, on a employé :

Matériaux. — 95 piquets de 1^m,40, y compris le déchet dans l'emploi,

à 1 fr. 92 c. le cent (art. 195 et 196). . . . . Fr. 1,824

   40 bottes de 25 clayons, à 11 fr. 70 c. le cent (art. 190) .   4,680

   2 bottes de 50 petites harts, à 10 fr. 70 c. le cent (art. 186).   0,214

   1 botte de grandes harts pour les retraites, à 35 fr. 40 c.

le cent (art. 188).   0,354

   20 grands piquets de retraite, à 9 fr. 75 c. le cent (art. 193).   1,950

   Main-d'œuvre. — 2 1/2 journées de clayonneur, à 1^f,943

(tout compris).   4,858

   2 1/2 journées de manœuvre, à 1^f,365 (tout compris). . .   3,413

              Total pour 24 mètres carrés. . .   17,293

Et pour un mètre carré. . . . . Fr. 0,721

qu'on peut réduire à 72 c.

PRIX ÉLÉMENTAIRES

Servant à l'analyse des prix des travaux de digues, batardeaux et épuisements, dont le détail est compris dans le chapitre IV de l'Analyse, lesquels devront être modifiés selon les localités, pour chaque analyse particulière.

———

Les prix des journées sont ceux établis dans le chapitre Ier de l'Analyse.

MATÉRIAUX ET MACHINES.

Un mètre cube de terre glaise prise au lieu de l'exploitation. . . . Fr.   0,50

NOTA. Les autres objets relatifs aux digues et batardeaux se composent d'éléments divers dont les détails et l'évaluation seront fournis, soit par les chapitres qui précèdent, soit par ceux qui suivent.

	Une écope. . . . . Fr.	0,05
	Une hollandaise (réparations comprises).. .	0,15
	Un seau ou un baquet.	0,05
Location	Une vis d'Archimède (réparations comprises).	1,40
pendant une journée	Une pompe (graissage et réparations compris).	6,00
de 8 heures.	Chapelet incliné mû par des hommes (*idem*). .	4,00
	Chapelet vertical mû par des hommes (*idem*). .	2,67
	Chapelet incliné mû par des chevaux (*idem*). .	12,67
	Chapelet vertical mû par des chevaux (*idem*). .	»

———

CHAPITRE IV. — Digues, Batardeaux et Épuisements.

Art. 217.

Le mètre cube de terre glaise, rendu à pied d'œuvre.

Détail.

Supposons que le lieu d'exploitation soit éloigné de 1500 mètres.

Prix brut. — Soit le prix à payer au propriétaire de la carrière, pour exploitation et indemnité de terrain, 50 c. par mètre cube de terre glaise, rendue au point où l'on pourra la charger sur des voitures, ci. Fr. 0,500

Frais de transport. — Un tombereau, ou une voiture à deux colliers, transportera 1 mètre cube, attendu que le roulage aura lieu sur des chemins frayés ; le conducteur et un aide mettront pour charger la voiture. . . . . H. 0,4167

Temps du déchargement. 0,0500

Parcours de 3000 mètres (aller et retour). 1,0000

Perte de temps. 0,2000

Temps total pour un voyage. . . 1,6667

Ainsi la voiture fera six voyages dans une journée et transportera 6 mètres cubes, lesquels coûteront :

Une journée de tombereau à deux colliers (art. 72), ci. Fr. 7,298

Une journée de manœuvre (art. 2), ci. 1,365

Dépense totale pour 6 mètres cubes. . . 8,663

Et pour un mètre cube, ci. 1,444

Total. . . 1,944

qu'on peut porter à 2 fr.

Art. 218.

Le mètre cube de même terre battue, corroyée et mise en place.

Détail.

Fourniture. — Prix d'un mètre cube rendu à pied d'œuvre (art. 217). Fr. 2,000

Main-d'œuvre. — Un terrassier mettra une journée pour arroser, corroyer et mettre en place un mètre cube d'argile, ci une journée (art. 6). 1,628

Total. . . 3,628

qu'on peut réduire à 3 fr. 60 c.

Épuisements (voyez la note 48).

Art. **219.**

Le mètre cube d'eau épuisée et élevée de 1 mètre à 1ᵐ,50 avec des écopes.

Détail.

On a peu d'expériences sur ce mode d'épuisement. Voici le résultat de quelques observations faites à Auxonne par M. le capitaine du génie Radepont.

Un homme travaillant pendant huit heures (ce temps doit être coupé par des repos de peu de durée, mais assez fréquents) a élevé à une hauteur moyenne de 1ᵐ,25 à peu près 48 mètres cubes d'eau (voyez la note 49).

Sa journée est payée 1ᶠ,690 (art. 4), outils et faux frais compris ; ainsi le mètre cube d'eau épuisée reviendra à 0ᶠ,035, ci . . . . Fr. 0,035

Art. **220.**

Le mètre cube d'eau épuisée et élevée à 1ᵐ,30 avec des hollandaises.

Détail.

D'après Bélidor, un homme élève à 1ᵐ,30 au moyen de cette machine à peu près 15 mètres cubes d'eau par heure : ainsi, pendant huit heures, il élèvera 120 mètres cubes d'eau, qui coûteront, savoir :

Une journée de manœuvre travaillant dans l'eau (art. 3). Fr.	1,560
Frais de machine, évalués à	0,150
	1,710
Faux frais, 1/20.	0,086
Total pour 120 mètres cubes. . .	1,796
Et pour un mètre cube. . . . . Fr.	0,015

Art. **221.**

Le mètre cube d'eau épuisée et élevée à 1 mètre par le baquetage.

Détail.

D'après des expériences faites lors de la fondation du pont d'Orléans, et rapportées dans les Œuvres de Perronet, on a trouvé qu'un manœuvre, travaillant douze heures par jour, élevait 3ᵐ·ᶜ·,834 d'eau à un mètre dans une heure, Les seaux dont on se servait contenaient environ 0ᵐ·ᶜ·,048, et on évalue la perte par le versement à un cinquième de l'eau épuisée. Nous aurons donc, pour le travail de huit heures,

30$^{m.c.}$,672, que nous réduirons à 30 mètres cubes d'eau élevés à un mètre, et qui coûteront :

Une journée de manœuvre travaillant dans l'eau (art. 3). Fr. 1,560

Frais de seaux, évalués à.   0,050

                                                      ____

                                                        1,610

Faux frais, 1/20.   0,081

                                                      ____

            Total pour 30 mètres cubes. . .   1,691

Et pour un mètre cube. Fr. 0,056

Art. **222**.

Le mètre cube d'eau épuisée et élevée à 1 mètre par des vis d'Archimède.

Détail (voyez la note 30).

Plusieurs expériences ont appris qu'un homme peut élever par heure, à un mètre de hauteur, avec une vis d'Archimède, 11$^{m.c.}$,500 d'eau, ce qui fait 92 mètres cubes pendant un travail de huit heures ou une journée.

Supposons, comme terme moyen, six hommes manœuvrant la machine ; ils élèveront 552 mètres cubes d'eau à un mètre en huit heures.

Six journées de manœuvre travaillant dans l'eau, à 1 fr. 56 c. l'une. . . . . Fr. 9,360

Pour évaluer les frais de machine, nous prendrons pour base le prix d'une vis d'Archimède, qui est maintenant à Paris de 1000 fr. ; M. Gauthey porte sa durée à 300 jours de 24 heures, ou 7200 heures, en compensant les frais de réparations, en donnant à la machine une durée moindre que sa durée réelle ; ainsi nous aurons pour la dépense de la machine pendant huit heures.   1,111

                                                      ____

                                                       10,471

Faux frais, comprenant le graissage de la machine, 1/20.   0,524

                                                      ____

Total pour 552 mètres cubes d'eau élevés à un mètre. . .   10,995

Et pour un mètre cube. Fr. 0,020

Art. **223**.

Le mètre cube d'eau épuisée et élevée à 1 mètre par des pompes.

Détail.

Il résulte de deux expériences citées par M. Boistard (*Expériences sur main-d'œuvre*) :

1° Que trois relais de sept hommes, travaillant chacun huit heures par jour, ont élevé en vingt-quatre heures, au moyen d'une pompe de 0^m,270 de diamètre, 308$^{m.c.}$,520 d'eau à 3^m,628 de hauteur, ce qui revient à 87$^{m.c.}$,853 élevés à un mètre, par un homme, en une journée de travail ;

2° Que le même nombre d'hommes, avec une pompe de 0^m,244 de diamètre, a élevé 470$^{m.c.}$,040 d'eau à 3^m,573 de hauteur, ce qui revient à 79$^{m.c.}$,974 élevés à un mètre, par un homme, en une journée de travail.

La moyenne de ces deux expériences donne 83$^{m.c.}$,913, qu'on peut réduire à 80 mètres cubes, élevés à un mètre par un homme.

Nous aurons donc, pour la dépense de 1680 mètres cubes d'eau, que 21 hommes élèveront à un mètre en 24 heures :

Vingt et une journées de manœuvre, à 1 fr. 56 c. l'une. Fr. 32,760

Frais de machine, évalués à 6 fr. par jour, tout compris,

ci.   6,000

Faux frais, 1/20.   1,938

Total pour 1680 mètres cubes d'eau élevés à un mètre. .   40,698

Et pour un mètre cube. . . . . Fr. 0,024

ART. **224**.

Le mètre cube d'eau épuisée et élevée à un mètre par un chapelet incliné mû par des hommes.

DÉTAIL.

Un chapelet de 6^m,82 de longueur, entre les centres des deux lanternes, manœuvré par six hommes travaillant six heures sur vingt-quatre, a élevé en une heure 123$^{m.c.}$,400 d'eau à 3^m,25 de hauteur, les lanternes faisant trente tours par minute. Ce produit équivaut à 66$^{m.c.}$,840 élevés par heure à un mètre de hauteur, par six hommes, ou à peu près 400 mètres cubes dans une journée de six heures.

NOTA. Si les hommes travaillaient huit heures sur vingt-quatre, il est probable que l'effet utile par heure serait moindre ; ainsi nous pouvons, sans erreur sensible, payer dans ce cas particulier les journées de six heures au même prix que les journées de huit heures des articles précédents.

Nous aurons, en conséquence, pour la dépense de 400 mètres cubes élevés à un mètre :

Six journées de manœuvre, à 1 fr. 56 c. l'une. . . . . Fr. 9,360

Frais de machine, évalués à 12 fr. par vingt-quatre heures,

A reporter. . . .   9,360

                              Report. . . .   9,360
ci pour six heures.   3,000
                                                  ____
                                                 12,360

Faux frais, 1/20.   0,618
                                                  ____
Total pour 400 mètres cubes d'eau élevés à un mètre. . .   12,978
Et pour un mètre cube, ci. . . . . Fr. 0,032

Art. **225**.

Le mètre cube d'eau épuisée et élevée à un mètre par un chapelet vertical mû par
des hommes.

Détail.

Il résulte d'un assez grand nombre d'expériences que trois relais de
quatre hommes chacun ont élevé, en vingt-quatre heures, à peu près
1400 mètres cubes d'eau à un mètre de hauteur; nous aurons donc
pour la dépense de cet épuisement :

Douze journées de manœuvre, à 1 fr. 56 c. l'une. . . . Fr. 18,720
Frais de machine, évalués à 8 fr. par vingt-quatre heures
(tout compris).   8,000
'Faux frais, 1/20   1,336
                                                       ____
Total pour 1400 mètres cubes d'eau élevés à un mètre. .   28,056
Et pour un mètre cube. . . . . Fr. 0,020

Art. **226**.

Le mètre cube d'eau épuisée et élevée à un mètre par un chapelet incliné mû par
des chevaux.

Détail.

Deux chapelets inclinés mus par un seul manége, auquel étaient
attelés 12 chevaux travaillant 8 heures sur 24, ont élevé 134$^{m.c.}$,710
d'eau, par heure, à 5 mètres de hauteur, toute perte de temps comprise; ce qui revient à 673$^{m.c.}$,550 élevés à un mètre par heure ; et
par conséquent à 5388$^{m.c.}$,400 à la même hauteur en 8 heures de
travail.

D'après ces données, la dépense sera donc pour cette quantité d'eau
élevée à un mètre,

12 journées de cheval harnaché, à 2 fr. 25 c. l'une. . . Fr. 27,000
2 journées de charretier à 2 fr. l'une.   4,000
                                                       ____
                              A reporter. . . .   31,000

Report. . . .   31,000

Nota. Chaque charretier travaillera 4 heures au manége ; de sorte qu'il lui restera assez de temps pour soigner et panser six chevaux.

Frais de machine, évalués à 38 fr. par 24 heures, tout compris ; ce sera donc pour 8 heures.   12,667

43,667

Faux frais, 1/20.   2,183

Total pour 5388^{m.c.},400 élevés à un mètre. . .   45,850

Et pour un mètre cube. . . . . Fr. 0,0085

Art. 227.

Le mètre cube d'eau épuisée et élevée à un mètre par un chapelet vertical mù par des chevaux.

Détail.

Cette machine est employée aux épuisements de l'écluse de la gare de la Bastille, au canal Saint-Martin. On n'a pas pu recueillir des données bien positives sur son produit ; mais on croit que l'on peut, sans s'écarter beaucoup de la vérité, supposer que le rapport des prix des épuisements faits par ce procédé et par un chapelet vertical mû par des hommes est le même que le rapport entre le prix des épuisements faits par un chapelet incliné mû par des chevaux et le prix des épuisements faits par un chapelet incliné mû par des hommes ; ainsi nous aurons

$$0^f,032 : 0^f,0085 : 0^f,02 : x = 0^f,0053, \text{ci.} \quad \dots \dots \dots \text{Fr. } 0,0053$$

Nous avons réuni dans le tableau ci-dessous les prix résultant des détails des articles 216, 217, 218, 219, 220, 221, 222, 223 et 224, afin de donner le moyen de comparer d'un seul coup d'œil les dépenses relatives de ces divers procédés.

La hauteur à laquelle on peut élever l'eau peut varier, pour les écopes, de 1 à 2 mètres, et pour les hollandaises, de 1^m,00 à 1^m,30, sans qu'il y ait des différences bien sensibles dans les résultats que nous avons donnés.

Il résulte du tableau qui suit que, des différents procédés pour épuiser dont nous avons analysé les prix, les plus économiques sont les chapelets, soit inclinés, soit verticaux, mus par des chevaux ; mais ces procédés, vu les frais considérables qu'ils entraînent pour leur premier établissement, ne doivent être employés que dans des travaux d'épuisement d'assez longue durée pour couvrir ces frais ; que les vis d'Archimède sont préférables, soit aux pompes, soit aux chapelets mus par des hommes : ces derniers procédés ont d'ailleurs le grave inconvénient d'exiger de fréquentes réparations dans les machines, ce qui occasionne des interruptions qui nuisent à l'avancement des travaux. Quant aux épuisements par les écopes, les hollandaises et le baquetage, à cause du grand espace qu'ils exigent, et de la faible hauteur à laquelle ils permettent d'élever les eaux, on ne doit les employer que dans des instants de presse, ou faute de vis d'Archimède.

DÉSIGNATION des PROCÉDÉS.	Quantité d'eau élevée par journée de travail à 1 m. de hauteur.	MAIN-D'ŒUVRE. pour 100 MÈTRES CUBES.	PRIX de la main-d'œuvre pour 100 mèt. cub.	Frais de machines pour 100 mètr. cub.	Faux frais pour 100 mètr. cubes.	Dépense totale pour 100 mètr. cubes.
	Par un homme — m. cub.	Journées.	fr. c.	fr. c.	fr. c.	fr. c.
Écopes..........	48,000	2,083.............	3 249	0 101	0 168	3 50
Hollandaises.....	120,000	0,833............	1 300	0 125	0 073	1 50
Baquetage.......	30,000	3,333............	5 200......	0 167	0 268	5 65
Vis d'Archimède..	92,000	1,087............	1 796......	0 201	0 100	2 00
Pompes...	80,000	1,250.............	1 940......	0 357	0 115	2 40
Chapel. incliné mù par des hommes.	67,000	1,500......	2 340......	0 750	0 155	3 25
Chapel. vertical mù par des hommes.	116,666	0,857............	1 337......	0 571	0 133	2 05
	Par un cheval — m. cub.					
Chapel. incliné mù par des chevaux.	419,000	{ 0,223 de cheval... { 0,038 de charretier.	0 502 } 0 076 } 0578	0 235	0 042	0 85
Chapel. vertical mù par des chevaux.	782,000	{ 0,122 de cheval... { 0,023 de charretier.	0 275 } 0 016 } 0 321	0 180	0 025	0 51

NOTES SUR L'ANALYSE.

II

NOTES SUR L'ANALYSE.

NOTE 1re.

Les outils que l'on fournit aux manœuvres sont, le plus ordinairement, des outils de terrassiers, ou d'autres objets équivalents. Leur durée dépend de leur qualité, ou, si l'on veut, de leur prix : elle est, en conséquence, assez variable, selon les pays. La nature du terrain dans lequel on emploie les outils influe beaucoup aussi sur leur durée, et fait varier le rapport entre les diverses espèces d'outils que l'on doit fournir aux manœuvres à la journée. Il faudrait donc, à la rigueur, calculer les frais d'outils pour chaque espèce; mais on a cru qu'il serait suffisamment exact, pour un objet d'une si faible valeur, d'avoir une moyenne.

On a, en conséquence, pris pour base le résultat de quatre expériences faites sur 1566 journées de manœuvres, lesquels ont consommé, pendant ce temps, savoir :

3 pioches, à 5 fr. 30 c. l'une. . . . . Fr.	15,90
Réparation desdites pioches, 1/2 de leur valeur.	7,95
3 pelles rondes, à 3 fr. 50 c.	10,50
Réparation desdites pelles, 1/3 de leur valeur.	3,50
3 pelles carrées, à 5 fr.	15,00
Réparation desdites pelles, 1/3 de leur valeur.	5,00
3 brouettes 1/2 (réparations comprises), à 6 fr.	21,00
TOTAL. . .	78,85

Répartissant cette dépense sur 1566 journées de manœuvres, on a pour les frais d'outils de chacune un peu plus de 5 centimes. On supposera 5 centimes seulement, et cette évaluation pourra servir partout, quel que soit le prix des outils.

Quant aux faux frais, comprenant les frais de surveillance, de garde des outils, les pertes, vols, etc., on les porte au vingtième de la main-d'œuvre, conformément à l'usage, et sans chercher à motiver cette évaluation sur des détails estimatifs qu'il serait difficile de déduire d'expériences positives.

NOTE 2.

Les frais d'outils pour les mineurs-rocteurs sont très-variables, et dépendent des procédés en usage dans chaque pays et de la nature du roc à déblayer. Il est donc impossible d'en donner une évaluation susceptible d'applications générales. Nous nous bornerons à en citer un exemple tiré de l'Analyse de Strasbourg.

On a considéré un atelier de dix rocteurs, travaillant 250 jours dans l'année à l'extraction d'une roche calcaire. Il faut pour ces dix hommes, y compris les rechanges, les outils dont le détail suit :

30 tranches ou marteaux à deux pointes, à 5 fr. . . . . . Fr.	150,00
10 masses à refendre, à 8 fr.	80,00
10 grosses masses de fer, à 7 fr. 50 c.	75,00
30 coins de fer, à 2 fr. 50 c.	75,00
9 leviers de fer, 10 fr.	90,00
2 barres à mine, pesant ensemble 30 kilog.	36,00
1 refouloir, 1 curette, 1 épinglette, 4 brouettes et 2 seaux, valant ensemble	60,00
TOTAL. . .	566,00

Le dépense annuelle en outils pour les dix ouvriers se compose de l'intérêt de cette somme, ci. . . . . Fr. 28,30 et de l'entretien et de la consommation des outils dont nous allons donner l'analyse.

Chaque tranche, du poids de 3 kilog., dure huit ans, moyennant un rechargement d'acier par an. Il faut à chaque ouvrier deux tranches, et, chaque jour, une des deux doit aller à la forge pour être repointée. On peut compter un manche par outil tous les trois ans ; on aura donc pour la dépense annuelle :

2 1/2 tranches, à 5 fr. . . . . Fr.	12,50	
20 rechargements, à 2 fr. 50 c.	50,00	189,30
2500 repointages, à 5 c. (ou 5000 pointes).	125,00	
6 manches, à 30 c.	1,80	

Une masse à refendre, du poids de 4 kilog., dure vingt ans, moyennant un rechargement tous les ans et un manche tous les deux ans ; on aura donc pour la dépense annuelle :

A reporter. . .   217,60

Report. . . .		217,60
1/2 masse, à 8 fr. l'une.	4,00	
10 rechargements, à 4 fr.	40,00	46,00
5 manches, à 40 c.	2,00	

Une grosse masse, pesant 6 kilog., peut durer trente ans et plus. On aura donc pour la dépense annuelle :

1/30 de 75 fr. . . . . Fr.	2,50	
L'entretien est à peu près nul. Il faut rechausser la masse une fois en trente ans, ce qui coûte 3 fr., et pour les dix, 30 fr. Ce sera donc par an.	1,00	5,00
Replacement de manches.	1,50	

Un coin de fer du poids de 2 kilog. ne dure qu'une demi-campagne. La consommation annuelle sera donc de 2 fr. à 2 fr. 50 c.	50,00
Un levier du poids de 7 kilog. dure indéfiniment. Supposons trente ans. La consommation annuelle sera donc, pour 9 leviers.	3,00
La consommation des deux barres à mine sera également d'un trentième par an.	1,20
La consommation des autres outils est estimée à peu près la moitié de leur valeur, ci.	30,00
Dépense totale annuelle. . .	352,80

Laquelle, répartie sur 2500 journées, produit, pour les frais d'outils, par journée de mineur-rocteur, 15 c., ainsi que nous l'avons supposé dans l'analyse.

NOTE 3.

On a fait l'analyse détaillée des frais d'outils pour les journées indiquées dans les articles 14, 16 et 18, et on les a trouvés, à peu de chose près, de 5 c. par journée. C'est pour ne pas trop multiplier les détails qu'on a appliqué à ces journées les frais d'outils de l'art. 2, qui se trouvent être les mêmes.

NOTE 4.

M. Rondelet accorde, dans les ouvrages de maçonnerie, 1/7 pour bénéfice, faux frais et équipages. M. Morizot compte 1/15 de la main-d'œuvre pour frais d'équipages et autres, indépendamment du bénéfice du *sixième*, qu'il accorde à l'entrepreneur. M. Gauthey, dans son ouvrage sur la construction des ponts, évalue tous les faux frais, pour les travaux de maçonnerie, à un *dixième* de la main-d'œuvre. Les analyses faites dans les différentes places de France présentent à cet égard les résultats les plus contradictoires, et ne les appuient d'ailleurs, ni sur le calcul, ni sur l'expérience. Voici comment on peut évaluer ces faux frais.

Le compagnon maçon se fournit d'un marteau et d'une truelle : les autres outils lui sont fournis par l'entrepreneur. Supposons un atelier composé de vingt maçons, dont un maître. Supposons aussi que, conformément à l'usage le plus ordinaire, ces ouvriers seront employés, tantôt comme maçons, tantôt comme couvreurs ou badigeonneurs.

Le tableau suivant indique les outils qui seront nécessaires à ces ouvriers, ainsi que leur valeur, leur durée, et la dépense annuelle qui résulte de leur entretien et de leur consommation. (Analyse de Strasbourg.)

DÉSIGNATION des OBJETS.	PRIX D'UN.	VALEUR TOTALE.	DURÉE.	DÉPENSE annuelle.	OBSERVATIONS.
	fr. c.	fr. c.		fr. c.	
1 chèvre sur 4 roues.....	400 00	400 00	20 ans	30 00	Y compris 10 fr. pour entretien et graisse.
1 petite chèvre.........	200 00	200 00	20	20 00	Idem.
1 paire de moufles......	17 00	17 00	»	2 30	Les 4 poulies, à 1 fr., durent 3 ans ; c'est 1 fr. 33 c. par an. Les ferrements coûtent 9 fr. et durent 20 ans, ce qui fait 45 c. par an. Les chapes valant 3 fr. durent 6 ans ; c'est 50 c. par an. Dépense totale, 2 fr. 28 c.
1 louve en fer..........	12 00	12 00	30	0 40	
10 règles d'un mètre......	0 10	1 00	4	1 00	
4 idem de 4 mètres.....	2 00	8 00	4	2 00	
4 idem de 6 mètres......	3 00	12 00	8	1 50	
8 niveaux avec leur plomb	2 00	16 00	7	2 30	
2 idem plus grands......	6 00	12 00	7	1 70	
10 kilogram. de cordages..	1 50	15 00	1	15 00	
10 grands baquets........	4 00	40 00	4	12 00	Y compris 2 fr. pour cercles.
10 baquets moyens.......	1 80	18 00	4	6 50	Idem.
10 baquets pour le mortier.	1 20	12 00	4	5 00	Idem.
10 baquets à eau.........	1 20	12 00	4	5 00	Idem.
12 pinceaux ordinaires....	1 50	15 00	1	15 00	
4 seaux cerclés en fer. ..	4 50	18 00	3	6 00	
4 grandes cuves pour le blanchissage.......	5 00	20 00	4	7 40	Y compris 2 fr. 40 c. pour cercles.
5 civières à pierres......	3 50	17 50	5	5 00	Y compris 1 fr. 50 c. pour réparation.
5 idem à mortier.......	3 00	15 00	3	6 50	Idem.
10 grandes brouettes. . ..	6 00	60 00	4	30 00	Y compris 15 fr. pour réparation.
A reporter........	....	923 50		174 60	

DÉSIGNATION des OBJETS.	PRIX D'UN.	VALEUR TOTALE.	DURÉE.	DÉPENSE annuelle.	OBSERVATIONS.
	fr. c.	fr. c.		fr. c.	
Report.....	....	923 50	....	171 60	
5 grands chevalets de 2 à 3 mètres...........	8 00	40 00	8 ans	5 00	
15 chevalets plus petits...	4 00	60 00	8	7 50	
Planches de sapin ou bois blanc pour petits échafauds	»	50 00	10	5 00	
4 échelles de 6 mètres...	4 00	16 00	4	5 00	Y compris 4 fr. pour réparation.
10 idem de couvreur......	2 00	20 00	8	4 00	Y compris 4 fr. 50 c. pour réparation.
10 crochets de couvreur pour échelles.......	2 10	21 00	30	0 70	
5 idem pour baquets....	1 20	6 00	30	0 50	
5 cordes d'échelles (7ᵏ,50)	»	11 25	6	1 90	
5 rouleaux frettés.......	40	20 00	le bois 2, frettes 7	7 50	
10 leviers..............	1 00	10 00	2	5 00	
2 grandes pinces........	12 00	24 00	30	1 40	Y compris 2 repointages à 30 c.
5 petites pinces........	2 00	10 00	7	2 00	Y compris les réparations.
4 masses de fer.........	7 50	30 00	30	2 00	Idem.
6 coins de fer..........	1 50	9 00	3	3 00	
5 pics à roc...........	6 00	30 00	6	8 00	Idem.
4 fiches de poseur......	1 50	6 00	20	0 30	
1 rouleau sur 4 roues...	200 00	200 00	20	20 00	Y compris 10 fr. d'entretien.
1 diablotin sur 2 roues..	60 00	60 00	10	9 00	Y compris 3 fr. d'entretien.
6 voyants.............	1 00	6 00	4	1 50	
2 échafauds pendants...	9 00	18 00	12	2 00	Y compris les réparations.
6 poulies.............	6 00	36 00	12	5 00	Idem.
36 crampons...........	0 80	28 80	3	9 60	(Les grands échafaudages ne sont pas compris dans cet état.)
10 perches............	1 50	15 00	5	3 00	
100 kilogrammes de cordes.	1 50	150 00	5	30 00	
Totaux...	....	1800 55	....	313 50	

Les faux frais se composeront donc annuellement :

1° De l'intérêt de la somme de 1800 fr. 55 c., montant de la valeur des outils et engins nécessaires aux vingt maçons, ci. . . . . Fr. 90,03

2° De la dépense annuelle pour l'entretien et la consommation desdits objets, conformément à l'état ci-dessus. 313,50

3° Du temps perdu par le maître en courses, surveillance, etc., et qu'on peut évaluer à 40 journées, à 3 fr. 50 c. l'une. 140,00

4° De 140 journées de maître maçon, qui ne seront comptées que comme journées d'ouvrier, et pour lesquelles il faut tenir compte de la différence entre le prix de la journée de maître et celui de la journée de compagnon : 140 journées, à 1 fr. 35 c. 189,53

Total des faux frais. . . 732,53

Les vingt maçons, travaillant 180 jours de l'année, produiront ensemble 3600 journées, qui, à 2 fr. 15 c. l'une, donneront 7740 fr. pour la dépense en main-d'œuvre ; et comme le total des faux frais que l'on vient de trouver diffère peu du dixième de cette somme, on a adopté, pour tous les travaux de maçonnerie, l'évaluation indiquée par M. Gauthey, que les faux frais sont le dixième de la main-d'œuvre (voyez la note 5).

NOTE 5.

Supposons un atelier de cinq manœuvres : c'est le nombre nécessaire pour fournir le mortier aux vingt maçons que l'on a pris pour exemple (note 4), tant pour la fabrication du mortier que pour le coulage de la chaux. Le tableau suivant indique les outils qui seront nécessaires à cinq manœuvres.

DÉSIGNATION des OBJETS.	PRIX D'UN.	VALEUR TOTALE.	DURÉE.	DÉPENSE annuelle.	OBSERVATIONS.
	fr. c.	fr. c.		fr. c.	
2 bassins à couler. .	25 00	50 00	6 ans.	8 33	
6 conduits en bois..	8 00	18 00	8	6 00	
4 bassins à mortier.	4 00	16 00	2	8 00	
4 rabots emmanchés	7 50	30 00	2	17 00	Y compris 2 fr. pour manches.
2 idem en bois. ...	1 50	3 00	2	1 50	
3 pelles rondes	3 50	10 50	2	5 25	
2 dames ferrées pour le ciment.......	4 00	8 00	10	1 00	Y compris le rechange des manches.
1 crible pour le sable	9 00	9 00	3	3 00	
1 pompe portative..	60 00	60 00	10	9 00	Y compris l'entretien.
4 seaux..........	4 50	18 00	3	6 00	
4 civières.	3 00	12 00	3	4 00	
3 grandes brouettes.	6 00	18 00	4	6 00	Y compris les réparations.
4 mesures........	3 00	12 00	8	1 50	
1 baraque.........	140 00	140 00	4	45 00	Tous frais compris.
TOTAUX..	....	434 50		121 58	

Les faux frais se composeront donc annuellement :

1° De l'intérêt de la somme de 434 fr. 50 c., ci. . . . . Fr. 21,72

2° De la dépense annuelle pour l'entretien et la consommation des
outils, conformément à l'état ci-dessus. 121,50

Total des faux frais. . . 143,30

Les cinq manœuvres, travaillant pendant 180 jours, produiront 900 journées, qui, à 1 fr. 50 c. l'une, donneront 1350 fr. pour la dépense en main-d'œuvre : la somme que l'on a trouvée pour les faux frais différant peu du dixième de cette main-d'œuvre, on a adopté ce dernier rapport, qui pourra dès lors s'appliquer à tous les ouvrages de maçonnerie.

NOTE 6.

Les faux frais pour les tailleurs de pierres comprennent les frais d'outils et les frais d'appareilleurs. Les premiers sont très-variables, d'après la nature de la pierre. On donnera quelques exemples de leur analyse.

Supposons un atelier de dix tailleurs de pierres : quelle que soit la nature de la pierre, il leur faudra, indépendamment des outils à tailler proprement dits, les objets indiqués dans le tableau suivant.

DÉSIGNATION des OBJETS.	PRIX D'UN.	VALEUR TOTALE.	DURÉE	DÉPENSE annuelle.	OBSERVATIONS.
	fr. c.	fr. c.		fr. c.	
4 rouleaux frettés..	4 00	16 00	»	6 00	Le bois dure 2 ans et le fer 7 ans.
4 fortes pinces....	12 00	48 00	30 ans.	2 80	Y compris 4 rapointages, à 30 c.
8 petites pinces...	2 00	16 00	7	4 70	Y compris 8 rapointages, à 30 c.
2 crics à pattes...	90 00	180 00	20	9 00	
10 équerres........	7 00	70 00	30	2 50	
10 règles..........	0 40	4 00	4	1 00	
Totaux...	....	331 00	....	26 00	

Considérons maintenant chaque cas en particulier. Il faudra, pour dix tailleurs de pierre tendre, les outils dont le détail suit.

DÉSIGNATION des OBJETS.	PRIX D'UN	VALEUR TOTALE.	DURÉE.	DÉPENSE annuelle.	OBSERVATIONS.
	fr. c.	fr. c.		fr. c.	fr. c.
Objets compris dans le premier tableau..........	»	331 00	,	26 00	
10 marteaux.............	5 00	50 00	20 ans	9 70	Consommation....... 2 50 2 rechargements, à 3 fr. 6 00 4 manches, à 30 c.... 1 20
10 taillants............	8 00	80 00	20	105 50	Consommation....... 4 00 450 rapointages, à 20 c. 90 00 2 1/2 rechargem., à 4 fr. 10 00 5 manches, à 30 c... 1 50
20 ciseaux, dits d'un pouce et au-dessous.......	1 20	24 00	10	33 20	Consommation....... 2 40 1000 rapointages, à 2 c. 20 00 10 rechargem., à 60 c.. 6 00 Casse et perte, 4 ciseaux. 4 80
20 ciseaux larges, dits de 2 a 3 pouces............	2 50	50 00	15	63 33	Consommation....... 3 33 10 rechargem., à 1 fr. 50 15 00 900 rapointages à 5 c.. 45 00
10 maillets.............	1 80	18 00	1	18 00	
TOTAUX......	....	556 00	....	255 73	

Les frais d'outils se composeront donc annuellement :

1° De l'intérêt de la somme de 556 fr., ci. . . . . Fr. 27,80

2° De la dépense annuelle pour l'entretien et la consommation des outils, conformément à l'état ci-dessus. 255,73

Total des frais d'outils. . . 283,53

Répartissant cette somme sur les 1800 journées produites par les dix tailleurs de pierres, on aura pour les frais d'outils d'une journée. . . . . Fr. 0,158

A quoi il faut ajouter les frais d'appareilleur. Or, en supposant, pour terme moyen, qu'un appareilleur, payé 3 fr. 50 c. par journée, doit suffire à quinze tailleurs de pierres, on aura pour chaque journée de tailleur de pierres.. 0,233

Total des faux frais. . 0,391

Ainsi, l'on aura pour le détail de l'article 30 :

Prix élémentaire de la journée (art. 29). 3,00

Faux frais, portés à 40 c., ci. 0,40

Total, somme pareille. . . 3,40

Considérons maintenant un atelier composé de dix tailleurs de pierre dure (roche), il leur faudra les outils portés dans le tableau ci-dessous.

DÉSIGNATION des OBJETS.	PRIX D'UN.	VALEUR TOTALE.	DURÉE.	DÉPENSE annuelle.	OBSERVATIONS.
	fr. c.	fr. c.		fr. c.	
Objets compris dans le premier tableau............	»	334 00	»	26 00	fr. c.
10 marteaux.............	5 00	50 00	20 ans	9 70	Consommation........... 2 50 2 rechargements, à 3 fr.. 6 00 4 manches, à 30 c....... 1 20
10 taillants.............	8 00	80 00	20	205 50	Consommation........... 4 00 900 rapointages, à 20 c...180 00 5 rechargements, à 4 fr... 20 00 5 manches, à 30 c....... 1 50
20 ciseaux d'un pouce et au-dessous.........	1 20	21 00	8	59 20	Consommation........... 3 00 2000 rapointages, à 2 c... 40 00 15 rechargements, à 60 c.. 9 00 Casse et perte, 6 ciseaux. . 7 20
20 ciseaux larges de 2 à 3 pouces.............	2 50	50 00	10	117 50	Consommation........... 5 00 1800 rapointages, à 5 c... 90 00 15 rechargem., à 1 fr. 50 c. 22 50
20 tranches...........	6 00	120 00	15	126 00	Consommation........... 8 00 1800 rapointages, à 5 c... 90 00 10 rechargem., à 2 fr. 50 c. 25 00 10 manches, à 30 c....... 3 00
20 poinçons.............	1 20	21 00	8	59 20	Comme les petits ciseaux.
20 maillets.............	1 80	36 00	1	36 00	
TOTAUX...	....	718 00	....	639 10	

Les frais d'outils se composeront donc annuellement :

1° De l'intérêt de la somme de 718 fr., ci. . . . . Fr. 35,90

2° De la dépense annuelle pour l'entretien et la consommation. . .   639,10

Total des frais d'outils. . .   675,00

Cette somme, répartie sur 1800 journées, donne pour chacune. . .   0,375

Les frais d'appareilleur, comme à l'art. 30.   0,233

Total des faux frais. . .   0,608

On aura donc pour le détail de l'article 31 :

Prix élémentaire de la journée (art. 29).   3,00

Faux frais   0,60

Total, somme pareille. . .   3,60

Analysons enfin les frais d'outils pour dix tailleurs de grès. On a pris pour exemple le résultat d'expériences faites à Lille sur des grès d'une très-grande dureté. En supposant toujours dix ouvriers, il leur faudra les outils dont le détail suit :

DÉSIGNATION des OBJETS.	PRIX D'UN.	VALEUR TOTALE.	DURÉE.	DÉPENSE annuelle.	OBSERVATIONS.
	fr. c.	fr. c.		fr. c.	
Objets compris dans le premier tableau.	»	331 00	»	26 00	
30 gros marteaux	12 00	360 00	2 ans	1953 00	fr. c. Consommation........ 180 00 6000 rapointages, à 25 c. 1500 00 45 rechargements, à 6 fr. 270 00 10 manches, à 30 c. 3 00
20 béquoirs.	8 00	160 00	2	518 00	Consommation........ 80 00 3000 rapointages, à 25 c. 375 00 20 rechargements, à 3 fr. 60 00 10 manches, à 30 c.... 3 00
Totaux.	......	851 00	......	2197 00	

Les frais d'outils se composeront donc annuellement :

1° De l'intérêt de la somme de 854 fr., ci. . . . . .Fr.　42,70

2° De la dépense annuelle pour l'entretien et la consommation. . .　2497,00

Total des frais d'outils. . .　2539,70

Les tailleurs de grès travaillant toute l'année, les dix ouvriers produiront 3000 journées, déduction faite des fêtes et dimanches. On aura donc pour les frais d'outils de chaque journée. . . . . .Fr.　0,847

Les frais d'appareilleur, comme à l'art. 30. . . . .　0,233

Total des faux frais. . .　1,080

On aura donc pour le détail de l'article 32 :

Prix élémentaire de la journée (art. 29).. . . . .　3,00

Faux frais, réduits à.. . . . .　1,00

Total, somme pareille.. . .　4,00

NOTE 7.

Les faux frais des ouvrages de charpente comprennent :

1° La fourniture et l'entretien de tous les équipages et outils;

2° La paye du gâcheur ou maître-charpentier, qui choisit et trace les pièces de bois, et règle le travail des autres ouvriers ;

3° Les frais de chantier, c'est-à-dire, le loyer et l'entretien des hangars et terrains nécessaires pour le travail des charpentiers et l'entretien des bois.

Pour déterminer les frais d'outils et équipages, on a supposé un atelier composé de douze charpentiers travaillant pendant 300 jours de l'année. Le tableau suivant fait connaître les outils et équipages qui seront nécessaires à ces ouvriers, ainsi que leur valeur, leur durée et la dépense annuelle qui résulte de leur entretien et de leur consommation.

DÉSIGNATION des OBJETS.	PRIX D'UN.	VALEUR TOTALE.	DURÉE.	DÉPENSE annuelle.	OBSERVATIONS.
	fr. c.	fr. c.		fr. c.	
Haches de charpentier.....	»	»	»	»	Ces objets sont portés ici pour mémoire ; ce sont les ouvriers eux-mêmes qui les fournissent.
Besaiguës..............	»	»	»	»	
Compas de fer..........	»	»	»	»	
1 cric à patte..........	96 00	96 00	25 ans	3 81	
1 cric d'assemblage......	72 00	72 00	25	2 88	
1 cric moyen...........	72 00	72 00	25	2 88	
2 moutons à bras........	23 60	47 20	20	4 36	Y compris 2 fr. pour 2 leviers.
10 chevalets de charpentier.	3 00	30 00	15	2 00	
6 passe-partout..........	9 00	54 00	4	28 70	Y compris 15 fr. 20 c, pour limes.
2 grandes scies à deux mains	10 00	20 00	6	5 33	Y compris 2 fr. pour limes.
4 scies ordinaires { fer..... 1 50 / monture. 2 50	4 00	16 00	2 / 5	7 40	Y compris les limes, 2 fr. 40 c.
2 scies chantournées.....	4 00	8 00	fer... 4 / mont. 10	1 85	Idem.
2 haches à main.........	6 00	12 00	10	2 00	Y compris les rechargements.
4 épaules de mouton.....	15 00	60 00	30	6 00	Idem.
4 varlopes.	6 00	21 00	10	5 20	Y compris la consommation des fers.
4 rabots.	2 00	8 00	4	4 40	Idem.
4 riflards..............	2 00	8 00	4	4 40	Idem.
2 rabots à feuillure......	3 00	6 00	10	2 60	Idem.
2 guillaumes............	2 00	4 00	10	1 40	Idem.
18 tarières assorties.......	3 00	54 00	15	8 64	Y compris l'entretien.
2 masses de fer..........	6 00	12 00	30	1 32	Y compris les manches.
A reporter........	......	603 60	....	95 20	

DÉSIGNATION des OBJETS.	PRIX D'UN.	VALEUR TOTALE.	DURÉE.	DÉPENSE annuelle.	OBSERVATIONS.
	fr. c.	fr. c.		fr. c.	
Report.......	......	603 60	....	95 20	
12 marteaux.............	1 50	18 00	8 ans.	5 60	Y compris l'entretien.
12 ciseaux à tête ronde....	1 20	14 40	6	7 20	Y compris 8 rechargements, à 60 cent.
6 ciseaux à tête en bois..	1 20	7 20	6	1 80	Y compris l'entretien.
4 becs-d'âne...........	1 25	5 00	12	0 80	Idem.
6 gouges..............	1 00	6 00	12	1 00	Idem.
6 tricoises.............	4 00	24 00	20	2 40	Idem.
6 équerres en fer........	4 50	27 00	30	0 90	
Règles, équerres, niveau, etc.	»	40 00	5	8 00	
2 kilogr. de cordon à tracer	2 00	4 00	1	4 00	
2 boîtes au noir.........	1 00	2 00	4	0 50	
2 tourne-à-gauche.......	1 80	3 60	10	0 36	
1 meule à aiguiser.......	10 00	10 00	20	1 30	Idem.
100 kilog. de cordages divers	1 50	150 00	4	37 50	
30 kilogr. de chaînes.....	2 00	60 00	30	3 00	Y compris les réparations.
1 scie à recéper les pilots.	12 00	12 00	10	1 20	
3 établis de menuisier....	15 00	45 00	20	6 00	Y compris l'entretien.
3 valets................	7 00	21 00	30	0 70	
100 crampons.	0 60	60 00	4	15 00	
1 cabestan.............	18 00	18 00	20	0 90	
2 grosses pinces.........	12 00	24 00	30	0 80	
2 pinces moyennes.......	6 00	12 00	30	0 40	
6 rouleaux frettés........	3 00	18 00	10	1 80	
1 charrette à main.......	60 00	60 00	12	8 00	Idem.
20 leviers de bois........	0 50	10 00	10	1 00	
2 paires de moufles......	15 00	30 00	»	4 30	
1 chèvre à 3 pieds.......	20 00	20 00	20	1 00	
12 maillets.............	0 75	9 00	2	4 50	
4 dévidoirs en fer........	1 00	4 00	4	1 00	
6 boîtes à clous.........	0 50	3 00	3	1 00	
TOTAUX.........	....	1320 40	....	217 16	

Les frais d'outils se composeront donc :

1° De l'intérêt annuel de la somme de 1320 fr. 40 c., ci. Fr. 66,02 ⎫
2° De l'entretien et de la consommation, ci. . . . . . . 217,16 ⎬ Fr. 283,18

Cette somme de 283 fr. 18 c. est à peu près le trente-quatrième de la main-d'œuvre de douze charpentiers, en supposant qu'ils travaillent 300 journées dans l'année. Ce résultat se trouve confirmé par de nombreux renseignements pris dans les grands ateliers de charpente de Paris.

La paye de gâcheur ou maître charpentier occasionne en faux frais :

1° Le temps perdu en courses, surveillance, etc., et qu'on peut évaluer à 40 journées de maître charpentier, à 4 fr. . . Fr. 160,00 ⎫

2° L'excédant de la journée du gâcheur sur celle de compagnon charpentier, sur 260 journées à 1 fr. 30 c. l'une. . . . . 338,00 ⎬ 498,00

Loyer de chantier, hangars, etc., évalué. 200,00

Total des faux frais. . 981,18

Répartissant cette somme sur les 3600 journées produites dans un an par les 12 charpentiers, on trouve que les faux frais sont pour chacune d'elles de 0^r,272; ce qui est dixième du prix élémentaire de la journée.

NOTE 8.

Pour déterminer les faux frais, supposons un atelier composé de huit menuisiers y compris un maître, travaillant pendant toute l'année, ce qui fait pour chacun 300 journées, déduction des fêtes et dimanches : il en résulte 2400 journées, qui, à raison de 3 fr. 12 c. l'une, font une dépense de 7488 fr.

On porte ici 3 fr. 12 c. par journée de menuisier, parce que l'usage a fixé à douze heures de travail effectif la journée d'un menuisier, tandis que la journée du bordereau, à 2 fr. 60 c., n'est que de dix heures de travail. En comptant le temps par heure, comme on l'a fait dans l'analyse, cette différence n'a aucune influence sur le prix de la main-d'œuvre.

Les faux frais se composent de :

1° La location d'un chantier et de magasins, estimée. . . . . Fr. 150,00
2° Prix de la patente (supposons une commune de 20 à 30 mille âmes). 16,00
3° Frais de transport de l'ouvrage de l'atelier à l'œuvre, estimés. . . 150,00
4° 49 kilogrammes de chandelles pour éclairer les ouvriers en hiver, à 2 fr. 80,00
5° Frais d'outils, estimés 12 fr. par ouvrier pour l'année. 96,00
6° Temps perdu par le maître en courses, surveillance, etc., et qu'on

A reporter. . . 492,00

Report. . . .   492,00

peut évaluer à 40 journées, à 3 fr. 75 c. l'une.   150,00

7° 260 journées de maître, qui, dans l'Analyse, seront comptées comme journées de compagnon, et dont il faut payer la différence à raison de 0^f,62 par journée, ci.   163,80

8° Bénéfice du maître sur la journée de chaque ouvrier. On l'estime au dixième, c'est-à-dire 0^f,312 ; mais il faut considérer ici que l'entrepreneur, pour ces sortes de travaux, n'est, le plus souvent, chargé d'aucun soin ni surveillance, et se borne à solder le compte du maître ouvrier lorsque l'ouvrage a été reçu. Il ne serait donc pas juste qu'il eût sur cet objet le même bénéfice que sur les travaux qu'il exécute immédiatement : ainsi, en supposant, terme moyen, que le résultat de l'adjudication lui porte un bénéfice de 10 pour cent, et que ce bénéfice soit partagé entre lui et le maître ouvrier, il suffira d'ajouter, pour ce dernier, 5 pour cent à toutes ses dépenses, pour qu'il ait les 10 pour cent de bénéfice qu'il est d'usage de lui allouer. On aura donc, pour les 2100 journées de 7 compagnons, à raison de 0^f,16 l'une.   336,00

Total des faux frais. . . .   1141,80

Cette somme étant à peu près la sixième partie de 7488 fr., prix des 2400 journées produites par les huit ouvriers, on peut fixer les faux frais pour tous les travaux de menuiserie au sixième de la main-d'œuvre. C'est le résultat donné par Morizot, et que l'Analyse de Strasbourg fournit également, en le déduisant d'éléments qui se rapprochent beaucoup de ceux que l'on vient d'indiquer.

NOTE 9.

Comme les scieurs de long, charrons et tourneurs seront presque toujours employés en fournissant eux-mêmes leurs outils, on s'est dispensé d'analyser les faux frais, et on les a supposés compris dans le prix des journées.

On peut généralement évaluer ces faux frais au dixième de la main-d'œuvre, tout compris.

NOTE 10.

La journée de forgeron, serrurier ou taillandier, est presque toujours de douze heures de travail effectif. Ainsi, il faut ajouter un cinquième au prix de la journée de dix heures, ce qui donne 2 fr. 70 c. pour celui de la journée de douze heures. Pour déterminer maintenant la valeur des faux frais, on supposera que le maître ouvrier ait quatre compagnons, et l'on calculera ses dépenses dans cette hypothèse. Elles se composent annuellement :

1° Du loyer de la boutique et du magasin, évalué.. . . . . Fr. 100,00

Report. . . .   100,00

2° Des frais d'outils : ceux nécessaires à cinq ouvriers peuvent être estimés à 1500 fr., dont l'intérêt annuel sera 75 fr.; joignant à cette somme 100 fr. pour l'entretien, la réparation et les remplacements des outils, ainsi que pour la fourniture des chandelles, on aura pour lesdits frais.   175,00

3° De la patente (en supposant une commune de 20 à 30 mille âmes), ci..   20,00

4° Du temps que le maître ouvrier perdra en courses, surveillance, etc., et qu'on ne peut pas estimer au-dessous de 40 journées, à 3 fr. 75 c.   150,00

5° De 240 journées de maître, qui ne seront comptées dans les détails que comme journées de compagnon, c'est-à-dire à 2 fr. 70 c., quoique le maître doive recevoir 3 fr. 75 c. Il faut donc comprendre la différence dans les faux frais, ce qui produit, à raison de 1 fr. 5 c. par journée, ci.   252,00

6° Du bénéfice du maître sur la journée de chaque ouvrier, qui doit être évaluée à 5 pour cent, d'après ce qui a été dit au détail de l'art. 49. On aura donc, pour les 1200 journées des quatre compagnons, à raison de 0f,135 l'une..   162,00

Total des faux frais.   859,00

Cette somme étant à peu près les dix quarante-septièmes de 4050 fr., prix des 1500 journées produites par les cinq ouvriers, on fixera les faux frais pour tous les travaux de ferrerie aux 10/47 de la main-d'œuvre.

Morizot et Rondelet ne portent ces faux frais qu'au cinquième ; mais il faut faire attention que dans les détails d'analyse donnés par ces deux auteurs, on compte des journées de maître ouvrier et des journées de compagnon, tandis que l'on comprend ici l'excédant de prix des premières dans les faux frais, et qu'on ne considère plus alors qu'une seule espèce d'ouvriers.

NOTE 11.

Un charretier payé à l'année 600 francs coûtera par jour de travail, en admettant qu'il chômera 65 jours pour les fêtes, dimanches, etc., 2 francs. C'est un prix moyen qui a été porté au bordereau. Mais, dans l'analyse des journées de voiture, on a supposé que les charretiers seraient payés en raison du nombre de chevaux qu'ils auraient à conduire, et selon le détail qui suit :

Journée de conducteur d'une voiture à un collier. . . . . Fr. 1,75
Idem.   à deux colliers..   2,00
Idem.   à trois colliers..   2,25

C'est de ces trois prix que l'on a conclu le prix moyen.

NOTE 12.

Un cheval de voiture coûtera, prix moyen. . . . . Fr. 400,00
Un harnais à la française. (**V.** Gassendi.).   65,00

Total. . .   465,00

La durée moyenne de l'un et de l'autre peut être évaluée à huit ans.

Ou aura donc pour la dépense qu'occasionne un cheval pendant un an, savoir :

1° L'intérêt annuel de 465 francs, ci. . . . . Fr.   23,25

2° La consommation pendant le même temps (1/8 de 465 fr.). . . .   58,12

3° La nourriture du cheval : elle se compose ordinairement de 1825 kilogrammes de foin (5 kilogrammes par jour), à 50 francs les mille kilogrammes.. Fr.   91,25

2920 kilog. de paille (8 kilogr. par jour), à 50 fr. les mille kilogrammes..   146,00   409,75

345 décalitres d'avoine (9 1/2 litres par jour), à 50 centimes le décalitre..   172,50

4° Le ferrage.   36,00

5° Loyer d'écurie et de magasin à fourrage (par cheval)..   20,00

6° Entretien des harnais.   10,00

7° Artiste vétérinaire.   6,00

Total de la dépense annuelle. .   563,12

On compensera les petits frais imprévus par le produit du fumier. On n'a pas porté en compte les frais de pansement, parce que ce sont les charretiers qui soignent les chevaux.

En supposant maintenant, pour tenir compte des maladies et autres accidents, que le cheval ne travaillera que 250 jours dans l'année, on aura, pour le prix de la journée d'un cheval harnaché, 2 fr. 25 c.

On adoptera le même prix pour les chevaux de devant que pour ceux de limon, quoique, dans ce dernier cas, le harnais soit plus cher ; mais comme on a pris pour base le prix des harnais de l'artillerie, qui sont ordinairement fournis par entreprise, ces prix se trouveront peut-être trop faibles pour des fournitures peu considérables. Le résultat que l'on présente établit la compensation.

NOTE 13.

Cette voiture, dont les dimensions sont : longueur du coffre 1^m,00, largeur moyenne 0^m,80, hauteur des bords 0^m,50, coûtera, savoir :

Bois. . . . . Fr.   60

Façon.   60

Ferrements..   150

270 (Analyse de Strasbourg.)

Sa durée moyenne est de cinq ans. On aura donc pour la dépense annuelle :

1° L'intérêt annuel de 270 fr., ci. . . . . Fr. 13,50

2° La consommation pendant le même temps, 1/5 de 270 fr., ci. . . 54,00

3° L'entretien évalué 1/20 du prix de la voiture (Gassendi.). 13,50

4° Le graissage des roues, à raison d'un kilogramme de graisse par essieu pour 25 jours, et en supposant autant d'essieux en bois que d'essieux en fer ; ce qui fait, pour 250 jours, 10 kilogrammes de graisse, à 1 fr. 50 c. l'un.. 15,00

Total. . .   96,00

Répartissant cette somme sur 250 journées de travail, on aura pour chacune. 0,38

NOTE 14.

Cette voiture, dont les dimensions sont : longueur du coffre $1^m,40$, largeur moyenne $1^m,00$, hauteur des bords $0^m,70$, coûtera, savoir :

    Bois.. . . . . Fr.   75,00

    Façon.   75,00

    Ferrements.   170,00

Total.   320,00

On en conclura, comme à l'art. 71, que la dépense annuelle est de 111 fr., et la dépense journalière du tombereau. . . . . Fr. 0,45

NOTE 15.

Cette voiture, dont les dimensions sont : longueur du coffre $1^m,50$, largeur moyenne $1^m,20$, hauteur des bords $0^m,80$, coûtera, savoir :

    Bois. Fr.   90,00

    Façon.   90,00

    Ferrements.   185,00

Total.   365,00

Et en faisant le même calcul que ci-dessus, on trouvera pour la dépense annuelle du tombereau 124 fr. 50 c., et pour un jour, ci. . . . . Fr. 0,50

NOTE 16.

Cette voiture coutera 500 fr. ; la dépense annuelle se composera de :

    1° L'intérêt de cette somme pendant un an, ci. . Fr.   25,00

    2° La consommation pendant le même temps,

        1/5 de 500 fr.   100,00

A reporter. . . .   125,000

Report. . . .	125,00
3° L'entretien, 1/20 de la valeur, ci.	25,00
4° Le graissage, 20 kilogrammes de graisse, à 1 fr. 50.	30,00
Total. . .	180,00

Répartissant cette somme sur 250 journées de travail, on aura pour chacune. . . . . Fr. 0,70

NOTE 17.

Le maréchal de Vauban avait fixé le travail d'un terrassier, dans un terrain ordinaire, à l'excavation de 2 toises cubes ($14^{m.c.},808$) par jour. Ce résultat était la moyenne d'un très-grand nombre d'expériences faites par des ateliers composés, non pas seulement de terrassiers de profession, pour lesquels il serait trop faible, mais encore de manœuvres ordinaires, auxquels on est toujours obligé d'avoir recours, soit pour les travaux d'entretien, soit pour les grands travaux de terrasse, où ils entrent nécessairement dans la composition des ateliers.

On peut déduire le même résultat des expériences de M. Anselin (*Expériences sur la main-d'œuvre*, page 3). Il cite cinq expériences de fouille et chargement de diverses espèces de terre dans des brouettes; mais, dans le cas présent, on ne doit considérer que le chargement, puisque, lorsque la terre n'est qu'à un homme à la fouille, les deux opérations de la fouille et du chargement se font simultanément. Or, ces cinq expériences donnent, pour la durée moyenne du chargement d'un mètre cube, $0^h,672$; d'où l'on conclut qu'en 10 heures de travail, un homme fouille et charge $14^{m.c.},880$, ce qui est le résultat même de Vauban, lequel a d'ailleurs été confirmé par de nouvelles expériences faites dans un grand nombre de places. D'autres expériences prouveraient que ce résultat est un peu faible : on citera particulièrement les observations faites par M. le capitaine Vaillant, sur un travail qui est en quelque sorte en activité perpétuelle sur le canal de Saint-Quentin.

Un dépôt de la houille apportée de Flandre par des bateaux naviguant sur le canal est établi à l'extrémité de sa partie souterraine du côté de la ville. Cette houille est concassée en morceaux assez petits pour pouvoir être mesurée à l'hectolitre : le plus souvent même, elle est broyée de manière à ressembler à de la terre ou à du sable fin. Elle est chargée dans le bateau même, sur des brouettes, et transportée à 12 relais par 12 ouvriers auxquels suffit un seul chargeur. Ces 13 ouvriers, parmi lesquels il se trouve plusieurs femmes, reçoivent de l'entrepreneur 1 fr. 25 c. par mètre cube, et conviennent qu'à ce prix ils gagnent de 1 fr. 50 c. à 2 fr. par jour; il en résulte que, lorsqu'ils gagnent 1 fr. 50 c., le chargeur a fouillé $15^{m.c.},600$, et que, lorsqu'ils gagnent 2 fr., le chargeur a déblayé jusqu'à $20^{m.c.},800$. Le résultat moyen serait donc $18^{m.c.},200$; mais pour en conclure quelque chose de positif relativement à l'évaluation de la fouille, il faudrait avoir observé la durée journalière du travail; il était également important de savoir si le chargement des brouettes se faisait constamment par le même ouvrier. Quoi qu'il en soit, cette expérience prouve que le résultat que l'on admet est plutôt faible que fort.

Des expériences en grand, faites à Anvers, avaient déterminé à porter, dans l'analyse de cette place, à 16 mètres cubes le travail d'excavation dans un terrain ordinaire pendant une journée, et prouvent également que l'évaluation adoptée est un peu faible; mais il convient, dans une analyse, de se tenir plutôt un peu au-dessous qu'au-dessus des résultats *minima*.

NOTE 18.

Le résultat que l'on a adopté est donné par plusieurs analyses particulières (Saint-Omer, 1817; Montmédy, 1822, etc.), mais sans aucun détail. M. le capitaine du génie Nadaud, qui a fait de nombreuses expériences sur les mouvements de terre, a trouvé les résultats suivants, qui confirment parfaitement la supposition que l'on a faite.

Un terrassier qui fouille et charge dans une journée 15 mètres cubes de terre meuble ou ordinaire sur une brouette, fouille et charge dans le même temps, savoir :

Sur un camion. . . . . $\left\{\begin{array}{l}\text{Terre meuble.} \quad 12^{\text{m·c·}},600 \\ \text{Terre ordinaire.} \quad 11^{\text{m·c·}},840\end{array}\right\}$ Moyenne. $12^{\text{m c·}},220$

Sur un tombereau à un cheval. $\left\{\begin{array}{l}\text{Terre meuble.} \quad 11^{\text{m·c·}},880 \\ \text{Terre ordinaire.} \quad 11^{\text{m·c·}},770\end{array}\right\}$ Moyenne. $11^{\text{m·c·}},825$

Sur un tombereau à 3 chevaux. $\left\{\begin{array}{l}\text{Terre meuble.} \quad 12^{\text{m·c·}},230 \\ \text{Terre ordinaire.} \quad 12^{\text{m·c·}},070\end{array}\right\}$ Moyenne. $12^{\text{m·c·}},150$

La moyenne de ces trois résultats est de $12^{\text{m·c·}},065$.

L'espèce d'anomalie que présente l'expérience sur les tombereaux à trois chevaux provient sans doute de ce que, dans ce cas, il y avait deux hommes à la charge, ce qui semblerait indiquer que deux terrassiers, travaillant de concert à la même tâche, font chacun plus d'ouvrage que s'ils étaient employés séparément. C'est un résultat que l'on a été souvent à même d'observer dans les travaux de toute nature.

NOTE 19.

Dans le cas où l'extraction du roc se fait par le moyen de la mine, il arrive presque toujours que le chargement sur des brouettes ou autrement se fait par des manœuvres à la journée, attendu que ce travail ne peut pas s'opérer avec la même régularité que dans un déblai de terre ordinaire. C'est pourquoi l'on a supposé que le chargement serait exécuté par des manœuvres, et l'on a évalué sa durée d'après des expériences qui ont présenté les résultats suivants :

	TEMPS DU CHARGEMENT PAR MÈTRE CUBE.	
	Sur des brouettes, etc.	Sur des tombereaux, etc.
Roc vif schisteux..............	$1^h,04$	$1^h,31$
Roc vif granitique.............	$1^h,00$	$1^h,25$
	$2^h,04$	$2^h,56$
Moyennes	$1^h,02$	$1^h,28$

Ces résultats sont conformes à ceux que l'on a adoptés.

NOTE **20**.

Les mouvements de terre devant toujours se faire avec la plus grande économie de temps possible, il faut organiser le roulage de manière que le chargeur et les rouleurs travaillent simultanément et sans interruption. On divise, en conséquence, le chemin que doit suivre le déblai en parties égales appelées *relais*, et le relais est la distance à laquelle un rouleur conduit une brouette chargée, et d'où il en ramène une vide, pendant le temps que le pelleur met à remplir une autre brouette de même capacité. Sa longueur doit donc dépendre de la charge de la brouette et de la vitesse du rouleur; et, dans la pratique, il sera constamment établi par les ouvriers d'après cette double considération. Mais pour fixer le prix du transport, il a été nécessaire d'adopter, tant pour la charge de la brouette que pour la vitesse du rouleur, une évaluation constante qui fût la moyenne d'un grand nombre d'expériences. Cette moyenne est, pour la charge de la brouette $0^{m.c.},0333$ de terre (à raison de 30 brouettées pour un mètre cube), pesant environ 60 kilogrammes, prenant pour poids moyen d'un mètre cube 1821 kilogrammes (voyez la note 5 sur le devis); et pour la distance à laquelle le rouleur pourra la conduire, 13500 mètres; ce qui, avec le retour à vide, donne 27000 mètres (près de sept lieues de 2000^t), pour un chemin parcouru par le rouleur en dix heures de travail et sur un terrain horizontal. Mais il faut au pelleur $0^h,0222$ pour charger la brouette de $0^{m.c.},0333$; ce sera donc la moitié du chemin parcouru pendant ce temps qui donnera la longueur du relais; on la trouve de 30 mètres.

La vitesse que l'on a adoptée est peut-être un peu faible, car on évalue quelquefois le chemin parcouru par un rouleur à plus de 28000 mètres, dont moitié à charge et moitié à vide ; mais on compense par là les retards accidentels occasionnés dans la marche du rouleur par mille causes fréquentes et inévitables.

Si la vitesse était supposée constante, quelle que fût la charge de la brouette, on trouverait qu'en faisant varier cette charge, la longueur du relais devrait varier proportionnellement, et dès lors le prix définitif du transport ne changerait pas. Le seul avantage qu'auraient donc les ouvriers à allonger le relais serait d'éviter les pertes de temps occasionnées par l'échange des brouettes à l'origine du roulage, par le versement des terres au remblai, et aussi par l'échange des brouettes à la rencontre des relais; mais cette dernière cause de retard est presque insensible, lorsque les ouvriers ont quelque habitude du travail. Quant à l'entrepreneur, l'allongement du relais a pour lui l'avantage de diminuer le nombre des brouettes employées, et par suite la consommation de ces brouettes; mais il est indifférent aux intérêts du gouvernement que la capacité de la brouette ou la longueur du relais soit plus ou moins grande, puisque le prix du transport sera évidemment proportionné au temps employé, et, par conséquent, à la capacité de la brouette ou à la longueur du relais qui en dépend.

On a supposé que la vitesse du rouleur était constante, quelle que fût la charge de la brouette : cette assertion n'est pas exacte, et l'expérience prouve, au contraire, que plus la brouette est chargée, plus la vitesse du rouleur diminue ; il faudrait donc diminuer aussi la longueur du relais dans le même rapport. Mais comme le résultat moyen que l'on a adopté ne donne, pour le poids à transporter, que 60 kilogrammes, tandis que l'on a trouvé (note 5 sur le devis) qu'il pouvait s'élever à son *maximum* jusqu'à 74 kilogrammes, et que, dans le cas de la terre commune pesant à peu près 1500 kilogrammes le mètre cube, le rouleur portant $0^{m.c.},0333$ n'est chargé que de 50 kilogrammes, il s'ensuit que l'on peut regarder la vitesse qu'on a employée comme constante dans les limites qui comprennent tous les cas qui pourront se présenter dans le transport des terres à la brouette.

Lorsque le chemin du roulage monte, il est évident que le rouleur doit avoir une marche plus lente ; il est donc nécessaire que, dans ce cas, le relais soit modifié. On a remarqué qu'une rampe ayant pour base douze fois sa hauteur était à peu près ce qu'il y avait de plus convenable pour qu'un homme de force moyenne puisse fournir un travail soutenu avec la plus grande économie de temps. Si la rampe est sensiblement plus roide, il faudra diminuer la charge de la brouette, ou bien fournir au rouleur un aide qui tire à lui la brouette ; et, dans ce dernier cas, le produit du travail ne répondra pas au doublement de la dépense. Si la rampe était plus douce que le douzième, cela serait sans inconvénient dans le cas où le rouleur marcherait directement vers son but et sur le terrain naturel ; mais s'il fallait construire la rampe, on augmenterait la dépense sans en retirer aucun avantage. Enfin, la rampe plus douce que le douzième, et faisant des détours, est désavantageuse, en ce qu'elle procure une accélération de marche qui ne compense point l'augmentation de l'espace à parcourir.

L'expérience a prouvé que le rouleur montant sur une rampe au douzième ne faisait plus que les deux tiers du chemin qu'il parcourait pendant le même temps sur un terrain horizontal. La longueur du relais sur une pente au douzième doit donc être réduite à 20 mètres mesurés horizontalement, ce qui répond à une différence de niveau de 1^m,666, que l'usage a réduit en nombre rond à 1^m,60.

L'observation faite au canal de Saint-Quentin, et citée dans la note 17, confirme ce que l'on vient de dire. Il y avait douze relais, dont deux en terrain horital et dix sur une rampe pratiquée dans le talus du canal. Les deux relais horizontaux formaient effectivement une longueur de 60 mètres; les dix relais en rampe présentaient un développement de 200 mètres environ, et la différence de niveau était de 15^m,40. Or ce travail étant ainsi disposé depuis plusieurs années, et marchant avec régularité, est une nouvelle preuve de l'exactitude du règlement adopté pour les relais.

Il existe peu d'expériences sur le roulage à brouettes sur une rampe descendante. M. le capitaine Nadaud a trouvé, d'après ses propres observations, que le relais sur un terrain horizontal étant parcouru dans un temps représenté par l'unité, il fallait, pour parcourir le même espace,

Sur une rampe au 25e un temps représenté par. 0,84

—   au 14e —   0,72

—   au 10e —   0,60

D'où l'on peut conclure que,

Pour la rampe au 25e la longueur du relais est de.. . . . Mèt. 35,70

—   au 14e —   43,00

—   au 10e —   50,00

Ainsi, en prenant pour terme moyen un relais de 40 mètres, on tiendrait suffisamment compte du surcroît de fatigue qu'éprouve le rouleur pour remonter sa brouette vide. Mais comme, jusqu'à présent, l'usage a été de compter les relais en rampe descendante de même longueur que les relais en plaine, et que ce cas est rare, on pense qu'il est convenable de n'y rien changer, jusqu'à ce que de nouvelles expériences aient démontré la nécessité d'un changement.

NOTE 21.

Pendant les années 1811 et 1812, on employa sur les travaux de terrassement de Flessingue le 9e bataillon de prisonniers de guerre espagnols, et l'on tint un compte exact de la consommation des outils.

Pour l'entretien des brouettes de ce bataillon on paya, savoir:

En 1811.	23 journées de charron, à 4 fr. 14 c. . . . . Fr.	95,22
	28 mètres carrés de planches de bois blanc, à 2 fr. 26 c.	63,28
	15 kilogrammes de clous, à 1 fr. 41 c..	21,15
	187 cercles de roues en fer laminé, prix fait, à 1 fr. .	187,00
En 1812.	31 journées de charron, à 4 fr. 14 c.	128,34
	39 mètres carrés de planches de bois blanc, à 2 fr. 26 c.	88,14
	22 kilogrammes de clous, à 1 fr. 41 c.	31,02
	203 cercles de roues, à 1 fr.	203,00
	Total des frais d'entretien.	817,15

A quoi il faut ajouter pour la consommation :

1° 213 brouettes mises tout à fait hors de service. Ces brouettes, établies dans les villages du pays de Cadzan, étaient payées 6 fr. l'une, ci. 1278,00

2° Sur les brouettes qui rentrèrent en magasin à la fin de 1812, 47 furent jugées avoir perdu la moitié de leur valeur, ci.. 141,00

Ainsi donc, les frais en brouettes furent de. 2236,15

Prenant, pour avoir un terme général de comparaison, la valeur de la brouette pour unité, on peut dire qu'il fut, dans ces deux années, consommé 373 brouettes.

Le travail du bataillon a fourni, en réduisant tous les transports à la distance d'un relais :

En 1811. . . . . . . 370007 mètres cubes transportés à un relais.
En 1812. . . . . . . 364068 *idem.*

      Total. . 734075 *idem.*

Divisant par 373 pour avoir le nombre de mètres cubes transportés à un relais par une brouette, on trouve $1698^{m.c.},029$, que l'on portera en nombre rond à 2000 mètres cubes.

Ce résultat a paru susceptible d'une application générale, parce que, s'il est vrai que la qualité des brouettes influe sur leur durée, elle influe en sens inverse sur les frais d'entretien. Ainsi, lorsque les brouettes sont meilleures, elles coûtent plus cher, mais les frais d'entretien sont moindres; si les brouettes sont d'une qualité inférieure, elles sont à meilleur marché, mais les frais d'entretien augmentent. En cumulant donc le prix d'achat et la dépense pour l'entretien, on a obtenu à peu près la consommation moyenne.

On remarquera aussi que l'application des prix de Flessingue aux frais d'entretien devient indifférente, ou du moins n'ôterait rien à la généralité de l'application, parce que les brouettes ayant été confectionnées dans le pays, on a pu, sans inexactitude, transformer les frais d'entretien en valeur de brouettes, ce qui a fait disparaître l'application de prix particuliers à Flessingue.

NOTE 22.

Le 9ᵉ bataillon de pionniers de guerre espagnols, cité dans la note précédente, se servit constamment de planches de roulage (en bois blanc) pour tous les mouvements de terre auxquels il fut employé, et il en consomma :

En 1811. . . . 8430 mètres courants.
En 1812. . . . 7860 *idem.*

      Total. . . 16290 *idem.*

On a vu que le travail de ce bataillon avait fourni une valeur réduite de 734075 mètres cubes de terre, transportés à un relais: en divisant donc par ce

dernier nombre les 16290 mètres courants de planches consommées, on aura pour la consommation de planches de roulage, par mètre cube de terre transportée à un relais. . . . . $0^m,02219$
que l'on portera à. . . . . $0^m,0222$

NOTE 23.

Le coffre de la brouette dépend de la construction adoptée dans le pays. Celles que l'on a vues le plus généralement employées avaient un coffre dont le fond était un trapèze de $0^m,50$ de hauteur, les deux côtés parallèles ayant $0^m,37$ et $0^m,43$; les bords de ce coffre avaient une hauteur moyenne de $0^m,25$.

Si l'on suppose dans ce coffre de la vase liquide, en ayant égard à l'inclinaison que le rouleur est obligé de donner à sa brouette en marchant, on verra qu'elle ne peut guère en contenir que $0^{m.c.},025$.

NOTE 24.

M. Guenyveau, ingénieur des mines (voyez *Essai sur la science des machines*), ne porte l'effet utile journalier produit par un homme qui transporte des matériaux par le moyen d'une civière qu'à 200 ou 250 kilogrammes transportés à 1000 mètres, tandis qu'il estime cet effet, pour des manœuvres chargés à dos dans des hottes, de 892 à 743 kilogrammes portés à 1000 mètres, la distance du transport étant de 36 à 70 mètres.

La différence qui existe entre ces deux résultats peut faire croire que le premier n'est point appuyé sur des expériences positives; et les données de l'Analyse de Marseille viennent confirmer cette opinion, qui a été aussi émise par M. Navier, dans une note de l'ouvrage de M. Gauthey sur la construction des ponts.

La pesanteur spécifique de la terre étant supposée 1,82, l'effet utile journalier sera pour deux hommes portant de la terre sur une civière :
$(22 \times 1,82 \times 30)$ kilog. $= 1200^k$ à 1000 mètres, et pour un homme 600^k à 1000 mètres.

NOTE 25.

Le transport à dos dans des hottes a lieu quelquefois pour décharger des bateaux de terre ou de sable, et dans d'autres circonstances où il serait difficile d'employer des brouettes ou des civières. Il peut donc être utile d'analyser ce mode de travail. Coulomb a trouvé par le calcul (*Mémoires de l'Institut, sciences physiques et mathématiques*, t. II, page 405) qu'un homme devait porter à dos, étant successivement chargé et non chargé, en parcourant un chemin déterminé, un poids de 61,25 kilogrammes, produisant un effet utile journalier de 692 kilogrammes transportés à 1000 mètres. L'expérience faisait varier ce même résultat de 58 à 65 kilogrammes. On admettra pour moyenne un poids de 60 kilogrammes, correspondant à $0^{m.c.},033$ de terre, en admettant toujours pour la pesanteur spécifique de la terre la quantité moyenne que nous avons trouvée 1,82.

D'après les observations faites à Rive-de-Gier par M. Guenyveau, ingénieur des mines, des hommes très-exercés au genre de travail dont il s'agit, et donnant un effet utile journalier de 743 à 892 kilogrammes transportés à 1000 mètres, ne pourraient pas en soutenir la fatigue pendant huit jours de suite en ne travaillant que de six à huit heures par jour. Il résulte de cette observation et des remarques de Coulomb que, pour des hommes de force moyenne, en réduisant à huit heures la journée de travail lorqu'ils porteront à dos, en leur supposant une vitesse de 2400 mètres par heure, aller et retour, comme aux hommes portant la civière, ils parcourront 10200 mètres dans la journée, et feront, par conséquent, 320 voyages à 30 mètres de distance, ce qui donnera $10^{m.c.},560$ pour le produit de la journée, et 576 kilogrammes transportés à 1000 mètres pour l'effet utile journalier. Et en faisant attention que le transport à dos sera plus souvent appliqué au sable qu'à d'autres espèces de terre, on peut, sans inconvénient, réduire le travail journalier d'un homme transportant des déblais à 30 mètres en plaine ou à 20 mètres en rampe, à 10 mètres cubes. Ce mode de travail se présentera d'ailleurs fort rarement, et le peu d'habitude qu'en auront les ouvriers doit faire estimer leur tâche au-dessous de ce qu'elle devrait être réellement.

NOTE 26.

On a cherché inutilement quelques renseignements sur ce genre de travail, auquel on est quelquefois obligé d'avoir recours. Les analyses qui mentionnent les transports avec des paniers supposent que l'ouvrier parcourt le relais horizontalement, et, dans ce cas, l'emploi des paniers est très-défavorable. Pour suppléer aux données qu'on n'a trouvées nulle part, on a fait faire une expérience qu'il sera bon de répéter avant de la regarder comme concluante.

On a fait disposer trois ouvriers sur des gradins espacés de 1^m60 de hauteur : deux de ces ouvriers étaient de jeunes garçons de 17 ans, et le troisième un vieillard très-faible. Ils se sont passé, de la main à la main, des paniers chargés d'un poids de 20 kilogrammes pendant trois heures consécutives sans se reposer 367 paniers ont été élevés, et les ouvriers ont assuré qu'ils pourraient facilement continuer ce travail pendant toute une journée, ce qui a paru probable.

Les 367 paniers élevés en trois heures équivaudraient à 1223 élevés en dix heures. On a réduit ce nombre à 1000, pour tenir compte des retards inévitables au chargement et au déchargement, et des autres accidents qui peuvent arrêter momentanément le travail.

On remarquera que l'ouvrier qui est sur le gradin supérieur doit décharger le panier, soit sur le terrain, soit dans une brouette ; il y a donc toujours un travailleur de plus que le nombre de relais effectifs ; il est donc nécessaire que le premier relais soit compté double.

On employa beaucoup de paniers pour la construction de la Pyramide de Zeist en l'an XII, et on les renouvelait tous les trois jours. Cet exemple est la seule donnée que l'on ait ; et ce n'est pas une grande autorité, car ces paniers étaient très-peu ménagés par les soldats, qui travaillaient gratuitement. Aussi l'on a porté à quatre jours la durée des paniers.

NOTE 27.

Dans les transports au camion, on doit toujours supposer que le nombre des chargeurs est déterminé de telle manière qu'il n'y ait jamais de chômage pour les rouleurs, et l'on considère le camion comme une grande brouette. Si cependant on ne peut pas éviter quelque perte de temps, il vaut mieux, dans tous les cas, qu'elle porte sur les chargeurs que sur les rouleurs ; mais il est toujours aisé de combiner le nombre des chargeurs avec celui des voitures de manière à éviter toute interruption dans le travail : c'est ce qui a été établi dans le tableau qui termine cette note.

Ainsi donc, on admettra, pour les transports au camion, que les hommes qui les trainent sont toujours en mouvement, ou du moins ne s'arrêtent que le temps nécessaire pour décharger le camion et pour le retourner devant l'atelier ; après quoi ils en prennent un autre tout chargé, pour le conduire au remblai, et ainsi de suite.

La charge du camion, la vitesse des rouleurs, et le temps nécessaire tant pour décharger le camion au remblai que pour le retourner devant les chargeurs et en prendre un autre, sont des données d'expérience que l'on a trouvées dans l'ouvrage de Gauthey.

Pour déterminer les frais de camion, on a admis, d'après l'analyse de Corté, qu'un camion valait 200 francs, et que sa durée était de cinq ans, moyennement. On aura donc pour la dépense annuelle d'un camion :

1º L'intérêt de 200 francs pendant un an, ci. . . . . Fr. 10

2º La consommation pendant le même temps, 1/5 de la valeur. . . .   40

3º L'entretien, évalué 1/20 du prix de la voiture (art. 71).   10

4º Le graissage des roues, à raison d'un kilogramme pour 25 jours, faisant, pour 250 jours de travail, 10 kilogrammes de graisse, à 1 fr. 50 c.   15

Total. . .   75

Répartissant cette somme de 75 fr. sur 250 journées, on trouve que la dépense pour chaque journée de camion est de 30 c.

Il est essentiel de savoir à quelle distance il convient de commencer à se servir du camion pour le transport des terres. Il suffit, pour cela, de jeter les yeux sur le tableau ci-dessous, qui donne comparativement le prix des terres transportées à la brouette et au camion.

NOMBRE DE RELAIS.	CHARGEMENT ET TRANSPORT en brouettes, DE TERRES A UN HOMME.			CHARGEMENT ET TRANSPORT au camion, DE TERRES A UN HOMME.		
	Prix du chargement.	Prix du transport.	Prix total.	Prix du chargement.	Prix du transport.	Prix total.
	fr. c.	fr. c.	fr. c.	fr. c.	fr. c.	fr. c.
1	0 11	0 11	0 22	0 14	0 15	0 29
2	0 11	0 22	0 33	0 14	0 20	0 34
3	0 11	0 33	0 44	0 14	0 25	0 39
4	0 11	0 44	0 55	0 14	0 30	0 44
5	0 11	0 55	0 66	0 14	0 35	0 49
6	0 11	0 66	0 77	0 14	0 40	0 54
7	0 11	0 77	0 88	0 14	0 45	0 59
8	0 11	0 88	0 99	0 14	0 50	0 64
9	0 11	0 99	1 10	0 14	0 55	0 69
10	0 11	1 10	1 21	0 14	0 60	0 74

Ce tableau fait voir que, dès le troisième relais, il y a de l'avantage à employer le camion de préférence à la brouette, et que cet avantage est d'autant plus considérable que le nombre de relais est plus grand.

Une autre considération rendrait désavantageux l'emploi du camion à une distance moindre que trois relais : c'est qu'en ne mettant que deux hommes à la charge, comme on l'a supposé, ils n'auraient pas le temps de remplir un second camion pendant le transport du premier à un relais, et même à deux ; il y aurait donc perte de temps pour les rouleurs, ou bien il faudrait qu'ils chargeassent eux-mêmes le camion ; et l'on ne pense pas que l'on doive adopter ce mode de travail.

De la comparaison du temps employé pour le chargement avec celui qui est nécessaire pour conduire le camion à un nombre quelconque de relais, on conclut le rapport qui doit exister entre le nombre des ateliers de deux chargeurs et celui de trois rouleurs. C'est ce que fait connaître la table suivante, que l'on ne commence qu'à partir du troisième relais, et dans laquelle on suppose que la terre déblayée est à un homme à la fouille.

NOMBRE de RELAIS.	TEMPS EMPLOYÉ A PARCOURIR. la distance indiquée, y compris celui du déchargement.	ATELIERS de 2 chargeurs	ATELIERS de 3 rouleurs.	NOMBRE de camions.
3	$336'' = 0^h,0933$	1 pour	1	2
4	$408'' = 0^h,1133$	3	4	7
5	$480'' = 0^h,1333$	3	5	8
6	$552'' = 0^h,1533$	3 1/2	6	9
7	$624'' = 0^h,1733$	3	6	9
8	$696'' = 0^h,1933$	3	7	10
9	$768'' = 0^h,2133$	3	8	11
10	$840'' = 0^h,2333$	3	8	11

Dans la colonne des ateliers de chargeurs, on a supprimé les fractions autres que 1/2, préférant avoir un chargeur de plus pour trois ateliers, aux pertes de temps qui résulteraient, pour les rouleurs, du manque d'un nombre suffisant de terrassiers au lieu du chargement.

NOTE 28.

On se sert du bourriquet (voyez le *Mémoire du capitaine Vaillant*, 3e n° du *Mémorial*) pour enlever les déblais des puits de mines, quelquefois pour terrasser les revêtements qui ferment des brèches, en reportant derrière les murs des terres qui se sont éboulées dans les fossés, etc. En général, on l'emploie toutes les fois qu'il faut monter des terres à une hauteur un peu considérable, et que des raisons de localité ou d'économie s'opposent à ce que l'on construise des rampes pour le roulage des brouettes.

On a adopté les résultats des expériences faites à Metz en 1818.

Quoique la vitesse du treuil ne soit pas constante au commencement du mouvement, on la supposera uniforme et de 1 mètre par quatre secondes en montant, et de 1 mètre par trois secondes en descendant.

Il faut, pour décrocher la caisse vide (ou le panier) et en accrocher une autre pleine, environ $20'' = 0^h,0055$; pour décharger la caisse pleine, il faut $25'' = 0^h,006944$; total $45'' = 0^h,012499$, que l'on portera à $65'' = 0^h,018055$, pour tenir compte du retard provenant de ce qu'à l'origine du mouvement, soit en montant, soit en descendant, la machine n'a pas la vitesse qu'elle acquiert au bout d'un certain temps : il faut observer, en outre, que l'on ne se sert jamais du bourriquet, à la tâche, pour une hauteur moindre que trois relais ou 5 mètres environ, et que dans ce cas il faut $20'' = 0^h,0055$ pour la montée, et $15'' = 0^h,004166$ pour la descente; total $35'' = 0^h,00972$, qui, jointes aux $65''$ déjà trouvées, font

100″ = 0ʰ,0277 pour l'opération entière. Or, le chargeur employant 20″ pour décrocher la caisse vide ou le panier et en accrocher une autre, il lui restera 80″ = 0ʰ,022 pour le chargement, et c'est justement le temps nécessaire.

Si l'on était obligé de se servir du bourriquet pour une hauteur moindre que trois relais, comme dans un puits de mine, par exemple, il faudrait mettre les hommes à la journée, parce qu'alors le chargeur ne pourrait pas fournir assez de terre pour occuper, sans interruption, les hommes qui seraient au treuil.

On a considéré la terre à charger comme étant à un homme à la fouille, et c'est ce qui arrive presque toujours, parce qu'il est bien rare que le déblai se fasse au lieu même où l'on élève les terres, de sorte qu'elles ont déjà été remaniées lorsqu'on les charge. Le cas contraire ne peut guère arriver que pour le creusement d'un puits ; mais alors les hommes devront travailler à la journée.

Quelquefois on ne met que trois hommes à la manœuvre du bourriquet : un au chargement, un second à la manivelle, et le troisième pour décrocher et vider le panier. Voici l'analyse de ce cas particulier :

Morizot a trouvé qu'une toise cube (7ᵐ·ᶜ·,404) élevée à 20 pieds ou 6ᵐ,50, c'est-à-dire quatre relais, demandait 9ʰ,1666.

Le mètre cube a donc été élevé en. . . . . H. 1,238

Il a également trouvé qu'une toise cube, élevée à huit relais, demandait 12 heures. Le mètre cube a donc été élevé en.   1,620

Différence. . . H. 0,382

Cette différence, 0ʰ,382, est donc le temps pendant lequel les quatre derniers relais ont été parcourus.

On aura trente ascensions par mètre cube. Ainsi chaque ascension, pour les quatre premiers relais, a demandé. . . . . H. 0,011 et pour les quatre derniers.   0,013

Différence. . . H. 0,028

ce qui démontre que le temps employé pour accrocher le panier, le renverser, joint au retard qu'on peut présumer provenir de ce qu'à l'origine du mouvement la machine n'a pas la vitesse qu'elle acquiert au bout d'un certain temps, consomme à chaque ascension, pendant les quatre premiers relais, 0ʰ,028 = 100″.

Le temps 0ʰ,013, employé tant à la montée qu'à la descente pour quatre relais ou 6ᵐ,40, prouve que la vitesse donnée par Morizot est la même que celle que l'on a admise, puisque, d'après les expériences de Metz, il faudrait 0ʰ,0126 pour l'ascension et la descente à quatre relais. La différence ne porte donc que sur le temps du déchargement.

Puisqu'il faut 1ʰ,238 pour élever un mètre cube de terre à quatre relais, le travail produit dans une journée sera de 8 mètres cubes, qui coûteront 4 fr. 50 c., valeur des trois journées d'ouvriers ; ce sera donc pour un mètre cube 0ᶠ,562.

Les frais d'outils et d'équipage se calculeraient d'une manière analogue à ce qui a été dit article 108.

On observe au surplus que, d'après les expériences de Metz, le travail au bourriquet peut aller sans interruption pendant 10 heures, et qu'il est incertain que l'on obtienne le même avantage en ne mettant que trois hommes à la manœuvre.

NOTE 29.

D'après le détail estimatif du bourriquet à manége, donné dans la notice du 5e numéro du *Mémorial de l'officier du génie*, l'établissement de cette machine a coûté à Toulon 880 fr. (on supprime le prix du camion, qui doit être compris dans les frais de transport au lieu du remblai); sa durée est évaluée à cinq années. On aura donc pour la dépense annuelle :

1° Le 1/5 du prix d'établissement de la machine, ci . . . . Fr. 176,00

2° L'intérêt annuel de la même somme, 1/20 de 880 fr. 44,00

3° L'entretien de la machine, que l'on évalue au 1/20 de sa valeur. 44,00

4° Le graissage des deux axes tournants et de quatre poulies, qu'on peut évaluer à 20 kilogrammes de graisse, à 1 fr. 50 c. 30,00

5° Les frais de transport, levage et équipement, évalués à 20 fr. par déplacement; en supposant cinq déplacements dans une campagne, ci. 100,00

6° Faux frais, 1/20 de toutes les dépenses ci-dessus. 19,70

Total. . .   413,70

Répartissant cette somme sur 250 journées de travail, on trouve que, pour chacune de ces journées, la dépense du bourriquet à manége est de 1 fr. 65 c. (1).

Cela posé, l'expérience faite à Toulon a appris que la terre étant amenée au pied de la machine, chaque caisse à fond mobile, contenant $0^{m.c.},340$, était aisément remplie et accrochée au câble par trois terrassiers (ce dernier nombre dépend de la hauteur à laquelle on élève le déblai), pendant le temps de l'ascension à $14^m,00$ de l'autre caisse, et que l'on pouvait, sans forcer de travail, élever 12 caisses dans une heure ou 120 dans une journée, ce qui fait un solide de $40^{m.c.},800$ de terre déjà remuée, qui se réduisent à 35 mètres cubes au déblai primitif, en supposant le foisonnement d'un sixième.

Puisque dans une heure on élève 12 caisses à 14 mètres de hauteur, chaque ascension dure donc 5 minutes $= 0^h,083333$; on peut évaluer le temps nécessaire pour vider la caisse à $30'' = 0^h,008333$; ainsi il reste, pour le temps effectif de l'ascension à 14 mètres, $0^h,075$: d'où l'on conclut que, pour l'ascension à $1^m,60$ de hauteur, il faudra $0^h,008571$.

Avec ces données, on peut facilement calculer, pour les diverses hauteurs, le nombre d'ascensions qui aura lieu dans un jour; la quantité de terre élevée à raison de $0^{m.c.},340$ par ascension; le volume de cette terre, déduction faite du foi-

---

(1) Si les déplacements de la machine étaient plus fréquents qu'on ne l'a supposé, il faudrait en tenir compte à l'entrepreneur.

sonnement ; le nombre de chargeurs nécessaire pour remplir les caisses, de manière qu'il n'y ait pas de temps perdu ; la dépense qui en résulte, ainsi que celle qui provient de l'usage de la machine et de l'emploi des agents qui la font mouvoir. Du total de ces dépenses on déduit le prix du mètre cube de terre élevée à une hauteur déterminée. On a fait ce calcul pour toutes les hauteurs, depuis un relais jusqu'à quinze, et le résultat en est consigné dans le tableau ci-joint. La première colonne des prix (11e du tableau) contient le résultat rigoureux que l'on obtient en comptant des fractions d'homme à la charge ; la colonne suivante donne le prix du mètre cube, déduit du nombre d'hommes effectif qui sera employé à la charge. Cette colonne présente quelques anomalies provenant de la suppression des fractions d'homme : il en résulte qu'il faudrait à la rigueur établir le prix du transport pour chaque hauteur. Cependant on a modifié les prix, ainsi qu'on le voit dans la dernière colonne du tableau, de manière que le prix du mètre cube de terre élevé à quatre relais est porté à 28 c., et que chaque relais en sus des quatre premiers devra être payé 2 c. Comme il ne serait guère praticable de mettre plus de 6 hommes à la charge, on ne pense pas que l'on doive employer le bourriquet à manége pour une hauteur moindre que quatre relais.

Nombre de relais.	TEMPS d'une ascension.	TEMPS TOTAL pour une ascension et pour vider la caisse.	Nombre d'ascensions par jour.	TERRE ÉLEVÉE dans un jour avec foisonnement.	TERRE ÉLEVÉE dans un jour, mesurée au déblai.	NOMBRE DE TERRASSIERS à la charge.		DÉPENSE PAR JOUR.		PRIX du MÈTRE CUBE.		PRIX à porter au bordereau.
						Calculé	Effect.	Calculé	Effectif	Calc.	Effect.	
	h.	h.		m. cub	m. cub.	hom.	hom.	fr. c.	fr. c.	fr. c.	fr. c.	fr. c.
1	0,008571	0,016901	591	200,940	172,240	14,352	15	31,047	32,110	0,180	0,186	.
2	0,017142	0,025175	392	133,280	111,210	9,520	0	23,122	23,910	0,202	0,209	»
3	0,025713	0,034046	293	99,620	85,390	7,116	7	19,180	18,790	0,221	0,220	»
4	0,034284	0,042617	231	79,560	68,200	5,683	6	16,830	17,350	0,246	0,268	0,28
5	0,042855	0,051188	195	66,300	56,830	4,736	5	15,277	15,710	0,268	0,276	0,30
6	0,051426	0,059759	167	56,780	48,070	4,056	4	14,162	14,070	0,290	0,289	0,32
7	0,059997	0,068330	146	49,640	42,550	3,546	4	13,325	14,070	0,313	0,330	0,34
8	0,068568	0,076901	130	44,200	37,890	3,157	3	12,687	12,430	0,335	0,328	0,36
9	0,077139	0,085472	117	39,780	34,100	2,811	3	12,169	12,130	0,357	0,364	0,38
10	0,085710	0,094043	106	36,040	30,890	2,574	3	11,731	12,430	0,380	0,402	0,40
11	0,094281	0,102611	97	32,980	28,270	2,356	3	11,374	12,430	0,402	0,436	0,42
12	0,102852	0,111185	89	30,260	25,940	2,161	2	11,051	10,790	0,426	0,416	0,44
13	0,111423	0,119756	83	28,220	24,190	2,016	2	10,816	10,790	0,447	0,416	0,46
14	0,119994	0,128387	77	26,180	22,440	1,870	2	10,577	10,790	0,471	0,480	0,48
15	0,128565	0,136898	73	21,820	21,280	1,773	2	10,418	10,790	0,489	0,507	0,50

NOTE 50.

D'après les expériences et les calculs de Coulomb sur la force des hommes (*Mémoires de l'Institut*, tome II), lorsqu'un homme monte un escalier en portant une charge à dos au moyen d'une hotte, un poids de 53 kilogrammes élevé à 1056 mètres donne le *maximum* de l'effet utile journalier dont la valeur équivaut, dans ce cas, à 56 kilogrammes élevés à 1000 mètres. D'après cela, en supposant le poids de la hotte de 3 kilogrammes, la charge effective sera de 50 kilogrammes ; poids qui correspond à 0^{m.c.},027 de terre, en prenant toujours 1821 kilogrammes pour le poids moyen d'un mètre cube de terre.

Si l'on prend maintenant pour exemple le cas particulier d'une hauteur de 8 mètres ou cinq relais, l'ouvrier devra élever 7000 kilogrammes à cette hauteur pour produire un effet utile de 56 kilogrammes à 1000 mètres ; divisant donc 7000 par 53, le quotient 132 est le nombre de voyages qu'il fera dans sa journée : à chaque fois il élèvera 0^{m.c.},027 ; il transportera donc dans sa journée 0^{m.c.},027 × 132, c'est-à-dire 3^{m.c.},564.

Pour cette quantité, les frais se composeront de :

1° La journée d'un terrassier à 1 fr. 50 c., ci. . . . . Fr. 1,500
2° Les frais d'outils. 0,050
3° Les faux frais, pour les dépenses ci-dessus, 1/20 du total, ci. . . 0,078
4° Le chargement dans la hotte de 3^{m.c.},564, à 14 c. l'un (art. 85). 0,499
                                                      TOTAL. . . 2,127

D'où l'on déduit pour le prix d'un mètre cube élevé à cinq relais 0^f,597.

C'est en appliquant la même analyse à diverses hauteurs que l'on a formé le tableau suivant :

NOMBRE DE RELAIS.	HAUTEUR en MÈTRES.	POIDS à élever pour produire un effet utile de 56 kilogr. élevés à 1000 mètres.	NOMBRE de VOYAGES par jour.	QUANTITÉ de TERRE MONTÉE par jour.	PRIX résultant pour un mètre cube.	PRIX à porter au bordereau.
	m.	kilogr.		m.c.	fr. c.	fr. c.
1	1,60	35000	660	17 820	0 231	0 24
2	3,20	17500	330	8 910	0 322	0 33
3	4,20	11667	220	5 910	0 414	0 42
4	6,40	8750	163	4 401	0 533	0 51
5	8,00	7000	132	3 564	0 597	0 60
6	9,60	5833	110	2 970	0 688	0 69
7	11,20	5000	94	2 538	0 781	0 78
8	12,80	4375	82	2 214	0 875	0 87
9	14,40	3888	73	1 971	0 966	0 96
10	16,00	3500	66	1 782	1 053	1 05

Si les terres n'étaient pas chargées dans ces hottes au pied même de l'escalier, on appliquerait au transport horizontal qui aurait lieu depuis le point du chargement jusqu'au pied de l'escalier, le prix de l'art. 103 augmenté d'un quart, c'est-à-dire 20 c., à cause de la diminution dans la charge de la hotte.

La vitesse de l'homme qui monte un escalier avec une charge de 53 kilogrammes sur le dos peut être évaluée à 11 mètres par minute, et, quel que soit le nombre des relais auxquels il s'élève, il consumera presque toute son action journalière effective dans $1^h,614$; mais ce temps est partagé en petites portions séparées par des intervalles de repos, ou du moins d'un travail peu fatigant. Il pourra donc, en augmentant sa quantité d'action, charger lui-même sa hotte en totalité ou en partie; mais, dans ce cas, il devra être payé de ce surcroît de travail.

NOTE 31.

On n'a trouvé ce genre de transport indiqué que dans l'Analyse de la place d'Antibes, mais sans aucun détail d'expérience à l'appui. Comme on l'emploie assez souvent pour porter des terres sur les chapes des voûtes et dans d'autres circonstances, on a jugé utile de s'en occuper.

D'après l'indication de l'Analyse d'Antibes, la quantité d'action journalière d'un homme qui monte une échelle, étant chargé à dos, est de 110 kilogrammes élevés à 1000 mètres; et en supposant, comme Coulomb, le poids moyen d'un travailleur de 70 kilogrammes, il restera, pour l'effet utile journalier, 40 kilogrammes élevés à 1000 mètres. Cela posé, la charge de la hotte (*Analyse d'Antibes*) sera de 20 kilogrammes, poids qui correspond à $0^{m.c.}.011$ de terre; et si la hauteur à laquelle l'homme doit s'élever est, par exemple, de trois relais $= 4^m,80$, il faudra, pour qu'il produise l'effet utile dont on a parlé, qu'il transporte 8333 kilogrammes à $4^m,80$. Divisant donc 8333 par 23 kilogrammes (le poids de la terre, plus celui de la hotte), le quotient 362 donnera le nombre de voyages que l'ouvrier pourra faire dans une journée. Il transportera donc, pendant ce temps, $362 \times 0^{m.c.},011$, c'est-à-dire $3^{m.c.},982$.

Les frais de ce transport seront :

1° La journée d'un terrassier, ci. . . . . Fr.	1,500
2° Les frais d'outils.	0,050
3° Les faux frais pour la dépense ci-dessus, 1/20 du total, ci. . . .	0,078
4° Le chargement dans la hotte, de $3^{m.c.},982$, à 14 c. l'un (article 85).	0,557
Total.	2,185

D'où l'on déduit, pour le prix d'un mètre cube de terre élevé à trois relais, $0^r,548$.

La même analyse, appliquée à diverses hauteurs, a fourni le tableau suivant, qui donne le prix du transport pour toutes les distances, depuis un jusqu'à dix relais.

Nombre de relais.	HAUTEUR en mètres.	POIDS à élever pour produire un effet utile de 40 kilogrammes élevés à 1000 mètres	NOMBRE de VOYAGES par jour.	QUANTITÉ de TERRE MONTÉE par jour.	PRIX RÉSULTANT pour un mètre cube.	PRIX à porter au bordereau.
	m.	kilogr.		m. c.	fr. c.	fr. c.
1	1 60	25000	1086	11 946	0 276	0 27
2	3 20	12500	543	5 973	0 112	0 41
3	4 80	8331	362	3 982	0 518	0 55
4	6 40	6250	271	2 981	0 686	0 69
5	8 00	5000	217	2 387	0 822	0 83
6	9 60	4166	181	1 991	0 957	0 97
7	11 20	3571	155	1 705	1 091	1 11
8	12 80	3125	136	1 496	1 228	1 25
9	11 40	2777	120	1 320	1 373	1 39
10	16 00	2500	108	1 195	1 502	1 53

Les observations qui suivent le tableau de la note 3° s'appliquent également au genre de transport que l'on vient de terminer.

NOTE 52.

Le prix du transport au tombereau dépend de la force des chevaux, du nombre de chevaux attelés à un tombereau et de la valeur de la journée du tombereau attelé. Cette dernière valeur est ordinairement fixée par l'usage dans chaque lieu; cependant, comme il pourrait arriver que l'on eût besoin de la déterminer exactement, on en a donné l'analyse n°s 66 et suivants.

La force des chevaux est variable. On admettra, comme terme moyen, qu'un cheval peut traîner 1500 livres ou 750 kilogrammes sur un bon chemin, et 600 kilogrammes sur un terrain difficile. (Carnot, *Résultat d'expériences*.) Comme les transports se feront tantôt sur de bons chemins, tantôt sur de mauvais, on a adopté un chargement moyen de 675 kilogrammes. La pesanteur des terres est également très-variable, non-seulement à cause de leurs diverses natures, mais aussi selon qu'elles contiennent plus ou moins d'humidité. On supposera, comme pour les autres transports, qu'un mètre cube de terre pèse 1821 kilogrammes. C'est une moyenne entre les différentes terres, d'après Vauban, Bélidor, etc. D'après cela, un cheval attelé à un tombereau pourra traîner $0^{\text{m.c.}},370$ de terre. Il est bien entendu que, dans chaque analyse particulière, ce chargement et tous ceux dont on parlera dans la suite devront être fixés d'après la pesanteur spécifique des terres à transporter et la force moyenne des chevaux.

Quoique la vitesse d'un tombereau ne soit pas la même lorsqu'il marche chargé ou à vide, on a admis une vitesse moyenne constante de 50 mètres par minute (voyez Gauthey); il faudra donc $72'' = 0^{h},02$ pour parcourir un relais de 30 mètres, aller et retour.

Le temps du chargement étant perdu pour la marche, il y a de l'avantage à employer le plus grand nombre possible d'hommes à la charge du tombereau.

On en supposera trois; si l'on en mettait un plus grand nombre, ils se gêneraient, et l'expérience a prouvé que la disposition que l'on indique est la meilleure. La fouille et la charge se payant à part du transport, on doit organiser le travail de manière que les chargeurs soient occupés sans interruption; il faut, pour cela, régler le nombre des ateliers de chargeurs d'après celui des relais et des tombereaux. C'est ce que l'on examinera plus tard. Au reste, cette meilleure disposition à donner aux ateliers est, à la rigueur, l'affaire de l'entrepreneur, et l'on doit toujours la supposer établie dans le calcul analytique des prix.

Cela posé, les trois terrassiers devant charger 36 mètres cubes (article 85) dans une journée de 10 heures, ils emploieront à la charge d'un tombereau contenant $0^{m.c.},370$. . . . . 370 secondes ou . . . . . $0^h,102778$

Il faudra, pour l'aller et le retour à 30 mètres, 72″ ou. . . . . . . $0^h,020000$

Le temps du déchargement (Analyse de Toulon) est de 120″ ou (1). $0^h,033333$

Total, 562″ ou . . . . $0^h,156111$

que l'on portera à $0^h,166666$ ou 10 minutes, pour tenir compte de la perte de temps provenant de ce que le tombereau n'a pas, à l'origine du mouvement, la vitesse de 50 mètres par minute, qui lui est attribuée.

Pour parcourir 2 relais, aller et retour, chargement et déchargement compris, le tombereau emploiera. 600″+ 72″ ou $0^h,166666+0^h,020000$

Pour 3 relais. . . . . 600″+ 2 × 72″ = $0^h,166666+0^h,020000 \times 2$

Pour 4 relais. . . . . 600″+ 3 × 72″ = $0^h,166666+0^h,020000 \times 3$

Et pour n relais. . . . 600″+ $(n-1)$ 72″ = $0^h,166666+0^h,020000 \times (n-1)$

D'après cela, le prix de la journée d'un tombereau, conducteur et faux frais compris, étant (art. 74) de 4 fr. 60 c., il est facile de calculer la dépense à faire pour le transport d'un mètre cube de terre à un nombre quelconque de relais. Ainsi, par exemple, puisqu'il faut 600″ ou $0^h,166666$ pour transporter $0^{m.c.},370$ à un relais, on aura :

$$10^h : 4 \text{ fr. } 60 \text{ c. } :: 0^h,166666 : 0^f,7666.$$

Le dernier terme est le prix du transport à un relais de $0^{m.c.},370$, et l'on en conclut pour le prix du transport d'un mètre cube à la même distance $0^f,207$. Un relais de plus, exigeant 72″ ou $0^h,02$ pour l'aller et le retour, coûtera, pour $0^{m.c.},370$, $0^f,0092$, et pour un mètre cube, $0^f,025$. Ainsi, le prix d'un mètre cube transporté à n relais sera $0^f,207 + (n-1) 0^f,025$.

La table, placée à la fin de la présente note, est le résultat de l'application de cette formule à toutes les distances, depuis un relais jusqu'à vingt-cinq; on y a

---

(1) M. Gauthey porte $0^h,05$ ou 3 minutes pour le temps du déchargement; mais il l'applique aux tombereaux attelés d'un, deux, trois et quatre chevaux; c'est donc une moyenne pour les quatre cas qu'il considère.

joint le prix du mètre cube fouille comprise, afin de pouvoir faire la comparaison du transport au tombereau avec le transport à la brouette et au camion. On a indiqué dans la même table le rapport qu'on doit établir pour chaque distance entre le nombre des tombereaux et celui des ateliers de chargeurs. On a négligé les petites fractions, et l'on n'a tenu compte que de celles qui donnent 1/3 ou 2/3 d'atelier. Dans ce cas, il faut ajouter un ou deux hommes sur la totalité des ateliers; mais, en général, il vaudra toujours mieux forcer un peu le nombre des hommes à la charge, que de laisser chômer les tombereaux par défaut de chargeurs. Ces derniers, devant être mis à la tâche, ont intérêt à charger vite et à augmenter la charge : ainsi l'entrepreneur et l'État y trouveront leur compte.

D'après cette table, on voit que jusqu'à deux relais il y aurait de l'avantage à se servir de brouettes préférablement aux tombereaux; à trois relais, l'avantage est à peu près le même pour les uns et pour les autres; mais au quatrième relais, l'avantage passe aux tombereaux, et devient d'autant plus grand, que le nombre des relais est plus considérable. En général, la distance à laquelle on doit commencer à se servir du tombereau dépend du rapport qui existe entre le prix de la journée du tombereau et le prix de la journée de terrassier : il faut donc la déterminer pour chaque localité.

Si la terre exigeait plus d'un homme à la fouille, on ne changerait rien au prix du transport, puisque l'on a adopté une pesanteur moyenne pour toutes les espèces de terre; cela nécessiterait seulement une autre disposition des ouvriers. Ainsi, pour la terre à deux hommes à la fouille, il faudrait augmenter le nombre de terrassiers de 12/15 ou 4/5; pour de la terre à trois hommes, il faudrait l'augmenter de 24/15 ou 8/5; pour de la terre à quatre hommes, de 36/15 ou 12/5; pour de la terre à cinq hommes, de 48/15 ou 15/5; pour de la terre à six hommes, de 60/15 ou quatre hommes par atelier, etc.

Il est aisé de trouver une formule générale qui donne, dans tous les cas, le rapport à établir entre le nombre des terrassiers et celui des tombereaux, quelles que soient la nature de la terre, la contenance d'un tombereau et la distance à laquelle se fait le transport. Soit H le nombre des terrassiers, tant piocheurs que chargeurs; T le nombre des tombereaux; C la contenance d'un tombereau en mètres cubes; R le nombre de relais à parcourir; et F le nombre d'hommes à la fouille indiquant la nature de la terre.

Si la terre est à un homme à la fouille, c'est-à-dire si $F = 1$, H hommes chargeront en 10 heures sur des tombereaux $12 \times H$ mètres cubes; si la terre est à deux hommes à la fouille, il faudra, pour déterminer la quantité de terre que H hommes chargeront sur des tombereaux, trouver d'abord dans quelle proportion devront être les piocheurs et les chargeurs : or, les premiers devront toujours remuer 15 mètres cubes par jour, quoique les derniers ne chargeront que 12 mètres cubes; par conséquent, il faudra diviser le nombre des terrassiers en deux parties qui soient entre elles :: 12 à 15, ou :: 4 : 5, pour avoir le nombre des piocheurs et celui des chargeurs : ces nombres seront donc $\dfrac{4\,H}{9}$ et $\dfrac{5\,H}{9}$; et

$\dfrac{5\,\text{H}}{9} \times 12$ mètres cubes sera la quantité de terre fouillée et chargée sur des tombereaux par H hommes en 10 heures. En général, pour de la terre à F hommes à la fouille, le nombre des piocheurs sera à celui des chargeurs :: $4\,(\text{F}-1) : 5$; ainsi, lorsqu'on aura H travailleurs, il faudra en employer $\dfrac{4\,(\text{F}-1)\,\text{H}}{4\,(\text{F}-1)+5}$ à piocher, et $\dfrac{5\,\text{H}}{(4\,\text{F}-1)+5}$ à charger : dans ce cas, la quantité de terre chargée en dix heures sur des tombereaux, et sans perte de temps, sera $\dfrac{5\,\text{H}}{4\,(\text{F}-1)+5} \times 12$ mètres cubes.

Maintenant, puisqu'il y a trois chargeurs par tombereau, il faudra $\dfrac{\text{C}}{36} \times 10$ heures pour charger un tombereau : ainsi, en appelant t le temps nécessaire pour le déchargement, en y comprenant les retards dus à des causes accidentelles, et d'après la vitesse que l'on a admise, en vertu de laquelle un relais est parcouru en $0^{\text{h}},02$, aller et retour, on aura pour le temps d'un voyage à R relais, y compris le temps du chargement,

$$10^{\text{h}} \times \frac{\text{C}}{36} + t + \text{R} \times 0^{\text{h}}02 ;$$

d'où l'on conclura qu'en 10 heures un tombereau transportera à R relais, et sans perte de temps,

$$\frac{10 \times \text{C}}{10 \times \dfrac{\text{C}}{36} + t + \text{R} \times 0,02}\ \text{mètres cubes,}$$

et que T tombereaux transporteront dans le même temps

$$\frac{10 \times \text{C T}}{10 \times \dfrac{\text{C}}{36} + t + \text{R} \times 0,02}\ \text{mètres cubes.}$$

Or, pour que le travail soit bien organisé, il faut que ce dernier nombre soit égal à celui que l'on vient de trouver pour la quantité de terre fouillée et chargée sur des tombereaux par H hommes; on aura donc l'équation

$$\frac{10 \times \text{C T}}{10 \times \text{C} + t + \text{R} \times 0,02 / 36} = \frac{5\,\text{H}}{4\,(\text{F}-1)+5} \times 12$$

qui donnera T en H ou H en T, selon qu'on supposera donné le nombre des hommes ou le nombre des tombereaux, en admettant que l'on connaît d'ailleurs toutes les autres quantités qui entrent dans cette équation, c'est-à-dire la nature de la terre, la contenance des tombereaux, ou, ce qui revient au même, le nombre de chevaux attelés et la distance à laquelle se fait le transport.

TABLE des prix du transport des terres par un tombereau à un cheval, le charge-
ment étant fait par trois terrassiers, la journée du tombereau valant 4 fr. 60 c.,
conducteur compris, et sa charge étant de 0ᵐ·ᶜ·,370, le prix de la fouille 14 c.
par mètre cube.

NOMBRE DE RELAIS.	TEMPS pour UN VOYAGE, chargement et déchargem. compris.	NOMBRE DE VOYAGES PAR JOUR.	MÈTRES CUBES transportés par jour dans un tombereau.	PRIX du TRANSPORT par mètre cube	PRIX du mèt. cube, y compris le charge-ment.	PRIX DU MÈTRE CUBE, chargement compris.		RAPPORT entre le nombre DES ATELIERS et celui des tombereaux.	
						à la brouette.	au camion.	Ate-liers.	Tom-bereaux
	h.		m. c.	fr. c.	fr. c.	fr. c.	fr. o.		
1	0,16666	60	22,200	0,207	0,317	0,22	0,29	3	5
2	0,18666	53	19,610	0,232	0,372	0,33	0,31	1 2 3	3
3	0,20666	48	17,660	0,257	0,397	0,14	0,39	1	2
4	0,22666	11	16,220	0,282	0,422	0,55	0,41	5	11
5	0,24666	40	11,800	0,307	0,117	0,66	0,19	1 2 3	4
6	0,26666	37	13,390	0,332	0,472	0,77	0,51	2	5
7	0,28666	35	12,950	0,357	0,497	0,88	0,59	4	11
8	0,30666	33	12,210	0,382	0,522	0,99	0,61	1	3
9	0,32666	31	11,170	0,107	0,517	1,10	0,69	1	3
10	0,34666	29	10,730	0,432	0,572	1,21	0,74	3	10
11	0,36666	27	9,990	0,157	0,597	1,32	0,79	3	11
12	0,38666	26	9,620	0,182	0,622	1,43	0,81	1 1 3	5
13	0,40666	24	8,880	0,507	0,617	1,51	0,89	1	4
14	0,42666	23	8,510	0,532	0,672	1,65	0,94	7	29
15	0,44666	22	8,140	0,557	0,697	1,76	0,99	3	13
16	0,46666	21	7,770	0,582	0,722	1.87	1,04	2	9
17	0,48666	20	7,400	0,607	0,747	1,98	1,09	4	19
18	0,50666	19	7,030	0,632	0,772	2,09	1 14	1	5
19	0,52666	19	7,030	0,657	0,797	2,20	1,19	1	5
20	0,54666	18	6,660	0,682	0,822	2,31	1,21	3	16
21	0,56666	17	6,290	0,707	0,817	2,42	1,29	2	11
22	0,58666	17	6,290	0,732	0,872	2,53	1,34	4	23
23	0,60666	16	5,920	0,757	0,897	2,61	1,39	1	6
24	0,62666	16	5,920	0,782	0,922	2,75	1,41	1	6
25	0,64666	15	5,550	0,807	0,947	2,86	1,49	3	19

Nota. Les prix de la cinquième colonne ont été déterminés par les additions successives du prix du relais, et non pas d'après les quantités effectives de terre transportée.

NOTE 35.

Si un cheval en rase campagne traîne facilement un tombereau chargé de $0^{m.c.},370$ pesant 675 kilogrammes, 2 chevaux attelés à un tombereau traîneront une charge de plus du double, par le motif que la pesanteur de l'équipage n'est pas doublée. On supposera que, dans ce cas, le tombereau pourra être chargé de $0^{m.c.},800$ pesant 1456 kilogrammes. En mettant toujours trois terrassiers à la charge, ils emploieront pour remplir le tombereau 800 secondes ou . $0^h,222222$

Il faudra, pour l'aller et le retour à 30 mètres, 72 secondes ou. . . $0^h,020000$

Le temps du déchargement (voyez la note 32 et l'ouvrage de M. Gauthey) est de 180 secondes ou. $0^h,050000$

Total, 1052 secondes ou. . $0^h,292222$

que l'on portera à $0^h,333333$ ou 20 minutes, pour tenir compte des retards à l'origine du mouvement et des autres causes accidentelles, qui seront plus fréquentes pour un tombereau à deux chevaux que pour celui qui n'est attelé que d'un seul cheval.

Pour parcourir deux relais, aller et retour, chargement et déchargement compris, il faudra. . . . . . . $1200'' +$ $72''$ ou $0^h,333333 + 0^h,02$

Pour 3 relais. . . . . . . $1200'' +$ $2 \times$ $72'' = 0^h,333333 + 0^h,02 \times$ 2

Pour 4 relais. . . . . . . $1200'' +$ $3 \times$ $72'' = 0^h,333333 + 0^h,02 \times$ 3

Et pour n relais. . . . . . $1200'' +$ $(n-1)$ $72'' = 0^h,333333 + 0^h,02 \times (n-1)$

Ainsi, le prix de la journée de tombereau à deux colliers étant 7 fr. 30 c. (art. 72), conducteur et faux frais compris, il sera facile de calculer le prix du transport d'un mètre cube de terre à une distance quelconque. A un relais, par exemple, il faut, comme on vient de le voir, $0^h,333333$ pour transporter $0^{m.c.},800$; ce transport coûtera $0^f,243$ et celui d'un mètre cube $0^f,304$. Un relais de plus exigeant $72''$ ou $0^h,02$ pour l'aller et le retour, coûtera, pour $0^{m.c.},800$, $0^f,0146$, et pour un mètre cube. $0^f,0183$

Le transport d'un mètre cube à n relais coûtera donc. $0^f,304 + (n-1)\, 0^f,02$

Après avoir appliqué cette formule à toutes les distances depuis un relais jusqu'à vingt-cinq, on a dressé la table ci-contre, qui contient le prix du transport, celui du transport et de la fouille, etc. On y a aussi indiqué le rapport qui doit exister entre le nombre des ateliers et celui des voitures, pour que les uns et les autres travaillent sans interruption.

TABLE des prix du transport des terres par un tombereau à deux colliers, le chargement étant fait par trois terrassiers, la journée du tombereau étant de 7 fr. 30 c., conducteur compris, et sa charge étant de 0$^{m.c.}$,800, le prix de la fouille de 14 c. par mètre cube.

NOMBRE DE RELAIS	TEMPS pour un voyage, chargement et déchargement compris.	NOMBRE DE VOYAGES PAR JOUR.	MÈTRES cubes transportés par jour dans un tombereau.	PRIX du transport par mètre cube.	PRIX du mètre cube y compris le chargement.	PRIX DU MÈTRE CUBE, chargement compris.			RAPPORT entre le nombre DES ATELIERS et des tombereaux.	
						à la brouette.	au camion.	au tombereau à un collier.	Ateliers.	Tombereaux.
	h.		m. c.	fr. c.	fr. c.	fr. c.	fr. c.	fr. c.		
1	0,33333	30	24,000	0 301	0 441	0 22	0 29	0 350	2	3
2	0,35333	28	22,400	0 324	0 464	0 33	0 34	0 375	3	5
3	0,37333	27	21,600	0 341	0 481	0 44	0 39	0 400	4	7
4	0,39333	25	20,000	0 364	0 504	0 55	0 44	0 425	4	7
5	0,41333	24	19,200	0 384	0 521	0 66	0 49	0 450	1 2/3	3
6	0,43333	23	18,400	0 401	0 541	0 77	0 54	0 475	6 2/3	13
7	0,45333	22	17,200	0 424	0 561	0 88	0 59	0 500	1	2
8	0,47333	21	16,800	0 444	0 581	0 99	0 64	0 525	8	17
9	0,49333	20	16,000	0 464	0 604	1 10	0 69	0 550	5	11
10	0,51333	20	16,000	0 484	0 621	1 21	0 74	0 575	3	7
11	0,53333	19	15,200	0 501	0 641	1 32	0 79	0 600	5	12
12	0,55333	18	14,400	0 524	0 661	1 43	0 84	0 625	2	5
13	0,57333	17	13,600	0 544	0 684	1 54	0 89	0 650	3	8
14	0,59333	17	13,600	0 564	0 704	1 65	0 94	0 675	3	8
15	0,61333	16	12,800	0 584	0 724	1 76	0 99	0 700	4	11
16	0,63333	16	12,800	0 601	0 741	1 87	1 04	0 725	6 2/3	19
17	0,65333	15	12,000	0 624	0 761	1 98	1 09	0 750	1	3
18	0,67333	15	12,000	0 644	0 784	2 09	1 14	0 775	1	3
19	0,69333	14	11,200	0 664	0 804	2 20	1 19	0 800	10	31
20	0,71333	14	11,200	0 684	0 824	2 31	1 24	0 825	4	13
21	0,73333	14	11,200	0 704	0 844	2 42	1 29	0 850	3	10
22	0,75333	13	10,400	0 724	0 864	2 53	1 34	0 875	5	17
23	0,77333	13	10,400	0 744	0 884	2 64	1 39	0 900	2	7
24	0,79333	13	10,400	0 764	0 904	2 75	1 44	0 925	2	7
25	0.81333	12	9,600	0 781	0 924	2 86	1 49	0 950	1	4

NOTA. Les prix de la cinquième colonne ont été déterminés par les additions successives du prix du relais, et non pas d'après les quantités effectives de terre transportée.

On voit, d'après cette table, que jusqu'à trois relais il y a de l'économie à se servir de brouettes plutôt que de tombereaux à deux chevaux pour le transport des terres; mais au quatrième relais, l'avantage passe aux tombereaux, et va en augmentant avec le nombre des relais. En comparant les prix du transport par des tombereaux à un ou deux chevaux, on voit que jusqu'à 19 relais, il y a de l'avantage à se servir de tombereaux à un collier; à 19 relais, le prix est le même; et au delà de cette distance, l'avantage est pour les tombereaux à deux colliers. Ces résultats sont dépendants des prix relatifs des journées de tombereaux et de terrassiers et de la charge des tombereaux.

Si la terre était à plusieurs hommes à la fouille, le prix du transport resterait le même; il faudrait augmenter le nombre des terrassiers dans la proportion que l'on a indiquée à la fin de la note 32.

La détermination des prix du transport par des voitures à trois et quatre colliers ne présente pas plus de difficulté. Le prix de la journée d'une voiture à trois colliers étant de 10 fr. (art. 73), conducteur et faux frais compris, et la charge de $1^{m \cdot c}$,250 pesant 2276 kilogrammes, on aura, pour le temps du chargement de $1^{m \cdot c}$,250 par trois terrassiers, 1250 secondes ou. . . . . 0^h,347222

L'aller et le retour à un relais, 72 secondes ou. . . . . 0^h,020000

Le temps du déchargement, 200 secondes ou. . . . . 0^h,055555

$$\text{Total, 1522 secondes ou. . . . . } 0^h\text{,}422777$$

Que l'on portera à 28 minutes ou 0^h,466666 pour tenir compte des pertes de temps à l'origine du mouvement. Ainsi, le transport de $1^{m \cdot c}$,250 coûtera, à raison de 10 fr. pour dix heures, 0^f,466666, et le transport d'un mètre cube à un relais coûtera 0^f,373, que l'on portera à. . . . . 0^f,38

Un relais de plus, demandant pour l'aller et le retour $72''$ ou 0^h,02, coûtera pour $1^{m \cdot c}$,250, 0^f,02, et pour un mètre cube. . . . . 0^f,016

Le prix du transport à n relais sera donc,

$$0^f\text{,}38 + (n-1)\,0^f\text{,}106.$$

Pour savoir maintenant à quelle distance il faudrait commencer à se servir de voitures à trois colliers pour le transport des terres, on comparera cette dernière expression à celle que l'on a trouvée pour le prix du transport à n relais pour une voiture à deux colliers, et qui est :

$$0^f\text{,}31 + (n-1)\,0^f\text{,}02.$$

Il est clair que pour la distance à laquelle il y a un égal avantage à se servir de voitures à deux ou trois colliers, en supposant à n la même valeur dans ces deux expressions, elles doivent être identiques. On aura donc

$$0^f\text{,}31 + (n-1)\,0^f\text{,}02 = 0^f\text{,}38 + (n-1)\,0^f\text{,}016.$$

D'où l'on tire. . . . . $n = 18{,}5.$

Ainsi, avec les prix que l'on a supposés, il faudrait se servir de voitures à trois colliers au delà de 18 relais.

Pour une voiture à quatre colliers, dont la journée serait de 12 fr. 80 c. (art. 76) la charge étant de $1^{m.c.},700$ pesant environ 3096 kilogrammes, on aurait pour le temps du chargement par trois terrassiers. . . . . $1700''$ ou . . $0^h,472222$

Aller et retour à un relais. . . . . $72''$ ou . . $0^h,020000$

Déchargement. . . . . $220''$ ou . . $0^h,061111$

Total. . . . . $1992''$ ou . . $0^h,553333$

Que l'on portera à $0^h,6$ pour tenir compte des pertes de temps à l'origine du mouvement. On en déduit le prix du transport d'un mètre cube à un relais 0f,452, et pour chaque relais en sus 0f,015 ; par conséquent le prix du transport à n relais sera 0f,452 $+ (n-1)$ 0f,015.

En comparant cette dernière formule avec la précédente, on conclut que la distance à laquelle on devrait commencer à se servir de voiture à quatre colliers est 71 relais ou 2130 mètres. On ne poussera pas cette analyse plus loin.

NOTE 34.

On a réuni dans le tableau ci-dessous tous les éléments de l'analyse du transport des terres boueuses et liquides, ou vases extraites de l'eau, par des tombereaux à 1, 2, 3 et 4 colliers. On a supposé que les charges des voitures étaient celles que l'on a admises pour les terres ordinaires diminuées d'un huitième en volume. Les autres éléments sont déduits des détails donnés précédemment.

TOMBEREAUX.		Conte-nance du tombe-reau.	TEMPS du chargement par 3 terrassiers.	TEMPS pour un relais, aller et retour, déchargem. et perte de temps.	TEMPS TOTAL pour un relais.	PRIX DU TRANSPORT		
Nombre de colliers.	Prix de la journée.					du tombereau au 1er relais.	d'un mètr. cube au 1er relais	d'un mètre cube pour chaque relais en sus.
	fr. c.	m. cub.	h.	h.	h.	fr. c.	fr. c.	fr. c.
1	4 60	0,325	0,180555	0,063888	0,214414	0 112	0 35	0 028
2	7 30	0,700	0,388888	0,111111	0,400000	0 292	0 42	0 021
3	10 00	1,100	0,611111	0,119444	0,730555	0 731	0 66	0 018
4	12 80	1,500	0,833333	0,127777	0,961111	1 230	0 82	0 017

Avec les résultats ci-dessus, on a facilement dressé le tableau du prix du transport des terres boueuses par des voitures à 1, 2, 3 et 4 colliers, depuis un relais jusqu'à huit. Nous y avons joint les prix du transport à la brouette des mêmes terres.

RELAIS.	TOMBEREAUX À 1 COLLIER.		TOMBEREAUX À 2 COLLIERS.		TOMBEREAUX À 3 COLLIERS.		TOMBEREAUX À 4 COLLIERS.		Brouettes. Transp. et chargement.
	Transport.	Transport et chargem.	Transport.	Transport et chargem.	Transport.	Transport et chargem.	Transport.	Transport et chargem	
	fr. c.	fr. c.	fr. c.	fr. c.	fr. c.	fr. c.	fr. c	fr. c.	fr. c.
1	0 350	0 680	0 420	0 750	0 660	0 990	0 820	1 150	0 48
2	0 378	0 708	0 411	0 771	0 678	1 008	0 837	1 167	0 63
3	0 406	0 736	0 462	0 792	0 696	1 026	0 854	1 181	0 78
4	0 431	0 764	0 483	0 813	0 714	1 044	0 871	1 201	0 93
5	0 462	0 792	0 501	0 834	0 732	1 062	0 888	1 218	1 08
6	0 490	0 820	0 525	0 855	0 750	1 080	0 905	1 235	1 23
7	0 518	0 848	0 546	0 876	0 768	1 098	0 922	1 252	1 38
8	0 546	0 876	0 567	0 897	0 786	1 116	0 939	1 269	1 53

D'après ces résultats on voit que, comparativement au transport par bouettes des terres boueuses ou vases, c'est au troisième relais qu'il est avantageux d'employer le tombereau à un collier; au quatrième, le tombereau à deux colliers; au cinquième, le tombereau à trois colliers; et au sixième seulement, la voiture à quatre colliers.

NOTE 55.

Le tableau suivant présente tous les éléments de l'analyse du transport de la rocaille ou gravier mastiqué par des tombereaux à 1, 2, 3 et 4 colliers. On a supposé que les charges des voitures étaient celles qui ont été admises pour les terres ordinaires, diminuées d'un cinquième en volume. Les autres éléments sont déduits des analyses précédentes. Le temps du chargement d'un mètre cube de rocaille est le même que pour de la terre ordinaire, puisque la fouille se fait par d'autres ouvriers que les chargeurs.

TOMBEREAUX.		Contenance du tombereau.	TEMPS du chargement par 3 terrassiers.	TEMPS pour un relais, aller et retour, déchargem. et perte de temps.	TEMPS TOTAL pour un relais.	PRIX DU TRANSPORT		
Nombre de colliers.	Prix de la journée.					du tombereau au 1er relais.	d'un mètre. cube au 1er relais.	d'un mètre cube pour chaque relais en sus.
	fr. c.	m. cub.	h.	h.	h.	fr. c.	fr. c.	fr. c.
1	4 60	0,300	0,083333	0,063888	0,147222	0 068	0 23	0 031
2	7 30	0,640	0,177777	0,111111	0,288888	0 211	0 33	0 023
3	10 00	1,000	0,277777	0,119444	0,397222	0 397	0 40	0 020
4	12 80	1,360	0,377777	0,127777	0,505555	0 617	0 48	0 019

On peut déduire de là les prix du transport de la rocaille, à différentes distances, par des voitures à 1, 2, 3 et 4 colliers. Ces résultats sont consignés dans le tableau suivant, qui contient aussi les prix du transport à la brouette des mêmes terres.

RELAIS.	TOMBEREAUX À 1 COLLIER.		TOMBEREAUX À 2 COLLIERS.		TOMBEREAUX À 3 COLLIERS.		TOMBEREAUX À 4 COLLIERS.		Brouettes. Transp. et chargement.
	Transport	Transport et chargem.	Transport.	Transport et chargem.	Transport.	Transport et chargem.	Transport.	Transport et chargem.	
	fr. c.	fr. c.	fr. c.	fr. c.	fr. c.	fr. c.	fr. c.	fr. c.	fr. c
1	0 230	0 370	0 330	0 470	0 400	0 510	0 180	0 620	0 245
2	0 261	0 401	0 353	0 493	0 420	0 560	0 499	0 639	0 380
3	0 292	0 432	0 376	0 516	0 440	0 580	0 518	0 658	0 515
4	0 323	0 463	0 399	0 539	0 460	0 600	0 537	0 677	0 650
5	0 354	0 494	0 422	0 562	0 480	0 620	0 556	0 696	0 785
6	0 385	0 525	0 445	0 585	0 500	0 640	0 575	0 715	0 920
7	0 416	0 556	0 468	0 608	0 520	0 660	0 594	0 734	1 055
8	0 447	0 587	0 491	0 631	0 540	0 680	0 613	0 753	1 190

En comparant, d'après ce tableau, les prix du transport par brouettes et par voitures, on voit que c'est au troisième relais qu'il est avantageux de se servir du tombereau à un collier ; au quatrième relais, le tombereau à deux colliers est plus économique que la brouette ; à la même distance, le tombereau à trois colliers a aussi l'avantage ; et à cinq relais seulement, la voiture à quatre colliers.

NOTE 56.

On a supposé, pour la détermination des prix du transport du roc par voiture, que les charges étaient celles que l'on a adoptées pour les terres ordinaires, diminuées d'un tiers en volume. On a formé en conséquence le tableau qui suit, dont les éléments sont, en partie, déduits des analyses précédentes.

TOMBEREAUX.		Contenance du tombereau.	TEMPS du chargement par 3 terrassiers.	TEMPS pour un relais, aller et retour, déchargem. et perte de temps.	TEMPS TOTAL pour un voyage.	PRIX DU TRANSPORT		
Nombre de colliers.	Prix de la journée.					du tombereau au 1er relais.	d'un mètr. cube au 1er relais.	d'un mètre cube pour chaque relais en sus.
	fr. c.	m. cub.	h.	h.	h.	fr. c.	fr. c.	fr. c.
1	4 60	0,250	0,069144	0,063888	0,133333	0 061	0 244	0 037
2	7 30	0,530	0,147222	0,111111	0,258333	0 189	0 357	0 028
3	10 00	0,830	0,230555	0,119444	0,350000	0 350	0 422	0 024
4	12 80	1,130	0,313888	0,127777	0,441666	0 565	0 500	0 023

On a déduit de là les prix du transport du roc, à différentes distances, par des voitures à 1, 2, 3 et 4 colliers. En voici le tableau :

RELAIS.	TOMBEREAUX A 1 COLLIER.		TOMBEREAUX A 2 COLLIERS.		TOMBEREAUX A 3 COLLIERS.		TOMBEREAUX A 4 COLLIERS.		Brouettes. Transp. et chargement.
	Transport.	Transport et chargem.	Transport.	Transport et chargem.	Transport.	Transport et chargem.	Transport.	Transport et chargem.	
	fr. c.	fr. c.	fr. c.	fr. c.	fr. c.	fr. c.	fr. c.	fr. c.	fr. c.
1	0 244	0 384	0 357	0 497	0 422	0 562	0 500	0 610	0 27
2	0 281	0 421	0 385	0 525	0 446	0 586	0 523	0 663	0 43
3	0 318	0 458	0 413	0 553	0 470	0 610	0 546	0 686	0 59
4	0 355	0 495	0 411	0 581	0 494	0 634	0 569	0 709	0 75
5	0 392	0 532	0 469	0 609	0 518	0 668	0 592	0 732	0 91
6	0 429	0 569	0 497	0 637	0 542	0 682	0 615	0 755	1 07
7	0 466	0 606	0 525	0 665	0 566	0 706	0 638	0 778	1 23
8	0 503	0 643	0 553	0 693	0 590	0 730	0 661	0 801	1 39

D'après ce tableau, on voit que, comparativement au transport du roc par brouettes, c'est au troisième relais qu'il est avantageux d'employer le tombereau à un ou à deux colliers; et au quatrième relais, le tombereau à trois colliers et la voiture à quatre colliers.

On terminera cette note par la détermination des distances auxquelles il convient de commencer à se servir de voitures à 2, 3 et 4 chevaux, pour que les transports soient faits au meilleur marché possible, et l'on en fera l'application aux trois espèces de déblais que l'on a considérées en dernier lieu, savoir : la terre boueuse, la rocaille et le roc.

Pour la terre boueuse ou vase, les formules générales qui donnent les prix du transport à un nombre quelconque n de relais, sont :

$$\text{Pour une voiture} \begin{cases} \text{à 1 collier.} & \ldots\ldots\ldots\ 0^f,35 + (n-1)\ 0^f,028. \\ \text{à 2 colliers.} & \ldots\ldots\ldots\ 0^f,42 + (n-1)\ 0^f,021. \\ \text{à 3 colliers.} & \ldots\ldots\ldots\ 0^f,66 + (n-1)\ 0^f,018. \\ \text{à 4 colliers.} & \ldots\ldots\ldots\ 0^f,82 + (n-1)\ 0^f,017. \end{cases}$$

En égalant successivement chacune de ces quantités à celle qui la suit, on forme les équations :

$$0^f,35 + (n-1)\ 0^f,028 = 0^f,42 + (n-1)\ 0^f,021.$$
$$0^f,42 + (n-1)\ 0^f,021 = 0^f,66 + (n-1)\ 0^f,018.$$
$$0^f,66 + (n-1)\ 0^f,018 = 0^f,82 + (n-1)\ 0^f,017.$$

D'où l'on tire pour n les trois valeurs suivantes :

$$n = 11.$$
$$n = 81.$$
$$n = 161.$$

On peut en conclure que, passé le 11ᵉ relais, il faudra employer le tombereau à deux colliers de préférence au tombereau à un seul collier ; que, passé le 81ᵉ relais, on doit préférer le tombereau à trois colliers ; et qu'enfin, au delà de 161 relais ou 4830 mètres, il faudrait se servir de voitures à quatre colliers pour le transport des vases.

Pour la rocaille, les formules générales du transport à n relais sont :

$$\text{Pour une voiture} \begin{cases} \text{à 1 collier.} & \dots\dots\dots & 0^r,23 + (n-1)\ 0^r,031. \\ \text{à 2 colliers.} & \dots\dots\dots & 0^r,33 + (n-1)\ 0^r,023. \\ \text{à 3 colliers.} & \dots\dots\dots & 0^r.40 + (n-1)\ 0^r,020. \\ \text{à 4 colliers.} & \dots\dots\dots & 0^r,48 + (n-1)\ 0^r,019. \end{cases}$$

En formant des équations analogues à celles posées ci-dessus, on trouvera :

$$n = 14.$$
$$n = 24.$$
$$n = 81.$$

Ces valeurs font voir que le tombereau à deux colliers doit être employé à 15 relais, celui à trois colliers à 25 relais, et enfin la voiture à quatre colliers à 82 relais.

Enfin, pour le roc, les formules générales du transport à n relais sont :

$$\text{Pour une voiture} \begin{cases} \text{à 1 collier.} & \dots\dots\dots & 0^r,24 + (n-1)\ 0^r,037. \\ \text{à 2 colliers.} & \dots\dots\dots & 0^r,36 + (n-1)\ 0^r,028. \\ \text{à 3 colliers.} & \dots\dots\dots & 0^r,42 + (n-1)\ 0^r,024. \\ \text{à 4 colliers.} & \dots\dots\dots & 0^r,50 + (n-1)\ 0^r,023. \end{cases}$$

qui donneront de même pour n les valeurs suivantes, d'où l'on tirera des conséquences analogues :

$$n = 15.$$
$$n = 16.$$
$$n = 81.$$

Les différences notables que présentent ces trois séries de résultats proviennent de la variété des éléments de chaque analyse, et font voir combien il est important d'établir des limites rigoureuses pour chaque genre de transport et pour chaque espèce de déblais.

NOTE 57.

Le régalage et le damage des terres se font ordinairement par économie, et l'on pense que c'est le mode que l'on doit préférer. Cependant, dans quelques

TAS 1 JUSQU'A 25 RELAIS.

Under "TRANSPORTS VERTICAUX." which spans the column groups from "A la pelle…" to "A LA HOTTE, en montant une échelle."

Nombre de relais	A LA BROUETTE — Transport.	A LA BROUETTE — Transport et chargem.	A LA CIVIÈRE portée par 2 hommes — Transport.	A LA CIVIÈRE — Transport et chargem.	A la pelle, sur des banquettes de 1 m. 60 de hauteur.	AU PANIER élevé à la main de gradin en gradin de 1 m. 60 de hauteur — Transport.	AU PANIER — Transport et chargem.	AU BOURRIQUET — à manivelle 5 hommes.	AU BOURRIQUET — à manège 8 hommes et 1 cheval.	A LA HOTTE, en montant un escalier — Transport.	A LA HOTTE — Transport et chargem.	A LA HOTTE, en montant une échelle — Transport.	A LA HOTTE — Transport et chargem.
	fr. c.	fr. c.	fr. c.	fr. c.	fr. c.	fr. c.	fr. c.	fr. c.	fr. c.	fr. c.	fr. c.	fr. c.	fr. c.
1	0 11	0 22	0 15	0 [illegible]	0 11	0 22	0 33	»	»	»	»	»	»
2	0 22	0 33	0 30	0 [illegible]	0 28	0 33	0 41	»	»	0 33	0 47	0 41	0 55
3	0 33	0 44	0 45	0 [illegible]	0 42	0 44	0 55	0 70	»	0 42	0 56	0 55	0 69
4	0 44	0 55	0 60	0 [illegible]	0 56	0 55	0 66	0 79	0 28	0 51	0 65	0 69	0 83
5	0 55	0 66	0 75	0 40	0 70	0 66	0 77	0 88	0 30	0 60	0 74	0 83	0 97
6	0 66	0 77	0 90	1 55	0 81	0 77	0 88	0 97	0 32	0 69	0 83	0 97	1 11
7	0 77	0 88	1 05	1 70	0 98	0 88	0 99	1 06	0 31	0 78	0 92	1 11	1 25
8	0 88	0 99	1 20	1 85	1 12	0 99	1 10	1 15	0 36	0 87	1 01	1 25	1 39
9	0 99	1 10	1 35	1 00	1 26	1 10	1 21	1 24	0 38	0 96	1 10	1 39	1 53
10	1 10	1 21	1 50	1 15	1 40	1 21	1 32	1 33	0 40	1 05	1 19	1 53	1 67
11	1 21	1 32	1 65	1 30	1 54	1 32	1 43	1 42	0 12	1 14	1 28	1 67	1 81
12	1 32	1 43	1 80	1 45	1 68	1 43	1 54	1 51	0 44	1 23	1 37	1 81	1 95
13	1 43	1 54	1 95	2 60	1 82	1 54	1 65	1 60	0 46	1 32	1 46	1 95	2 09
14	1 54	1 65	2 10	2 75	1 96	1 65	1 76	1 69	0 48	1 41	1 55	2 09	2 23
15	1 65	1 76	2 25	2 90	2 10	1 76	1 87	1 78	0 50	1 50	1 64	2 23	2 37
16	1 76	1 87	2 40	2 05	2 21	1 87	1 98	1 87	0 52	1 59	1 73	2 37	2 51
17	1 87	1 98	2 55	2 20	2 38	1 98	2 09	1 96	0 54	1 68	1 82	2 51	2 65
18	1 98	2 09	2 70	2 35	2 52	2 09	2 20	2 05	0 56	1 77	1 91	2 65	2 79
19	2 09	2 20	2 85	2 50	2 66	2 20	2 31	2 14	0 58	1 86	2 00	2 79	2 93
20	2 20	2 31	3 00	3 65	2 80	2 31	2 42	2 23	0 60	1 95	2 09	2 93	3 07
21	2 31	2 42	3 15	3 80	2 91	2 42	2 53	2 32	0 62	2 04	2 18	3 07	3 21
22	2 42	2 53	3 30	3 95	3 08	2 53	2 61	2 41	0 64	2 13	2 27	3 21	3 35
23	2 53	2 64	3 45	3 10	3 22	2 64	2 75	2 50	0 66	2 22	2 36	3 35	3 49
24	2 64	2 75	3 60	3 25	3 36	2 75	2 86	2 59	0 68	2 31	2 45	3 49	3 65
25	2 75	2 86	3 75	3 40	3 50	2 86	2 97	2 68	0 70	2 40	2 54	3 63	3 77

TABLEAU GÉNÉRAL DES PRIX DU TRANSPORT DES TERRES, DEPUIS 1 JUSQU'A 25 RELAIS.

Groupes : **TRANSPORTS HORIZONTAUX** (colonnes « À la brouette » à « À la voiture ») — **TRANSPORTS VERTICAUX** (colonnes « A la pelle » à « À la hotte, en montant une échelle »). Valeurs en fr. c.

Nombre de relais.	À LA BROUETTE. Transport.	À LA BROUETTE. Transport et chargem.	À LA CIVIÈRE portée par 2 hommes. Transport.	À LA CIVIÈRE portée par 2 hommes. Transport et chargem.	À LA HOTTE. Transport.	À LA HOTTE. Transport et chargem.	AU PANIER. Transport.	AU PANIER. Transport et chargem.	AU CAMION traîné par 3 hommes. Transport.	AU CAMION traîné par 3 hommes. Transport et chargem.	À DOS D'ANE. Transport.	À DOS D'ANE. Transport et chargem.	AU TOMBEREAU à un collier. Transport.	AU TOMBEREAU à un collier. Transport et chargem.	AU TOMBEREAU à 2 colliers. Transport.	AU TOMBEREAU à 2 colliers. Transport et chargem.	AU TOMBEREAU à 3 colliers. Transport.	AU TOMBEREAU à 3 colliers. Transport et chargem.	À LA VOITURE à 4 roues et à 4 colliers. Transport.	À LA VOITURE à 4 roues et à 4 colliers. Transport et chargem.	A la pelle, sur des banquettes de 1 m. 60 de hauteur.	AU PANIER élevé à la main de gradin en gradin de 1m,60 de hauteur. Transport.	AU PANIER élevé à la main de gradin en gradin de 1m,60 de hauteur. Transport et chargem.	AU BOURRIQUET à manivelle 5 hommes.	AU BOURRIQUET à manège 8 hommes et 1 cheval.	À LA HOTTE, en montant un escalier. Transport.	À LA HOTTE, en montant un escalier. Transport et chargem.	À LA HOTTE, en montant une échelle. Transport.	À LA HOTTE, en montant une échelle. Transport et chargem.
1	0 11	0 22	0 15	0 26	0 16	0 30	0 22	0 33	»	»	0 26	0 40	»	»	»	»	»	»	»	»	0 11	0 22	0 33	»	»	»	»	»	»
2	0 22	0 33	0 30	0 41	0 32	0 46	0 44	0 55	»	»	0 33	0 47	»	»	»	»	»	»	»	»	0 28	0 33	0 44	»	»	0 33	0 47	0 41	0 55
3	0 33	0 44	0 45	0 56	0 48	0 62	0 66	0 77	0 25	0 30	0 40	0 54	0 260	0 400	»	»	»	»	»	»	0 42	0 44	0 55	0 70	»	0 42	0 56	0 55	0 69
4	0 44	0 55	0 60	0 71	0 64	0 78	0 88	0 99	0 30	0 44	0 47	0 61	0 285	0 425	0 37	0 51	»	»	»	»	0 56	0 55	0 66	0 79	0 28	0 51	0 65	0 69	0 83
5	0 55	0 66	0 75	0 86	0 80	0 94	1 10	1 21	0 35	0 49	0 54	0 68	0 310	0 450	0 39	0 53	0 440	0 580	0 500	0 610	0 70	0 66	0 77	0 88	0 30	0 60	0 74	0 83	0 97
6	0 66	0 77	0 90	1 01	0 96	1 10	1 32	1 43	0 40	0 54	0 61	0 75	0 335	0 475	0 41	0 55	0 456	0 596	0 515	0 655	0 84	0 77	0 88	0 97	0 32	0 69	0 83	0 97	1 11
7	0 77	0 88	1 05	1 16	1 12	1 26	1 54	1 65	0 45	0 59	0 68	0 82	0 360	0 500	0 43	0 57	0 472	0 612	0 530	0 670	0 98	0 88	0 99	1 06	0 34	0 78	0 92	1 11	1 25
8	0 88	0 99	1 20	1 31	1 28	1 42	1 76	1 87	0 50	0 64	0 75	0 89	0 385	0 525	0 45	0 59	0 488	0 628	0 545	0 685	1 12	0 99	1 10	1 15	0 36	0 87	1 01	1 25	1 39
9	0 99	1 10	1 35	1 46	1 44	1 58	1 98	2 09	0 55	0 69	0 82	0 96	0 410	0 550	0 47	0 61	0 504	0 644	0 560	0 700	1 26	1 10	1 21	1 24	0 38	0 96	1 10	1 39	1 53
10	1 10	1 21	1 50	1 61	1 60	1 74	2 20	2 31	0 60	0 74	0 89	1 03	0 435	0 575	0 49	0 63	0 520	0 660	0 575	0 715	1 40	1 21	1 32	1 33	0 40	1 05	1 19	1 53	1 67
11	1 21	1 32	1 65	1 76	1 76	1 90	2 42	2 53	0 65	0 79	0 96	1 10	0 460	0 600	0 51	0 65	0 536	0 676	0 590	0 730	1 54	1 32	1 43	1 42	0 42	1 14	1 28	1 67	1 81
12	1 32	1 43	1 80	1 91	1 92	2 06	2 64	2 75	0 70	0 84	1 03	1 17	0 485	0 625	0 53	0 67	0 552	0 692	0 605	0 745	1 68	1 43	1 54	1 51	0 44	1 23	1 37	1 81	1 95
13	1 43	1 54	1 95	2 06	2 08	2 22	2 86	2 97	0 75	0 89	1 10	1 24	0 510	0 650	0 55	0 69	0 568	0 708	0 620	0 760	1 82	1 54	1 65	1 60	0 46	1 32	1 46	1 95	2 09
14	1 54	1 65	2 10	2 21	2 24	2 38	3 08	3 19	0 80	0 94	1 17	1 31	0 535	0 675	0 57	0 71	0 584	0 724	0 635	0 775	1 96	1 65	1 76	1 69	0 48	1 41	1 55	2 09	2 23
15	1 65	1 76	2 25	2 36	2 40	2 54	3 30	3 41	0 85	0 99	1 24	1 38	0 560	0 700	0 59	0 73	0 600	0 740	0 650	0 790	2 10	1 76	1 87	1 78	0 50	1 50	1 64	2 23	2 37
16	1 76	1 87	2 40	2 51	2 56	2 70	3 52	3 63	0 90	1 04	1 31	1 45	0 585	0 725	0 61	0 75	0 616	0 756	0 665	0 805	2 24	1 87	1 98	1 87	0 52	1 59	1 73	2 37	2 51
17	1 87	1 98	2 55	2 66	2 72	2 86	3 74	3 85	0 95	1 09	1 38	1 52	0 610	0 750	0 63	0 77	0 632	0 772	0 680	0 820	2 38	1 98	2 09	1 96	0 54	1 68	1 82	2 51	2 65
18	1 98	2 09	2 70	2 81	2 88	3 02	3 96	4 07	1 00	1 14	1 45	1 59	0 635	0 775	0 65	0 79	0 648	0 788	0 695	0 835	2 52	2 09	2 20	2 05	0 56	1 77	1 91	2 65	2 79
19	2 09	2 20	2 85	2 96	3 04	3 18	4 18	4 29	1 05	1 19	1 52	1 66	0 660	0 800	0 67	0 81	0 664	0 804	0 710	0 850	2 66	2 20	2 31	2 14	0 58	1 86	2 00	2 79	2 93
20	2 20	2 31	3 00	3 11	3 20	3 34	4 40	4 51	1 10	1 24	1 59	1 73	0 685	0 825	0 69	0 83	0 680	0 820	0 725	0 865	2 80	2 31	2 42	2 23	0 60	1 95	2 09	2 93	3 07
21	2 31	2 42	3 15	3 26	3 36	3 50	4 62	4 73	1 15	1 29	1 66	1 80	0 710	0 850	0 71	0 85	0 696	0 836	0 740	0 880	2 94	2 42	2 53	2 32	0 62	2 04	2 18	3 07	3 21
22	2 42	2 53	3 30	3 41	3 52	3 66	4 84	4 95	1 20	1 34	1 73	1 87	0 735	0 875	0 73	0 87	0 712	0 852	0 755	0 895	3 08	2 53	2 64	2 41	0 64	2 13	2 27	3 21	3 35
23	2 53	2 64	3 45	3 56	3 68	3 82	5 06	5 17	1 25	1 39	1 80	1 94	0 760	0 900	0 75	0 89	0 728	0 868	0 770	0 910	3 22	2 64	2 75	2 50	0 66	2 22	2 36	3 35	3 49
24	2 64	2 75	3 60	3 71	3 84	3 98	5 28	5 39	1 30	1 44	1 87	2 01	0 785	0 925	0 77	0 91	0 744	0 884	0 785	0 925	3 36	2 75	2 86	2 59	0 68	2 31	2 45	3 49	3 63
25	2 75	2 86	3 75	3 86	4 00	4 14	5 50	5 61	1 35	1 49	1 94	2 08	0 810	0 950	0 79	0 93	0 760	0 900	0 800	0 940	3 50	2 86	2 97	2 68	0 70	2 40	2 54	3 63	3 77

endroits, l'usage est de laisser le régalage à la charge des ateliers, et l'entrepreneur paye les ouvriers en conséquence : il est donc juste alors de tenir compte de la dépense que ce travail occasionne. Dans tous les cas, il sera toujours utile de l'analyser, ne fût-ce que pour servir à la rédaction des états estimatifs.

Les résultats que l'on a admis pour cette analyse sont puisés dans l'ouvrage de Gauthey sur la construction des ponts, et ils s'accordent à peu près avec ceux que l'on a trouvés dans quelques analyses particulières.

Pour terminer ce qui est à dire sur les mouvements de terre, on a donné un tableau comparatif des prix résultant de l'analyse pour toutes les espèces de transports et pour toutes les distances depuis un relais jusqu'à vingt-cinq, en joignant au prix du transport celui du chargement, et supposant toujours la terre à un homme à la fouille. Le choix à faire entre les différents moyens de transports, pour le déblai des terres, peut dépendre de circonstances particulières, telles que la nature des chemins, le nombre d'hommes qu'on peut employer, le temps que l'on a à sa disposition, et surtout les prix relatifs des divers moyens de transport. Cette dernière considération étant la plus importante, on a établi tous les prix sur le principe de la plus grande économie combinée avec le meilleur mode de travail.

En comparant les différents procédés que l'on a analysés pour le transport des terres dans la direction verticale, on peut en déduire quelques observations qui ne seront pas sans utilité. Sous le rapport des prix, les six colonnes du tableau présentent des différences très-notables ; mais il est bon de comparer ici les résultats relativement à l'effet produit par un homme dans chaque cas particulier.

Dans le transport à la pelle par banquette de $1^m,60$, l'effet utile est de . . . . 35 kil. élevés à 1000 mètres.

Dans le transport au panier par banquette de $1^m,60$. 29   *idem*
Dans le transport par le bourriquet à manivelle. . 52   *idem*
Dans le transport à la hotte, sur un escalier. . . . 56   *idem*
Dans le transport à la hotte, sur une échelle. . . 40   *idem*

Coulomb, après avoir établi d'après l'expérience, comme on l'a vu dans la note 30, que lorsque l'homme chargé d'un poids de 53 kilogrammes monte un escalier, il produit un travail utile de 56 kilogrammes élevés à 1000 mètres, tandis que la quantité d'action journalière des hommes qui montent un escalier commode sans être chargés d'aucun fardeau est évaluée à 205 kilogrammes élevés à 1000 mètres (le poids de l'homme étant supposé de 70 kilogrammes), conclut que, dans le premier cas, les hommes consument inutilement près des trois quarts de leur action, et que ce genre de travail coûte par conséquent quatre fois plus qu'un travail où, après avoir monté un escalier sans aucune charge, ils se laisseraient retomber par un moyen quelconque, en entraînant et élevant un poids d'une pesanteur à peu près égale au poids de leur corps.

On a cherché, d'après cette observation, à évaluer le prix du transport des terres par ce moyen. L'élévation de l'homme a été de 2923 mètres en $7^h,75$ de travail effectif : ainsi il reste $2^h,25$ sur les dix heures de travail journalier pour la descente des hommes correspondant à la montée des terres, et ce temps serait bien plus que suffisant pour cette opération. D'après cela, on admettra pour base du calcul qu'un manœuvre pourra, par sa descente, faire monter dans une journée 70 kilogrammes de terre ou $0^{m.c.},0384$ à 2923 mètres ; par conséquent, en prenant le cas particulier d'une hauteur de cinq relais ou 8 mètres, on trouvera que le même homme peut monter environ 14 mètres cubes ; et comme il n'occuperait la machine qu'à peu près un quart de jour, il en résulte que cette même machine pourrait servir pour quatre hommes dont le travail serait de 56 mètres cubes élevés à 5 relais.

Ces quatre manœuvres, à 1 fr. 25 c. l'un, coûteraient. . . . . Fr.   5,00

On suppose les frais de machine à 1 fr. 50 c. par jour.   1,50

Faux frais, 1/20 du tout.   0,33

Total pour 56 mètres cubes.   6,83

D'où l'on déduit, pour le prix d'un mètre cube de terre élevée à 5 relais, $0^f,122$. En appliquant ce calcul à d'autres distances, on a trouvé pour le prix d'un relais $0^f,05$, tous frais compris ; de sorte qu'un mètre cube élevé par ce moyen à n relais coûtera $n \times 0^f,025$. Ainsi, à 25 relais, ce serait $0^f,625$, à quoi il faudrait ajouter à peu près $0^f,14$, tant pour le chargement que pour le déchargement.

On doit ajouter qu'il n'a été fait aucune expérience sur ce genre de transport, et qu'on n'en parle ici que pour engager les officiers du génie à chercher des moyens de le mettre en usage. Il est si simple et si économique, que lors même que les frais de machine s'élèveraient à une plus forte somme que celle que l'on a supposée, il y aurait toujours un grand avantage à l'employer de préférence à tout autre procédé.

NOTE 38.

Il faudrait, à la rigueur, établir cette analyse pour chaque cas particulier, attendu que le prix du dragage dépend de la nature du terrain à déblayer et de la profondeur de l'eau. On la donne (d'après Gauthey) seulement pour le sable mouvant de rivière, parce que c'est la seule espèce de déblais qui soit à peu près la même partout. Quant au dragage avec des machines, il dépend de tant de circonstances variables, que ce que l'on pourrait en dire ici serait sans objet.

NOTE 39.

On a fait, en 1812, de grands gazonnements à Flessingue, et l'on s'est assuré que la meilleure manière de lever les gazons était celle-ci :

Un homme adroit dirige une pelle bien affilée le long d'un madrier bien dressé

et servant de règle, et deux hommes marchent devant lui, tirant une corde attachée au col de la pelle. Par ce moyen, la pelle coupe, à environ un décimètre de
profondeur, sur le terrain, des lignes parallèles espacées entre elles d'une longueur de gazon; on trace pareillement, dans un sens perpendiculaire, d'autres
lignes parallèles distantes de la largeur d'un gazon. Il ne reste plus alors qu'à
détacher le gazon par-dessous : pour cela, l'homme qui tient la pelle la glisse
sous le gazon découpé, et les deux aides donnent une secousse à la corde, ce qui
suffit pour détacher le gazon.

Deux ateliers organisés ainsi qu'il vient d'être dit ont travaillé dans un pré
pendant 18 jours, et ont levé, l'un 25728 gazons, l'autre 25906, terme moyen
25817. Ainsi le travail journalier d'un atelier produit 1434 gazons que l'on a réduits
à 1400 dans l'analyse.

Deux sapeurs, aidés chacun d'un manœuvre, ont gazonné le talus intérieur
d'une face de redoute en 12 jours de travail : cette face était de 150 mètres carrés,
ce qui fait 75 mètres carrés pour chaque sapeur, ou un peu plus de 6 mètres
carrés par jour. C'est d'après cette expérience que l'on a fixé le travail d'un
gazonneur.

NOTE 40.

On va déterminer, par une analyse comparée, la distance à laquelle on doit
commencer à se servir de tombereaux pour le transport des gazons. On a vu
(article 162) qu'en se servant de brouettes, le transport des 55 gazons nécessaires
à un mètre carré de revêtement coûterait, chargement et déchargement
compris :

A 1 relais. $0^\mathrm{f},192 + \qquad 0^\mathrm{f},05 = 0^\mathrm{f},242$
A 2 relais. $0^\mathrm{f},192 + 2 \times 0^\mathrm{f},05 = 0^\mathrm{f},292$
A 3 relais. $0^\mathrm{f},192 + 3 \times 0^\mathrm{f},05 = 0^\mathrm{f},342$
A 4 relais. $0^\mathrm{f},192 + 4 \times 0^\mathrm{f},05 = 0^\mathrm{f},392$
Etc. . . . .
A n relais. $0^\mathrm{f},192 + n \times 0^\mathrm{f},05$

Pour déterminer la même dépense dans le cas où le transport des gazons se
ferait dans un tombereau à un cheval, on observera que le chargement du tombereau devant être de 675 kilogrammes (voyez la note 32), et le poids d'un gazon
de $15^\mathrm{k},75$, le tombereau contiendra 42 gazons : on réduira ce nombre à 40. En
employant trois hommes au chargement et trois autres hommes au déchargement, il faudra pour ces deux opérations, en ayant égard à la
sujétion. . . . . 1333″ ou. . . . $0^\mathrm{u},370370$
Le temps de l'aller et du retour à un relais. . . . . 72″ ou. . . . $0^\mathrm{b},020000$
Temps perdu à l'origine du mouvement (note 32). . 38″ ou. . . . $0^\mathrm{b},010555$

$\qquad$ Temps total. . . . . 1443″ ou. . . . $0^\mathrm{h},400925$

que l'on réduira en nombre rond à $0^h,4$, qui, à raison de 4 fr. 60 c. la journée (article 71), coûteront $0^f,184$ pour 40 gazons. Ainsi le prix du transport de 55 gazons nécessaires pour un mètre carré de revêtement sera de $0^f,2530$. Chaque relais en sus, demandant $0^h,02$ pour l'aller et le retour, coûtera, pour un voyage ou le transport de 40 gazons, $0^f,0092$, et pour 55 gazons ou un mètre carré, $0^f,0127$.

Le chargement et le déchargement, demandant $0^h,370370$ de la journée de trois hommes payés ensemble $4^f,725$, avec les faux frais, coûteront, pour 40 gazons, $0^f,175$, et pour 55 gazons ou un mètre carré, $0^f,2406$.

Avec ces données, on trouve que le transport par tombereau à un collier, chargement et déchargement compris, de 55 gazons, coûtera :

$$
\begin{aligned}
&\text{A 1 relais.} &\ldots\ldots\ldots\ldots\ldots\ldots\ldots & 0^f,253 + && 0^f,241 = 0^f,494 \\
&\text{A 2 relais.} &\ldots\ldots\ldots\ldots\ldots\ldots\ldots & 0^f,494 + && 0^f,013 = 0^f,507 \\
&\text{A 3 relais.} &\ldots\ldots\ldots\ldots\ldots\ldots\ldots & 0^f,494 + 2 &\times& 0^f,013 = 0^f,520 \\
&\text{A 4 relais.} &\ldots\ldots\ldots\ldots\ldots\ldots\ldots & 0^f,494 + 3 &\times& 0^f,013 = 0^f,533 \\
&\text{Etc.} &\ldots\ldots\ldots\ldots\ldots\ldots\ldots\ldots & && \\
&\text{A } n \text{ relais.} &\ldots\ldots\ldots\ldots\ldots\ldots & 0^f,494 + (n-1)\,0^f,013 &&
\end{aligned}
$$

Pour savoir à quelle distance il y a de l'avantage à se servir de tombereaux à un collier pour le transport des gazons, il faut égaler cette dernière expression à la valeur correspondante dans le transport des gazons par brouettes : on aura

$$0^f,494 + (n-1)\,0^f,013 = 0^f,192 + n\,0^f,05$$

d'où l'on tire. $n = 7,81$

Ainsi, ce n'est qu'au huitième relais qu'il faudra employer des tombereaux à un collier, de préférence à des brouettes, pour le transport des gazons.

Si l'on voulait déterminer la distance à laquelle il serait avantageux d'effectuer le transport des gazons par des tombereaux attelés de deux chevaux, et le prix du transport dans ce cas, on y parviendrait par une analyse analogue.

Le tombereau à deux colliers contiendra 92 gazons pesant 1449 kilogrammes. On supposera seulement 90 gazons : en employant trois hommes au chargement et autant au déchargement, il faudra pour ces deux opérations. . . . $0^h,833333$

Le temps de l'aller et du retour à un relais. . . . . $0^h,020000$

Temps perdu à l'origine du mouvement (note 32). . . . . $0^h,041000$

$$\text{Temps total.} \ldots\ldots\ldots\ldots\quad 0^h,894333$$

que l'on portera en nombre rond à $0^h,9$, qui, à raison de 7 fr. 30 c. la journée (art. 72), coûteront $0^f,657$ pour 90 gazons ; d'où l'on conclut que le prix du transport de 55 gazons nécessaires pour un mètre carré sera $0^f,4015$; chaque relais en sus, demandant $0^h,02$, coûtera, en frais de tombereau, $0^f,0146$ pour 90 gazons, et pour 55 gazons, $0^f,009$. Les mêmes frais, pour 55 gazons transportés à n relais, seront

$$0^f,4015 + (n-1)\,0^f,009.$$

Lorsque le transport aura lieu par tombereaux à un collier, on a vu qu'il en coûterait, pour le transport seulement à n relais. . . . . . $0^f,253 + (n-1)\,0^f,013$.

Égalant cette expression à la précédente, on a l'équation :

$$0^f,253 + (n-1)\,0^f,613 = 0^f,402 + (n-1)\,0^f,009$$

D'où l'on tire. . . . . $n = 38,25$

Ainsi, passé 38 relais, il y aurait de l'économie à employer, pour le transport des gazons, des tombereaux à deux colliers de préférence à des tombereaux à un collier.

On trouverait de même que, pour un tombereau à trois colliers contenant 144 gazons, que l'on réduira à 140, le temps du chargement et du déchargement par trois hommes serait. $1^h,296296$

Le temps de l'aller et du retour à un relais.. . . . . $0^h,020000$

Le temps perdu à l'origine du mouvement (note 33). . . . . . . $0^h,043889$

Temps total. . . . . $1^h,360185$

Le prix de la journée étant de 10 fr. (art. 73), le transport de 140 gazons coûtera 1 fr. 36 c., et, par conséquent, celui de 55 gazons. . . . . $0^f,154$

Chaque relais en sus coûtera $0^f,02$ pour 140 gazons, et pour 55. . . . $0^f,008$

Ainsi, les frais de tombereau pour le transport à n relais seront, par mètre carré :

$$0^f,534 + (n-1)\,0^f,008.$$

En formant l'équation :

$$0^f,534 + (n-1)\,0^f,008 = 0^f,402 + (n-1)\,0^f,009$$

on en tire. . . . . $n = 133$

D'où l'on conclut que, passé le 133ᵉ relais, il faut employer des tombereaux à trois colliers pour le transport des gazons. On ne poussera pas ces recherches plus loin : elles peuvent s'appliquer, en y faisant les modifications convenables, à la détermination du moyen de transport le plus économique pour toute espèce de matériaux.

NOTE 41.

Les prix que nous avons adoptés pour les bois propres aux ouvrages de fascinage sont à peu près une moyenne entre les prix réels de ces matériaux sur différents points de la France; il sera assez difficile de se procurer sur ce sujet des données précises, non-seulement à cause du mystère dont les marchands de bois enveloppent ordinairement leurs spéculations, mais aussi par suite de l'extrême variété des produits selon les lieux et selon les aménagements des bois. Nous citerons cependant un exemple de ce genre d'exploitation; il nous a été fourni par M. le capitaine Guéry, dans son *Mémoire sur la construction des épis* : nous y appliquerons les prix résultant de la présente analyse.

« On a fait l'arpentage de deux cantons des forêts communales de Strasbourg, « exploités pendant l'automne de 1823 pour les travaux du Rhin; on a reconnu :

« 1° Que le canton Breitlach, de 957 ares 33 centiares, ayant huit ans de feuille, « l'essence dominante étant le noisetier, et de la plus belle venue, avait produit « 9620 fascines, 39000 piquets et 1725 bottes de clayons.

« 2° Que le canton Feldeskœpfel, de 411 ares 18 centiares, ayant également « huit ans de feuille, l'essence dominante étant le saule, avait produit 2390 fasci- « nes, 5700 piquets et 1425 bottes de clayons. »

Ainsi, en ajoutant ces deux produits, l'on aura le résultat suivant :

$1368^{\text{ares}},51$ ont fourni

12010 fascines, valant pour les brins et les harts (art. 185) 15 fr. le cent, ci..	Fr. 1801,50
44700 piquets, valant 1 fr. 88 c. le cent (art. 193), déduction faite du bénéfice d'exploitation, etc., ci.	840,36
3150 bottes de clayons, valant pour les brins et les harts (art. 188) 14 fr. 80 c. le cent, ci . .	466,20
TOTAL..	3108,06

Ce qui donne pour le produit brut d'un are en huit ans 2 fr. 27 c., et pour celui d'un hectare 227 fr.

Le produit annuel par hectare sera donc $\frac{227}{8} = 28^f,375$ ou 14 fr. 50 c. pour l'arpent des eaux et forêts. Bien entendu qu'il n'est ici question que de bois taillis.

Il est bon d'observer que les piquets et les clayons se prennent ordinairement dans les mêmes coupes que les fascines et se préparent en même temps qu'elles, afin d'utiliser les bois propres à ces objets. Il est à désirer que les piquets ne soient aiguisés qu'à proximité du lieu où l'on doit les employer; c'est pour cette raison que, dans l'analyse, nous avons compté séparément la dépense de cette opération.

NOTE 42.

La valeur des blocailles dépend de circonstances locales, telles que la nature de la roche à exploiter, les procédés en usage dans le pays, etc. L'exemple que nous allons citer est tiré d'une analyse spéciale fondée sur des expériences faites avec soin. Nous avons déjà donné (art. 90 de l'analyse) un exemple d'exploitation de roc granitique; celui dont il va être question est relatif à l'extraction d'une roche calcaire.

On suppose un banc de roc de 10 mètres d'épaisseur exploitable, et recouvert de terre sur une hauteur de 12 mètres. Le terrain sous lequel gît le banc est estimé 50 francs l'are; les terres à déblayer sont à deux hommes à la fouille, et le transport moyen des déblais pour la découverte est évalué à quatre relais de distance, les déblais nouveaux étant transportés dans les anciennes excavations; s'il en était autrement, il faudrait avoir égard à cette circonstance dans l'évaluation des frais de découverte. Joignons à ces données les résultats de quelques expériences faites sur la roche à exploiter.

1° Un pétard chargé d'un kilogramme de poudre a détaché un bloc de 13$^{m.c.}$,300, qui a produit 20 mètres cubes de fragments de toutes grosseurs.

2° Un autre pétard, chargé de 0^k,75 de poudre, a détaché un bloc de 11 mètres cubes, qui a produit 17 mètres cubes de fragments.

D'où l'on peut conclure qu'un mètre cube de roc vif a fourni à peu près 1$^{m.c.}$,500 de fragments de toutes grosseurs, dont on tirera un mètre cube de blocailles conformes aux conditions du devis, et un demi-mètre cube de fragments dont on peut évaluer la valeur à moitié de celle des blocailles.

Enfin, les mêmes expériences précitées ont appris qu'une journée de rocteur produisait 2 mètres cubes de fragments.

D'après cela, nous aurons pour la dépense occasionnée par l'exploitation de 10 mètres cubes de roc vif, produisant 15 mètres cubes de fragments :

1° Un mètre carré de terrain à 50 francs l'are, ci . . . . Fr. 0,500
2° Pour découverte, 12$^{m.c.}$,000 de terre à deux hommes à la fouille
et à quatre relais, à 66 centimes le mètre cube, ci   7,920
3° Roctage, 7j,5 de rocteur à 2^f,783 l'une   20,873
4° 0^k,75 de poudre de mine à 3 fr. le kilogramme   2,250
5° Transport par brouette à deux relais, distance supposée du dépôt à la carrière, de 10 mètres cubes de roc déblayé, à 0^f,324 l'un
(art. 99).   3,240

Total de la dépense brute. .   34,783
1/5 pour bénéfice d'exploitation.   6,957

TOTAL. . .   41,740

Or, d'après la supposition faite ci-dessus, on aura, en appelant X le prix d'un mètre cube de blocaille :

$$10\,X + 5/2\,X = 41 \text{ fr. } 74 \text{ c.;}$$

d'où l'on tire . . . . $X = 3$ fr. 34 c.,

que l'on pourra réduire à 3 fr. 30 c.

<h1 style="text-align:center">NOTE 45.</h1>

Ce que l'on a dit dans l'analyse de l'art. 185 peut s'appliquer au transport par voiture à toute autre distance que 4000 mètres. Si l'on était dans le cas d'employer des fascines sur plusieurs points éloignés les uns des autres, ou bien si l'on en tirait de différents endroits, on en payerait le transport d'après la distance, en calculant le prix par relais, conformément à ce qui a été dit à l'occasion du transport des terres par voiture. Si l'on avait à calculer le transport des mêmes fascines à bras, on pourrait se servir de ce résultat d'expérience, qu'un manœuvre à la journée peut porter 90 grandes fascines à 200 mètres en dix heures. Quant au transport par bateaux, l'analyse de son prix dépend des localités.

NOTE 44.

Si, pour employer les blocailles, on les prenait au dépôt pour les transporter ensuite à pied d'œuvre, il faudrait ajouter au prix trouvé (art. 197) celui d'un nouveau chargement et d'un nouveau transport, que l'on calculerait d'une manière analogue.

Si le transport des blocailles se faisait par bateaux, on pourrait admettre comme données d'expérience qu'un homme charge par jour 10 mètres cubes de blocailles dans un bateau, et qu'il en décharge 12 mètres cubes sans emmétrage. Dans des brouettes, le temps d'un chargement d'un mètre cube de blocailles par un homme est $0^h,80$; et dans des camions, $0^h,83$.

NOTE 45.

Pour compléter l'analyse des objets employés dans les travaux d'épis sur les fleuves, il nous reste à parler de celle des saucissons farcis de gravier, des paniers parallélipipédiques en osier, des paniers oblongs en osier, et enfin des grandes claies; objets dont les formes, les dimensions et les usages ont été décrits dans la note 14 sur le devis (1).

1° Saucissons farcis de gravier.

Les matériaux étant réunis à proximité du chantier où se confectionnent les saucissons, il faut pour chaque saucisson (2) :

10 à 12 grandes fascines, si elles sont bien fournies, et 14 à 16 dans le cas contraire ; terme moyen, 13 grandes fascines à 33 fr. 30 c. le cent, ci.. . . Fr. 4,329

11 harts de $3^m,50$ à 4 mètres de longueur, de $0^m,20$ à $0^m,035$ de diamètre au gros bout, et $0^m,007$ à $0^m,010$ de diamètre au petit bout, dont on peut supposer la valeur équivalente à celle d'une botte de clayons (art. 188), ci. 0,290

A Reporter. . . .   4,619

---

(1) Devis modèle (*français*) des travaux dépendant du service du génie.
(2) On suppose que le saucisson a $4^m,50$ de longueur sur $0^m,65$ à 0,80 de diamètre.

	Report. . . .	4,619

0^{m.c.},550 de gravier ; le dépôt étant supposé à un relais, à 0^f,658 le mètre cube ; savoir : 0^f,550 pour le gravier (art. 198), et 0^f,108 pour le transport à un relais (art. 93), ci 0,362

Un atelier de six fascineurs pourra établir deux chantiers de saucissons et faire 12 à 15 saucissons par jour ; terme moyen, 13 saucissons 1/2 pour 6 × 1^f,943 = 11^f,658 ; ci pour un saucisson. 0,863

	TOTAL.	5,844

qu'on peut porter à 6 francs.

2° Paniers parallélipipédiques en osier (1).

Les osiers seront fournis par économie ainsi que le gravier. On paye ordinairement pour la façon de chaque panier. . . . . Fr. 2,500

3° Paniers oblongs en osier (2).

Le bois et le gravier seront également fournis par économie ; il faut moyennement pour la façon d'un panier 1/5 de la journée de deux fascineurs, ou 0,40 journée de fascineur à 1^f,943 l'une, ce qui fait 0^f,777, qu'on peut porter à. Fr. 0,800

4° Claies (3).

Les matériaux seront fournis par économie, vu la variation des dimensions des claies. On peut compter moyennement 1,50 journée de fascineur pour la façon d'une claie semblable à celles dont il est question dans la note 14 sur le devis ; ce qui donne pour le prix de la façon d'une claie 2^f,915, qu'on peut porter à. . . . . Fr. 3,000

NOTE 46.

Nous allons, pour compléter ce qui a été dit dans la note 13 sur le devis, relativement aux travaux de défense à exécuter sur les digues à la mer, donner quelques détails analytiques pour déterminer la valeur de ces mêmes travaux.

Paillassonnage.

DÉTAIL *pour dix mètres carrés.*

Paille.— 15 bottes de paille de seigle ou de froment d'un an de coupe au plus,

---

(1) Ces paniers sont de 1 à 2 mètres de longueur, 1 mètre de largeur et 0,90 à 0,50 de hauteur.

(2) Ils ont 1^m,60 à 2 mètres de hauteur de clayonnage, sur 0^m,08 de diamètre aux extrémités et 0,^m40 à 0^m,50 de diamètre au milieu.

(3) On suppose qu'elles ont 4 mètres de longueur, 0^m,30 d'épaisseur, 2 à 2^m,60 de largeur à l'une des extrémités et 1^m,40 à 2 mètres à l'autre.

ayant 0^m,90 de tour à l'endroit du lien, dont 10 bottes pour la première couche et 5 pour les tresses transversales, lesquelles, à 16 francs le cent, rendues sur la digue, font. . . . . Fr. 2,400

Façon. — Un ouvrier paillassonneur, travaillant à la tâche et gagnant 2 fr. 50 c. par jour, fera 30 mètres carrés de paillassonnage en tresses tordues, y compris l'approche de la paille et faux frais de la première couche; ce qui fait pour 10 mètres carrés. 0,833

Faux frais. — 1/20 de main-d'œuvre. 0,042

Total pour 10 mètres carrés. . . 3,275

Et pour un mètre carré de paillassonnage. . . . . Fr. 0,328

Fascinage à plat non chargé de blocailles.

DÉTAIL *pour dix mètres carrés.*

10 bottes de paille à 16 francs le cent. . . . . Fr. 1,600

70 fascines moyennes à 11 fr. 50 c. le cent (art. 184). . . 8,050

60 piquets en chêne à 3 francs le cent (art. 193). 1,800

30 piquets chevillés en chêne, de 1^m,50 de longueur sur 18 à 20 centimètres de tour (évalués le double des précédents), à 6 francs le cent. 1,800

30 chevilles en chêne pour ces piquets, à 36 centimes le cent. 0,108

11 bottes de clayons en chêne, de 2^m,50 à 3 mètres de longueur et de 0^m,07 de tour, à 11 fr. 70 c. le cent de bottes (art. 189). 1,287

Un maître fascineur, payé 2 fr. 50 c. (art. 22), peut faire 28 mètres carrés de fascinage, y compris l'affûtage des piquets, le chevillage, la pose des clayons et toute la main-d'œuvre, ce qui fait pour 10 mètres carrés. 0,893

15,538

Faux frais, perte et déchet de matériaux, 1/20 du total. 0,777

Total pour dix mètres carrés. . 16,315

Et pour un mètre carré. . . . . Fr. 1,631

Il sera facile de déduire de ce prix celui d'un mètre carré de fascinage chargé de blocailles, en ayant égard à la moindre quantité de piquets et de clayons fournis et mis en œuvre; d'où résulte qu'un ouvrier peut faire 32 mètres carrés de ce fascinage dans sa journée, et en observant qu'il entre ordinairement un mètre cube de blocailles dans 10 mètres carrés de fascinage. Le placement des pierres entre les lignes de tunage se paye à part.

NOTE 47.

Nous allons ajouter à ce qui a été dit sur les travaux d'épis dans la note 14 sur le devis quelques détails que nous emprunterons également au mémoire de M. le capitaine du génie Guéry.

Pour construire un épi, il faut :

1° Des jalons pour le tracé de l'ouvrage et les alignements à prendre pendant le travail ;

2° Un mètre, un double mètre et un quadruple mètre, pour le tracé et les mesurages nécessaires pour la conduite du travail ;

3° Des cordeaux pour le tracé, pour l'alignement des piquets, etc.

4° Des pelles rondes et carrées et des pioches, pour les déblais d'enracinement, pour la fouille, la charge, la décharge et le régalage du gravier destiné au chargement de l'épi, etc.

5° Des serpes pour aiguiser les piquets, couper les harts des fascines les plus défectueuses, etc.

6° Des masses de bois pour enfoncer les piquets. Celles que l'on emploie pour enfoncer les piquets des fondations portent une échancrure sur un de leurs longs côtés, qui les empêche de glisser lorsqu'on frappe avec ce côté sur la tête des piquets.

7° Des sondes pour reconnaître la profondeur de l'eau et la nature du fond avant de commencer l'ouvrage et au fur et à mesure de son avancement.

On a des sondes en bois qui ont jusqu'à 12 mètres de longueur. Les plus longues se composent de deux ou trois perches entées les unes au bout des autres. Pour sonder à de grandes profondeurs on emploie une sonde en plomb attachée à l'extrémité d'un cordage.

8° Un niveau de maçon et un niveau d'eau et son voyant, pour régler les pentes et les hauteurs respectives des divers parties de l'ouvrage.

9° Un mouton à bras, quelquefois nécessaire pour battre les parties de l'ouvrage qui se tassent le moins.

10° Des brouettes pour rouler le gravier, du lieu de la fouille, sur les bateaux qui servent au transport ; pour le rouler sur divers points de l'ouvrage, etc.

11° Des bateaux avec leurs agrès pour le transport des fascines, des piquets, des clayons, lorsqu'on les tire des forêts qui bordent le fleuve ; pour le transport du gravier, lorsqu'on est obligé de le prendre sur les bords du fleuve ou sur une île, etc. ; pour sonder, etc.

12° Des madriers pour faciliter le roulage, les communications, etc.

On emploie aussi quelquefois des sonnettes pour le battage des pilots, des machines pour charger sur les bateaux les blocs de pierre qui entrent dans la formation des faux radiers des barrages, et quelques agrès qui ne sont que d'un usage spécial.

Nous croyons devoir ajouter aux principes généraux donnés dans le devis et dans la note 14 quelques exemples particuliers, qui achèveront de bien faire connaître le travail des épis.

Construction détaillée d'un épi de bordage.

Supposons qu'une rive est attaquée par le courant, et que l'on veut prévenir un mal plus considérable sans cependant rejeter le thalweg sur l'autre rive, que l'on a aussi intérêt de conserver ; le terrain en amont et en aval de la partie endommagée est de bonne qualité. On construira, dans ce cas, un épi de bordage en avant de la brèche.

Cet épi aura 90 mètres de longueur environ, 6 mètres de largeur au sommet, que l'on tiendra au niveau de la rive.

Pour faire poser l'épi sur la partie la plus profonde, et pour qu'il ne glisse pas sur ses fondations, on en détachera une partie, de la rive, à laquelle il sera attaché par deux enracinements et un contre-fort.

Le talus extérieur, près de la tête de l'épi, aura une base égale à deux fois sa hauteur ; et sur le reste de l'épi il aura une base égale à une fois et demie sa hauteur. Le parement intérieur de la partie détachée du terrain, ainsi que les parements du contre-fort, seront verticaux.

L'enracinement de la tête se prendra de biais dans les terres, et faisant un angle de 45° (*sexag.*) avec la rive ; si cet angle était plus petit, on affaiblirait trop le terrain du côté d'amont. On donnera à cet enracinement 8 mètres de longueur et 6 mètres de largeur. On déblayera jusqu'au niveau de l'eau ; les terres seront coupées à pic.

Le contre-fort s'enracinera de 4 mètres dans le terrain ; on donnera 6 mètres de longueur à cet enracinement. Les terres provenant du déblai des enracinements seront mises en dépôt pour servir au chargement de la dernière couche de l'épi.

Le voisinage d'une digue que l'on ne veut point entamer empêche de donner à l'enracinement de la queue autant d'étendue qu'à celui de la tête ; on y est d'ailleurs autorisé par la nature du sol et par la position de cet enracinement en aval. Nous lui donnerons une forme triangulaire dont la plus grande dimension sera de 6 mètres. Les déblais seront encore mis en dépôt.

Le tracé des enracinements sera fait sur le terrain au moyen de piquets et de cordeaux. La direction des parties de l'épi que l'on ne peut tracer immédiatement est déterminée provisoirement au moyen de quelques jalons plantés sur les rives.

Un seul poseur peut suffire à la construction d'un semblable bordage et la mener avec l'activité convenable.

Le travail sera commencé par la tête, c'est-à-dire par l'enracinement d'amont, et continué sans interruption jusqu'en aval. Les premières fondations, en éloignant le thalweg de la rive, contribueront déjà à garantir la partie d'aval.

Dès que le déblai d'enracinement d'amont sera terminé, on commencera le fascinage.

Après avoir reconnu la profondeur de l'eau sur toute l'étendue que peut occuper la première couche de fondation, le poseur se transportera au point où il veut commencer cette couche.

Il posera les premières fascines; mais voulant gagner du terrain en avant près l'amont de l'enracinement, pour pouvoir tourner plus facilement vers l'aval, au lieu de poser alternativement une fascine perpendiculaire et une fascine transversale, il posera alternativement une ou deux fascines transversales, et une, deux ou trois fascines perpendiculaires. Les fascines accouplées seront mises l'une à côté de l'autre, ou posées l'une sur l'autre, suivant la profondeur de l'eau aux points où poseront leurs gros bouts; on écartera leurs petits bouts quand elles seront mises l'une sur l'autre. Si le poseur groupe les fascines perpendiculaires trois à trois, il posera les deux premières à côté l'une de l'autre, et la troisième sur leur joint; il fera piqueter les gros bouts et écartera ensuite les petits bouts. Toutes ces fascines seront traversées par deux ou trois piquets.

En groupant ainsi les fascines perpendiculaires et les fascines transversales vers l'amont, on fait lever davantage les petits bouts des fascines, ce qui procure aux eaux un écoulement plus facile : on augmente d'ailleurs la quantité de bois et l'épaisseur de cette première couche, et, par là, la faculté de supporter un plus grand fardeau. En aval, cette précaution est moins nécessaire et souvent inutile.

Les gros bouts de toutes les fascines sont jointifs : on fait diverger leurs petits bouts pour arrondir la fondation et augmenter son empatement.

On jettera de la terre derrière les gros bouts de ces fascines, ou bien on y couchera quelques fascines avant la pose du deuxième lit.

On les recouvrira ensuite par un lit de fascines juxtaposées; on enfoncera les quatre lignes de piquets comme à l'ordinaire, et l'on clayonnera.

On prendra quelques sondes avant de commencer la deuxième couche de fondation. Cette seconde couche, dans le but de faciliter plus tard le changement de direction vers la gauche, n'aura pas un développement aussi grand que la première; elle en occupera la partie d'amont, et même, pour lui donner le plus de saillie possible, on posera les premières fascines en dehors du quatrième clayonnage de la première fondation; puis, retirant insensiblement les gros bouts des fascines transversales, on finira par l'appuyer aux deux extrémités de cette couche contre le troisième clayonnage de la première couche.

Le poseur, persistant toujours dans l'intention de faire lever les petits bouts des fascines, pourra les grouper vers l'amont comme pour la première couche.

Il est bon de dire, en passant, que pour poser les fascines transversales, le poseur commence par les larder verticalement sur les points où il veut placer les gros bouts; puis il les couche dans la position qu'elles doivent conserver. Cette précaution contribue peu à la liaison, parce que la fascine, une fois couchée, n'est guère retenue en place que par les piquets que l'on enfonce immédiatement.

Le contre-poseur recouvrira le travail du poseur par un lit de fascines jointives, dont les gros bouts, s'appuyant d'abord contre le troisième clayonnage, finiront par s'appuyer vers les extrémités contre le deuxième.

On piquettera et l'on clayonnera cette deuxième couche.

La troisième couche de fondation enveloppera les deux premières et contribuera à donner plus d'ensemble à ce premier travail. Les premières fascines de
cette couche seront placées en dehors du troisième clayonnage de la deuxième,
comme on le pratique généralement; les gros bouts des fascines transversales
s'appuieront d'abord contre le quatrième clayonnage, et ceux des fascines perpendiculaires contre le troisième de la deuxième couche; elles iront se rattacher
en amont et en aval aux clayonnages de la première couche. Les gros bouts des
fascines qui recouvriront celle-ci suivront une courbe à peu près parallèle. On
piquettera et on clayonnera.

Quand on veut gagner plus de terrain dans une position que dans une autre,
il faut que chaque couche de fondation contribue à donner ce résultat; c'est l'espacement du clayonnage qui règle les progrès du travail. Pour la couche actuelle,
nous faisons converger les clayonnages vers l'amont de l'enracinement, afin de
ne pas donner aux fondations une étendue inutile en ce point; mais vers l'aval,
nous leur laissons leurs intervalles ordinaires, afin de gagner toujours du terrain
de ce côté.

Après avoir pris quelques sondes, on construira la quatrième couche de fondation comme la deuxième, c'est-à-dire de manière qu'elle n'enveloppe qu'une partie de la troisième couche.

Mais avant d'aller plus loin, on rattachera ce travail à l'enracinement par une
première couche de correction, dont une partie sera chargée de gravier.

On fera ensuite la cinquième couche, qui, comme la troisième, enveloppera
tout l'ouvrage.

Enfin de nouvelles sondes indiquent que la sixième fondation, qui enveloppera
une partie du travail précédent, complétera aussi l'empatement qu'il est nécessaire
de donner aux fondations du côté d'amont et permettra désormais au poseur de
se diriger vers l'aval.

On soutiendra les trois dernières couches de fondation par une couche de correction qui les reliera en même temps avec les couches en arrière.

Les parties de fondations où le poseur a cherché à gagner du terrain, étant les
moins fournies de bois, il en résulte qu'elles s'enfonceront plus vite que les autres : les couches de correction y remédieront.

Les fascines des couches de correction, qui sont presque horizontales en aval,
ont une inclinaison de 45° (*sexag.*) en amont, et forment ainsi, de l'amont à l'a-
val, une espèce de surface gauche, un *éventail*, derrière lequel les ouvriers travaillent en sûreté. Cet éventail existe surtout après qu'on a construit plusieurs
fondations; elles contribuent toutes successivement à faire relever les derrières,
tellement que le poseur est quelquefois obligé de réunir une partie de son atelier

vers la tête de l'ouvrage, pour la faire enfoncer, et afin de continuer le travail avec plus de commodité.

On voit par ce qui précède que le coup d'œil du poseur ne s'exerce pas seulement dans la pose des fascines, qui est fort peu de chose, mais dans la forme qu'il doit donner aux différentes couches pour arriver le plus promptement possible à son but.

Le poseur, en même temps qu'il cheminera le long de la rive, cherchera à faire poser à fond les premières fondations pour éloigner le thalweg, éviter les affouillements et garantir la partie d'aval. Il y parviendra au moyen des tunes successives auxquelles il fera faire parement, lorsqu'il les prolongera jusqu'aux limites fixées pour la largeur de l'épi.

La construction de ces couches ne doit pas ralentir le travail des fondations dont l'un des côtés va se rattacher à la rive au moyen des clayonnages. Si l'épi était plus éloigné de la rive, on renoncerait à prolonger les fondations jusque-là; on y suppléerait par le rapprochement des contre-forts.

La première couche de correction faisant parement a été construite près de la tête de l'ouvrage : elle a peu d'étendue; elle est destinée à servir au déchargement du gravier pour la partie des premières couches voisines de l'enracinement. Les gros bouts des fascines posent sur le troisième clayonnage de la sixième couche de fondation.

On entreprendra la deuxième couche de correction avec parement, lorsque l'enfoncement de l'ouvrage le rendra nécessaire. Elle prendra naissance près de l'enracinement, et se continuera en n'occupant qu'une partie de la largeur de l'épi.

Les troisième et quatrième couches seront commencées successivement, et on les continuera en conservant les talus convenables, et en ayant soin de rester toujours sur le clayonnage.

Le poseur et le contre-poseur peuvent travailler simultanément à ces couches. Le poseur pose le premier lit de fascines, et le contre-poseur le deuxième, qui recouvre plus ou moins le premier; quand ces deux premiers lits sont poussés assez loin, on reprend les deux suivants. Le poseur pose les fascines du troisième lit, et le contre-poseur celles du quatrième, et ainsi de suite (1).

Les clayonnages et le chargement de gravier se font progressivement comme la pose des fascines.

Les premières couches n'ont point été chargées de gravier, pour ne pas trop accélérer l'immersion; on s'est contenté de remplir les intervalles de leurs clayonnages avec des fascines dont on a coupé les harts.

La cinquième couche est générale et se prolonge dans l'enracinement.

---

(1) Cependant, si un motif important appelait le poseur ailleurs, il abandonnerait au contre-poseur le soin de construire ces couches. On voit que toutes les fascines qui composent un épi passent entre les mains du poseur ou du contre-poseur.

La partie d'amont s'enfonçant plus vite que le reste de l'ouvrage, on y fait une petite couche de correction.

La couche suivante commencera près de l'enracinement et se continuera sur toute la longueur de l'ouvrage.

La huitième couche est une couche générale faisant parement des deux côtés.

Après la construction de celle-ci, il ne restera plus qu'une couche générale à faire; on en réservera l'exécution pour le moment où, toutes les autres couches étant terminées, on sera certain que les fondations posent à fond dans toute leur étendue, parce qu'alors seulement on pourra régler l'épaisseur à donner aux différentes parties de cette dernière couche pour que le sommet de l'épi soit horizontal.

L'épaisseur de toutes ces couches près du parement est généralement égale au diamètre du gros bout d'une fascine; cependant, si le devant de l'épi baissait trop sur quelques points, on pourrait, pour régulariser la couche, augmenter l'épaisseur du bois en ces points en y répandant quelques branchages; on peut même aller jusqu'à doubler les fascines du parement.

Le poseur, continuant à cheminer le long du bord en rattachant toutes les fondations à la rive, pourrait, en arrivant vis-à-vis l'emplacement du contre-fort, passer outre, en se réservant de prolonger dans cet enracinement les couches supérieures à mesure qu'elles avanceraient; mais il est un moyen un peu plus compliqué que celui-ci, qui a néanmoins l'avantage d'accélérer la besogne.

Avant que le travail d'amont arrive près de l'emplacement du contre-fort, le poseur s'y transportera pour entrer en fondation.

La profondeur de l'eau ne permettant pas de porter la première couche en avant du bord pour l'arrondir vers le courant, nous n'étendrons cette couche que sur une partie de la largeur de l'enracinement.

Les gros bouts des fascines perpendiculaires de cette couche seront piquetés dans une petite tranchée creusée sur le bord, dans la vue de diminuer le bourrelet qui s'y forme ordinairement. Les gros bouts des fascines du deuxième lit porteront de 60 centimètres sur le sol de l'enracinement.

On piquettera et l'on clayonnera comme à l'ordinaire.

La deuxième couche de fondation, qui enveloppera celle-ci, ira se rattacher aux deux extrémités de l'enracinement.

Cependant le poseur cherchera à gagner le large le plus tôt possible, 1° afin de pouvoir établir sur l'épi des jalons nécessaires pour y figurer l'axe de l'ouvrage; 2° afin de relier les fondations du contre-fort avec celles de la partie d'amont.

Pour atteindre ce but il construira par intervalles de petites couches de fondation n'embrassant qu'une partie du développement du travail.

Parvenu à la sixième couche de fondation, il établira ses jalons sur l'axe du bordage, qui, jusqu'ici, n'a été indiqué que par des jalons plantés sur le terrain.

Cet axe et les sondes qu'il prendra de temps en temps l'aideront à fixer la saillie à donner à son travail.

A mesure que le travail s'enfonce, l'axe, ainsi figuré, change de position; aussi faut-il rectifier ce tracé à chaque instant.

La dixième couche de fondation donnera au travail du contre-fort la saillie qui lui est nécessaire.

Les couches de correction que l'on a construites sur cette seconde partie du bordage ont dû contribuer à faire descendre les fondations de manière à n'en conserver sur l'eau que le plus petit nombre possible.

Les fondations de la partie d'amont seront continuées jusqu'à la rencontre de celles-ci et viendront les recouvrir. On prolongera en même temps toutes les tunes commencées sur cette première partie, de manière à n'avoir que le plus petit nombre possible de fondations sur l'eau; alors il s'agira de relier ces fondations.

Cette réunion se fait au moyen d'une couche de correction ordinaire construite sur la jonction des deux fondations.

Pour que les clayonnages de cette correction et ceux des couches qui doivent la recouvrir ne s'arrachent pas avant que les fondations correspondantes ne posent à fond, il est nécessaire de ne construire cette correction qu'au moment de l'immersion. Néanmoins il arrive souvent, quand la profondeur est considérable, que la tension de ces clayonnages rend très-difficile l'enfoncement complet de l'épi au point de jonction.

Comme les parties des deux fondations en contact ne s'étendent pas assez loin du côté du flot pour donner à la correction qui les unit toute la largeur nécessaire à la base de l'ouvrage, on construira deux petites couches de fondation pour fermer l'intervalle qui les sépare du côté du flot, et l'on prolongera ensuite la correction commencée jusqu'au bord de ces nouvelles fondations, où elle viendra faire parement. On piquettera et on clayonnera.

On poussera successivement sur les fondations du contre-fort toutes les tunes commencées; on en prolongera quelques-unes jusqu'au fond de l'enracinement du contre-fort.

Dès ce moment, le poseur cheminera en descendant le fleuve pour gagner l'enracinement d'aval.

Le troisième enracinement peut, comme celui du contre-fort, se faire de deux manières : 1° quand les fondations du bordage seront parvenues près de la tranchée de cet enracinement, on les continuera en passant devant cette tranchée, à laquelle elles viendront se rattacher par l'une de leurs extrémités, jusqu'à ce qu'elles aient atteint le développement nécessaire pour la base de l'ouvrage, et il ne restera plus ensuite qu'à pousser les tunes commencées, dont quelques-unes pénétreront dans la tranchée d'enracinement jusqu'à la queue du bordage, en conservant les retraites convenables ; 2° on pourra aussi jeter quelques fondations en avant de la tranchée de cet enracinement, auxquelles viendra se rattacher le travail d'amont.

Ainsi, pendant que l'on clayonnera et que l'on chargera de gravier tout ce qui se rattache aux deux premiers enracinements, le poseur entreprendra le troisième enracinement.

Les premières fascines posées, il s'étendra à droite et à gauche, posant alternativement une, deux ou trois fascines transversales, et une, deux ou trois fascines perpendiculaires; il fixera au terrain, avec des piquets enfoncés obliquement, les gros bouts des fascines transversales les plus proches du bord; d'autres piquets les traverseront, quand cela sera possible, près de leurs deuxième et troisième harts. Si quelques-unes de ces fascines n'avaient pu être piquetées, leur contact avec les autres suffirait pour les retenir en place. Chaque fascine perpendiculaire sera traversée par deux ou trois piquets, l'un près de la hart du gros bout, qui la fixera sur l'enracinement, et les autres aux points où elle croise les fascines inférieures : ce dernier piquetage sera toujours facile, puisque le piqueteur peut poser le pied sur la fascine mise en place pour se pencher en avant. Ce premier lit de fascines terminé est déjà capable de porter plusieurs hommes; on le couvrira d'un second lit de fascines juxtaposées, en retirant les gros bouts de 60 à 80 centimètres sur le sol de l'enracinement. On piquettera ensuite et on clayonnera.

On construira la seconde couche de fondation et les suivantes sans difficulté; on les soutiendra par quelques couches de correction; on les rattachera au travail d'amont comme on l'a fait près du contre-fort, et l'on prolongera successivement toutes les tunes jusqu'à la queue de l'ouvrage.

Les deux dernières couches de l'épi sont générales et se prolongent jusqu'au fond des enracinements.

Les clayonnages de la dernière couche sont espacés de 60 centimètres: ils ont 20 centimètres de hauteur; leurs intervalles sont remplis de gravier mêlé avec la terre provenant du déblai des enracinements, pour favoriser la pousse de clayons, piquets et fascines: ce fort chargement, et le soin que l'on aura eu de laisser les piquets déborder les clayonnages de quelques centimètres, suffiront pour empêcher ces clayonnages de s'échapper.

On pourra remplir de terre ou de gravier l'intervalle qui se trouve entre la rive et la seconde partie du bordage.

Les détails que nous venons de donner sur la construction des couches de fondation, des couches de correction et des couches générales, semblent compléter ce qui restait à dire sur cet objet; nous n'y reviendrons plus.

Construction détaillée d'une jetée ou éperon.

Supposons qu'un banc de gravier formé depuis plusieurs années sur la rive droite d'une rivière a fini, à la suite de divers accroissements, par rejeter le thalweg sur la rive gauche; cette rive est fortement corrodée, et la digue en arrière est menacée.

Le moyen le plus convenable de changer cet état de choses est de construire une jetée sur la rive gauche, vis-à-vis la partie supérieure du banc de gravier que l'on veut faire disparaître. Cette jetée dirigera le courant sur ce banc de gravier, qu'il ne tardera pas à entamer; le gravier qu'il en détachera sera ramené en aval de la jetée contre la rive gauche, qu'il contribuera à rehausser. C'est ainsi que, dans un grand nombre de cas, l'on peut mettre à profit le courant lui-même pour réparer les dégâts qu'il a produits.

Cependant on garnira préalablement de saucissons farcis le pied de la rive gauche en aval pour la préserver de l'action du courant, qui continuera à aller la frapper tant que le banc de gravier n'aura pas disparu.

Nous donnerons à la jetée 50 mètres de longueur, non compris l'enracinement, qui aura 10 mètres de longueur dans le sens de l'axe. Le sommet de la jetée aura 8 mètres de largeur; il sera horizontal et tenu à 1 mètre au-dessus de la rive. La jetée sera rattachée à la digue de bordage en arrière par une petite digue en fascinage.

On tracera l'enracinement avec des piquets et des cordeaux; la direction de l'axe de la jetée sera indiquée sur la rive par deux jalons plantés en arrière de l'ouvrage.

Le déblai de l'enracinement étant terminé, la terre mise en dépôt pour recouvrir le sommet de la jetée et de la petite digue en arrière, et le gravier que l'on a trouvé pendant ce déblai, répandu sur le bord de l'eau pour en diminuer la profondeur, ou laissé en dépôt pour recouvrir les premières couches de correction, on prendra quelques sondes à l'emplacement que doivent occuper les premières fondations, puis on entrera en fondation.

Le travail sera conduit avec activité; on lui donnera, tant en amont qu'en aval de l'axe, l'étendue suffisante pour recevoir la base des talus. Cette étendue dépend de la largeur du sommet, de la pente des talus, et de la profondeur présumée du fleuve, au moment où les fondations viendront à poser sur le fond. La profondeur ne peut guère varier près des bords où se trouve le thalweg; mais elle variera d'autant plus que l'on éloignera davantage celui-ci de son lit primitif, à cause de la tendance continuelle qu'il a à revenir frapper la rive gauche en tournant la tête de l'épi.

Après quelques couches de fondation rattachées à l'enracinement et soutenues par deux couches de correction, on établira en amont une petite couche de correction, faisant parement, sur laquelle on viendra décharger le gravier.

On continuera à pousser les fondations en avant, en construisant les tunes nécessaires pour ne point se laisser surmonter par l'eau.

On prolongera en même temps l'axe de l'ouvrage avec des jalons plantés sur la superficie.

On réitérera souvent l'opération des sondes.

Dès que les parements sont commencés sur tout le pourtour de l'ouvrage, toutes les tunes qui doivent se recouvrir successivement ont une forme que l'on peut déterminer d'avance; et l'on conçoit qu'arrivée à la hauteur fixée pour le sommet de l'ouvrage, les dimensions de la dernière couche peuvent approcher plus ou moins de celles que l'on avait l'intention de lui donner. Si les affouillements sont moindres qu'on ne l'avait présumé, la largeur sera plus forte, et l'ouvrage n'en présentera que plus de solidité. Si les affouillements ont porté la profondeur au delà de ce qu'on pouvait suppposer, alors les dimensions de la couche supérieure ont dû diminuer en proportion.

Pour éviter cette diminution, qui pourrait quelquefois nuire à la stabilité de l'ouvrage, on lui donne un peu plus d'empatement que ne parait le commander l'action du fleuve sur son lit, en augmentant la largeur des fondations et celle des premières tunes, au risque de diminuer ensuite la roideur des talus d'aval au moment où, les fondations posant de toutes parts sur le fond, on peut régler d'une manière plus exacte la forme des tunes.

On ne pense pas qu'il fût avantageux de diminuer la pente des talus d'amont, parce que, le giron des gradins n'étant pas chargé de gravier, il y aurait de ce côté une trop grande quantité de bois sans chargement.

Les plus grands affouillements se font en amont vers la tête de l'ouvrage : c'est vers ce point que se porte toute l'action de l'eau ; aussi l'épi s'y enfonce-t-il plus rapidement qu'en tout autre point : on y remédie au moyen de petites couches de correction avec parement.

Le fleuve, resserré dans son lit, agit avec toute sa force pour le creuser et l'élargir. Son effet, qui ne tarde guère à se manifester sur la rive opposée, vis-à-vis la tête de la jetée, se continue tant que le fleuve n'a pas un passage assez grand pour le libre écoulement de ses eaux. Il arrive même un moment où cet effet cesse; et alors une crue devient nécessaire pour qu'il se prolonge et se consomme.

Si néanmoins l'épi n'était pas suffisant pour produire l'effet total que l'on avait lieu d'en attendre, il faudrait en construire un deuxième, soit en amont, soit en aval, pour compléter cet effet.

Construction détaillée d'un barrage simple.

Supposons le cas le plus simple qui puisse se présenter :

Il s'agit de barrer un bras de rivière peu rapide, coulant sur un lit solide et bien encaissé, et dont les eaux peuvent refluer sans difficulté dans le bras principal; il a 4 mètres de largeur environ, et 2 mètres de profondeur au moment où l'on entreprend le travail; enfin, pendant les crues ordinaires, ses eaux ne s'élèvent jamais au-dessus des rives.

Le barrage devant servir de déversoir aux crues extraordinaires, on tiendra son sommet à la hauteur de la rive : les bajoyers auront 1 mètre de hauteur au-dessus du barrage, et seront attachés aux digues et hauteurs voisines par deux digues en fascinage. Le travail sera entrepris par deux poseurs sur les deux rives en même temps. Sur chaque rive, on fera deux enracinements : celui d'amont aura 10 mètres de longueur et pénétrera la rive de biais pour faciliter l'écoulement des eaux; celui d'aval n'aura que 6 mètres de longueur. Tous ces enracinements auront 5 mètres de largeur.

Après avoir réuni par une seule fondation les premières couches qui doivent rattacher le fascinage à chaque enracinement, les poseurs marcheront avec activité à la rencontre l'un de l'autre, en donnant aux fondations la largeur nécessaire pour l'établissement du faux radier et du corps du barrage. Les deux poseurs auront soin de faire prendre à la direction de leurs fondations respectives une petite saillie vers l'amont; l'action de l'eau fera disparaître cette saillie, sinon en totalité, du moins en partie.

A mesure que le passage se rétrécit, la force du courant augmente : pour donner plus de résistance à leur ouvrage, les poseurs ne tiendront à la surface de l'eau que le plus petit nombre possible de fondations, en faisant suivre de près le travail des fondations par celui des corrections et des couches ordinaires.

Dès que les deux poseurs seront parvenus à se joindre, ils relieront les deux parties du travail en faisant sur leur jonction une couche de correction. On travaillera sans relâche de part et d'autre au piquetage, au clayonnage et au chargement de gravier; on prolongera successivement toutes les couches commencées pour faire toucher le fond le plus tôt possible aux fondations. On ne pourra juger du moment où les fondations poseront, que quand le courant sera interrompu et qu'il ne passera plus que des eaux de filtration. Il est souvent bien difficile de parvenir à ce point, à cause de la résistance qu'opposent les clayonnages des premières couches de correction. On cherchera à rompre la tension de ces clayonnages en chargeant fortement de gravier les couches supérieures; et si ce moyen est impuissant on jettera quelques corps solides en amont, qui finiront par boucher le vide qui se trouve sous le barrage.

Le courant une fois interrompu, l'on n'aura plus que des couches générales à construire.

Le faux radier se compose de trois couches : les deux premières se prolongent jusqu'à la partie la plus en aval; l'autre, qui ne déborde que de 2 mètres le corps du barrage, est destinée à recevoir le premier choc de l'eau. Ce faux radier a été prolongé postérieurement dans la partie la plus profonde du lit par deux couches de fondation chargées de pierres.

La dernière couche du faux radier terminée, on a réduit la largeur du travail à celle que doit avoir le corps du barrage.

Le parement d'amont a été tenu sous une pente de 45° (*sexag.*); c'est-à-dire que l'on a donné aux retraites successives une base égale à leur hauteur, parce que, dans le cas actuel le barrage, une fois terminé, aura peu de fatigue à supporter.

Les deux bajoyers, qui ont un mètre de hauteur au-dessus du sol, se composent de deux tunes avec parements de tous côtés et fortement chargées de gravier.

Quand le fascinage sera terminé, on enfoncera des piquets inclinés de mètre en mètre sur les clayonnages du radier et du faux radier, afin qu'ils ne s'échappent pas.

Outre ces piquets, on recouvrira la surface du radier de plusieurs lits de gaulettes de 1^m,30 à 1^m,60 de longueur. On commencera ce travail par la partie d'aval du radier : ainsi, l'on en posera un premier lit de 0^m,08 d'épaisseur, appuyant son milieu sur le dernier clayonnage et le gros bout des gaulettes contre l'avant-dernier clayonnage; on enfoncera une ligne de piquets à 0^m,30 environ de ces gros bouts; on clayonnera et l'on chargera de gravier devant et derrière le clayonnage. On fera un deuxième lit de la même manière, les gros bouts appuyant contre le troisième clayonnage; et ainsi de suite, jusqu'à l'amont du radier. Les gaulettes, inclinées dans un sens opposé au courant, rendront la superficie du radier plus lisse et permettront à l'eau de s'écouler avec plus de facilité.

La même précaution sera prise sur toute l'étendue du faux radier.

Les digues en fascinage qui relieront les bajoyers à la digue de bordage et à la hauteur voisine auront leurs sommets au niveau de ceux des bajoyers. Leur hauteur variera suivant les accidents du terrain.

Elles se composent de deux ou trois tunes superposées, faisant parement du côté d'aval et formant glacis du côté d'amont. Chaque tune est chargée de terre ou de gravier. Le chargement de la dernière est plus considérable que celui des autres. On a rempli les trous qui se trouvent à l'emplacement de ces digues au moyen de quelques couches de correction ayant assez de largeur pour que, arrivées à la hauteur du sol, elles présentent une base suffisante à l'établissement de la digue (1).

NOTE 48.

Dans les travaux d'épuisement, la durée du travail effectif pour une journée n'est que de huit heures. Les motifs de cette disposition sont, 1° la nécessité de donner aux relais une durée qui soit partie aliquote de 24 heures, afin que tous les jours la relevée des relais se fasse à la même heure; 2° la nature même du travail, qui ne permet aucun repos ni interruption, tandis que, dans tous les autres ouvrages, le travail est coupé par un grand nombre de moments de repos qui réparent les forces des hommes et des animaux, et les rendent capables d'une plus longue continuité d'efforts.

Dans presque tous les travaux hydrauliques, les épuisements forment une partie assez considérable de la dépense : il est donc important d'exécuter

---

(1) Si une semblable digue devait être surmontée dans les crues, on lui donnerait en aval une espèce de faux radier de 1 à 2 mètres de largeur, composé d'une ou de deux tunes enterrées de toute leur épaisseur dans une tranchée creusée à cet effet. Les clayonnages de ce faux radier seraient assujettis par des piquets inclinés plantés de mètre en mètre.

ce genre de travail avec la plus grande économie possible ; et pour cela, il faut à la fois avoir égard aux frais d'établissement et d'entretien des machines, et à la dépense journalière des agents qui les mettent en mouvement, afin d'en déduire le prix d'une quantité donnée d'eau épuisée, et, par suite, choisir le moyen d'épuisement le plus avantageux.

Les épuisements se feront le plus souvent à la journée ; mais il est des cas particuliers où il convient de les faire exécuter au mètre cube d'eau épuisée ; il sera d'ailleurs souvent utile de pouvoir calculer à l'avance la dépense présumée d'un épuisement pour la rédaction des états estimatifs, et sous ce seul rapport il serait bon de déterminer par l'analyse le prix d'un mètre cube d'eau épuisée par les procédés le plus en usage dans le service du génie.

On n'emploie guère les épuisements au moyen d'écopes que pour enlever les eaux pluviales qui inondent momentanément les ateliers : on donnera cependant l'analyse de ce procédé, ainsi que celle du baquetage, soit avec des seaux, soit avec des hollandaises ; on analysera également les épuisements au moyen de la vis d'Archimède, des pompes, du chapelet, soit vertical, soit incliné, mû par des hommes ou par des chevaux. Quant à d'autres machines plus compliquées, telles que les roues à tympan, les norias, etc., on s'en sert trop rarement dans les travaux du génie, pour qu'il soit nécessaire d'en parler ici. On trouvera des détails suffisants sur cette matière dans le chapitre IV du livre II de l'*Architecture hydraulique de Bélidor* (édition de 1819, avec les notes de M. Navier).

NOTE 49.

Il résulte de six expériences faites à Auxonne par M. le capitaine du génie Radepont, sur l'invitation du chef de bataillon P. Bergère, rédacteur de ce travail, qu'un bon manœuvre, muni d'une écope, peut, en travaillant neuf heures par jour, élever $54^{m.c.},738$ d'eau à $1^m,25$ de hauteur ; ainsi, en réduisant à huit heures le temps du travail, nous aurons $48^{m.c.},656$ élevés à $1^m,25$, ce qui donne pour l'effet utile $60^{m.c.},820$ élevés à un mètre de hauteur.

Si l'on voulait calculer la quantité d'action journalière des hommes employés à ce genre d'épuisement, il faudrait observer :

1° Qu'il se perd une assez grande quantité d'eau qui est élevée à peu près à la même hauteur que celle que l'on épuise, et que M. Radepont évalue au sixième de la quantité d'eau épuisée ; le manœuvre aura donc élevé réellement, dans une journée de huit heures, à $1^m,25$ de hauteur,

$$48^{m.c.},656 + \frac{48^{m.c.},656}{6} = 56^{m.c.},765.$$

ce qui revient à . . . . $70^{m.c.},957$ élevés à un mètre ;

2° Que, d'après les mêmes expériences, il faut 292 jets de l'écope pour épuiser un mètre cube d'eau ou pour en élever $1^{m.c.} + \frac{1}{6} = 1^{m.c.},167$; donc, pour élever un mètre cube, il faudra 250 jets. Ainsi, pour élever $56^{m.c.},765$ à $1^m,25$ de hauteur, il a fallu faire jouer l'écope 14191 fois. Cette écope pèse $1^k,80$; c'est donc un poids de $14191 \times 1^k,80 = 25543^k,80$ qui a été élevé à environ $0^m,70$, ce qui équivaut à $17880^k,66$ élevés à un mètre, ou bien $17^{m\cdot c\cdot},880$ d'eau.

La quantité totale d'action journalière sera donc équivalente à $70^{m\cdot c\cdot},957 + 17^{m\cdot c\cdot},880$ d'eau $= 88^{m\cdot c\cdot},837$ élevés à un mètre, puisqu'on peut négliger la force nécessaire pour plonger l'écope dans l'eau ; quantité très-petite et qu'il serait difficile d'évaluer.

Ainsi, le rapport entre l'effet utile et la force dépensée est

$$\frac{60,820}{88,837} = 0,685.$$

Nous avons, dans l'analyse, supposé que les frais d'outils étaient les mêmes que pour la journée de manœuvre (art. 2), c'est-à-dire 5 centimes par journée; il résulte des expériences faites par M. le capitaine Radepont, qu'une écope qui coûte 40 centimes peut durer dix jours, ce qui fait 4 centimes par journée de travail. On n'a pas cru devoir, pour une si petite différence, changer le prix de l'art. 2 pour l'application particulière que l'on en a faite.

<h2 style="text-align:center">NOTE 50.</h2>

Dans les vis d'Archimède que l'on construit actuellement, le diamètre de l'enveloppe est à peu près le douzième de la longueur; le diamètre du noyau, le tiers de celui de l'enveloppe. Les canaux hélicoïdes, au nombre de trois, ont une pente sur l'axe telle que la trace des cloisons sur l'enveloppe forme avec cet axe un angle d'environ 67 degrés (division centésimale). L'opinion commune chez les ouvriers est que l'axe de la vis doit faire avec l'horizon un angle de 50 degrés (centés.). (*Traité élémentaire des machines*, par M. Hachette.)

Les données de notre analyse sont fondées sur les expériences suivantes :

1° Expérience faite au pont d'Orléans (*OEuvres de Perronnot*, page 254.)

Longueur de la vis. $2^m,60$
Diamètre extérieur. $0^m,49$
Inclinaison à l'horizon. . . . . 33° (centés.)
Rayon de la manivelle. . . . . $0^m,32$

Cette machine, mise en mouvement par deux hommes travaillant huit heures sur vingt-quatre, faisait trente tours par minute et élevait à $1^m,14$ de hauteur $0^{m\cdot c\cdot},308$ d'eau par minute, ce qui revient à $21^{m\cdot c\cdot},067$ élevés dans une heure à un mètre de hauteur par deux hommes, ou $10^{m\cdot c\cdot},533$ dans le même temps par un homme.

2° Expérience consignée dans l'ouvrage de M. Gauthey.

Longueur de la vis. $5^m,85$
Inclinaison à l'horizon. . . . . 33° (centés.)

Cette vis, mue par cinq hommes qui travaillaient huit heures sur vingt-quatre, élevait à 2^m,60 de hauteur 22^{m·c·},212 d'eau par heure, ce qui revient à 57^{m·c·},751 élevés dans une heure à un mètre de hauteur par cinq hommes, ou 11^{m·c·},550 dans le même temps par un homme.

3° **Expérience faite par M. Lamandé.**

Longueur de la vis.. . . . . 5^m,85
Diamètre extérieur.. . . . . 0^m,40

Cette machine, manœuvrée par neuf hommes, faisait quarante tours par minute et élevait à 3^m,30 de hauteur 45 mètres cubes d'eau par heure, ce qui revient à 148^{m·c·},500 élevés dans une heure à un mètre de hauteur par neuf hommes, ou 16^{m·c·},500 dans le même temps par un homme. Mais, dans cette dernière expérience, les hommes ne travaillaient que six heures sur vingt-quatre; ainsi, pour rendre ce dernier résultat comparable aux deux premiers, il faut le multiplier par 6/8, ce qui donne 12^{m·c·},375 pour la quantité d'eau élevée par un homme à un mètre dans une heure : attendu que si le temps du travail est augmenté, l'effet utile diminuera en raison inverse.

Le résultat moyen de ces trois expériences donne à peu près 11^{m·c·},500 pour la quantité d'eau qu'un homme élève à un mètre de hauteur en une heure, en se servant d'une vis d'Archimède.

NOTE 51.

L'analyse de la valeur première des matériaux que l'on emploie pour les ouvrages de maçonnerie est tout à fait négligée, soit dans les traités de construction, soit dans les analyses spéciales. Dans les places on se borne presque toujours, pour établir les prix de ces objets, à s'informer des prix du commerce, et encore va-t-on rarement jusqu'à ceux qu'on appelle *prix de première main*. Pour des entreprises peu importantes, comme celles de simples travaux d'entretien, il serait assez inutile de faire autrement; mais pour des travaux considérables il faut non-seulement astreindre l'entrepreneur à se soumettre à des prix rigoureusement calculés, mais même, selon les circonstances, l'obliger, par les conditions du marché, à exploiter lui-même et à confectionner les matières les plus essentielles, celles dont dépendent la bonté et la durée des constructions. Ainsi, pour les travaux de maçonneries, l'extraction des pierres de toute espèce, la fabrication des briques, la cuisson de la chaux naturelle, la fabrication et la cuisson des chaux hydrauliques et des pouzzolanes artificielles, devront souvent être exécutées par l'entrepreneur. C'est moins encore sous le rapport de l'économie dans la dépense, que sous celui de la bonté des produits, que cette condition doit être imposée; car les progrès qu'ont faits depuis quelques années tous les arts dépendants des constructions ne sont guère connus que des ingénieurs, et ce n'est que sous leur surveillance immédiate que l'on peut espérer une application avantageuse des nouveaux procédés. Mais en obligeant les entrepreneurs des fortifications à des travaux extraordinaires, que l'on peut regarder, en quelque sorte, comme étrangers à leurs spéculations habituelles, il serait injuste de ne pas leur tenir compte du surcroît de peine qui en résulterait pour eux, des dépenses d'administration qui en seront la suite, et surtout des risques à courir, des non-valeurs, etc. On peut raisonnablement fixer à vingt pour cent le bénéfice à allouer sur la totalité des dépenses pour tous les travaux dits *d'exploitation*; et ces prix, ainsi augmentés, seront employés dans les analyses comme prix marchands des matériaux achetés en fabrique ou au lieu de l'exploitation. Cette évaluation est au-dessous du bénéfice que les fabricants portent en compte dans l'établissement de leurs prix; mais il faut avoir égard au double bénéfice que l'entrepreneur aura sur les mêmes objets, par leur fabrication ou leur exploitation, et par leur emploi.

NOTE 52.

Nous allons donner pour exemple de l'analyse des prix des pierres le résultat d'observations très-suivies faites pendant deux années dans une carrière d'où l'on tirait à la fois des carreaux, des moellons bruts et des moellons piqués. Nous ferons abstraction de tous les usages plus ou moins abusifs qui se sont introduits dans beaucoup de pays pour le mesurage des moellons; et comme nous tiendrons compte de tous les déchets, soit dans les transports, soit dans l'emploi, il faudra, lorsqu'on fera l'application de cette analyse à des cas particuliers, faire bien attention aux quantités réelles que nous supposons, et aux quantités de convention qu'on y substitue souvent. Ainsi, à Paris, où les moellons se livrent à la toise cube, rendue à pied d'œuvre, on compte pour une toise cube un solide ayant 12ᴾ6ᴾᵒ de long sur 6ᴾ3ᴾᵒ de large et 3ᴾ3ᴾᵒ de haut, ce qui produit 254 pieds cubes au lieu de 216 pieds cubes qui composent une toise cube. Par cet excédant de compte on compense, dit-on, la perte des vides qui se trouvent toujours dans les moellons, la perte du temps employé à l'entoisage à pied d'œuvre, et enfin le déchet qui a lieu pour la mise en œuvre. Ne vaut-il pas mieux, en prenant pour base le cube effectif, comprendre dans la valeur de la pierre toutes les dépenses réellement faites, et s'en tenir à des évaluations rigoureuses? C'est, au surplus, la seule méthode qui convienne dans un travail tel que celui-ci pour le rendre d'une application générale.

La première dépense à évaluer est l'indemnité que l'on doit payer au propriétaire de la carrière; c'est la valeur brute de la pierre avant l'exploitation. On peut la déterminer en la supposant proportionnelle à la surface supérieure du terrain, comme nous l'avons fait dans l'exemple cité pour l'exploitation de la blocaille; mais cette méthode n'est exacte qu'autant que l'épaisseur du banc est constante.

CONDITIONS GÉNÉRALES.

CONDITIONS GÉNÉRALES.

MINISTÈRE DE LA GUERRE.

4ᵉ div. (génie), n° 6224 indʳ.

Le ministre de la guerre,

Arrête les présentes conditions générales d'ordre et d'administration, applicables à toutes les entreprises de travaux ou fournitures concernant le service du matériel du génie militaire.

§ 1ᵉʳ.

Dépôt du cahier des charges, etc.

Art. 1ᵉʳ. Le contrat d'entreprise des travaux ou des fournitures à adjuger, concernant le service du matériel du génie militaire, les plans y mentionnés, le détail estimatif, l'état des frais présumés de l'adjudication et les présentes conditions générales, sont déposés, sauf les cas d'urgence, pendant dix jours au moins avan l'adjudication, au bureau du commandant du génie, ou dans tout autre local désigné par les affiches, afin que les entrepreneurs puissent les consulter et se mettre ainsi à même de connaître toutes les conditions du marché.

Art. 2. Les entrepreneurs sont prévenus que les quantités d'ouvrages, de fournitures et les dépenses de toute nature portées au détail estimatif ne sont pas garanties, et ne sont fournies qu'à titre de renseignements.

Art. 3. L'adjudicataire doit, au moyen d'opérations sur le terrain, de calculs et de l'étude des documents déposés, s'assurer par lui-même de l'étendue des obligations que le cahier des charges lui impose ; il ne pourra, en aucun cas et sous aucun prétexte, élever aucune réclamation ou demande d'indemnités du chef d'erreurs qui existeraient dans le détail estimatif. Le contrat d'entreprise, signé par lui et les cautions, et approuvé par le ministre de la guerre, sera réputé contrat à forfait et fera, comme tel, loi entre les parties.

§ 2.

Concours aux adjudications.

Art. 4. Pour concourir aux adjudications, les entrepreneurs doivent satisfaire aux conditions suivantes :

1° Être légalement domiciliés en Belgique;

2° Posséder les capacités nécessaires pour conduire et exécuter les travaux ou livrer les fournitures;

3° Justifier de leur solvabilité, par un certificat de l'administration communale du lieu de leur domicile réel;

4° Constituer deux cautions personnelles et solidaires, domiciliées légalement en Belgique, qui justifieront de leur solvabilité de la même manière que les entrepreneurs.

Art. 5. Sont exclues du concours à l'adjudication, soit comme entrepreneurs, soit comme cautions :

1° Les personnes que la loi déclare inhabiles à contracter;

2° Celles qui ne peuvent participer à l'exécution des travaux publics, soit à raison de leurs fonctions, soit par suite d'une décision administrative.

Art. 6. Les agents du département de la guerre, présents à l'adjudication, sont juges de la suffisance des garanties offertes par les concurrents et leurs cautions.

§ 3.

Mode d'adjudication.

Art. 7. L'adjudication est faite par un délégué du département de la guerre, en présence des officiers ou des gardes du génie attachés à la place, aux lieu, jour et heure indiqués dans les affiches, par mise à prix, et aux enchères, conformément à l'art. 21 de la loi du 15 mai 1846.

Art. 8. Les concurrents doivent remettre, aussitôt après l'ouverture de la séance d'adjudication, entre les mains du délégué, une soumission écrite sur timbre, signée, cachetée et ainsi conçue :

« Je soussigné . . . . . (nom, prénoms, profession et domicile) . . . . .
« déclare, par la présente soumission, m'engager à exécuter, moyennant la
« somme de . . . (indiquer la somme en toutes lettres) . . . les travaux . . .
« (ou fournitures) . . . . (indiquer les travaux ou fournitures tels qu'ils sont
« sommairement désignés au contrat) . . . . conformément aux clauses et aux
« conditions du devis d'entreprise, et à me soumettre aux conditions générales
« arrêtées, le 15 décembre 1848, par le ministre de la guerre sous le n° 6224 ind^r,
« 4e div., et dont j'ai pris connaissance.
« J'offre pour cautions le sieur . . . . (nom, prénoms, profession et domi-
« cile) . . . et le sieur . . . (nom, prénoms, profession et domicile) . . .
« Ainsi fait et signé à . . . . . le . . . .
                    « Signature du soumissionnaire) N. . . . »

Art. 9. Les soumissionnaires ou leurs mandataires, pourvus de procuration en bonne et due forme, ont seuls le droit de prendre part à l'adjudication, qui a lieu immédiatement après le dépôt et l'ouverture des soumissions.

Art. 10. Les enchères sont ouvertes sur la mise à prix annoncée par le délégué du département de la guerre, qui fixe le montant de chaque enchère.

Art. 11. Le premier prenant, avant que les enchères aient atteint le taux de la soumission la moins élevée, et, à défaut, celui qui a déposé cette soumission, est proposé pour entrepreneur au ministre de la guerre.

Art. 12. Dans le cas de simultanéité de criée, il est procédé immédiatement à une nouvelle mise à prix et à de nouvelles enchères, auxquelles sont seuls admis les concurrents qui ont pris en même temps.

§ 4.

Conclusion du contrat.

Art. 13. Le procès-verbal d'adjudication est signé, séance tenante, par le délégué du département de la guerre, les officiers ou gardes du génie présents et par l'adjudicataire et ses cautions. L'adjudicataire appose en même temps son visa sur le détail estimatif.

L'adjudicataire et les cautions sont dès lors engagés irrévocablement et solidairement à l'exécution de toutes les clauses et conditions du marché. L'État n'est définitivement engagé envers eux qu'après approbation et signature du contrat par le ministre de la guerre. Toutefois, la décision ministérielle devra être portée à la connaissance de l'entrepreneur dans un délai de trente jours, au plus tard, après l'adjudication.

Art. 14. La date de la remise à l'entrepreneur du contrat approuvé par le ministre de la guerre est constatée, soit au contrat même, à la suite de cette approbation, par une déclaration signée de l'entrepreneur et du commandant du génie, soit par une notification, faite à l'entrepreneur, dans la forme ordinaire des exploits.

§ 5.

Frais d'adjudication.

Art. 15. L'entrepreneur doit payer les frais divers de l'adjudication, parmi lesquels sont compris les frais de papier, de timbre, d'écriture, de dessin, etc., auxquels ont pu donner lieu la rédaction des détails estimatifs, projets de devis, contrats, le dessin des plans, etc.

Le montant total de ces frais est indiqué au contrat d'entreprise et doit, immédiatement après l'adjudication, être déposé par l'entrepreneur entre les mains du garde d'artillerie de la place ou de tout autre agent du département de la guerre, qui en délivrera un récépissé provisoire.

Ce récépissé sera échangé, aussitôt après l'approbation du contrat par le ministre de la guerre, contre les états de dépense acquittés par les ayants droit; ce états sont soumis aux lois sur le timbre.

En cas de non-approbation du contrat, la somme déposée est intégralement restituée à l'entrepreneur.

§ 6.

Élection de domicile de l'entrepreneur et des cautions.

Art. 16. L'entrepreneur et ses cautions font élection de domicile dans le lieu à fixer par le ministre de la guerre en approuvant le contrat.

Les significations, demandes et poursuites relatives au contrat peuvent être faites au domicile élu et devant le juge de ce domicile.

§ 7.

Droits d'enregistrement.

Art. 17. Dans les vingt jours qui suivent la date de l'approbation, l'entrepreneur doit faire enregistrer le contrat au bureau d'enregistrement de la localité, et, à défaut, à l'un des bureaux de l'arrondissement dans lequel les travaux doivent être exécutés, et acquitter les droits fixés par la loi, sous peine de payer double droit.

§ 8.

Suppléant de l'entrepreneur.

Art. 18. L'entrepreneur peut transmettre la conduite et la direction des travaux à un principal commis, suffisamment instruit et agréé par le commandant du génie. Cet agent devra être muni des pleins pouvoirs de l'entrepreneur, donnés par écrit, et être autorisé, par lui, à faire droit à tous les ordres qu'il pourrait recevoir concernant l'entreprise.

L'entrepreneur reste néanmoins seul responsable de la bonne exécution des travaux.

§ 9.

Résidence de l'entrepreneur.

Art. 19. L'entrepreneur, ou son principal commis agréé, doit, pendant toute la durée de l'entreprise, faire sa résidence habituelle au lieu d'exécution des travaux. L'un ou l'autre est en outre tenu de se présenter chez le commandant du génie chaque fois que ce chef de service le fera appeler.

§ 10.

Défense de céder l'entreprise.

Art. 20. L'entrepreneur ne peut, sous aucun prétexte, céder à d'autres personnes, en tout ou en partie, l'exécution de son entreprise, sans l'autorisation préalable du ministre de la guerre, sous peine d'une amende s'élevant au dixième du prix d'entreprise.

ART. 21. En cas de cession autorisée, l'entrepreneur et ses cautions demeurent principaux engagés envers l'État, garants de la gestion du cessionnaire et tenus personnellement à l'entière exécution des clauses et conditions du contrat d'entreprise.

L'acte de cession sera passé par-devant notaire.

§ 11.

Mesures préparatoires pour l'exécution des travaux.

ART. 22. Immédiatement après avoir reçu le contrat approuvé, l'entrepreneur doit réunir les approvisionnements en matériaux et préparer les moyens d'exécution, de telle sorte que les travaux puissent être commencés au jour fixé, soit par le devis, soit par l'ordre écrit du commandant du génie, et poussés avec activité et sans interruption jusqu'à leur achèvement.

On ne mettra toutefois la main à l'œuvre que lorsque le commandant du génie se sera assuré que tous les moyens d'exécution sont prêts ; si, de ce chef, il résulte du retard, l'entrepreneur ne pourra s'en prévaloir ni pour réclamer des indemnités, ni pour se soustraire aux pénalités auxquelles pourrait donner lieu la non-exécution des travaux aux époques fixées par le contrat.

§ 12.

Locaux appartenant à l'État.

ART. 23. Dans le cas où, d'après les stipulations du contrat, l'entrepreneur est autorisé à se servir de locaux appartenant à l'État, pour magasins, ateliers, etc., il doit, pendant la durée de l'occupation, exécuter à ces locaux les travaux d'entretien, d'appropriation et de réparation reconnus nécessaires, et, à la fin de 'entreprise, les rétablir dans leur état primitif, si le commandant du génie le juge convenable.

Aucune indemnité ne peut être réclamée pour les améliorations qui auraient été apportées à ces locaux, même avec le consentement du commandant du génie.

§ 13.

Ordre d'exécution.

ART. 24. L'entrepreneur, ou son principal commis agréé, dirige et surveille les travaux en personne.

Il doit avoir constamment sur les ouvrages un nombre suffisant d'ouvriers, au gré de l'officier ou du garde du génie surveillant.

Il ne peut commencer aucun ouvrage (excepté dans les cas d'urgence, dont il doit justifier) avant d'en avoir reçu l'ordre par écrit du commandant du génie, sous peine de devoir démolir et recommencer à ses frais le travail exécuté, si ce chef de service le juge nécessaire.

Art. 25. Tout ouvrage commencé doit être terminé sans désemparer, à moins que l'officier ou le garde du génie surveillant n'autorise le contraire.

§ 14.

Matériaux provenant de démolitions.

Art. 26. Lorsque, d'après les clauses du contrat, l'entrepreneur est tenu de démolir d'anciens ouvrages, il doit avoir soin de prendre toutes les précautions nécessaires pour assurer la conservation des matériaux et des objets qui proviendront de la démolition.

Il est en outre obligé de réparer ou de remplacer à ses frais et par des matériaux ou objets neufs ceux qui auront été détériorés, endommagés ou brisés par son fait ou par le fait de ses ouvriers.

Art. 27. Les matériaux et objets provenant de la démolition restent la propriété de l'État. Tous les frais relatifs au nettoiement, au transport et à l'emmagasinement de ces matériaux ou objets destinés, d'après le contrat, soit à être remployés, soit à être déposés dans les magasins de l'État, sont à la charge de l'entrepreneur, qui est tenu de se conformer, pour ces opérations, aux ordres qui lui seront donnés par l'officier ou le garde du génie surveillant.

Art. 28. Les décombres, gravois, débris et déchets provenant des démolitions ou de la préparation des matériaux neufs, restent à la disposition de l'entrepreneur. Il doit les faire enlever, au fur et à mesure de leur production, en se conformant aux indications de l'officier ou du garde du génie surveillant et aux règlements généraux ou locaux applicables à cette matière.

§ 15.

Police des travaux.

Art. 29. La police des travaux appartient au commandant du génie et à l'officier ou garde du génie surveillant.

Art. 30. L'entrepreneur est tenu de se conformer aux mesures et aux dispositions qui lui sont prescrites dans l'intérêt du service des fortifications et de la sûreté de la place, ainsi qu'aux indications qui lui sont données pour les distributions et les emplacements d'ateliers, de dépôt de matériaux, et généralement pour tout ce qui concerne le bon ordre des travaux et l'exécution des clauses du contrat d'entreprise.

Art. 31. Le commandant du génie peut ordonner le remplacement immédiat du principal commis, des conducteurs, piqueurs, surveillants ou chefs ouvriers de l'entrepreneur, lorsqu'ils ne sont pas de bonne conduite, assidus au travail et propres au genre d'ouvrages auxquels ils sont employés.

L'officier ou le garde du génie surveillant a la même faculté pour ce qui concerne les ouvriers.

ART. 32. L'entrepreneur doit employer des ouvriers pourvus d'un *livret*, conforme aux ordonnances de police générale ou locale.

ART. 33. Les travaux doivent être conduits de manière que la circulation publique ne soit ni entravée, ni interrompue, à moins de stipulation contraire dans le contrat d'entreprise ou d'autorisation écrite du commandant du génie : l'entrepreneur est d'ailleurs tenu de se conformer aux règlements de police locale.

§ 16.

Cas litigieux.

ART. 34. Les contestations qui peuvent survenir entre l'entrepreneur et le commandant du génie, sur l'exécution des clauses et conditions du contrat d'entreprise, doivent, avant toute instance judiciaire, être soumises à l'avis du directeur des fortifications et à la décision du ministre de la guerre.

§ 17.

Fraude et malfaçon.

ART. 35. Dans le cas de fraude ou de malfaçon constatée dans les travaux, soit pendant l'exécution, soit au moment de la réception, l'entrepreneur doit, sur l'ordre écrit du commandant du génie, faire démolir ces travaux et les reconstruire entièrement à ses frais.

Si la fraude ou la malfaçon est seulement soupçonnée, l'entrepreneur est tenu également de démolir les ouvrages exécutés et de les reconstruire. Les frais qui en résulteront ne sont à sa charge que dans le cas où le soupçon se trouverait justifié.

ART. 36. L'entrepreneur qui s'est rendu volontairement coupable de fraude ou de malfaçon peut, par décision du ministre de la guerre, être déclaré inhabile à entreprendre ultérieurement des travaux ou fournitures pour le compte du département de la guerre.

§ 18.

Travaux en souffrance.

ART. 37. Lorsque les travaux languissent de manière à faire craindre que les résultats directs ou indirects attendus de l'entreprise ne puissent être obtenus aux époques fixées par le contrat, le commandant du génie invite, par écrit, l'entrepreneur et les cautions à donner aux travaux une impulsion plus active, dans un délai déterminé et suivant les moyens qu'il indique.

Si, à l'expiration de ce délai, l'entrepreneur et les cautions n'ont pas obtempéré à cette invitation, le commandant du génie établit, sans nouveau retard, l'état détaillé :

1° Des travaux réellement exécutés ;

2° Des approvisionnements de matériaux faits à pied d'œuvre, s'ils remplissent d'ailleurs les conditions voulues ;

3° Du matériel de l'entrepreneur, existant sur les lieux, qu'il juge convenable de faire conserver pour la continuation des travaux.

Cet état est remis à l'entrepreneur, pour être revêtu de son approbation et de celle des cautions, dans les quatre jours. Si, après ce délai, il n'a pas renvoyé cet état approuvé, le ministre de la guerre le fait établir irrévocablement et aux frais de l'entrepreneur, par trois experts désignés d'office par le commandant du génie et assermentés devant le juge de paix du canton.

Cette opération terminée, le ministre de la guerre fait continuer l'exécution des travaux aux frais et risques de l'entrepreneur, soit par marché d'urgence à forfait ou sur bordereau de prix, soit par toute autre voie, en y employant le matériel de l'entrepreneur que le commandant du génie a jugé convenable de conserver, et les matériaux déposés à pied d'œuvre qui ont été acceptés. Ce matériel et ceux de ces matériaux non employés seront restitués à l'entrepreneur à la fin de l'entreprise, sous l'obligation de les faire enlever dans les dix jours après en avoir reçu l'ordre, sous peine de confiscation, à titre de dommages-intérêts, au profit de l'État.

La dépense faite pour les travaux exécutés de cette manière sera prélevée sur le montant du prix d'entreprise, et payée directement aux ayants droit sur la caisse de l'État.

Si le prix d'entreprise excède cette dépense et les payements faits antérieurement, le reliquat sera payé à l'entrepreneur, après l'achèvement des travaux et l'exécution des clauses et conditions du contrat. S'il y a, au contraire, un déficit, le montant en sera remboursé par l'entrepreneur et les cautions et récupéré, au besoin, par une saisie judiciaire sur leurs propriétés mobilières et immobilières.

Art. 38. L'entrepreneur et les cautions ne peuvent, sous aucun prétexte et pour aucun motif, prétendre à une indemnité quelconque ou à des dommages-intérêts du chef de l'application des dispositions contenues dans l'article précédent.

§ 19.

Résiliation du contrat.

Art. 39. Le département de la guerre se réserve le droit, sans préjudice de l'application des amendes encourues, de résilier le contrat d'entreprise dans le cas où l'entrepreneur et les cautions n'exécuteraient pas les clauses et conditions du marché.

Lorsque cette mesure aura été appliquée, on établira immédiatement, par état détaillé, suivant le mode indiqué dans l'art. 37 (§ 18, *Travaux en souffrance*) et d'après les prix du détail estimatif de l'entreprise qui a été revêtu du visa de l'entrepreneur, augmentés ou diminués au prorata de la différence entre le montant de ce détail estimatif et celui du prix d'adjudication, la valeur :

1° Des travaux réellement exécutés,

2° Des approvisionnements de matériaux faits à pied d'œuvre, s'ils remplissent d'ailleurs les conditions voulues.

Cet état sera soumis à l'approbation du ministre de la guerre, à fin de payement de la somme qui pourra être due.

ART. 40. L'entrepreneur et les cautions ne sont pas admis à prétendre quelque indemnité du chef de cette résiliation, soit à raison de dépenses faites pour dispositions et travaux préparatoires, soit pour achat de matériel, d'outils ou d'autres objets nécessaires à l'exécution de l'entreprise, soit pour tout autre motif ou perte quelconque.

Le matériel, ainsi que les matériaux approvisionnés et non acceptés, restent la propriété de l'entrepreneur, qui est tenu de les faire enlever dans les dix jours après en avoir reçu l'ordre, à peine de confiscation, à titre de dommages et intérêts, au profit de l'État.

§ 20.

Changement au contrat.

ART. 41. Si, avant le commencement des travaux ou pendant leur exécution le ministre de la guerre reconnaît la nécessité ou la convenance d'apporter quelque changement aux clauses du contrat d'entreprise concernant la disposition des ouvrages, l'entrepreneur sera tenu de se conformer aux nouvelles prescriptions qui seront faites, pourvu toutefois :

1° Que la valeur des ouvrages supprimés et remplacés par d'autres n'excède pas le dixième du prix total de l'entreprise ;

2° Que les changements prescrits ne fassent pas varier ce prix en sus d'un vingtième en plus ou en moins.

Et 3° que ces quotités limites ne dépassent pas une somme de cinq mille francs.

On admettra pour base des calculs et des compensations à établir les prix du détail estimatif de l'entreprise, qui a été revêtu du visa de l'entrepreneur, augmentés ou diminués au prorata de la différence entre le montant de ce détail estimatif et celui du prix d'adjudication.

Les modifications à introduire au contrat seront réglées par une convention additionnelle à approuver par le ministre de la guerre.

L'entrepreneur et les cautions ne peuvent prétendre une indemnité quelconque du chef de prétendues pertes à faire sur les ouvrages à exécuter en plus, ou de prétendus bénéfices à réaliser sur les ouvrages supprimés, d'après les nouvelles prescriptions, à moins qu'ils n'aient fait, soit en vertu du contrat, soit en vertu d'un ordre écrit du commandant du génie, des approvisionnements ou des commandes de matériaux qui resteraient sans emploi.

§ 21.

Enlèvement des échafaudages, etc.

Art. 42. A la fin de chaque ouvrage, l'entrepreneur doit faire enlever les échafaudages, les ponts de service, boucher les trous, etc.

Après l'achèvement complet des travaux, il doit faire démolir les magasins et hangars érigés par lui, enlever les machines, instruments, ustensiles et tout ce qui pourra rester des approvisionnements de matériaux non employés, tant sur les travaux que dans les locaux de l'État mis à sa disposition, déblayer les batardeaux ou digues provisoires, combler les rigoles et puisards, et enfin faire partout place nette.

§ 22.

Réception des travaux.

Art. 43. Les travaux sont soumis à autant de différentes réceptions qu'il y a de termes d'exécution fixés au contrat. Ces réceptions sont faites, aux époques prescrites, par l'officier ou les officiers désignés à cet effet par le ministre de la guerre. Elles ont lieu en présence de l'entrepreneur ou de son suppléant, qui en sera prévenu l'avant-veille par lettre du commandant du génie. Dans le cas où l'un ou l'autre ne se rendrait pas à la réception, il sera passé outre.

§ 23.

Sommes à valoir pour dépenses imprévues.

Art. 44. Une somme spéciale est fixée dans le contrat d'entreprise, pour les ouvrages ou les fournitures à exécuter ou à livrer en dehors des obligations prescrites. Cette somme, qui est comprise dans le montant du prix d'adjudication, peut n'être pas entièrement dépensée; mais elle ne sera, sous aucun prétexte, augmentée qu'en vertu d'un ordre du ministre de la guerre et du consentement préalable de l'entrepreneur et des cautions.

Art. 45. Les dépenses imprévues sont réglées d'après les prix du tarif inséré au contrat. Les objets non indiqués dans ce tarif sont portés en compte d'après des prix arrêtés, avant l'exécution de la dépense ordonnée, entre l'entrepreneur et le commandant du génie, et approuvés par le directeur des fortifications. Le tarif de ces prix supplémentaires est établi sur timbre et annexé à l'état des travaux ou fournitures auxquels ils se rapportent.

Art. 46. Il est ouvert, pour chaque entreprise, un carnet spécial dans lequel on inscrit exactement les ordres d'exécution des travaux à faire et des fournitures à livrer, ainsi que le détail de la dépense qui en est résultée.

Ce carnet est tenu en double expédition, l'une par l'officier surveillant et l'autre par l'entrepreneur. Les pages en sont au préalable numérotées et parafées par le directeur des fortifications. Ces deux expéditions sont contrôlées, arrêtées, certifiées et signées par l'officier surveillant et l'entrepreneur, et visées par le commandant du génie au moins une fois par mois. Le directeur des fortifications peut, quand il le juge convenable, se faire communiquer l'expédition tenue par l'entrepreneur et y apposer son visa.

L'entrepreneur constate la réception de l'expédition qui lui est destinée par une déclaration signée de lui, et apposée sur l'expédition tenue par l'officier ou le garde du génie surveillant.

Art. 47. Avant le jour fixé pour la réception de chaque terme de l'entreprise, l'entrepreneur doit, sous peine de déchéance, remettre à l'officier ou au garde du génie surveillant le compte général établi, dans la forme prescrite, des dépenses imprévues faites pendant ce terme. Ce compte est formé du relevé exact des dépenses inscrites dans le carnet et doit être joint au plus prochain certificat de payement : le montant est compris dans celui de ce certificat.

Art. 48. L'entrepreneur ne peut réclamer le payement d'aucune dépense qui n'aurait pas été autorisée par un ordre écrit du commandant du génie et qui ne serait pas inscrite dans le carnet.

Art. 49. Ne seront jamais portés en compte, comme dépenses imprévues, les menus objets accessoires qui forment une conséquence nécessaire de l'exécution des ouvrages ou du bon emploi des matériaux.

§ 24.

Mesures et poids.

Art. 50. Les dimensions et les poids de tous les ouvrages et de toutes les fournitures qui doivent être mesurés ou pesés, seront exprimés d'après le système métrique.

Art. 51. Lorsqu'on jugera à propos d'employer des matériaux que le commerce est encore dans l'habitude de livrer sous d'anciennes mesures, on indiquera ces mesures, entre parenthèses, à la suite de leur équivalent d'après le système métrique. Il en sera de même pour les objets à fournir au poids.

Dans les métrés d'ouvrages exécutés, on ne comptera néanmoins les superficies, les volumes ou les poids qu'en mesures et poids métriques.

Art. 52. L'entrepreneur ne peut, dans aucun cas et sous aucun prétexte, se prévaloir d'anciennes mesures ou de méthodes particulières, connues sous le nom d'*usage*; et il doit se soumettre, pour tous les mesurages, aux règles suivies par le génie militaire.

Art. 53. Les objets à fournir au poids sont pesés en présence de l'officier surveillant. En cas de contestation, la pesée sera faite, pour compte de l'entrepreneur, au poids public de la ville.

§ 25.

Payement.

Art. 54. Le payement de l'entreprise est effectué, suivant les conditions du contrat, par des ordonnances créées au profit de l'entrepreneur, payables sur une des caisses du trésor de l'État, et délivrées dans les cinquante jours après la date du certificat de réception des travaux.

Art. 55. L'ordonnance créée pour solde du dernier terme de payement de l'entreprise, ne sera délivrée à l'entrepreneur que contre remise de l'expédition originale du contrat qu'il aura reçue, comme partie contractante.

Cette remise vaut, pour l'État, libération complète, définitive et absolue envers l'entrepreneur et les cautions.

Art. 56. L'entrepreneur doit joindre à chaque certificat de réception une déclaration de payement de la somme due, rédigée sur timbre dans la forme prescrite, et signée par lui et ses cautions.

Art. 57. Il ne peut, en aucun cas et sous aucun prétexte, prétendre une indemnité quelconque du chef du retard qui pourrait arriver dans le payement de l'entreprise, par suite du fait occasionné par sa faute, de non-achèvement des travaux aux époques prescrites par le contrat, quand même ces époques auraient été prorogées par le ministre de la guerre.

§ 26.

Responsabilité de l'entrepreneur. — Entretien des travaux.

Art. 58. Après avoir livré tous les ouvrages compris dans le contrat d'entreprise, faits et parfaits à l'époque fixée pour leur achèvement, l'entrepreneur en demeure responsable et doit les entretenir pendant tout le temps prescrit au contrat.

Il est tenu de faire réparer à ses frais tous les dégâts, toutes les dégradations et tous les accidents qui y surviendraient, de manière à les livrer de nouveau en parfait état à l'expiration du terme d'entretien.

Les avaries qui proviendraient, soit de la nature du sol, soit de dispositions vicieuses prescrites, soit de force majeure dont le gouvernement se réserve l'appréciation, ne sont point à la charge de l'entrepreneur, à moins qu'il ne puisse être prouvé que, dans la construction ou la fourniture, il s'est écarté des prescriptions du contrat ou des ordres du commandant du génie.

Art. 59. L'entreprise n'est considérée comme définitivement terminée et l'entrepreneur n'est déchargé de la responsabilité et des chances résultantes du contrat qu'après la réception du terme d'entretien.

§ **27.**

Requêtes et réclamations de l'entrepreneur.

Art. 60. Les requêtes ou réclamations de l'entrepreneur, concernant les travaux de son entreprise, sont écrites sur timbre et signées par lui et ses cautions; elles doivent, sous peine de déchéance, être adressées et envoyées au ministre de la guerre dans les dix jours à partir de la consommation du fait qui a pu y donner lieu.

Art. 61. Aucune réclamation, de quelque nature qu'elle soit, n'est plus admise dès que le certificat de réception du dernier terme de l'entreprise a été délivré.

Art. 62. L'entrepreneur n'est jamais fondé à réclamer quelque indemnité à raison de pertes, avaries, dommages, etc., qu'il prétendrait avoir éprouvés dans l'exécution des travaux.

§ **28.**

Lois et réglements.

Art. 63. L'entrepreneur est tenu de se conformer aux lois et aux règlements concernant le transport et la préparation des matériaux, ainsi qu'aux autres lois, règlements ou ordonnances auxquels il n'est pas dérogé par les présentes conditions générales et par le contrat d'entreprise. Il est personnellement responsable, soit envers le gouvernement, soit envers des tiers, de tous dommages-intérêts qui pourraient résulter des contraventions commises, sans préjudice des pénalités encourues, qui retomberont à sa charge.

§ **29.**

Taxes communales.

Art. 64. Le contrat d'entreprise stipule si, en vertu des arrêtés royaux des 28 mai 1816, n° 61, et 5 février 1820, n° 25, les matériaux à fournir pour les travaux sont exempts des taxes communales.

Pour jouir de cette exemption, l'entrepreneur devra se conformer aux dispositions réglementaires arrêtées le 9 décembre 1820.

§ **30.**

Mise en demeure.

Art. 65 L'entrepreneur est en demeure, sans qu'il soit besoin d'acte, par le seul fait du défaut ou de la contravention commis aux conditions du contrat, et par la seule échéance des termes d'exécution, en cas de non-achèvement des travaux aux époques fixées.

§ 51.

Interruption des travaux.

ART. 66. Dans le cas où les travaux doivent, d'après le contrat, être interrompus pendant le cours de l'entreprise, l'entrepreneur est tenu de prendre toutes les précautions nécessaires pour les préserver des dégradations qui proviendraient de la saison ou de toute autre cause. Il est responsable de tous les accidents et il doit faire réparer à ses frais tous dommages, avaries, etc., survenus pendant l'interruption.

§ 52.

Découverte d'objets d'art, etc.

ART. 67. Les objets d'art, de numismatique, d'histoire naturelle et tous autres ayant quelque valeur, qu'on découvrira dans les démolitions et les fouilles à effectuer pour l'exécution des travaux, sont la propriété de l'État.

Ils seront remis immédiatement à l'officier ou au garde du génie surveillant, par l'entrepreneur ou ses ouvriers, et envoyés au département de la guerre, pour être déposés, s'il y a lieu, au Musée, conformément à l'arrêté royal du 25 janvier 1841.

§ 53.

Frais d'écriture, etc.

ART. 68. Les frais de papier, de carnets, de registres, de timbre et d'écriture des états, comptes, déclarations, concernant l'entreprise, au nombre d'expéditions exigées par l'administration, sont à la charge de l'entrepreneur.

§ 54.

Frais de surveillance extraordinaire des travaux.

ART. 69. Les frais de surveillance extraordinaire auxquels pourrait donner lieu le non-achèvement des travaux aux époques déterminées, quand même ces époques auraient été prorogées par le ministre de la guerre, sont à la charge de l'entrepreneur, lorsque le retard provient de son fait : ils sont déduits du montant du prix d'entreprise.

§ 55.

Amendes.

ART. 70. Les amendes déterminées par le contrat et par les présentes conditions dont l'entrepreneur pourra être passible pour défaut ou contravention aux clauses et aux conditions de l'entreprise, sont déduites du montant du certificat de payement qui sera délivré pour le terme d'exécution pendant lequel elles ont été encourues, sans préjudice des autres pénalités et des dommages-intérêts auxquels la non-exécution des obligations, ou la contravention aux défenses imposées, peuvent donner lieu.

§ 56.

Obligations des cautions.

Art. 71. Les cautions sont tenues solidairement, et chacune d'elles en particulier, à l'accomplissement de toutes les obligations de l'entrepreneur, et personnellement engagées, pour toutes les conditions et charges de l'entreprise : elles renoncent à tout bénéfice de division ou de discussion.

Art. 72. Lorsque l'entrepreneur abandonne les travaux ou refuse de les exécuter, les cautions doivent se substituer purement et simplement en son lieu et place, dès qu'elles en sont requises par dépêche du ministre de la guerre, ou, en cas d'urgence, par lettre du commandant du génie.

§ 37.

Remplacement des cautions.

Art. 73. Si, dans le cours de l'entreprise, l'une des cautions vient à décéder ou cesse de présenter au gouvernement les garanties requises, l'entrepreneur est obligé de constituer immédiatement une nouvelle caution, au gré du ministre de la guerre.

§ 58.

Décès de l'entrepreneur.

Art. 74. Par dérogation à l'article 1795 du Code civil, le gouvernement, en cas de décès de l'entrepreneur, a la faculté de faire achever l'entreprise, soit par les héritiers, soit par les cautions, à son choix.

Si l'entreprise est continuée par les héritiers, les cautions restent obligées envers le gouvernement.

§ 59.

Disposition finale.

Art. 75. Les présentes conditions générales seront mises en vigueur au premier janvier 1849.

Bruxelles, le 15 décembre 1848.

Le ministre de la guerre,
Baron CHAZAL.

TABLE

DE

LA PARTIE ADMINISTRATIVE

DES CONDITIONS GÉNÉRALES.

IV

CONDITIONS GÉNÉRALES.

MINISTÈRE DE LA GUERRE.

4ᵉ div. (génie), nᵒ 6224.

Le ministre de la guerre,

Arrête les présentes conditions générales, concernant la fourniture des matériaux et l'exécution des travaux, applicables à toutes les entreprises relatives au service du matériel du génie militaire.

Ces conditions font suite à celles d'ordre et d'administration, qui ont été publiées, le 15 décembre 1848, sous le nᵒ 6224, dans le *Journ. mil. offic.*, tome XIV, p. 376.

PREMIÈRE SECTION.

Fourniture, réception, qualité, essai et préparation des matériaux.

§ 40.

Fourniture.

Art. 76. Tous les matériaux seront fournis par l'entrepreneur, sous les formes et les dimensions exactes stipulées au devis. Si, sans nuire à l'harmonie des travaux, des matériaux ou des parties d'ouvrages ont reçu des dimensions plus fortes que celles qui sont prescrites par le devis, il n'en sera tenu aucun compte à l'entrepreneur, à moins que le commandant du génie ne l'ait ordonné par écrit. Pour le cas où, l'entrepreneur ayant agi de son propre mouvement, les augmentations de dimensions offriraient quelque inconvénient, il sera obligé de se conformer au devis, après démolition, s'il y a lieu.

§ 41.

Réception.

Art. 77. La réception des matériaux se fera par les officiers chargés de la direction ou de la surveillance des travaux, qui les refuseront, lorsqu'ils n'auront pas les qualités ou les dimensions requises.

Art. 78. L'entrepreneur ne pourra les mettre en œuvre qu'après les avoir soumis à l'examen desdits officiers, et avoir reçu d'eux l'autorisation de les employer. A cet effet, il est tenu de les leur présenter dans une situation qui permette de les examiner dans toutes leurs parties, ou de les faire tourner et retourner en leur présence et sur leurs indications, de manière qu'ils puissent les voir sous toutes leurs faces et s'assurer qu'ils ne recèlent aucun défaut et qu'ils ont les dimensions voulues.

Le chantier de l'entrepreneur devra être pourvu des mesures, balances, poids et autres appareils de vérification qui seraient reconnus nécessaires.

Art. 79. Les matériaux rebutés seront enlevés des travaux sur-le-champ, par l'entrepreneur.

Art. 80. L'officier surveillant conservera, pendant toute la durée de l'entreprise, la faculté de refuser des matériaux dont les défauts auraient échappé à un premier examen. L'entrepreneur est tenu de les faire remplacer immédiatement par d'autres, et même de démolir les parties d'ouvrages où ils auraient été mis en œuvre.

§ 42.

Qualités, essai et préparation des matériaux.

Art. 81. *Prescription générale.* Tous les matériaux seront de la meilleure qualité. Lorsqu'on entendra qu'il soit dérogé à cette condition, pour des constructions grossières ou provisoires, le devis descriptif le mentionnera formellement.

Art. 82. *Pierre de taille.* Le devis indiquera les carrières d'où les pierres de taille proviendront, en stipulant qu'elles seront toujours tirées des meilleurs bancs.

L'entrepreneur ne pourra en fournir d'autres provenances qu'après en avoir obtenu l'autorisation du ministre de la guerre. Dans ce cas, la qualité de la pierre devra, au préalable, être constatée par les officiers du génie, auxquels l'entrepreneur fournira, s'il en est requis, les ustensiles et ingrédients nécessaires pour leur permettre de reconnaître le degré de gélivité et de résistance de la pierre.

On fera généralement usage de deux espèces de pierre de taille, dites *pierre bleue* et *pierre blanche*.

Par *pierre bleue*, on entendra le calcaire du terrain houiller ou de transition à structure compacte ou cristalline.

Le calcaire à structure compacte ne sera employé qu'à défaut de l'autre variété, connue dans le commerce sous le nom de *granite* ou de *petit granite*.

Par *pierre blanche*, on entendra des calcaires grossiers plus ou moins silicifères, ou des grès blancs ou jaunâtres.

Art. 83. Les pierres seront exemptes de tout défaut, ébousinées au vif ou entièrement dépouillées de ce que les carriers appellent *pierre morte* (*moite pire* en wallon). On n'y tolérera ni veines blanches ni limés, à moins qu'ils ne soient sans influence sur la solidité ou le bon aspect de la construction. Les pierres remplies de *clous* et de coquillages non adhérents seront également refusées.

On refusera de même toute pierre dont les défauts seraient dissimulés par du mastic.

Les pierres de taille seront taillées à vives arêtes ou exactement profilées suivant les patrons et panneaux donnés; les surfaces seront uniformes, pleines, sans flaches ni démaigrissement, aussi bien dans les parties vues que dans celles qui sont destinées à former joint.

Art. 84. A moins que le contraire ne soit stipulé, les pierres de parement seront entièrement travaillées à la *boucharde* ou à la *gradine* sur toutes leurs faces; il y aura seulement sur tous les bords un encadrement au ciseau plat, de cinq centimètres de largeur.

Les pierres chargées de moulures seront travaillées au ciseau plat et suivant toutes les règles de l'art.

Art. 85. La pierre de taille sera toujours posée sur son lit de carrière, à moins que sa structure particulière ne permette le contraire, ce dont l'administration du génie militaire restera juge.

Art. 86. *Libages.* Les gros moellons ou *libages* auront au moins trente centimètres de longueur et de largeur; on les choisira parmi les pierres calcaires ou autres non gélives ou indécomposables à l'air ou dans l'humidité; ils seront, en outre, bien gisants. S'ils doivent être tous de même épaisseur et équarris ou taillés au parement, le devis le stipulera.

Art. 87. *Moellons.* Par *moellons*, on entend des pierres de dimensions plus petites que celles des libages; mais on n'en admettra pas qui aient moins de vingt centimètres de large, trente centimètres de long et dix centimètres de haut, si ce n'est pour la maçonnerie de blocage. On en distingue de plusieurs sortes, que le devis spécifiera : moellons *ciselés* ou *piqués*, c'est-à-dire dont le parement est taillé au ciseau plat ou dégrossi au poinçon, à la gradine ou à la boucharde ; moellons *smillés*, dont la tête est équarrie au marteau ; moellons *bruts*, qui n'ont reçu aucune façon.

A quelque sorte qu'ils appartiennent, ils doivent être bien gisants et sur le lit de carrière, quand la pierre est de structure schistoïde, ou quand elle offre une tendance à cette structure. Les moellons de parement doivent, autant que possible, avoir une largeur double de leur épaisseur et une longueur double de leur largeur.

Les *pendants* des voûtes seront cunéiformes, pour se rapprocher, autant que possible, de la forme de voussoirs réguliers.

Art. 88. *Dalles.* Le devis spécifiera la nature des dalles et leurs dimensions. La face vue sera ciselée, gradinée, poinçonnée ou bouchardée, suivant les prescriptions du devis ; elle sera plane et sans flaches.

L'emploi du mastic, pour en dissimuler les défauts, ne sera pas toléré. Les côtés seront coupés à vives arêtes, afin d'obtenir des joints aussi petits que possible.

Les filets blancs ou d'autre couleur que le fond de la pierre, les clous, les coquilles non adhérentes et autres défauts de cette espèce, capables de nuire à l'aspect ou à la solidité de la construction, seront des motifs de rejet.

Art. 89. *Carreaux en pierre.* La nature et les dimensions superficielles des carreaux seront également désignées au devis. Leur face vue sera parfaitement plane, ciselée ou polie, selon les prescriptions du devis ; ils seront coupés carrément à arêtes et angles vifs ; leur épaisseur variera de quatre à six centimètres.

Art. 90. *Pavés.* Les pavés seront de *grès*, de *psammite* ou de *porphyre*, durs, proprement épincés. On en distinguera cinq échantillons, dont l'emploi particulier sera stipulé au devis.

2ᵐᵉ échantillon : dix-huit à vingt centimètres de côté à la tête, dix-huit centimètres de queue, douze à quatorze centimètres d'assiette (1).

3ᵐᵉ échantillon : seize à dix-huit centimètres de côté à la tête, seize centimètres de queue, dix à douze centimètres d'assiette.

4ᵐᵒ échantillon : quatorze à seize centimètres de côté à la tête, quatorze centimètres de queue, huit à dix centimètres d'assiette.

5ᵐᵉ échantillon : douze à quatorze centimètres de côté à la tête, douze centimètres de queue, six à huit centimètres d'assiette.

6ᵐᵉ échantillon : dix à douze centimètres de côté à la tête, dix centimètres de queue, quatre à six centimètres d'assiette (2).

Art. 91. *Ardoises.* Les ardoises seront tirées des ardoisières d'Herbeumont, de la Géripont, de Viel-Salm, d'Oignies et d'autres lieux dont les produits auraient des qualités reconnues identiques, aussi longtemps qu'on n'en exploitera nulle part de meilleures en Belgique. Elles auront au moins deux millimètres et un quart d'épaisseur ; seront planes, sonores, entières, non biaises ni traversières. A moins de stipulation contraire, on fera usage de l'espèce dite *petites*

---

(1) Toutes les dimensions ou conditions rapportées dans le cours de cet écrit sans être précédées des mots : *ils ou elles auront, ils ou elles seront, il ou elle aura, il ou elle sera,* sont obligatoires, comme si ces locutions étaient littéralement employées.

(2) Il y avait anciennement un *premier échantillon* de pavés de vingt à vingt-deux centimètres à la tête, mais qu'on n'emploie plus depuis longtemps, comme trop coûteux, trop lourd et d'une utilité contestée. Il y a encore un *septième échantillon*, mais dont les dimensions sont trop irrégulières pour être déterminées d'une manière exacte. Les cinq échantillons compris ici suffiront à tous les besoins des travaux militaires.

flamandes, de vingt-quatre centimètres de longueur sur treize centimètres de largeur.

Art. 92. *Briques.* Les briques seront bien cuites, bien moulées, autant que possible, entières, dures, sonores et non gélives. Pour les parements, les capes et les couronnements, il sera fait un triage dans lequel on n'admettra que des briques de couleur uniforme, choisies parmi les plus belles et les mieux cuites.

Art. 93. *Pannes.* Les pannes (tuiles) seront bien cuites, bien moulées, dures, sonores et non gélives. Posées à plat sur le sol, la convexité vers le haut, elles supporteront le poids d'un homme sans se briser. Le devis mentionnera l'espèce et le lieu de provenance; il stipulera, en outre, si elles doivent être rouges, bleues, vernissées ou goudronnées.

Art. 94. *Carreaux en terre cuite.* Bien cuits, bien moulés, coupés carrément à vives arêtes, plans, durs, sonores, non gélifs. On polira la face vue, avant la mise en œuvre, en les frottant l'un sur l'autre. Les dimensions et la couleur seront mentionnées au devis.

Art. 95. *Tuyaux de poterie.* Bien tournés et bien cuits, non gélifs, sans fêlures ni ébréchures; les emboîtures faites avec soin. Le devis stipulera leurs formes et dimensions.

Art. 96. *Verre à vitres.* Demi-blanc et transparent, sans tries, bouillons, étoiles, ondes, griffes ou autres défauts. Lorsqu'on entendra employer du verre *double épaisseur*, le devis le stipulera. Les vitres seront coupées nettement au diamant, de manière à offrir un jeu d'un millimètre dans leurs battées.

Art. 97. *Bois de chêne.* Les pièces de chêne sciées ou équarries seront sans flaches ni aubier, et à vives arêtes, quand elles auront moins de vingt centimètres d'équarrissage. Pour les poutres de vingt centimètres de côté et au delà, on admettra un chanfrein régulier de quatre à cinq centimètres de largeur sur les arêtes. Mais on n'y tolérera pas d'aubier. Les pièces offrant des traces d'échauffures, de brûlures, de gélivures simples ou entrelardées, de vermoulure, de carie sèche ou humide, et d'autres accidents du même genre, seront refusées; les nœuds vicieux ou cariés seront également une cause de rejet; le contournement et l'inégale répartition des fibres seront encore une cause de rebut s'ils existent à un point capable de nuire à la solidité ou à la beauté des pièces. Lorsque, pour des constructions provisoires, on voudra déroger à ces dispositions, le devis le stipulera.

Art. 98. *Bois de sapin.* Le sapin sera rouge ou blanc, suivant les exigences du devis; les pièces seront sciées à vives arêtes et sans nœuds vicieux, non adhérents; mastiqués, ou autres défauts. Les poutres des planchers et de quelques ouvrages analogues pourront être employées dans l'état où le commerce les livre, c'est-à-dire légèrement arrondies sur les arêtes, à moins que le devis ne stipule le contraire. Toute pièce provenant d'arbres saignés sera refusée.

Art. 99. *Siccité des bois.* Le bois des ouvrages de menuiserie sera parfaitement sec ; pour les charpentes, il suffira qu'il ait deux à trois ans de sciage ou même moins, si le cas l'exige, ce qui sera décidé par le commandant du génie.

ART. 100. *Fascines.* On emploiera, suivant les prescriptions du devis, les fascines de Brabant, d'Ostende et de Moerbeeke ; celles de Brabant et d'Ostende auront un mètre cinquante centimètres à un mètre soixante et dix centimètres de longueur et trente-cinq à quarante centimètres de grosseur, mesurées à vingt centimètres du gros bout ; celles de Moerbeeke, deux mètres cinquante centimètres de longueur, mesurées en pleins brins, et quarante-cinq centimètres de pourtour à vingt centimètres du gros bout.

Ces diverses espèces de fascines seront liées part deux harts chacune. Les essences admises dans leur confection sont le chêne, le frêne, le bouleau et le noisetier.

ART. 101. *Piquets.* Ils seront droits et bien affûtés, d'un mètre dix centimètres à un mètre cinquante centimètres de longueur, suivant les prescriptions du devis. Leur pourtour au petit bout sera égal au douzième de la longueur. Dans les piquets à clef, la clef sera en chêne, de quinze centimètres de longueur et deux centimètres d'équarrissage, placée à sept centimètres du gros bout. On admettra les essences de chêne, de frêne, de noisetier et de bouleau.

Lorsque l'ouvrage exigera des piquets de plus fortes dimensions et d'autres essences, le devis le mentionnera.

ART. 102. *Clayons.* Les clayons seront droits, bien effilés et flexibles. On en distingue de quatre sortes, dont le devis stipulera l'emploi spécial, à savoir :

Clayons de Brabant, dont la longueur est de trois mètres cinquante centimètres, le pourtour moyen de huit centimètres, et l'essence de chêne.

Clayons d'Ostende et de Blanckenberghe, qui ont les mêmes dimensions et sont de même essence que les précédents.

Clayons de Moerbeeke, ayant deux mètres trente centimètres de longueur, six centimètres de pourtour moyen, et qui sont d'essence de chêne.

Clayons de Hollande ou *Haringbanden*, dont la longueur régulière est de deux mètres vingt centimètres, le pourtour de six à sept centimètres, et l'essence de saule d'eau.

ART. 103. *Harts.* On distingue trois sortes de harts, dont le devis mentionnera l'emploi spécial, savoir :

Les *kruys-banden*, qui ont deux mètres de longueur sur deux à trois centimètres de pourtour moyen.

Les *kny-banden*, qui ont un mètre trente centimètres de long, et quinze à vingt millimètres de pourtour.

Les *wiep-banden*, qui ont soixante et dix à quatre-vingts centimètres de longueur, et douze à quinze millimètres de pourtour. Toutes ces espèces de harts seront en saule d'eau et bien flexibles.

ART. 104. *Roseaux.* On distingue deux espèces de roseaux, qui sont employés aux travaux des digues, et que le devis désignera.

Roseaux de Hollande, en bottes de deux mètres cinquante centimètres de longueur sur un mètre de pourtour, dont les brins ont chacun la longueur de la botte et trois centimètres de pourtour à la souche.

Roseaux des rives de l'Escaut, d'un mètre cinquante centimètres de longueur sur deux centimètres de pourtour à la souche. En bottes de cinquante centimètres de pourtour au gros bout. Les roseaux secs et cassants seront refusés.

Art. 105. *Paille.* La paille des paillassonnages ou des toitures sera de seigle ou de froment, de coupe récente, longue d'un mètre trente centimètres au moins et bien peignée.

Art. 106. *Cordages.* Fabriqués avec de bon chanvre non échauffé, blancs ou goudronnés, suivant les prescriptions du devis.

Art. 107. *Fers.* Le fer malléable sera fort, nerveux, dur, non rouverin, pliant à froid, résistant d'ailleurs aux épreuves que le devis prescrira. Les pièces forgées et soudées avec soin, sans pailles, doublures, travers, cendrures ou autres défauts. Les pièces limées ou tournées, travaillées artistement.

Art. 108. *Fonte.* La fonte de moulage sera grise et de seconde fusion, à moins que le devis n'exige le contraire. Les objets seront moulés purement, sans fentes, soufflures, lèvres ou bavures, flaches ou déformations nuisibles. Les modèles en bois seront fournis par l'entrepreneur. Si la fonte doit être tournée, rabotée ou alésée, elle le sera avec les moyens mécaniques les plus parfaits.

Art. 109. *Acier.* L'acier sera de cémentation ou fondu, suivant les prescriptions du devis ; il sera exempt des mêmes défauts que le fer, dans les pièces forgées. Ces dernières seront travaillées avec soin.

Art. 110. *Tôle.* La tôle sera unie et luisante, d'épaisseur uniforme, du poids voulu au mètre carré, sans fentes ni déchirures. Elle devra pouvoir être pliée et repliée sans se briser.

Art. 111. *Tôle cannelée.* Si l'on prescrit l'emploi de la tôle cannelée pour toitures, elle sera en feuilles de deux mètres de long au moins sur cinquante centimètres de large et treize décimillimètres d'épaisseur, plongées, à chaud, dans du goudron liquide ou de l'huile de baleine. Il y aura trois cannelures dans la largeur, et chacune d'elles sera de cinq centimètres de profondeur.

Art. 112. *Fer-blanc.* Le fer-blanc sera de l'espèce dite *double feuille*, exempt de bosses et d'aspérités. Son contour sera net, sa surface lisse, brillante, sans taches ni rayures. Sa couleur parfaitement blanche, sans mélange de jaune.

Art. 113. *Fil de fer.* Le fil de fer aura un diamètre uniforme et une force capable de résister aux épreuves prescrites par le devis.

Art. 114. *Plomb.* Le plomb de couverture sera pur, doux et pliant, d'épaisseur uniforme et sans la moindre crevasse.

Art. 115. *Zinc.* Le zinc de couverture sera du numéro *quatorze* pour les lames ordinaires de couverture, et du numéro *seize* pour les mains, agrafes, noues, faîtes, arêtiers et chéneaux de gouttières ou couvertures de corniches. On n'y rencontrera aucune fissure ni solution de continuité, soit dans les parties planes, soit dans les bourrelets ou contournements de diverses espèces.

ART. 116. *Cuivre.* Les feuilles de cuivre de couverture seront étamées en dessous. Les objets moulés soit en cuivre, en laiton, en bronze ou en zinc, seront exempts de soufflures, bulles, fentes, cendrures ou autres défauts ; ils auront une forme nette, exacte, sans lèvres, bavures ni ébréchures.

Lorsqu'ils devront être tournés ou polis à la lime, ce que le devis stipulera, ils le seront suivant toutes les règles de l'art.

ART. 117. *Soudures.* La soudure destinée à réunir les lames, et en général les pièces de plomb ou de zinc, sera composée de deux parties de plomb et d'une partie d'étain ; celle qui est destinée à souder le fer-blanc, de deux parties d'étain et d'une partie de plomb.

ART. 118. *Clous et chevilles.* En fer fort et pliant à froid, nettement forgés à vives arêtes, sans pailles ni bavures, surface bien parée et luisante, pointe aiguë ou coupante.

Pour déterminer la force des clous, on fera usage de l'expression : *clous de*... *kilogrammes* (... livres) (1), entendant, par là, que les *mille* clous ont le poids indiqué.

Lorsqu'on fera usage de clous étamés, galvanisés ou goudronnés, le devis le prescrira.

ART. 119. *Vis à bois.* Nettement filetées sur les deux tiers environ de leur longueur, à tête bombée ou fraisée, suivant les prescriptions du devis.

ART. 120. *Chaux, ciments, pouzzolanes.* La qualité de ces matières sera prescrite au devis ; on entendra par :

Chaux grasses, celles qui, étant très-foisonnantes, ne prennent aucune consistance sous l'eau.

Chaux faiblement hydrauliques, celles qui, quoique très-foisonnantes, prennent sous l'eau dans un intervalle de deux à six mois.

Chaux moyennement hydrauliques, celles qui font prise dans l'intervalle de quinze à vingt jours d'immersion.

Chaux hydrauliques, celles qui, éteintes, réduites en pâte et immergées, font prise après six ou huit jours d'immersion.

Chaux éminemment hydrauliques, celles qui, dans les mêmes conditions, font prise du deuxième au quatrième jour.

Ciments, des matières argilo-calcaires cuites qui, étant réduites en poussière fine et gâchées avec de l'eau à consistance de pâte, font prise sous l'eau dans un temps plus ou moins rapide, et conservent indéfiniment la consistance qu'ils ont acquise.

Pouzzolanes, des matières cuites ou volcaniques qui, réduites en poudre impal-

---

(1) La livre employée dans le commerce pour désigner le poids des mille clous est celle de Brabant = k° 0.4677.

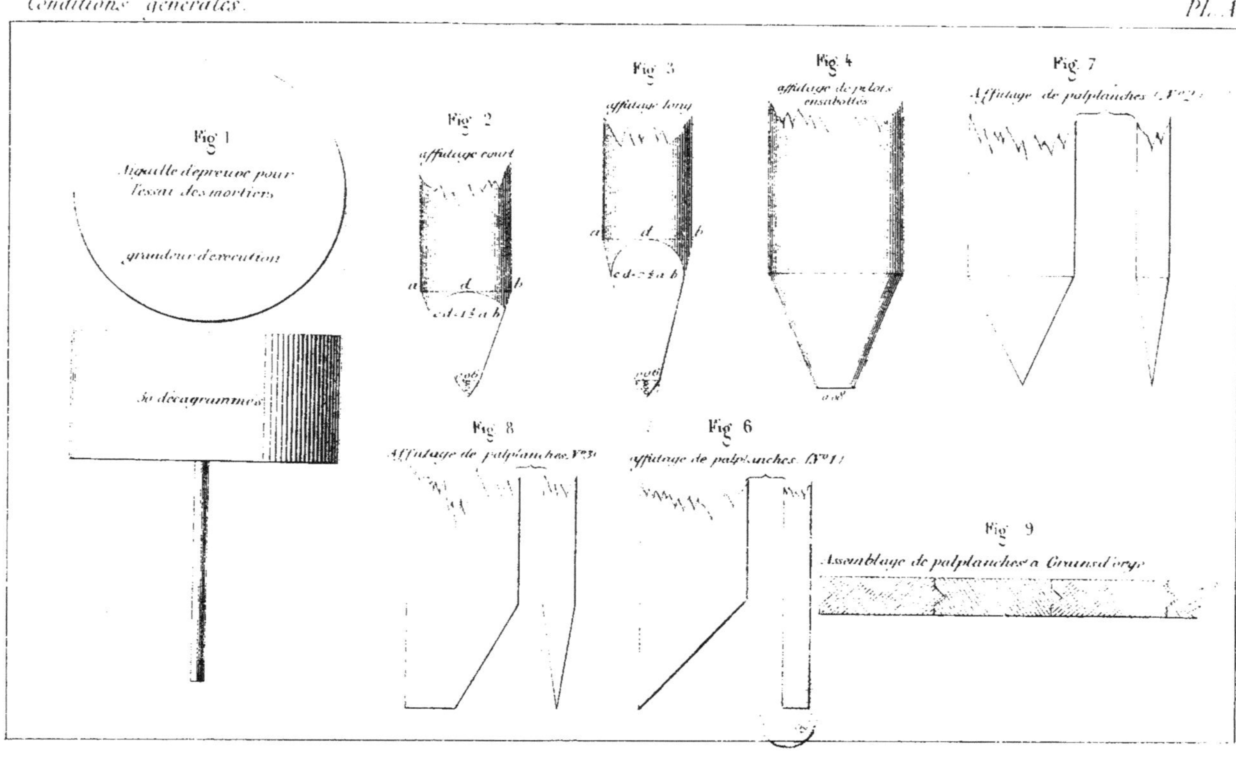
Fig. 1
Aiguille d'épreuve pour l'essai des mortiers
grandeur d'exécution
50 décagrammes
Fig. 2
affûtage court
Fig. 3
affûtage long
Fig. 4
affûtage de pelots ensabotés
Fig. 7
Affûtage de palplanches N° 2
Fig. 8
Affûtage de palplanches N° 3
Fig. 6
affûtage de palplanches N° 1
Fig. 9
Assemblage de palplanches à Gruonsdorge

Art. 131. *Couleurs.* On emploiera, pour le blanc, la céruse de première qualité ; pour le noir, le noir de fumée, d'os calciné, ou le noir d'ivoire ; pour le rouge, le rouge d'Angleterre (le minium ne s'emploiera qu'à la peinture de la première couche des ferrures ou des murs exposés à la pluie) ; pour le bleu, le bleu de Prusse ; pour le jaune, l'ocre jaune. Ces couleurs serviront à faire toutes les teintes intermédiaires de gris, d'orange, de vert et de violet.

Elles seront finement broyées à la molette ou à la mécanique, avec de l'huile de lin de bonne qualité.

Art. 132. *Siccatifs.* L'emploi des siccatifs, de l'huile de lin cuite ou de la litharge n'aura lieu qu'en cas de prescription spéciale du devis.

Art. 133. *Vernis.* Les vernis seront à l'huile, à l'essence ou à l'esprit-de-vin, selon le devis. Ils seront fabriqués avec soin, seront frais et non brûlés.

Art. 134. *Goudron.* Le goudron sera celui qui est connu, dans le commerce, sous le nom de *goudron de Suède.*

Art. 135. *Mastic de vitrier.* Le mastic ordinaire de vitrier sera formé d'huile de lin et de petit blanc. On l'emploiera pour les vitres à placer sur châssis en bois. Pour les vitres à fixer sur châssis métalliques, on remplacera le petit blanc par de la céruse ou par un mélange de céruse et de minium. Ces mastics seront faits avec soin, bien homogènes et de la consistance de la pâte à faire le pain.

Art. 136. *Mastic bitumineux.* On emploiera les mastics bitumineux naturels, tels que ceux de Seyssel, de Lobsann ou d'autres lieux, formés d'un mélange intime de calcaire bitumineux réduit en poudre, et de bitume minéral, dans la proportion de quatre-vingt-treize parties pour cent du premier et de sept parties pour cent du second. On pourra également faire usage des mastics artificiels de Liége et de Mons (ou autres d'aussi bonne qualité), mais seulement pour les chapes recouvertes de terre.

DEUXIÈME SECTION.

Conditions de bonne exécution dans les diverses sortes de travaux.

§ 43.

Terrassements.

Art. 137. *Déblai.* La disposition des ateliers pour l'exécution des déblais est laissée entièrement au gré de l'entrepreneur ; mais il veillera strictement à ce que, en travaillant, on n'entame pas les faces des talus de manière à nécessiter ultérieurement des rechargements de terre peu solides. Dans le cas où il serait contrevenu à cette disposition, l'officier surveillant ou directeur des travaux aura le droit de faire changer la distribution des ateliers, et les rechargements de terre seront faits au compte de l'entrepreneur, et de la manière la plus solide.

Lorsque, dans les déblais, il arrivera des éboulements par défaut de précaution de la part de l'entrepreneur, ils seront relevés à ses frais. Toutefois, les éboulements causés par des dispositions vicieuses qui seraient prescrites au devis, et que l'entrepreneur aurait exactement observées, ne seront pas à sa charge.

Le choix des moyens d'excavation est laissé à l'entrepreneur; néanmoins, s'il juge à propos de faire usage de la poudre, dans certains terrains rocailleux ou dans le roc vif, il devra en prévenir le commandant du génie, et prendre toutes les précautions que la prudence commande pour éviter les accidents, dont toutes les suites sont, du reste, à sa charge.

Art. 138. *Remblai.* Les remblais se feront, autant que possible, par couches horizontales de trente centimètres d'épaisseur. Si, d'après les stipulations du devis, les remblais doivent être battus, ils le seront avec des dames du poids de quinze à vingt kilogrammes.

L'entrepreneur emploiera à son gré, pour transporter les terres, des brouettes, des camions ou des wagons de diverses formes et dimensions; il distribuera également comme il l'entendra les chemins de roulage et les rampes; seulement il sera astreint à monter le terrassement conformément à ce qui est dit ci-dessus, à donner au remblai la forme exacte qu'il doit avoir, et à ne pas entamer, par ses rampes, la surface des talus de déblai. Afin de donner, tant au déblai qu'au remblai, une forme exacte et régulière, avant d'en faire couper et dresser les talus, il placera, de dix en dix mètres au moins, et à des intervalles plus rapprochés si le cas l'exige, des profils en lattes de sapin, dont les matériaux seront fournis par lui.

Le soin de dresser les talus ne sera confié qu'à des terrassiers ou à des rocteurs expérimentés.

Art. 139. *Présence de l'eau dans les déblais.* Lorsque l'eau viendra à envahir les déblais, l'entrepreneur s'en débarrassera par les moyens qu'il jugera les plus convenables; tous lui sont permis, du moment qu'ils ne portent aucun préjudice, ni au travail en cours d'exécution, ni aux propriétés ou ouvrages avoisinants. Les dégâts qui résulteraient de l'inobservation de cette clause seront à sa charge.

Si l'entrepreneur ne peut mettre le déblai à la profondeur voulue, en se débarrassant de l'eau, il aura la faculté de le parfaire à la drague; mais à moins de force majeure et d'une autorisation expresse et écrite du commandant du génie, il ne pourra se dispenser, en aucun cas, de le mettre à profondeur.

§ 44.

Gazonnements.

Art. 140. *Gazonnements à queue ou d'assise.* Ils seront faits avec des gazons bien chevelus, pris dans les prés les plus herbus et les mieux fournis; l'entrepreneur ne pourra commencer aucune coupe de gazons sur un terrain quelconque avant que celui-ci ait été agréé par l'officier surveillant. Les gazons auront deux à trois décimètres de longueur de face et au moins trois décimètres de longueur de queue. Ils seront coupés carrément et auront l'épaisseur que la nature du terrain et l'usage local permettront de leur donner. On les posera l'herbe en dessous, par assises bien réglées au cordeau, observant, après les avoir garnis de terre douce sur la queue et dans les vides des joints, de les damer à chaque assise, ainsi que le remblai qu'ils revêtent, sur une longueur d'un mètre au moins. Chaque assise sera conduite en pente par derrière ; les gazons seront recoupés de quatre en quatre assises, suivant les surfaces déterminées, de manière qu'il n'y ait ni creux ni soufflure ; faute de quoi l'ouvrage sera refait aux frais de l'entrepreneur.

On emploiera pour les deux ou trois premières assises, qui devront être enterrées pour servir de fondation au revêtement, les plus grands gazons que l'on pourra lever, et le gazonnement sera établi en retraite sur cette base. La dernière assise du gazonnement sera posée l'herbe en dessus, et tous les gazons de cette assise auront une longueur uniforme, de manière à former bordure.

Art. 141. *Gazonnements de plat.* Les placages de gazons ou gazonnements de plat qui seront employés, soit pour revêtir des parapets formés de terres très-fortes, soit pour maintenir des talus de terre sablonneuse, seront faits avec des gazons des mêmes qualités et dimensions que ceux à queue. Ils seront placés par lignes et à joints recouverts, l'herbe en dehors, sur un lit de terre douce. On arrosera ce gazonnement au fur et à mesure de sa confection.

Sur les terrains ayant de la consistance, chaque gazon de plat sera fixé par trois petits piquets en bois blanc, de trente centimètres de longueur sur deux centimètres au moins de diamètre au gros bout. Cette précaution serait sans objet sur un terrain sablonneux. On n'exécutera, en général, les gazonnements de plat que sur des remblais qui auront éprouvé un tassement de six mois.

Les lignes de bordures seront faites avec un seul rang de gazons posés de plat et l'herbe en dessus, de manière que les deux bords soient parallèles et les arêtes bien vives, débordant la surface du talus.

§ 45.

Travaux de fondations.

Art. 142. *Creusement des tranchées.* Les parois des tranchées de fondations seront tenues sous des talus aussi roides que possible, au moyen d'étrésillons ou d'étançons provisoires, qu'on enlèvera au fur et à mesure de l'avancement des maçonneries. Leur fond sera dressé bien horizontalement, et battu à la hie lorsqu'on le commandera. Quand le terrain sera en pente, le fond sera disposé en gradins, dont tous les paliers seront bien horizontaux, et enterrés de trente centimètres au moins. Si le sol est de roc, on piquera le fond des tranchées à la grosse pointe, et l'on aura soin de bien enlever les recoupes et la poussière, et même de laver le rocher avant d'y étendre le mortier. La position du fond des tranchées sera toujours exactement fixée au devis par des repères auxquels on la rapportera. Lorsque l'entrepreneur aura creusé au delà de la profondeur indiquée, il devra remplacer, à ses frais, la partie enlevée en trop par de la maçonnerie de fondation. Les déblais provenant de la fouille de ces tranchées seront ultérieurement remblayés autour des maçonneries, et le surplus sera transporté aux endroits qui seront fixés par le commandant du génie.

Art. 143. *Pilots.* Les pilots seront ronds ou carrés, d'essence et de dimensions conformes aux stipulations du devis, affûtés long ou court suivant la nature du terrain à traverser, ensabotés lorsque le devis le prescrira. Ils seront droits et d'une décroissance régulière de diamètre, proprement arrondis ou équarris, de manière à n'apporter aucun obstacle à l'enfoncement.

Art. 144. *Affûtage.* Lorsque les pilots ne devront pas être ensabotés, ils seront affûtés ainsi que le montrent les *fig.* cotées 2 et 3, *pl.* A, auxquelles on se conformera exactement. La *fig.* 2 montre l'affûtage court, et l'autre l'affûtage long. On durcira la pointe en la roussissant au feu.

Art. 145. *Ensabotement.* Lorsqu'ils devront être ensabotés, ils seront affûtés conformément aux indications de la *fig.* 4, *pl.* A. Les sabots seront en fonte, du poids de huit kilogrammes, armés à leur centre d'une tige barbelée en fer malléable de vingt centimètres de long, engagée dans le culot du sabot. Ils auront exactement, d'ailleurs, la forme et les dimensions présentées *fig.* 5, *pl.* B.

On se servira, pour les enfoncer dans le pieu, d'un chasse-sabot en fer battu.

Art. 146. *Battage.* Le battage se fera au moyen de sonnettes à tiraude ou à déclic, suivant les prescriptions du devis. Le poids du mouton, la hauteur de chute, la longueur de fiche, le refus absolu ou relatif, seront également fixés par le devis. Chaque pilot sera exactement battu à l'emplacement que lui assignent les plans ou le devis descriptif. Tout pilot qui dévierait de sa direction de plus de la moitié de son épaisseur sera arraché et rebattu.

Si un pilot refuse de descendre à la profondeur de fiche déterminée, il pourra être recépé, mais seulement après que le commandant du génie aura reconnu l'impossibilité de l'enfoncer davantage. S'il y avait contestation ou doute, le commandant du génie pourra ordonner de laisser reposer le pilot, pendant huit jours au moins, avant de procéder au dernier battage, qui décidera la question.

Lorsque les pilots seront destinés à porter un grillage, on commencera le battage par ceux de l'intérieur, pour terminer par ceux de rive. Lorsque les pilots auront pour objet de resserrer et d'affermir le terrain, on procédera d'une manière inverse.

En général, les pilots seront affûtés et enfoncés le petit bout en avant. Le commandant du génie pourra, néanmoins, prescrire le contraire, quand la nature du terrain l'exigera. Chaque pilot, avant d'être battu, sera garni à la tête d'une frette en fer, qu'on enlèvera une fois le battage terminé.

Fig. 5 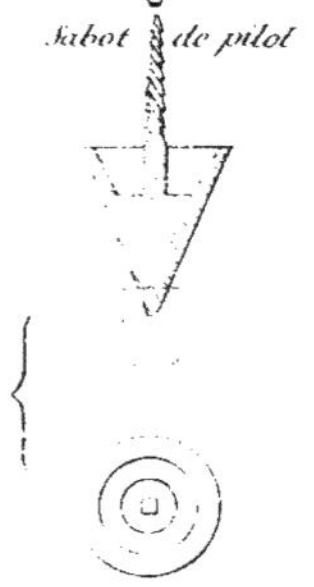
Sabot de pilot
Fig. 10 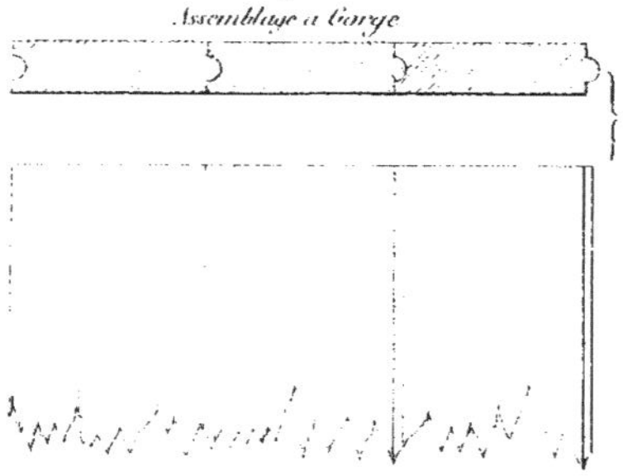
Assemblage à Gorge
Fig. 11
boutisses
panneresses
Fig 14(2)
A 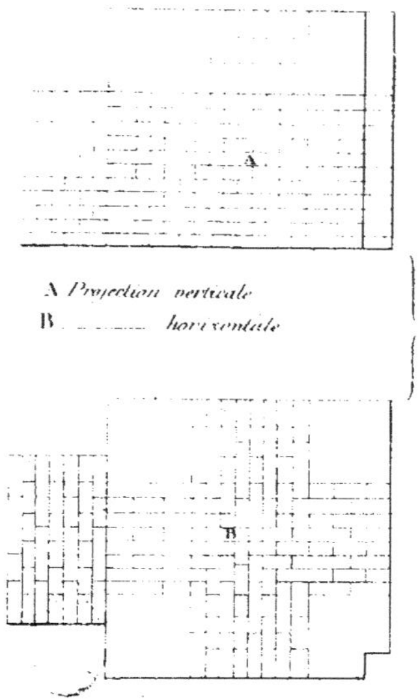
A Projection verticale
B ———— horizontale
B

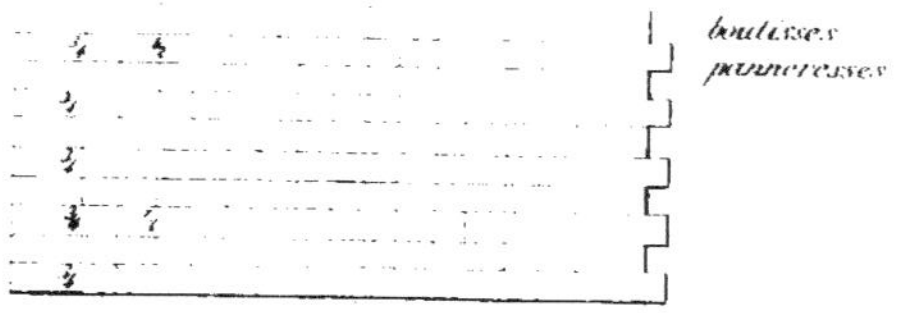

Il ne sera fait usage du faux pieu que dans des cas tout à fait exceptionnels, et avec le consentement du commandant du génie.

Après le battage des pilots, on enlèvera le terrain vaseux qui entoure leurs têtes, et on le remplacera par du sable fin siliceux et bien tassé lorsque l'ouvrage ne sera soumis à aucune pression hydraulique, et, dans le cas contraire, par un enrochement en maçonnerie de blocage ou en béton, dont l'épaisseur moyenne sera de trente centimètres.

Lorsque, par suite de circonstances locales, cette épaisseur devra être plus forte, on tiendra compte du surplus à l'entrepreneur sur les frais imprévus.

Art. 147. *Recépage.* Les pilots seront recépés dans le plan voulu, au moyen de scies ordinaires lorsqu'ils seront découverts, et au moyen de scies mécaniques lorsque le recépage devra se faire sous eau. L'entrepreneur est libre dans le choix des moyens d'exécution; mais il doit les soumettre, avant d'en faire usage, à l'examen du commandant du génie, lequel pourra se refuser à les laisser employer, s'ils n'offrent pas des garanties suffisantes de précision.

Art. 148. *Tenons.* Les tenons seront prismatiques ou à queue d'hironde, suivant les prescriptions du devis; ils seront façonnés avec soin.

Les tenons seront toujours pris en dessous de la partie du pilot qui a souffert par le choc du mouton.

S'il était nécessaire pour cela d'augmenter la longueur des pilots, l'entrepreneur devrait le faire; mais le cube de bois fourni en plus lui serait payé sur les frais imprévus.

Art. 149. *Augmentation de la longueur de fiche.* Si, pour arriver au refus déterminé, l'on reconnaît qu'il faut une plus grande longueur de fiche que celle qui est fixée au devis, l'entrepreneur devra, sur l'ordre écrit du commandant du génie, fournir des pilots d'une plus grande longueur, et même, si c'est nécessaire, d'un plus fort équarrissage ou diamètre; mais, dans ce cas, la fourniture supplémentaire qu'il fera lui sera payée sur les frais imprévus. On lui payera également, sur les mêmes fonds, une indemnité pour le battage supplémentaire. Le bordereau de prix des frais imprévus contiendra des articles pour tenir compte de ces éventualités.

Art. 150. *Arrachage de pilots.* Lorsqu'un pilot devra être arraché, l'entrepreneur emploiera pour cela tel moyen qu'il jugera convenable; seulement il est prévenu qu'il est responsable des dégâts qui pourraient en résulter aux autres travaux exécutés, et que leur réparation complète sera effectuée à ses frais.

Art. 151. *Palplanches.* L'essence, la fiche et les dimensions des palplanches seront fixées au devis, qui dira également si elles seront ensabotées ou simplement affûtées.

Les sabots seront en fer ou en fonte, selon les prescriptions du devis. Les palplanches non ensabotées seront affûtées suivant les formes nos 1, 2 et 3, fig. 6, 7 et 8, *pl.* A, auxquelles le devis renverra; dans ce cas, les pointes seront roussies au feu.

Les palplanches seront assemblées latéralement à *plat-joint*, à *grain d'orge* (*fig. 9, pl. A*), ou à *gorge* (*fig. 10, pl. B*), suivant le devis; elles seront battues entre des ventrières, fixées sur des cours parallèles de pilots parfaitement droits et alignés. On les mettra toutes ensemble en fiche et on les enfoncera régulièrement et successivement, de manière qu'elles soient bien serrées et qu'elles forment, autant que possible, une paroi bien verticale et non interrompue. Elles seront ensuite régulièrement coupées à la hauteur voulue.

Art. 152. *Grillages et plates-formes.* La composition et les dimensions des grillages et des plates-formes seront prescrites au devis; mais, dans tous les cas, l'assemblage des pièces croisées (longrines et traversines) aura lieu par entailles de trois à quatre centimètres de profondeur, et de manière que toutes les faces supérieures des pièces se trouvent dans de mêmes plans de niveau. Ces assemblages seront chevillés avec des gournables de chêne sec. Les cases du grillage seront entièrement remplies de maçonnerie de blocage ou de béton, qu'on arasera au niveau du plan supérieur du grillage.

Art. 153. *Fondations sur sable.* Le sable dont on fera usage sera siliceux, pur et fortement tassé. Les dimensions de la couche seront fixées par le devis.

Art. 154. *Fondations sur le sable bouillant.* Les fondations dans le sable bouillant seront exécutées par parties que l'on puisse achever dans une journée et sans aucune interruption de travail, sauf à relever les ateliers de terrassiers et de maçons. L'entrepreneur sera responsable de toutes les malfaçons qui auront lieu par suite de la négligence des ouvriers, du manque de matériaux ou du défaut de promptitude dans l'exécution.

Art. 155. *Batardeaux, épuisements.* La construction et la disposition des batardeaux sont du ressort de l'entrepreneur, et les frais qu'ils occasionnent sont censés compris dans le montant de l'entreprise. Les épuisements sont également à sa charge, et il a toute latitude dans le choix des moyens, du moment qu'ils ne peuvent porter aucun préjudice ni aux propriétés, ni aux ouvrages voisins. Il pourra s'aider des conseils du commandant et des officiers du génie; mais il ne pourra jamais s'en prévaloir pour justifier des retards ou des accidents dont toute la responsabilité lui est laissée, et encore moins pour réclamer des indemnités.

§ 46.

Maçonneries.

Art. 156. *Conditions applicables à toutes les espèces de maçonneries.* 1° On évitera de marcher sur les maçonneries en exécution. Lorsqu'il sera impossible de faire autrement, on les recouvrira de planches.

2° Toute pierre ou brique mal placée ou dérangée de sa position sera enlevée et replacée avec du mortier frais, après qu'on aura enlevé complétement l'ancien mortier.

3° Toute maçonnerie abandonnée pendant l'hiver et reprise au printemps suivant sera parfaitement nettoyée et lavée à l'eau pure, avant de poser les premières assises suivantes. Cette précaution sera aussi observée chaque fois que les maçonneries seront abandonnées pendant plusieurs jours consécutifs, et même chaque jour, à la reprise du travail, si c'est reconnu nécessaire.

4° Les maçonneries non achevées à l'entrée de l'hiver seront recouvertes d'une couche de paille, maintenue par des gazons, ou même, au besoin, par des paillassons. Lors de la reprise du travail, après l'hiver, toutes les parties détériorées par la gelée ou d'autres causes seront démolies et refaites aux frais de l'entrepreneur.

5° A moins de circonstances particulières, que le commandant du génie appréciera, on ne maçonnera pas avant le 15 avril ni après le 15 octobre.

6° Lorsqu'on montera des édifices ou des ouvrages d'art, composés de plusieurs murs, on les élèvera tous à la fois et de la même quantité, à moins d'impossibilité.

7° Les voûtes seront montées symétriquement, à partir des naissances, afin de répartir également la charge sur les cintres et de les empêcher de se déformer.

Lorsque la chose sera jugée nécessaire par le commandant du génie, le sommet des cintres sera chargé de matières pondéreuses, pour l'empêcher de se soulever pendant la construction des reins de la voûte.

8° Quant deux voûtes contiguës viendront poser sur un pied-droit commun, on les montera en même temps toutes les deux de part et d'autre du pied-droit, afin d'éviter la poussée qui pourrait résulter d'une disposition contraire. Si plusieurs voûtes se succèdent à la suite les unes des autres sur des piles, et que des obstacles s'opposent à ce qu'on suive cette prescription, au aura soin d'étrésillonner les piles jusqu'à l'achèvement complet de l'ouvrage, à moins que le commandant du génie ne les juge assez fortes pour ne rien avoir à craindre de la poussée.

9° Le décintrement des voûtes se fera toujours avec les soins qu'exige cette opération délicate ; tous les accidents qui résulteraient du défaut de précautions seront à la charge de l'entrepreneur, qui sera tenu de les réparer après démolition, s'il y a lieu.

§ 47.

Maçonneries d'appareil.

Art. 157. *Appareil.* L'appareil sera toujours décrit et dessiné dans tous ses détails dans le devis, et l'entrepreneur le fera exécuter sans y rien changer, en fournissant les dessins cotés sur une échelle suffisante où les panneaux en grandeur d'exécution.

Ces dessins et panneaux ne seront envoyés à la carrière qu'après avoir été soumis à l'officier surveillant ; l'entrepreneur n'aura toutefois aucun recours contre cet officier, si, par suite d'inadvertance, il était commis des erreurs qui rendissent les pierres impropres à leur emploi ou qui exigeassent des retailles.

ART. 158. *Transport et levage.* Tout en laissant à l'entrepreneur le choix des moyens de transport et de levage, il lui est enjoint de prendre toutes les précautions nécessaires pour éviter des avaries. Les pierres ébréchées sur les arètes ou sur les angles, par suite de chocs ou de manque de précaution dans ces opérations, seront refusées.

ART. 159. *Pose.* On fera exclusivement usage de la pose à bain de mortier, pour les travaux hydrauliques et ceux qui sont soumis à de fortes charges; on tolérera la pose sur cales pour les jambages des portes et des fenètres, et en général pour les ouvrages qui n'ont qu'une faible charge à supporter, et qui ne sont pas soumis à des pressions hydrauliques. Au surplus, les travaux pour lesquels cette faculté pourra être accordée seront désignés par le commandant du génie.

Dans la pose à bain de mortier, on opérera de la manière suivante :

Après avoir dérasé parfaitement le lit sur lequel la pierre doit être posée, on la présentera en place, pour s'assurer si elle est bien d'assiette, et si elle satisfait au parement et aux joints montants; en cas contraire, on fera les retailles nécessaires.

Lorsque les conditions ci-dessus indiquées seront remplies, la pierre sera enlevée, et à la place qu'elle doit occuper on étendra une couche de mortier fin et sans pierrailles, sur laquelle la pierre sera posée et affermie à coups de masse ou à la hie. On la battra autant qu'il sera nécessaire pour n'avoir que des joints très-serrés et réguliers.

Si, pour obtenir une pose convenable, le parement doit être sacrifié, l'entrepreneur sera obligé de le faire. D'ailleurs, il lui est loisible de ne terminer la taille générale du parement qu'après l'achèvement de l'ouvrage. En tout cas, lorsque l'ouvrage sera entièrement monté, l'entrepreneur sera tenu de faire disparaître les balèvres, et en un mot de faire tous les ragréments et ravalements nécessaires, pour donner à la maçonnerie le degré de perfection qu'elle comporte. Dans la pose sur cales, on emploiera des cales en bois de chêne bien sec et aussi minces que possible, ou bien des cales en feutre, en carton, ou même en plomb, si le contrat l'exige. Ces cales seront fichées dans une couche de bon mortier, avant la mise en place de la pierre.

On opérera, du reste, en arrangeant les cales, de manière que le plan de joint de la pierre posée soit descendu sur les cales en faisant fluer le mortier, plutôt que soulevé par elles.

ART. 160. *Moyens accessoires de liaison.* Lorsque les pierres devront être liées autrement que par du mortier, le devis indiquera la nature et l'espèce des moyens accessoires.

Lorsque ces moyens exigeront l'emploi de scellements, la nature des matières de scellement sera également stipulée au devis.

ART. 161. *Jointoiement.* Après l'achèvement entier d'une maçonnerie d'appareil, et en même temps qu'on ragréera le parement, on en fera le jointoiement. Pour cela on grattera le mortier des joints sur un centimètre au moins de profondeur, et on le remplacera ensuite par du mortier frais, auquel on aura donné la couleur de la pierre, soit avec un peu de noir de fumée, soit avec une pointe d'ocre jaune. Ce mortier sera comprimé fortement et bien ciré, aussitôt qu'il aura acquis assez de consistance pour se prêter à cette opération.

§ 48.

Maçonneries en libages.

ART. 162. *Espèces diverses.* On distingue deux espèces de maçonneries en libages ; les *maçonneries cimentées* et les *maçonneries sèches.*

ART. 163. *Maçonneries cimentées.* On choisira les libages bien gisants et d'épaisseur uniforme, et on les posera en bonne liaison à bain fluant de mortier. Au besoin, on les affermira par des cales en pierres fichées dans le mortier.

On choisira les plus beaux libages pour les parements, et on les disposera, autant que faire se pourra, alternativement par carreaux et boutisses. Tous les vides entre les libages seront parfaitement remplis de mortier, dans lequel on fichera de la blocaille, quand cela sera nécessaire.

ART. 164. *Maçonneries sèches.* On les montera d'après les mêmes principes que les maçonneries cimentées ; seulement on n'emploiera pas de mortier. Les pierres seront toutes affermies au moyen de cales de pierre.

§ 49.

Maçonneries en moellons.

ART. 165. *Définitions.* On appellera :

Maçonnerie par assises réglées. Celle qui sera formée de lits ou d'assises de moellons d'une épaisseur uniforme, d'un bout à l'autre du mur.

Maçonnerie par relevé. Celle qui sera formée de moellons de diverses épaisseurs et dans laquelle on s'astreindra à araser les assises de trente en trente centimètres.

Maçonnerie irrégulière. Celle dans laquelle on fera usage de moellons de toutes grosseurs, qu'on n'astreindra pas à des arasements réguliers.

Dans toutes ces maçonneries, on observera les prescriptions suivantes :

ART. 166. *Prescriptions générales.* On commencera par monter les parements, en employant les moellons les plus beaux et les plus réguliers, qu'on assemblera en liaison et à bain fluant de mortier, en ayant soin de leur faire faire alternativement carreau et boutisse.

L'intervalle entre les parements sera rempli avec de la blocaille noyée dans du mortier, serrée et reliée avec les parements, aussi bien que possible. Les parements ne pourront être montés de plus de trente centimètres, sans qu'on remplisse le vide intérieur. Les moellons d'une nature poreuse et absorbante seront arrosés pendant les chaleurs.

Art. 167. *Voûtes en moellons.* Les voûtes en moellons se feront avec des *pendants*, qu'on choisira, autant que possible, assez grands pour former l'épaisseur de la voûte; si cela n'est pas faisable, on la formera de deux rouleaux superposés ou même d'un plus grand nombre, si c'est nécessaire. Dans chaque rouleau, les pendants seront posés à bain flottant de mortier, en bonne liaison et normalement au cintre. Le premier rouleau sera fortement serré à la clef, mais on laissera un peu de lâche aux suivants, pour qu'ils puissent suivre les mouvements dus au tassement du premier, sans s'en séparer.

§ 50.

Maçonneries en briques.

Art. 168. *Arrangements des briques dans les murs de diverses épaisseurs.* Murs d'un quart de brique (brique de champ) ou d'une demi-brique (brique panneresse). Les briques seront posées en recouvrement l'une sur l'autre, de manière que l'extrémité de chaque brique tombe exactement sur le milieu de celles sur lesquelles elle repose.

Murs d'une brique (boutisse). L'appareil adopté est celui connu des maçons flamands sous le nom de *kruysverband*, et des maçons wallons sous le nom d'*appareil en losange*.

Murs d'une brique et demie. Chaque parement sera composé d'un appareil en *kruysverband*; mais ils seront enchevêtrés l'un dans l'autre, de telle façon que l'on ait les tas de panneresses de l'un des parements, correspondants à ceux de boutisses de l'autre.

Murs de deux briques et au delà. Chaque parement sera monté en *kruysverband*, et l'intervalle sera rempli par des briques, placées toutes en boutisse, quel que puisse en être le nombre. On n'emploiera de demi-briques, dans ces remplissages, que quand il sera impossible de faire autrement.

Art. 169. *Pose de briques et prescriptions diverses.* La pose des briques se fera à bain flottant de mortier; on les frottera dans le mortier pour les asseoir, sans les frapper avec le champ ou le manche de la truelle, si ce n'est les briques des parements qu'on pourra asseoir de cette manière.

Tous les tas seront dressés au cordeau, bien horizontalement, et l'on s'astreindra à leur donner exactement une même épaisseur. A cet effet, avant de commencer l'ouvrage, on dressera, de distance en distance, des règles portant la division des tas, et entre lesquelles on tendra les cordeaux. Ces règles serviront en même temps de profils. Tous les joints montants se correspondront verticalement et aussi exactement que possible, savoir:

Les joints des boutisses, dans tous les tas, et ceux des panneresses de cinq en cinq tas. Les joints n'auront pas plus de dix millimètres d'épaisseur.

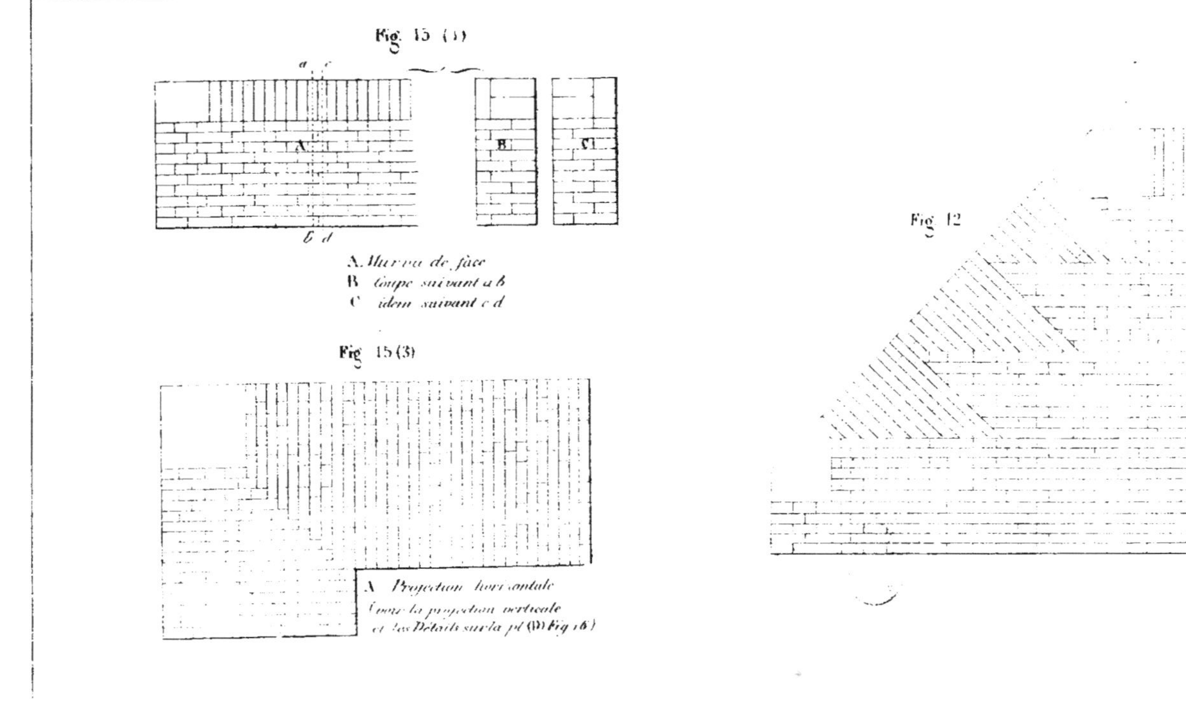

Fig. 15 (1)
a c
A
b d
B
C
A. Mur vu de face
B. Coupe suivant a b
C. idem suivant c d
Fig. 15 (3)
A. Projection horizontale
(pour la projection verticale
et les Détails voir la pl. (D) Fig. 16)
Fig. 12

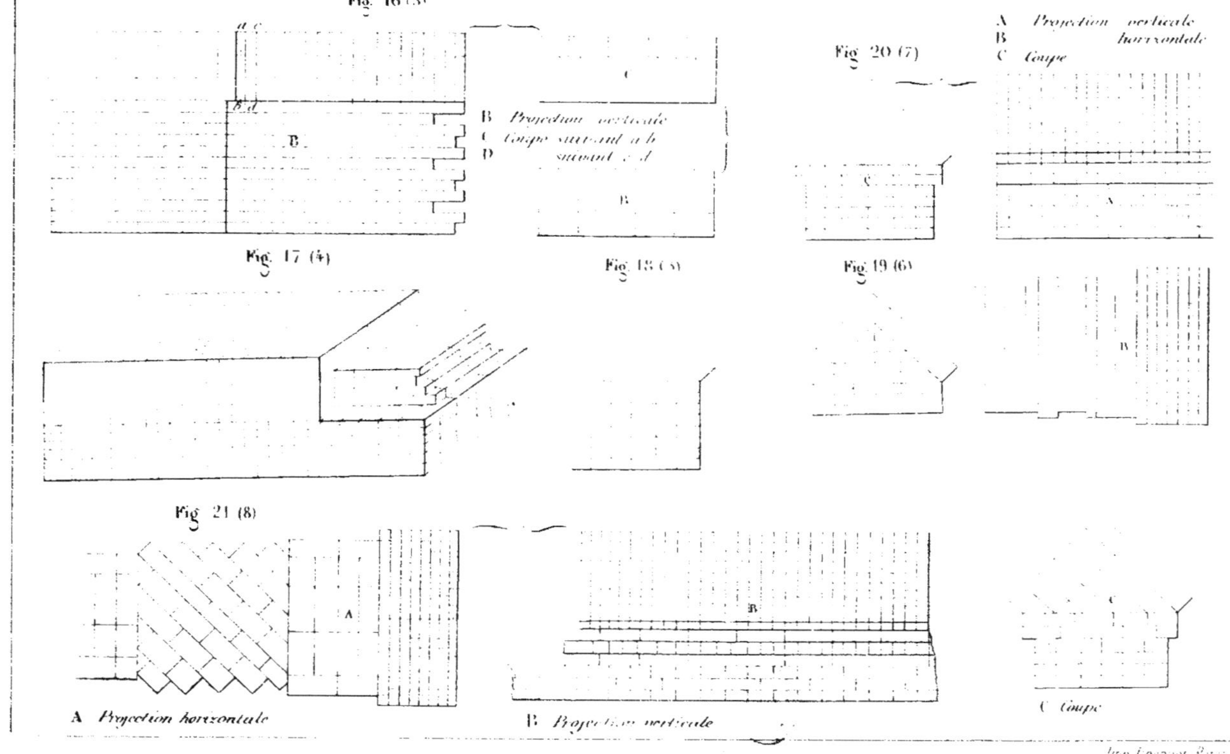

Fig. 16 (3)
a c
B d
B
B Projection verticale
C Coupe suivant a b
D suivant c d
B

Fig. 17 (4)

Fig. 18 (5)

Fig. 19 (6)
B

Fig. 20 (7)
A Projection verticale
B horizontale
C Coupe
C
A

Fig. 21 (8)
A Projection horizontale
A
B Projection verticale
B
C Coupe

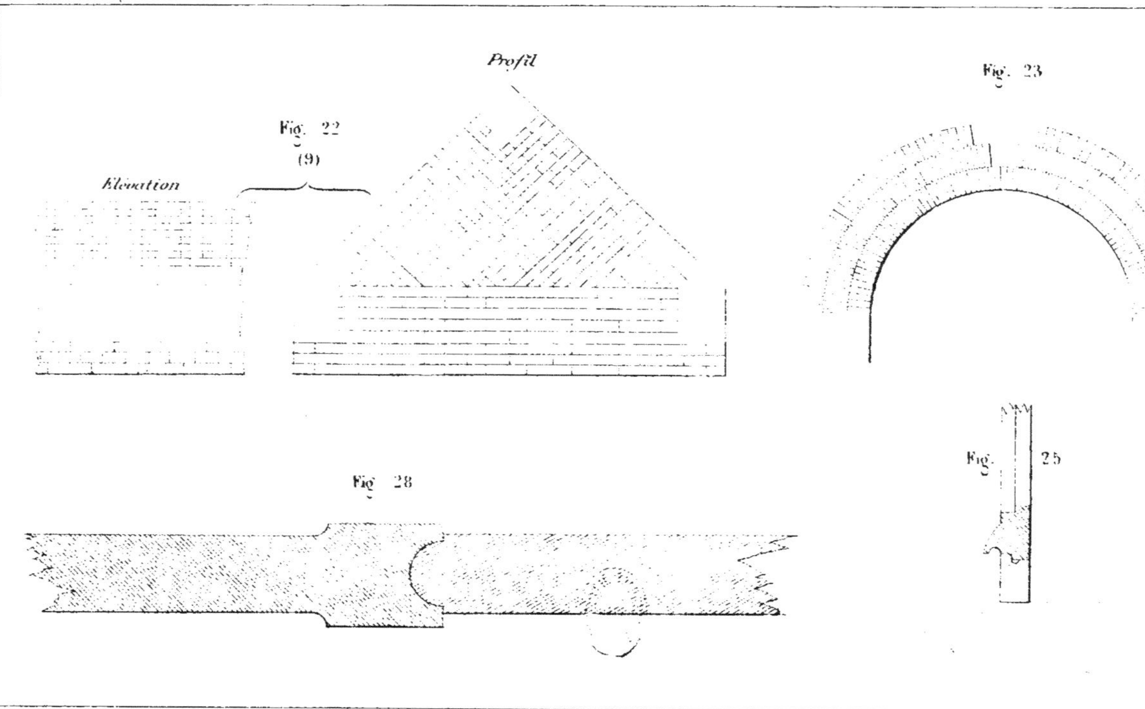
Profil
Fig. 23
Fig. 22
(9)
Élévation
Fig. 25
Fig. 28

Toutes les briques seront mouillées avant leur emploi pendant les chaleurs, ou quand l'officier surveillant en donnera l'ordre.

L'emploi de quarts de briques dans les têtes de murs est proscrit. On se servira en général de la disposition représentée *fig.* 11, *pl.* B, pour tous les retours d'angle.

Dans les parties angulaires ou arrondies, les intersections des voûtes, etc., les briques seront proprement coupées, selon les besoins.

Les murs inclinés seront construits latéralement en épi, ainsi que le représente la *fig.* 12, *pl.* C.

Les couronnements en briques seront de l'un ou de l'autre genre de construction représentés par les *fig.* 13 à 22, *pl.* C, D et E; on les désignera dans le devis par le numéro qu'elles portent, entre parenthèses (1).

Toutes les baies terminées carrément par le haut, au moyen de linteaux en pierre ou en bois, seront recouvertes d'un arceau de décharge d'une brique boutisse d'épaisseur verticale, et d'un dixième de flèche, qui s'appuiera sur le linteau à l'aplomb du nu des jambages. Ces arceaux s'étendront d'un parement de mur à l'autre.

ART. 170. *Voûtes en briques.* Les voûtes en berceau qui n'auront pas plus d'une brique d'épaisseur seront formées de cours de boutisses, ou de boutisses et de panneresses, selon les indications du devis ou du commandant du génie; les joints seront perpendiculaires à la courbe d'intrados; les têtes seront appareillées de la même manière que celles des murs ordinaires.

Les cours de briques seront posés au cordeau. Des repères, tracés sur le cintre, serviront à leur donner une épaisseur régulière à la douelle.

Lorsque les voûtes seront plus épaisses qu'une brique, on les formera de rouleaux concentriques au premier, et tous construits de la même manière que lui.

Lorsque l'épaisseur comprendra un certain nombre de briques, plus une demi-brique, le dernier rouleau sera d'une brique et demie, maçonnées en liaison.

En montant les rouleaux successifs, on aura soin de les arrêter à quelque distance de la clef, ainsi que l'indique la *fig.* 23, *pl.* E, et on ne les fermera successivement qu'au dernier moment. Dans cette opération, on prendra garde de ne pas serrer trop fortement les joints près de la clef, afin de permettre aux rouleaux supérieurs de suivre les mouvements produits par les tassements dans les rouleaux inférieurs.

Les voûtes composées seront construites exactement d'après les mêmes principes; seulement les cours de voussoirs et les intersections rentrantes ou saillantes seront appareillés d'après les indications du devis et de l'officier surveillant les travaux, et avec des briques taillées exprès, lorsque cela sera nécessaire.

---

(1) Il est bien entendu que, quand les angles des capes ou couronnements devront être fortifiés par des pierres de taille, ainsi qu'on le voit notamment dans les *fig.* 15, 17 et 22, le devis le spécifiera.

Les voûtes sphériques et de révolution en général seront formées d'anneaux superposés, composés de lits de boutisses, dont les joints seront normaux à la courbe génératrice. Lorsqu'elles devront avoir plus d'une brique d'épaisseur, on les composera de plusieurs rouleaux successifs, tous formés de boutisses et maçonnés les uns sur les autres.

ART. 171. *Cirage et jointoiement*. Chaque jour, si c'est possible, et en tout cas, aussitôt que le mortier des joints aura pris suffisamment de consistance, on le cirera proprement en évitant de former des bavures sur les briques. On s'attachera, au contraire, à donner au joint de mortier la forme d'un léger dos d'âne, comme l'indique la *fig.* 24, *pl.* F; quand il le faudra, on ajoutera au joint du mortier de la même espèce que celui qui a servi à construire le mur; mais on s'en abstiendra, autant que possible, et à cet effet on fera maçonner les briques du parement de manière que le mortier flue bien au dehors, et offre plutôt un léger bombement au parement qu'une cavité.

Cette dernière prescription est applicable aux maçonneries en moellons.

§ 51.

Maçonnerie en béton.

ART. 172. On emploiera, pour la fabrication du béton, des fragments de pierre ou de briques de la grosseur de quatre à cinq centimètres de côté, ou des galets gros comme un œuf de poule au plus. La composition du mortier qui servira à les cimenter sera prescrite par le devis, mais on en dosera toujours la quantité de la manière suivante :

On remplira un baquet étanche, et d'une capacité connue, du cailloutis à employer; puis avec une mesure jaugée à l'avance on versera de l'eau dans le cailloutis, jusqu'à ce que le liquide affleure sa surface.

On augmentera d'un tiers au moins le volume d'eau employé pour obtenir cet affleurement, et l'on aura ainsi la quantité de mortier à ajouter pour la quantité de cailloutis contenue dans le baquet.

On on déduira les proportions du mélange par mètre cube. Si, après un essai, on reconnaissait que cette quantité de mortier est trop faible, on pourrait l'augmenter; mais en général elle ne dépassera pas la proportion de moitié en sus du volume d'eau employé pour araser le cailloutis.

La manière d'employer ce béton sera indiquée au devis.

Quand il devra être coulé sous eau, pour les fondations hydrauliques, on aura soin de l'employer assez ferme pour qu'il ne puisse être délavé dans son passage à travers le liquide. On le déposera par couches de trente à quarante centimètres d'épaisseur, au moyen de cuillers, de caisses à bascule ou à fond mobile, ou d'appareils convenablement appropriés à l'importance du travail, et qui pourront être indiqués au devis. On comprimera la surface des couches, mais sans la battre, avec une dame plate ou un rouleau, de manière à l'égaliser. Enfin, on aura soin, avant de couler une nouvelle couche sur une autre déjà achevée, d'enlever, aussi complétement que possible, le dépôt de laitance qui se forme toujours en pareil cas. On emploiera pour cela les moyens les mieux appropriés.

§ 52.

Maçonneries mixtes.

Art. 173. Dans les maçonneries mixtes, on aura soin de relier les unes avec les autres, et en prenant toutes les précautions que la prudence et l'art commandent, les diverses espèces de maçonneries dont sont formés les murs. On s'astreindra, à cet effet, à ne pas monter les parements de plus de trente centimètres avant de faire le remplissage intérieur, qu'on pilonnera si c'est nécessaire, afin d'en diminuer le tassement. Lorsqu'on fera usage de mortiers très-hydrauliques, cette dernière prescription serait non-seulement inutile, mais nuisible, et l'on s'en dispensera.

§ 53.

Crépissages, enduits, chapes de voûtes et plafonnages.

Art. 174. *Crépis et enduits.* Le devis stipulera la nature et la composition des mortiers à employer dans les crépis et les enduits. Pour crépir, on s'y prendra de la manière suivante :

Le mur sera nettoyé, brossé et dégarni de mortier dans les joints, sur une profondeur égale à une fois et demie au moins la largeur du joint ; puis on le lavera, en ayant soin de projeter l'eau dans les joints. Ensuite le mortier sera fouetté avec force sur toute la surface du mur, et principalement dans les joints, où l'on fera en sorte qu'il s'introduise aussi profondément que possible. Il sera, après cela, égalisé grossièrement et de manière à présenter une surface rugueuse, à moins que le devis ne stipule le contraire.

Tous les parements des murs de fondements, et en général de ceux qui sont adossés à des terres, seront couverts d'un crépi formé du même mortier que celui qui servira à la construction des maçonneries.

Les couches d'enduit seront toujours appliquées sur une couche de crépi. Elles seront proprement dressées au moyen de la taloche ou de règles en sapin.

Les angles saillants ou rentrants seront accusés nettement et avec soin.

Art. 175. *Blanc en bourre.* Le blanc en bourre sera formé d'une pâte de chaux grasse coulée, dans laquelle on incorporera dix kilogrammes de bourre blanche par mètre cube de chaux en pâte.

Lorsqu'on voudra y ajouter une certaine quantité de plâtre, pour le rendre d'une prise plus rapide, le devis le stipulera.

Art. 176. *Plafonnages.* Les plafonnages se composeront d'une couche de crépi, d'une couche d'enduit et d'une couche de blanc en bourre. Le crépi sera fouetté sur un lattis cloué avec des clous d'un kilogramme à un kilogramme et demi (deux à trois livres) à tête plate, d'environ deux centimètres de long; les extrémités des lattes seront toujours fixées par un clou sur une gîte, et elles ne dépasseront pas cette gîte.

Les lattes seront en chêne fendu, d'une longueur variant de huit cent vingt-cinq millimètres à un mètre deux cent trente-cinq millimètres, d'une largeur de trente-cinq à quarante-cinq millimètres, et d'une épaisseur de quatre à cinq millimètres.

Lorsque le plafonnage s'appliquera sur des pièces de bois qui doivent rester apparentes, leur surface sera couverte d'un *rappointis*, dont les clous ne seront pas distants de plus de sept centimètres l'un de l'autre.

Les moulures seront tirées avec des calibres faits avec soin, et suivant toutes les règles de l'art.

Art. 177. *Badigeons.* Le badigeon sera composé d'une laitance à la chaux grasse, à laquelle on ajoutera, lorsqu'on voudra le laisser blanc, un peu de tournesol ou d'indigo.

On colorera le badigeon en jaune en ajoutant à la laitance un peu d'ocre jaune; en gris ou en noir avec du noir d'ivoire; en rouge, avec du rouge d'Angleterre; en vert, au moyen d'un mélange d'ocre jaune et de noir ou de bleu.

Dans tous les cas, on ajoutera à la laitance une dissolution de colle forte, suffisamment concentrée, pour l'empêcher de tacher.

§ 54.

Pavages, dallages et carrelages.

Art. 178. *Pavage au sable.* Le sable employé à la confection des pavages sera sec, siliceux et non argileux ou terreux. Il formera une couche d'une épaisseur égale à la longueur de queue du pavé, dans laquelle les pavés seront logés par lignes parallèles et en liaison.

Les pavés seront ensuite affermis, dans la couche de sable, au moyen d'une dame du poids de vingt-cinq à trente kilogrammes, puis recouverts d'une couche de bon sable de trois centimètres d'épaisseur.

Art. 179. *Pavage à bain de mortier.* Les pavages à bain de mortier se feront d'une manière analogue ; seulement la forme de sable n'aura que huit à dix centimètres d'épaisseur, et elle sera recouverte par une couche de mortier de deux à trois centimètres d'épaisseur, sur laquelle les pavés seront bien affermis. Il est strictement interdit de poser les pavés à *sec*, c'est-à-dire de poser les pavés sur le sable non recouvert de mortier, en enduisant simplement de mortier leurs faces latérales.

Art. 180. *Dallages et carrelages.* Les dalles et les carreaux seront posés dans un bain de mortier, qui sera étendu lui-même sur une couche de sable ou de fins décombres, de huit à dix centimètres d'épaisseur, bien damée et dressée ; la couche de sable ou de fins décombres ne sera toutefois nécessaire que lorsque le dallage ou le carrelage s'établira sur le sol ou sur un plancher. Les joints des dalles et des carreaux seront tenus aussi petits que possible, bien alignés et disposés de manière à former, autant que la nature des matériaux le permettra, des dessins réguliers. Ils seront cirés aussitôt que le mortier aura pris assez de consistance pour se prêter à cette opération.

Les dalles ou les carreaux seront d'ailleurs placés avec soin dans un même plan, de manière à ne pas offrir de balèvres.

Art. 181. *Pavages en briques.* On observera, pour les pavages en briques, les mêmes prescriptions que pour les dallages, carrelages et maçonneries de briques en général ; le devis stipulera toujours le nombre de tas de champ ou de plat dont le pavage sera composé, ainsi que la disposition des briques dans chacun d'eux ; mais on choisira toujours, parmi les briques à employer, les plus dures et les mieux formées.

Art. 182. *Aires en mortier et en béton.* Ces aires seront formées au moyen d'une ou plusieurs couches de béton ou de mortier, dont le devis indiquera la nature et la composition, ainsi que l'épaisseur. Mais, dans tous les cas, elles seront proprement égalisées au moyen de règles, puis polies au grès à l'eau, quand le mortier ou le béton aura pris suffisamment de consistance pour se prêter à cette opération.

Art. 183. *Aires en mastic bitumineux.* Ces aires seront construites par bandes ou planches parallèles de quatre-vingts centimètres de largeur et d'un centimètre d'épaisseur, excepté dans les noues, où on leur donnera un centimètre et demi d'épaisseur. On les coulera, sur un pavage en briques ou en carreaux, entre deux réglettes en bois ou en fer affermies sur le sol au moyen de poids ou de quelques clous, ou entre le bord d'une planche déjà coulée et celui d'une seule réglette.

La surface de chaque planche de mastic sera régularisée et dressée parfaitement, pendant que la matière sera encore fluide, au moyen d'une batte en chêne ; quand elle commencera à se figer, on la saupoudrera avec du petit gravier bien lavé, passé au crible, et qu'on incorporera en le frappant avec une dame plate.

Le pourtour du dallage contre les murs sera garni d'un solin en pente à quarante-cinq degrés, ayant trois à quatre centimètres de base.

En fondant le mastic, pour le travail qui vient d'être décrit, on aura soin de ne pas le laisser brûler, ce dont on s'aperçoit aisément aux fortes vapeurs blanches qui s'en échappent. Chaque fois qu'une semblable négligence sera constatée, tout le mastic en fusion dans la chaudière sera refusé. Afin que le mastic soit étendu tout bouillant, les fourneaux de fusion devront être rapprochés autant que possible de l'endroit où le dallage doit être exécuté.

§ 55.

Couvertures en ardoises et en pannes.

Art. 184. *Couvertures en ardoises.* — *Voliges.* On fera usage de voliges en bois blanc, en sapin du Nord ou en chêne, de quinze à vingt millimètres d'épaisseur, selon les prescriptions du devis ; elles seront clouées jointivement, mais sans être serrées, sur le chevronnage du toit.

Chaque volige n'aura pas plus de vingt centimètres de large, et sera clouée sur chaque chevron au moyen de deux clous de un et demi à deux kilogrammes (trois à quatre livres).

Art. 185. *Ardoises.* Les ardoises seront posées par rangées parallèles à l'égout, en liaison et à recouvrement, les unes sur les autres. Le *pureau* sera de huit centimètres ou, si l'on faisait usage d'autres ardoises que celles que prescrivent les présentes conditions (art. 91), égal au tiers de la longueur de l'ardoise.

Chaque ardoise sera fixée à la volige, au moyen de deux clous, de un à un et demi kilogramme (deux à trois livres).

Les ardoises qui devront former les arêtiers et les noues seront coupées nettement, suivant la direction convenable, et de manière à se joindre sur l'arête, s'il y a lieu.

Art. 186. *Faîtes, arêtiers et noues.* Ces parties seront toujours, à moins de stipulation contraire, couvertes avec des lames de plomb, dont la largeur sera telle, pour les arêtes saillantes, qu'elles recouvrent les premiers rangs d'ardoises, de manière à ne leur laisser qu'un pureau de huit centimètres ; et, pour les arêtes rentrantes, qu'elles s'étendent jusque sous la seconde rangée d'ardoises, d'une quantité au moins égale à son pureau.

Ces feuilles seront fixées à la charpente au moyen de clous à tête plate, qui seront recouverts d'un aileron en plomb soudé sur les quatre bords, ou bien par une goutte de soudure.

Art. 187. *Crochets d'échelles.* Si l'on juge à propos d'avoir des crochets d'échelles sur les toitures en ardoises, ils seront placés en quinconce de deux en deux chevrons, et par rangs espacés de deux mètres cinquante centimètres. Ces crochets seront en fer, du poids de soixante-cinq à soixante et quinze décagrammes, soigneusement brunis à la poix et fixés par trois bons clous. Les pattes de ces crochets seront couvertes par des lames de plomb de vingt centimètres en carrés.

Art. 188. *Couvertures en pannes.* On clouera les lattes (1) à la rencontre de chaque chevron, avec un clou de cinq kilogrammes (dix livres) et de six centimètres de long. Ces lattes seront distantes de milieu en milieu de vingt-cinq

---

(1) Elles seront en sapin ou en chêne, et auront vingt-cinq sur trente-cinq millimètres d'équarrissage environ.

centimètres, quand on fera usage de pannes de *Boom*, dites *flamandes*, et de vingt-sept centimètres, quand on emploiera des pannes *hollandaises* de la même localité. Quand on en emploiera d'autres, on distancera les lattes de manière à obtenir un recouvrement tel que l'échancrure de la panne inférieure soit parfaitement recouverte par la panne supérieure.

Les pannes seront accrochées sur ce lattis, à recouvrement les unes sur les autres, par bandes parallèles à la pente du toit, et qui se recouvriront latéralement par leurs bords. Tous les joints seront proprement jointoyés à l'intérieur, à l'exception de ceux des premières rangées de pannes placées près des faîtes et des arêtiers, qui le seront à l'extérieur.

Les faîtes seront couverts de tuiles faîtières proprement assemblées et jointoyées; les arêtiers seront couverts de tuiles arêtières, placées en recouvrement et jointoyées.

Les noues seront garnies de lames de plomb, clouées sur une volige, et qui s'étendront sous la première rangée de pannes, jusque contre leur crochet d'attache. Toutes les pannes formant les angles, noues, arêtiers, etc.. seront taillées proprement.

§ 56.

Travaux de vitrerie.

ART. 189. Les vitres, quand elles s'appliqueront dans des châssis en bois, y seront fixées chacune par quatre pointes au moins, et par huit, si la grandeur du carreau l'exige, Elles seront ensuite proprement mastiquées avec du mastic ordinaire de vitrier (art. 135).

Lorsque les vitres s'appliqueront à un châssis en métal, elles seront fixées chacune par quatre ou huit goupilles (suivant la grandeur du carreau) quand les croisillons offriront des feuillures, et par un nombre double de goupilles dans le cas contraire.

Les vitres des lanterneaux seront posées en recouvrement les unes sur les autres. La grandeur du recouvrement sera de cinq centimètres au moins. Elles auront une longueur au moins égale à leur largeur, et au plus égale à une fois et demie la même dimension. La partie vue sera terminée en pointe, dont les côtés feront un angle de cent cinquante degrés.

§ 57.

Travaux de charpenterie.

ART. 190. *Assemblages.* Toutes les pièces seront assemblées selon les règles de l'art et les prescriptions du devis. Les assemblages seront faits avec soin et précision. Les pièces vicieuses sous ce rapport seront refusées, quand bien même elles ne laisseraient rien à désirer sous tous les autres. Tous les assemblages seront chevillés et cloués, lorsque le cas l'exigera. Les chevilles seront faites en bois de chêne bien sec et droit de fil. Leur diamètre sera d'environ le quart de l'épaisseur du tenon ou des jouées.

En général les tenons et les mortaises auront pour épaisseur le tiers de l'épaisseur ou du diamètre des pièces dans lesquelles ils seront taillés.

Les queues d'hironde auront, à la racine, les trois cinquièmes de la largeur de la pièce dans laquelle elles seront taillées, tandis qu'elles auront la même largeur que cette pièce à la tête. Leur épaisseur sera de la moitié ou du tiers de l'épaisseur de la pièce, suivant que le devis le prescrira.

Art. 191. *Goudronnage des assemblages*. Avant d'être mis en joint, les assemblages seront enduits de goudron chaud. Cette règle ne souffrira pas d'exception, et s'appliquera aussi bien aux assemblages de pièces posées et clouées à plat, les unes sur les autres, comme les madriers des tabliers de pont, qu'à celles qui s'emboîtent l'une dans l'autre, soit à tenon et mortaise, soit autrement.

Art. 192. *Brayage des ferrures*. Les ferrures qu'on emploiera, soit comme moyen d'assemblage, soit comme moyen de consolidation, seront toutes brayées à chaud, et les encastrements destinés à leur servir de logement, ainsi que les trous de boulons, peints en goudron chaud, avant de les y placer.

Art. 193. *Charpentes de planchers*. Les poutres, poutrelles, gîtes ou solives des planchers seront établies parfaitement de niveau. Lorsqu'elles devront s'encastrer dans les murs, et que le devis ne prescrira pas de disposition spéciale, la partie encastrée sera enduite de goudron chaud. Cette prescription s'appliquera aux pièces de charpente des combles aussi bien qu'à celles des planchers, et en général à toutes les pièces de bois quelconques qu'on sera obligé de sceller dans les murs.

Art. 194. *Fermes de combles*. Les fermes des combles seront dressées bien verticalement et parfaitement alignées, de manière que toutes leurs pièces se correspondent avec la plus grande exactitude. Les cours de pannes seront placés bien horizontalement, et les pièces qui les composent seront assemblées à plat-joint, dont la longueur sera double de l'épaisseur verticale des pièces.

Les chantignoles auront même largeur d'équarrissage que les arbalétriers, et même hauteur que les cours de pannes, et une longueur double de leur hauteur. Elles seront taillées en talon, et fixées sur les arbalétriers, dans un petit embrèvement, chacune au moyen de deux chevillettes. Elles seront distribuées également le long des arbalétriers, et de telle manière que l'espacement entre les cours de pannes ne soit pas plus grand que deux mètres cinquante centimètres au *maximum*.

Art. 195. *Chevrons et empanons*. Les chevrons et empanons seront posés suivant les lignes de plus grande pente des surfaces de toiture et à une distance de quarante-cinq centimètres, au *maximum*, les uns des autres. Ils seront fixés à chaque rencontre de panne et sur les faîtes, noues et arêtiers, par une chevillette, pesant moyennement quatre décagrammes.

Fig. 29

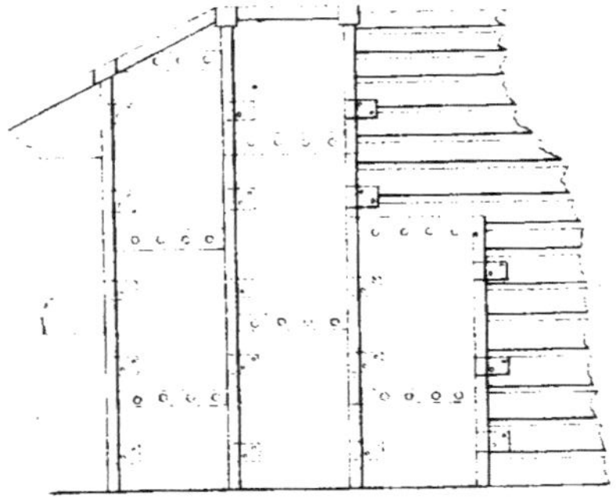

Fig. 32

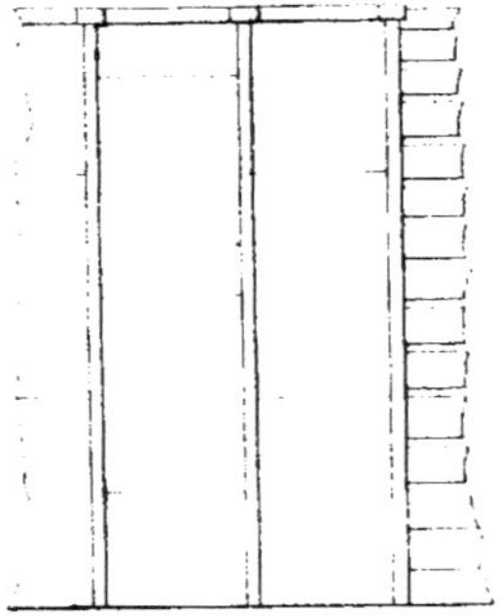

Fig. 35

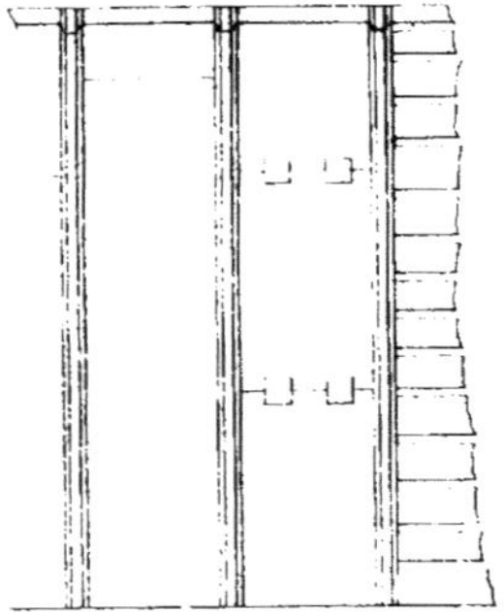

Fig. 26

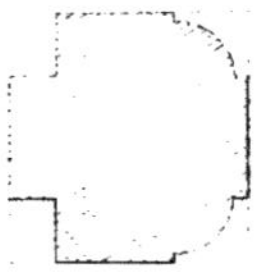

Fig. 27

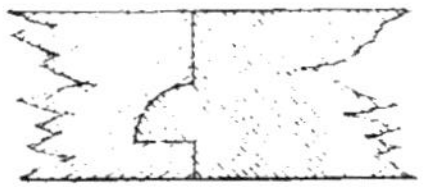

Fig. 30

Fig. 31

Fig. 33

Fig. 24

Fig. 34

Fig. 36

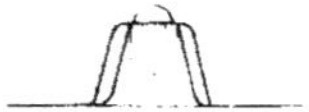

Lorsque les chevrons seront assez longs pour ne pouvoir être formés d'une seule pièce, on les composera de pièces assemblées bout à bout, et dont les joints tomberont sur le milieu des cours de pannes. Dans ce cas, chaque about sera fixé par une chevillette.

Art. 196. *Pièces entées.* Dans toute charpente, lorsqu'on fera usage de cours de pièces entées bout à bout, à plat-joint, à trait de Jupiter ou autrement, on s'arrangera de manière que les joints tombent tous sur les points de support et jamais dans l'intervalle qui les sépare.

Art. 197. *Levage.* Lorsque les charpentes seront montées sur chantier, pour être levées d'une seule pièce, on prendra, dans cette opération, toutes les précautions nécessaires pour qu'aucune des pièces ne soit endommagée. Celles qui auraient souffert seront remplacées par l'entrepreneur et à ses frais. Les moyens mécaniques à mettre en œuvre pour l'opération en elle-même sont laissés au choix de l'entrepreneur.

Art. 198. *Prescription générale.* Les travaux de charpente s'exécuteront sur des chantiers convenablement préparés par les soins de l'entrepreneur, et dans lesquels on trouvera des planchers, des panneaux, des règles et tous les objets et instruments nécessaires au tracé en grandeur d'exécution des épures des fermes de charpente ou des pièces qui entrent dans leur composition.

§ 58.

Travaux de menuiserie.

Art. 199. *Assemblage.* Tous les assemblages dormants ou mobiles de menuiserie seront faits avec la plus grande perfection, suivant les prescriptions du devis ou les règles de l'art, lorsqu'il n'y aura pas de prescription spéciale au devis. Il en sera de même des feuillures et des moulures. Chaque assemblage sera solidement fixé, après avoir été peint d'une couche de couleur à l'huile, soit par des chevilles en chêne, soit par des clous ou des vis à bois, suivant les meilleures convenances. L'entrepreneur devra, à cet égard, se conformer aux exigences des officiers surveillants.

Art. 200. *Blanchissage au rabot.* En général, toutes les faces vues seront blanchies au rabot ou à la varlope, selon le cas. Les têtes des clous et des vis seront noyées dans le bois et couvertes par du mastic de vitrier ou des tampons en chêne, fixés à la colle forte, lorsque le devis ou la nature de l'ouvrage l'exigera.

Art. 201. *Planches des bâtiments ordinaires.* Les ais des planchers de pied qui n'auront pas plus de trois centimètres d'épaisseur seront assemblés entre eux à rainures et languettes. Ils seront d'abord provisoirement posés sur le solivage et fixés par un petit nombre de clous, et on ne les fixera définitivement qu'au moment de l'expiration du terme d'entretien de l'entreprise. On aura soin alors de les serrer fortement les unes contre les autres et de les fixer sur chaque solive par des lignes de clous de cinq à six kilogrammes (dix à douze livres), qui ne seront pas distants entre eux de plus de quinze centimètres, et dont les têtes seront noyées et mastiquées ou tamponnées, ainsi qu'on l'a dit ci-dessus (art. 200). Après cette opération, on fera disparaître toutes les balèvres par un rabotage général.

Les planchers de pied, faits avec des madriers de quatre centimètres et plus d'épaisseur, seront construits de la même manière; seulement l'assemblage des madriers entre eux se fera à rainures et *fausses languettes*.

En général, les languettes auront une épaisseur égale au tiers de l'épaisseur des planches, et une saillie égale à leur épaisseur, et les clous ou chevilles auront une longueur double des planches ou madriers qu'ils doivent attacher.

ART. 202. *Planchers et boiseries des magasins à poudre.* Les planchers des magasins à poudre seront cloués avec des clous en zinc, lorsque les ais dont ils seront formés n'auront pas plus de trois centimètres d'épaisseur; il en sera de même en général pour toutes les boiseries intérieures où les têtes des clous ne pourraient être noyées suffisamment dans le bois sans altérer la solidité de l'assemblage. Lorsqu'on fera usage, pour les planchers de ces édifices, de madriers de quatre à cinq centimètres d'épaisseur, ces madriers pourront être fixés avec des clous en fer, mais on en noiera la tête à un centimètre de profondeur au moins, et on la recouvrira par un tampon en chêne scellé à la colle forte. La distribution des clous se fera, au surplus, dans ces planchers, de la même manière que dans les planchers des bâtiments ordinaires (art. 201).

ART. 203. *Règle commune aux planchers de tous les bâtiments militaires.* Pour la construction des planchers, on fera toujours usage, autant que possible, de planches ou de madriers assez longs pour qu'il ne soit pas nécessaire de faire des assemblages bout à bout. Lorsque la chose ne sera pas réalisable, les assemblages se feront en liaison et régulièrement, chaque assemblage tombant toujours sur le milieu d'une solive.

ART. 204. *Panneaux.* Les panneaux de menuiserie seront assemblés à rainures et languettes et collés. Ceux qui viendraient à se tourmenter ou à se fendre pendant le cours de l'entreprise seront remplacés par l'entrepreneur et à ses frais.

ART. 205. *Châssis de fenêtres.* Pour les châssis de fenêtres de dimensions ordinaires, c'est-à-dire qui n'auront pas plus d'un mètre de large sur deux mètres de haut, on observera les prescriptions suivantes :

Les montants, cintres, traverses et impostes des châssis dormants auront sept à huit centimètres de largeur, mesurés dans le plan du tableau, et quatre à cinq centimètres dans le sens perpendiculaire; les montants et les traverses supérieures des battants mobiles n'auront pas moins de cinq centimètres dans le plan du tableau, et ils offriront même épaisseur, dans l'autre sens, que les pièces du dormant. La traverse inférieure aura cinq centimètres au moins dans le plan du tableau, dans l'autre sens elle sera taillée en jet d'eau, et offrira dans sa face inférieure et saillante une gouttière d'un centimètre de largeur sur autant de profondeur (*fig.* 25, *pl.* E). Les croisillons auront au moins trois centimètres d'équarrissage, seront garnis de feuillures d'un centimètre de largeur et de profondeur, sur leurs arêtes extérieures, et ornés, à l'intérieur, de moulures semblables à celles dessinées (*fig.* 26, *pl.* F). Ces croisillons seront proprement assemblés entre eux à tenon, avec recouvrement et onglet double. Les montants des châssis mobiles seront assemblés à ceux du dormant au moyen d'une noix (*fig.* 27, *pl.* F), et entre eux à gueule de loup (*fig.* 28, *pl.* E); chaque battant sera suspendu au moyen d'une paire de fiches à nœuds, ayant au moins huit centimètres de longueur; l'un des deux portera en outre une crémone, pesant, avec les coulisseaux et les vis d'attache, deux kilogrammes.

§ 59.

Ouvrages de serrurerie.

Art. 206. *Régles générales.* Toutes les pièces de serrurerie, quelles que soient leurs formes et leurs dimensions, seront toujours exécutées conformément à des dessins détaillés joints au devis, ou à des modèles auxquels il renverra.

Les pièces seront soudées ou assemblées avec netteté et précision, et suivant les meilleures règles de l'art, quand le devis ne stipulera rien de plus précis à cet égard.

Art. 207. *Pièces filetées.* Toutes les pièces filetées en creux ou en relief seront exécutées avec le plus grand soin.

Les filets carrés et triangulaires seront nets et à vives arêtes, d'un pas égal et régulièrement développé autour du noyau; on n'y tolérera aucune déchirure ni solution de continuité.

Art. 208. *Boulons.* Pour les boulons à tête, on se conformera en outre aux prescriptions suivantes :

1° Les têtes seront refoulées sur les tiges ou parfaitement soudées avec elles.

2° L'axe des écrous sera bien perpendiculaire aux deux bases.

3° Les filets de la vis et de l'écrou seront parfaitement égaux, afin qu'il n'y ait aucun ballottement.

La saillie de ces filets sur le noyau du boulon sera égale au dixième du diamètre de ce noyau.

4° Le diamètre extérieur de l'écrou sera le double de celui du corps du boulon.

5° L'écrou aura assez d'épaisseur pour comprendre au moins cinq à six pas de vis.

6° Avant d'engager l'écrou dans le boulon, on graissera les filets de l'un et de l'autre avec du suif.

7° Quand les boulons serviront à assembler des pièces de bois, on placera toujours une à deux rondelles de tôle sous l'écrou.

Toutes ces dispositions, sauf la première, sont applicables en général aux pièces portant vis et écrous, comme étriers, liens, etc.

§ **60**.

Ouvrages en fer-blanc, en plomb, en zinc et en cuivre.

Art. 209. *Règles générales.* Ces ouvrages seront conformes aux dessins annexés au devis ou aux modèles auxquels il renverra. Les soudures seront faites solidement, proprement et avec soin. Quant aux autres moyens d'assemblage, le devis en donnera une description détaillée. Les tuyaux en plomb dont le diamètre ne dépassera pas huit centimètres seront étirés et sans soudure. Leur poids au mètre courant sera fixé au devis. Les tuyaux placés sous terre seront entourés d'une chemise de bonne terre glaise.

Art. 210. *Couvertures en zinc.* Pour les couvertures en zinc, on fera usage de trois genres d'assemblages, que le devis spécifiera simplement et qui seront exécutés d'après les règles suivantes :

Art. 211. *Assemblage à simples agrafures.* Chaque feuille sera terminée latéralement par deux *boudins* ou *enroulements en spirale*, *a* et *b*, tournés comme on le voit dans les *fig.* 29 et 30, *pl.* F, et au moyen desquels les feuilles s'agraferont les unes aux autres. Ces boudins auront quinze millimètres de diamètre.

La couverture se fera de la manière suivante : on commencera à placer, vers l'une des extrémités du pan du toit et tout contre l'égout, une première feuille dans la position A (*fig.* 29). Cette feuille sera fixée contre une volige semblable à celle des couvertures en ardoises (art. 184) au moyen de cinq clous de zinc à tête plate, et en outre au moyen de mains M (*fig.* 31, pl. F), espacées de mètre en mètre.

Ces mains auront dix centimètres de largeur sur douze centimètres de longueur développée ; elles seront fixées à la volige au moyen de quatre clous en zinc. On placera après cela une deuxième feuille dans le prolongement de la première, en ayant soin de faire pénétrer ses enroulements en spirale dans ceux de la première feuille, jusqu'à ce qu'elle la recouvre de dix centimètres (1). Cette deuxième feuille sera attachée à la volige par des clous et des mains, comme la précédente. Les autres se poseront successivement de la même manière, et l'on formera ainsi une première bande parallèle à la pente du toit, et de largeur uniforme. A côté de cette première bande, on en placera une autre, dont les feuilles seront arrangées et fixées comme on vient de l'indiquer ; mais on aura soin, de plus, d'engager les uns dans les autres les enroulements contigus et de faire correspondre le milieu des feuilles de la deuxième bande aux joints de celles de la première. On disposera, en outre, les feuilles de telle sorte que le dos des enroulements de recouvrement soit tourné du côté des vents dominants.

---

(1) On suppose que les versants du toit n'auront pas moins de 21 degrés d'inclinaison sur l'horizon ; s'il en était autrement, le recouvrement devrait être plus grand, et le devis le stipulerait.

Art. 212. *Assemblage à agrafures doubles.* La *fig.* 32, pl. F, représente ce mode d'assemblage. Les feuilles seront garnies latéralement de deux relèvements courbes (*fig.* 33, pl. F), qui se poseront sur la volige à un centimètre de distance, et qu'on recouvrira par un chapeau ou boudin dit *couvre-joint à coulisse.* Les lames et les couvre-joints se poseront d'ailleurs comme dans l'assemblage précédent, à recouvrement les uns sur les autres. Les lames seront fixées à la volige par des clous en zinc et des mains dont la forme est représentée *fig.* 34, *pl.* F.

Art. 213. *Assemblage sur lattes et tasseaux.* La *fig.* 35, pl. F, représente le troisième mode d'assemblage. Les feuilles seront recourbées latéralement, comme dans le mode précédent, mais suivant un angle un peu obtus. Elles seront séparées par une tringle de trente-cinq millimètres d'équarrissage, en chène bien sec ou en bon sapin, clouée, sur le lattis du toit, dans le sens parallèle aux chevrons. Un couvre-joint ou chapeau sera fixé sur cette tringle au moyen de vis à bois, dont la tête sera couverte par une goutte de soudure ou par une petite calotte de métal soudée sur les bords. Ce chapeau sera recourbé latéralement, comme l'indique la *fig.* 36. pl. F, et viendra presser légèrement les feuilles posées sur la volige afin de les empêcher d'être soulevées par le vent.

Les clous destinés à fixer les tasseaux sur la volige, aussi bien que les vis destinées à fixer les chapeaux sur les tasseaux, seront en zinc.

Les clous auront six à sept centimètres de longueur, et les vis trois centimètres au moins.

Art. 214. *Faites, arétiers, noues.* Les faîtes, les arêtiers et les noues seront couverts, dans ces trois modes d'assemblage et de couverture, par des lames fixées sur la charpente de la manière la plus solide, et dont la largeur sera suffisante pour recouvrir les lames adjacentes de dix centimètres au moins. Ces lames de faîte, d'arétier et de noue seront estampées à la rencontre des bourrelets, afin de s'appliquer exactement sur les autres, sans laisser de jour qui pourrait donner prise au vent ou à la pluie.

Art. 215. *Moyens accessoires d'attache.* Lorsque, vu l'exposition des toitures, des moyens d'attache autres que ceux stipulés ci-dessus seront nécessaires, ils seront indiqués au devis. A défaut de stipulation expresse, l'entrepreneur les exécutera sous la direction de l'officier surveillant; mais, dans ce dernier cas, ce travail supplémentaire lui sera payé sur les frais imprévus. Il en sera de même des autres dispositions qu'on pourrait prescrire en dehors du devis, eu égard à la nature des lieux et du travail.

§ 61.

Peinturage, goudronnage, dorure et bronzure.

Art. 216. *Espéce de peinturage adoptée pour les édifices militaires.* A moins que le contraire ne soit formellement stipulé au devis, on n'emploiera, dans les bâtiments militaires et les fortifications, d'autre peinturage que celui à l'huile de lin non cuite.

Art. 217. *Règles à suivre dans le peinturage des murs, des boiseries et des ferrures.* On procédera au peinturage des boiseries et des murs neufs de la manière suivante :

A. *Sur les murs.* On commencera par *abreuver*, c'est-à-dire par étendre sur l'enduit une couche d'huile de lin pure ou légèrement rougie par une petite dose de minium, de manière à l'imbiber aussi profondément que possible.

Lorsque cette couche d'huile sera bien sèche, on étendra une couche d'*impression* au blanc de céruse, et lorsque cette dernière sera parfaitement sèche, on étendra successivement deux couches de couleur grise.

B. *Sur le bois.* On étendra d'abord une première couche d'huile de lin ou d'impression à la céruse très-claire, puis on procédera au masticage des joints, opération qui consistera à remplir bien exactement, avec du mastic de vitrier (art. 165), tous les trous, les fentes et les gerçures des bois. Après cette opération, et lorsque la couche d'*abreuvage* ou d'*impression* sera parfaitement sèche, on étendra une couche d'*impression* à la céruse, et l'on terminera par deux couches de peinture de la nuance voulue.

Lorsqu'on peindra du bois de sapin coupé de nœuds, on aura soin de laver, avant toute opération, les nœuds à l'essence de térébenthine pure ou avec de l'acide nitrique très-étendu.

C. *Sur les ferrures.* On regardera aussi comme une règle, sans autres exceptions que celles qui dérivent des articles 187 et 192 : que toutes les ferrures simplement coulées, forgées ou grossièrement limées, seront peintes en trois couches, de couleur à l'huile, la première au minium, et les deux autres au noir de fumée. Les ferrures alésées ou polies à la lime fine, et destinées à rester apparentes ou à fonctionner dans des conditions où la peinture pourrait avoir des inconvénients, ne seront recouvertes d'aucun enduit, à moins que le devis ne prescrive de les couvrir d'un vernis blanc et transparent.

Art. 218. *Précautions générales à observer dans la mise en couleur.* Dans tous les cas, on observera les précautions suivantes en mettant en couleur :

1° On ne préparera à la fois que la quantité de couleur nécessaire pour l'ouvrage qu'on a l'intention d'entreprendre, afin qu'elle soit d'un emploi aussi facile, d'une égale transparence, et d'un même éclat pour tout l'ouvrage.

2° On ne pourra faire usage d'une couleur dès qu'elle *filera* au bout de la brosse.

3° On aura soin de remuer de temps en temps la couleur avant d'en prendre avec la brosse, afin qu'elle soit toujours également liquide et du même *ton*. Si, malgré cette précaution, le fond venait à s'épaissir, on pourrait l'éclaircir au moyen d'un peu d'huile de lin.

4° Les coups de brosse seront donnés uniformément et parallèlement les uns aux autres.

5° On évitera de travailler avec trop de couleur et d'engorger les arêtes, les creux ou les moulures.

6° On n'appliquera jamais une seconde couche de couleur avant que la précédente ne soit parfaitement sèche, ce que l'on constatera en vérifiant si elle n'adhère pas au dos de la main, lorsqu'on l'y appliquera légèrement.

7° On évitera, autant que possible, de peindre les objets lorsqu'ils sont exposés à toute l'ardeur du soleil; on choisira de préférence les temps un peu couverts, mais non pluvieux, pour opérer; dans le cas où l'on ne pourra faire autrement, on mélangera un peu d'essence de térébenthine à la couleur, afin de la rendre plus siccative.

8° Lorsqu'on devra repeindre des murs, des boiseries ou des ferrures qui ont déjà été couverts de couleur, on aura soin d'enlever, en la grattant, toute la couleur crevassée ou boursouflée, avant d'appliquer la nouvelle. On fera usage du réchaud pour faciliter cette opération, lorsque le cas l'exigera, ce que le commandant du génie décidera. Dans tous les cas, les vieilles surfaces peintes seront lavées à l'eau de savon et avec une brosse rude, avant d'être peintes de nouveau.

9° Quand il s'agira de peindre ou de repeindre des ferrures rouillées, on aura soin de faire entièrement disparaître la rouille, avant d'étendre la première couche de minium.

10° Quand la peinture devra être appliquée sur des murs humides ou salpêtrés, on commencera par enlever l'enduit et le crépi de plâtre ou de mortier qui les recouvre, et l'on en appliquera de nouveau, fait avec de bonnes substances hydrauliques. Après cela, l'on étendra sur la place réparée, avec une large brosse et de la manière indiquée ci-après, une préparation formée de trois parties de résine ordinaire fondue dans une partie d'huile de lin cuite avec un dixième de litharge.

Cette préparation s'étendra à chaud, à une température d'environ cent degrés, sur le mur, chauffé successivement et très-fortement à l'aide d'un grand réchaud cylindrique ouvert sur le devant. Dès qu'une première couche sera absorbée par l'enduit, on en appliquera une deuxième, et l'on continuera de même jusqu'à ce qu'il refuse d'absorber. On passera ensuite la première couche d'impression à la céruse.

11° Si l'objet à peindre a été badigeonné ou peint à la colle, on enlèvera au préalable jusqu'à la moindre trace du badigeon ou de l'ancienne peinture, et on le lavera à l'eau de savon et avec une brosse rude.

Art. 219. *Goudronnage.* Le goudron sera toujours étendu bouillant et par couches légères, mais bien couvrantes et pénétrantes. Sur les bois neufs, on en étendra, en général, deux couches successives, à moins que le devis ne fasse une réserve à cet égard. La seconde couche ne pourra être appliquée, dans tous les cas, que lorsque la première sera bien sèche.

Lorsqu'on devra calfater et brayer les joints des charpentes, on emploiera, pour le calfatage, de bonnes étoupes bien sèches, qu'on chassera dans les joints jusqu'au refus du maillet. Le brayage sera fait avec du brai tout bouillant.

On ne peindra et ne goudronnera, en général, sur toutes leurs faces que les charpentes parfaitement sèches ; lorsqu'il y aura doute à cet égard, ce que le commandant du génie décidera, on laissera au moins une face non peinte ou goudronnée. A l'extérieur, on choisira celle qui se trouve soustraite à l'action de la pluie, et, à l'intérieur, celle qui est le plus dérobée à la vue.

Art. 220. *Dorure.* La dorure à l'huile, pour les lances de grilles ou autres ornements, se fera de la manière suivante :

Après avoir nettoyé et décapé le fer par un lavage à l'acide nitrique faible, on y appliquera une couche légère d'*or couleur* de bonne qualité, et l'on appliquera ensuite les feuilles d'or, en les fixant et les *ramandant* proprement avec un gros pinceau à poils doux ou avec une patte de lièvre. On emploiera la qualité d'or en feuilles dit *or de ducat*, et sa pureté sera constatée par des essais chimiques.

On emploiera la dorure au feu ou la dorure galvanique pour les pointes de paratonnerre.

L'or employé sera pur et couvrira le fer sans la moindre trace de solution de continuité.

Art. 221. *Bronzure.* Lorsque des boiseries ou des ferrures devront être bronzées, on opérera ainsi qu'il suit :

On commencera par peindre l'objet en vert sombre, en rehaussant de couleur plus claire et plus jaunâtre les angles, les saillies et toutes les parties les plus exposées à être frottées. Quand la couleur commencera à sécher, on frottera ces mêmes parties avec de l'*or musif* (bronze en poudre des peintres) étendu sur une patte de lièvre.

§ 62.

Dispositions générales.

Art. 222. Indépendamment des objets et appareils mentionnés dans les divers articles qui précèdent, dont l'entrepreneur devra avoir son chantier pourvu, il se procurera sans délai tous les outils, ustensiles, machines, etc., reconnus nécessaires, par le commandant du génie, pour la bonne et prompte exécution des travaux.

Il fournira à ses frais les échafaudages, cintres de voûtes, ponts provisoires ou de service, planches de roulage, brouettes, voitures, cordeaux, lattes, piquets, jalons et voyants pour le tracé, et généralement tout le matériel accessoire nécessaire à l'exécution de l'entreprise.

Les échafaudages, les cintres, les ponts de service seront établis de manière à ne causer aucun préjudice aux ouvrages existants ou en exécution, et à ne pas compromettre la sûreté des ouvriers ni du public. L'officier surveillant pourra les faire changer, s'ils ne remplissent pas ces conditions ; en tout cas, l'entrepreneur demeurera responsable de tous les dommages ou accidents qui pourraient arriver dans le cours de l'exécution des travaux, soit par sa négligence, soit par celle de ses ouvriers.

A moins d'exception formelle stipulée par le devis, il fournira tous les matériaux indistinctement et aura à sa charge tous les frais de façon, de transport, de pose et d'emploi.

Enfin, il soldera tous les salaires et peines d'ouvriers, ainsi que du personnel auquel il confiera la conduite, la surveillance et la comptabilité de ses opérations.

§ 65.

Disposition finale.

ART. 223. Les présentes conditions générales seront mises en vigueur le 1er mai 1849. A dater du même jour, toutes les dispositions contenues dans les conditions générales, arrêtées par le département de la guerre, le 18 février 1815, n° 16, sont abrogées.

Bruxelles, le 20 avril 1849.

Le ministre de la guerre,
Baron **CHAZAL.**

TABLE

DE

LA PARTIE TECHNIQUE

DES CONDITIONS GÉNÉRALES.

TABLE MÉTHODIQUE DES MATIÈRES.

FIN DU COURS.

—

—

ANNEXES.

FIN DE LA TABLE MÉTHODIQUE DES MATIÈRES.

Paris. — Imprimerie de P.-A. Bourdier et Cᵉ, rue Mazarine, 30.